"十三五"国家重点图书重大出版工程规划项目

中国农业科学院科技创新工程资助出版

茶叶质量安全检测技术与标准

Analytical Technique and Standard of Tea Quality and Safety

鲁成银　陈红平◎主编

U0306721

中国农业科学技术出版社

图书在版编目（CIP）数据

茶叶质量安全检测技术与标准／鲁成银，陈红平主编．—北京：中国农业科学技术出版社，2019.9

ISBN 978-7-5116-4152-6

Ⅰ.①茶⋯　Ⅱ.①鲁⋯②陈⋯　Ⅲ.①茶叶-质量检验-标准　Ⅳ.①TS272.7-65

中国版本图书馆 CIP 数据核字（2019）第 075048 号

责任编辑　崔改泵　金　迪
责任校对　李向荣

出 版 者　中国农业科学技术出版社
　　　　　北京市中关村南大街 12 号　邮编：100081
电　　话　（010）82109194（编辑室）　　（010）82109702（发行部）
　　　　　（010）82109709（读者服务部）
传　　真　（010）82106650
网　　址　http://www.castp.cn
经 销 者　各地新华书店
印 刷 者　北京建宏印刷有限公司
开　　本　787mm×1 092mm　1/16
印　　张　40.5
字　　数　816 千字
版　　次　2019 年 9 月第 1 版　2019 年 9 月第 1 次印刷
定　　价　398.00 元

《茶叶质量安全检测技术与标准》

编 委 会

前　言

我国是茶的发源地，从起初茶为药用发展成茶为国饮。中国人饮茶始于神农时代，至今已有4 700多年的历史。茶叶富含茶多酚、咖啡碱、氨基酸、茶多糖等活性物质，具有延缓衰老、抑制心血管疾病、防癌与抗癌、抑菌与抗病毒等功效。柴米油盐酱醋茶，茶已深入人民各阶层的生活中。

民以食为天，食以安为先。茶叶是一种健康的饮品，是美好生活的精神享受。因此，茶叶质量安全对茶叶消费显得尤为重要。我国既是茶叶生产大国，也是消费大国和出口大国，对世界茶产业的发展起着重要作用。随着人民生活水平的提高和全球经济一体化的发展趋势，茶叶质量安全成为政府重视、社会关注和人民关心的热点问题。茶叶质量安全检测机构迅速扩增，尤其是基层检测机构发展迅速，检测设施与仪器设备条件显著提升，具备了开展茶叶质量安全检测的能力，并承担了政府监测任务，确保茶叶质量安全。由于茶叶样品属性与指标参数的特点，茶叶质量安全检测技术与其他农产品检测存在较大差异，非茶叶专业检测机构或基层检测机构迫切需要专业指导工具书，从而提高茶叶质量安全检测能力。

近年来，茶叶质量安全标准体系得到不断完善，茶叶质量安全参数不断扩增，评价方法趋于科学、合理。然而，由于标准体系更新快、变化大等特点，导致茶叶质量安全管理者、经营者与生产者存在茶叶质量标准信息不对称、沟通不畅的现象。因此，茶叶质量安全标准信息的追踪、比较与分析，对我国茶叶质量安全控制与管理具有重要的指导意义。

基于以上原因，编者组织长期从事茶叶质量安全检测技术与标准研究人员编著了《茶叶质量安全检测技术与标准》一书。本书提供了茶叶感官审评、理化检测、农药残留检测、重金属检测、微生物及其他有害物质检测技术等标准检测方法，同时介绍了茶叶质量安全检测的前沿技术。本书梳理了茶叶质量安全相关标准，比较了国内外茶叶质量标准差异。本书适用于茶叶质量安全检验检测人员、茶叶管理人员、生产人员。

本书得到茶叶质量与风险评估创新团队项目的资助。

编　者

2019 年 3 月

1

目　　录

第一章　茶叶质量安全检测的基本要求

第一节　茶叶质量安全与标准概述

茶叶是我国传统的经济作物和出口创汇农产品，年出口量一直保持在世界前列。随着人民生活水平的提高和我国对外贸易的扩大，茶叶的质量安全状况越来越受到人们的重视，已成为国际贸易中的技术焦点。许多国家制定了茶叶中农药残留、重金属以及其他各类污染物的限量标准，要求日趋严格，检测项目不断增加。茶叶作为一种大众消费产品，其质量安全关系到人民群众的身体健康和茶叶企业的生存，因此茶叶质量安全备受关注，同时保障好茶叶质量安全也关系到整个茶产业的健康发展。

国家标准 GB/T 19000—2016 质量管理体系基础和术语中将质量表述为"产品和服务的质量不仅包括其预期的功能和性能，而且还涉及顾客对其价值和收益的感知"。茶叶质量是指："茶叶特性及其满足消费要求的程度"。一般指茶叶的色、香、味、形和叶底，以及营养和保健功能成分，有毒有害成分不能超过一定的限量。茶叶作为一种风味食品，其质量既要求产品的品质质量，也包括卫生安全质量。随着时代进步、科技发展，人们对茶产品质量和安全的要求也不断发生变化。

茶叶安全，是指茶叶长期正常饮用对人体不会带来潜在或已知的健康危害。茶叶的安全也是茶叶质量的诸多要素之一。茶叶安全是根本，没有安全作保障，茶叶的质量就无从谈起。提高茶叶安全的目的就是降低茶叶产品对人体危害的风险，杜绝对人体有危害不安全茶叶的生产、流通和消费。影响茶叶安全的主要因素有：物理性污染、化学性污染和生物性污染。化学性污染：茶叶中的有害化学物质首先来源于农药、生长调节剂等的使用，导致茶叶中有害化学物质残留；其次是产地环境污染，如土壤、大气和水污染，导致茶叶中有毒有害元素和放射性物质残留；另外，还有茶叶加工、包装等过程操作不当引起的化学物质污染。物理性污染：个别不法茶叶生产经营者受经济利益的驱使，违规使用色素、香精或在茶叶中掺入水泥和滑石粉等物质，导致茶叶中对人体有害成分的增加。生物性污染：茶叶生产环节多，在种植、加工、包装、贮藏、运输和销售等过程中都有被微生物污染的可能，如生产加工用具和包装材料等被微生物污染；茶叶在加工过程中放置不当，如将茶叶半成品或成品直接放置在地面上造成微生物污染；从事茶叶加工、包装等工作人员的健康有问题，也可能导致茶叶被致病性病源微生物污染。

不安全茶叶具有显著的危害：一是危害的直接性，不安全茶叶直接危害人体健康和生命安全。二是危害的隐蔽性，仅凭感观往往难以辨别茶叶质量安全水平，需要通过仪器设备进行检验检测，甚至还需进行人体或动物实验。部分参数检测难度大、时间长，质量安全状况难以及时准确判断。三是危害的累积性，不安全茶叶对人体危害的表现，往往经过较长时间的积累。如部分农药、兽药残留在人体内积累到一定程度后，才导致疾病的发生并恶化。四是危害产生的多环节性，茶叶生产的产地环境、投入品、生产过程、加工、流通、消费等各环节，包括使用药物、化肥、叶面肥、添加剂、包装污染、生物毒素和病原微生物污染。

党的十九大报告提出要"实施健康中国战略"。茶叶是健康的饮品，茶产业是绿色的产业。因此茶产业是契合健康中国战略的，值得大力发展。但是由于部分茶农的认识欠缺、地方政府的管理不到位，一味追求经济效益，茶叶质量安全问题时有发生，茶树上农药使用量还较大，茶叶中的农残检出率较高，这已经成为茶产业健康持续发展的重要隐患。

质量安全不过关的茶叶在中国寸步难行。茶叶质量安全事关广大人民群众的身体健康和生命安全。近几年来，各级政府对食品安全高度重视，加大力度禁止在茶叶中使用高毒、高残留农药，提高包括茶叶在内的各种农产品和食品的质量安全标准。

质量安全不过关的茶叶难以获得消费者的认可。茶叶是健康的，但不是必需的。党的十九大报告指出："中国特色社会主义进入新时代，我国社会主要矛盾已经转化为人民日益增长的美好生活需要和不平衡不充分的发展之间的矛盾"。当前我国的茶叶产量总体上已经供大于求，但是口感好、质量过硬、安全可靠的茶叶还不能满足人们美好生活的需求。价廉物美将不再是中国老百姓购买物品的主要依据，高品质甚至是完美品质逐渐成为人们的追求。茶叶消费是健康品质生活的象征，在中国更是被赋予文化和艺术的内涵。根据中国农业科学院茶叶质量与风险评估创新团队的调查研究，发现消费者对于茶叶中农药残留的容忍度几乎为零，不是超不超标的问题，而是不允许有。

质量安全不过关的茶叶影响农民增收。一方面，低质量的茶叶无法获得消费者的认可，价格低廉、销路不好，茶农收益不高；另一方面，随着中国产业升级和人民生活水平的提高，茶叶种植、生产和销售的成本都在提高，而只有名优茶、高质量的茶叶才能卖出高价钱，因此茶叶质量安全的好坏直接影响茶农的收益。

质量安全不过关的茶叶影响茶产业的发展。茶叶质量安全关系茶叶企业的生存。一次质量安全事件可能会严重打击一个产业的发展，就如三聚氰胺问题对中国奶粉产业的冲击。近年来，我国的茶叶质量安全得到显著改善。但是，局部茶叶质量安全问题仍然时有发生，潜在的安全隐患不容忽视，这些都严重影响了消费者对茶叶质量安全的信心，不利于茶产业的健康发展，不利于饮茶习惯在年轻人中的推广和中国茶文化的传承。近年来一些个人和组织利用网络的传播效应，将一些局部的质量安全问题拿来攻击整个茶产业，造成了不小的负面影响。

标准是指为了在一定的范围内获得最佳秩序，以科学、技术和经验的综合成果为基础，经协商一致制定并由公认机构批准，共同使用的和重复使用的一种规范性文件。我国规范化的茶叶标准始于 1931 年。时至今日，我国茶叶标准已覆盖到了"从茶园到餐桌"的整个茶叶产业链；茶叶标准化工作的重要性日益显现，关系到广大茶叶消费者的切身利益和茶产业的健康发展。目前，我国茶叶标准分四个层次，即国家标准、行业标准、地方标准和企业标准。以国家标准和企业标准为主体，行业标准和地方标准为补充，构成了我国茶叶标准体系的层次框架。

（1）国家标准：截至 2014 年 4 月，我国涉及茶叶的国家标准，不包括与其他食品通用的检测方法标准，初步统计共有 100 余项。其中，生产、加工和管理标准约 16 项，质量安全标准 4 项，产品标准约 38 项，包装、标签和贮运标准 6 项，检测方法标准约 36 项，其他相关标准若干项。

（2）行业标准：行业标准由各行业主管部门制定和发布。据不完全统计，截至 2014 年 4 月，我国现有的主要茶叶行业标准约有 130 项。其中，茶叶生产、加工和管理标准约 29 项，质量安全标准 6 项，产品标准 9 项，包装、标签和贮运标准 9 项，检测方法标准约 42 项，其他部分为机械标准和其他相关标准。

（3）地方标准：由全国各茶叶主产区和主销区的省、市、地制定和颁布的各类茶叶标准，估计有 500 多项。其中，仅浙江省就有近 100 项。茶叶地方标准一般都是综合性标准，包括茶树种苗、栽培、加工等一系列标准。另外，《中华人民共和国食品安全法》实施后，各地相继出台了不少食品安全地方标准。

（4）企业标准：茶叶企业根据其生产和销售需要制定的企业标准，应按照卫生部《食品安全企业标准备案管理办法》和各省、直辖市、自治区的相关规定，到省级卫生行政部门备案。据估计，目前全国经备案的茶叶企业标准约有 10 000 项。企业标准主要是产品标准。

从总体上讲，我国的茶叶标准数量多、涉及面广、技术水平较高，是世界上茶叶标准最多、最全的国家；但与国际、国外标准，以及与我国茶产业发展需求相比，还存在标准与相关法律法规衔接性不够，部分标准科学性、配套性和实用性不强，标准的宣传、实施和监督工作不力，各种标准过多过繁，质量安全标准内容不全或者指标过松或过严，不利于出口茶叶的质量安全控制等问题。

农药是当前农业生产中不可或缺的物质，它为人类带来益处的同时，也带来了某些负面影响。目前，对农药毒性的认识也存在某些偏见与谬误。正确认识农药及其与人类健康的关系，才能合理地利用农药促进农业生产的发展。饮茶有利于健康，但茶叶中微量的农药残留是否会对饮茶者的健康构成危害是有关各方共同关注的问题。许多国家以保护人类健康为理由，制定了大量的茶叶农药最大残留限量的标准。但各国政府或地区与国际组织制定的差异很大，给茶叶生产者选用农药带来困惑，给消费者饮茶带来疑虑，给茶叶国际贸易造成阻碍。

农药最高残留限量（Maximum Residue Limit，MRL），即对食品用药后产生的允许存在于食品表面或内部的该农药残留的最高量。从另一个角度来讲，MRL 值是指食品、农产品或动物饲料中含有允许的合法农药残留量。

目前各个国家地区和国际组织制定的茶叶中各种农药 800 余项 MRLs 标准，分析了欧盟、日本茶叶中农药 MRLs 的特点。欧盟 MRLs 具有动态性，1993 年至 2004 年，农药标准项目由 43 项增加到 172 项，增长 3 倍；标准限量低，占总数 93% 的项目以检测低限作为最高残留限量，其 MRLs 远远低于食品法典委员会标准。日本 MRLs 数量最多，在"肯定列表制度"中共列出了 276 项茶叶农药 MRLs。将各个国家地区与国际组织的 MRLs 相比较，农药差异很大，某些项目相差数十倍甚至数百倍。对于关乎茶叶进出口数额的农药最大残留标准 MRLs，各国规定不一，科学技术水平发达的国家，其检验检测技术更加先进，相对于发展中国家以及中等发达国家，其倾向于制定更加严苛的进口标准，如欧盟是目前世界上农药最大残留限量标准制定得最为严格的地区之一。

我国农业部与国家卫生计生委联合发布食品安全国家标准《食品中农药最大残留限量》（GB 2763—2016）。我国食品中农药最大残留限量指标将由现行的 2 293 项增加到 4 140 项，新增 1 847 项，该标准是我国监管食品中农药残留的唯一强制性国家标准。

风险评估（Risk Assessment）是指在风险事件发生之前或之后（但还没有结束），该事件给人们的生活、生命、财产等各个方面造成的影响和损失的可能性进行量化评估的工作。即风险评估就是量化测评某一事件或事物带来的影响或损失的可能程度。风险评估是农产品质量安全评价、限量标准制定与风险管理的重要技术支撑。风险评估的过程主要包括以下 4 个方面：危害识别、危害描述、暴露评估和风险描述。

食品中有害物质对人体健康风险评估的理论和技术是近二三十年发展起来的一门

新兴学科，美国等发达国家已普遍应用，FAO、WHO 等国际组织颁布了相关准则，积极推荐成员国在食品安全领域方面应用。近年来，我国已逐渐关注到风险评估的价值和重要性。我国颁布的《中华人民共和国农产品质量安全法》已将风险评估确定为一项最基本的法律制度，其第 6 条规定："国务院农业行政主管部门应当设立由有关方面专家组成的农产品质量安全风险评估专家委员会，对可能影响农产品质量安全的潜在危害进行风险分析和评估。"

茶叶质量安全风险评估是通过科学技术手段，发现和验证可能影响茶叶质量安全的危害因子及其代谢产物，并对其危害程度进行评价的过程，侧重于对茶叶中影响人的健康、安全的因子进行风险探测、危害评定以及茶叶产品本身的营养功能评价，突出茶叶产品从种植养殖环节到进入批发、零售市场或生产加工企业前的环节进行科学评估。开展茶叶质量安全风险评估不仅是完善质量安全标准体系、科学指导农业生产的重要依据，更是保障茶叶健康消费的前提和基础。

为保证茶叶丰收，在生产管理中使用肥料、农药等投入品是不可避免的，所以更应科学评价和看待农药残留、重金属污染等茶叶质量安全问题。目前，常用安全性评价的概念来进行茶叶中有害物质的风险性分析，评价的标准：一是有害物质的毒性，二是人体可能的摄入剂量。前一个指标是世界卫生组织（WHO）每年颁布各种有害物质的每日允许摄入量（ADI），后一个指标可通过有害物质在茶汤中的浸出率来计算获得。众所周知，茶叶是以饮用茶汤的方式进入人体的，因此不应简单地将茶叶中的农药和重金属残留等同于茶汤中的残留，而应根据在茶汤中的实际数量来计算进入人体的量，然后与 ADI 值相比来确定其安全性。

茶叶质量安全相关标准的完善和检测技术的进步，对提高茶叶质量管理、加强消费者信心、促进产业发展具有重要意义。

第二节　检测实验室的基本要求

一、实验室环境

实验室环境是指实验室内的温度、湿度、气压、空气中悬浮颗粒的含量以及污染气体成分等参数的总括。其中有些参数会影响仪器的性能，从而对测定结果产生影响；有些参数则改变了实验条件，直接影响被测样品的分析结果；有时这两种影响兼而有之。例如温度过高，可能使电子仪器和光学仪器性能变差，甚至不能正常工作。高温度还会促使样品变质，称量不准确等。如果相对湿度低于 40%，静电作用变得明显起来，对仪器和样品都可能产生影响。如空气中的悬浮粒产生静电荷，处理样品或贮存样品的塑料器皿极易吸附带电微粒，引起样品污染。

食品卫生理化检验标准方法大部分是属于痕量分析。实验环境、器皿和容器、水和试剂的沾污，将是分析中的主要污染源和误差来源。Gretzinger（1982 年）指出，盛有 10mL 1mol/L 盐酸的 20mL 小烧杯，在实验室放置 6h，沾污的铁达 1～3mg/kg，其中雨天比晴天明显沾污少。放在洁净的工作台内未能观察到铁浓度的增加。表明了实验室环境对沾污的影响。

实验室悬浮颗粒的含量受很多因素的影响，实验室外界空气中的灰尘、烟雾都可以通过各种通道进入实验室；化学反应、化学溅出物和被腐蚀的设备也会形成微粒；刮风、下雨、降雪均影响空气中的微粒含量；室内吸烟严重污染空气、沾污样品；室内墙、地面、天花板构成材料及其表面光滑程度也会影响室内空气中悬浮颗粒的成分和含量。例如，通常测量微量元素的房间应避免使用含微量元素的材料构成墙、地面或天花板，最好用惰性材料，如可在墙和天花板上表面涂上聚氨酯的无色漆，在地上铺乙烯材质的地板革等。

分析人员的汗液、唾液、头屑、表皮、毛发等都是污染的来源，尤其是女性使用的化妆品含有多种微量元素；人员活动也是污染的来源。

因此对痕量分析，要采取防尘措施，尤其超痕量分析工作应采用净化实验室、超净柜或者采取局部防尘措施是十分必要的。美国国家标准局（NBS）分析化学中心曾系统地比较过 100 级超净室、超净柜与普通实验室通风柜中微粒的沾污情况，发现采取净化措施后铅的浓度减少到原来的 1/1 000，铁减少到原来的 1/2 000，铜、镉减少到 1/10。

二、水

（一）实验室水的级别和规格

分析实验室用水共分为三个级别：一级水、二级水、三级水。

一级水用于有严格要求的分析试验，包括对颗粒有要求的试验。如高效液相分析用水。一级水可用二级水经石英设备蒸馏或离子交换混合处理后，再经 0.2μm 微孔滤膜过滤制备。

二级水用于无机痕量分析等试验，如原子吸收光谱分析用水。二级水可用多次蒸馏或离子交换等方法制备。

三级水用于一般分析试验。三级水可用蒸馏或离子交换等方法制备。

实验室用水的规格见表 1-1。

表 1-1 实验室用水规格

名称	一级	二级	三级
pH 值范围（25℃）	—	—	5.0~7.5
电导率（25℃）（mS/m）≤	0.01	0.1	0.5
可氧化物质 [以（O）计]（mg/L）<	—	0.08	0.4
吸光度（254nm，1cm 光程）≤	0.001	0.01	—
蒸发残渣（105±2）℃（mg/L）≤	—	1.0	2.0
可溶性硅（以 SiO_2 计）（mg/L）<	0.01	0.02	—

注1：由于在一级水、二级水的纯度下，难以测定其真实的 pH 值，因此，对一级水、二级水的 pH 值范围不做测定。

注2：一级水、二级水的电导率需用新的水"在线"测定。

注3：由于在一级水的纯度下，难以测定可氧化物质和蒸发残渣，对其限量不做规定。可用其他条件和制备方法来保证一级水的质量。

（二）实验室用水的贮存

各级用水均使用密闭的专用聚乙烯容器。三级水也可以使用密闭的、专用的玻璃容器。

新容器在使用前须用 20% 盐酸溶液浸泡 2~3d，再用待测水反复冲洗，并注满待测水浸泡 6h 以上，然后进行检验，检验合格后方可使用。

各级用水在贮存期间，其沾污的主要来源是容器可溶成分的溶解、空气中二氧化碳和其他杂质。因此，一级水不可贮存，使用前即时制备。二级水、三级水可适当储备，分别贮存在预先经同级水清洗过的相应容器中。

各级用水在运输过程中应避免沾污。

（三）实验室用水的制备

1. 一次蒸馏水

一次蒸馏水是指用金属蒸馏器、全玻璃蒸馏器或石英蒸馏器等，一次蒸馏所获得的纯水。一次蒸馏水的质量因蒸馏器的材料不同而异，并与贮存器的材料有关。

（1）金属蒸馏器：通常用纯钢、黄铜或青铜制造，所有接触蒸馏液的表面均厚镀纯锡。所得蒸馏水含 Zn、Fe、Mn、Cu、Ni、Pb 等金属杂质，其电导率仅为 3.0~1.0mS/m。此水只适用于清洗一般容器，配制定性分析试液和确认不产生干扰的定量分析。当进行重金属分析测定时，特别要注意空白值。

（2）全玻璃蒸馏器：蒸馏器用高硼硅酸盐玻璃制作，所得蒸馏水电导率为 1.0~0.5mS/m。但有硅、硼等干扰，Zn、Cu、Pb 等金属杂质含量比金属蒸馏器低，适用于配制多数定量分析试液。

（3）石英蒸馏器：所得蒸馏水电导率为 0.5～0.3mS/m，不含 Si、B，金属杂质极少。适用于配制低含量金属或非金属分析试液。但是石英蒸馏器价格昂贵，易碎，操作要小心。

（4）亚沸蒸馏器：用很小的热源功率，使水在沸点以下缓慢蒸发的方法叫亚沸蒸馏。所得蒸馏水几乎不含金属杂质，适用于所有试验。但速度很慢，收效甚低（一天约 1L）。

2. 去离子水

将蒸馏水缓慢通过离子交换树脂床，可获得去离子高纯水。用新离子交换床处理蒸馏水可得电导率 0.006mS/m 的去离子水，接近理论纯水（0.005mS/m）。

去离子水一旦接触空气，其电阻率迅速下降，若将水贮存在普通软质玻璃瓶中，其电阻率将随贮存时间的延长而继续下降。

去离子水由于含金属杂质极少，特别适合配制分析痕量金属的试液。但由于水与树脂接触，使水中存在微量树脂浸出物而不适合配制有机分析的试液。一些电化学仪器的电极表面，常被树脂有机物所污染，也不能用去离子水。

分析质量考核中规定，水电导率在 0.05mS/m 以上用来配制试剂以及标准溶液；电导率 0.2～0.05mS/m 的水用来洗刷仪器，用去离子水可达此效果。

3. 特殊要求的蒸馏水

（1）无氨水：普通蒸馏水通过阳离子交换树脂即可除氨，或加入硫酸使 pH 值小于 2.0，使水中各种形态的氨或胺全部变成不挥发的盐类，蒸馏即可获得。

（2）无二氧化碳水：将蒸馏水煮沸 15min，密闭条件冷至室温即可获得。

（3）无有机氯水：市售蒸馏水中均含微量有机氯，用重蒸方法很难去除，可用 1%石油醚（或用正己烷、苯、环己烷等）萃取 2 次，经萃取分离后的水不含有机氯。

三、化学试剂

（一）常用试剂的规格

化学试剂的门类很多，世界各国对化学试剂的分类和分级的标准不尽一致。国际标准化组织（ISO）近年来已陆续建立了很多种化学试剂的国际标准。我国化学药品的等级是按杂质含量的多少来划分的。如表 1-2 所示。

表 1-2　我国化学药品等级的划分

等级	名称	英文名称	符号	适用范围	标签标志
一级试剂	优级纯	Guaranteed Reagent	GR	纯度很高，适用于精密分析工作和科学研究工作	绿色

（续表）

等级	名称	英文名称	符号	适用范围	标签标志
二级试剂	分析纯	Analytical Reagent	AR	纯度仅次于一级品，适用于一般定性定量分析工作和科学研究工作	红色
三级试剂	化学纯	Chemically Pure	CP	纯度较二级差些，适用于一般定性分析工作	蓝色
四级试剂	试验试剂 医用生物试剂 化学试剂	Laboratorial Reagent Biological Reagent Chemical Reagent	LR BR 或 CR	纯度较低，适用作试验辅助试剂及一般化学制备	棕色或其他颜色 黄色或其他颜色

此外，还有基准试剂、光谱纯试剂、色谱纯试剂等。在普通化学试验中用于配制试剂的常用市售浓酸、碱溶液的浓度见表1-3。

表1-3　常用的市售浓酸、碱溶液的浓度

物质	HCl	HNO_3	H_2SO_4	H_3PO_4	$HClO_4$	$NH_3 \cdot H_2O$
浓度（mol/L）	12	16	18	18	12	15

试剂的配制应该根据节约的原则，按试验的要求，分别选用不同规格的试剂。不要认为试剂越纯越好，超越具体条件盲目追求高纯度而造成浪费。当然也不能随意降低规格而影响测定结果的准确度。

（二）试剂的保管

试剂保管不当，会变质失效，不仅造成浪费，甚至会引起事故。一般的化学试剂应保存在通风良好、干净、干燥的房子里，以防止被水分、灰尘和其他物质污染。同时，应根据试剂的不同性质而采取不同的保管方法。

容易侵蚀玻璃而影响试剂纯度的试剂，如氢氟酸、含氟盐（氟化钾、氟化钠、氟化铵）和苛性碱（氢氧化钾、氢氧化钠），应保存在聚乙烯塑料瓶或涂有石蜡的玻璃瓶中。

见光会逐渐分解的试剂，（如过氧化氢、硝酸银、焦性没食子酸、高锰酸钾、草酸、铋酸钠等），与空气接触易逐渐被氧化的试剂（如氯化亚锡、硫酸亚铁、硫代硫酸钠、亚硫酸钠等），以及易挥发的试剂（如溴、氨水及乙醇等），应放在棕色瓶内置冷暗处。

吸水性强的试剂，如无水碳酸盐、苛性钠、过氧化钠等应严格密封（应该蜡封）。

相互易作用的试剂，如挥发性的酸与氨，氧化剂与还原剂应分开存放。易燃的试剂，如乙醇、乙醚、苯、丙酮与易爆炸的试剂，如高氯酸、过氧化氢、硝基化合物，应分开贮存在阴凉通风、不受阳光直射的地方。

剧毒试剂，如氰化钾、氰化钠、氢氟酸、二氯化汞、三氧化二砷（砒霜）等，应特别注意由专人妥善保管，严格做好记录，经一定手续取用，以免发生事故。

极易挥发并有毒的试剂可放在通风橱内，当室内温度较高时，可放在冷藏室内保存。

（三）试剂滴液的配制

配制试剂溶液时，首先根据所配制试剂纯度的要求，选用不同等级试剂，再根据配制溶液的浓度和数量，计算出试剂的用量。经称量后的试剂置于烧杯中加少量水，搅拌溶解，必要时可加热促使其溶解，再加水至所需的体积，摇匀，即得所配制的溶液。用液态试剂或浓溶液稀释成稀溶液时，需先计量试剂或浓溶液的相对密度，再量取其体积，加入所需的水搅拌均匀即成。

配制饱和溶液时，所用试剂量应稍多于计算量，加热使之溶解、冷却，待结晶析出后再用。

配制易水解盐溶液时，应先用相应的酸溶液〔如溶解 $SbCl_3$、$Bi(NO_3)_3$ 等〕或碱溶液（如溶解 Na_2S 等）溶解，以抑制水解。

配制易氧化的盐溶液时，不仅需要酸化溶液，还需加入相应的纯金属，使溶液稳定。例如，配制 $FeSO_4$、$SnCl_2$ 溶液时，需分别加入金属铁、金属锡。

配制好的溶液盛装在试剂瓶或滴瓶中，摇匀后贴上标签，注意标明溶液名称、浓度和配制日期。

对于经常大量使用的溶液，可预先配制出比预定浓度约大 10 倍的储备液，用时再行稀释。

（四）试剂的取用

1. 液体试剂的取法

从平顶瓶塞试剂瓶取用试剂的方法：取下瓶塞把它仰放在台上，用左手的拇指、食指和中指拿住容器（如试管、量筒等）。用右手拿起试剂瓶，注意使试剂瓶上的标签对着手心，慢慢倒出所需要量的试剂。倒完后，应该将试剂瓶口在容器上靠一下，再使瓶子竖直，这样可以避免遗留在瓶口的试剂从瓶口流到试剂瓶的外壁。

如所盛容器是烧杯，则应左手持玻棒，让试剂瓶口靠在玻棒上，使滴液顺玻璃棒流入烧杯。倒毕，应将瓶口顺玻棒向上提一下再离开玻棒，使瓶口残留的溶液顺玻棒流入烧杯。必须注意倒完试剂后，瓶塞须立刻盖在原来试剂瓶上，把试剂瓶放回原处，并使瓶上的标签朝外。

从滴瓶中取用少量试剂时，先提起滴管，使管口离开液面，用手指捏紧滴管上部的橡皮头，以赶出滴管中的空气。然后把滴管伸入试剂瓶中，放开手指，吸入试剂，再提起滴管，将试剂滴入试管或烧杯中。使用滴瓶时，必须注意下列各点：

（1）将试剂滴入试管中时，必须用无名指和中指夹住滴管，将它悬空地放在靠近试管口的上方，然后用拇指和食指挤捏橡皮头，使试剂滴入试管中。绝对禁止将滴管伸入试管中，否则滴管的管端将很容易碰到试管壁上而沾附其他溶液。如果再将此滴管放回试剂瓶中，则试剂将被污染，不能再使用。滴管口不能朝上，以防管内溶液流入橡皮头内与橡皮发生作用，腐蚀橡皮头并沾污滴瓶内的溶液。

（2）滴瓶上的滴管只能专用，不能和其他滴瓶上的滴管搞错，因此，使用后应立即将滴管插回原来的滴瓶中，勿张冠李戴。一旦插错了滴管，必须将该滴瓶中的试剂全部倒掉，洗净滴瓶及滴管，重新装入纯净的试剂溶液。

（3）试剂应按次序排列，取用试剂时不得将瓶从架上取下，以免搞乱顺序，寻找困难。

2. 固体试剂的取法

固体试剂一般都用药匙取用。药匙用牛角、塑料或不锈钢制成，两端分别为大小两个匙，取大量固体用大匙，取少量固体时用小匙。取用的固体要加入小试管里时，也必须用小匙。使用的药匙，必须保持干燥而洁净，且专匙专用。

试剂取用后应立即将瓶塞盖严，并放回原处。

要求称取一定质量的固体试剂时，可把固体放在干净的称量纸上或表面皿上，再根据要求在台秤或分析天平上进行称量。具有腐蚀性或易潮解的固体不能放在纸上，而应放在玻璃容器（小烧杯或表面皿）内进行称量。

表1-4　市售浓酸和氨水的密度及其浓度近似值

	HCl	H_2SO_4	HNO_3	$NH_3 \cdot H_2O$
密度（g/mL）	1.19	1.84	1.42	0.89
浓度（mol/L）	12	18	16	15
质量百分比（%）	38	98	69	28

表1-5　用市售浓酸、浓碱在室温下稀释为一定密度的溶液

HCl	$\chi\rho$（g/mL）	0.24	0.41	0.65	0.99	1.51	2.50				
		1.04	1.06	1.08	1.10	1.12	1.14				
H_2SO_4	$\chi\rho$（g/mL）	0.15	0.24	0.28	0.36	0.46	0.57	0.70	0.85	1.04	1.28
		1.15	1.20	1.25	1.30	1.35	1.40	1.45	1.50	1.55	1.60
HNO_3	$\chi\rho$（g/mL）	0.29	0.39	0.61	0.94	1.50	2.81				
		1.10	1.15	1.20	1.25	1.30	1.35				
$NH_3 \cdot H_2O$	$\chi\rho$（g/mL）	0.18	0.45	0.92	1.87	4.83					
		0.98	0.97	0.94	0.92	0.90					

注：表中χ值为所取试剂的体积与水的体积比，ρ为溶液的密度。

表1-6　用市售酸碱配制一定质量百分比的溶液

溶液	密度（g/mL）	需要配制的稀溶液					
		25%	20%	10%	5%	2%	1%
HCl	1.19	635	497	237	115.5	45.5	33.0
H_2SO_4	1.84	168	130	61	29.0	11.5	6.0
HNO_3	1.42	313	244	115	56.0	22.0	11.0
$NH_3 \cdot H_2O$	0.89	不必稀释	814	422	215	87.0	44.0

注：用移液管或量筒按表中所列数据（单位为mL）量取市售浓酸或氨水，加水稀释至1L。浓硫酸要先注入适量水中成稀溶液后，再用水稀释至1L。

表1-7　以物质的量浓度表示的酸溶液的配制

酸的名称	浓度（mol/L）（近似值）	配制用量与方法
HCl	6	取12mol/L HCl与等体积水混合
	4	取12mol/L HCl 334mL加水稀释至1 000mL
	3	取12mol/L HCl 250mL加水稀释至1 000mL
	2	取12mol/L HCl 167mL加水稀释至1 000mL
	1	取12mol/L HCl 84mL加水稀释至1 000mL
H_2SO_4	6	取18mol/L H_2SO_4 334mL，缓缓注入约600mL水中，再加水稀释至1 000mL
	3	取18mol/L H_2SO_4 167mL，缓缓注入约800mL水中，再加水稀释至1 000mL
	1	取18mol/L H_2SO_4 56mL，缓缓注入约900mL水中，再加水稀释至1 000mL

（续表）

酸的名称	浓度（mol/L）（近似值）	配制用量与方法
HNO₃	6	取 16mol/L HNO₃ 375mL 加水稀释至 1 000mL
	3	取 16mol/L HNO₃ 188mL 加水稀释至 1 000mL
	2	取 16mol/L HNO₃ 125mL 加水稀释至 1 000mL
	1	取 16mol/L HNO₃ 63mL 加水稀释至 1 000mL
CH₃COOH	1	取 17mol/L HAc（密度约 1.05g/mL）59mL 加水稀释至 1 000mL

表 1-8　以物质的量浓度表示的碱溶液的配制

碱的名称	浓度（mol/L）（近似值）	配制用量与方法
NaOH	6	将 240g NaOH 溶于约 100mL 水中，再加水稀释至 1 000mL
	3	将 120g NaOH 溶于约 100mL 水中，再加水稀释至 1 000mL
	1	将 40g NaOH 溶于约 100mL 水中，再加水稀释至 1 000mL
NH₃·H₂O	6	取 15mol/L 氨水（密度为 0.9g/mL）400mL 加水稀释至 1 000mL
	2	取 15mol/L 氨水 134mL 加水稀释至 1 000mL
	1	取 15mol/L 氨水 67mL 加水稀释至 1 000mL
KOH	6	将 339g KOH 溶于约 200mL 水中，再加水稀释至 1 000mL
	1	将 56g KOH 溶于约 100mL 水中，再加水稀释至 1 000mL
Ca（OH）₂	0.05	将约 1.5g CaO 或 2g Ca（OH）₂ 置于 1 000mL 水中，搅动，得饱和溶液，过滤，贮于试剂瓶中盖严

四、常用器皿

（一）常用玻璃实验器皿类型

1. 试管

试管是一种实验室常用的玻璃器皿，是由玻璃构成的如同手指形状的管子，顶端开口，通常是光滑的，底部呈"U"形。试管的长度从几厘米到 20cm 不等，直径在几毫米到数厘米之间。试管被设计为能通过控制火焰对样品进行简易加热的产品，所以通常由膨胀率大的玻璃制成，如硼硅酸玻璃。当多种微量化学或生物样品需要操作或贮藏时，试管通常比烧杯更好用。在生物和化学试验中，试管的使用是非常普遍的，因此试管与烧瓶和烧杯一起，成为了科学实验的同义词，成为了科学进步的标志。

2. 烧杯

烧杯是一种常见的实验室玻璃器皿，通常由玻璃、塑料或者耐热玻璃制成。烧杯呈圆柱形，顶部的一侧开有一个槽口，便于倾倒液体。有些烧杯外壁还标有刻度，可以粗略地估计烧杯中液体的体积。烧杯一般都可以加热，在加热时应该均匀加热，最好不要烧干。烧杯经常用来配置溶液和作为较大量的试剂的反应容器。在操作时，经常会用玻璃棒或者磁力搅拌器来进行搅拌。常见的烧杯规格有：10mL、15mL、25mL、50mL、100mL、250mL、400mL、500mL、600mL、1 000mL、2 000mL。

3. 烧瓶

烧瓶通常具有圆肚细颈的外观，与烧杯明显不同。它的窄口是用来防止溶液溅出或是减少溶液的蒸发，并可配合橡皮塞的使用，来连接其他的玻璃器材。当溶液需要长时间的反应或是加热回流时，一般都会选择使用烧瓶作为容器。烧瓶的开口没有像烧杯般的突出槽口，倾倒溶液时更易沿外壁流下，所以通常都会用玻棒轻触瓶口以防止溶液沿外壁流下。烧瓶因瓶口很窄，不适用玻棒搅拌，若需要搅拌时，可以手握瓶口微转手腕即可顺利搅拌混匀。若加热回流时，则可于瓶内放入磁性搅拌子，以加热搅拌器加以搅拌。烧瓶随着其外观的不同可分平底烧瓶和圆底烧瓶两种。通常平底烧瓶用在室温下的反应，而圆底烧瓶则用在较高温下的反应。这是因为圆底烧瓶的玻璃厚薄较均匀，可承受较大的温度变化。

4. 容量瓶

容量瓶主要用于准确地配制一定浓度的溶液。它是一种细长颈、梨形的平底玻璃瓶，配有磨口塞。瓶颈上刻有标线，当瓶内液体在所指定温度下达到标线处时，其体积即为瓶上所注明的容积数。一种规格的容量瓶只能量取一个量。常用的容量瓶有100mL、250mL、500mL等多种规格。

使用容量瓶配制溶液的方法如下：

（1）使用前检查瓶塞处是否漏水。具体操作方法：在容量瓶内装入半瓶水，塞紧瓶塞，用右手食指顶住瓶塞，另一只手五指托住容量瓶底，将其倒立（瓶口朝下），观察容量瓶是否漏水。若不漏水，将瓶正立且将瓶塞旋转180°后，再次倒立，检查是否漏水，若两次操作，容量瓶瓶塞周围皆无水漏出，即表明容量瓶不漏水。经检查不漏水的容量瓶才能使用。

（2）把准确称量好的固体溶质放在烧杯中，用少量溶剂溶解。然后把溶液转移到容量瓶里。为保证溶质能全部转移到容量瓶中，要用溶剂多次洗涤烧杯，并把洗涤溶液全部转移到容量瓶里。转移时要用玻璃棒引流。方法是将玻璃棒一端靠在容量瓶颈内壁上，注意不要让玻璃棒其他部位触及容量瓶口，防止液体流到容量瓶外壁上。

（3）向容量瓶内加入的液体液面离标线1cm左右时，应改用滴管小心滴加，最后使液体的弯月面与标线正好相切。若加水超过刻度线，则需重新配制。

（4）盖紧瓶塞，用倒转和摇动的方法使瓶内的液体混合均匀。静置后如果发现液面低于刻度线，这是因为容量瓶内极少量溶液在瓶颈处润湿所损耗，所以并不影响所配制溶液的浓度，故不要在瓶内添水，否则，会使所配制的溶液浓度降低。

使用容量瓶时应注意以下几点：

（1）容量瓶的容积是特定的，刻度不连续，所以一种型号的容量瓶只能配制同一体积的溶液。在配制溶液前，先要弄清楚需要配制的溶液的体积，然后再选用相同规格的容量瓶。

（2）不能在容量瓶里进行溶质的溶解，应将溶质在烧杯中溶解后转移到容量瓶里。

（3）用于洗涤烧杯的溶剂总量不能超过容量瓶的标线。

（4）容量瓶不能进行加热。如果溶质在溶解过程中放热，要待溶液冷却后再进行转移，因为一般的容量瓶是在20℃的温度下标定的，若将温度较高或较低的溶液注入容量瓶，容量瓶则会热胀冷缩，所量体积就会不准确，导致所配制的溶液浓度不准确。

（5）容量瓶只能用于配制溶液，不能贮存溶液，因为溶液可能会对瓶体进行腐蚀，从而使容量瓶的精度受到影响。

（6）容量瓶用毕应及时洗涤干净，塞上瓶塞，并在塞子与瓶口之间夹一条纸条，防止瓶塞与瓶口粘连。

5. 量筒

量筒是用于量取液体体积的玻璃仪器，外壁上有刻度。常用量筒的规格有5mL、10mL、20mL、25mL、50mL、100mL、200mL等。使用量筒量液时，应把量筒放在水平的桌面上，使眼的视线和液体凹液面的最低点在同一水平面上，读取和凹面相切的刻度即可。不可用手举起量筒看刻度。量取指定体积的液体时，应先倒入接近所需体积的液体，然后改用胶头滴管滴加。使用量筒时应注意：用量筒量取液体体积是一种粗略的计量法，所以在使用中必须选用合适的规格，不要用大量筒计量小体积，也不要用小量筒多次量取大体积的液体，否则都会引起较大的误差。量筒是厚壁容器，绝不能用来加热或量取热的液体，也不能在其中溶解物质、稀释和混合液体，更不能用作反应容器。

注意事项：

（1）不能用量筒配制溶液或进行化学反应。

（2）不能加热，也不能盛装热溶液，以免炸裂。

（3）量取液体时应在室温下时进行。

（4）读数时，视线应与液凹液面最低点水平相切。

（5）量取已知体积的液体，应选择比已知体积稍大的量筒，否则会造成误差过大。如量取 15mL 的液体，应选用容量为 20mL 的量筒，不能选用容量为 50mL 或 100mL 的量筒。

（二）玻璃器皿的清洁方法

清洁玻璃器皿的方法很多，应根据试验的要求、污物性质和污染的程度来选用。普通粘附在仪器上的污物，有可溶性物质，也有不溶性物质和尘土，还有油污和有机物质。针对各种情况，可以分别采用下列洗涤方法。

1. 能用毛刷刷洗的玻璃器皿的清洗

能用毛刷刷洗的玻璃器皿有试管、烧杯、试剂瓶、锥形瓶、量筒等广口玻璃仪器，其清洗方法如下：

（1）用水洗：根据要洗涤的玻璃仪器的性状选择合适的毛刷，如试管刷、烧杯刷、平刷、滴定管刷等。用毛刷蘸水洗刷，可使溶性物质溶去，也可使附着在玻璃仪器上的尘土和不溶物脱落下来，但往往洗不去油污和有机物质。

（2）用洗涤剂洗：蘸取洗涤剂（如洗衣粉），仔细刷洗玻璃仪器内外壁（特别是内壁）。为了提高洗涤效率，可将洗涤剂配成 1%~5% 的水溶液，加温浸泡要洗的玻璃仪器片刻后，再用毛刷反复刷洗。对污物黏附较紧的玻璃仪器，可在上述洗涤液中加入适量去污粉。刷洗后用自来水冲洗干净。若仍有油污，可用铬酸洗液浸泡，使用时先将要洗涤玻璃器皿内的水液倒尽，再将铬酸洗液倒入欲洗涤的玻璃器皿中浸泡数分钟至数十分钟，如将洗液预先温热，则收效更好。刷洗后的玻璃器皿和铬酸洗液浸泡后的玻璃器皿用自来水反复冲洗，彻底冲洗干净洗涤剂（如果洗涤剂没有洗净，装水后弯月面变平），再用蒸馏水或去离子水漱洗 2~3 次。将漱洗后的玻璃器皿置于器具架上自然沥干，或置于 100~130℃ 的烤箱中烘干。

2. 不能用毛刷刷洗的玻璃器皿的清洗

（1）吸量管、移液管、容量瓶等小口玻璃量器，使用后应立即浸泡于凉水中，勿使沾污物质干涸。工作完毕后用流水冲洗，初步除去附着的试剂、蛋白质等物质。晾干后浸泡于铬酸洗液中 4~6h 或过夜，然后用自来水充分冲洗干净，再用蒸馏水或去离子水漱洗 2~3 次，置于量器架上自然干燥。急用时可置烤箱中在 80℃ 以下烘干，或于量器中加入少量无水乙醇或甲醇、乙醚之类溶剂，慢慢转动使其布满整个容器内壁，然后倒出，再吹干或加负压抽干，即可达到快速干燥的目的。

（2）分光光度计用的比色皿，用毕应用自来水反复冲洗干净。如洗不干净时可采取以下方法：

①可用 3.5mol/L HNO₃（20%）溶液或稀盐酸冲洗，再用自来水、蒸馏水冲洗干净。

②浸泡于溶液Ⅰ（0.2mol/L Na₂CO₃（2%）溶液＋少量离子表面活性剂）后水洗，再浸泡于溶液Ⅱ（HNO₃（1∶5）＋少许 H₂O₂），用自来水、蒸馏水冲洗干净。

③玷污有颜色的有机物质时，浸泡于浓盐酸∶95%乙醇＝1∶2（v/v）的溶液后，用自来水、蒸馏水冲洗干净。切记勿用毛刷刷洗或用粗糙的布或纸擦拭，以免损坏比色皿的透光度，亦应避免用较强的碱液或强氧化剂清洗。洗净后倒置晾干备用。

（3）可调定量移液器，使用完毕后，如长期不使用，必须将加液器在蒸馏水内连续抽打数次，把管内活塞洗净，以免活塞卡死，特别是使用容易结晶的碱性液体后，除了要用自来水、蒸馏水清洗外，还要抽出捏手进行清洗，然后自然晾干或置烤箱在 80℃ 以下烘干，装好保存。

（4）新玻璃器皿的清洗：新玻璃器皿的表面常附着有游离的碱性物质，可先用热合成洗液或肥皂水刷洗，流水冲洗，再用 0.3～0.6mol/L HCl（1%～2%）溶液浸泡 4h 以上，以除去游离碱，再用流水冲洗干净。对容量较大的容器，洗净后，注入少量浓盐酸，慢慢转动，使浓盐酸布满整个容器内壁，数分钟后倾出浓盐酸，用流水冲洗干净，然后用蒸馏水漱洗 2～3 次，自然晾干或置于烤箱烘干备用。

（5）油污玻璃器皿的清洗：被石蜡、凡士林或其他油脂类沾污的玻璃器皿，要单独洗涤，防止油脂污染其他玻璃器皿，增加洗涤困难。洗涤时，首先除去油脂，将油污玻璃器皿倒立于铺有吸水力强的厚纸的铁丝筐内，置于 100℃ 烤箱中烘烤 30min（小心失火），使油脂熔化被厚纸吸收，再置碱性洗液中煮沸，趁热洗刷，可除去油脂。然后再按上述 A 或 B 的方法清洗。

生化试验对玻璃器皿的要求是以化学清洁的标准来衡量的，即玻璃器皿表面不应沾附有任何杂质。经自来水洗净的玻璃器皿，其表面往往还留有 Ca²⁺、Mg²⁺、Cl⁻ 等离子，所以应用蒸馏水或去离子水 2～3 次，把它们洗去。使用蒸馏水或去离子水的目的，只是洗去附着在仪器表面的自来水，所以应采用少量多次的原则。清洁的玻璃器皿，如用蒸馏水漱洗后，其内壁应能被水均匀湿润且无条纹及水珠，十分明亮光洁。

五、仪器设备

（一）仪器设备采用统一采购、统一验收、统一建立设备档案的管理模式

在采购方面，强调技术参数、价格、性能等多方面对设备进行可行性研究和比较

评价。在验收方面，由统一设备采购部门组织专业人员验收，对其计量性能及状态进行检查并做好相关记录，填写《仪器、设备、物资材料验收记录》。在设备建档方面，由档案管理人员专门建档。设备档案除包括设备使用前的资料外，还包括在以后的使有过程中直至报废的所有资料和记录。其目的是当发生问题时，可以有效地追溯。

（二）仪器设备的计量检定/校准管理

为保障检验仪器设备处于受控状态，保证检测数据的准确、可靠，制定和建立了《设备校准检定、自校计划》《计量器具周检台账》和《设备检定监控表》。对于检定和校准的结果执行由专业负责人执行有效评估，对于偏差或不确定度较高的设备按降级或修正或报废等方式解决。

（三）仪器设备的维护及日常管理

每台（套）仪器设备均应建立一份档案，统一编号并设专人负责仪器设备的保管、检定、校验以及仪器设备档案的管理工作。

仪器设备档案的内容应包括：

（1）仪器设备产品使用说明书。

（2）仪器设备验收记录。

（3）仪器设备检定或校验记录。

（4）仪器设备检定或检验合格证书。

（5）使用记录。

（6）检测前后仪器设备情况记录。

（7）故障及维修记录等。

在仪器设备档案中应有仪器设备一览表（内容包括仪器设备名称、技术指标、制造厂家、购置日期及保管人等）、仪器设备检定周期表（内容包括仪器设备名称、编号、检定周期、检定单位、最近检定日期、送检负责人等）、仪器设备档案总目录和仪器设备档案借阅记录等。

所有国家强制检定或需自行校验的仪器设备均应张贴有统一格式的明显标志，即"合格""准用""停用"三种。各种标志的内容应包括仪器编号、检定日期、检定结论、下次检定日期以及检定单位等内容。

每台仪器设备旁边除应有使用及检测前后情况登记本外，还应有仪器设备的操作规程及使用注意事项。

（四）仪器设备的降级报废管理

仪器设备使用到期后，设备管理员会及时向管理部门提出《设备降级使用或报废申请》，经相关领导批准后，将下发《设备降级使用或停用通知书》，并存入相关设备档案，该设备正式降级或报废。

第三节　检测样品的采集、制备与储藏

在茶叶检验过程中，样品的采集和样品的制备方法会直接影响检验结果的准确性。为了保证茶叶检验结果的准确性和重现性，必须有统一的、合理的样品采集和样品制备的方法。这种方法既要从茶叶生产和贸易的实际情况出发，起到促进生产、管制品质的作用，又要适应茶叶检验标准及方法的水平，保证茶叶贸易的正常进行。因此，茶叶检验过程中样品的采集以及样品制备的方法既要准确、稳定，又要简便、快速。检验样品的保存则是为了在检验过程结束后，当检测数据有必要进行重复或验证提供的备份，是为检验样品提供的实物依据。

在茶叶检验过程中，样品的采集就是对所检样品进行的取样。茶叶品质的好坏是由感官指标、理化指标和卫生指标等多项因子综合决定的。大部分茶叶是在口岸拼配或由加工厂原箱包装的，货源广，品种多，还有生产季节和加工方法的差异，以及受匀堆装箱等技术条件的限制，所以要抽取供检验用的具有高度代表性的样品，是一项极为重要的工作。在茶叶检验工作中如果样品没有代表性，即使检验工作准确，还是反映不了整批商品茶叶品质的实际情况。

取样是按照标准规定在整批商品中抽取一定数量具有代表性的样品，供检验分析。它是检验工作的开始，也是保证检验结果正确性的基础，没有样品的代表性，就没有检验结果的准确性。

一、茶叶取样

（一）取样的基本要求

应用统一的方法和步骤取样，抽取的样品应能充分代表整批茶叶品质。

（二）取样条件

取样条件包括工作环境条件和器具条件。

①取样工作环境应满足食品卫生的有关规定，防止外来杂质混入样品中。

②取样用具和盛器（包装袋）应符合食品卫生的有关规定，要清洁、干燥、无锈、无异味，盛器（包装袋）应能防尘、防潮、避光。

（三）取样人员

应由有经验的取样人员或经培训合格的取样人员负责取样，或交由专门的取样机构负责取样。

（四）取样工具和器具

取样时应使用的工具和器具主要有：开箱器、取样铲、有盖的专用茶箱、塑料布、分样器、茶样罐、包装袋或者其他适用于取样的工具。

（五）取样方法与程序

1. 大包装茶取样

（1）大包装茶取样件数

1~5件，取样1件；

6~50件，取样2件；

51~500件，每增加50件（不足50件者按50件计）增取1件；

501~1 000件，每增加100件（不足100件者按100件计）增取1件；

1 000件以上，每增加500件（不足500件者按500件计）增取1件。

为保证所取的样品具有代表性，在取样时如发现茶叶品质、包装或堆存有异常情况时，应酌情增加或扩大取样数量，必要时停止取样。

（2）随机取样

采用随机取样的方法，用随机数表随机抽取需取样的茶叶件数。如没有该表，可采用下列方法：

设 N 是一批中的件数，n 是需要抽取的件数，取样时可从任一件开始计数，按1、2、…、r，$r=N/n$（如果 N/n 不是整数，便取其整数部分为 r），挑选出第 r 件作为茶叶样品，继续数并挑出每个第 r 件，直到取得所需的件数为止。

（3）大包装茶取样步骤

a. 包装时取样：包装时取样，即在产品包装过程中取样。在茶叶定量装件时，抽取规定的件数，每件用取样铲取出样品约250g作为原始样品，盛于有盖的专用茶箱中，然后混匀，用分样器或四分法逐步缩分至500~1 000g，作为平均样品，分装于两个茶样罐中，供检验用。检验用的试验样品应有所需的备份，以供复验或备查之用。

b. 包装后取样：包装后取样，即在产品成件、打包、刷唛后取样。在整批茶叶包装完成后的堆垛中，抽取规定的件数，逐件开启包装，分别将茶叶全部倒在塑料布上，用取样铲各取出有代表性的样品约250g，置于有盖的专用茶箱中，混匀，用分样器或四分法逐步缩分至500~1 000g，作为平均样品，分装于两个茶样罐中，供检验用。检验用的试验样品应有所需的备份，以供复验或备查之用。

2. 小包装茶取样

（1）小包装茶取样件数

小包装茶取样件数规定同"大包装茶取样件数"。

当取样总质量未达到平均样品的最小质量值时，应增加抽样件数，以达到取样所要求总质量的最小值，满足检验所需的取样质量值。

为保证所取的样品具有代表性，在取样时如发现茶叶品质、包装或堆存有异常情况时，应酌情增加或扩大取样数量，必要时停止取样。

（2）小包装茶取样步骤

包装时取样同"大包装茶取样步骤"。

包装后取样。在整批茶叶包装完成后的堆垛中，抽取规定的件数，逐件开启，从各件内取出2~3盒（听、袋）。所取样品保留数盒（听、袋），盛于防潮的容器中，供进行单个检验。其余部分现场拆封，倒出茶叶混匀，再用分样器或四分法逐步缩分至500~1 000g，作为平均样品，分装于两个茶样罐中，供检验用。检验用的试验样品应有所需的备份，以供复验或备查之用。

3. 紧压茶取样

（1）紧压茶取样件数：同"大包装茶取样件数"。

（2）紧压茶取样步骤

沱茶取样：抽取规定的件数，每件取1个（约100g）。若取样总数大于10个，则在取得的总个数中，抽取6~10个作为平均样品，分装于两个茶样罐或包装袋中，供检验用。检验用的试验样品应有所需的备份，以供复验或备查之用。

砖茶、饼茶、方茶取样：抽取规定的件数，逐件开启，取出1~2块。若取样总块数较多，则在取得的总块数中，单块质量在500g以上的，留取2块，500g及500g以下的，留取4块。分装于两个包装袋中，供检验用。检验用的试验样品应有所需的备份，以供复验或备查之用。

捆包的散茶取样：抽取规定的件数，从各件的上、中、下部取样，再用分样器或四分法缩分至500~1 000g，作为平均样品，分装于两个茶样罐或包装袋中，供检验用。检验用的试验样品应有所需的备份，以供复验或备查之用。

（六）样品的包装和标签

大包装茶、小包装茶和紧压茶取样后，都要对所取的样品进行包装并贴上标签。

1. 样品的包装

所取的平均样品应迅速装在清洁、干燥、无锈、无异味，能防尘、防潮、避光的茶样罐或包装袋内并贴上封样条。

2. 样品标签

每个样品的茶样罐或包装袋上都应有标签，详细标明样品名称、等级、生产日期、批次、取样基数、产地、样品数量、取样地点、日期、取样者的姓名及所需说明的其他重要事项。

（七）样品运送

所取的平均样品应及时送往检验部门，最迟不得超过 48h。

（八）取样报告单

报告单一式三份由各相关部门留存，应写明包装及产品外观的任何不正常现象，以及所有可能会影响取样的客观条件，具体应包括下列内容：

a. 取样地点；

b. 取样日期；

c. 取样时间；

d. 取样者姓名；

e. 取样方法；

f. 取样时样品所属单位盖章或证明人签名；

g. 品名、规格、等级、产地、批次、取样基数；

h. 样品数量及其说明；

i. 包装质量；

j. 取样包装时的气候条件。

二、固态速溶茶取样

（一）取样通则

（1）取样工作应由买方和（或）卖方指定的人员执行。必要时可要求买卖双方或其代表在场时取样。

（2）取样应在清洁、干燥、避光的场所进行，取样用具和样品容器应清洁、干燥、无异味，样品容器应具有防潮性能。速溶茶样品、取样用具以及样品容器等都不得受到污染。

（3）取样过程中（例如把原始样品合并成混合样品以及包转样品等过程中），应防止样品原有品质的变化。

（4）当从外观可明显看出原始样品与定义的批的品质不一致时，应停止取样，并通知安排取样的人员。

（二）取样方法

1. 初装容器的抽取

（1）内装 20kg 以上速溶茶的初装容器的抽取

对内装 20kg 以上速溶茶的初装容器，一批中取样的最少容器数应符合以下要求：

一批中初装容器 2~10 件，需抽取 2 件；

一批中初装容器 11~25 件，需抽取 3 件；

一批中初装容器 26~100 件，需抽取 5 件；

一批中初装容器 101 件以上，需抽取 7 件。

（2）内装小于 1kg 速溶茶的初装容器的抽取

对内装小于 1kg 速溶茶的初装容器，一批中取样的最少容器数应符合以下要求，但所取样品应满足试验样品规定的数量：

一批中初装容器 25 件以下，需抽取 3 件；

一批中初装容器 26~100 件，需抽取 5 件；

一批中初装容器 101~300 件，需抽取 7 件；

一批中初装容器 301~500 件，需抽取 10 件；

一批中初装容器 501~1 000 件，需抽取 15 件；

一批中初装容器 1 001~3 000 件，需抽取 20 件；

一批中初装容器 3 001 件以上，需抽取 25 件。

（3）内装 1~20kg 速溶茶的初装容器的抽取：对内装 1~20kg 速溶茶的初装容器，一批中需取样的最少容器数参照"（1）内装 20kg 以上速溶茶的初装容器的抽取"或"（2）内装小于 1kg 速溶茶的初装容器的抽取"，具体可根据买卖双方的协议决定。

2. 随机取样

采用随机取样的方法，用随机数表随机抽取需取样的速溶茶初装容器。如没有该表，可采用下列方法：设 N 是一批中的初装容器数，n 是需要抽取的初装容器数，取样时可从任一初装容器开始计数，按 1、2、…、r，$r = N/n$（如果 N/n 不是整数，便取其整数部分为 r），挑选出第 r 个初装容器，直到取得所需的初装容器数为止。

当包装箱内的单个初装容器的量小于 1kg 时，应先随机取出大约 20% 的包装箱（但不少于 2 箱）。再从这些包装箱中随机抽取"（2）内装小于 1kg 速溶茶的初装容器的抽取"规定的初装容器数。

3. 原始样品的抽取

（1）概述：原始样品的取样方法取决于取样所在的加工点和经销点，同样取决于样品的分析方法。

在加工点取样时应采用方法 A，所取样品可用于任何一种测定。

在加工点之后的任何场合取样时，只要速溶茶不是零售包装，就可用方法 B 或方法 C 来取样。方法 B 取得的样品可用于测定容重、粉末流动性、颗粒大小和其他理化检测，但不能用于测定水分含量。方法 C 取得的样品可用于测定水分含量和其他理化检测，但不能用于测定容重、粉末流动性和颗粒大小。

在零售包装中取样时，应采用方法 D。所得样品适用于任何一种检测。

（2）方法 A

①取样工具和器具

——适用的取样器；

——样品袋（其容量足够容纳所取的原始样品）；

——热封机。

②操作步骤

——在速溶茶装入初装容器时，或已装好但未封口之前，用粉铲从该批的每个初装容器里取出原始样品，并全部装入样品袋里。

——为防止样品水分发生变化，盛放样品的样品袋应密封，并尽量使袋内空气排出。

——将这些原始样品合并成混合样品。

（3）方法 B

①取样工具和器具

——适用的取样器；

——样品袋 A（其容量大于或等于生产厂装速溶茶的袋）；

——样品袋 B（其容量足够容纳所取的原始样品）；

——热封机。

②操作步骤

——从一批货或交运货物中需取样的初装容器数应按双方事先的协议确定，如无事先协议，则按照"1. 初装容器的抽取"办理。按随机取样方法，从一批货或一交运货物中抽取所需的初装容器数。

——取样宜在空调室内操作，打开初装容器，并把初装容器内的速溶茶全部倒入样品袋 A，并使内装的速溶茶混合均匀。

——用适用的取样器从该袋的上层取原始样品，并装入样品袋 B。对所有其他需取样的初装容器都按此操作步骤。将取得的原始样品合并成混合样品。

——对于装满速溶茶的样品袋，套上外包装并用热封机或其他有效办法密封。

（4）方法 C

①取样工具和器具

——适用的取样器；

——样品袋（其容量足够容纳所取的原始样品）；

——热封机。

②操作步骤

——从一批货或交运货物中需取样的初装容器数应按买卖双方事先的协议，如无事先协议，则按照"1.初装容器的抽取"办理。

——按随机取样方法，从一批货或一交运货物中抽取所需的初装容器数。

——打开每一个外包装和初装容器，尽可能不造成损害。用取样器从初装容器里取出样品并装入样品袋中。然后把初装容器用热封机或其他有效方法密封，同时密封外包装。对所有其他需取样的初装容器都按此操作步骤。将所得原始样品合并成混合样品。

——为防止样品水分发生变化，盛放样品的样品袋应密封，并使袋内尽可能少留空气，除非需要再装入样品时才打开。

（5）方法D

①取样工具和器具

——样品袋（其容量足够容纳所取的原始样品）；

——热封机。

②操作步骤

——从一批货或交运货物中需取样的初装容器数应按照买卖双方事先的协议确定，如无协议，则按照"1.初装容器的抽取"办理。

——按随机取样方法，从一批货或一单交运货物中抽取所需的初装容器数。

——如果每个初装容器内的速溶茶不超过50g，则每个容器就是一个原始样品（应把这些初装容器全部打开，并把内装的速溶茶合并在一起作为混合样品）。

——如果每个初装容器内装速溶茶超过50g，则将初装容器翻转多次以使内装的速溶茶混合均匀。然后打开容器，取出约50g速溶茶倒入样品袋。对所有其他需取样的初装容器都按此操作步骤。将所得原始样品合并成混合样品。

——为防止样品水分发生变化，盛放样品的样品袋应密封，并使袋内尽可能少留空气，除非需要再装入样品时才打开。

4.混合样品和试验样品

（1）由原始样品合并成的混合样品应混合均匀，然后迅速分成所需数量的试验样品，同时应采取预防措施避免样品遭受机械损伤或水分变化。

通常需要制备备份样品，作为重复样或参考样。一般情况下，用于检验或仲裁的试验样品，其数量或规格应与公认的贸易惯例一致，除非另有协议。

（2）除非另有协议，每个试验样品的体积应不小于1L。

1L 低容重的速溶茶约重 100g，而 1L 高容重的速溶茶约重 500g。

（3）每个试验样品应使用样品袋包装，再用热封机或其他有效方法密封，并尽量将袋内空气排出。

速溶茶具有吸湿性和易沾污性，因此试验样品应迅速放入样品袋中。

（三）试验样品的包装和标签

1. 包装

装在密封样品袋中的试验样品应存放在清洁、干燥、无异味、不透明、严密防潮并具有密闭盖子的容器内，容器的大小应接近被样品装满。

2. 标签

每个样品包装上应贴有标签，详细注明取样地点和日期、生产或销售单位名称、发货单和批号、取样人姓名以及其他需要说明的重要事项，同时写明采用的取样方法（A、B、C、D）。

（四）试验样品的发送

样品应尽快送往检验室，只有在特殊情况下才允许取样结束后超过 48h 发送，非工作日除外。

（五）取样报告

取样报告应注明包装及产品外观的任何不正常现象，以及所有可能会影响取样的客观条件。具体应包括下列内容：

a. 取样地点；

b. 取样日期；

c. 取样时间和样品容器密封时间；

d. 取样人和证明人的姓名和身份；

e. 采用的取样方法（即 A、B、C 还是 D）以及对上述操作的任何变动同时要限制哪些项目测定的说明；

f. 一批中包装件的特征和数量，以及涉及的有关文件和标记的细节；

g. 样品数量和识别（标记批号等）；

h. 送样地点；

I. 包装条件和环境条件；

j. 取样场所是否有空调，必要时应注明取样过程中的气候条件（包括相对湿度）。

三、磨碎试样的制备及其干物质含量测定（重量法）

（一）原理

磨碎样品，并在规定温度下，用电热恒温干燥箱加热除去水分至恒量，称量。

（二）仪器和用具

（1）磨碎机：由不吸收水分的材料制成；死角尽可能小，易于清扫；使磨碎样品能完全通过孔径为 600~1 000μm 的筛。

（2）样品容器：应由清洁、干燥、避光、密闭的玻璃或其他不与样品起反应的材料制成；容器大小以能装满磨碎样为宜。

（3）铝质或玻质烘皿：具盖，内径 75~80mm。

（4）鼓风电热恒温干燥箱：（103±2）℃。

（5）干燥器：内装有效干燥剂。

（6）分析天平：感量 0.001g。

（三）磨碎试样制备

1. 取样

按 GB/T 8302—2013 的规定取样。

2. 试样制备

（1）紧压茶以外的各类茶：先用磨碎机将少量试样磨碎，弃去，再磨碎其余部分，作为待测试样。

（2）紧压茶：用锤子和凿子将紧压茶分成 4~8 份，再在每份不同处取样，用锤子击碎；或用电钻在紧压茶上均匀钻孔 9~12 个，取出粉末茶样，混匀，按 4.2.1 规定制备试样。

（四）干物质含量测定

1. 烘皿的准备

按 GB/T 8304—2013 中规定进行。

2. 测定步骤

（1）第一法：（103±2）℃恒量法（仲裁法）

按 GB/T 8304—2013 中规定测定。

（2）第二法：120℃烘干法（快速法）

按 GB/T 8304—2013 中规定测定。

（五）结果计算

磨碎试样的干物质含量以质量分数（%）表示，按下式计算：

$$干物质含量（\%）=（m_1/m_0）\times 100$$

式中：

m_0——试样的原始质量，单位为克（g）；

m_1——干燥后的试样质量，单位为克（g）。

如果符合重复性的要求，取两次测定结果的算术平均值作为结果（保留小数点后一位）。

（六）重复性

在重复条件下同一样品获得的测定结果的绝对差值不得超过算术平均值的5%。

注：用第二法测定茶叶干物质，重复性达不到要求时，按第一法规定进行。

四、标准样品制备技术条件

（一）制备

1. 原料选取

（1）选取当年区域、品质有代表性、符合制作标准样品预期要求的原料，原料应在春茶及夏秋茶期间选留。

（2）选取外形、内质基本符合标准要求的、有代表性的、相应等级的茶叶，且品质正常。其理化指标、卫生指标应符合该产品的技术要求。

（3）选用的原料要有足够的数量，宜多于标准目标实物样成样数量的2~3倍，以保证满足使用需要。

（4）原料选取后应进行水分测定，以采取保质措施。选取的原料应存放于干燥、无异味、密封性能良好的容器内，放置于干燥、无异味、温度控制在5℃以下的仓房内。

2. 样品制备

（1）制备工艺和选用的加工工具应保证原料的均匀性，避免容器和环境对原料的污染。

（2）将不同地区选送的同级原料按密码编号进行排队，对照所拼等级的基准样进行评比，剔除不符标准水平的单样，选定可拼用的单样若干个。品质评定按 GB/T 23776—2009 的规定进行。

（3）小样预拼。由主拼人员在上步选定的单样中，选取有区域代表性和品质代表性的若干个单样按比例拼配成一个小样，用其他单样反复调剂，手工整理，使外形、内质基本符合标准样品的品质要求。

（4）小样排序。小样试拼结束后，对照基准样品质水平作进一步调整，直到全部符合基准样品质水平，封样，向任务下达部门或授权单位报批。每次拼配与调整应记录每个单样所用的样品数量及调整的情况。

（5）大样拼堆。通过任务下达部门或授权单位的官批同意后，选择干净、清洁、卫生安全、干燥的场所，作大样拼配。拼配时应先对照小样试拼小堆，进行品质水平均匀性试验，符合后再按比例拼大堆，应注意充分匀堆并避免茶样的断碎。记录各拼配用量和总样量。

（6）大样评定。取样按 GB/T 8302—2013 的规定进行。品质评定按 GB/T 23776—2009 的规定进行，出具评定结果（报告）。评定结果符合基准样的，备用。

3. 样品分装

评定结果符合基准样的大样应尽快进行分装。按 GB/T 8302—2013 的规定取样，进行样品分装。

（二）包装、标签和标识

1. 包装

包装容器宜采用密封性良好的铁罐。包装容器的要求应符合 GH/T 1070—2011 中 5.2 的规定。

2. 标签和标识

标准实物样罐外需粘贴标签和封签。标签应注明茶叶名称、标准名称、标准代号、品种、等级、选用范围、样品的编号与批号、样品制备单位及主管部门等内容。封签应有样品制备日期、有效期等内容。

3. 证书

标准样品的证书内容应按 GB/T 15000.4—2003 执行

4. 有效期

标准样品的有效期为三年。

五、样品贮存

（一）样品的要求

1. 产品

（1）应具有该类茶产正常的包香、味、形，不得混有非茶类物质，无异气味，无霉变。

（2）污染物限量应符合 GB 2762—2017 的规定。

（3）农药最大残留限量应符合 GB 2763—2016 的规定。

（4）水分含量应符合其相应的产品标准。

2. 库房

（1）周围应无异味，应远离污染源。库房内应整洁、干燥、无异气味。

（2）地面应有硬质处理，并有防潮、防火、防鼠、防虫、防尘设施。

（3）应防止日光照射，有避光措施。

（4）宜有控温的设施。

3. 包装材料

（1）包装材料应符合相应的卫生要求。

（2）包装用纸应符合 GB 11680—2016 的规定。

（3）聚乙烯袋、聚丙烯袋或复合袋应符合 GB 9687—1988、GB 9688—1988 和 GB 9683—1988 的规定。

（4）编织袋应符合 GB/T 8946—2013 的规定。

（二）管理

1. 入库

（1）茶叶应及时包装入库。

（2）入库的茶叶应有相应的记录（种类、等级、数量、产地、生产日期等）和标识。

（3）入库的茶叶应分类、分区存放，防止相互串味。

（4）入库的包装件应牢固、完整、防潮，无破损、无污染、无异味。

2. 堆码

（1）堆码应以安全、平稳、方便、节约面积和防火为原则。可根据不同的包装材料和包装形式选择不同的堆码形式。

（2）货垛应分等级、分批次进行堆放，不得靠柱，距墙不少于 200mm。

（3）堆码应有相应的垫垛，垫垛高度应不低于 150mm。

3. 库检

（1）项目

①货垛的底层和表面水分含量变化情况。

②包装件是否有霉味、串味、污染及其他感官质量问题。

③茶垛里层有无发热现象。

④仓库内的温度、相对湿度、通风情况。

（2）检查周期：每月应检查 1 次，高温、多雨季节应不少于 2 次，并做好记录。

4. 温度、湿度控制

（1）温度：库房内应有通风散热措施，应有温度计显示库内温度。库内温度应根据茶类的特点进行控制。

（2）湿度：库房内应有除湿措施，应有湿度计显示库内相对湿度。库内相对湿度应根据茶类的特点进行控制。

5. 卫生管理

应保持库房内的整洁。库房内不得存放其他物品。

6. 安全防范

应有防火、防盗措施，确保安全。

（三）保质措施

1. 库房

库房应具有封闭性。黑茶和紧压茶的库房应具有通风功能。

2. 包装

包装应选用气密性良好且符合卫生要求的塑料袋（塑料编织袋）或相应复合袋。黑茶和紧压茶的包装宜选用透气性较好且符合卫生要求的材料。

3. 温度和湿度

（1）绿茶贮存宜控制温度 10℃以下、相对湿度 50%以下。

（2）红茶贮存宜控制温度 25℃以下、相对湿度 50%以下。

（3）乌龙茶贮存宜控制温度 25℃以下、相对湿度 50%以下。对于文火烘干的乌龙茶贮存，宜控制温度 10℃以下。

（4）黄茶贮存宜控制温度 10℃以下、相对湿度 50%以下。

（5）白茶贮存宜控制温度 25℃以下、相对湿度 50%以下。

（6）花茶贮存宜控制温度 25℃以下、相对湿度 50%以下。

（7）黑茶贮存宜控制温度 25℃以下、相对湿度 70%以下。

（8）紧压茶贮存宜控制温度 25℃以下、相对湿度 70%以下。

（四）试验方法

（1）茶叶取样按 GB/T 8302—2013 的规定执行。

（2）库房温度、湿度采用温度计、湿度计直接读取。垛内温度采用温度传感器测试。

（3）茶叶感官品质按 GB/T 23776—2018 的规定执行。

（4）茶叶的含水率按 GB/T 8304—2013 的规定执行。

（5）茶叶的污染物按 GB 2762—2017 的规定执行。

（6）茶叶的农药残留按 GB 2763—2016 的规定执行。

第四节　检测质量控制

一、检测结果数据处理

（一）真值和平均值

通过测量仪表测量某种物理量，仪表所示值（测量值）与实际值之间存在的差别即是误差：$\Delta = |$ 测量值–真值 $|$。

真值即真实值，是指在一定条件下，被测量客观存在的实际值。真值在不同场合有不同的含义。

理论真值：也称绝对真值，如平面三角形三内角之和恒为 $180°$。

规定真值：国际上公认的某些基准量值，如 1982 年国际计量局召开的米定义咨询委员会提出新的米定义为"米等于光在真空中 1/299 792 458s 时间间隔内所经路径的长度"。这个米基准就当作计量长度的规定真值。

相对真值：计量器具按精度不同分为若干等级，上一等级的指示值即为下一等级的真值，此真值称为相对真值。例如，在力值的传递标准中：用二等标准测力计校准三等标准测力计，此时二等标准测力计的指示值即为三等标准测力计的相对真值。

对于被测物理量，真值通常是个未知量，由于误差的客观存在，真值一般是无法测得的。

测量次数无限多时，根据正负误差出现的概率相等的误差分布定律，在不存在系统误差的情况下，它们的平均值极为接近真值。故在实验科学中真值的定义为无限多次观测值的平均值。

但实际测定的次数总是有限的，由有限次数求出的平均值，只能近似地接近于真值，可称此平均值为最佳值（或可靠值）。

常用的平均值有下面几种：

设 x_1、x_2、$\cdots$、x_n 为各次的测量值，n 代表测量次数。

（1）算术平均值（这种平均值最常用）

$$\bar{x} = \frac{x_1 + x_2 + \cdots x_n}{n} = \frac{\sum\limits_{i=1}^{n} x_i}{n}$$

（2）均方根平均值

$$\bar{x}_{均方} = \sqrt{\frac{x_1^2 + x_2^2 + \cdots + x_x^2}{n}} = \sqrt{\frac{\sum\limits_{i=1}^{n} x_i^2}{n}}$$

（3）几何平均值

$$\bar{x}_{几何} = \sqrt[n]{x_1, x_2, \cdots, x_n} = \sqrt[n]{\prod\limits_{i=1}^{n} x_i}$$

（4）加权平均值

$$\bar{x}_{加权} = \frac{w_1 x_1 + w_2 x_2 + \cdots + w_n x_n}{w_1 + w_2 + \cdots + w_n} = \frac{\sum w_i x_i}{\sum w_i}$$

（二）误差的产生

1. 系统误差

系统误差是由某些固定不变的因素引起的，这些因素影响的结果永远朝一个方向偏移，其大小及符号在同一组试验测量中完全相同。当试验条件一经确定，系统误差就是一个客观上的恒定值，多次测量的平均值也不能减弱它的影响。误差随试验条件的改变按一定规律变化。

产生系统误差的原因有以下几个方面：

（1）测量仪器方面的因素，如仪器设计上的缺点，刻度不准，仪表未进行校正或标准表本身存在偏差，安装不正确等。

（2）环境因素，如外界温度、湿度、压力等引起的误差。

（3）测量方法因素，如近似的测量方法或近似的计算公式等引起的误差。

（4）测量人员的习惯和偏向或动态测量时的滞后现象等，如读数偏高或偏低所引起的误差。

针对以上具体情况，分别改进仪器和实验装置，以及提高测试技能，对系统误差予以解决。

2. 随机误差

它是由某些不易控制的因素造成的。

在相同条件下做多次测量，其误差数值是不确定的，时大时小，时正时负，没有确定的规律，这类误差称为随机误差或偶然误差。这类误差产生原因不明，因而无法控制和补偿。

若对某一量值进行足够多次的等精度测量，就会发现随机误差服从统计规律，这种规律可用正态分布曲线表示。

3. 过失误差

过失误差是一种与实际事实明显不符的误差，过失误差明显地歪曲试验结果。误差值可能很大，且无一定的规律。

它主要是由于实验人员粗心大意、操作不当造成的，如读错数据，记错或计算错误，操作失误等。

在测量或试验时，只要认真负责是可以避免这类误差的。存在过失误差的观测值在实验数据整理时应该剔除。

（三）精密度和准确度

准确度：指测得值与真值之间的符合程度。准确度的高低常以误差的大小来衡量。即误差越小，准确度越高；误差越大，准确度越低。

误差有两种表示方法——绝对误差和相对误差。

$$绝对误差（E）=测得值（x）-真实值（T）$$

$$相对误差（E\%）=\frac{[测得值（x）-真实值（T）]}{真实值（T）}\times100\%$$

要确定一个测定值的准确度就要知道其误差或相对误差。要求出误差必须知道真实值。但是真实值通常是不知道的。在实际工作中人们常用标准方法通过多次重复测定，所求出的算术平均值作为真实值。由于测得值（x）可能大于真实值（T），也可能小于真实值，所以绝对误差和相对误差都可能有正、有负。绝对误差表示的是测定值和真实值之差，而相对误差表示的是该误差在真实值中所占的百分率。

对于多次测量的数值，其准确度可按下式计算：

$$绝对误差（E）=\frac{\sum X_i}{n}-T$$

式中：

X_i——第 i 次测定的结果；

n——测定次数；

T——真实值。

$$相对误差（E\%）=\frac{E}{T}\times100\%=\frac{\frac{\sum X_i}{n}-T}{T}\times100\%$$

式中：

E——绝对误差；

n——测定次数；

T——真实值；

$E\%$——测定结果的相对误差。

精密度：指在相同条件下 n 次重复测定结果彼此相符合的程度。精密度的大小用偏差表示，偏差越小说明精密度越高。

偏差有绝对偏差和相对偏差。

$$绝对偏差(d) = x - \bar{x}$$

$$相对偏差(d\%) = \frac{d}{\bar{x}} \times 100\% = \frac{(x - \bar{x})}{\bar{x}} \times 100\%$$

式中：

$\bar{x}$——n 次测定结果的平均值；

x——单项测定结果；

d——测定结果的绝对偏差；

$d\%$——测定结果的相对偏差。

从上式可知，绝对偏差是指单项测定与平均值的差值。相对偏差是指绝对偏差在平均值中所占的百分率。由此可知绝对偏差和相对偏差只能用来衡量单项测定结果对平均值的偏离程度。为了更好地说明精密度，在一般分析工作中常用平均偏差（d 平均）表示。

准确度和精密度是两个不同的概念，但它们之间有一定的关系。应当指出的是，测定的精密度高，测定结果也越接近真实值。但不能绝对认为精密度高，准确度也高，因为系统误差的存在并不影响测定的精密度，相反，如果没有较好的精密度，就不太可能获得较高的准确度。可以说精密度是保证准确度的先决条件。

（四）误差分析

在物理化学实验数据测定工作中，绝大多数是要对几个物理量进行测量，代入某种函数关系式，然后进行运算才能得到结果，这称为间接测量。在间接测量中，每个直接测量值的准确度都会影响最后结果的准确性。

通过误差分析，我们可以查明直接测量的误差对结果的影响情况，从而找出误差的主要来源，以便于选择适当的试验方法，合理配置仪器，寻求测量的有利条件。

1. 仪器的精确度

误差分析限于对结果的最大可能误差的估计，因而对各直接测量的量只要预先知道其最大误差范围就够了。当系统误差已经校正，而操作控制又足够精密时，通常可以用仪器读数精密度来表示测量误差范围。常用仪器读数精密度见表 1-9。

表 1-9　常用仪器精密度

移液管	一等	二等	容量瓶	一等	二等
25mL	±0.04mL	±0.10mL	1 000mL	±0.30mL	±0.60mL
10mL	±0.02mL	±0.04mL	500mL	±0.15mL	±0.30mL
5mL	±0.01mL	±0.03mL	250mL	±0.10mL	±0.20mL
2mL	±0.006mL	±0.015mL	100mL	±0.10mL	±0.20mL
			50mL	±0.05mL	±0.10mL
分析天平	±0.000 1g	±0.000 4g			
工业天平		±0.001g			
台平（1kg）		±0.1g			

常用的指针式测量仪表，如电压表、电流表、压力表等，用精度等级来表示测量误差范围，是用引用误差（相对误差表示的基本误差限）的数值来表示的。

$$\gamma = \pm \frac{\Delta}{标尺上限 - 标尺下限} \times 100\% = \pm d\%$$

其中，Δ 为用绝对误差表示的基本误差限，d 即为"精度"，通常是在仪表的刻度盘上用一个带圈的数字表示，例如 1.5 级，用 ⑴.5 表示。

一支 0.5 级的电压表，量程范围为 0～1.5V，最大测量误差为 ±0.5%×1 500 = ±7.5mV。

数字式仪表则一般由其显示的最末位改变一个数来表示的。

如果没有精度表示，对于大多数仪器来说，最小刻度的五分之一可以看作其精密度，如玻璃温度计、液柱式压力（压差）计等。

2. 误差传递

（1）平均误差与相对平均误差的传递

设有物理量 N，由直接测量值：u_1，u_2，$\cdots$，u_n 决定：

$$N = f(u_1, u_2, \cdots, u_n)$$

直接测量值的平均误差为：Δu_1，Δu_2，$\cdots$，Δu_n，那么 ΔN 可求得。

$$dN = \left(\frac{\partial f}{\partial u_1}\right)_{u_2, u_3, \cdots} du_1 + \left(\frac{\partial f}{\partial u_2}\right)_{u_1, u_3, \cdots} du_2 + \cdots + \left(\frac{\partial f}{\partial u_n}\right)_{u_1, u_2, \cdots} du_n$$

用各自变量的平均误差 Δu_i 代替 du_i，并考虑最不利的情况下，直接测量的误差不能抵消，从而引起误差的累积，故取绝对值。上式变为：

$$\Delta N = \left|\frac{\partial f}{\partial u_1}\right| |\Delta u_1| + \left|\frac{\partial f}{\partial u_2}\right| |\Delta u_2| + \cdots + \left|\frac{\partial f}{\partial u_n}\right| |\Delta u_n|$$

与 $N = f(u_1, u_2, \cdots, u_n)$ 相除，得：

$$\frac{\Delta N}{N} = \frac{1}{f}\left[\left|\frac{\partial f}{\partial u_1}\right||\Delta u_1| + \left|\frac{\partial f}{\partial u_2}\right||\Delta u_2| + \cdots + \left|\frac{\partial f}{\partial u_n}\right||\Delta u_n|\right]$$

运用上式可以讨论直接测量值与结果的不同函数关系式，并进行误差传递的计算。

加、减法：$N = u_1 \pm u_2 \pm u_3 \pm \cdots$

$$\frac{\Delta N}{N} = \frac{|\Delta u_1| + |\Delta u_2| + |\Delta u_3| \cdots}{u_1 \pm u_2 \pm u_3 \pm \cdots}$$

乘、除法：$N = u_1 \cdot u_2$ 或 $N = u_1/u_2$

$$\frac{\Delta N}{N} = \left|\frac{\Delta u_1}{u_1}\right| + \left|\frac{\Delta u_2}{u_2}\right|$$

乘方、开方：$N = u_n$

$$\frac{\Delta N}{N} = n\left|\frac{\Delta u}{u}\right|$$

（2）间接测量结果的标准误差估计

设函数为 $u = f(\alpha, \beta, \cdots)$，式中 α，β 的标准误差分别是 σ_α，σ_β，$\cdots$，则 u 的标准误差应为：

$$\sigma_u = \left[\left(\frac{\partial u}{\partial \alpha}\right)^2 \sigma_\alpha^2 + \left(\frac{\partial u}{\partial \beta}\right)^2 \sigma_\beta^2 + \cdots\right]^{\frac{1}{2}}$$

部分函数的标准误差列于表1-10。

表1-10 部分函数的标准误差

函数关系	绝对误差	相对误差
$u = x \pm y$	$\pm\sqrt{\sigma_x^2 + \sigma_y^2}$	$\pm\dfrac{1}{\|x \pm y\|}\sqrt{\sigma_x^2 + \sigma_y^2}$
$u = x \cdot y$	$\pm\sqrt{y^2\sigma_x^2 + x^2\sigma_y^2}$	$\pm\sqrt{\dfrac{\sigma_x^2}{x^2} + \dfrac{\sigma_y^2}{y^2}}$
$u = x/y$	$\pm\dfrac{1}{y}\sqrt{\sigma_x^2 + \dfrac{x^2}{y^2}\sigma_y^2}$	同上
$u = xn$	$\pm nx^{n-1}\sigma_x$	$\pm\dfrac{n}{x}\sigma_x$
$u = \ln x$	$\pm\dfrac{\sigma_x}{x}$	$\pm\dfrac{\sigma_x}{x\ln x}$

（五）误差分析运用

1. 误差的计算

凝固点降低法测物质的摩尔质量用下式计算：

$$M_B = \frac{K_f W_B}{W_A(T_f^* - T_f)}$$

试验直接测定的量是：溶质的质量 W_B，0.299 3g，使用分析天平，绝对误差为 0.000 4g；溶剂水的质量 W_A，20g，在台秤上称量，绝对误差为 0.1g；测量凝固点时用贝克曼温度计，准确度为 0.002 度。纯溶剂的凝固点 T_f^* 三次测量值为 4.801℃、4.797℃、4.802℃。

$$平均值：\overline{T}_f^* = \frac{4.801 + 4.797 + 4.802}{3} = 4.800℃$$

每次的绝对误差分别为：0.001℃、0.003℃、0.002℃，则平均绝对误差为：

$$\Delta\overline{T}_f^* = \pm\frac{0.001 + 0.003 + 0.002}{3} = \pm 0.002$$

所以 $T_f = （4.800\pm0.002）℃$

溶液凝固点三次测定值为 4.500℃、4.504℃、4.495℃，计算可以得到：

$$T_f = （4.500\pm0.003）℃$$

$$\Delta T_f = 0.300\pm0.005$$

其相对误差为：$\Delta（\Delta T_f）/\Delta T_f = \pm0.005/0.300 = \pm0.017$

而：

$$\Delta W_B/W_B = \pm0.000\ 4g/0.299\ 3g = \pm1.3\times10^{-3}$$

$$\Delta W_A/W_A = \pm0.1g/20g = \pm5\times10^{-3}$$

由此，可求得测得的 M_B 的相对误差是：

$$\frac{\Delta M_E}{M_E} = \frac{\Delta W_E}{W_E} + \frac{\Delta W_A}{W_A} + \frac{\Delta（\Delta T_f）}{\Delta T_f} = \pm（1.3\times10-3+5\times10-3+0.017）= \pm0.023$$

计算结果：$M_B = 255\pm6$（$K_f = 5.12$）

可以看出，试验误差主要来自温度的测量。称量的准确度对试验结果影响不大，例如没有必要用分析天平称溶剂。

2. 仪器的选择

在用电标定法测 KNO_3 的溶解热试验时，ΔH 溶解 $= MIVt/m$。M 为分子量，I 为电流约 0.5A，V 为电压约 6V，t 为时间约 400s，m 为 KNO_3 的质量约 3g。如果要把相对误差控制在 3% 以内，应选用什么规格的仪器？

试验结果的误差来源于以上 4 个直接测量物理量。由误差传递公式可知：

$$\frac{\Delta(\Delta H_{溶解})}{\Delta H_{溶解}} = \frac{\Delta I}{I} + \frac{\Delta V}{V} + \frac{\Delta t}{t} + \frac{\Delta W}{W}$$

时间测量用秒表，误差不超过 1s，相对误差约 0.25%，溶质质量若用台秤，误差将大于 3%，若用分析天平，0.000 4/3，误差在 0.02% 以下，I、V 的测量应将误差控制在 1% 以下，因此应选用精度为 1.0 级的仪表。

试验中还有水量的测量（为保证溶液的浓度在适当范围），由于要求精度不高，同时用量大约在 400~500g（mL），用台秤或量筒即可解决。

3. 测量过程最有利条件的确定

在利用电桥测电阻时，被测电阻可由下式计算：

$$R_x = R\frac{l_1}{l_2} = R\frac{L - l_2}{l_2}$$

式中，R 为已知电阻，$L = l_1 + l_2$，间接测量值 R_x 的误差取决于直接测量值 l_2。

$$dR_x = \pm\left(\frac{\partial R}{\partial l_2}\right)dl_2 = \pm\left[\frac{\partial\left(R\dfrac{L - l_2}{l_2}\right)}{\partial l_2}\right]dl_2 = \pm\left(\frac{RL}{l_2^2}\right)dl_2$$

相对误差为：

$$\frac{dR_x}{R_x} = \pm\left[\frac{\left(\dfrac{RL}{l_2^2}\right)dl_2}{R\left(\dfrac{L - l_2}{l_2}\right)}\right] = \pm\left[\frac{L}{(L - l_2)l_2}dl_2\right]$$

因为 L 为常数，所以当 $(L - l_2)l_2$ 为最大时，其相对误差最小。

$$\frac{d}{dl_2}\left[(L - l_2)l_2\right] = 0 \ 故 \ l_2 = L/2。$$

也就是说，用电桥测电阻时，滑臂在中间时有最小的测量误差。而根据电桥平衡原理，已知电阻 R 的值应与被测电阻相近。

4. 实验数据处理

试验测量中所使用的仪器仪表只能达到一定的精度，因此测量或运算的结果不可能也不应该超越仪器仪表所允许的精度范围。

有效数字只能具有一位可疑值。

例如：用最小分度为 1cm 的标尺测量两点间的距离，得到：9 140mm、914.0cm、9.140m、0.009 140km，其精确度相同，但由于使用的测量单位不同，小数点的位置就不同。

有效数字的表示应注意非零数字前面和后面的零。0.009 140km 前面的三个零不是有效数字，它与所用的单位有关。非零数字后面的零是否为有效数字，取决于最后的零是否用于定位。

例如：由于标尺的最小分度为1cm，故其读数可以到5mm（估计值），因此9 140mm中的零是有效数字，该数值的有效数字是四位。

用指数形式记数，如：9 140mm可记为$9.140×10^3$mm，0.009 140km可记为$9.140×10^{-3}$km

有效数字的运算规则：

（1）加、减法运算：有效数字进行加、减法运算时，各数字小数点后所取的位数与其中位数最小的相同。

（2）乘、除法运算：两个量相乘（相除）的积（商），其有效数字位数与各因子中有效数字位数最少的相同。

（3）乘方、开方运算：其结果可比原数多保留一位有效数字。

（4）对数运算：对数的有效数字的位数应与其真数相同。

在所有计算式中，常数 π、e 的数值的有效数字位数，认为无限制，需要几位就取几位。表示精度时，一般取一位有效数字，最多取两位有效数字。

由于使用计算器计算数据，并不关心中间数据的取舍，主要在于最后结果的数据取舍。

数值取舍规则（有时称之为"四舍六入五留双"），常用的"四舍五入"的方法对数值进行取舍，得到的均值偏大。而用上述的规则，进舍的状况具有平衡性，变大的可能性与变小的可能性是一样的。

二、标准溶液与标准物质

（一）标准物质

在工农业生产、环境监测、商品检验、临床化验及科学研究中，为了保证分析、测试结果有一定的准确度，并具有公认的可比性，必须使用标准物质校准仪器、标定溶液的浓度、评价分析方法。因此，标准物质是测定物质成分、结构或其他有关特性量值的过程中不可缺少的一种计量标准。目前，我国已有标准物质近千种。

标准物质是国家计量部门颁布的一种计量标准，它必须具备以下特征：材质均匀、性能稳定、批量生产、准确定值、有标准物质证书（标明标准值及定值的准确度等内容）等。此外，为了消除待测样品与标准物质两者间主体成分的差异给测定结果带来的系统误差，某些标准物质还应具有与待测物质相近似的组成与特性。

我国的标准物质分为两个级别。一级标准物质是统一全国量值的一种重要依据，由国家计量行政部门审批并授权生产，由中国计量科学研究院组织技术审定。一级标准物质采用绝对测量法定值或多个实验室采用准确可靠的方法协作定值，定值的准确度要具有国内量高水平。二级标准物质由国务院有关业务主管部门审批并授权生产，采用准确可靠的方法或直接与一级标准物质相比较的方法定值，定值的准确度应满足现场（即实际工作）测量的需要。

目前，我国的化学试剂中只有容量分析基准试剂和 pH 基准试剂属于标准物质，其产品只有几十种。

标准溶液是已确定其主体物质或其他特性量值的溶液。无机及分析化学试验中常用的标准溶液主要有滴定分析用标准溶液和 pH 值测量用标准缓冲溶液。

（二）标准溶液

滴定分析法标准溶液用于测定试样中的主体成分或常量成分，有两种配制方法：

1. 直接法

用工作基准试剂或纯度相当的其他物质直接配制。这种做法比较简单，但成本高。很多种标准溶液没有相当的标准物质进行直接配制（例如 HCl、NaOH 溶液等）。

2. 间接法

先用分析纯试剂配成接近所需浓度的溶液，再用适当的工作基准试剂或其他标准物质进行标定。

配制时要注意以下几点：

（1）要选用符合试验要求的纯水，配 NaOH、$Na_2S_2O_3$ 等溶液时要使用临时煮沸并冷却的纯水。配 $KMnO_4$ 溶液要煮沸 15min 并放置一周，以除去水中微量的还原性杂质，过滤后再标定。

（2）基准试剂要预先按规定的方法进行干燥。

（3）当一溶液可用多种标准物质及指示剂进行标定时（例如 EDTA 溶液）原则上应使标定的试验条件与测定试样时相同或相近，以避免可能产生的系统误差。

（4）标准溶液均应密闭存放，有些还需避光。溶液的标定周期长短除与溶质本身的性质有关外，还与配制方法、保存方法有关。浓度低于 0.01mol/L 的标准溶液不宜长时间存放，应在临用前用浓标准溶液稀释。

（5）当对试验结果的精度要求不是很高时，可用优级纯或分析纯试剂代替同种的基准试剂进行标定。

（三）标准溶液及其配制

滴定分析标准溶液是用来滴定的具有准确浓度的溶液，其浓度值的不确定一在 0.2% 左右。在滴定分析中，标准溶液的浓度常用物质的量浓度 c（mol/L）表示，其意义是物质的量除以溶液的体积，即 $c = n/V$。

标准溶液通常有两种配制方法：

1. 直接法

用分析天平准确称取一定量的基准物质，溶解后定量地转入容量瓶中，用纯水稀释至刻度。根据称取物质的质量与容量瓶的体积，计算出该标准溶液的准确浓度。

基准物质是纯度很高、组成一定、性质稳定的试剂，它可用于直接配制标准溶液或用于标定溶液的准确浓度（表1-11）。作为基准试剂应具备下列条件：

（1）试剂的组成应与化学式完全相符。

（2）试剂的纯度应足够高（99.9%以上）。

（3）试剂在通常条件下应稳定。

表 1-11　常用的基准试剂

国家标准编号	名称	主要用途	使用前的干燥方法
GB 1253—1989	氯化钠	标定 $AgNO_3$ 溶液	500~600℃灼烧至恒量
GB 1254—1990	草酸钠	标定 $KMnO_4$ 溶液	105℃干燥至恒量
GB 1255—1990	无水碳酸钠	标定 HCl、H_2SO_4 溶液	270~300℃灼烧至恒量
GB 1256—1990	三氧化二砷	标定 I_2 溶液	H_2SO_4 干燥器中干燥
GB 1257—1990	邻苯二甲酸氢钾	标定 NaOH、$HClO_4$ 溶液	105~110℃干燥至恒量
GB 1258—1990	碘酸钾	标定 $Na_2S_2O_3$ 溶液	180℃干燥至恒量
GB 1259—1990	重铬酸钾	标定 $Na_2S_2O_3$、$FeSO_4$ 溶液	120℃干燥至恒量
GB 1260—1990	氧化锌	标定 EDTA 溶液	800℃灼烧至恒量
GB 12593—1990	乙二胺四乙酸二钠	标定金属离子溶液	硝酸镁饱和溶液恒湿器中 7d
GB 12594—1990	溴酸钾	标定 $Na_2S_2O_3$ 溶液	180℃干燥至恒量
GB 12595—1990	硝酸银	标定卤化物及硫氰酸盐	H_2SO_4 干燥器中干燥至恒量
GB 12596—1990	碳酸钙	标定 EDTA 溶液	110℃干燥至恒量

2. 标定法

实际上只有少数试剂符合基准物质的要求，因此很多试剂不能用直接法配制，而要用间接的方法，即标定法。即先配制成接近所需浓度的溶液，然后用基准试剂或另一种已知准确浓度的标准溶液来标定它的准确浓度。

在实际工作中特别是在工厂实验室，还常采用"标准试样"来标定标准溶液的浓度。"标准试样"是含量已知，且组成与被测物相近，因此用标样标定可使分析过程的系统误差抵消，提高结果的准确度。

必须指出，贮存的标准溶液，由于水分蒸发，水珠凝于瓶壁，使用前应将溶液摇匀。如果溶液浓度有了改变，必须重新标定，对于不稳定的溶液应定期标定其浓度。

（四）检测方法的评价与选择原则

1. 灵敏度

一个方法的灵敏度是指该方法对单位浓度或单位量的待测物的变化所引起的响应值变化程度。因此，它可以用仪器的响应值或其他指示量与对应的待测物质的浓度或量之比来描述。一个方法的灵敏度可因试验条件的变化而变化，在一定的条件下，灵敏度具有相对的稳定性。

在实际工作中，灵敏度通常以标准曲线斜率表示，即通过标准曲线可以把仪器响应值与待测物质的浓度或量定量地联系起来。可用下式表示标准曲线的直线部分。

$$A = kc + a$$

式中：

A——仪器的响应值；

k——方法的灵敏度，即标准曲线斜率，k 越大，方法灵敏度越高；

c——待测物质的浓度；

a——标准曲线的截距。

在原子吸收分光光度法中，国际理论与应用化学联合会（IUPAC）建议将所谓的"1%吸收灵敏度"称为特征浓度，而将以绝对量表示的"1%吸收灵敏度"称为特征量。特征浓度（或特征浓度）越小，则方法灵敏度越高。

2. 检出限

检出限表示分析方法、分析体系检测功能优劣的一个重要指标。它的含义是：在确定的分析体系中可以检测的元素最低浓度或含量。它属于定性范畴。若被测元素在分析试样中的含量高于检出限，则它可以被检出；反之，则不能检出。检出限受空白值大小及标准偏差的影响。

AMC（分析方法委员会）推荐真实空白。真实空白是完全不含待测物质，其他组分与待测样品完全相同的一种分析样品，且按照待测样品的全部分析程序，测定空白试样。但在实际分析中，它有时很难得到。许多分析工作者使用试剂空白或接近空白。不同学者对接近空白有不同的定义，一般认为应该使用待测物浓度不大于 5 倍的检出限，分析元素的含量为检出限的 2~3 倍。

一般对检出限有以下几种规定方法。

（1）气相色谱法：用最小检出量或最小检出浓度表示检出限。最小检出量是检测器恰能产生色谱峰高大于两倍噪音时的最小进样量。即

$$S = 2N$$

式中：

S——最小响应值；

N——噪音信号。

最小检出浓度是指最小检出量与进样量体积之比。即单位进样量相当待测物质的量。

（2）光光度法：在吸光光度法中，扣除空白值后，吸光光度值为 0.01 所对应的浓度作为检出限。

（3）一般试验：当空白测定数 $n > 20$ 时，给出置信水平 59%，检出限为空白值正标准差的 4.6 倍。即

$$检出限 = 4.6S$$

式中：

S——空白平行测定正标准差。

（4）国际理论与应用化学联合会（IUPAC）对检出限的规定：对于各种光学分析方法，可测量的最小分析响应值以下式表示。

$$X_L = \overline{X_b} + KS_b$$

式中：

X_L——最小响应值；

$\overline{X_b}$——多次测量空白平均值；

S_b——多次测量空白标准偏差；

K——根据一定置信水平确定的系数（一般当置信水平为 90%，空白测量次数 $n < 20$ 时，$K = 3$；置信水平为 95%，空白测量 $n > 20$ 时，$K = 4.65$）。

$$检出限 = (x_L - b) / m = KS_b / m$$

式中：

x_L——最小信号时的浓度；

b——为空白平均值；

m——为分析校准曲线在低浓度范围内的斜率；

S_b——多次测量空白标准偏差。

3. 精密度

精密度是指在相同条件下 n 次重复测定结果彼此相符合的程度。精密度的大小用偏差表示，偏差越小说明精密度越高。

（1）偏差：偏差有绝对偏差和相对偏差。

$$绝对偏差 (d) = x - \bar{x}$$

$$相对偏差(Rd,\%) = \frac{d}{\bar{x}} \times 100 = \frac{(x - \bar{x})}{\bar{x}} \times 100$$

式中：

$\bar{x}$——n 次测定结果的平均值；

x——单项测定结果；

d——测定结果的绝对偏差；

Rd——测定结果的相对偏差。

从上式可知绝对偏差是指单项测定与平均值的差值。相对偏差是指绝对偏差在平均值中所占的百分率。由此可知，绝对偏差和相对偏差只能用来衡量单项测定结果对平均值的偏离程度。为了更好地说明精密度，在一般分析工作中常用平均偏差（$d_{平均}$）表示。

（2）平均偏差：平均偏差是指单项测定值与平均值的偏差（取绝对值）之和，除以测定次数。即

$$平均偏差(d_{平均}) = \frac{(|d_1| + |d_2| + \cdots + |d_n|)}{n} = \frac{\sum |d_i|}{n}$$

$$相对平均偏差(Rd_{平均},\%) = \frac{d_{平均}}{\bar{x}} \times 100 = \frac{\sum |d_i|}{(n\bar{x})} \times 100$$

式中：

$d_{平均}$——平均偏差；

$Rd_{平均}$——相对平均偏差；

n——测量次数；

$\bar{x}$——n 次测量结果的平均值；

d_i——单项测定结果与平均值的绝对偏差，$d_i = |x_i - \bar{x}|$；

$\sum |d_i|$——n 次测定的绝对偏差的绝对差之和。

平均偏差是代表一组测量值中任意数值的偏差。所以平均偏差不计正负。

为了满足某些特殊需要，引进下述三个精密度的专用术语。

①平行性：在同一实验室中，当分析人员、分析设备和分析时间都相同时，用同一分析方法对同一样品进行的双份或多份平行样品测定结果之间的符合度。

②重复性：在同一实验室内，当分析人员、分析设备和分析时间至少有一项不相同时，用同一分析方法对同一样品进行的两次或两次以上独立测定结果之间的符合度。

③再现性：在不同实验室（分析人员、仪器设备、甚至分析时间都不同），用同一分析方法对同一样品进行多次测定结果之间的符合程度。

4. 准确度

准确度是指测得值与真值之间的符合程度。准确度的高低常以误差的大小来衡量。即误差越小，准确度越高；误差越大，准确度越低。

误差有绝对误差和相对误差两种表示方法。

$$绝对误差（E）= 测得值（x）- 真实值（T）$$

$$相对误差（RE，\%）= \frac{[测得值（x）- 真实值（T）]}{真实值（T）} \times 100$$

要确定一个测定值的准确度就要知道其误差或相对误差。要求出误差必须知道真实值。但是真实值通常是不知道的。在实际工作中人们常用标准方法通过多次重复测定，所求出的算术平均值作为真实值。

由于测得值（x）可能大于真实值（T），也可能小于真实值，所以绝对误差和相对误差也可能有正有负。

对于多次测量的数值，其准确度可按下式计算：

$$绝对误差（E）= \frac{\sum X_i}{n} - T$$

式中：

X_i——第 i 次测定的结果；

n——测定次数；

T——真实值。

$$相对误差（RE，\%）= \frac{E}{T} \times 100 = \frac{\dfrac{\sum X_i}{n} - T}{T} \times 100$$

应注意的是有时为了表明一些仪器的测量准确度，用绝对误差更清楚。例如分析天平的误差是±0.000 2g，常量滴定管的读数误差是±0.01mL，这些都是用绝对误差来说明的。

用回收率评价准确度时需注意：

（1）样品待测物质的浓度和加入标准物质的浓度对回收率的影响。通常标准物质的加入量以与待测物质浓度水平相等或接近为宜。若待测物质浓度较高，则加标后总浓度不宜超过方法线性范围上限的90%；若其浓度小于检测限，可按测定下限量加标。在其他任何情况下，加标量不得大于样品中待测物质含量的三倍。

（2）加入的标准物质与样品中的待测物质的形态未必一致；即使形态一致，其与样品中其他组分间的关系也未必相同。因而用回收率评价准确度并非全部可靠。选用与待测物质样品同品种的标准参考是质控的首选。

（3）样品中某些干扰物质对待测物质产生的正干扰或负干扰，有时不能为回收率试验所发现。

5. 费用与效益

费用与效益是目前国内外重视的问题。实验室工作人员应结合实际测试目标，选择或设计相应准确度和精密度的方法。用一般常规试验能够完成的测定，不必使用贵重精密仪器。检验员经训练能较好掌握某种测定方法的时间，也是评价试验方法的重要内容。"简单易学"在一定程度上意味着能保证检验质量。从实际需要出发，快速、微量、费用低廉、技术要求不高、操作安全的测定方法应列为一般实验室首选方法。

第二章　茶叶感官审评

茶叶感官审评是根据审评人员正常的感官感受，使用规定的评茶术语，或对比实物参照样对茶叶的品质特性（外形、汤色、香气、滋味、叶底）进行描述，是一门鉴定茶叶品质的科学。

进行审评时，人的感觉器官通过视觉、嗅觉、味觉、触觉等外界刺激进行感知。茶叶感官审评依靠评茶人员完成，人的感觉在形成过程中，极易受各种内在（自身）和外在（环境）因素影响，也遵循感觉的适应、对比、延后等一些人类心理学规律。

我国茶叶品种丰富，花色繁多，每个产品都有不同的感官特征，茶叶真伪鉴别、品质优次评价、质量等级划分和价格高低估定都依赖感官审评。通过审评，可以明晰其感官品质，准确发现茶叶品质存在问题与产生原因。因此，茶叶审评与检验对茶叶科学研究、茶叶生产技术指导与完善等具有重要的作用。

第一节　茶叶感官审评基本要求

开展茶叶审评，需要满足一系列基本要求，从而确保审评结果的科学性、准确性和可重复性，这些要求包括以下四个方面：①审评人员；②审评设施；③审评器具；④审评用水。四个方面都必须完全符合规定。人员专业水平不足；实验室温湿度、光照不合规；审评用具不完备；用水水质不达标都是审评过程中可能产生误差的来源。

一、审评人员要求

茶叶审评人员是专门对茶叶品质进行感官审评的高级专业技术人员。茶叶感官审评对评茶人员的道德素质、业务水平、感官识别力和健康状况要求较高，要求感觉器官正常，无色盲、嗅盲、味盲等遗传性疾病。从事茶叶感官审评的人员应具有《评茶员》国家职业资格证书，并有多年从事茶叶生产和感官检验的工作经验。

由于审评结果受评茶人员自身的感知水平影响较大，因此评茶人员要具备良好的身体素质，注意保持感官的灵敏度，平时要有意识地积累各种茶或非茶的香味感受，有计划地、长期地进行系统感官训练；要深入了解制茶工艺、茶机性能、产区特点、季别特征、市场情况和饮茶习惯等知识，这样才能正确地评定茶叶的品质。工作前和工作中不得沾烟酒，不接触刺激性的物品，在开展工作时，茶叶审评人员应：①切实恪守审评工作规范和职业道德，做到科学客观、公平公正；②摒弃个人喜好，根据不同茶类要求评定质量级别；③严格遵循审评方法和流程进行操作，杜绝人为失误。

二、审评设施要求

开展茶叶审评工作，需要专门的审评设施，为规范茶叶感官审评的工作环境，我国已发布实施相应的国家标准 GB/T 18797—2012《茶叶感官审评室基本条件》。

茶叶审评场地应独立设立在环境安静、平坦整洁的房间内，场地面积应根据工作量而定，以 $15\sim30m^2$ 为宜，最小使用面积不低于 $10m^2$。房间由北面自然采光，但要避免阳光直射，采光面积至少为墙体面积的 1/3。室内光线应明亮柔和，墙壁和房顶为乳白色或接近白色。若审评室自然光不足，可使用辅助光源，保证干评台工作面照度不低于 1 000lx，湿评台工作面照度不低于 750lx。

审评室条件允许应设在二层楼以上，配置通风和温控设施，保证干燥无潮气，东西向墙面不开窗；南面开门与气窗，保持空气流畅。评茶时，室内温度保持在 $15\sim27℃$，室内相对湿度不高于 70%，环境噪声不超过 50 分贝。审评环境要尽量让审评人员感觉舒适，各种设备无杂异气味。

审评时操作的工作台包括干评台和湿评台：干评台是指检验干茶外形的黑色审评台。也用于放置茶样盘、天平等。高 $800\sim900mm$，宽 $600\sim750mm$，长度可依工作室情况而定。外观光洁不反光，无杂异气味。湿评台是指审评茶叶内质的白色审评台。高度 $750\sim800mm$，宽度 $450\sim500mm$，不渗水，台面水痕可拂除，无杂异气味。

三、审评器具要求

开展茶叶审评工作，需要专门的审评器具，国家标准 GB/T 23776—2018《茶叶感官审评方法》中对审评器具作了明确的规定。主要的审评器具包括：

（1）审评盘：也称"样盘""茶样盘"，是用于盛装茶样的方形木盘。木板或胶合板制成，正方形，外围边长 230mm，边高 33mm，盘的一角开有缺口，缺口呈倒等腰梯形，上宽 50mm，下宽 30mm。涂以白色油漆，要求无气味。

（2）审评杯：白色瓷质，大小、厚薄、色泽一致。包括三种：（a）初制茶（毛茶）审评杯碗：杯呈圆柱形，高 76mm、外径 80mm、内径 76mm，容量 250mL。具盖，杯盖上有一小孔，与杯柄相对的杯口上缘有一呈月牙形的滤茶口。口中心深 5mm，宽为 15mm。碗高 60mm，上口外径 114mm，上口内径 110mm，底外径 65mm，底内径 60mm，容量 350mL。（b）精制茶（成品茶）审评杯碗：杯呈圆柱形，高 65mm，外径 66mm，内径 62mm，容量 150mL。具盖，盖上有一小孔，杯盖上面外径 72mm，下面内圈子外径 60mm。与杯柄相对的杯口上缘有三个呈锯齿形的滤茶口，口中心深 3mm，宽 2.5mm。碗高 55mm，上口外径 95mm，上口内径 90mm，下底外径 60mm，下底内径 54mm 容量 250mL。（c）乌龙茶审评杯碗：杯呈倒钟形，高 52mm，上口外径 83mm，上口内径 80mm，底外径 46mm，底内径 40mm，容量 110mL。具盖，盖外径 70mm。碗高 46mm，上口外径 94mm，上口内径 92mm，底外径 44mm，底内径 40mm，容量 150mL，具体参照附录 A。

（3）审评碗：用于审评汤色和滋味的广口白瓷碗，色泽一致。碗高 55mm，上口外径 95mm，内径 90mm，容量为 250ml。审评杯、碗应配套使用，若规格不一，则不能交叉匹配使用。

（4）叶底盘：黑色小木盘和白色搪瓷盘。小木盘为正方形，外径：边长 100mm，边高 15mm，供审评精制茶用；搪瓷盘为长方形，外径：长 230mm，宽 170mm，边高 30mm。一般供审评初制茶和名优茶叶底用。

（5）茶匙：也称汤匙，是舀取茶汤、品评滋味的白色瓷匙。

（6）网匙：捞取茶汤内的碎片末茶的小匙。

（7）水壶：用于制备沸水的电茶壶，水容量 2.5~5L。忌用黄铜或铁质茶壶，以防异味或影响茶汤色泽。

（8）天平：用于茶样审评时的取样和鉴定茶样重量的仪器。常用感量为 0.1g 的托盘天平和电子天平，速溶茶审评使用感量 0.01g 的天平。

（9）定时器：定时钟或特制砂时计，精确到秒。

（10）直尺：用于对某些压制茶样的外形规格进行测量的仪器。长度为 300mm；最小刻度为 1mm。

此外，还应有记录审评结果的审评表、放置审评器具的杯碗柜、存放茶叶的茶样贮存桶、冷柜、收纳茶渣茶液的铁桶或塑料桶、紧压茶分解工具、电磁炉、蒸锅、直径 100mm 玻璃培养皿等审评辅助器具。

四、审评用水要求

评茶用水的优劣，对茶叶汤色、香气和滋味影响极大。评茶用水应符合国家饮用水规定，清洁无味。可用无污染的深井水，自然界中的矿泉水及山区流动的溪水。要求浑浊物不超过 5mg/L，无色透明；原水和煮沸水中无气味，不得有游离氯、氯酚等；总硬度不得超过 5 度；pH 值在 6.5~7.0，为防止水的酸碱度对审评造成干扰，不得使用碱性水冲泡审评。含铁量要求低于 0.02mg/L。为了弥补当地水质之不足，较为有效的办法使用瓶装纯净水，能明显却除杂质，提高水质的透明度与可口性。

评茶用水必须随时抽样检查，不符合上述要求时，要对水进行相应的净化或软化处理，然后才能使用。经煮沸的水应立即用于冲泡，如久煮或用热水瓶中开过的水继续回炉煮开，易产生熟汤味，会对香气和滋味的审评结果产生误差。

第二节 茶叶感官审评方法

开展茶叶审评除了要满足上述四个方面的基本要求外，还必须依据专门的茶叶感官审评方法，我国有专门的茶叶感官审评国家标准，在标准内对不同茶类的感官审评方法都做了明确的规定。

茶叶审评的操作流程包括：取样→审评外形→称样→冲泡→沥茶汤→评汤色→闻香气→尝滋味（如有要求，重复进行冲泡→沥茶汤→评汤色→闻香气→尝滋味）→看叶底。通过该流程对构成茶叶品质的五因子（外形、汤色、香气、滋味、叶底）进行评价，因此也叫"五因子审评法"，是各大茶类通用的茶叶审评方法。进行审评操作时，要对每个因子分别进行描述，也可以进行打分。

一、外形审评

茶叶外形审评是利用人的视觉和触觉对干茶特性进行评价。人类获取的外界信息 90% 来自视觉。在茶叶感官审评中，视觉判断占有重要位置。触觉审评是通过人的手表面接触茶叶产生的感觉，来分辨、判断茶叶的质量特性。

外形审评时将有代表性的茶样 100~200g，置于评茶盘中，双手握住茶盘对角，用回旋筛转法，使茶样按粗细、长短、大小、整碎顺序分层并顺势收于评茶盘中间呈圆馒头形，根据上层（也称面张、上段）、中层（也称中段、中档）、下层（也称下段），用目测、手感等方法，通过翻动茶叶、调换位置，反复察看比较外形。

外形审评的内容包括干茶的形状、嫩度、色泽、整碎和净度。压制茶审评松紧度、匀整度、表面光洁度和规格等状况。速溶茶审评形态、色泽、匀整度和净度。形状指产品的造型、大小、粗细、宽窄、长短等，形状是决定规格的主要因素，各类茶都具有一定的外形特点，这是区别商品茶种类和等级的依据。嫩度指产品原料的生长程度，是外形审评因子的重点。色泽是指茶叶表面的颜色、色的深浅程度，以及光线在茶叶表面的反射光亮度。各种茶叶均有一定的色泽要求，通常以新鲜、油润、一致为好。匀整度指产品的完整程度。整碎看三段茶的比例，以均匀、不脱档为佳。净度指茶梗、茶片及非茶叶夹杂物的含量，净度好的茶叶不含任何夹杂物。压制成块、成个的茶（如沱茶、砖茶、饼茶）应审评产品压制的松紧度、匀整度、表面光洁度、色泽和规格。分里、面茶的压制茶，应审评是否起层脱面，包心是否外露等。茯砖应加评"发花"是否茂盛、均匀及颗粒大小。袋泡茶仅对包装茶袋的滤纸质量和茶袋的包装质量进行审评。对包装茶和某些再加工茶而言，还包括用材、标识、色彩、代码、重量等内容。

二、汤色审评

茶叶汤色审评是利用人的视觉对茶汤特性进行评价。

评价内容包括冲泡后茶汤的色型、色度、明暗度和清浊度等。汤色是茶叶中所含的各种水溶性色素溶解于沸水中表现出来的色泽，在审评过程中变化较快，为了避免色泽变化，要先看汤色或者嗅香气与看汤色结合进行。审评时应注意光线、评茶用具对茶汤审评结果的影响，随时可调换审评碗的位置以减少环境对汤色审评的影响。

汤色随茶树品种、鲜叶老嫩、加工方法而变化，但各类茶均有一定的色度要求，如绿茶嫩绿明亮、红茶红艳明亮、乌龙茶橙黄明亮、白茶浅黄明亮等。茶汤以清澈明亮为好；低档茶汤色一般欠明亮；酸馊劣变茶的汤色混浊不清；陈茶汤色发暗变深；杂质多的茶审评杯底会出现沉淀。

三、香气审评

茶叶香气审评是利用人的嗅觉对冲泡后茶叶所散发香气的纯异、新陈、香型、高低和持久状况等进行评定。香气是由茶叶冲泡后随水蒸气挥发出来的各种气味分子共同作用于嗅觉器官而产生。已有的研究表明，嗅觉敏锐者并非对所有气味都敏锐。嗅觉容易产生疲劳，当身体疲倦或营养不良时，都会引起嗅觉功能的降低。所以审评茶叶香气时，数量和时间都应尽量控制，避免嗅觉疲劳。

审评香气时，一手持杯，一手持盖，靠近鼻孔，半开杯盖，嗅评从杯中散发出来的香气，每次持续 2~3s，后随即合上杯盖。可反复 1~2 次。热嗅（杯温约 75℃ 左右）、温嗅（杯温约 45℃ 左右）、冷嗅（杯温接近室温）结合进行。

由于茶类、产地、季节、加工方法不同，会形成相应的香气。如红茶的甜香、绿茶的清香、乌龙茶的果香或花香、高山茶的嫩香、祁门红茶的砂糖香等。香气纯异指香气与茶叶应有的香气是否一致，是否夹杂其他异味；香气高低可用浓、鲜、清、纯、平、粗来区分；香气长短是指香气的持久性，香高持久是好茶；烟、焦、酸、馊、霉是劣变茶。

香气审评以香型高雅纯正悦鼻，余香经久不散为好；以淡薄、低沉、粗老为差；有焦、霉、馊气者为次品或劣变茶。

四、滋味审评

茶叶滋味审评是利用人的味觉对茶汤滋味进行评价。

味觉的感觉受体是味蕾，主要分布在舌的上面。不同类型和部位的味蕾对不同的味道敏感性不同。从刺激味感受器到出现味觉，一般需 1.5~4.0ms。味觉与温度的关系很大。相同的味刺激物，相同的浓度，也因温度不同而感觉不同。

审评茶叶滋味时，用茶匙取适量（约 5mL）茶汤于口内，一般尝味 1~2 次。用舌头让茶汤在口腔内循环打转，使茶汤与舌头各部位充分接触，并感受刺激，随后将茶汤吐入吐茶桶中或咽下。审评滋味最适宜的茶汤温度在 50℃左右。

各大茶类虽然香气变化多端，但茶汤的滋味特点较为相似，主要包括：浓、淡、苦、涩、爽、钝、甘、鲜等。审评时对冲泡后茶汤的浓淡、醇涩、爽钝、新陈等特点进行评定。滋味审评以浓、醇、鲜、甜为好；淡、苦、粗、涩为差；出现烟焦味、霉味或其他被沾染的异味，表明已是劣变或残次茶。不同茶类的滋味评价标准一致，但应注意辨别浓度和苦涩度的差别，茶汤浓而不苦涩，也是好茶的特征之一。

五、叶底审评

茶叶叶底审评是利用人的视觉和触觉对冲泡后的叶底进行评价。

审评叶底时，精制茶采用黑色木制叶底盘，毛茶与名优绿茶采用白色搪瓷叶底盘，操作时应将杯中的茶叶全部倒入叶底盘中，其中白色搪瓷叶底盘中要加入适量清水，让叶底漂浮起来。用目测、手感等方法审评叶底。

叶底审评对冲泡后的茶叶，从嫩度、色泽、完整度和均匀性等方面进行评定。以芽与嫩叶含量的比例和叶质的软硬来衡量。芽或嫩叶的含量与鲜叶成熟度密切相关，通常好茶的叶底，幼嫩芽叶含量多，质地柔软，色泽明亮均匀一致。而差的叶底表现为暗、粗老、单薄、摊张、花杂等，焦叶、劣变叶、掺杂叶则不允许存在。

第三节 不同种类茶叶的感官审评

进行茶叶审评时除了依据第二节中详述的操作流程外，根据不同茶类还有不同的要求。

一、绿茶、红茶、黄茶及白茶的感官审评方法

绿茶、红茶、黄茶及白茶的感官审评采用通用法进行，此法适用于绿茶、红茶、白茶和黄茶，也可用于乌龙茶审评，我国台湾地区多采用通用法审评乌龙茶。通用法采用150ml的精茶杯或250ml的毛茶杯，从评茶盘中扦取充分混匀的有代表性的茶样3.0~5.0g，以1∶50茶水比，注满沸水、加盖、计时，根据规定的时间进行冲泡，计时结束后按冲泡顺序依次等速将茶汤滤入评茶碗中，留叶底于杯中，按香气（热嗅）、汤色、香气（温嗅）、滋味、香气（冷嗅）、叶底的顺序逐项审评。不同茶类的冲泡时间不同，具体见表2-1。

表2-1　各类茶茶汤的准备冲泡时间

茶类	冲泡时间（min）
普通（大宗）绿茶	5
名优绿茶	4
红茶	5
乌龙茶（条形、拳曲形、螺钉形）	5
乌龙茶（颗粒形）	6
白茶	5
黄茶	5

1. 绿茶的感官审评

绿茶是我国的主要茶类，基本加工工艺流程包括鲜叶摊放、杀青、揉捻（做形）、干燥，具有“清汤绿叶”的品质特征。根据嫩度不同绿茶可分为名优绿茶和大宗绿茶。大宗绿茶原料嫩度不如名优绿茶，品质要求正常无不良风味即可；名优绿茶一般具有优良风味，造型富有特色，色泽绿润鲜明，匀整；香气高长新鲜；滋味鲜醇；叶底匀齐，芽叶完整，规格一致。

外形审评的内容包括嫩度、形态、色泽、整碎、净杂等。一般嫩度好的绿茶有细嫩多毫、紧结重实、芽叶完整、色泽调和、油润的特点；嫩度差的低次茶呈现粗松、轻飘、弯曲、扁条、老嫩不匀、色泽花杂、枯暗欠亮的特征；劣变茶的色泽更差，而陈茶一般枯暗。

内质审评的内容包括汤色、香气、滋味、叶底。品质优良的绿茶，汤色清澈明

亮；而品质较差的绿茶汤色欠明亮；酸馊劣变茶的汤色混浊不清；陈茶的汤色发暗变深；杂质多的茶审评杯底会出现沉淀。绿茶香气以花香、嫩香、清香、栗香为优；淡薄、熟闷、低沉、粗老为差；有烟焦、霉气者为次品或劣变茶。滋味审评以浓、醇、鲜、甜为好；淡、苦、粗、涩为差；出现烟焦味、霉味或其他被沾染的异味，表明已是劣变或残次茶。审评叶底，以原料嫩而芽多、厚而柔软、匀整、明亮的为好；以叶质粗老、硬、薄、花杂、老嫩不一、大小欠匀、色泽不调和为差；如出现红梗红叶、叶张硬碎、带焦斑、黑条、青张和闷黄叶，说明品质低下。叶底的色泽以淡绿微黄、鲜明一致为佳；其次是黄绿色；而深绿、暗绿表明品质欠佳。

2. 红茶的感官审评

红茶属于全发酵茶，在初制时，鲜叶先萎凋，然后再经揉捻或揉切、发酵和烘干，形成红茶"红汤红叶、香味甜醇"的品质特征。红茶根据制作工艺可分为工夫红茶、小种红茶、红碎茶，根据品种可分为大叶种红茶和中小叶种红茶，在感官审评时，要根据不同的类型加以区分。

红茶审评外形包括形态（条索）、嫩度、色泽、整碎度和净度等内容：条索评比松紧、轻重、扁圆、弯曲、长短等；嫩度评比锋苗和含毫量；色泽评比颜色、润枯、匀杂；整碎度评比匀齐、平伏和三段茶比例；净度看梗筋、片、朴、末及非茶类夹杂物的含量。以紧结圆直，身骨重实，锋苗（或金毫）显露，色泽乌润调匀，完整平伏，不脱档，净度好为佳。中下档茶允许有一定限量的筋、梗、片、朴，但不能含任何非茶类夹杂物。

内质审评的内容包括汤色、香气、滋味、叶底。审评汤色包括深浅、明暗、清浊及颜色等内容：以汤色红艳，碗沿带明亮金圈、有冷后浑的品质好；汤色红亮或红明次之；过浅或过暗，以及深暗混浊的汤色最差。审评香气包括纯异、香型、鲜钝、高低和持久性等内容：以香高悦鼻，冷后仍能嗅到余香者为好；香高而稍短者次之；香低而短，带粗老气者品质差，如出现异味，则是残次产品。审评滋味包括浓淡、鲜陈、醇涩等内容：工夫红茶以醇厚甜润，鲜爽为好，淡薄粗涩为差，红碎茶以浓度为主，但要求浓、强、鲜三者俱全而又协调，并以此来判定品质高低。审评叶底色泽，红艳、红亮为好，红暗、红褐、乌暗、花杂为差。

3. 黄茶的感官审评

黄茶属轻发酵茶，在初制过程中，黄茶比绿茶增加了闷黄工序，具有"黄汤黄叶"的品质特点。根据嫩度不同黄茶可分为黄芽茶、黄小茶和黄大茶。

黄芽茶的审评外形以芽形完整、嫩匀为好，色泽嫩黄油润为佳，芽形细瘦、干瘪、不饱满者差，色泽黄暗、暗褐者差。汤色评深浅和亮度，黄芽茶汤色浅黄，嫩黄，以明亮为好；绿色、褐色、橙色和红色均不是正常色，茶汤带褐色多系陈化质变之茶。香气评纯异、香型、持久性，黄芽茶香气高爽带嫩香、火工饱满，烟焦、青气均不正常。滋味以浓醇、醇爽、甘爽为好，注意把握黄茶滋味的醇，回味甘甜润喉。叶底评匀整和色泽，要求芽形匀整，色泽嫩黄明亮。

黄小茶和黄大茶外形以紧结、壮结、匀整为好，条索松散、短碎者差。黄小茶汤色以浅黄、杏黄、明亮为好；黄大茶汤色以深黄为好，焙火程度重时，橙黄、橙红属正常，绿色不是正常色。黄小茶香气以高浓持久、火工饱满，黄大茶香气火工更高。黄小茶和黄大茶的滋味以浓醇、醇爽为好，要求醇而不苦，粗而不涩。

4. 白茶的感官审评

白茶制法一般不经炒揉，毛茶芽叶完整，形态自然，白毫不脱，毫香清鲜，汤色浅淡，滋味甘和，持久耐泡。白茶根据嫩度可分为白毫银针、白牡丹、寿眉和贡眉。

白茶审评重外形，评外形以嫩度、色泽为主，结合形态和净度。评嫩度比毫芯多少、壮瘦及叶张的厚薄，以毫芯肥壮、叶张肥嫩为佳；毫芽瘦小稀少，叶张单薄的次之；叶张老嫩不匀、薄硬或夹有老叶、蜡叶为差。评色泽比毫芯和叶片的颜色和光泽，以毫心叶背银白显露，叶面灰绿，即所谓银芽绿叶、绿面白底为佳；铁板色次之；草绿黄、黑、红色、暗褐色及有蜡质光泽为差。评形状比芽叶连枝，叶缘垂卷，破张多少和匀整度，以芽叶连枝，稍微并拢，平伏舒展，叶缘向叶背垂卷，叶面有隆起波纹，叶尖上翘不断碎，匀整的好；叶片摊开、褶皱、折贴、卷缩、断碎的差。评净度要求不得含有籽、老梗、老叶及蜡叶。

评内质包括汤色、香气、滋味和叶底。评汤色比颜色和清澈度，以杏黄、杏绿、浅黄，清澈明亮的佳；深黄或橙黄次之；泛红、红暗的差。香气则以毫香浓显，清鲜纯正的好；淡薄、青臭、风霉、失鲜、发酵、粗气的差。滋味以鲜爽、醇厚、清甜的好；粗涩、淡薄的差。评叶底嫩度比老嫩、叶质软硬和匀整度，色泽比颜色和鲜亮度，以芽叶连枝成朵，毫芽壮多，叶质肥软，叶色鲜亮，匀整的好；叶质粗老、硬挺、破碎、暗杂、花红、黄张、焦叶红边的差。

二、乌龙（青）茶盖碗审评法

乌龙（青）茶产于福建、广东和台湾三省。福建乌龙茶又分闽北和闽南两大产区。乌龙茶是具有一定成熟度的鲜叶原料，经过晒青、晾青、摇青、等青、杀青、包揉、干燥等工序制出的半发酵茶。发酵程度介于红茶和绿茶之间，但是风味却和红茶和绿茶不同，乌龙茶由于发酵程度各异，香气和滋味也不同。从香气看，有清花香、熟甜花香、果香、品种香、地域香等多种类型；从滋味看，有鲜醇、醇厚、浓醇等多种口感。

乌龙茶也可采用盖碗审评法。外形审评操作与通用审评法相同。进行内质审评时，先用沸水将评茶杯碗烫热，随即称取充分混匀的样茶5.0g，置于110ml钟形评茶杯中，迅速注满沸水，并立即用杯盖刮去液面泡沫并加盖。1mim后，揭盖嗅其盖香，评茶水香气，2mim后将茶汤沥入评茶碗中，初评汤色、香气和滋味。接着第二次注满沸水，加盖，2mim后，揭盖嗅其盖香，再评茶水香气，3mim后将茶汤沥入评茶碗中，再评汤色、香气和滋味，并闻嗅叶底香气。接着第3次注满沸水，加盖，3mim后，揭盖嗅其盖香，再评茶水香气，5mim后将茶汤沥入评茶碗中，再评汤色、香气和滋味，比较其耐泡程度，然后审评叶底香气。最后将杯中叶底倒入叶底盘中，加清水漂看审评叶底。结果判定以第2次冲泡为主要依据。

审评乌龙毛茶外形，评比条索、颗粒是否紧结、重实，形状与品种特征是否一致；有无粗松等低次缺点。评比条索完整程度；下身茶碎末所占比重，评比梗朴等夹杂物含量多少。评比色泽是否油润鲜活、品种呈色特征是否明显；有无枯暗、死红、枯杂等缺点，多以鲜活油润为好，死红枯暗为差，依品种不同，有砂绿润、乌油润、青绿、乌褐、绿中带金黄等色泽。

内质审评包括嗅香气、看汤色、尝滋味、评叶底四个方面。嗅香气以花香或果香细锐、高长的为优，粗钝低短的为次。仔细区分不同品种茶的独特香气，如黄棪具有似水蜜桃香、毛蟹具有似桂花香、肉桂具有似桂皮香、单丛具有似花蜜香等。看汤色以金黄、橙黄、橙红明亮为好，视品种和加工方法而异，汤色也受火工影响，一般而言火工轻的汤色浅，火工足的汤色深，高级茶火工轻汤色浅，低级茶火工足汤色深。但不同品种间不可参比，如武夷岩茶火工较足，汤色也显深些，但品质仍好。尝滋味以第二次冲泡为主，兼顾前后，特别是初学者，第一泡滋味浓，不易辨别。茶汤入口刺激性强、稍苦回甘爽，为浓；茶汤入口苦，出口后也苦而且味感在舌心，为涩。评定时以浓厚、浓醇、鲜爽回甘者为优；粗淡、粗涩者为次。评叶底应放入装有清水的白色搪瓷盘中，看嫩度、厚薄、色泽和发酵程度。叶张完整、柔软、肥厚、色泽青绿稍带黄、红点明亮的为好，但品种不同叶色的黄亮程度有差异，叶底单薄、粗硬、色暗绿、红点暗红的为次。

三、黑茶与压制茶审评方法

黑茶按产地与茶树品种分有湖南黑茶、湖北老青茶、四川边茶、广西六堡茶、云南普洱茶等。我国的黑茶鲜叶品种多，加工工艺各异，各色毛茶压制成各种形状的紧压茶，因此品质特征十分丰富。

外形审评操作与通用审评法相同。进行内质审评时，称取充分混匀的试样5.0g，置于250ml毛茶审评杯中，注满沸水，加盖浸泡2min后将茶汤沥入评茶碗中，用于评汤色和滋味，留叶底于杯中，审评香气，然后第二次注入沸水，加盖浸泡至 5min，再按冲泡次序依次等速将茶汤沥入评茶碗中，按先汤色、香气，后滋味、叶底的顺序逐项审评，汤色结果以第一次为主要依据，香气、滋味以第二次为主要依据。

黑茶审评也分外形和内质分别进行。外形描述，要区分散茶、篓装茶的形状特征和色泽特征。散形茶：如云南普洱条形茶条索"肥实"，色泽"褐红""乌褐"。色泽描述因"褐"的程度不同有"黑褐""黄褐""棕褐"等，色泽只反映黑茶的种类特征，一般以润为好。

内质描述反映内质的主要性状是汤色由"黄红"→"红浓"深度方向发展，香气纯正或带陈香，滋味醇和。某些黑茶香味较为特殊，如方包茶滋味和淡带强烈烟焦味，普洱茶滋味醇厚有陈香味，六堡茶滋味清醇爽口有陈味，黑茶的香味描述，应注意区分陈香、菌香与霉气，滋味陈醇、醇厚、醇和以及正常的"烟焦味"。"陈香"是指茶叶经后发酵，并存放一定时期陈化产生的陈纯香气，如普洱散茶，质量好的应不夹"霉"的气味。黑茶的香味特征各异，不能一概而论，例如云南紧茶香气纯正、滋味醇浓、汤色橙红。青砖茶香味纯正、无青涩味、汤色红黄明亮。黑砖茶香气纯正或带松烟气、滋味醇和、汤色橙黄等。

四、花茶审评方法

花茶又称窨制茶，或称香片，是精制茶配以香花窨制而成。既保持了纯正的茶香，又兼备鲜花馥郁的香气，花香茶味别具风韵。用于窨制花茶的茶坯主要是绿茶，其次是乌龙茶和红茶。花茶总体品质特征是：花香馥郁、滋味醇和。

花茶审评时首先捡除茶样中的花干、花萼等花的成分，然后称取有代表性的茶样 3.0g，置于 150mL 精制茶评茶杯中，注满沸水，加盖、计时，浸泡至 3min，按冲泡次序依次等速将茶汤沥入评茶碗中，用于审评汤色与滋味，留叶底于杯中，审评杯内叶底香气的鲜灵度和纯度。然后第二次注满沸水，加盖、计时，浸泡至 5min，再按冲泡次序依次等速将茶汤沥入评茶碗中，再次评汤色和滋味，留叶底于杯中，用于审评香气的浓度和持久性，然后综合审评汤色、香气和滋味，最后审评叶底。

花茶外形的审评与茶坯相似，主要评其条索、色泽、嫩度与匀整性。内质审评包括香气、汤色、滋味和叶底，其中花茶香气是审评花茶质量的关键，花茶香气的审评从香气的浓度、纯度和鲜灵度三个方面去判别。

五、袋泡茶和茶粉审评方法

袋泡茶审评外形时，仅对包装茶袋的滤纸质量和茶袋的包装质量进行审评。审评内质取 1 个具代表性的袋泡茶包置于 150mL 评茶杯中，注满沸水并加盖冲泡 3mim

后，每1mim揭盖上下提动1次茶包，提动后随即加盖，共提动2次。至5mim时将茶汤沥入评茶碗中，依次审评汤色、香气、滋味和叶底。叶底审评茶包冲泡后的完整性，必要时可检视茶渣的色泽、嫩度与均匀度。

茶粉审评时，称取0.4g茶样，置于200mL的审评碗中，冲入150mL的沸水，冲泡3min，依次审评其汤色、香气和滋味。

第三章 茶叶理化成分含量检测

一、分光光度法测定茶叶中游离氨基酸总量

（一）原理

氨基酸在 pH 值 8.0 的条件下与茚三酮共热，形成紫色络合物，用分光光度法在特定的波长下测定其含量。

（二）试剂

（1）所用试剂应为分析纯（AR），水为蒸馏水。

（2）pH 值 8.0 磷酸盐缓冲液

1/15mol/L 磷酸氢二钠：称取 23.9g 十二水磷酸氢二钠（$Na_2HPO_4 \cdot 12H_2O$），加水溶解后转入 1L 容量瓶中，定容至刻度，摇匀。

1/15mol/L 磷酸二氢钾：称取经 110℃ 烘干 2h 的磷酸二氢钾（KH_2PO_4）9.08g，加水溶解后转入 1L 容量瓶中，定容至刻度，摇匀。

然后取 1/15mol/L 的磷酸氢二钠溶液 95mL 和 1/15mol/L 磷酸二氢钾溶液 5mL，混匀，该混合溶液 pH 值为 8.0。

（3）2% 茚三酮溶液：称取水合茚三酮（纯度不低于 99%）2g，加 50mL 水和 80mg 氯化亚锡（$SnCl_2 \cdot 2H_2O$）搅拌均匀。分次加少量水溶解，放在暗处，静置一昼夜。过滤后加水定容至 100mL。

（4）茶氨酸或谷氨酸标准液：称取 100mg，茶氨酸或谷氨酸（纯度不低于 99%）溶于 100mL 水中，作为母液。分别准确吸取 2mL、4mL、6mL、8mL、10mL 母液，加水定容至 25mL 作为工作液（1mL 含茶氨酸或谷氨酸 0.08mg、0.16mg、0.24mg、0.32mg、0.40mg）。

（三）仪器设备

（1）分光光度仪。

（2）分析天平：感量 0.001g。

（四）样品测定

1. 取样

见第一章"第一节 检测样品的采集、制备与储藏"。

2. 试液制备

称取 3g（准确至 0.001g）磨碎茶样于 500mL 锥形瓶中，加沸蒸馏水 450mL，立即移入沸水浴中浸提 45min（每隔 10min 摇动 1 次）。浸提完毕后立即趁热减压过滤，滤液移入 500mL 容量瓶中，残渣用少量热蒸馏水洗涤 2~3 次，并将滤液滤入上述容量瓶中，冷却后用蒸馏水稀释至刻度。

3. 测定

准确吸取试液 1mL，注入 25mL 容量瓶中，加 pH 值 8.0 磷酸盐缓冲液 0.5mL 和 2%茚三酮溶液 0.5mL，在沸水浴中加热 15min，待冷却后加水定容至 25mL。放置 10min 后，用 5mm 比色杯，在波长 570nm 处，以试剂空白溶液作参比，测定吸光度（A）。

4. 氨基酸定量标准曲线的制作

分别吸取 1.0mL 氨基酸工作液于一组 25mL 容量瓶中，各加茚三酮溶液 0.5mL 和 pH 值 8.0 磷酸盐缓冲液 0.5mL，在沸水浴中加热 15min，冷却后加水定容至 25mL，按"3. 测定"的操作测定吸光度（A）。将测得的吸光度与对应的茶氨酸或谷氨酸浓度绘制标准曲线。

（五）结果计算

茶叶游离氨基酸以干态质量分数 w 计，数值以%表示，按下式计算：

$$游离氨基酸总量(\%) = \frac{C/1\,000 \times L_1/L_2}{M_0 \times m} \times 100$$

式中：

C——根据"4. 氨基酸定量标准曲线的制作"测定的吸光度从标准曲线上查得的茶氨酸或谷氨酸的毫克数；

L_1——试液总量（mL）；

L_2——测定用试液量（mL）；

M_0——试样质量（g）；

m——试样干物质含量（%）。

取两次测定的算术平均值作为结果，保留小数点后一位。

（六）重复性

在重复条件下，同一样品的两次测定值的绝对差值不得超过算术平均值的 10%

之差。

二、蒽酮比色法测定茶叶中可溶性碳水化合物总量

（一）原理

蒽酮与单糖、双糖、淀粉等碳水化合物，在一定条件下生成绿色物质，其颜色深浅与浓度呈正比，因此可以用比色法测定水溶性碳水化合物总量。

（二）试剂及主要仪器

（1）蒽酮试剂：称取蒽酮 100mg 溶于 100mL 硫酸溶液（在 15mL 水中缓缓加入硫酸 50mL）中。以现配现用为宜。

（2）葡萄糖。

（3）分析天平、电热恒温干燥箱、恒温水浴、抽滤装置、分光光度计。

（三）取样与试样制备

1. 取样

见第一章"第一节　检测样品的采集、制备与储藏"。

2. 试液制备

称取 3g（准确至 0.001g）磨碎茶样于 500mL 锥形瓶中，加沸蒸馏水 450mL，立即移入沸水浴中浸提 45min（每隔 10min 摇动 1 次）。浸提完毕后立即趁热减压过滤，滤液移入 500mL 容量瓶中，残渣用少量热蒸馏水洗涤 2~3 次，并将滤液滤入上述容量瓶中，冷却后用蒸馏水稀释至刻度。

3. 测定

准确吸取试液 1mL，注入 25mL 容量瓶中，加 pH 值 8.0 磷酸盐缓冲液 0.5mL 和 2% 茚三酮溶液 0.5mL，在沸水浴中加热 15min，待冷却后加水定容至 25mL。放置 10min 后，用 5mm 比色杯，在波长 570nm 处，以试剂空白溶液作参比，测定吸光度（A）。

4. 氨基酸定量标准的曲线的制作

分别吸取 1.0mL 氨基酸工作液于一组 25mL 容量瓶中，各加茚三酮溶液 0.5mL 和 pH 值 8.0 磷酸盐缓冲液 0.5mL，在沸水浴中加热 15min，冷却后加水定容至 25mL，按"3. 测定"的操作测定吸光度（A）。将测得的吸光度与对应的茶氨酸或谷氨酸浓度绘制标准曲线。

（四）测定方法

1. 绘制标准曲线

用无水葡萄糖配成每毫升含 200μg、150μg、100μg、50μg、2μg 的标准葡萄糖液，分别吸取 1mL 不同浓度标准葡萄糖液滴入预先装有 8mL 蒽酮试剂的量瓶中，边滴边摇匀，用水作空白对照，在沸水浴上准确加热 7min，立即取出置于冰浴中冷却，待恢复至室温后移入 10mm 比色皿中，在波长 620nm 处测光密度，绘制按微克葡萄糖量计的光密度标准曲线。

2. 直接提取法

称取磨碎样 1g（精确至 0.000 2g），加沸水 80mL，于沸水浴上浸提 30min，立即过滤。用沸水洗涤残渣数次，合并滤液，加水定容至 500mL。

3. 纯化提取法

称取茶样 5g，加沸水 200mL，回流提取 15min，用脱脂棉过滤，热水洗涤残渣数次，冷却后定容至 250mL。吸取提取液 50mL，用 3×50mL 水饱和乙酸乙酯萃取 1h。水层中加碱式乙酸铅溶液 2~3mL，加氨水 3 滴，使 pH 值接近 8.5。离心分离沉淀，倾出上清液，沉淀用水洗涤数次，直至用蒽酮试剂无糖检出止。上清液中加入 IR-120（H）Amberlite 树脂 2g，振摇 40min，用脱脂棉过滤。用水反复冲洗树脂，一并过滤，如前操作再加树脂一次。最后，定容至 250mL，即为纯化的糖提取液。

4. 测定

吸取 4 份 8mL 蒽酮试液，分别注入 4 只 25mL 量瓶中，其中 3 只瓶中加入 1mL 试液，另 1 只瓶加入 1mL 水作空白。摇匀后置于沸水浴中加热 3min，立即取出置于冰浴中冷却，待恢复至室温，移至 10mm 比色皿中，于波长 620nm 处测光密度，根据光密度的平均值查标准曲线得到含葡萄糖量（μg/mL）。

（五）结果计算

$$可溶性碳水化合物（\%）= \frac{C/1\,000 \times L_1}{M \times m} \times 100$$

式中：

C——查得的试液中葡萄糖量（μg/mL）；

L_1——总试液量（mL）；

M——试样质量（mg）；

m——试样干物率。

三、丙酮比色法测定茶叶中叶绿素总量

（一）原理

用丙酮提取茶叶中的叶绿素，在波长 652nm 处有最大吸收，吸收能力与浓度间符合比尔定律。

（二）试剂和主要仪器

（1）85% 丙酮、石英砂、碳酸钙。
（2）分光光度计、具支试管、研钵、砂芯漏斗。

（三）取样与试样制备

见第一章"第一节检测样品的采集、制备与储藏"。

（四）测定方法

将茶样磨碎（过 30 目筛），称取磨碎样 1g（准确至 0.000 2g），置于研钵中，钵口涂少许凡士林，以防提取液流失。加 85% 丙酮 5~8mL、碳酸钙 0.05g、石英砂 1g 混合研磨成匀浆，静置片刻，将提取液小心移入下接试管的砂芯漏斗中，再加丙酮，反复研磨提取，直至提取液呈无色止，并用少量丙酮洗涤漏斗和研钵。滤液移入 100mL 棕色容量瓶，用丙酮稀释至刻度，摇匀。

吸取上述提取液 5mL 于 25mL 棕色容量瓶中，用丙酮定容至刻度，摇匀。以丙酮作参比，用 10mm 比色皿于波长 652nm 处测光密度（E）。

（五）结果计算

$$叶绿素(mg/g) = \frac{E}{34.5} \times \frac{100}{M} \times \frac{25}{5} \times \frac{100}{1\,000}$$

式中：
E——波长 652nm 处光密度；
34.5——叶绿素在波长 652nm 处的特定吸收系数；
M——样品质量，g。

四、丙酮比色法测定茶叶中叶绿素的含量

（一）原理

叶绿素 a 和叶绿素 b 的最大吸收峰分别在波长 663nm 和 645nm 处，该波长处叶

绿素 a 和叶绿素 b 的比吸收系数 K 为已知，根据比尔定律可列出浓度与光密度之间的关系式：

$$C_a = 12.7 \times E_{663} - 2.69 \times E_{645}$$

$$C_b = 22.9 \times E_{645} - 4.68 \times E_{663}$$

$$C_t = C_a + C_b = 20.2 + E_{645} + 8.02 \times E_{663}$$

式中：

C_a——叶绿素 a 的浓度（mg/L）；

C_b——叶绿素 b 的浓度（mg/L）；

C_t——叶绿素总量的浓度（mg/L）。

（二）试剂和主要仪器

（1）85%丙酮、石英砂、碳酸钙。

（2）分光光度计、具支试管、研钵、砂芯漏斗。

（三）取样与试样制备

见第一章"第一节　检测样品的采集、制备与储藏"。

（四）测定方法

1. 提取叶绿素

称取鲜叶 0.5g，剪碎后置于研钵中，加水 5~6mL 和少许碳酸钙及石英砂，仔细研磨成匀浆，加水定容至 10mL。吸取 2.5mL 置于一大试管中，加入丙酮 10mL，摇动试管，使叶绿素溶于丙酮中，静置片刻，将上面绿色清液移入另一干洁的试管中待测。

2. 测定

取上清液注入 10mm 比色皿中，以 80%丙酮作参比，分别于波长 663nm 和 645nm 处测光密度。

（五）结果计算

根据测得的光密度，按浓度与光密度之间的关系式（见原理）计算出 C_a、C_b 和 C_t，再按下式计算含量：

$$叶绿素\ a(\mathrm{mg/g}) = C_a \times \frac{12.5}{1\,000} \times \frac{10}{2.5} \times \frac{1}{0.5} = 0.1 \times C_a$$

$$叶绿素\ b(\mathrm{mg/g}) = 0.1 \times C_b$$

$$叶绿素总量(\mathrm{mg/g}) = 0.1 \times C_t$$

五、分光光度法测定茶叶中茶黄素、茶红素、茶褐素的含量

（一）原理

茶黄素、茶红素、茶褐素均溶于热水中，用乙酸乙酯可将茶黄素从茶汤中萃取出来，但部分茶红素（SⅠ型茶红素）亦随之被浸提出，这部分茶红素可利用其溶于碳酸氢钠进一步分离除去，SⅡ型茶红素留在水层。茶褐素不溶于正丁醇，茶汤用正丁醇萃取后，茶黄素和茶红素转入正丁醇中，茶褐素留在水层中。各成分分离后，用分光光度计比色测定。

（二）试剂和主要仪器

（1）正丁醇。
（2）乙酸乙酯。
（3）95%乙醇。
（4）2.5%碳酸氢钠溶液：称取碳酸氢钠2.5g，加水稀释至100mL。现用现配。
（5）饱和草酸溶液：20℃时，100mL水中可溶解10.2g草酸。根据室温配置饱和溶液。

（三）取样与试样制备

见第一章"第一节　检测样品的采集、制备与储藏"。

（四）测定方法

1. 试液制备

准确称取不磨碎茶样3g，置于250mL锥形瓶中，加沸水125mL，于沸水浴中提取10min，提取过程中，摇瓶1~2次，立即用脱脂棉过滤，迅速冷却。

2. 分离

取30mL试液，注入60mL筒形分液漏斗中，加入乙酸乙酯30mL，振摇5min，静置分层，分别放出水层和倒出乙酸乙酯层。

吸取乙酸乙酯层2mL，加95%乙醇定容至25mL，摇匀（溶液A）。

吸取水层2mL，加饱和草酸溶液2mL和水6mL，再加95%乙醇定容至25mL，摇匀（溶液D）。

吸取乙酸乙酯层15mL，置于30mL筒形分液漏斗中，加2.5%碳酸氢钠溶液15mL，振摇30s后，静置分层。弃去碳酸氢钠层。

吸取乙酸乙酯层4mL，加95%乙醇定容至25mL混匀（溶液C）。

取试液15mL，置于30mL筒形分液漏斗中，加正丁醇15mL，振摇3min，静置分

层。吸取水层 2mL，加饱和草酸溶液 2mL 和水 6mL，再加 95%乙醇定容至 25mL 混匀（溶液 B）。

3. 比色

将溶液 A、B、C、D 分别用 10mm 比色皿，以 95%乙醇作参比，于波长 380nm 处测光密度 E_A、E_B、E_C、E_D。

（五）结果计算

$$茶黄素(\%) = \frac{E_c \times 2.25}{M \times m} \times 100$$

$$茶红素(\%) = \frac{7.06 \times (2E_a + 2E_d - E_c - 2E_b)}{M \times m} \times 100$$

$$茶褐素(\%) = \frac{2E_b \times 7.06}{M \times m} \times 100$$

式中：

M——样品质量，mg；

m——样品干物率；

E_a，E_b，E_c，E_d——A、B、C、D 液在波长 380.0nm 处的光密度。

六、2，6-二氯靛酚滴定法测定茶叶中维生素 C 的含量

（一）原理

还原型抗坏血酸能定量地还原蓝色染料 2，6-二氯靛酚，本身被氧化成脱氢抗坏血酸。2，6-二氯靛酚在酸性溶液中为红色，在中性或碱性溶液中呈蓝色。滴定时，还原型抗坏血酸将 2，6-二氯靛酚还原为无色，到滴定终点时，过量的 2，6-二氯靛酚在酸性溶液中呈玫瑰色。

（二）试剂和主要仪器

（1）抗坏血酸标准溶液：称取抗坏血酸 100mg，用 1%草酸溶液溶解并定容至 100mL。此溶液含 1mg/mL 抗坏血酸。

使用前，吸上述溶液 5mL 于棕色容量瓶中，用 1%草酸稀释至 100mL，此溶液含 0.05mg/mL 抗坏血酸。

（2）0.025% 2，6-二氯靛酚溶液：称取保存于碱石灰干燥器内的 2，6-二氯靛酚 50mg，溶于 150mL 含碳酸氢钠 40mg 的热水中，冷却后，用水稀释至 200mL，贮于棕色瓶中，置冰箱内保存，可稳定一周。每次用前应标定。

标定：吸取 0.05mg/mL 抗坏血酸标准液 10mL 三份，分别注入内盛 1% 草酸溶液 10mL 的白色瓷皿中，用 2，6-二氯靛酚溶液快速滴定至出现明显的浅红色，保持 15s 不消失，即为终点。同时，做试剂空白试验，计算 1mL 2，6-二氯靛酚溶液相当于抗坏血酸的量（mg）。

纯的 0.025% 2，6-二氯靛酚溶液 1mL 应相当于 0.088mg 的抗环血酸，若低于此值过大，应弃去不用。

（3）1% 草酸溶液：称取草酸（$H_2C_2O_4 \cdot 2H_2O$）1.0g，加水溶解并稀释至 100mL。

（4）白陶土：脱色力强又对抗坏血酸无损失的。

（5）微量滴定管。

（三）取样与试样制备

见第一章"第一节 检测样品的采集、制备与储藏"。

（四）测定步骤

称取磨碎试样 2g（精确至 0.000 2g），置于 100mL 量瓶中，加 1% 草酸溶液 80mL，时不时摇动，提取 20min，用 1% 草酸溶液定容至刻度，混匀，过滤；于滤液中加 5g 白陶土脱色，过滤。

吸取滤液 5mL 于白瓷皿中，加 1% 草酸溶液 10mL，用 2，6-二氯靛酚溶液滴定至呈现浅红色，15s 不消失，即为终点。滴定时间不宜超过 2min，消耗 2，6-二氯靛酚溶液量以 1~4mL 为宜。

（五）结果计算

$$还原性维生素\ C(\mathrm{mg}/100\mathrm{g}) = \frac{V \times T \times 100/5}{M \times m} \times 100$$

式中：
V——滴定试液时消耗 2，6-二氯靛酚溶液体积（mL）；
T——1mL 2，6-二氯靛酚溶液相当于抗坏血酸的质量（mg）；
M——试样质量（g）；
m——试样干物率（%）。

七、减量法测定茶叶中水浸出物含量

（一）原理

用沸水萃取茶叶中的可溶性物质，再经过滤、蒸发至干，称量残留物。

（二）仪器设备

（1）鼓风电热恒温干燥箱：温控（120±2）℃。

（2）沸水浴。

（3）布氏漏斗连同抽滤装置。

（4）铝盒：带盖，内径 75~80mm。

（5）干燥器：内盛有效干燥剂。

（6）分析天平：感量 0.001g。

（7）锥形瓶：500mL。

（8）磨碎机：由不吸收水分的材料制成；死角尽可能小，易于清扫；内装孔径为 3mm 的筛子。

（三）取样与试样制备

见第一章"第一节　检测样品的采集、制备与储藏"。

（四）测定步骤

1. 铝盒准备

将铝盒连同 15cm 定性快速滤纸置于（120±2）℃的恒温干燥箱内，烘干 1h，取出，在干燥器内冷却至室温，称量（精确至 0.001g）。

2. 测定步骤

称取 2g（准确至 0.001g）磨碎试样于 500mL 锥形瓶中，加沸蒸馏水 300mL，立即移入沸水浴中，浸提 450min（每隔 10min 摇动 1 次）。浸提完毕后立即趁热减压过滤（使用经干燥处理的滤纸）。残渣用约 150mL 沸蒸馏水洗涤茶渣数次，将茶渣连同已知质量的滤纸移入铝盒中，然后移入（120±2）℃的恒温干燥箱内烘 1h，加盖取出冷却 1h，再烘 1h。立即移入干燥器内冷却至室温，称量。

（五）结果计算

茶叶水浸出物以干态质量分数 w 计，数值以%表示，按下式计算：

$$w_1(\%) = \frac{1 - m_1}{m_0 \times m} \times 100$$

式中：

m_0——试样质量（g）；

m_1——干燥后的茶渣质量（g）；

m——试样干物质含量（%）。

取两次测定的算术平均值作为结果，结果保留小数点后 1 位。

（六）重复性

在重复条件下，同一样品获得的测定结果的绝对差值不得超过算术平均值的 2%。

八、重量法测定茶叶中粉末和碎茶含量

（一）原理

按一定的操作规程，用规定的转速和孔径筛，筛分出各种茶叶试样中的筛下物。

（二）仪器设备

1. 分样器和分样板或分样盘（盘两对角开有缺口）。

2. 电动筛分机

（1）转速 200r/min，回旋幅度 50mm（用于毛茶）。

（2）转速 200r/min，回旋幅度 60mm（用于精茶）。

3. 检验筛

铜丝编织的方孔标准筛，具筛底和筛盖。

（1）毛茶碎末茶筛，筛子直径 280mm。

a. 孔径 1.25mm；

b. 孔径 1.12mm。

（2）精制茶粉末碎茶筛：筛子直径 200mm。

A. 粉末筛

孔径 0.63mm（用于条、圆形茶）；

a. 孔径 0.45mm（用于碎形茶和粗形茶）；

b. 孔径 0.23mm（用于片形茶）；

c. 孔径 0.18mm（用于末形茶）。

B. 碎茶筛

a. 孔径 1.25mm（用于条、圆形茶）；

b. 孔径 1.60mm（用于粗形茶）。

注 1：条、圆形茶系指工夫红茶、小种红茶、红碎茶中的叶茶、珍眉、贡熙、珠茶、雨茶和花茶。

注 2：粗形茶系指铁观音、色种、乌龙、水仙、奇种、白牡丹、贡眉、普洱散茶。

（三）取样

见第一章"第一节　检测样品的采集、制备与储藏"。

（四）测定

1. 毛茶

称取充分混匀的试样100g（准确至0.1g），倒入孔径1.25mm筛网上，下套孔径1.12mm筛，盖上筛盖，套好筛底，按下启动按钮，筛动150转。待自动停机后，取孔径1.12mm筛的筛下物，称量（准确至0.01g），即为碎茶含量。

2. 精制茶

（1）条、圆形茶：称取充分混匀的试样100g（准确至0.1g），倒入规定的碎茶筛和粉末筛的检验套筛内，盖上筛盖，按下起动按钮，筛动100转，将粉末筛的筛下物称量（准确至0.01g），即为粉末含量，移去碎茶筛的筛上物，再将粉末筛筛面上的碎茶重新倒入下接筛底的碎茶筛内，盖上筛盖，放在电动筛分机上，筛动50转。将筛下物称量（准确至0.01g），即为碎茶含量。

（2）粗形茶：称取充分混匀的试样100g（准确至0.1g），倒入规定的碎茶筛和粉末筛的检验套内，盖上筛盖，筛动100转。将粉末筛的筛下物称量（准确至0.01g），即为粉末含量。再将粉末筛面上的碎茶称量（准确至0.01g），即为碎茶含量。

（3）碎、片、末形茶：称取充分混匀的试样100g（准确至0.1g），倒入规定的粉末筛内。筛动100转。将筛下物称量（准确至0.01g），即为粉末含量。

（五）结果计算

茶叶碎末茶含量以质量分数 w_1 计，数值以%表示，按下式计算：

$$w_1(\%) = m_1/m \times 100$$

茶叶粉末茶含量以质量分数 w_2 计，数值以%表示，按下式计算：

$$w_2(\%) = m_2/m \times 100$$

茶叶碎茶含量以质量分数 w_3 计，数值以%表示，按下式计算：

$$w_3(\%) = m_3/m \times 100$$

式中：

m_1——筛下碎末茶质量，单位为克（g）；

m_2——筛下粉末茶质量，单位为克（g）；

m_3——筛下碎茶质量，单位为克（g）；

m——试样质量，单位为克（g）。

两次测定的值在符合重复性（7精密度）的要求下，取其平均值作为分析结果（保留小数点后一位）。

（六）精密度

（1）当测定值小于或等于3%时，同一样品的两次测定值之差不得超过0.2%；若超过，需重新分样检测。

（2）当测定值在大于3%，小于或等于5%时，同一样品的两次测定之差不得超过0.3%，否则需重新分样检测。

（3）当测定值大于5%时，同一样品的两次测定值之差不得超过0.5%，否则，需重新分样检测。

九、直接干燥法测定茶叶中水分的含量

（一）原理

利用茶叶中水分的物理性质，在101.3kPa（一个大气压），温度101~105℃下采用挥发方法测定样品中干燥减失的重量，包括吸湿水、部分结晶水和该条件下能挥发的物质，再通过干燥前后的称量数值计算出水分的含量。

（二）试剂和材料

除非另有说明，别方法所用试剂均为分析纯，水为GB/T 6682—2008规定的三级水。

1. 试剂

（1）氢氧化钠（NaOH）。

（2）盐酸（HCl）。

（3）海砂。

2. 试剂配置

（1）盐酸溶液（6mol/L）：量取50mL盐酸，加水稀释至100mL。

（2）氢氧化钠溶液（6mol/L）：称取24g氢氧化钠，加水溶解并稀释至100mL。

（3）海砂：取用水洗去泥土的海砂、河砂、石英砂或类似物，先用盐酸溶液（6mol/L）煮沸0.5h，用水洗至中性，再用氢氧化钠溶液（6mol/L）煮沸0.5h，用水洗至中性，经105℃干燥备用。

（三）仪器和设备

（1）扁形铝制或玻璃制称量瓶。

（2）电热恒温干燥箱。

（3）干燥器：内附有效干燥剂。

（4）天平：感量为0.1mg。

（四）样品制备

见第一章"第一节检测样品的采集、制备与储藏"。

（五）分析步骤

固体试样：取洁净铝制或玻璃制的扁形称量瓶，置于101~105℃干燥箱中，瓶盖斜支于瓶边，加热1.0h，取出盖好，置干燥器内冷却0.5h，称量，并重复干燥至前后两次质量差不超过2mg，即为恒重。将混合均匀的试样迅速磨细至颗粒小于2mm，不易研磨的样品应尽可能切碎，称取2~10g试样（精确至0.0001g），放入此称量瓶中，试样厚度不超过5mm，如为疏松试样，厚度不超过10mm，加盖，精密称量后，置于101~105℃干燥箱中，瓶盖斜支于瓶边，干燥2~4h后，盖好取出，放入干燥器内冷却0.5h后称量。然后再放入101~105℃干燥箱中干燥1h左右，取出，放入干燥器内冷却0.5h后再称量。并重复以上操作至前后两次质量差不超过2mg，即为恒重。

注：两次恒重值在最后计算中，取质量较小的一次称量值。

（六）分析结果的表述

试样中的水分含量，按下式进行计算：

$$X = \frac{m_1 - m_2}{m_1 - m_3} \times 100$$

式中：

X——试样中水分的含量，单位为克每百克（g/100g）；

m_1——称量瓶（加海砂、玻璃棒）和试样的质量，单位为克（g）；

m_2——称量瓶（加海砂、玻璃棒）和试样干燥后的质量，单位为克（g）；

m_3——称量瓶（加海砂、玻璃棒）的质量，单位为克（g）；

100——单位换算系数。

（七）精密度

在重复性条件下获得的两次独立测定结果的绝对差值不得超过算数平均值的10%。

十、减压干燥法测定茶叶水分含量

（一）原理

利用茶叶中水分的物理性质，在达到40~53kPa压力后加热至（60±5）℃，采用减压烘干方法去除试样中的水分，再通过烘干前后的称量数值计算出水分的含量。

（二）仪器和设备

（1）扁形铝制或玻璃制称量瓶。

（2）真空干燥箱。

（3）干燥器：内附有效干燥剂。

（4）天平：感量为 0.1mg。

（三）取样

见第一章"第一节检测样品的采集、制备与储藏"。

（四）分析步骤

1. 试样制备

粉末和结晶试样直接称取；较大块硬糖经研钵粉碎，混匀备用。

2. 测定

取已恒重的称量瓶称取 2~10g（精确至 0.000 1g）试样，放入真空干燥箱内，将真空干燥箱连接真空泵，抽出真空干燥箱内空气（所需压力一般为 40~53kPa），并同时加热至所需温度（60±5）℃。关闭真空泵上的活塞，停止抽气，使真空干燥箱内保持一定的温度和压力，经 4h 后，打开活塞，使空气经干燥装置缓缓通入至真空干燥箱内，待压力恢复正常后再打开。取出称量瓶，放入干燥器中 0.5h 后称量，并重复以上操作至前后两次质量差不超过 2mg，即为恒重。

（五）分析结果的表述

试样中的水分含量，按下列公式进行计算：

$$X = \frac{m_1 - m_2}{m_1 - m_3} \times 100$$

式中：

X——试样中水分的含量，单位为克每百克（g/100g）；

m_1——称量瓶（加海砂、玻璃棒）和试样的质量，单位为克（g）；

m_2——称量瓶（加海砂、玻璃棒）和试样干燥后的质量，单位为克（g）；

m_3——称量瓶（加海砂、玻璃棒）的质量，单位为克（g）；

100——单位换算系数。

（六）精密度

在重复性条件下获得的两次独立测定结果的绝对差值不得超过算数平均值的 10%。

十一、蒸馏法测定茶叶水分

（一）原理

利用茶叶中水分的物理化学性质，使用水分测定器将茶叶中的水分与甲苯或二甲苯共同蒸出，根据接收的水的体积计算出试样中水分的含量。

（二）试剂和材料

除非另有说明，本方法所用试剂均为分析纯，水为 GB/T 6682—2008 规定的三级水。

1. 试剂

甲苯（C_7H_8）或二甲苯（C_8H_{10}）。

2. 试剂配制

甲苯或二甲苯制备：取甲苯或二甲苯，先以水饱和后，分去水层，进行蒸馏，收集馏出液备用。

（三）仪器和设备

（1）水分测定器：如图 3-1 所示（带可调电热套）。水分接收管容量 5mL，最小刻度值 0.1mL，容量误差小于 0.1mL。

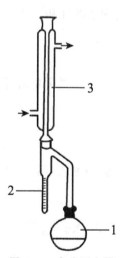

图 3-1　水分测定器

1—250mL 蒸馏瓶；2—水分接收管，有刻度；3—冷凝管

（2）天平：感量为 0.1mg。

（四）分析步骤

准确称取适量试样（应使最终蒸出的水在 2~5mL，但最多取样量不得超过蒸馏瓶的 2/3），放入 250mL 蒸馏瓶中，加入新蒸馏的甲苯（或二甲苯）75mL，连接冷凝管与水分接收管，从冷凝管顶端注入甲苯，装满水分接收管。同时做甲苯（或二甲苯）的试剂空白。加热慢慢蒸馏，使每秒钟的馏出液为 2 滴，待大部分水分蒸出后，加速蒸馏约每秒钟 4 滴，当水分全部蒸出后，接收管内的水分体积不再增加时，从冷凝管顶端加入甲苯冲洗。如冷凝管壁附有水滴，可用附有小橡皮头的铜丝擦下，再蒸馏片刻至接收管上部及冷凝管壁无水滴附着，接收管水平面保持 10min 不变为蒸馏终点，读取接收管水层的容积。

（五）分析结果的表述

试样中水分的含量，按下列公式进行计算：

$$X = \frac{V - V_0}{m} \times 100$$

式中：

X——试样中水分的含量，单位为毫升每百克（mL/100g）（或按水在 20℃的相对密度 0.998，20g/mL 计算质量）；

V——接收管内水的体积，单位为毫升（mL）；

V_0——做试剂空白时，接收管内水的体积，单位为毫升（mL）；

m——试样的质量，单位为克（g）；

100——单位换算系数。

在重复性条件下获得的两次独立测定结果的算术平均值表示，结果保留三位有效数字。

（六）精密度

在重复性条件下获得的两次独立测定结果的绝对差值不得超过算术平均值的 10%。

十二、卡尔·费休法测定茶叶水分含量

（一）原理

根据碘能与水和二氧化硫发生化学反应，在有吡啶和甲醇共存时，1mol 碘只与 1mol 水作用，反应式如下：

$C_5H_5N \cdot I_2 + C_5H_5N \cdot SO_2 + C_5H_5N + H_2O + CH_3OH \rightarrow 2C_5H_5N \cdot HI + C_5H_6N[SO_4CH_3]$

卡尔·费休水分测定法又分为库仑法和容量法。其中容量法测定的碘是作为滴定剂加入的，滴定剂中碘的浓度是已知的，根据消耗滴定剂的体积，计算消耗碘的量，从而计量出被测物质水的含量。

（二）试剂和材料

（1）卡尔·费休试剂。

（2）无水甲醇（CH_4O）：优级纯。

（三）仪器和设备

（1）卡尔·费休水分测定仪。

（2）天平：感量为 0.1mg。

（四）取样

见第一章"第一节 检测样品的采集、制备与储藏"。

（五）分析步骤

1. 卡尔·费休试剂的标定（容量法）

在反应瓶中加一定体积（浸没铂电极）的甲醇，在搅拌下用卡尔·费休试剂滴定至终点。加入 10mg 水（精确至 0.000 1g），滴定至终点并记录卡尔·费休试剂的用量（V）。卡尔·费休试剂的滴定度按下列公式计算：

$$T = \frac{m}{V}$$

式中：

T——卡尔·费休试剂的滴定度，单位为毫克每毫升（mg/mL）；

m——水的质量，单位为毫克（mg）；

V——滴定水消耗的卡尔·费休试剂的用量，单位为毫升（mL）。

2. 试样前处理

可粉碎的固体试样要尽量粉碎，使之均匀。不易粉碎的试样可切碎。

3. 试样中水分的测定

于反应瓶中加一定体积的甲醇或卡尔·费休测定仪中规定的溶剂浸没铂电极，在搅拌下用卡尔·费休试剂滴定至终点。迅速将易溶于甲醇或卡尔·费休测定仪中规定的溶剂的试样直接加入滴定杯中；对于不易溶解的试样，应采用对滴定杯进行加热或加入已测定水分的其他溶剂辅助溶解后用卡尔·费休试剂滴定至终点。建议采用容量法测定试样中的含水量应大于 100μg。对于滴定时，平衡时间较长且引起漂移的试样，需要扣除其漂移量。

4. 漂移量的测定

在滴定杯中加入与测定样品一致的溶剂，并滴定至终点，放置不少于 10min 后再滴定至终点，两次滴定之间的单位时间内的体积变化即为漂移量（D）。

（六）分析结果的表述

茶叶试样中水分的含量按下列公式计算：

$$X = \frac{(V_1 - D \times t) \times T}{m} \times 100$$

式中：

X——试样中水分的含量，单位为克每百克（g/100g）；

V_1——滴定样品时卡尔·费休试剂体积，单位为毫升（mL）；

D——漂移量，单位为毫升每分钟（mL/min）；

t——滴定时所消耗的时间，单位为分钟（min）；

T——卡尔·费休试剂的滴定度，单位为克每毫升（g/mL）；

m——样品质量，单位为克（g）；

100——单位换算系数。

水分含量≥1g/100g 时，计算结果保留三位有效数字；水分含量<1g/100g 时，计算结果保留两位有效数字。

（七）精密度

在重复性条件下获得的两次独立测定结果的绝对差值不得超过算术平均值的 10%。

十三、茶叶中总灰分的测定

（一）原理

茶叶经灼烧后所残留的无机物质称为灰分。灰分数值系用灼烧、称重后计算得出。

（二）试剂和材料

除非另有说明，本方法所用试剂均为分析纯，水为 GB/T 6682—2008 规定的三级水。

（三）仪器和设备

（1）高温炉：最高使用温度≥950℃。

（2）分析天平：感量分别为 0.1mg、1mg、0.1g。

（3）石英坩埚或瓷坩埚。

（4）干燥器（内有干燥剂）。

（5）电热板。

（6）恒温水浴锅：控温精度±2℃。

（四）取样

见第一章"第一节检测样品的采集、制备与储藏"。

（五）分析步骤

1. 坩埚预处理

2. 茶叶样品

液体和半固体试样应先在沸水浴上蒸干。固体或蒸干后的试样，先在电热板上以小火加热使试样充分炭化至无烟，然后置于高温炉中，在（550±25）℃灼烧4h。冷却至200℃左右，取出，放入干燥器中冷却30min，称量前如发现灼烧残渣有炭粒时，应向试样中滴入少许水湿润，使结块松散，蒸干水分再次灼烧至无炭粒即表示灰化完全，方可称量。重复灼烧至前后两次称量相差不超过0.5mg为恒重。

（六）分析结果的表述

（1）以试样质量计。

（2）试样中灰分的含量，按下列公式计算：

$$X = \frac{m_1 - m_2}{m_3 - m_2} \times 100$$

式中：

X——试样中灰分的含量，单位为克每百克（g/100g）；

m_1——坩埚和灰分的质量，单位为克（g）；

m_2——坩埚的质量，单位为克（g）；

m_3——坩埚和试样的质量，单位为克（g）；

100——单位换算系数。

（七）精密度

在重复性条件下获得的两次独立测定结果的绝对差值不得超过算术平均值的5%。

十四、茶叶中水溶性灰分和水不溶性灰分的测定

（一）原理

用热水提取总灰分，经无灰滤纸过滤、灼烧、称量残留物，测得水不溶性灰分，

由总灰分和水不溶性灰分的质量之差计算水溶性灰分。

（二）试剂和材料

除非另有说明，本方法所用水为 GB/T 6682—2008 规定的三级水。

（三）仪器和设备

（1）高温炉：最高温度≥950℃。

（2）分析天平：感量分别为 0.1mg、1mg、0.1g。

（3）石英坩埚或瓷坩埚。

（4）干燥器（内有干燥剂）。

（5）无灰滤纸。

（6）漏斗。

（7）表面皿：直径 6cm。

（8）烧杯（高型）：容量 100mL。

（9）恒温水浴锅：控温精度±2℃。

（四）取样

见第一章"第一节检测样品的采集、制备与储藏"。

（五）分析步骤

1. 坩埚预处理

2. 称样

3. 总灰分的制备

4. 测定

用约 25mL 热蒸馏水分次将总灰分从坩埚中洗入 100mL 烧杯中，盖上表面皿，用小火加热至微沸，防止溶液溅出。趁热用无灰滤纸过滤，并用热蒸馏水分次洗涤杯中残渣，直至滤液和洗涤体积约达 150mL 为止，将滤纸连同残渣移入原坩埚内，放在沸水浴锅上小心地蒸去水分，然后将坩埚烘干并移入高温炉内，以（550±25）℃灼烧至无炭粒（一般需 1h）。待炉温降至 200℃时，放入干燥器内，冷却至室温，称重（准确至 0.000 1g）。再放入高温炉内，以（550±25）℃灼烧 30min，如前冷却并称重。如此重复操作，直至连续两次称重之差不超过 0.5mg 为止，记下最低质量。

（六）分析结果的表述

1. 以试样质量计算，水不溶性灰分的含量按下列公式计算

$$X_1 = \frac{m_1 - m_2}{m_3 - m_2} \times 100$$

式中：

X_1——水不溶性灰分的含量，单位为克每百克（g/100g）；

m_1——坩埚和水不溶性灰分的质量，单位为克（g）；

m_2——坩埚的质量，单位为克（g）；

m_3——坩埚和试样的质量，单位为克（g）；

100——单位换算系数。

2. 以试样质量计算，水溶性灰分的含量按下列公式计算

$$X_2 = \frac{m_4 - m_5}{m_0} \times 100$$

式中：

X_2——水溶性灰分的质量，单位为克（g/100g）；

m_0——试样的质量，单位为克（g）；

m_4——总灰分的质量，单位为克（g）；

m_5——水不溶性灰分的质量，单位为克（g）；

100——单位换算系数。

3. 以干物质计水不溶性灰分的含量，按照下列公式计算

$$X_1 = \frac{m_1 - m_2}{(m_3 - m_2) \times \omega} \times 100$$

式中：

X_1——水不溶性灰分的含量，单位为克每百克（g/100g）；

m_1——坩埚和水不溶性灰分的质量，单位为克（g）；

m_2——坩埚的质量，单位为克（g）；

m_3——坩埚和试样的质量，单位为克（g）；

ω——试样干物质含量（质量分数），%；

100——单位换算系数。

4. 以干物质计水溶性灰分的含量，按照下列公式计算

$$X_2 = \frac{m_4 - m_5}{m_0 \times \omega} \times 100$$

式中：

X_2——水溶性灰分的质量，单位为克（g/100g）；

m_0——试样的质量，单位为克（g）；

m_4——总灰分的质量，单位为克（g）；

m_5——水不溶性灰分的质量，单位为克（g）；

ω——试样干物质含量（质量分数），%；

100——单位换算系数。

试样中灰分含量≥10g/100g时，保留三位有效数字；试样中灰分含量<10g/100g时，保留两位有效数字。

（七）精密度

在重复性条件下获得的两次独立测定结果的绝对差值不得超过算术平均值的5%。

十五、茶叶中酸不溶性灰分的测定

（一）原理

用盐酸溶液处理总灰分，过滤、灼烧、称量残留物。

（二）试剂和材料

除非另有说明，本方法所用试剂均为分析纯，水为GB/T 6682—2008规定的三级水。

1. 试剂

浓盐酸（HCl）。

2. 试剂配制

10%盐酸溶液，24mL分析纯浓盐酸用蒸馏水稀释至100mL。

（三）仪器和设备

（1）高温炉：最高温度≥950℃。

（2）分析天平：感量分别为0.1mg、1mg、0.1g。

（3）石英坩埚或瓷坩埚。

（4）干燥器（内有干燥剂）。

（5）无灰滤纸。

（6）漏斗。

（7）表面皿：直径6cm。

（8）烧杯（高型）：容量 100mL。

（9）恒温水浴锅：控温精度±2℃。

（四）取样

见第一章"第一节　检测样品的采集、制备与储藏"。

（五）分析步骤

1. 坩埚预处理

2. 称样

3. 总灰分的制备

4. 测定

用 25mL 10%盐酸溶液将总灰分分次洗入 100mL 烧杯中，盖上表面皿，在沸水浴上小心加热，至溶液由浑浊变为透明时，继续加热 5min，趁热用无灰滤纸过滤，用沸蒸馏水少量反复洗涤烧杯和滤纸上的残留物，直至中性（约 150mL）。将滤纸连同残渣移入原坩埚内，在沸水浴上小心蒸去水分，移入高温炉内，以（550±25）℃灼烧至无炭粒（一般需 1h）。待炉温降至 200℃时，取出坩埚，放入干燥器内，冷却至室温，称重（准确至 0.000 1g）。再放入高温炉内，以（550±25）℃灼烧 30min，如前冷却并称重。如此重复操作，直至连续两次称重之差不超过 0.5mg 为止，记下最低质量。

（六）分析结果的表述

1. 以试样质量计，酸不溶性灰分的含量，按下列公式计算

$$X_1 = \frac{m_1 - m_2}{m_3 - m_2} \times 100$$

式中：

X_1——酸不溶性灰分的含量，单位为克每百克（g/100g）；

m_1——坩埚和酸不溶性灰分的质量，单位为克（g）；

m_2——坩埚的质量，单位为克（g）；

m_3——坩埚和试样的质量，单位为克（g）；

100——单位换算系数。

2. 以干物质计，酸不溶性灰分的含量，按下列公式计算

$$X_1 = \frac{m_1 - m_2}{(m_3 - m_2) \times \omega} \times 100$$

式中：

X_1——酸不溶性灰分的含量，单位为克每百克（g/100g）；

m_1——坩埚和酸不溶性灰分的质量，单位为克（g）；

m_2——坩埚的质量，单位为克（g）；

m_3——坩埚和试样的质量，单位为克（g）；

ω——试样干物质含量（质量分数），%；

100——单位换算系数。

试样中灰分含量≥10g/100g时，保留三位有效数字；试样中灰分含量<10g/100g时，保留两位有效数字。

（七）精密度

在重复性条件下同一样品获得的测定结果的绝对差值不得超过算术平均值的5%。

十六、滴定法测定茶叶中水溶性灰分碱度

（一）原理

用甲基橙作指示剂，以盐酸标准溶液滴定来自水溶性灰分的溶液。

（二）试剂

（1）盐酸：0.1mol/L标准溶液，按GB/T 601—2016的配置与标定。

（2）甲基橙指示剂：甲基橙0.5g，用热蒸馏水溶解后稀释至1L。

（三）仪器设备

（1）滴定管：容量50mL。

（2）三角烧瓶：容量250mL。

（四）样品测定

见第一章"第一节　检测样品的采集、制备与储藏"。

（五）水溶性灰分溶液的制备

用25mL热蒸馏水，将灰分从坩埚中洗入100mL烧杯中。加热至微沸（防溅），趁热用无灰滤纸过滤，用热蒸馏水分次洗涤烧杯和滤纸上的残留物，直至滤液和洗涤液体积达150mL为止。将滤纸连同残留物移入原坩埚中，在沸水浴上小心地蒸去水分，移入高温炉内，以（525+25）℃灼烧至灰中无碳粒（约1h）。待炉温降至300℃左右时，取出坩埚，于干燥器内冷却至室温，称量。再移入高温炉内灼烧30min，取出坩埚，冷却并称量。重复此操作，直至连续两次称量差不超过0.001g为止，即为恒量。以最小称量为准。

（六）测定步骤

将水溶性灰分溶液冷却后，加甲基橙指示剂 2 滴，用 2mol/L 盐酸溶液滴定。

（七）结果计算

碱度的表示：即中和 100g 干态磨碎样品所需的一定浓度盐酸的摩尔数；或换算为相当于干态磨碎样品中所含氢氧化钾的质量分数。

1. 碱度用摩尔数表示（100g 干态磨碎样品），按下列公式计算

$$水溶性灰分碱度 = \frac{V}{10 \times m_0 \times m} \times 100$$

式中：

V——滴定时消耗 0.1mol/L 盐酸标准溶液的体积（mL）；

m_0——试样的质量（g）；

m——试样干物质含量（干态）百分率（%）。

注：如果使用盐酸标准溶液的浓度未精确达到 3.1 所要求的浓度，则计算时用校正系数（滴定浓度/0.1）。

2. 碱度用氢氧化钾的质量分数表示，按下列公式计算

$$水溶性灰分碱度 = \frac{56V}{10 \times 1\,000 \times m_0 \times m} \times 100$$

式中：

V——滴定时消耗 0.1mol/L 盐酸标准溶液的体积（mL）；

m_0——试样的质量（g）；

m——试样干物质含量（干态）百分率（%）。

（八）重复性

在重复条件下同一样品获得的两次测定结果的绝对差值不得超过算数平均值的 10%。

十七、福林酚比色法测定茶叶中茶多酚总量

（一）原理

茶叶磨碎样中的茶多酚用 70% 的甲醇在 70℃ 水浴上提取，福林酚（Folin-Ciocalteu）试剂氧化茶多酚中—OH 基团并显蓝色，最大吸收波长 λ 为 765nm，用没食子酸作校正标准定量茶多酚。

（二）仪器与试剂

（1）分析天平：精度 0.001g。

（2）水浴：（70±1）℃。

（3）离心机：转速 3 500r/min。

（4）分光光度计。

本方法所用水均为重蒸馏水，除特殊规定外，所用试剂为分析纯。

（5）乙腈：色谱纯。

（6）甲醇。

（7）碳酸钠（Na_2CO_3）。

（8）甲醇溶液（v/v）：甲醇：水为 7∶3。

（9）福林酚（Folin-Ciocalteu）试剂。

（10）10%福林酚（Folin-Ciocalteu）试剂（临用现配）：将 20mL 福林酚（Folin-Ciocalteu）试剂（9）转移到 200mL 容量瓶中，用水定容并摇匀。

（11）6.5% Na_2CO_3（w/v）：称取（37.50±0.01）g Na_2CO_3（10.3），加适量水溶解，转移至 500mL 容量瓶中，定容至刻度，摇匀（室温下可保存一个月）。

（12）没食子酸标准储备溶液（1 000μg/mL）：称取（0.110±0.001）g 没食子酸（GA，分子量 188.14），于 100mL 容量瓶中溶解并定容至刻度，摇匀（现用现配）。

（13）没食子酸工作液：用移液管分别移取 1.0mL、2.0mL、3.0mL、4.0mL、5.0mL 的没食子酸标准储备溶液（12）于 100mL 容量瓶中，分别用水定容至刻度，摇匀，浓度分别为 10μg/mL、20μg/mL、30μg/mL、40μg/mL、50μg/mL。

（三）取样与试样制备

见第一章"第一节　检测样品的采集、制备与储藏"。

（四）操作方法

1. 供试液的制备

（1）母液：称取 0.2g（精确到 0.000 1g）均匀磨碎的试样于 10mL 离心管中，加入在 70℃中预热过的 70%甲醇溶液（6）5mL，用玻璃棒充分搅拌均匀湿润，立即移入 70℃水浴中，浸提 10min（隔 5min 搅拌 1 次），浸提后冷却至室温，转入离心机在3 500r/min 转速下离心 10min，将上清液转移至 10mL 容量瓶。残渣再用 5mL 的70%甲醇溶液提取 1 次，重复以上操作。合并提取液定容至 10mL，摇匀，过 0.45μm膜，待用（该提取液在 4℃下可至多保存 24h）。

（2）测试液：移取母液 1.0mL 于 100mL 容量瓶中，用水定容至刻度，摇匀，待测。

2. 测定

（1）用移液管分别移取没食子酸工作液（13）、水（作空白对照用）及上述测定液各 1.0mL 于刻度试管内，在每个试管内分别加入 5.0mL 的福林酚（Folin-Ciocalteu）试剂（10），摇匀。反应 3~8min 内，加入 4.0mL 7.5% Na_2CO_3 溶液（11），加水定容至刻度、摇匀。室温下放置 60min。用 10mm 比色皿、在 765nm 波长条件下用分光光度计测定吸光度（A）。

（2）根据没食子酸工作液（13）的吸光度（A）与各工作溶液的没食子酸浓度，制作标准曲线。

（五）结果计算

比较试样和标准工作液的吸光度，按下列公式计算：

$$茶多酚含量(\%) = \frac{A \times V \times d}{SLOPE_{Std} \times m \times 10^6 \times M} \times 100$$

式中：

A——样品测试液吸光度；

$SLOPE_{Std}$——没食子酸标准曲线的斜率；

m——样品质量（g）；

V——样品提取液体积（mL）；

d——稀释因子（通常为 1mL 稀释成 100mL，则其稀释因子为 100）；

M——样品干物质含量（%）。

（六）重复性

同一样品的两次测定值，每 100g 试样不得超过 0.5g，若测定值相对误差在此范围，则取两次测定值算术平均值为结果，保留小数点后一位。

十八、液相色谱法测定茶叶中儿茶素

（一）原理

茶叶磨碎试样中的儿茶素用 70% 的甲醇溶液在 70℃ 水浴中提取，儿茶素的测定用 C_{18} 柱、检测波长 278nm、梯度洗脱、HPLC 分析，用儿茶素标准物质外标法直接定量，也可用 ISO 国际环试结果儿茶素与咖啡碱的相对校正因子（RRFStd）来定量。

（二）仪器

（1）分析天平：精度 0.000 1g。

（2）水浴：（70±1）℃。

（3）离心机：转速 3 500r/min。

（4）混匀器。

（5）高压液相色谱仪（HPLC）：包含梯度洗脱及检测器检测波长 278nm。

（6）数据处理系统。

（7）液相色谱柱：C_{18}（5μm，250mm×4.6mm）。

（三）试剂

本方法所用水均为重蒸馏水，除特殊规定外，所用试剂为分析纯。

1. 乙腈：色谱纯

2. 甲醇

3. 乙酸

4. 甲醇溶液（v/v）：甲醇：水为 7：3

5. EDTA-2Na 溶液：10mg/mL（临用现配）

6. 抗坏血酸溶液：10mg/mL（临用现配）

7. 稳定溶液

分别将 25mL EDTA-2Na 溶液，25mL 抗坏血酸溶液，50mL 乙腈加入 500mL 容量瓶中，用水定容至刻度，摇匀。

8. 液相色谱流动相

（1）流动相 A：分别将 90mL 乙腈，20mL 乙酸，2mL EDTA-2Na 加入 1 000mL 容量瓶中，用水定容至刻度，摇匀。溶液需过 0.45μm 膜。

（2）流动相 B：分别将 800mL 乙腈，20mL 乙酸，2mL EDTA-2Na 加入 1 000mL 容量瓶中，用水定容至刻度，摇匀。溶液需过 0.45μm 膜。

9. 标准储备溶液

（1）咖啡碱储备溶液：2.00mg/mL。

（2）没食子酸（GA）储备溶液：0.100mg/mL。

（3）儿茶素储备溶液：+C 1.00mg/mL、+EC 1.00mg/mL、+EGC 2.00mg/mL、+EGCG 2.00mg/mL、+ECG 2.00mg/mL。

10. 标准工作溶液

（1）用稳定溶液配制。

（2）标准使用液的浓度：没食子酸 5～25μg/mL、咖啡碱 50～150μg/mL、+C 50～150μg/mL、+EC 50～150μg/mL、+EGC 100～300μg/mL、+EGCG 100～400μg/mL、+ECG 50～200μg/mL。

（四）操作方法

见第一章"第一节　检测样品的采集、制备与储藏"。

（五）测定步骤

1. 干物质含量测定按第三章"九、直接干燥法测定茶叶中水分的含量"执行。

2. 供试液的制备

（1）母液：称取 0.2g（精确到 0.000 1g）均匀磨碎的试样于 10mL 离心管中，加入在 70℃中预热过的 70%甲醇溶液 5mL，用玻璃棒充分搅拌均匀湿润，立即移入 70℃水浴中，浸提 10min（隔 5min 搅拌 1 次），浸提后冷却至室温，转入离心机在 3 500r/min 转速下离心 10min，将上清液转移至 10mL 容量瓶。残渣再用 5mL 的 70%甲醇溶液提取 1 次，重复以上操作。合并提取液定容至 10mL，摇匀，过 0.45μm 膜，待用（该提取液在 4℃下可至多保存 24h）。

（2）测试液：用移液管移取上述母液 2mL 至 10mL 容量瓶中，用稳定溶液定容至刻度，摇匀，过 0.45μm 膜，待测。

3. 色谱条件

流动相流速：1mL/min，柱温：35℃紫外检测器：λ = 278nm，梯度条件：100%A 相保持 10min；15min 内由 100%A 相→68%A 相；68%A 相保持 10min；100%A 相。

4. 测定

待流速和柱温稳定后，进行空白运行。准确吸取 10μL 混合标准系列工作液注射入 HPLC。在相同的色谱条件下注射 10μL 测试液。测试液以峰面积定量。

（六）结果计算

1. 计算方法

（1）以儿茶素标准物质定量，按下列计算：

$$儿茶素含量(\%) = \frac{A \times f_{Std} \times V \times d}{M \times 10^6 \times m} \times 100$$

（2）以咖啡碱标准物质定量，按下列公式计算：

$$儿茶素含量(\%) = \frac{A \times RRF_{Std} \times V \times d}{S_{Caf} \times M \times 10^6 \times m} \times 100$$

式中：

A——所测样品中被测成分的峰面积；

f_{Std}——所测成分的校正因子（浓度/峰面积，浓度单位 μg/mL）；

RRF_{Std}——所测成分相对于咖啡碱的校正因子；

S_{Caf}——咖啡碱标准曲线的斜率（峰面积/浓度，浓度单位 mg/mL）；

V——样品提取液的体积（mL）；

M——样品称取量（g）；

m——样品的干物质含量（%）；

d——稀释因子（通常为 2mL 稀释成 10mL，则其稀释因子为 5）。

2. 儿茶素相对咖啡碱的校正因子表

名称	GA	EGC	C	EC	EGCG	ECG
RRF_{Std}	0.84	11.24	3.58	3.67	1.72	1.42

3. 儿茶素总量计算公式

儿茶素总量（%）= EGC（%）+C（%）+EC（%）+EGCG（%）+ECG（%）

4. 重复性

同一样品儿茶素总量的两次测定值相对误差应≤10%，若测定值相对误差在此范围内，则取两次测得值的算术平均值为测定结果，保留小数点后两位。

十九、液相色谱法测定固态速溶茶儿茶素含量

（一）原理

速溶茶用热的 10%乙腈溶解。儿茶素的测定用 C_{18} 柱、检测波长 278nm、梯度洗脱、HPLC 分析，用儿茶素标准物质外标法直接定量，也可采用 ISO 国际环试结果儿茶素与咖啡碱的相对校正因子（RRF_{Std}）来定量。

（二）仪器

1. 分析天平：精度 0.000 1g

2. 水浴

3. 离心机：转速 3 500r/min

4. 混匀器

5. 高压液相色谱仪（HPLC）：包含梯度洗脱及检测器（检测波长 278nm）

6. 数据处理系统

7. 液相色谱柱：C_{18}（5μm，250mm×4.6mm）

（三）试剂

本方法所用水为重蒸馏水，除特殊规定外，所用试剂为分析纯。

1. 乙腈：色谱纯

2. 甲醇

3. 乙酸

4. 甲醇溶液（v/v）：甲醇：水为 7∶3

5. EDTA-2Na 溶液：10mg/mL（临用现配）

6. 抗坏血酸溶液：10mg/mL（临用现配）

7. 稳定溶液：分别将 25mL EDTA-2Na 溶液，25mL 抗坏血酸溶液，50mL 乙腈加入 500mL 容量瓶中，用水定容至刻度，摇匀。

8. 液相色谱流动相

（1）流动相 A：分别将 90mL 乙腈，20mL 乙酸，2mL EDTA-2Na 加入 1 000mL 容量瓶中，用水定容至刻度，摇匀。溶液需过 0.45μm 膜。

（2）流动相 B：分别将 800mL 乙腈，20mL 乙酸，2mL EDTA-2Na 加入 1 000mL 容量瓶中，用水定容至刻度，摇匀。溶液需过 0.45μm 膜。

9. 标准储备溶液

（1）咖啡碱储备溶液：2.00mg/mL。

（2）没食子酸（GA）储备溶液：0.100mg/mL。

（3）儿茶素储备溶液：+C 1.00mg/mL，+EC 1.00mg/mL，+EGC 2.00mg/mL，+EGCG 2.00mg/mL，+ECG 2.00mg/mL。

10. 标准工作溶液

（1）用稳定溶液配制。

（2）标准工作溶液的浓度：没食子酸 5~25μg/mL、咖啡碱 50~150μg/mL、+C 50~150μg/mL、+EC 50~150μg/mL、+EGC 100~300μg/mL、+EGCG 100~400μg/mL、+ECG 50~200μg/mL。

（四）操作方法

见第一章"第一节 检测样品的采集、制备与储藏"。

（五）测定步骤

1. 干物质含量测定

按第三章"九、直接干燥法测定茶叶中水分的含量"执行。

2. 供试液的制备

称取 0.5g（精确到 0.000 1g）均匀的速溶茶于 50mL 容量瓶，加入 ≤60℃ 水溶解，加 5mL 乙腈并用水定容至刻度，摇匀，过 0.45μm 膜，待测。

3. 色谱条件

流动相流速：1mL/min，柱温：35℃，紫外检测器：λ=278nm，梯度条件：100%A 相保持 10min；15min 内由 100%A 相 → 68%A 相；68%A 相保持 10min；100%A 相。

4. 测定

待流速和柱温稳定后，进行空白运行。准确吸取 10μL 混合标准系列工作液注射入 HPLC。在相同的色谱条件下注射 10μL 测试液。测试液以峰面积定量。

（六）结果计算

1. 计算方法

（1）以儿茶素标准物质定量，按下列公式计算：

$$儿茶素含量(\%) = \frac{A \times f_{Std} \times V \times d}{M \times 10^6 \times m} \times 100$$

（2）以咖啡碱标准物质定量，按下列公式计算：

$$儿茶素含量(\%) = \frac{A \times RRF_{Std} \times V \times d}{S_{Caf} \times M \times 10^6 \times m} \times 100$$

式中：

A——所测样品中被测成分的峰面积；

f_{Std}——所测成分的校正因子（浓度/峰面积，浓度单位 μg/mL）；

RRF_{Std}——所测成分相对于咖啡碱的校正因子；

S_{Caf}——咖啡碱标准曲线的斜率（峰面积/浓度，浓度单位 μg/mL）；

V——样品提取液的体积（mL）；

M——样品称取量（g）；

m——样品的干物质含量（%）；

d——稀释因子（通常为 2mL 稀释成 10mL，则其稀释因子为 5）。

2. 儿茶素相对咖啡碱的校正因子表

名称	GA	EGC	C	EC	EGCG	ECG
RRF_{Std}	0.84	11.24	3.58	3.67	1.72	1.42

3. 儿茶素总量计算公式

儿茶素总量（%）= EGC（%）+C（%）+EC（%）+EGCG（%）+ECG（%）

4. 重复性

同一样品儿茶素总量的两次测定值相对误差应≤10%，若测定值相对误差在此范围内，则取两次测得值的算术平均值为结果，保留小数点后两位。

二十、凯氏定氮法测定茶叶中的蛋白质含量

（一）原理

茶叶中的蛋白质在催化加热条件下被分解，产生的氨与硫酸结合生成硫酸铵。碱化蒸馏使氨游离，用硼酸吸收后以硫酸或盐酸标准滴定溶液滴定，根据酸的消耗量计算氮含量，再乘以换算系数，即为蛋白质的含量。

（二）试剂和材料

1. 试剂

除非另有说明，本方法所用试剂均为分析纯，水为 GB/T 6682—2008 规定的三级水。

（1）硫酸铜（$CuSO_4 \cdot 5H_2O$）。

（2）硫酸钾（K_2SO_4）。

（3）硫酸（H_2SO_4）。

（4）硼酸（H_3BO_3）。

（5）甲基红指示剂（$C_{15}H_{15}N_3O_2$）。

（6）溴甲酚绿指示剂（$C_{21}H_{14}Br_4O_5S$）。

（7）亚甲基蓝指示剂（$C_{15}H_{18}ClN_3S \cdot 3H_2O$）。

（8）氢氧化钠（NaOH）。

（9）95%乙醇（C_2H_5OH）。

2. 试剂配制

（1）硼酸溶液（20g/L）：称取 20g 硼酸，加水溶解后并稀释至 1 000mL。

（2）氢氧化钠溶液（400g/L）：称取 40g 氢氧化钠加水溶解后，放冷，并稀释至 100mL。

（3）硫酸标准滴定溶液：[c（H_2SO_4）] 0.050 0mol/L 或盐酸标准滴定溶液 [c（HCl）] 0.050 0mol/L

（4）甲基红乙醇溶液（1g/L）：称取 0.1g 甲基红，溶于 95%乙醇，用 95%乙醇稀释至 100mL。

（5）亚甲基蓝乙醇溶液（1g/L）：称取 0.1g 亚甲基蓝，溶于 95%乙醇，用 95%乙醇稀释至 100mL。

（6）溴甲酚绿乙醇溶液（1g/L）：称取 0.1g 溴甲酚绿，溶于 95%乙醇，用 95%乙醇稀释至 100mL。

（7）A 混合指示液：2 份甲基红乙醇溶液与 1 份亚甲基蓝乙醇溶液临用时混合。

（8）B 混合指示液：1 份甲基红乙醇溶液与 5 份溴甲酚绿乙醇溶液临用时混合。

（三）仪器和设备

1. 天平：感量为 1mg。

2. 定氮蒸馏装置：如图 3-2 所示。

3. 自动凯氏定氮仪。

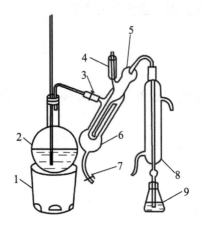

图 3-2　定氮蒸馏装置

1—电炉；2—水蒸气发生器（2L 烧瓶）；3—螺旋夹；4—小玻杯及棒状玻塞；5—反应室；
6—反应室外层；7—橡皮管及螺旋夹；8—冷凝管；9—蒸馏液接收瓶

（四）样品制备

见第一章"第一节　检测样品的采集、制备与储藏"。

（五）分析步骤

1. 凯氏定氮法

（1）试样处理：称取充分混匀的固体试样 0.2~2g、半固体试样 2~5g 或液体试样 10~25g（约相当于 30~40mg 氮），精确至 0.001g，分别移入干燥的 100mL、250mL 或 500mL 定氮瓶中，加入 0.4g 硫酸铜、6g 硫酸钾及 20mL 硫酸，轻摇后于瓶口放一小漏斗，将瓶以 45°角斜支于有小孔的石棉网上。小心加热，待内容物全部炭化，泡沫完全停止后，加强火力，并保持瓶内液体微沸，至液体呈蓝绿色并澄清透明后，再继续加热 0.5~1h。取下放冷，小心加入 20mL 水，冷却后，移入 100mL 容量瓶中，并用少量水洗定氮瓶，洗液并入容量瓶中，再加水至刻度，混匀备用。同时做试剂空白试验。

（2）测定：按图 3-2 装好定氮蒸馏装置，向水蒸气发生器内装水至 2/3 处，加入数粒玻璃珠，加甲基红乙醇溶液数滴及数毫升硫酸，以保持水呈酸性，加热煮沸水蒸气发生器内的水并保持沸腾。

（3）向接受瓶内加入 10.0mL 硼酸溶液及 1~2 滴 A 混合指示剂或 B 混合指示剂，并使冷凝管的下端插入液面下，根据试样中氮含量，准确吸取 2.0~10.0mL 试样处理液，由小玻杯注入反应室，以下端插入液面下，根据试样中氮含量，准确吸取 2.0~

10.0mL 试样处理液，由小玻杯注入反应室，以下端插入液面下，根据试样中氮含量，准确吸取 2.0~10.0mL 试样处理液由小玻杯注入反应室，以 10mL 水洗涤小玻杯并使之流入反应室内，随后塞紧棒状玻塞。将 10.0mL 氢氧化钠溶液倒入小玻杯，提起玻塞使其缓缓流入反应室，立即将玻塞盖紧，并水封。夹紧螺旋夹，开始蒸馏。蒸馏 10min 后移动蒸馏液接收瓶，液面离开冷凝管下端，再蒸馏 1min。然后用少量水冲洗冷凝管下端外部，取下蒸馏液接收瓶。尽快以硫酸或盐酸标准滴定溶液滴定至终点，如用 A 混合指示液，终点颜色为灰蓝色；如用 B 混合指示液，终点颜色为浅灰红色。同时做试剂空白。

2. 自动凯氏定氮仪法

称取充分混匀的固体试样 0.2~2g、半固体试样 2~5g 或液体试样 10~25g（约相当于 30~40mg 氮），精确至 0.001g，至消化管中，再加入 0.4g 硫酸铜、6g 硫酸钾及 20mL 硫酸于消化炉中进行消化。当消化炉温度达到 420℃ 之后，继续消化 1h，此时消化管中的液体呈绿色透明状，取出冷却后加入 50mL 水，于自动凯氏定氮仪（使用前加入氢氧化钠溶液，盐酸或硫酸标准溶液以及含有混合指示剂 A 或 B 的硼酸溶液）上实现自动加液、蒸馏、滴定和记录滴定数据的过程。

（六）分析结果的表述

试样中蛋白质的含量按下列公式计算：

$$X = \frac{(V_1 - V_2) \times c \times 0.014\ 0}{m \times V_3 \div 100} \times F \times 100$$

式中：

X——试样中蛋白质的含量，单位为克每百克（g/100g）；

V_1——试液消耗硫酸或盐酸标准滴定液的体积，单位为毫升（mL）；

V_2——试剂空白消耗硫酸或盐酸标准滴定液的体积，单位为毫升（mL）；

c——硫酸或盐酸标准滴定溶液浓度，单位为摩尔每升（mol/L）；

m——试样的质量，单位为克（g）；

V_3——吸取消化液的体积，单位为毫升（mL）；

F——氮换算为蛋白质的系数，各种茶叶中氮转换系数见附录 A；

100——换算系数。

蛋白质含量≥1g/100g 时，结果保留三位有效数字；蛋白质含量<1g/100g 时，结果保留两位有效数字。

注：当只检测氮含量时，不需要乘蛋白质换算系数 F。

（七）精密度

在重复条件下获得的两次独立测定结果的绝对差值不得超过算术平均值的 10%。

二十一、分光光度法测定茶叶中的蛋白质含量

（一）原理

茶叶中的蛋白质在催化加热条件下被分解，分解产生的氨与硫酸结合生成硫酸铵，在 pH 值 4.8 的乙酸钠—乙酸缓冲溶液中与乙酰丙酮和甲醛反应生成黄色的 3,5-二乙酰-2，6-二甲基-1，4-二氢化吡啶化合物。在波长 400nm 下测定吸光度值，与标准系列比较定量，结果乘以换算系数，即为蛋白质含量。

（二）试剂和材料

1. 试剂

除非另有说明，本方法所用试剂均为分析纯，水为 GB/T 6682—2008 规定的三级水。

（1）硫酸铜（$CuSO_4 \cdot 5H_2O$）。

（2）硫酸钾（K_2SO_4）。

（3）硫酸（H_2SO_4）：优级纯。

（4）氢氧化钠（NaOH）。

（5）对硝基苯酚（$C_6H_5NO_3$）。

（6）乙酸钠（$CH_3COONa \cdot 3H_2O$）。

（7）无水乙酸钠（CH_3COONa）。

（8）乙酸（CH_3COOH）：优级纯。

（9）37%甲醛（HCHO）。

（10）乙酰丙酮（$C_5H_8O_2$）。

2. 试剂配制

（1）氢氧化钠溶液（300g/L）：称取 30g 氢氧化钠加水溶解后，放冷，并稀释至 100mL。

（2）对硝基苯酚指示剂溶液（1g/L）：称取 0.1g 对硝基苯酚指示剂溶于 20mL 95%乙醇中，加水稀释至 100mL。

（3）乙酸溶液（1mol/L）：量取 5.8mL 乙酸，加水稀释至 100mL。

（4）乙酸钠溶液（1mol/L）：称取 41g 无水乙酸钠或 68g 乙酸钠，加水溶解稀释至 500mL。

（5）乙酸钠—乙酸缓冲溶液：量取 60mL 乙酸钠溶液与 40mL 乙酸溶液混合，该溶液 pH 值为 4.8。

（6）显色剂：15mL 甲醛与 7.8mL 乙酰丙酮混合，加水稀释至 100mL，剧烈振摇

混匀（室温下放置稳定 3d）。

（7）氨氮标准储备溶液（以氮计）（1.0g/L）：称取 105℃ 干燥 2h 的硫酸铵 0.472 0g 加水溶解后移于 100mL 容量瓶中，并稀释至刻度，混匀，此溶液每毫升相当于 1.0mg 氮。

（8）氨氮标准使用溶液（0.1g/L）：用移液管吸取 10.00mL 氨氮标准储备液于 100mL 容量瓶内，加水定容至刻度，混匀，此溶液每毫升相当于 0.1mg 氮。

（三）仪器和设备

（1）分光光度计。

（2）电热恒温水浴锅：（100±0.5）℃。

（3）10mL 具塞玻璃比色管。

（4）天平：感量为 1mg。

（四）样品制备

见第一章"第一节 检测样品的采集、制备与储藏"。

（五）分析步骤

1. 试样消解

称取充分混匀的固体试样 0.1~0.5g（精确至 0.001g）、半固体试样 0.2~1g（精确至 0.001g）或液体试样 1~5g（精确至 0.001g），移入干燥的 100mL 或 250mL 定氮瓶中，加入 0.1g 硫酸铜、1g 硫酸钾及 5mL 硫酸，摇匀后于瓶口放一小漏斗，将定氮瓶以 45°角斜支于有小孔的石棉网上。缓慢加热，待内容物全部炭化，泡沫完全停止后，加强火力，并保持瓶内液体微沸，至液体呈蓝绿色澄清透明后，再继续加热 0.5h。取下放冷，慢慢加入 20mL 水，放冷后移入 50mL 或 100mL 容量瓶中，并用少量水洗定氮瓶，洗液并入容量瓶中，再加水至刻度，混匀备用。按同一方法做试剂空白试验。

2. 试样溶液的制备

吸取 2.00~5.00mL 试样或试剂空白消化液于 50mL 或 100mL 容量瓶内，加 1~2 滴对硝基苯酚指示剂溶液，摇匀后滴加氢氧化钠溶液中和至黄色，再滴加乙酸溶液至溶液无色，用水稀释至刻度，混匀。

3. 标准曲线的绘制

分别吸取 0.00mL、0.05mL、0.10mL、0.20mL、0.40mL、0.60mL、0.80mL 和 1.00mL 氨氮标准使用溶液（分别相当于 0.00μg、5.00μg、10.0μg、20.0μg、40.0μg、60.0μg、80.0μg 和 100.0μg 氮），分别置于 10mL 比色管中。加 4.0mL 乙

酸钠—乙酸缓冲溶液及 4.0mL 显色剂，加水稀释至刻度，混匀。置于 100℃水浴中加热 15min。取出用水冷却至室温后，移入 1cm 比色杯内，以零管为参比，于波长 400nm 处测量吸光度值，根据标准各点吸光度值绘制标准曲线或计算线性回归方程。

4. 试样测定

吸取 0.50~2.00mL（约相当于氮<100μg）试样溶液和同量的试剂空白溶液，分别置于 10mL 比色管中。加 4.0mL 乙酸钠—乙酸缓冲溶液及 4.0mL 显色剂，加水稀释至刻度，混匀。置于 100℃水浴中加热 15min。取出用水冷却至室温后，移入 1cm 比色杯内，以零管为参比，于波长 400nm 处测量吸光度值，试样吸光度值与标准曲线比较定量或代入线性回归方程求出蛋白质含量。

（六）分析结果的表述

试样中蛋白质的含量按下列公式计算：

$$X = \frac{(C - C_0) \times V_1 \times V_3}{m \times V_2 \times V_4 \times 1\,000 \times 1\,000} \times F \times 100$$

式中：

X——试样中蛋白质的含量，单位为克每百克（g/100g）；

C——试样测定液中氮的含量，单位为微克（μg）；

C_0——试剂空白测定液中氮的含量，单位为微克（μg）；

V_1——试样消化液定容体积，单位为毫升（mL）；

V_3——试样溶液总体积，单位为毫升（mL）；

m——试样质量，单位为克（g）；

V_2——制备试样溶液的消化液体积，单位为毫升（mL）；

V_4——测定用试样溶液体积，单位为毫升（mL）；

1 000——换算系数；

100——换算系数；

F——氮换算为蛋白质的系数。

蛋白质含量≥1g/100g 时，结果保留三位有效数字；蛋白质含量<1g/100g 时，结果保留两位有效数字。

（七）精密度

在重复性条件下获得的两次独立测定结果的绝对差值不得超过算术平均值的 10%。

二十二、紫外分光光度法测定茶叶中咖啡碱的含量

（一）原理

茶叶中的咖啡碱易溶于水，除去干扰物质后，用特定波长测定其含量。

（二）试剂

所用试剂为分析纯，水为蒸馏水。

（1）碱性乙酸铅溶液：称取 50g 碱性乙酸铅，加水 100mL，静置过夜，倾出上清液过滤。

（2）盐酸：0.01mol/L 溶液，取 0.9mL 浓盐酸，用水稀释至 1L，摇匀。

（3）硫酸：4.5mol/L 溶液，取浓硫酸 250mL，用水稀释至 1L，摇匀。

（4）咖啡碱标准液：称取 100mg 咖啡（纯度不低于 99%）溶于 100mL 蒸馏水中，作为母液，准确吸取 5mL 加水至 100mL 作为工作液（1mL 含咖啡碱 0.05mg）。

（三）仪器设备

（1）紫外分光光度仪。
（2）分析天平：感量 0.001g。

（四）样品制备

见第一章"第一节　检测样品的采集、制备与储藏"。

（五）试液制备

称取 3g（准确至 0.001g）磨碎茶样于 500mL 锥形瓶中，加沸蒸馏水 450mL，立即移入沸水浴中浸提 45min（每隔 10min 摇动 1 次）。浸提完毕后立即趁热减压过滤，滤液移入 500mL 容量瓶中，残渣用少量热蒸馏水洗涤 2~3 次，并将滤液滤入上述容量瓶中，冷却后用蒸馏水稀释至刻度。

1. 测定

用移液管准确吸取试液 10mL 移入 100mL 容量瓶中，加入 0.01mol/L 盐酸 4mL 和碱性乙酸铅溶液 1mL，用水准确稀释至刻度，混匀，静置澄清过滤，准确吸取滤液 25mL，注入 50mL 容量瓶中，加入 0.1mL.4.5mol/L 硫酸溶液，加水稀释至刻度，混匀，静置澄清过滤。用 10mm 比色杯，在波长 274nm 处，以试剂空白溶液作参比，测定吸光度（A）。

2. 咖啡碱标准曲线的制作

分别吸取 0mL、1mL、2mL、3mL、4mL、5mL、6mL 咖啡碱工作液于一组 25mL

容量瓶中，各加入 1.0mL 0.01mol/L 盐酸溶液，用水稀释至刻度，混匀，用 10mm 石英比色杯，在波长 274nm 处，以试剂空白溶液作参比，测定吸光度（A）。将测得的吸光度与对应的咖啡碱浓度绘制标准曲线。

（六）结果计算

茶叶咖啡碱以干态质量分数 w 计，数值以%表示，按下式计算：

$$咖啡碱含量（\%）= \frac{C_2 \times V_2/1\,000 \times 100/10 \times 50/25}{m \times w} \times 100$$

式中：

C_2——根据试样测得的吸光度（A），从咖啡碱标准曲线上查得的咖啡碱相应含量（mg/mL）；

V_2——试液总量（mL）；

m——试样用量（g）；

w——试样干物质含量（%）。

两次测定的值在符合重复性的要求下，取其平均值作为分析结果（保留小数点后一位）。

二十三、液相色谱法测定茶叶中咖啡碱的含量

（一）原理

茶叶中的咖啡经沸水和氧化镁混合提取后，经高效液相色谱仪、C_{18} 分离柱、紫外检测器检测，与标准系列比较定量。

（二）仪器和用具

（1）高效液相色谱仪。

（2）紫外检测器检测：检测波长 280nm。

（3）分析柱：C_{18}。

（4）分析天平：感量 0.000 1g。

（三）试剂和溶液

本方法所用试剂，甲醇为色谱纯，水为重蒸馏水。

（1）氧化镁：分析纯。

（2）高效液相色谱流动相：取 600mL 甲醇倒入 1 400mL 重蒸馏水，混匀，脱气。

（3）咖啡碱标准液：称取 125mg 咖啡碱（纯度不低于 99%）加乙醇：水（1：4）溶解，定容至 250mL。使用时，待标准液至室温后，取 2mL 加水至 100mL 作为工作液。

（四）样品制备

见第一章"第一节 检测样品的采集、制备与储藏"。

（五）操作方法

1. 试液的制备

称取 1.0g（准确至 0.001g）磨碎茶样，至于 500mL 烧瓶中，加 4.5g 氧化镁及 300mL 沸水，于沸水浴加热，浸提 20min（每隔 5min 摇动 1 次），浸提完毕后立即趁热减压过滤，滤液移入 500mL 容量瓶中，冷却后，用水定容至刻度。取一部分试液，通过 0.45μm 滤膜过滤，待用。

2. 色谱条件

检测波长：紫外检测器，波长 280nm。

流动相：水：甲醇的体积分数为 7:3。

流速：0.5~1.5mL/min。

柱温：40℃。

进样量：10~20μL。

3. 测定

准确吸取制备液 10~20μL，注入高效液相色谱仪，并用咖啡碱标准液制作标准曲线，进行色谱测定。

（六）结果计算

1. 计算方法和公式

比较试样和标准样的峰面积，按下式计算：

$$咖啡碱含量(\%) = \frac{C_1 \times V_1}{m \times w \times 10^6} \times 100$$

式中：

C_1——测定液中咖啡碱含量（μg）；

V_1——样品总体积（mL）；

m——试样用量（g）；

w——试样干物质含量百分率（%）。

如果符合重复性（5.2）的要求，取两次测定的算术平均值作为结果（保留小数点后一位）。

2. 重复性

在重复条件下同一样品获得的测定结果的绝对值不得超过算术平均值的 10%。

第四章 茶叶中无机成分含量检测

第一节 茶叶中无机元素检测方法

一、电感耦合等离子体质谱法（ICP-MS）

（一）原理

试样经消解后，由电感耦合等离子体质谱仪测定，以元素特定质量数（质荷比，m/z）定性，采用外标法，以待测元素质谱信号与内标元素质谱信号的强度比与待测元素的浓度呈正比进行定量分析。

（二）试剂和材料

除非另有说明，本方法所用试剂均为优级纯，水为 GB/T 6682—2008 规定的一级水。

1. 试剂

（1）硝酸（HNO_3）：优级纯或更高纯度。

（2）氩气（Ar）：氩气（≥99.995%）或液氩。

（3）氦气（He）：氦气（≥99.995%）。

（4）金元素（Au）溶液（1 000mg/L）。

2. 试剂配制

（1）硝酸溶液（5+95）：取 50mL 硝酸，缓慢加入 950mL 水中，混匀。

（2）汞标准稳定剂：取 2mL 金元素（Au）溶液，用硝酸溶液（5+95）稀释至 1 000mL，用于汞标准溶液的配制。

注：汞标准稳定剂亦可采用 2g/L 半胱氨酸盐酸盐+硝酸（5+95）混合溶液，或其他等效稳定剂。

3. 标准品

（1）元素贮备液（1 000mg/L 或 100mg/L）：铅、镉、砷、汞、硒、铬、锡、铜、

铁、锰、锌、镍、铝、锑、钾、钠、钙、镁、硼、钡、锶、钼、铊、钛、钒和钴，采用经国家认证并授予标准物质证书的单元素或多元素标准贮备液。

（2）内标元素贮备液（1 000mg/L）：钪、锗、铟、铑、铼、铋等采用经国家认证并授予标准物质证书的单元素或多元素内标标准贮备液。

4. 标准溶液配制

（1）混合标准工作溶液：吸取适量单元素标准贮备液或多元素混合标准贮备液，用硝酸溶液（5+95）逐级稀释配成混合标准工作溶液系列，各元素质量浓度见表4-1。

表4-1 ICP-MS方法中元素的标准溶液系列质量浓度

序号	元素	单位	标准系列质量浓度					
			系列1	系列2	系列3	系列4	系列5	系列6
1	B	μg/L	0	10.0	50.0	100	300	500
2	Na	mg/L	0	0.400	2.00	4.00	12.0	20.0
3	Mg	mg/L	0	0.400	2.00	4.00	12.0	20.0
4	Al	mg/L	0	0.100	0.500	1.00	3.00	5.00
5	K	mg/L	0	0.400	2.00	4.00	12.0	20.0
6	Ca	mg/L	0	0.400	2.00	4.00	12.0	20.0
7	Ti	μg/L	0	10.0	50.0	100	300	500
8	V	μg/L	0	1.00	5.00	10.0	30.0	50.0
9	Cr	μg/L	0	1.00	5.00	10.0	30.0	50.0
10	Mn	μg/L	0	10.0	50.0	100	300	500
11	Fe	mg/L	0	0.100	0.500	1.00	3.00	5.00
12	Co	μg/L	0	1.00	5.00	10.0	30.0	50.0
13	Ni	μg/L	0	1.00	5.00	10.0	30.0	50.0
14	Cu	μg/L	0	10.0	50.0	100	300	500
15	Zn	μg/L	0	10.0	50.0	100	300	500
16	As	μg/L	0	1.00	5.00	10.0	30.0	50.0
17	Se	μg/L	0	1.00	5.00	10.0	30.0	50.0
18	Sr	μg/L	0	20.0	100	200	600	1 000
19	Mo	μg/L	0	0.100	0.500	1.00	3.00	5.00
20	Cd	μg/L	0	1.00	5.00	10.0	30.0	50.0
21	Sn	μg/L	0	0.100	0.500	1.00	3.00	5.00
22	Sb	μg/L	0	0.100	0.500	1.00	3.00	5.00

（续表）

序号	元素	单位	标准系列质量浓度					
			系列1	系列2	系列3	系列4	系列5	系列6
23	Ba	μg/L	0	10.0	50.0	100	300	500
24	Hg	μg/L	0	0.100	0.500	1.00	1.50	2.00
25	Tl	μg/L	0	1.00	5.00	10.0	30.0	50.0
26	Pb	μg/L	0	1.00	5.00	10.0	30.0	50.0

注：依据样品消解溶液中元素的质量浓度水平，适当调整标准系列中各元素的质量浓度范围。

（2）汞标准工作溶液：取适量汞贮备液，用汞标准稳定剂逐级稀释配成标准工作溶液系列，浓度范围见表4-1。

（3）内标使用液：取适量内标单元素贮备液或内标多元素标准贮备液，用硝酸溶液（5+95）配制合适浓度的内标使用液。

注：内标溶液既可在配制混合标准工作溶液和样品消化液中手动定量加入，亦可由仪器在线加入。

（三）仪器和设备

（1）电感耦合等离子体质谱仪（ICP-MS）。

（2）天平：感量为0.1mg和1mg。

（3）微波消解仪：配有聚四氟乙烯消解内罐。

（4）压力消解罐：配有聚四氟乙烯消解内罐。

（5）恒温干燥箱。

（6）控温电热板。

（7）超声水浴箱。

（8）样品粉碎设备：匀浆机、高速粉碎机。

（四）分析步骤

1. 试样制备

取有代表性试样50~100g，粉碎，过40目筛。

2. 试样消解

可根据试样中待测元素的含量水平和检测水平要求选择相应的消解方法及消解容器。

（1）微波消解法：称取样品0.2~0.5g（精确至0.001g）于微波消解内罐中，加入5~10mL硝酸，加盖放置1h或过夜，旋紧罐盖，按照微波消解仪标准操作步骤进行消解。冷却后取出，缓慢打开罐盖排气，用少量水冲洗内盖，将消解罐放在控温电热板上或超声水浴箱中，于100℃加热30min或超声脱气2~5min，用水定容至25mL或50mL，混匀备用。同时做空白试验。

（2）压力罐消解法：称取固体干样0.2~1g（精确至0.001g），加入5mL硝酸，放置1h或过夜，旋紧不锈钢外套，放入恒温干燥箱消解，于150~170℃消解4h，冷却后，缓慢旋松不锈钢外套，将消解内罐取出，在控温电热板上或超声水浴箱中，于100℃加热30min或超声脱气2~5min，用水定容至25mL或50mL，混匀备用。同时做空白试验。

3. 仪器参考条件

（1）仪器操作条件：仪器操作条件见表4-2；元素分析模式见表4-3。

表4-2 电感耦合等离子体质谱仪操作参考条件

参数名称	参数	参数名称	参数
射频功率	1 500W	雾化室	高盐/同心雾化器
等离子体气体流量	15L/min	采样锥/截取锥	镍/铂锥
载气流量	0.80L/min	采样深度	8~10mm
辅助气流量	0.40L/min	采集模式	跳峰（Spectrum）
氦气流量	4~5mL/min	检测方式	自动
雾化室温度	2℃	每峰测定点数	1~3
样品提升速率	0.3r/s	重复次数	2~3

表4-3 电感耦合等离子体质谱仪元素分析模式

序号	元素名称	元素符号	分析模式	序号	元素名称	元素符号	分析模式
1	硼	B	普通/碰撞反应池	9	铬	Cr	碰撞反应池
2	钠	Na	普通/碰撞反应池	10	锰	Mn	碰撞反应池
3	镁	Mg	碰撞反应池	11	铁	Fe	碰撞反应池
4	铝	Al	普通/碰撞反应池	12	钴	Co	碰撞反应池
5	钾	K	普通/碰撞反应池	13	镍	Ni	碰撞反应池
6	钙	Ca	碰撞反应池	14	铜	Cu	碰撞反应池
7	钛	Ti	碰撞反应池	15	锌	Zn	碰撞反应池
8	钒	V	碰撞反应池	16	砷	As	碰撞反应池

（续表）

序号	元素名称	元素符号	分析模式	序号	元素名称	元素符号	分析模式
17	硒	Se	碰撞反应池	22	锑	Sb	碰撞反应池
18	锶	Sr	普通/碰撞反应池	23	钡	Ba	普通/碰撞反应池
19	钼	Mo	碰撞反应池	24	汞	Hg	普通/碰撞反应池
20	镉	Cd	碰撞反应池	25	铊	Tl	普通/碰撞反应池
21	锡	Sn	碰撞反应池	26	铅	Pb	普通/碰撞反应池

对没有合适消除干扰模式的仪器，需采用干扰校正方程对测定结果进行校正，铅、镉、砷、钼、硒、钒等元素干扰校正方程见表4-4。

表4-4　元素干扰校正方程

同位素	推荐的校正方程
^{51}V	$[^{51}\mathrm{V}] = [51] + 0.352\,4 \times [52] - 3.108 \times [53]$
^{75}As	$[^{75}\mathrm{As}] = [75] - 3.127\,8 \times [77] + 1.0177 \times [78]$
^{78}Se	$[^{78}\mathrm{Se}] = [78] - 0.186\,9 \times [76]$
^{98}Mo	$[^{98}\mathrm{Mo}] = [98] - 0.146 \times [99]$
^{114}Cd	$[^{114}\mathrm{Cd}] = [114] - 1.6285 \times [108] - 0.0149 \times [118]$
^{208}Pb	$[^{208}\mathrm{Pb}] = [206] + [207] + [208]$

注1：[X] 为质量数 X 处的质谱信号强度——离子每秒计数值（CPS）。

注2：对于同量异位素干扰能够通过仪器的碰撞/反应模式得以消除的情况下，除铅元素外，可不采用干扰校正方程。

注3：低含量铬元素的测定需采用碰撞/反应模式。

（2）测定参考条件：在调谐仪器达到测定要求后，编辑测定方法，根据待测元素的性质选择相应的内标元素，待测元素和内标元素的 m/z 见表4-5。

表4-5　待测元素推荐选择的同位素和内标元素

序号	元素	m/z	内标	序号	元素	m/z	内标
1	B	11	^{45}Sc/^{72}Ge	6	Ca	43	^{45}Sc/^{72}Ge
2	Na	23	^{45}Sc/^{72}Ge	7	Ti	48	^{45}Sc/^{72}Ge
3	Mg	24	^{45}Sc/^{72}Ge	8	V	51	^{45}Sc/^{72}Ge
4	Al	27	^{45}Sc/^{72}Ge	9	Cr	52/53	^{45}Sc/^{72}Ge
5	K	39	^{45}Sc/^{72}Ge	10	Mn	55	^{45}Sc/^{72}Ge

（续表）

序号	元素	m/z	内标	序号	元素	m/z	内标
11	Fe	56/57	$^{45}Sc/^{72}Ge$	19	Mo	95	$^{103}Rh/^{115}In$
12	Co	59	$^{72}Ge/^{103}Rh/^{115}In$	20	Cd	111	$^{103}Rh/^{115}In$
13	Ni	60	$^{72}Ge/^{103}Rh/^{115}In$	21	Sn	118	$^{103}Rh/^{115}In$
14	Cu	63/65	$^{72}Ge/^{103}Rh/^{115}In$	22	Sb	123	$^{103}Rh/^{115}In$
15	Zn	66	$^{72}Ge/^{103}Rh/^{115}In$	23	Ba	137	$^{103}Rh/^{115}In$
16	As	75	$^{72}Ge/^{103}Rh/^{115}In$	24	Hg	200/202	$^{103}Rh/^{115}In$
17	Se	78	$^{72}Ge/^{103}Rh/^{115}In$	25	Tl	205	$^{103}Rh/^{115}In$
18	Sr	88	$^{103}Rh/^{115}In$	26	Pb	206/207/208	$^{103}Rh/^{115}In$

4. 标准曲线的制作

将混合标准溶液注入电感耦合等离子体质谱仪中，测定待测元素和内标元素的信号响应值，以待测元素的浓度为横坐标，待测元素与所选内标元素的信号响应值的比值为纵坐标，绘制标准曲线。

5. 试样溶液的测定

将空白溶液和试样溶液分别注入电感耦合等离子体质谱仪中，测定待测元素和内标元素的信号响应值，根据标准曲线得到消解液中待测元素的浓度。

（五）分析结果的表述

（1）低含量待测元素的计算

试样中低含量待测元素的含量按下列公式计算：

$$X = \frac{(\rho - \rho_0) \times V \times f}{m \times 1\,000}$$

式中：

X——试样中待测元素含量，单位为毫克每千克（mg/kg）；

ρ——试样溶液中被测元素质量浓度，单位为毫克每升（mg/L）；

ρ_0——试样空白液中被测元素质量浓度，单位为毫克每升（mg/L）；

V——试样消化液定容体积，单位为毫升（mL）；

f——试样稀释倍数；

m——试样称取质量或移取体积，单位为克或毫升（g 或 mL）；

$1\,000$——换算系数。

计算结果保留三位有效数字。

（2）高含量待测元素的计算

试样中高含量待测元素的含量按下列公式计算：

$$X = \frac{(\rho - \rho_0) \times V \times f}{m}$$

式中：

X——试样中待测元素含量，单位为毫克每千克（mg/kg）；

ρ——试样溶液中被测元素质量浓度，单位为毫克每升（mg/L）；

ρ_0——试样空白液中被测元素质量浓度，单位为毫克每升（mg/L）；

V——试样消化液定容体积，单位为毫升（mL）；

f——试样稀释倍数；

计算结果保留三位有效数字。

（六）精密度

样品中各元素含量大于 1mg/kg 时，在重复性条件下获得的两次独立测定结果的绝对差值不得超过算术平均值的 10%；小于或等于 1mg/kg 且大于 0.1mg/kg 时，在重复性条件下获得的两次独立测定结果的绝对差值不得超过算术平均值的 15%；小于或等于 0.1mg/kg 时，在重复性条件下获得的两次独立测定结果的绝对差值不得超过算术平均值的 20%。

（七）其他

固体样品以 0.5g 定容体积至 50mL 计算，本方法中各元素的检出限和定量限见表 4-6。

表 4-6　电感耦合等离子体质谱法（ICP-MS）检出限及定量限

序号	元素名称	元素符号	检出限 1（mg/kg）	检出限 2（mg/kg）	定量限 1（mg/kg）	定量限 2（mg/kg）
1	硼	B	0.1	0.03	0.3	0.1
2	钠	Na	1	0.3	3	1
3	镁	Mg	1	0.3	3	1
4	铝	Al	0.5	0.2	2	0.5
5	钾	K	1	0.3	3	1
6	钙	Ca	1	0.3	3	1
7	钛	Ti	0.02	0.005	0.05	0.02
8	钒	V	0.002	0.000 5	0.005	0.002
9	铬	Cr	0.05	0.02	0.2	0.05
10	锰	Mn	0.1	0.03	0.3	0.1
11	铁	Fe	1	0.3	3	1

（续表）

序号	元素名称	元素符号	检出限1（mg/kg）	检出限2（mg/kg）	定量限1（mg/kg）	定量限2（mg/kg）
12	钴	Co	0.001	0.000 3	0.003	0.001
13	镍	Ni	0.2	0.05	0.5	0.2
14	铜	Cu	0.05	0.02	0.2	0.05
15	锌	Zn	0.5	0.2	2	0.5
16	砷	As	0.002	0.000 5	0.005	0.002
17	硒	Se	0.01	0.003	0.03	0.01
18	锶	Sr	0.2	0.05	0.5	0.2
19	钼	Mo	0.01	0.003	0.03	0.01
20	镉	Cd	0.002	0.000 5	0.005	0.002
21	锡	Sn	0.01	0.003	0.03	0.01
22	锑	Sb	0.01	0.003	0.03	0.01
23	钡	Ba	0.02	0.05	0.5	0.02
24	汞	Hg	0.001	0.000 3	0.003	0.001
25	铊	Tl	0.000 1	0.000 03	0.000 3	0.000 1
26	铅	Pb	0.02	0.05	0.5	0.02

二、电感耦合等离子体发射光谱法（ICP-OES）

（一）原理

样品消解后，由电感耦合等离子体发射光谱仪测定，以元素的特征谱线波长定性；待测元素谱线信号强度与元素浓度成正比进行定量分析。

（二）试剂和材料

除非另有说明，本方法所用试剂均为优级纯，水为 GB/T 6682—2008 规定的一级水。

1. 试剂

（1）硝酸（HNO_3）：优级纯或更高纯度。

（2）高氯酸（$HClO_4$）：优级纯或更高纯度。

（3）氩气（Ar）：氩气（≥99.995%）或液氩。

2. 试剂配制

（1）硝酸溶液（5+95）：取50mL硝酸，缓慢加入950mL水中，混匀。

（2）硝酸—高氯酸（10+1）：取10mL高氯酸，缓慢加入100mL硝酸中，混匀。

3. 标准品

（1）元素贮备液（1 000mg/L 或 10 000mg/L）：钾、钠、钙、镁、铁、锰、镍、铜、锌、磷、硼、钡、铝、锶、钒和钛，采用经国家认证并授予标准物质证书的单元素或多元素标准贮备液。

（2）标准溶液配制：精确吸取适量单元素标准贮备液或多元素混合标准贮备液，用硝酸溶液（5+95）逐级稀释配成混合标准溶液系列，各元素质量浓度见表4-7。

表4-7 ICP-OES方法中元素的标准溶液系列质量浓度

序号	元素	单位	标准系列质量浓度					
			系列1	系列2	系列3	系列4	系列5	系列6
1	Al	mg/L	0	0.500	2.00	5.00	8.00	10.00
2	B	mg/L	0	0.050 0	0.200	0.500	0.800	1.00
3	Ba	mg/L	0	0.050 0	0.200	0.500	0.800	1.00
4	Ca	mg/L	0	5.00	20.0	50.0	80.0	100
5	Cu	mg/L	0	0.025 0	0.100	0.250	0.400	0.500
6	Fe	mg/L	0	0.250	1.00	2.50	4.00	5.00
7	K	mg/L	0	5.00	20.0	50.0	80.0	100
8	Mg	mg/L	0	5.00	20.0	50.0	80.0	100
9	Mn	mg/L	0	0.025 0	0.100	0.250	0.400	0.500
10	Na	mg/L	0	5.00	20.0	50.0	80.0	100
11	Ni	mg/L	0	0.250	1.00	2.50	4.00	5.00
12	P	mg/L	0	5.00	20.0	50.0	80.0	100
13	Sr	mg/L	0	0.050 0	0.200	0.500	0.800	1.00
14	Ti	mg/L	0	0.050 0	0.200	0.500	0.800	1.00
15	V	mg/L	0	0.025 0	0.100	0.250	0.400	0.500
16	Zn	mg/L	0	0.250	1.00	2.50	4.00	5.00

注：依据样品溶液中元素质量浓度水平，可适当调整标准系列各元素质量浓度范围。

（三）仪器和设备

（1）电感耦合等离子体发射光谱仪。

（2）天平：感量为0.1mg 和1mg。

（3）微波消解仪：配有聚四氟乙烯消解内罐。

（4）压力消解器：配有聚四氟乙烯消解内罐。

（5）恒温干燥箱。

（6）可调式控温电热板。

（7）马弗炉。

（8）可调式控温电热炉。

（9）样品粉碎设备：匀浆机、高速粉碎机。

（四）分析步骤

1. 试样制备

取有代表性试样 50～100g，粉碎，过 40 目筛。

2. 试样消解

可根据试样中目标元素的含量水平和检测水平要求选择相应的消解方法及消解容器。

（1）微波消解法：称取样品 0.2～0.5g（精确至 0.001g）于微波消解内罐中，加入 5～10mL 硝酸，加盖放置 1h 或过夜，旋紧罐盖，按照微波消解仪标准操作步骤进行消解。冷却后取出，缓慢打开罐盖排气，用少量水冲洗内盖，将消解罐放在控温电热板上或超声水浴箱中，于 100℃加热 30min 或超声脱气 2～5min，用水定容至 25mL 或 50mL，混匀备用。同时做空白试验。

（2）压力罐消解法：称取固体干样 0.2～1g（精确至 0.001g），加入 5mL 硝酸，放置 1h 或过夜，旋紧不锈钢外套，放入恒温干燥箱中消解，于 150～170℃消解 4h，冷却后，缓慢旋松不锈钢外套，将消解内罐取出，在控温电热板上或超声水浴箱中，于 100℃加热 30min 或超声脱气 2～5min，用水定容至 25mL 或 50mL，混匀备用。同时做空白试验。

（3）湿式消解法：准确称取 0.5～5g（精确至 0.001g）试样于玻璃或聚四氟乙烯消解器皿中，加 10mL 硝酸—高氯酸（10+1）混合溶液，于电热板上或石墨消解装置上消解，消解过程中消解液若变棕黑色，可适当补加少量混合酸，直至冒白烟，消化液呈无色透明或略带黄色，冷却，用水定容至 25mL 或 50mL，混匀备用。同时做空白试验。

（4）干式消解法：准确称取 1～5g（精确至 0.01g）试样于坩埚中，置于 500～550℃的马弗炉中灰化 5～8h，冷却。若灰化不彻底有黑色炭粒，则冷却后滴加少许硝酸湿润，在电热板上干燥后，移入马弗炉中继续灰化成白色灰烬，冷却取出，加入 10mL 硝酸溶液溶解，并用水定容至 25mL 或 50mL，混匀备用。同时做空白试验。

3. 仪器参考条件

优化仪器操作条件，使待测元素的灵敏度等指标达到分析要求，编辑测定方法、选择各待测元素合适分析谱线，仪器操作参考条件见表4-8，待测元素推荐分析谱线见表4-9。

表4-8　电感耦合等离子体发射光谱仪参考条件

序号	项目	参考条件
1	观测方式	垂直观测，若仪器具有双向观测方式，高浓度元素，如钾、钠、钙、镁等元素采用垂直观测方式，其他则采用水平观测方式
2	功率	1 150W
3	等离子气流量	15L/min
4	辅助气流量	0.5L/min
5	雾化气气体流量	0.65L/min
6	分析泵速	50r/min

表4-9　电感耦合等离子体发射光谱仪待测元素推荐分析谱线

序号	元素名称	元素符号	分析谱线波长（nm）
1	铝	Al	396.15
2	硼	B	249.6/249.7
3	钡	Ba	454.4
4	钙	Ca	315.8/317.9
5	铜	Cu	32（7）5
6	铁	Fe	239.5/259.9
7	钾	K	766.49
8	镁	Mg	279.079
9	锰	Mn	257.6/259.3
10	钠	Na	589.59
11	镍	Ni	231.6
12	磷	P	216
13	锶	Sr	407.7/421.5
14	钛	Ti	424
15	钒	V	292.4
16	锌	Zn	206.2/218

4. 标准曲线的制作

将标准系列工作溶液注入电感耦合等离子体发射光谱仪中，测定待测元素分析谱线的强度信号响应值，以待测元素的浓度为横坐标，其分析谱线强度响应值为纵坐标，绘制标准曲线。

5. 试样溶液的测定

将空白溶液和试样溶液分别注入电感耦合等离子体发射光谱仪中，测定待测元素分析谱线强度的信号响应值，根据标准曲线得到消解液中待测元素的浓度。

（五）分析结果的表述

试样中待测元素的含量按下列公式计算：

$$X = \frac{(\rho - \rho_0) \times V \times f}{m}$$

式中：

X——试样中待测元素含量，单位为毫克每千克或毫克每升（mg/kg 或 mg/L）；

ρ——试样溶液中被测元素质量浓度，单位为毫克每升（mg/L）；

ρ_0——试样空白液中被测元素质量浓度，单位为毫克每升（mg/L）；

V——试样消化液定容体积，单位为毫升（mL）；

f——试样稀释倍数；

m——试样称取质量或移取体积，单位为克或毫升（g 或 mL）；

计算结果保留三位有效数字。

（六）精密度

在重复性条件下获得的两次独立测定结果的绝对差值不得超过算术平均值的 20%。

（七）其他

固体样品以 0.5g 定容体积至 50mL 计算，本方法各元素的检出限和定量限见表 4-10。

表 4-10　电感耦合等离子体发射光谱法（ICP-OES）检出限及定量限

序号	元素名称	元素符号	检出限 1（mg/kg）	检出限 1（mg/kg）	定量限 1（mg/kg）	定量限 1（mg/kg）
1	铝	Al	0.5	0.2	2	0.5
2	硼	B	0.2	0.05	0.5	0.2
3	钡	Ba	0.1	0.03	0.3	0.1

（续表）

序号	元素名称	元素符号	检出限 1（mg/kg）	检出限 1（mg/kg）	定量限 1（mg/kg）	定量限 1（mg/kg）
4	钙	Ca	5	2	20	5
5	铜	Cu	0.2	0.05	0.5	0.2
6	铁	Fe	1	0.3	3	1
7	钾	K	7	3	30	7
8	镁	Mg	5	2	20	5
9	锰	Mn	0.1	0.03	0.3	0.1
10	钠	Na	3	1	10	3
11	镍	Ni	0.5	0.2	2	0.5
12	磷	P	1	0.3	3	1
13	锶	Sr	0.2	0.05	0.5	0.2
14	钛	Ti	0.2	0.05	0.5	0.2
15	钒	V	0.2	0.05	0.5	0.2
16	锌	Zn	0.5	0.2	2	0.5

注：样品前处理方法为微波消解法及压力罐消解法。

三、电感耦合等离子体质谱法测定茶叶中总砷的含量

（一）原理

样品经硝酸消解处理为样品溶液，样品溶液经雾化由载气送入 ICP 矩管中，经过蒸发、解离、原子化和离子化等过程，转化为带电荷的离子，经过采集系统进入质谱仪，质谱仪根据质荷比进行分离。对于一定质荷比，质谱的信号强度与进入质谱仪的离子数呈正比，即样品浓度与质谱信号强度呈正比。通过测量质谱的信号强度对试样溶液中的砷元素进行测定。

（二）试剂和材料

注：除非另有说明，本方法所用试剂均为优级纯，水为 GB/T 6682—2008 规定的一级水。

1. 试剂

（1）硝酸（HNO_3）：MOS 级（电子工业专用高纯化学品）、BV（Ⅲ）级。

（2）过氧化氢（H_2O_2）。

（3）质谱调谐液：Li、Y、Ce、Ti、Co，推荐使用浓度为 10ng/mL。

（4）内标储备液：Ge，浓度为 100μg/mL。

（5）氢氧化钠（NaOH）。

2. 试剂配制

（1）硝酸溶液（2+98）：量取 20mL 硝酸，缓缓倒入 980mL 水中，混匀。

（2）内标溶液 Ge 或 Y（1.0μg/mL）：取 1.0mL 内标溶液，用硝酸溶液（2+98）稀释并定容至 100mL。

（3）氢氧化钠溶液（100g/L）：称取 10.0g 氢氧化钠，用水溶解和定容至 100mL。

3. 标准品

三氧化二砷（As_2O_3）标准品：纯度≥99.5%。

4. 标准溶液配制

（1）砷标准储备液（100mg/L，按 As 计）：准确称取于 100℃ 干燥 2h 的三氧化二砷 0.013 2g，加 1mL 氢氧化钠溶液（100g/L）和少量水溶解，转入 100mL 容量瓶中，加入适量盐酸调整其酸度近中性，用水稀释至刻度。4℃避光保存，保存期 1 年。或购买经国家认证并授予标准物质证书的标准溶液物质。

（2）砷标准使用液（1.00mg/L，按 As 计）：准确吸取 1.00mL 砷标准储备液（100mg/L）于 100mL 容量瓶中，用硝酸溶液（2+98）稀释定容至刻度。现用现配。

（三）仪器和设备

注：玻璃器皿及聚四氟乙烯消解内罐均需以硝酸溶液（1+4）浸泡 24h，用水反复冲洗，最后用去离子水冲洗干净。

（1）电感耦合等离子体质谱仪（ICP-MS）。

（2）微波消解系统。

（3）压力消解器。

（4）恒温干燥箱（50~300℃）。

（5）控温电热板（50~200℃）。

（6）超声水浴箱。

（7）天平：感量为 0.1mg 和 1mg。

（四）分析步骤

1. 试样预处理

干茶去除杂物后，用粉碎机粉碎，过 20 目筛，储于塑料瓶中，备用。

注：在采样和试样制备过程中，应避免试样污染。

2. 试样消解

（1）微波消解法：称取 0.2~0.5g（精确至 0.001g）茶叶样品于消解罐中，加入 5mL 硝酸，放置 30min，盖好安全阀，将消解罐放入微波消解系统中，设置微波消解程序（见表 A.1），按步骤进行消解，消解完全后赶酸，将消化液转移至 20mL 容量瓶或比色管中，用少量水洗涤内罐 3 次，合并洗涤液并定容至刻度，混匀。同时作空白试验。

（2）高压密闭消解法：称取茶叶试样 0.20~1.0g（精确至 0.001g）于消解内罐中，加入 5mL 硝酸浸泡过夜。盖好内盖，旋紧不锈钢外套，放入恒温干燥箱，140~160℃保持 3~4h，自然冷却至室温，然后缓慢旋松不锈钢外套，将消解内罐取出，用少量水冲洗内罐，放在控温电热板上于 120℃赶去棕色气体。取出消解内罐，将消化液转移至 25mL 容量瓶或比色管中，用少量水洗涤内罐 3 次，合并洗涤液并定容至刻度，混匀。同时作空白试验。

3. 仪器参考条件

RF 功率 1 550W；载气流速 1.14L/min；采样深度 7mm；雾化室温度 2℃；Ni 采样锥，Ni 截取锥。

质谱干扰主要来源于同量异位素、多原子、双电荷离子等，可采用最优化仪器条件、干扰校正方程校正或采用碰撞池、动态反应池的技术方法消除干扰。砷的干扰校正方程为：$^{75}As = ^{75}As - ^{77}M$（3.127）$+ ^{82}M$（2.733）$- ^{83}M$（2.757）；采用内标校正、稀释样品等方法校正非质谱干扰。砷的 m/z 为 75，选 ^{72}Ge 为内标元素。

推荐使用碰撞/反应池技术，在没有碰撞/反应池技术的情况下使用干扰方程消除干扰的影响。

4. 标准曲线的制作

吸取适量砷标准使用液（1.00mg/L），用硝酸溶液（2+98）配制砷浓度分别为 0.00ng/mL、1.0ng/mL、5.0ng/mL、10.0ng/mL、50ng/mL 和 100ng/mL 的标准系列溶液。

当仪器真空度达到要求时，用调谐液调整仪器灵敏度、氧化物、双电荷、分辨率等各项指标，当仪器各项指标达到测定要求，编辑测定方法、选择相关消除干扰方程，引入内标，观测内标灵敏度、脉冲与模拟的线性拟合，符合要求后，将标准系列引入仪器。最后对相关数据进行处理，绘制标准曲线，计算回归方程。

5. 试样溶液的测定

相同条件下，将试剂空白、样品溶液分别引入仪器进行测定。根据回归方程计算出样品中砷元素的浓度。

（五）分析结果的表述

试样中砷含量按下列公式算：

$$X = \frac{(c - c_0) \times V \times 1\,000}{m \times 1\,000 \times 1\,000}$$

X——试样中砷的含量，单位为毫克每千克（mg/kg）；

c——试样消化液中砷的质量浓度，单位为纳克每升（ng/L）；

c_0——空白消化液中砷的质量浓度，单位为纳克每升（ng/L）；

V——试样消化液的定容体积，单位为毫升（mL）；

m——试样称样量或移取体积，单位为克（g 或 mL），

1 000——换算系数。

计算结果保留两位有效数字。

（六）检出限与定量限

称样量为 1g，定容体积为 25mL 时，方法检出限为 0.003mg/kg，方法定量限为 0.010mg/kg。

四、氢化物发生原子荧光光谱法测定茶叶中总砷的含量

（一）原理

茶叶试样经湿法消解或干灰化法处理后，加入硫脲使无价砷预还原为三价砷，再加入硼氢化钠或硼氢化钾使还原生成砷化氢，由氩气载入石英原子化器中分解为原子态砷，在高强度砷空心阴极灯的发射光激发下产生原子荧光，其荧光强度在固定条件下与被测液中的砷浓度呈正比，与标准系列比较定量。

（二）试剂和材料

注：除非另有说明，本方法所用试剂均为优级纯，水为 GB/T 6682—2008 规定的一级水。

1. 试剂

（1）氢氧化钠（NaOH）。

（2）氢氧化钾（KOH）。

（3）硼氢化钾（KBH_4）：分析纯。

（4）硫脲（$CH_4N_2O_2S$）：分析纯。

（5）盐酸（HCl）。

（6）硝酸（HNO_3）。

（7）硫酸（H_2SO_4）。

（8）高氯酸（$HClO_4$）。

（9）硝酸镁［$Mg(NO_3)_2 \cdot 6H_2O$］：分析纯。

（10）氧化镁（MgO）：分析纯。

（11）抗坏血酸（$C_6H_8O_6$）。

2. 试剂配制

（1）氢氧化钾溶液（5g/L）：称取 5.0g 氢氧化钾，溶于水并稀释至 1 000mL。

（2）硼氢化钾溶液（5g/L）：称取硼氢化钾 20.0g，溶于 1 000mL 5g/L 氢氧化钾溶液中，混匀。

（3）硫脲+抗坏血酸溶液：称取 10.0g 硫脲，加约 80mL 水，加热溶解，待冷却后加入 10.0g 抗坏血酸，稀释至 100mL。现用现配。

（4）氢氧化钠溶液（100g/L）：称取 10.0g 氢氧化钠，溶于水并稀释至 100mL。

（5）硝酸镁溶液（150g/L）：称取 15.0g 硝酸镁，溶于水并稀释至 100mL。

（6）盐酸溶液（1+1）：量取 100mL 盐酸，缓缓倒入 100mL 水中，混匀。

（7）硫酸溶液（1+9）：量取硫酸 100mL，缓缓倒入 900mL 水中，混匀。

（8）硝酸溶液（2+98）：量取硝酸 20mL，缓缓倒入 980mL 水中，混匀。

3. 标准品

三氧化二砷（As_2O_3）标准品：纯度≥99.5%。

4. 标准溶液配制

（1）砷标准储备液（100mg/L，按 As 计）：准确称取于 100℃ 干燥 2h 的三氧化二砷 0.013 2g，加 100g/L 氢氧化钠 1mL 和少量水溶解，转入 100mL 容量瓶中，加入适量盐酸调整其酸度近中性，加水稀释至刻度。4℃ 避光保存，保存期 1 年。或购买经国家认证并授予标准物质证书的标准溶液物质。

（2）砷标准使用液（1.00mg/L，按 As 计）：准确吸取 1.00mL 砷标准储备液（100mg/L）于 100mL 容量瓶中，用硝酸溶液（2+98）稀释至刻度。现用现配。

（三）仪器和设备

注：玻璃器皿及聚四氟乙烯消解内罐均需以硝酸溶液（1+4）浸泡 24h，用水反复冲洗，最后用去离子水冲洗干净。

（1）原子荧光光谱仪。

（2）天平：感量为 0.1mg 和 1mg。

（3）组织匀浆器。

（4）高速粉碎机。

（5）控温电热板：50~200℃。

（6）马弗炉。

（四）分析步骤

1. 试样预处理

干茶去除杂物后，用粉碎机粉碎，过 20 目筛，储存于塑料瓶中，备用。

注：在采样和试样制备过程中，应避免试样污染。

2. 试样消解

（1）湿法消解：茶叶试样称取 1.0～2.5g（精确至 0.001g），置于 50～100mL 锥形瓶中，同时做 2 份试剂空白。加硝酸 20mL、高氯酸 4mL、硫酸 1.25mL，放置过夜。次日置于电热板上加热消解。若消解液处理至 1mL 左右时仍有未分解物质或色泽变深，取下放冷，补加硝酸 5～10mL，再消解至 2mL 左右，如此反复两三次，注意避免炭化。继续加热至消解完全后，在持续蒸发至高氯酸的白烟散尽，硫酸的白烟开始冒出。冷却，加水 25mL，再蒸发至冒硫酸白烟。冷却，用水将内溶物转入 25mL 容量瓶或比色管中，加入硫脲+抗坏血酸溶液 2mL，补加水至刻度，混匀，放置 30min，待测。按统一操作方法作空白试验。

（2）干灰化法：茶叶试样称取 1.0～2.5g（精确至 0.001g），置于 50～100mL 坩埚中，同时做 2 份试剂空白。加 150g/L 硝酸镁 10mL 混匀，低热蒸干，将 1g 氧化镁覆盖在干渣上，于电炉上炭化至无黑烟，移入 550℃ 马弗炉灰化 4h。取出放冷，小心加入盐酸溶液(1+1)10mL 以中和氧化镁并溶解灰分，转入 25mL 容量瓶或比色管，向容量瓶或比色管中加入硫脲+抗坏血酸溶液 2mL，另用硫酸溶液（1+9）分次洗涤坩埚后合并洗涤液至 25mL 刻度，混匀，放置 30min，待测。按统一操作方法作空白试验。

3. 仪器参考条件

负高压：260V；砷空心阴极灯电流：50～80mA；载气：氩气；载气流速：500mL/min；屏蔽气流速：800mL/min；测量方式：荧光强度；读数方式：峰面积。

4. 标准曲线制作

取 25mL 容量瓶或比色管 6 支，分别依次准确加入 1.00μg/mL 砷标准使用液 0.00mL、0.10mL、0.25mL、0.50mL、1.5mL 和 3.0mL（分别相当于砷浓度 0.0ng/mL、4.0ng/mL、10ng/mL、20ng/mL、60ng/mL、120ng/mL），各加硫酸溶液（1+9）5mL、硫脲+抗坏血酸溶液 2mL、补加水至刻度，混匀后放置 30min 后测定。

仪器预热稳定后，将试剂空白、标准系列溶液依次引入仪器进行原子荧光强度的测定。以原子荧光强度为纵坐标，砷浓度为横坐标绘制标准曲线，得到回归方程。

5. 试样溶液的测定

相同条件下，将样品溶液分别引入仪器进行测定。根据回归方程计算出样品中砷元素的浓度。

（五）分析结果的表述

试样中总砷含量按下列公式计算：

$$X = \frac{(c - c_0) \times V \times 1\,000}{m \times 1\,000 \times 1\,000}$$

式中：

X——试样中砷的含量，单位为毫克每千克（mg/kg）或毫克每升（mg/L）；

c——试样被测液中砷的测定浓度，单位为纳克每毫升（ng/mL）；

c_0——试样空白消化液中砷的测定浓度，单位为纳克每毫升（ng/mL）；

V——试样消化液总体积，单位为毫升（mL）；

1 000——换算系数；

m——试样质量，单位为克或毫升（g 或 mL）。

计算结果保留两位有效数字。

（六）精密度

在重复性条件下，获得的两次独立测定结果的绝对差值不得超过算术平均值的 20%。

（七）检出限

称样量为 1g，定容体积为 25mL 时，方法检出限为 0.010mg/kg，方法定量限为 0.040mg/kg。

五、银盐法测定茶叶中总砷的含量

（一）原理

茶叶试样经消化后，以碘化钾、氯化亚锡将高价砷还原为三价砷，然后与锌粒和酸产生的新生态氢生成砷化氢，经银盐溶液吸收后，形成红色胶态物，与标准系列比较定量。

（二）试剂和材料

注：除非另有说明，本方法所用试剂均为优级纯，水为 GB/T 6682—2008 规定的一级水。

1. 试剂

（1）硝酸（HNO_3）。

（2）硫酸（H_2SO_4）。

（3）盐酸（HCl）。

（4）高氯酸（HClO₄）。

（5）三氯甲烷（CHCl₃）：分析纯。

（6）二乙基二硫代氨基甲酸银〔（C₂H₅）₂NCS₂Ag〕：分析纯。

（7）氯化亚锡（SnCl₂）：分析纯。

（8）硝酸镁〔mg（NO₃）₂·6H₂O〕：分析纯。

（9）碘化钾（KI）：分析纯。

（10）氧化镁（mgO）：分析纯。

（11）乙酸铅（C₄H₆O₄Pb·3H₂O）：分析纯。

（12）三乙醇胺 C₄H₁₅NO₃）：分析纯。

（13）无砷锌粒：分析纯。

（14）氢氧化钠（NaOH）。

（15）乙酸。

2. 试剂配制

（1）硝酸—高氯酸混合溶液（4+1）：量取 80mL 硝酸，加入 20mL 高氯酸，混匀。

（2）硝酸镁溶液（150g/L）：称取 15g 硝酸镁，加水溶解并稀释定容至 100mL。

（3）碘化钾溶液（150g/L）：称取 15g 碘化钾，加水溶解并稀释定容至 100mL，贮存于棕色瓶中。

（4）酸性氯化亚锡溶液：称取 40g 氯化亚锡，加盐酸溶液并稀释至 100mL，加入数颗金属锡粒。

（5）盐酸溶液（1+1）：量取 100mL 盐酸，缓缓倒入 100mL 水中，混匀。

（6）乙酸铅溶液（100g/L）：称取 8g 乙酸铅，用水溶解，加入 1~2 滴乙酸，用水稀释定容至 100mL。

（7）乙酸铅棉花：用乙酸铅溶液（100g/L）浸透脱脂棉后，压除多余溶液，并使之疏松，在 100℃以下干燥，贮存于玻璃瓶中。

（8）氢氧化钠溶液（200g/L）：称取 20g 氢氧化钠，溶于水并稀释至 100mL。

（9）硫酸溶液（6+94）：量取 6.0mL 硫酸，慢慢加入 80mL 水中，冷却后再加水稀释至 100mL。

（10）二乙基二硫代氨基甲酸银—三乙醇胺—三氯甲烷溶液：称取 0.25g 二乙基二硫代氨基甲酸银置于乳钵中，加少量三氯甲烷研磨，移入 100mL 量筒中，加入 1.8mL 三乙醇胺，再用三氯甲烷分次洗涤乳钵，洗涤液一并移入量筒中，用三氯甲烷稀释至 100mL，放置过夜。滤入棕色瓶中贮存。

3. 标准品

三氧化二砷（As_2O_3）标准品：纯度≥99.5%。

4. 标准溶液配制

（1）砷标准储备液（100mg/L，按 As 计）：准确称取于 100℃ 干燥 2h 的三氧化二砷 0.013 2g，加 5mL 氢氧化钠溶液（200g/L），溶解后加 25mL 硫酸溶液（6+94），移入 1 000mL 容量瓶中，加新煮沸冷却的水稀释至刻度，贮存于棕色玻塞瓶中。4℃ 避光保存。保存期 1 年。或购买经国家认证并授予标准物质证书的标准溶液物质。

（2）砷标准使用液（1.00mg/L，按 As 计）：吸取 1.00mL 砷标准储备液（100mg/L）于 100mL 容量瓶中，用 1mL 硫酸溶液（6+94），加水稀释至刻度。现用现配。

（三）仪器和设备

注：所用玻璃器皿均需以硝酸溶液（1+4）浸泡 24h，用水反复冲洗，最后用去离子水冲洗干净。

1. 原子荧光光谱仪

2. 测砷装置（图 4-1）

（1）100~150mL 锥形瓶：19 号标准口。

（2）导气管：管口 19 号标准口或经碱处理后洗净的橡皮塞与锥形瓶密合时不应漏气。管的另一端管径为 1.0mm。

（3）吸收管：10mL 刻度离心管作吸收管用。

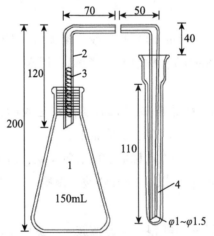

1—150mL 锥形瓶；2—导气管；3—乙酸铅棉花；4—10mL 刻度离心管

图 4-1 测砷装置图

（四）试样制备

1. 试样预处理

干茶去除杂物后，用粉碎机粉碎，过 20 目筛，储存于塑料瓶中，备用。

注：在采样和试样制备过程中，应避免试样污染。

2. 试样溶液制备

（1）硝酸—高氯酸—硫酸法：称取 5.0~10.0g 试样（精确至 0.001g），置于250~500mL 定氮瓶中，先加少许水湿润，加数粒玻璃珠、10~15mL 硝酸—高氯酸混合液，放置片刻，小火缓缓加热，待作用缓和，放冷。沿瓶壁加入 5mL 或 10mL 硫酸，再加热，至瓶中液体开始变成棕色时，不断沿瓶壁滴加硝酸—高氯酸混合液至有机质分解完全。加大火力至产生白烟，待瓶口白烟冒净后，瓶内液体再产生白烟为消化完全，该溶液应澄清透明无色或微带黄色，放冷。（在操作过程中应注意防止爆沸或爆炸）加20mL 水煮沸，除去残余的硝酸至产生白烟为止，如此处理 2 次，放冷。将冷后的溶液移入50mL 或 100mL 容量瓶中，用水洗涤定氮瓶，洗涤液并入容量瓶中，放冷，加水至刻度，混匀。定容后的溶液每 10mL 相当于 1g 试样，相当于加入硫酸量 1mL。取与消化试样相同量的硝酸—高氯酸混合液和硫酸，按同一方法做空白试验。

（2）硝酸—硫酸法：以硝酸代替硝酸—高氯酸混合液进行操作。

（3）灰化法：称取试样 5.0g（精确至 0.001g），置于坩埚中，加 1g 氧化镁及10mL 硝酸镁溶液，混匀，浸泡 4h。于低温或置水浴锅上蒸干，用小火炭化至无烟后移入马弗炉中加热至 550℃，灼烧 3~4h，冷却后取出。加 5mL 水湿润后，用细玻璃棒搅拌，再用少量水洗下玻璃棒上附着的灰分至坩埚内。放水浴上蒸干后移入马弗炉550℃灰化 2h，冷却后取出，加 5mL 水湿润灰分，再慢慢加入 10mL 盐酸溶液（1+1），然后将溶液移入 50mL 容量瓶中，坩埚用盐酸溶液（1+1）洗涤 3 次，每次5mL，再用水洗涤 3 次，每次 5mL，洗涤液均并入容量瓶中，再加水至刻度，混匀。定容后的溶液每 10mL 相当于 1g 试样，其加入盐酸量不少于（中和需要量除外）1.5mL。全量供银盐法测定时，不必再加盐酸。按同一操作方法做空白试验。

（五）分析步骤

吸取一定量的消化后的定容溶液（相当于 5g 试样）及同量的试剂空白液，分别置于150mL 锥形瓶中，补加硫酸至总量为 5mL，加水至 50~55mL。

1. 标准曲线的绘制

分别吸取 0.0mL、2.0mL、4.0mL、6.0mL、8.0mL、10mL 砷标准使用液（相当于 0.0μg、2.0μg、4.0μg、6.0μg、8.0μg、10μg）置于 6 个 150mL 锥形瓶中，加水至 40mL，再加 10mL 盐酸溶液（1+1）。

2. 用湿法消化液

于试样消化液、试剂空白液及砷标准溶液中各加入 3mL 碘化钾溶液（150g/L）、0.5mL 酸性氯化亚锡溶液，混匀，静置 15min。各加入 3g 锌粒，立即分别塞上装有乙酸铅棉花的导气管，并使管尖端插入盛有 4mL 银盐溶液的离心管中的液面下，在常温下反应 45min 后，取下离心管，加三氯甲烷补足 4mL。用 1cm 比色杯，以零管调节零点，于波长 520nm 处测吸光度，绘制标准曲线。

3. 用灰化法消化液

取灰化法消化液及试剂空白液分别置于 150mL 锥形瓶中。吸取 0.0mL、2.0mL、4.0mL、6.0mL、8.0mL、10mL 砷标准使用液（相当于 0.0μg、2.0μg、4.0μg、6.0μg、8.0μg、10μg 砷）分别置于 150mL 锥形瓶中，加水至 45mL，再加 6.5mL 盐酸。以下按用湿法消化液自 "于试样消化液" 起依法操作。

（六）分析结果的表述

试样中的砷含量按下列公式进行计算：

$$X = \frac{(A_1 - A_2) \times V_1 \times 1\,000}{m \times V_2 \times 1\,000 \times 1\,000}$$

式中：

X——试样中砷的含量，单位为毫克每千克（mg/kg）或毫克每升（mg/L）；

A_1——测定用试样消化液中砷的质量，单位为纳克（ng）；

A_2——试样空白消化液中砷的质量，单位为纳克（ng）；

V_1——试样消化液的总体积，单位为毫升（mL）；

V_2——试样质量（体积），单位为克（g）或毫升（mL）；

m——测定用试样消化液的体积，单位为毫升（mL）。

计算结果保留两位有效数字。

（七）精密度

在重复性条件下，获得的两次独立测定结果的绝对差值不得超过算术平均值的 20%。

（八）检出限

称样量为 1g，定容体积为 25mL 时，方法检出限为 0.2mg/kg，方法定量限为 0.7mg/kg。

六、液相色谱—原子荧光光谱法（LC-AFS）测定茶叶中无机砷的含量

（一）原理

茶叶中无机砷经稀硝酸提取后，以液相色谱进行分离，分离后的目标化合物在酸

性环境下与 KBH_4 反应，生成气态砷化合物，以原子荧光光谱仪进行测定。按保留时间定性，外标法定量。

（二）试剂和材料

注：除非另有说明，本方法所用试剂均为优级纯，水为 GB/T 6682—2008 规定的一级水。

1. 试剂

（1）磷酸二氢铵（$NH_4H_2PO_4$）：分析纯。

（2）硼氢化钾（KBH_4）：分析纯。

（3）氢氧化钾（KOH）。

（4）硝酸（HNO_3）。

（5）盐酸（HCl）。

（6）氨水（$NH_3 \cdot H_2O$）。

（7）正己烷 $[CH_3(CH_2)_4CH_3]$。

2. 试剂配制

（1）盐酸溶液 [20%（体积分数）]：量取 200mL 盐酸，溶于水并稀释至 1 000mL。

（2）硝酸溶液（0.15mol/L）：量取 10mL 硝酸，溶于水并稀释至 1 000mL。

（3）氢氧化钾溶液（100g/L）：称取 10g 氢氧化钾，溶于水并稀释至 100mL。

（4）氢氧化钾溶液（5g/L）：称取 5g 氢氧化钾，溶于水并稀释至 1 000mL。

（5）硼氢化钾溶液（30g/L）：称取硼氢化钾 30g，用 5g/L 氢氧化钾溶液溶解并定容至 1 000mL。现用现配。

（6）磷酸二氢铵溶液（20mmol/L）：称取 2.3g 磷酸二氢铵，溶于 1 000mL 水中，以氨水调节 pH 值至 8.0，经 0.45μm 水系滤膜过滤后，于超声水浴中超声脱气 30min，备用。

（7）磷酸二氢铵溶液（1mmol/L）：量取 20mmol/L 磷酸二氢铵溶液 50mL，水稀释至 1 000mL，以氨水调节 pH 值至 9.0，经 0.45μm 水系滤膜过滤后，于超声水浴中超声脱气 30min，备用。

（8）磷酸二氢铵溶液（15mmol/L）：称取 1.7g 磷酸二氢铵，溶于 1 000mL 水中，以氨水调节 pH 值至 6.0，经 0.45μm 水系滤膜过滤后，于超声水浴中超声脱气 30min，备用。

3. 标准品

（1）三氧化二砷（As_2O_3）标准品：纯度≥99.5%。

（2）砷酸二氢钾（KH_2AsO_4）标准品：纯度≥99.5%。

4. 标准溶液配制

（1）亚砷酸盐［As（Ⅲ）］标准储备液（100mg/L，按 As 计）：准确称取三氧化二砷 0.013 2g，加 100g/L 氢氧化钾溶液 1mL 和少量水溶液，转入 100mL 容量瓶中，加入适量盐酸调整其酸度近中性，加水稀释至刻度。4℃下保存，保存期 1 年。或购买经国家认证并授予标准物质的标准溶液物质。

（2）砷酸盐［As（Ⅴ）］标准储备液（100mg/L，按 As 计）：准确称取砷酸二氢钾 0.0240g，水溶解，转入 100mL 容量瓶中并用水稀释至刻度。4℃下保存，保存期 1 年。或购买经国家认证并授予标准物质的标准溶液物质。

（3）As（Ⅲ）、As（Ⅴ）混合标准使用液（1.00mg/L，按 As 计）：分别准确取 1.0mL As（Ⅲ）标准储备液（100mg/L）、1.0mL As（Ⅴ）标准储备液（100mg/L）于 100mL 容量瓶中，加水稀释并定容至刻度。现用现配。

（三）仪器和设备

注：所用玻璃器皿均需以硝酸溶液（1+4）浸泡 24h，用水反复冲洗，最后用去离子水冲洗干净。

（1）液相色谱—原子荧光光谱联用仪（LC-AFS）：由液相色谱仪（包括液相色谱泵和手动进样阀）与原子荧光光谱仪组成。

（2）组织匀浆器。

（3）高速粉碎机。

（4）冷冻干燥机。

（5）离心机：转速≥8 000r/min。

（6）pH 计：精度为 0.01。

（7）天平：感量为 0.1mg 和 1mg。

（8）恒温干燥箱（50～300℃）。

（9）C_{18} 净化小柱或等效柱。

（四）分析步骤

1. 试样预处理
同"三、电感耦合等离子体质谱法测定茶叶中总砷的含量"的试样预处理。

2. 试样提取

称取约 1.0g 茶叶试样（精确至 0.001g）于 50mL 塑料离心管中，加入 20mL 0.15mol/L 硝酸溶液，放置过夜。于 90℃恒温箱中热浸提 2.5h，每 0.5h 振摇 1min。提取完毕，取出冷却至室温，8 000r/min 离心 15min，取上层清液，过 C_{18} 固相萃取小柱，经 0.45μm 有机滤膜过滤后进样测定。按同一操作方法做空白试验。

3. 仪器参考条件

（1）液相色谱参考条件

色谱柱：阴离子交换色谱柱（柱长250mm，内径4mm），或等效柱。阴离子交换色谱保护柱（柱长10mm，内径4mm），或等效柱。

流动相组成：

①等度洗脱流动相：15mmol/L磷酸二氢铵溶液（pH值6.0），流动相洗脱方式：等度洗脱。流动相流速：1.0mL/min；进样体积：100μL。等度洗脱适用于②梯度洗脱：流动相A：1mmol/L磷酸二氢铵溶液（pH值9.0）；流动相B：20mmol/L磷酸二氢铵溶液（pH值8.0）。（梯度洗脱程序见附录A中的表A.4。）流动相流速：1.0mL/min；进样体积：100μL。梯度洗脱适用于水产动物样品、含水产动物组成的样品、含藻类等海产植物的样品以及婴幼儿辅助食品的样品进行检测。

（2）原子荧光检测参考条件

负高压：320V；砷灯总电流：90mA；主电流/辅助电流：55/35；原子化方式：火焰原子化；原子化器温度：中温。

载液：20%盐酸溶液，流速：4mL/min；还原剂：30g/L硼氢化钾溶液，流速：4mL/min；载气流速：400mL/min；辅助气流速：400mL/min。

4. 标准曲线制作

取7支10mL容量瓶，分别准确加入1.00mg/L混合标准使用液0.00mL、0.050mL、0.10mL、0.20mL、0.30mL、0.5mL和1.0mL，加水稀释至刻度，此标准系列溶液的浓度分别为0.0μg/mL、5.0μg/mL、10μg/mL、20μg/mL、30μg/mL、50μg/mL和100μg/mL。

吸取标准系列溶液100μL注入液相色谱—原子荧光光谱联用仪进行分析，得到色谱图，以保留时间定性。以标准系列溶液中目标化合物的浓度为横坐标，色谱峰面积为纵坐标，绘制标准曲线。标准溶液色谱图见图4-2、图4-3。

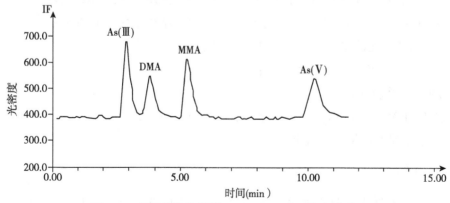

图4-2　标准溶液色谱图（LC-AFS法，等度洗脱）

注：As（Ⅲ）—亚砷酸；DMA—二甲基砷；MMA——甲基砷；As（Ⅴ）—砷酸

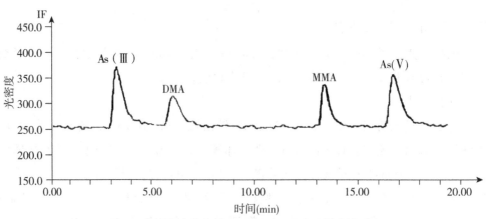

图4-3 标准溶液色谱图（LC-AFS法，梯度洗脱）

注：As（Ⅲ）—亚砷酸；DMA—二甲基砷；MMA——甲基砷；As（Ⅴ）—砷酸

5. 试样溶液的测定

吸取试样溶液100μL注入液相色谱—原子荧光光谱联用仪中，得到色谱图，以保留时间定性。根据标准曲线得到试样溶液中As（Ⅲ）与As（Ⅴ）含量，As（Ⅲ）与As（Ⅴ）含量的加和为总无机砷含量，平行测定次数不少于2次。

（五）分析结果的表述

试样中无机砷的含量按下列公式计算：

$$X = \frac{(c - c_0) \times V \times 1\,000}{m \times 1\,000 \times 1\,000}$$

式中：

X——试样中无机砷的含量（以As计），单位为毫克每千克（mg/kg）；

c_0——空白溶液中无机砷化合物浓度，单位为毫克每千克（mg/kg）；

c——测定溶液中无机砷化合物浓度，单位为毫克每千克（mg/kg）；

V——试样消化液体积，单位为毫升（mL）；

m——试样质量，单位为克（g）；

1 000——换算系数。

总无机砷含量等于As（Ⅲ）含量与As（Ⅴ）含量的加和。

计算结果保留两位有效数字。

（六）精密度

在重复性条件下，获得的两次独立测定结果的绝对差值不得超过算术平均值的20%。

（七）其他

本方法检出限：取样量为 1g，定容体积为 20mL 时，检出限为 0.02mg/kg；定量限为 0.05mg/kg。

七、液相色谱—电感耦合等离子质谱法测定茶叶中无机砷的含量

（一）原理

茶叶中无机砷经稀硝酸提取后，以液相色谱进行分离，分离后的目标化合物经过雾化由载气送入 ICP 炬焰中，经过蒸发、解离、原子化、电离等过程，大部分转化为带正电荷的正离子，经离子采集系统进入质谱仪，质谱仪根据质荷比进行分离测定。以保留时间定性和质荷比定性，外标法定量。

（二）试剂和材料

注：除非另有说明，本方法所用试剂均为优级纯，水为 GB/T 6682—2008 规定的一级水。

1. 试剂

（1）无水乙酸钠（NaCH$_3$COO）：分析纯。

（2）硝酸钾（KNO$_3$）：分析纯。

（3）磷酸二氢钠（NaH$_2$PO$_4$）：分析纯。

（4）乙二胺四乙酸二钠（C$_{10}$H$_{14}$N$_2$Na$_2$O$_8$）：分析纯。

（5）硝酸（HNO$_3$）。

（6）正己烷［CH$_3$（CH$_2$）$_4$CH$_3$］。

（7）无水乙醇（CH$_3$CH$_2$OH）。

（8）氨水（NH$_3$·H$_2$O）。

2. 试剂配制

（1）硝酸溶液（0.15mol/L）：量取 10mL 硝酸，加水稀释至 1 000mL。

（2）流动相 A 相：含 10mmol/L 无水乙酸钠、3mmol/L 硝酸钾、10mmol/L 磷酸二氢钠、0.2mmol/L 乙二胺四乙酸二钠的缓冲液（pH 值 10）。分别准确称取 0.820g 无水乙酸钠、0.303g 硝酸钾、1.56g 磷酸二氢钠、0.075g 乙二胺四乙酸二钠，用水定容值 1 000mL，氨水调节 pH 值为 10，混匀。经 0.45μm 水系滤膜过滤后，于超声水浴中超声脱气 30min，备用。

（3）氢氧化钾溶液（100g/L）：称取 10g 氢氧化钾，溶于水并稀释至 100mL。

3. 标准品

（1）三氧化二砷（As₂O₃）标准品：纯度≥99.5%。

（2）砷酸二氢钾（KH₂AsO₄）标准品：纯度≥99.5%。

4. 标准溶液配制

（1）亚砷酸盐 ［As（Ⅲ）］ 标准储备液（100mg/L，按 As 计）：准确称取三氧化二砷 0.013 2g，加 1mL 氢氧化钾溶液（100g/L）和少量水溶解，转入 100mL 容量瓶中，加入适量盐酸调整其酸度近中性，加水稀释至刻度。4℃下保存，保存期 1 年。或购买经国家认证并授予标准物质的标准溶液物质。

（2）砷酸盐 ［As（Ⅴ）］ 标准储备液（100mg/L，按 As 计）：准确称取砷酸二氢钾 0.0240g，水溶解，转入 100mL 容量瓶中并用水稀释至刻度。4℃下保存，保存期 1 年。或购买经国家认证并授予标准物质的标准溶液物质。

（3）As（Ⅲ）、As（Ⅴ）混合标准使用液（1.00mg/L，按 As 计）：分别准确吸取 1.0mL As（Ⅲ）标准储备液（100mg/L）、1.0mL As（Ⅴ）标准储备液（100mg/L）于 100mL 容量瓶中，加水稀释并定容至刻度。现用现配。

（三）仪器和设备

注：所用玻璃器皿均需以硝酸溶液（1+4）浸泡 24h，用水反复冲洗，最后用去离子水冲洗干净。

（1）液相色谱—电感耦合等离子质谱联用仪（LC-ICP/MS）：由液相色谱仪与电感耦合等离子质谱仪组成。

（2）组织匀浆器。

（3）高速粉碎机。

（4）冷冻干燥机。

（5）离心机：转速≥8 000r/min。

（6）pH 计：精度为 0.01。

（7）天平：感量为 0.1mg 和 1mg。

（8）恒温干燥箱（50~300℃）。

（四）分析步骤

1. 试样预处理

同 "三、电感耦合等离子体质谱法测定茶叶中总砷的含量" 的操作方法。

2. 试样提取

称取 1.0g 茶叶试样（准确至 0.001g）于 50mL 塑料离心管中，加入 20mL 0.15mol/L 硝酸溶液，放置过夜。于 90℃恒温箱中热浸提 2.5h 振荡 1min。提取完毕，取出冷却至室温，8 000r/min 离心 15min，取上清液，经 0.45μm 有机滤膜过滤后进样测定。按同一操作方法做空白试验。

3. 仪器参考条件

（1）液相色谱参考条件

色谱柱：阴离子交换色谱分析柱（柱长 250mm，内径 4mm），或等效柱。阴离子交换色谱保护柱（柱长 10mm，内径 4mm）或等效柱。

流动相组成：（含 10mmol/L 无水乙酸钠、3mmol/L 硝酸钾、10mmol/L 磷酸二氢钠、0.2mmol/L 乙二胺四乙酸二钠的缓冲液，氨水调节 pH 值为 10）：无水乙醇＝99：1（体积比）。

洗脱方式：等度洗脱流。

进样体积：50μL。

（2）电感耦合等离子体质谱仪参考条件：RF 入射功率 1 550W；载气为高纯氩气；载气流速 0.85L/min；补偿气流速 0.15L/min。泵速 0.3r/s；检测质量数 m/z＝75（As），m/z＝35（Cl）。

4. 标准曲线制作

分别准确吸取 1.00mg/L 混合标准使用液 0.00mL、0.025 0mL、0.050mL、0.10mL、0.50mL 和 1.0mL 于 6 个 10mL 容量瓶，用水稀释至刻度，此标准系列溶液的浓度分别为 0.0μg/mL、2.50μg/mL、5μg/mL、10μg/mL、50μg/mL 和 100μg/mL。

用调谐液调整仪器各项指标，使仪器的灵敏度、氧化物、双电荷、分辨率等各项指标达到测定要求。

吸取标准系列溶液 50μL 注入液相色谱—电感耦合等离子质谱联用仪，得到色谱图，以保留时间定性。以标准系列溶液中目标化合物的浓度为横坐标，色谱峰面积为纵坐标，绘制标准曲线。标准溶液色谱图见图 4-4。

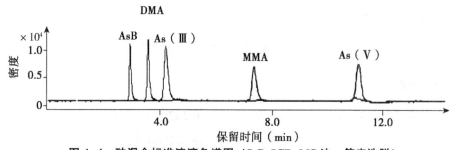

图 4-4 砷混合标准溶液色谱图（LC-ICP-MS 法，等度洗脱）

注：AsB——砷甜菜碱；As（Ⅲ）——亚砷酸；DMA——二甲基砷；MMA——一甲基砷；As（Ⅴ）——砷酸

5. 试样溶液的测定

吸取试样溶液 50μL 注入液相色谱—电感耦合等离子质谱联用仪中，得到色谱图，以保留时间定性。根据标准曲线得到试样溶液中 As（Ⅲ）与 As（Ⅴ）含量，As（Ⅲ）与 As（Ⅴ）含量的和为总无机砷含量，平行测定次数不少于两次。

（五）分析结果的表述

试样中无机砷的含量按下列公式计算：

$$X = \frac{(c - c_0) \times V \times 1\,000}{m \times 1\,000 \times 1\,000}$$

式中：

X——试样中无机砷的含量（以 As 计），单位为毫克每千克（mg/kg）；

c_0——空白溶液中无机砷化合物浓度，单位为纳克每千克（ng/kg）；

c——测定溶液中无机砷化合物浓度，单位为纳克每千克（ng/kg）；

V——试样消化液体积，单位为毫升（mL）；

m——试样质量，单位为克（g）；

1 000——换算系数。

总无机砷含量等于 As（Ⅲ）含量与 As（Ⅴ）含量的加和。

计算结果保留两位有效数字。

（六）精密度

在重复性条件下，获得的两次独立测定结果的绝对差值不得超过算术平均值的 20%。

（七）其他

本方法检出限：取样量为 1g，定容体积为 20mL 时，方法检出限为 0.01mg/kg；方法定量限为 0.03mg/kg。

八、石墨炉原子吸收光谱法测定茶叶中铅的含量

（一）原理

茶叶经过消解处理后，经石墨炉原子化，在 283nm 处测定吸光度，在一定浓度范围内铅的吸光度值与铅含量呈正比，与标准系列比较定量。

（二）试剂和材料

除非另有说明，本方法所用试剂均为优级纯，水为 GB/T 6682—2008 规定的二

级水。

1. 试剂

（1）硝酸（HNO₃）。

（2）高氯酸（HClO₄）。

（3）磷酸二氢铵（NH₄H₂PO₄）。

（4）硝酸钯［Pd（NO₃）₂］。

2. 试剂配制

（1）硝酸溶液（5+95）：量取 50mL 硝酸，缓慢加入到 950mL 水中，混匀。

（2）硝酸溶液（1+9）：量取 50mL 硝酸，缓慢加入到 450mL 水中，混匀。

（3）磷酸二氢铵—硝酸钯溶液：称取 0.02g 硝酸钯，加入少量硝酸溶液（1+9）溶解后，再加入 2g 磷酸二氢铵，溶解后用硝酸溶液（5+95）定容至 100mL，混匀。

3. 标准品

硝酸铅［Pb（NO₃）₂，CAS 号：10099-74-8］：纯度>99.99%。或经国家认证并授予标准物质证书的一定浓度的铅标准溶液。

4. 标准溶液配制

（1）铅标准储备液（1 000mg/L）：准确称取 1.5985g（精确至 0.000 1g）硝酸铅，用少量硝酸溶液（1+9）溶解，移入 1 000mL 容量瓶，加水至刻度，混匀。

（2）铅标准中间液（1.00mg/L）：准确吸取铅标准储备液（1 000mg/L）1.00mL 于 1 000mL 容量瓶中，加硝酸溶液（5+95）至刻度，混匀。

（3）铅标准系列溶液：分别吸取铅标准中间液（1.00mg/L）0mL、0.500mL、1.00mL、2.00mL、3.00mL 和 4.00mL 于 100mL 容量瓶中，加硝酸溶液（5+95）至刻度，混匀。此时铅标准系列溶液的质量浓度分别为 0μg/L、5.00μg/L、10.0μg/L、20.0μg/L、30.0μg/L 和 40.0μg/L。

注：可根据仪器的灵敏度及样品中铅的实际含量确定标准系列溶液中铅的质量浓度。

（三）仪器和设备

注：所有玻璃器皿及聚四氟乙烯消解内罐均需硝酸溶液（1+5）浸泡过夜，用自来水反复冲洗，最后用水冲洗干净。

（1）原子吸收光谱仪：配石墨炉原子化器，附铅空心阴极灯。

（2）分析天平：感量 0.1mg 和 1mg。

（3）可调式电热炉。

（4）可调式电热板。

（5）微波消解系统：配聚四氟乙烯消解内罐。

（6）恒温干燥箱。

（7）压力消解罐：配聚四氟乙烯消解内罐。

（四）分析步骤

1. 试样制备

干茶去除杂物后，用粉碎机粉碎，过 20 目筛，储于塑料瓶中，备用。

注：在采样和试样制备过程中，应避免试样污染。

2. 试样前处理

（1）湿法消解：称取固体试样 0.2~3g（精确至 0.001g）于带刻度消化管中，加入 10mL 硝酸和 0.5mL 高氯酸，在可调式电热炉上消解（参考条件：120℃/0.5~1h；升至 180℃/2~4h、升至 200~220℃）。若消化液呈棕褐色，再加少量硝酸，消解至冒白烟，消化液呈无色透明或略带黄色，取出消化管，冷却后用水定容至 10mL，混匀备用。同时做试剂空白试验。亦可采用锥形瓶，于可调式电热板上，按上述操作方法进行湿法消解。

（2）微波消解：称取固体试样 0.2~0.8g（精确至 0.001g）于微波消解铅标准溶液：每次吸取标准储备液 10mL 于 100mL 容量瓶中，加硝酸（0.5mol/L）至刻度。如此经多次稀释成每毫升含 0.25μg、0.5μg、1.0μg、2.0μg 铅的标准使用液。罐中，加入 5mL 硝酸，按照微波消解的操作步骤消解试样，消解条件参考附录 A。冷却后取出消解罐，在电热板上于 140~160℃ 赶酸至 1mL 左右。消解罐放冷后，将消化液转移至 10mL 容量瓶中，用少量水洗涤消解罐 2~3 次，合并洗涤液于容量瓶中并用水定容至刻度，混匀备用。同时做试剂空白试验。

（3）压力罐消解：称取固体试样 0.2~1g（精确至 0.001g）于消解内罐中，加入 5mL 硝酸。盖好内盖，旋紧不锈钢外套，放入恒温干燥箱，于 140~160℃ 下保持 4~5h。冷却后缓慢旋松外罐，取出消解内罐，放在可调式电热板上于 140~160℃ 赶酸至 1mL 左右。冷却后将消化液转移至 10mL 容量瓶中，用少量水洗涤内罐和内盖 2~3 次，合并洗涤液于容量瓶中并用水定容至刻度，混匀备用。同时做试剂空白试验。

3. 测定

（1）仪器参考条件：根据各自仪器性能调至最佳状态。参考条件见表 4-11。

表 4-11　石墨炉原子吸收光谱法仪器参考条件

元素	波长（nm）	狭缝（nm）	灯电流（mA）	干燥	灰化	原子化
铅	283.3	0.5	8~12	85~120℃/40~50s	750℃/20~30s	2 300℃/4~5s

（2）标准曲线的制作：按质量浓度由低到高的顺序分别将 10μL 铅标准系列溶液和 5μL 磷酸二氢铵—硝酸钯溶液（可根据所使用的仪器确定最佳进样量）同时注入石墨炉，原子化后测其吸光度值，以质量浓度为横坐标，吸光度值为纵坐标，制作标准曲线。

（3）试样溶液的测定：在与测定标准溶液相同的实验条件下，将 10μL 空白溶液或试样溶液与 5μL 磷酸二氢铵—硝酸钯溶液（可根据所使用的仪器确定最佳进样量）同时注入石墨炉，原子化后测其吸光度值，与标准系列比较定量。

（五）分析结果的表述

试样中铅的含量按下列公式计算：

$$X = \frac{(\rho - \rho_0) \times V}{m \times 1\,000}$$

式中：

X——试样中铅的含量，单位为毫克每千克（mg/kg）；

ρ——试样溶液中铅的质量浓度，单位为微克每升（μg/L）；

ρ_0——空白溶液中铅的质量浓度，单位为微克每升（μg/L）；

V——试样消化液的定容体积，单位为毫升（mL）；

m——试样称样量或移取体积，单位为克或毫升（g 或 mL）；

1 000——换算系数。

当铅含量≥1.00mg/kg 时，计算结果保留三位有效数字；当铅含量<1.00mg/kg 时，计算结果保留两位有效数字。

（六）精密度

在重复性条件下，获得的两次独立测定的结果的绝对差值不得超过算数平均值的 20%。

（七）其他

当称样量为 0.5g，定容体积为 10mL 时，方法的检出限为 0.02mg/kg，定量限为 0.04mg/kg。

九、火焰原子吸收光谱法测定茶叶中铅的含量

（一）原理

试样经处理后，铅离子在一定 pH 值条件下与二乙基二硫代氨基甲酸钠（DDTC）形成络合物，经 4-甲基-2-戊酮（MIBK）萃取分离，导入原子吸收光谱仪中，经火焰原子化，在波长 283nm 处测定的吸光度。在一定浓度范围内铅的吸光度值与铅含量呈正比，与标准系列比较定量。

（二）试剂和材料

注：除非另有说明，本方法所用试剂均为分析纯，水为 GB/T 6682—2008 规定的二级水。

1. 试剂

（1）硝酸（HNO_3）：优级纯。

（2）高氯酸（$HClO_4$）：优级纯。

（3）硫酸铵［（NH_4）$_2SO_4$］。

（4）柠檬酸铵［$C_6H_5O_7$（NH_4）$_3$］。

（5）溴百里酚蓝（$C_{27}H_{28}O_5SBr_2$）。

（6）二乙基二硫代氨基甲酸钠［DDTC，（C_2H_5）$_2$NCSSNa·$3H_2O$］。

（7）氨水（$NH_3·H_2O$）：优级纯。

（8）4-甲基-2-戊酮（MIBK，$C_6H_{12}O$）。

（9）盐酸（HCl）：优级纯。

2. 试剂配制

（1）硝酸溶液（5+95）：量取 50mL 硝酸，加入到 950mL 水中，混匀。

（2）硝酸溶液（1+9）：量取 50mL 硝酸，加入到 450mL 水中，混匀。

（3）硫酸铵溶液（300g/L）：称取 30g 硫酸铵，用水溶解并稀释至 100mL，混匀。

（4）柠檬酸铵溶液（250g/L）：称取 25g 柠檬酸铵，用水溶解并稀释至 100mL，混匀。

（5）溴百里酚蓝水溶液（1g/L）：称取 0.1g 溴百里酚蓝，用水溶解并稀释至 100mL，混匀。

（6）DDTC 溶液（50g/L）：称取 5g DDTC，用水溶解并稀释至 100mL，混匀。

（7）氨水溶液（1+1）：吸取 100mL 氨水，加入 100mL 水，混匀。

（8）盐酸溶液（1+11）：吸取 10mL 盐酸，加入 110mL 水，混匀。

3. 标准品

硝酸铅［Pb（NO$_3$）$_2$，CAS 号：10099-74-8］：纯度>99.99%。或经国家认证并授予标准物质证书的一定浓度的铅标准溶液。

4. 标准溶液配制

（1）铅标准储备液（1 000mg/L）：准确称取 1.5985g（精确至 0.000 1g）硝酸铅，用少量硝酸溶液（1+9）溶解，移入 1 000mL 容量瓶，加水至刻度，混匀。

（2）铅标准使用液（10.0mg/L）：准确吸取铅标准储备液（1 000mg/L）1.00mL 于 100mL 容量瓶中，加硝酸溶液（5+95）至刻度，混匀。

（三）仪器和设备

注：所有玻璃器皿均需硝酸（1+5）浸泡过夜，用自来水反复冲洗，最后用水冲洗干净。

（1）原子吸收光谱仪；配火焰原子化器，附铅空心阴极灯。

（2）分析天平；感量 0.1mg 和 1mg。

（3）可调式电热炉。

（4）可调式电热板。

（四）分析步骤

1. 试样制备

同"九、火焰原子吸收光谱法测定茶叶中铅的含量"的试样制备。

2. 试样前处理

同"九、火焰原子吸收光谱法测定茶叶中铅的含量"中的操作方法。

3. 测定

（1）仪器参考条件：根据各自仪器性能调至最佳状态。参考条件参见表 4-12。

表 4-12　火焰原子吸收光谱法仪器参考条件

元素	波长（nm）	狭缝（nm）	灯电流（mA）	燃烧头高度（nm）	空气流量（L/min）
铅	283.3	0.5	8~12	6	8

（2）标准曲线的制作：分别吸取铅标准使用液 0mL、0.250mL、0.500mL、1.00mL、1.50mL 和 2.00mL（相当于 0μg、2.50μg、5.00μg、10.0μg、15.0μg 和 20.0μg 铅）于 125mL 分液漏斗中，补加水至 60mL。加 2mL 柠檬酸铵溶液（250g/L），溴百里酚蓝水溶液（1g/L）3~5 滴，用氨水溶液（1+1）调 pH 值至溶液由黄变

蓝，加硫酸铵溶液（300g/L）10mL，DDTC 溶液（1g/L）10mL，摇匀。放置 5min 左右，加入 10mL MIBK，剧烈振摇提取 1min，静置分层后，弃去水层，将 MIBK 层放入 10mL 带塞刻度管中，得到标准系列溶液。

将标准系列溶液按质量由低到高的顺序分别导入火焰原子化器，原子化后测定其吸光度值，以铅的质量为横坐标，吸光度值为纵坐标，制作标准曲线。

（3）试样溶液的测定：将试样消化液及试剂空白溶液分别置于 125mL 分液漏斗中，补加水至 60mL。加 2mL 柠檬酸铵溶液（250g/L），溴百里酚蓝水溶液（1g/L）3~5 滴，用氨水溶液（1+1）调 pH 值至溶液由黄变蓝，加硫酸铵溶液（300g/L）10mL，DDTC 溶液（1g/L）10mL，摇匀。放置 5min 左右，加入 10mL MIBK，剧烈振摇提取 1min，静置分层后，弃去水层，将 MIBK 层放入 10mL 带塞刻度管中，得到试样溶液和空白溶液。

将试样溶液和空白溶液分别导入火焰原子化器，原子化后测其吸光度值，与标准系列比较定量。

（五）分析结果的表述

试样中铅的含量按下列公式计算：

$$X = \frac{m_1 - m_0}{m_2}$$

式中：

X——试样中铅的含量，单位为毫克每千克或毫克每升（mg/kg 或 mg/L）；

m_1——试样溶液中铅的质量，单位为微克（μg）；

m_0——空白溶液中铅的质量，单位为微克（μg）；

m_2——试样称样量或移取体积，单位为克或毫升（g 或 mL）。

当铅含量≥10.0mg/kg（或 mg/L）时，计算结果保留三位有效数字；铅含量<10.0mg/kg（mg/L），计算结果保留两位有效数字。

（六）精密度

在重复性条件下，获得的两次独立测定结果的绝对差值不得超过算术平均值的 20%。

（七）其他

以称样量 0.5g（或 0.5mL）计算，方法的检出限为 0.4mg/kg（或 0.4mg/L），定量限为 1.2mg/kg（或 1.2mg/L）。

十、二硫腙比色法测定茶叶中铅的含量

（一）原理

试样经消化后，在 pH 值 8.5~9.0 时，铅离子与二硫腙生成红色络合物，溶于三氯甲烷。加入柠檬酸铵、氰化钾和盐酸羟胺等，防止铁、铜、锌等离子干扰。于波长 510nm 处测定吸光度，与标准系列比较定量。

（二）试剂和材料

除非另有说明，本方法所用试剂均为分析纯，水为 GB/T 6682—2008 规定的三级水。

1. 试剂

（1）硝酸（HNO_3）：优级纯。

（2）高氯酸（$HClO_4$）：优级纯。

（3）氨水（$NH_3 \cdot H_2O$）：优级纯。

（4）盐酸（HCl）：优级纯。

（5）酚红（$C_{19}H_{14}O_5S$）。

（6）盐酸羟胺（$NH_2OH \cdot HCl$）。

（7）柠檬酸铵〔$C_6H_5O_7（NH_4）_3$〕。

（8）氰化钾（KCN）。

（9）三氯甲烷（CH_3Cl，不应含氧化物）。

（10）二硫腙（$C_6H_5NHNHCSN = NC_6H_5$）。

（11）乙醇（C_2H_5OH）：优级纯。

2. 试剂配制

（1）硝酸溶液（5+95）：量取 50mL 硝酸，缓慢加入到 950mL 水中，混匀。

（2）硝酸溶液（1+9）：量取 50mL 硝酸，缓慢加入到 450mL 水中，混匀。

（3）氨水溶液（1+1）：量取 100mL 氨水，加入 100mL 水，混匀。

（4）氨水溶液（1+99）：量取 10mL 氨水，加入 990mL 水，混匀。

（5）盐酸溶液（1+1）：量取 100mL 盐酸，加入 100mL 水，混匀。

（6）酚红指示液（1g/L）：称取 0.1g 酚红，用少量多次乙醇溶解后移入 100mL 容量瓶中并定容至刻度，混匀。

（7）二硫腙—三氯甲烷溶液（0.5g/L）：称取 0.5g 二硫腙，用三氯甲烷溶解，并定容至 1 000mL，混匀，保存于 0~5℃下，必要时用下述方法纯化。

称取 0.5g 研细的二硫腙，溶于 50mL 三氯甲烷中，如不全溶，可用滤纸过滤于

250mL 分液漏斗中，用氨水溶液（1+99）提取 3 次，每次 100mL，将提取液用棉花过滤至 500mL 分液漏斗中，用盐酸溶液（1+1）调至酸性，将沉淀出的二硫腙用三氯甲烷提取 2~3 次，每次 20mL，合并三氯甲烷层，用等量水洗涤 2 次，弃去洗涤液，在 50℃水浴上蒸去三氯甲烷。精制的二硫腙置硫酸干燥器中，干燥备用。或将沉淀出的二硫腙用 200mL、200mL、100mL 三氯甲烷提取 3 次，合并三氯甲烷层为二硫腙—三氯甲烷溶液。

（8）盐酸羟胺溶液（200g/L）：称 20g 盐酸羟胺，加水溶解至 50mL，加 2 滴酚红指示液（1g/L），加氨水溶液（1+1），调 pH 值至 8.5~9.0（由黄变红，再多加 2 滴），用二硫腙—三氯甲烷溶液（0.5g/L）提取至三氯甲烷层绿色不变为止，再用三氯甲烷洗 2 次，弃去三氯甲烷层，水层加盐酸溶液（1+1）至呈酸性，加水至 100mL，混匀。

（9）柠檬酸铵溶液（200g/L）：称取 50g 柠檬酸铵，溶于 100mL 水中，加 2 滴酚红指示液（1g/L），加氨水溶液（1+1），调 pH 值至 8.5~9.0，用二硫腙—三氯甲烷溶液（0.5g/L）提取数次，每次 10~20mL，至三氯甲烷层绿色不变为止，弃去三氯甲烷层，再用三氯甲烷洗 2 次，每次 5mL，弃去三氯甲烷层，加水稀释至 250mL，混匀。

（10）氰化钾溶液（100g/L）：称取 10g 氰化钾，用水溶解后稀释至 100mL，混匀。

（11）二硫腙使用液：吸取 1.0mL 二硫腙—三氯甲烷溶液（0.5g/L），加三氯甲烷至 10mL，混匀。用 1cm 比色杯，以三氯甲烷调节零点，于波长 510nm 处测定吸光度（A），用下列公式算出配制 100mL 二硫腙使用液（70%透光率）所需二硫腙—三氯甲烷溶液（0.5g/L）的毫升数（V）。量取计算所得体积的二硫腙—三氯甲烷溶液，用三氯甲烷稀释至 100mL。

$$V = \frac{10 \times (2 - \lg 70)}{A} = \frac{1.55}{A}$$

3. 标准品

硝酸铅［Pb（NO$_3$）$_2$，CAS 号：10099-74-8］：纯度>99.99%。或经国家认证并授予标准物质证书的一定浓度的铅标准溶液。

4. 标准溶液配制

同"九、火焰原子吸收光谱法测定茶叶中铅的含量"中的方法。

（三）仪器和设备

注：所有玻璃器皿均需硝酸（1+5）浸泡过夜，用自来水反复冲洗，最后用水冲洗干净。

（1）分光光度计。

（2）分析天平；感量 0.1mg 和 1mg。

（3）可调式电热炉。

（4）可调式电热板。

（四）分析步骤

1. 试样制备

同"八、石墨炉原子吸收光谱法测定茶叶中铅的含量"中的方法。

2. 试样前处理

同"八、石墨炉原子吸收光谱法测定茶叶中铅的含量"中的方法。

3. 测定

（1）仪器参考条件：根据各自仪器性能调至最佳状态。测定波长：510nm。

（2）标准曲线的制作：吸取 0mL、0.100mL、0.200mL、0.300mL、0.400mL 和 0.500mL 铅标准使用液（相当于 0μg、1.00μg、2.00μg、3.00μg、4.00μg 和 5.00μg 铅）分别置于 125mL 分液漏斗中，各加硝酸溶液（5+95）至 20mL。再各加 2mL 柠檬酸铵溶液（200g/L），1mL 盐酸羟胺溶液（200g/L）和 2 滴酚红指示液（1g/L），用氨水溶液（1+1）调至红色，再各加 2mL 氰化钾溶液（100g/L），混匀。各加 5mL 二硫腙使用液，剧烈振摇 1min，静置分层后，三氯甲烷层经脱脂棉滤入 1cm 比色杯中，以三氯甲烷调节零点于波长 510nm 处测吸光度，以铅的质量为横坐标，吸光度值为纵坐标，制作标准曲线。

（3）试样溶液的测定：将试样溶液及空白溶液分别置于 125mL 分液漏斗中，各加硝酸溶液至 20mL。于消解液及试剂空白液中各加 2mL 柠檬酸铵溶液（200g/L），1mL 盐酸羟胺溶液（200g/L）和 2 滴酚红指示液（1g/L），用氨水溶液（1+1）调至红色，再各加 2mL 氰化钾溶液（100g/L），混匀。各加 5mL 二硫腙使用液，剧烈振摇 1min，静置分层后，三氯甲烷层经脱脂棉滤入 1cm 比色杯中，于波长 510nm 处测吸光度，与标准系列比较定量。

（五）分析结果的表述

同"九、火焰原子吸收光谱法测定茶叶中铅的含量"。

（六）精密度

在重复性条件下，获得的两次独立测定结果的绝对差值不得超过算术平均值的 10%。

（七）其他

以称样量 0.5g 计算，方法的检出限为 1mg/kg，定量限为 3mg/kg。

十一、石墨炉原子吸收光谱法测定茶叶中铜的含量

（一）原理

试样消解处理后，经石墨炉原子化，在 324.8nm 处测定吸光度。在一定浓度范围内铜的吸光度值与铜含量呈正比，与标准系列比较定量。

（二）试剂和材料

除非另有说明，本方法所用试剂均为优级纯，水为 GB/T 6682—2008 规定的二级水。

1. 试剂

（1）硝酸（HNO_3）。

（2）高氯酸（$HClO_4$）。

（3）磷酸二氢铵（$NH_4H_2PO_4$）。

（4）硝酸钯 $[Pd(NO_3)_2]$。

2. 试剂配制

（1）硝酸溶液（5+95）：量取 50mL 硝酸，缓慢加入到 950mL 水中，混匀。

（2）硝酸溶液（1+1）：量取 250mL 硝酸，缓慢加入到 250mL 水中，混匀。

（3）磷酸二氢铵—硝酸钯溶液：称取 0.02g 硝酸钯，加少量硝酸溶液（1+1）溶解后，再加入 2g 磷酸二氢铵，溶解后用硝酸溶液（5+95）定容至 100mL，混匀。

3. 标准品

五水硫酸铜（$CuSO_4 \cdot 5H_2O$，CAS：7758-99-8）：纯度>99.99%，或经国家认证并授予标准物质证书的一定浓度的铜标准溶液。

4. 标准溶液配制

（1）铜标准储备液（1 000mg/L）：准确称取 3.9289g（精确至 0.000 1g）五水硫酸铜，用少量硝酸溶液（1+1）溶解，移入 1 000mL 容量瓶，加水至刻度，混匀。

（2）铜标准中间液（1.00mg/L）：准确吸取铜标准储备液（1 000mg/L）1.00mL 于 1 000mL 容量瓶中，加硝酸溶液（5+95）至刻度，混匀。

（3）铜标准系列溶液：分别吸取铜标准中间液（1.00mg/L）0mL、0.500mL、

1.00mL、2.00mL、3.00mL 和 4.00mL 于 100mL 容量瓶中，加硝酸溶液（5+95）至刻度，混匀。此铜标准系列溶液的质量浓度分别为 0μg/L、5.00μg/L、10.0μg/L、20.0μg/L、30.0μg/L 和 40.0μg/L。

注：可根据仪器的灵敏度及样品中铜的实际含量确定标准系列溶液中铜元素的质量浓度。

（三）仪器和设备

注：所有玻璃器皿及聚四氟乙烯消解内罐均需硝酸（1+5）浸泡过夜，用自来水反复冲洗，最后用水冲洗干净。

（1）原子吸收光谱仪：配石墨炉原子化器，附铜空心阴极灯。

（2）分析天平：感量 0.1mg 和 1mg。

（3）可调式电热炉。

（4）可调式电热板。

（5）微波消解系统：配聚四氟乙烯消解内罐。

（6）压力消解罐：配聚四氟乙烯消解内罐。

（7）恒温干燥箱。

（8）马弗炉。

（四）分析步骤

1. 试样制备

干茶去除杂物后，用粉碎机粉碎，过 20 目筛，储于塑料瓶中，备用。

注：在采样和试样制备过程中，应避免试样污染。

2. 试样前处理

（1）湿法消解：称取固体试样 0.2~3g（精确至 0.001g）于带刻度消化管中，加入 10mL 硝酸、0.5mL 高氯酸，在可调式电热炉上消解（参考条件：120℃/0.5~1h、升至 180℃/2~4h、升至 200~220℃）。若消化液呈棕褐色，再加少量硝酸，消解至冒白烟，消化液呈无色透明或略带黄色，取出消化管，冷却后用水定容至 10mL，混匀备用。同时做试剂空白试验。亦可采用锥形瓶，于可调式电热板上，按上述操作方法进行湿法消解。

（2）微波消解：称取固体试样 0.2~0.8g（精确至 0.001g）于微波消解罐中，加入 5mL 硝酸，按照微波消解的操作步骤消解试样，消解条件参考湿法消解。冷却后取出消解罐，在电热板上于 140~160℃赶酸至 1mL 左右。消解罐放冷后，将消化液转移至 10mL 容量瓶中，用少量水洗涤消解罐 2~3 次，合并洗涤液于容量瓶中，用水定容至刻度，混匀备用。同时做试剂空白试验。

（3）压力罐消解：称取固体试样0.2~1g（精确至0.001g）于消解内罐中，加入5mL硝酸。盖好内盖，旋紧不锈钢外套，放入恒温干燥箱，于140~160℃下保持4~5h。冷却后缓慢旋松外罐，取出消解内罐，放在可调式电热板上于140~160℃赶酸至1mL左右。冷却后将消化液转移至10mL容量瓶中，用少量水洗涤内罐和内盖2~3次，合并洗涤液于容量瓶中并用水定容至刻度，混匀备用。同时做试剂空白试验。

（4）干法灰化：称取固体试样0.5~5g（精确至0.001g）于坩埚中，小火加热，炭化至无烟，转移至马弗炉中，于550℃灰化3~4h。冷却，取出，对于灰化不彻底的试样，加数滴硝酸，小火加热，小心蒸干，再转入550℃马弗炉中，继续灰化1~2h，至试样呈白灰状，冷却，取出，用适量硝酸溶液（1+1）溶解并用水定容至10mL。同时做试剂空白试验。

3. 测定

（1）仪器参考条件：根据各自仪器性能调至最佳状态。参考条件见表4-13。

表4-13　石墨炉原子吸收光谱法仪器参考条件

元素	波长（nm）	狭缝（nm）	灯电流（mA）	干燥	灰化	原子化
铜	324.8	0.5	8~12	85~120℃/40~50s	800℃/20~30s	2 350℃/4~5s

（2）标准曲线的制作：按质量浓度由低到高的顺序分别将10μL铜标准系列溶液和5μL磷酸二氢铵—硝酸钯溶液（可根据所使用的仪器确定最佳进样量）同时注入石墨炉，原子化后测其吸光度值，以质量浓度为横坐标，吸光度值为纵坐标，制作标准曲线。

（3）试样溶液的测定：与测定标准溶液相同的实验条件下，将10μL空白溶液或试样溶液与5μL磷酸二氢铵—硝酸钯溶液（可根据所使用的仪器确定最佳进样量）同时注入石墨炉，注入石墨管，原子化后测其吸光度值，与标准系列比较定量。

（五）分析结果的表述

试样中铜的含量按下列公式计算：

$$X = \frac{(\rho - \rho_0) \times V}{m \times 1\,000}$$

式中：

X——试样溶液中铜的质量浓度，单位为微克每升（μg/L）；

ρ——试样中铜的含量，单位为毫克每千克或毫克每升（mg/kg；mg/L）；

ρ_0——空白溶液中铜的质量浓度，单位为微克每升（μg/L）；

V——试样消化液的定容体积，单位为毫升（mL）；

m——试样称样量或移取体积，单位为克或毫升（g 或 mL）；

1 000——换算系数。

当铜含量≥1.00mg/kg 时，计算结果保留三位有效数字；当铜含量<1.00mg/kg 时，计算结果保留两位有效数字。

（六）精密度

在重复性条件下，获得的两次独立测定结果的绝对差值不得超过算术平均值的 20%。

（七）其他

当称样量为 0.5g，定容体积为 10mL 时，方法的检出限为 0.02mg/kg，定量限为 0.05mg/kg。

十二、火焰原子吸收光谱法测定茶叶中铜的含量

（一）原理

试样消解处理后，经火焰原子化，在 324.8nm 处测定吸光度。在一定浓度范围内铜的吸光度值与铜含量成正比，与标准系列比较定量。

（二）试剂和材料

除非另有规定，本方法所用试剂均为优级纯，水为 GB/T 6682—2008 规定的二级水。

1. 试剂

（1）硝酸（HNO_3）。

（2）高氯酸（$HClO_4$）。

2. 试剂配制

（1）硝酸溶液（5+95）：量取 50mL 硝酸，缓慢加入到 950mL 水中，混匀。

（2）硝酸溶液（1+1）：量取 250mL 硝酸，缓慢加入到 250mL 水中，混匀。

3. 标准品

五水硫酸铜（$CuSO_4 \cdot 5H_2O$，CAS：7758-99-8）：纯度>99.99%，或经国家认证并授予标准物质证书的一定浓度的铜标准溶液。

4. 标准溶液配制

（1）铜标准储备液（1 000mg/L）：准确称取 3.928 9g（精确至 0.000 1g）五水硫酸铜，用少量硝酸溶液（1+1）溶解，移入 1 000mL 容量瓶，加水至刻度，混匀。

（2）铜标准中间液（10.0mg/L）：准确吸取铜标准储备液（1 000mg/L）1.00mL 于 100mL 容量瓶中，加硝酸溶液（5+95）至刻度，混匀。

（3）铜标准系列溶液：分别吸取铜标准中间液（10.0mg/L）0mL、1.00mL、2.00mL、4.00mL、8.00mL 和 10.0mL 于 100mL 容量瓶中，加硝酸溶液（5+95）至刻度，混匀。此铜标准系列溶液的质量浓度分别为 0mg/L、0.100mg/L、0.200mg/L、0.400mg/L、0.800mg/L 和 1.00mg/L。

注：可根据仪器的灵敏度及样品中铜的实际含量确定标准系列溶液中铜元素的质量浓度。

（三）仪器设备

注：所有玻璃器皿及聚四氟乙烯消解内罐均需硝酸（1+5）浸泡过夜，用自来水反复冲洗，最后用水冲洗干净。

（1）原子吸收光谱仪：配火焰原子化器，附铜空心阴极灯。

（2）分析天平：感量 0.1mg 和 1mg。

（3）可调式电热炉。

（4）可调式电热板。

（5）微波消解系统：配聚四氟乙烯消解内罐。

（6）压力消解罐：配聚四氟乙烯消解内罐。

（7）恒温干燥箱。

（8）马弗炉。

（四）分析步骤

1. 试样制备

同"十一、石墨炉原子吸收光谱法测定茶叶中铜的含量"。

2. 试样前处理

同"十一、石墨炉原子吸收光谱法测定茶叶中铜的含量"。

3. 测定

（1）仪器测试条件：根据各自仪器性能调至最佳状态。参考条件见表 4-14。

表 4-14 火焰原子吸收光谱法仪器参考条件

元素	波长 （nm）	狭缝 （nm）	灯电流 （mA）	燃烧头高度 （nm）	空气流量 （L/min）	乙炔流量 （L/min）
铜	324.8	0.5	8~12	6	9	2

（2）标准曲线的制作：将铜标准系列溶液按质量浓度由低到高的顺序分别导入火焰原子化器，原子化后测其吸光度值，以质量浓度为横坐标，吸光度值为纵坐标，制作标准曲线。

4. 试样测定

在与测定标准溶液相同的实验条件下，将空白溶液和试样溶液分别导入火焰原子化器，原子化后测其吸光度值，与标准系列比较定量。

（五）分析结果的表述

试样中铜的含量按下列公式计算：

$$X = \frac{(\rho - \rho_0) \times V}{m}$$

式中：

X——试样中铜的含量，单位为毫克每千克或毫克每升（mg/kg 或 mg/L）；

ρ——试样溶液中铜的质量浓度，单位为毫克每升（mg/L）；

ρ_0——空白溶液中铜的质量浓度，单位为毫克每升（mg/L）；

V——试样消化液的定容体积，单位为毫升（mL）；

m——试样称样量或移取体积，单位为克或毫升（g 或 mL）。

当铜含量 ≥10.0mg/kg（或 mg/L）时，计算结果保留三位有效数字，当铜含量 <10.0mg/kg（或 mg/L）时，计算结果保留两位有效数字。

（六）精密度

在重复性条件下，获得的两次独立测定结果的绝对差值不得超过算术平均值的 10%。

（七）其他

当称样量为 0.5g，定容体积为 10mL 时，方法的检出限为 0.2mg/kg，定量限为 0.5mg/kg。

十三、火焰原子吸收光谱法测定茶叶中锌的含量

（一）原理

试样消解处理后，经火焰原子化，在 213.9nm 处测定吸光度。在一定浓度范围内锌的吸光度值与锌含量呈正比，与标准系列比较定量。

（二）试剂和材料

除非另有说明，本方法所用试剂均为优级纯，水为 GB/T 6682—2008 规定的二级水。

1. 试剂

（1）硝酸（HNO_3）。

（2）高氯酸（$HClO_4$）。

2. 试剂配制

（1）硝酸溶液（5+95）：量取 50mL 硝酸，缓慢加入到 950mL 水中，混匀。

（2）硝酸溶液（1+1）：量取 250mL 硝酸，缓慢加入到 250mL 水中，混匀。

3. 标准品

氧化锌（ZnO，CAS：1314-13-2）；纯度>99.99%，或经国家认证并授予标准物质证书的一定浓度的锌标准溶液。

4. 标准溶液配制

（1）锌标准储备液（1 000mg/L）：准确称取 1.2447g（精确至 0.000 1g）氧化锌，加少量硝酸溶液（1+1），加热溶解，冷却后移入 1 000mL 容量瓶，加水至刻度，混匀。

（2）锌标准中间液（10.0mg/L）：准确吸取锌标准储备液（1 000mg/L）1.00mL 于 100mL 容量瓶中，加硝酸溶液（5+95）至刻度，混匀。

（3）锌标准系列溶液：分别准确吸取锌标准中间液 0mL、1.00mL、2.00mL、4.00mL、8.00mL 和 10.0mL 于 100mL 容量瓶中，加硝酸溶液（5+95）至刻度，混匀。此锌标准系列溶液的质量浓度分别为 0mg/L、0.100mg/L、0.200mg/L、0.400mg/L、0.800mg/L 和 1.00mg/L。

注：可根据仪器的灵敏度及样品中锌的实际含量确定标准系列溶液中锌元素的质量浓度。

（三）仪器和设备

注：所有玻璃器皿及聚四氟乙烯消解内罐均需硝酸（1+5）浸泡过夜，用自来水

反复冲洗，最后用水冲洗干净。

（1）原子吸收光谱仪：配火焰原子化器，附锌空心阴极灯。

（2）分析天平：感量 0.1mg 和 1mg。

（3）可调式电热炉。

（4）可调式电热板。

（5）微波消解系统：配聚四氟乙烯消解内罐。

（6）压力消解罐：配聚四氟乙烯消解内罐。

（7）恒温干燥箱。

（8）马弗炉。

（四）分析步骤

1. 试样制备

干茶去除杂物后，用粉碎机粉碎，过 20 目筛，储于塑料瓶中，备用。

注：在采样和试样制备过程中，应避免试样污染。

2. 试样前处理

（1）湿法消解：准确称取固体试样 0.2~3g（精确至 0.001g）于带刻度消化管中，加入 10mL 硝酸 0.5mL 高氯酸，在可调式电热炉上消解（参考条件：120℃/0.5~1h、升至 180℃/2~4h、升至 200~220℃）。若消解液呈棕褐色，再加少量硝酸，消解至冒白烟，消化液呈无色透明或略带黄色，取出消化管，冷却后用水定容至 25mL 或 50mL，混匀备用。同时做试剂空白试验。亦可采用锥形瓶，于可调式电热板上，按上述操作方法进行湿法消解。

（2）微波消解：准确称取固体试样 0.2~0.8g（精确至 0.001g）于微波消解罐中，加入 5mL 硝酸，按照微波消解的操作步骤消解试样，消解条件参考附录 A。冷却后取出消解罐，在电热板上于 140~160℃ 赶酸至 1mL 左右。消解罐放冷后，将消化液转移至 25mL 或 50mL 容量瓶中，用少量水洗涤消解罐 2~3 次，合并洗涤液于容量瓶中，用水定容至刻度，混匀备用。同时做试剂空白试验。

（3）压力罐消解：准确称取固体试样 0.2~1g（精确至 0.001g）于消解内罐中，加入 5mL 硝酸。盖好内盖，旋紧不锈钢外套，放入恒温干燥箱，于 140~160℃ 下保持 4~5h。冷却后缓慢旋松外罐，取出消解内罐，放在可调式电热板上于 140~160℃ 赶酸至 1mL 左右。冷却后将消化液转移至 25~50mL 容量瓶中，用少量水洗涤内罐和内盖 2~3 次，合并洗涤液于容量瓶中并用水定容至刻度，混匀备用。同时做试剂空白试验。

（4）干法灰化：准确称取固体试样 0.5~5g（精确至 0.001g）于坩埚中，小火加热，炭化至无烟，转移至马弗炉中，于 550℃灰化 3~4h。冷却，取出，对于灰化不彻底的试样，加数滴硝酸，小火加热，小心蒸干，再转入 550℃马弗炉中，继续灰化 1~2h，至试样呈白灰状，冷却，取出，用适量硝酸溶液（1+1）溶解并用水定容至 25mL 或 50mL。同时做试剂空白试验。

3. 测定

（1）仪器参考条件：根据各自仪器性能调至最佳状态。参考条件见表 4-15。

表 4-15　火焰原子吸收光谱法仪器参考条件

元素	波长 （nm）	狭缝 （nm）	灯电流 （mA）	燃烧头高度 （nm）	空气流量 （L/min）	乙炔流量 （L/min）
锌	213.9	0.2	3~5	3	9	2

（2）标准曲线的制作：将锌标准系列溶液按质量浓度由低到高的顺序分别导入火焰原子化器，原子化后测其吸光度值，以质量浓度为横坐标，吸光度值为纵坐标，制作标准曲线。

4. 试样测定

在与测定标准溶液相同的实验条件下，将空白溶液和试样溶液分别导入火焰原子化器，原子化后测其吸光度值，与标准系列比较定量。

（五）分析结果的表述

$$X = \frac{(\rho - \rho_0) \times V}{m}$$

式中：

X——试样中锌的含量，单位为毫克每千克或毫克每升（mg/kg 或 mg/L）；

ρ——试样溶液中锌的质量浓度，单位为毫克每升（mg/L）；

ρ_0——空白溶液中锌的质量浓度，单位为毫克每升（mg/L）；

V——试样消化液的定容体积，单位为毫升（mL）；

m——试样称样量或移取体积，单位为克或毫升（g 或 mL）。

当锌含量≥10.0mg/kg（或 mg/L）时，计算结果保留三位有效数字；当锌含量<10.0mg/kg（或 mg/L）时，计算结果保留两位有效数字。

（六）精密度

在重复性条件下，获得的两次独立测定结果的绝对差值不得超过算术平均值的 10%。

（七）其他

当称样量为 0.5g，定容体积为 25mL 时，方法的检出限为 1mg/kg，定量限为 3mg/kg。

十四、二硫腙比色法测定茶叶中锌的含量

（一）原理

试样经消化后，在 pH 值 4.0~5.5 时，锌离子与二硫腙形成紫红色络合物，溶于四氯化碳，加入硫代硫酸钠，防止铜、汞、铅、铋、银和镉等离子干扰。于波长 530nm 处测定吸光度与标准系列比较定量。

（二）试剂

除非另有说明，本方法所用试剂均为分析纯，水为 GB/T 6682—2008 规定的二级水。

1. 试剂

（1）硝酸（HNO3）：优级纯。

（2）高氯酸（$HClO_4$）：优级纯。

（3）三水合乙酸钠（$CH_3COONa \cdot 3H_2O$）。

（4）冰乙酸（CH_3COOH）：优级纯。

（5）氨水（$NH_3 \cdot H_2O$）：优级纯。

（6）盐酸（HCl）：优级纯。

（7）二硫腙（$C_6H_5NHNHCSN = NC_6H_5$）。

（8）盐酸羟胺（$NH_2OH \cdot HCl$）。

（9）硫代硫酸钠（$Na_2S_2O_3$）。

（10）酚红（$C_{19}H_{14}O_5S$）。

（11）乙醇（C_2H_5OH）：优级纯。

2. 试剂配制

（1）硝酸溶液（5+95）：量取 50mL 硝酸，缓慢加入到 950mL 水中，混匀。

（2）硝酸溶液（1+9）：量取 50mL 硝酸，缓慢加入到 450mL 水中，混匀。

（3）氨水溶液（1+1）：量取 100mL 氨水，加入 100mL 水中，混匀。

（4）氨水溶液（1+99）：量取 10mL 氨水，加入 990mL 水中，混匀。

（5）盐酸溶液（2mol/L）：量取 10mL 盐酸，加水稀释至 60mL，混匀。

（6）盐酸溶液（0.02mol/L）：吸取 1mL 盐酸溶液（2mol/L），加水稀释至 100mL，

混匀。

（7）盐酸溶液（1+1）：量取 100mL 盐酸，加入 100mL 水中，混匀。

（8）乙酸钠溶液（2mol/L）：称取 68g 三水合乙酸钠，加水溶解后稀释至 250mL，混匀。

（9）乙酸溶液（2mol/L）：量取 10mL 冰乙酸，加水稀释至 85mL，混匀。

（10）二硫腙—四氯化碳溶液（0.1g/L）：称取 0.1g 二硫腙，用四氯化碳溶解，定容至 1 000mL，混匀，保存于 0～5℃下。必要时用下述方法纯化。

称取 0.1g 研细的二硫腙，溶于 50mL 四氯化碳中，如不全溶，可用滤纸过滤于 250mL 分液漏斗中，用氨水溶液（1+99）提取 3 次，每次 100mL，将提取液用棉花过滤至 500mL 分液漏斗中，用盐酸溶液（1+1）调至酸性，将沉淀出的二硫腙用四氯化碳提取 2～3 次，每次 20mL，合并四氯化碳层，用等量水洗涤 2 次，弃去洗涤液，在 50℃ 水浴上蒸去四氯化碳。精制的二硫腙置硫酸干燥器中，干燥备用。或将沉淀出的二硫腙用 200mL、200mL、100mL 四氯化碳提取 3 次，合并四氯化碳层为二硫腙—四氯化碳溶液。

（11）乙酸—乙酸盐缓冲液：乙酸钠溶液（2mol/L）与乙酸溶液（2mol/L）等体积混合，此溶液 pH 值为 7 左右。用二硫腙—四氯化碳溶液（0.1g/L）提取数次，每次 10mL，除去其中的锌，至四氯化碳层绿色不变为止，弃去四氯化碳层，再用四氯化碳提取乙酸—乙酸盐缓冲液中过剩的二硫腙，至四氯化碳无色，弃去四氯化碳层。

（12）盐酸羟胺溶液（200g/L）：称取 20g 盐酸羟胺，加 60mL 水，滴加氨水溶液（1+1），调节 pH 值至 4.0～5.5，加水至 100mL。用二硫腙—四氯化碳溶液（0.1g/L）提取数次，每次 10mL，除去其中的锌，至四氯化碳层绿色不变为止，弃去四氯化碳层，再用四氯化碳提取乙酸—乙酸盐缓冲液中过剩的二硫腙，至四氯化碳无色，弃去四氯化碳层。

（13）硫代硫酸钠溶液（250g/L）：称取 25g 硫代硫酸钠，加 60mL 水，用乙酸溶液（2mol/L）调节 pH 值至 4.0～5.5，加水至 100mL。用二硫腙—四氯化碳溶液（0.1g/L）提取数次，每次 10mL，除去其中的锌，至四氯化碳层绿色不变为止，弃去四氯化碳层，再用四氯化碳提取乙酸—乙酸盐缓冲液中过剩的二硫腙，至四氯化碳无色，弃去四氯化碳层。

（14）二硫腙使用液：吸取 1.0mL 二硫腙—四氯化碳溶液（0.1g/L），加四氯化碳至 10.0mL，混匀。用 1cm 比色杯，以四氯化碳调节零点，于波长 530nm 处测吸光度（A）。用下列公式计算出配制 100mL 二硫腙使用液（57% 透光率）所需的二硫腙—四氯化碳溶液（0.1g/L）毫升数（V）。量取计算所得体积的二硫腙—四氯化碳溶液（0.1g/L），用四氯化碳稀释至 100mL。

$$X = \frac{10 \times (2 - \lg 57) \times V}{A} = \frac{2.44}{A}$$

（15）酚红指示液（1g/L）：称取 0.1g 酚红，用乙醇溶解并定容至 100mL，混匀。

3. 标准品

氧化锌（ZnO，CAS 号：1314-13-2）；纯度>99.99%，或经国家认证并授予标准物质证书的一定浓度的锌标准溶液。

4. 标准溶液配制

（1）锌标准储备液（1 000mg/L）：准确称取 1.2447g（精确至 0.000 1g）氧化锌，加少量硝酸溶液（1+1），加热溶解，冷却后移入 1 000mL 容量瓶，加水至刻度。混匀。

（2）锌标准使用液（1.00mg/L）：准确吸取锌标准储备液（1 000mg/L）1.00mL 于 1 000mL 容量瓶中，加硝酸溶液（5+95）至刻度，混匀。

（三）仪器和设备

注：所有玻璃器皿均需硝酸（1+5）浸泡过夜，用自来水反复冲洗，最后用水冲洗干净。

（1）分光光度计。

（2）分析天平：感量 0.1mg 和 1mg。

（3）可调式电热炉。

（4）可调式电热板。

（5）马弗炉。

（四）分析步骤

1. 试样制备

同"二十三、火焰原子吸收光谱法测定茶叶中锌的含量"。

2. 试样前处理

同"二十三、火焰原子吸收光谱法测定茶叶中锌的含量"。

3. 测定

（1）仪器参考条件：根据各自仪器性能调至最佳状态。测定波长：530nm。

（2）标准曲线的制作：分别准确吸取 0mL、1.00mL、2.00mL、3.00mL、4.00mL 和 5.00mL 锌标准使用液（相当于 0μg、1.00μg、2.00μg、3.00μg、4.00μg 和 5.00μg 锌），分别置于 125mL 分液漏斗中，各加盐酸溶液（0.02mol/L）至 20mL。于各分液漏斗中，各加 10mL 乙酸—乙酸盐缓冲液、1mL 硫代硫酸钠溶液（250g/L），

摇匀，再各加入 10mL 二硫腙使用液，剧烈振摇 2min。静置分层后，经脱脂棉将四氯化碳层滤入 1cm 比色杯中，以四氯化碳调节零点，于波长 530nm 处测吸光度，以质量为横坐标，吸光度值为纵坐标，制作标准曲线。

（3）试样测定：准确吸取 5.00~10.0mL 试样消化液和相同体积的空白消化液，分别置于 125mL 分液漏斗中，加 5mL 水、0.5mL 盐酸羟胺溶液（200g/L），摇匀，再加 2 滴酚红指示液（1g/L），用氨水溶液（1+1）调节至红色，再多加 2 滴。再加 5mL 二硫腙—四氯化碳溶液（0.1g/L），剧烈振摇 2min，静置分层。将四氯化碳层移入另一分液漏斗中，水层再用少量二硫腙—四氯化碳溶液（0.1g/L）振摇提取，每次 2~3mL，直至二硫腙—四氯化碳溶液（0.1g/L）绿色不变为止。合并提取液，用 5mL 水洗涤，四氯化碳层用盐酸溶液（0.02mol/L）提取 2 次，每次 10mL，提取时剧烈振摇 2min，合并盐酸溶液（0.02mol/L）提取液，并用少量四氯化碳洗去残留的二硫腙。将上述试样提取液和空白提取液移入 125mL 分液漏斗中，各加 10mL 乙酸—乙酸盐缓冲液、1mL 硫代硫酸钠溶液（250g/L），摇匀，再各加入 10mL 二硫腙使用液，剧烈振摇 2min。静置分层后，经脱脂棉将四氯化碳层滤入 1cm 比色杯中，以四氯化碳调节零点，于波长 530nm 处测定吸光度，与标准曲线比较并定量。

（五）分析结果的表述

试样中锌的含量按下列公式计算：

$$X = \frac{(m_1 - m_0) \times V_1}{m_2 \times V_2}$$

式中：

X——试品中锌的含量，单位为毫克每千克（mg/kg）或毫克每升（mg/L）；

m_1——测定用试样溶液中锌的质量，单位为微克（μg）；

m_0——空白溶液中锌的质量，单位为微克（μg）；

m_2——试样称样量或移取体积，单位为克或毫升（g 或 mL）；

V_1——试样消化液的定容体积，单位为毫升（mL）；

V_2——测定用试样消化液的体积，单位为毫升（mL）。

（六）精密度

在重复性条件下，获得的两次独立测定结果的绝对差不得超过算术平均值的 10%。

（七）其他

当称样量为 1g，定容体积为 25mL 时，方法的检出限为 7mg/kg，定量限为

21mg/kg。

十五、石墨炉原子吸收光谱法测定茶叶中镉的含量

（一）原理

试样经灰化或酸消解后，注入一定量样品消化液于原子吸收分光光度计石墨炉中，电热原子化后吸收波长 228.8nm 共振线，在一定浓度范围内，其吸光度值与镉含量呈正比，采用标准曲线法定量。

（二）试剂和材料

注 1：除非另有说明，本方法所用试剂均为分析纯，水为 GB/T 6682—2008 规定的二级水。

注 2：所用玻璃仪器均需以硝酸溶液（1+4）浸泡 24h 以上，用水反复冲洗，最后用去离子水冲洗干净。

1. 试剂

（1）硝酸（HNO_3）：优级纯。

（2）盐酸（HCl）：优级纯。

（3）高氯酸（$HClO_4$）：优级纯。

（4）过氧化氢（H_2O_2，30%）。

（5）磷酸二氢铵（$NH_4H_2PO_4$）。

2. 试剂配制

（1）硝酸溶液（1%）：取 10.0mL 硝酸加入 100mL 水中，稀释至 1 000mL。

（2）盐酸溶液（1+1）：取 50mL 盐酸慢慢加入 50mL 水中。

（3）硝酸高氯酸混合溶液（9+1）：取 9 份硝酸与 1 份高氯酸混合。

（4）磷酸二氢铵溶液（10g/L）：称取 10.0g 磷酸二氢铵，用 100mL 硝酸溶液（1%）溶解后定量移入 1 000mL 容量瓶，用硝酸溶液（1%）定容至刻度。

3. 标准品

金属镉（Cd）标准品，纯度为 99.99% 或经国家认证并授予标准物质证书的标准物质。

4. 标准溶液配制

（1）镉标准储备液（1 000mg/L）：准确称取 1g 金属镉标准品（精确至 0.000 1g）于小烧杯中，分次加 20mL 盐酸溶液（1+1）溶解，加 2 滴硝酸，移入 1 000mL 容量瓶中，用水定容至刻度，混匀；或购买经国家认证并授予标准物质证书的标准物质。

（2）镉标准使用液（100ng/mL）：吸取镉标准储备液 10.0mL 于 100mL 容量瓶中，用硝酸溶液（1%）定容至刻度，如此经多次稀释成每毫升含 100.0ng 镉的标准使用液。

（3）镉标准曲线工作液：准确吸取镉标准使用液 0mL、0.5mL、1.0mL、1.5mL、2.0mL、3.0mL 于 100mL 容量瓶中，用硝酸溶液（1%）定容至刻度，即得到含镉量分别为 0ng/mL、0.5ng/mL、1.0ng/mL、1.5ng/mL、2.0ng/mL、3.0ng/mL 的标准系列溶液。

（三）仪器和设备

（1）原子吸收分光光度计，附石墨炉。

（2）镉空心阴极灯。

（3）电子天平：感量为 0.1mg 和 1mg。

（4）可调温式电热板、可调温式电炉。

（5）马弗炉。

（6）恒温干燥箱。

（7）压力消解器、压力消解罐。

（8）微波消解系统：配聚四氟乙烯或其他合适的压力罐。

（四）分析步骤

1. 试样制备

干茶去除杂物后，用粉碎机粉碎，过 20 目筛，储于塑料瓶中，备用。

注：在采样和试样制备过程中，应避免试样污染。

2. 试样消解

可根据实验室条件选用以下任何一种方法消解，称量时应保证样品的均匀性。

（1）压力消解罐消解法：称取试样 0.3~0.5g（精确至 0.000 1g）、鲜（湿）试样 1~2g（精确到 0.001g）于聚四氟乙烯内罐，加硝酸 5mL 浸泡过夜。再加过氧化氢溶液（30%）2~3mL（总量不能超过罐容积的 1/3）。盖好内盖，旋紧不锈钢外套，放入恒温干燥箱，120~160℃保持 4~6h，在箱内自然冷却至室温，打开后加热赶酸至近干，将消化液洗入 10mL 或 25mL 容量瓶中，用少量硝酸溶液（1%）洗涤内罐和内盖 3 次，洗液合并于容量瓶中，并用硝酸溶液（1%）定容至刻度，混匀备用；同时做试剂空白试验。

（2）微波消解：称取干试样 0.3~0.5g（精确至 0.000 1g）、鲜（湿）试样 1~2g（精确到 0.001g）置于微波消解罐中，加 5mL 硝酸和 2mL 过氧化氢。微波消化程序可以根据仪器型号调至最佳条件。消解完毕，待消解罐冷却后打开，消化液呈无色或淡黄色，加热赶酸至近干，用少量硝酸溶液（1%）冲洗消解罐3次，将溶液转移至10mL或15mL容量瓶中，并用硝酸溶液（1%）定容至刻度，混匀备用；同时做试剂空白试验。

（3）湿式消解法：称取干试样0.3~0.5g（精确至0.0001g）、鲜（湿）试样1~2g（精确到0.001g）于锥形瓶中，放数粒玻璃珠，加10mL硝酸高氯酸混合溶液（9+1），加盖浸泡过夜，加一小漏斗在电热板上消化，若变棕黑色，再加硝酸，直至冒白烟，消化液呈无色透明或略带微黄色，放冷后将消化液洗入10~25mL容量瓶中，用少量硝酸溶液（1%）洗涤锥形瓶3次，洗液合并于容量瓶中并用硝酸溶液（1%）定容至刻度，混匀备用；同时做试剂空白试验。

（4）干法灰化：称取0.3~0.5g干试样（精确至0.001g）、鲜（湿）试样1~2g（精确到0.001g）于瓷坩埚中，先小火在可调式电炉上炭化至无烟，移入马弗炉500℃灰化6~8h，冷却。若个别试样灰化不彻底，加1mL混合酸在可调式电炉上小火加热，将混合酸蒸干后，再转入马弗炉中500℃继续灰化1~2h，直至试样消化完全，呈灰白色或浅灰色。放冷，用硝酸溶液（1%）将灰分溶解，将试样消化液移入10mL或25mL容量瓶中，用少量硝酸溶液（1%）洗涤瓷坩埚3次，洗液合并于容量瓶中并用硝酸溶液（1%）定容至刻度，混匀备用；同时做试剂空白试验。

注：实验要在通风良好的通风橱内进行。对含油脂的样品，尽量避免用湿式消解法消化，最好采用干法消化，如果必须采用湿式消解法消化，样品的取样量最大不能超过1g。

3. 仪器参考条件

根据所用仪器型号将仪器调至最佳状态。原子吸收分光光度计（附石墨炉及镉空心阴极灯）测定参考条件如下：

——波长228.8nm，狭缝0.2~1.0nm，灯电流2~10mA，干燥温度105℃，干燥时间20s；

——灰化温度400~700℃，灰化时间20~40s；

——原子化温度1 300~2 300℃，原子化时间3~5s；

——背景校正为氘灯或塞曼效应。

4. 标准曲线的制作

将标准曲线工作液按浓度由低到高的顺序各取20μL注入石墨炉，测其吸光度值，以标准曲线工作液的浓度为横坐标，相应的吸光度值为纵坐标，绘制标准曲线并求出吸光度值与浓度关系的一元线性回归方程。

标准系列溶液应不少于5个点的不同浓度的镉标准溶液，相关系数不应小于0.995。如果有自动进样装置，也可用程序稀释来配制标准系列。

5. 试样溶液的测定

在测定标准曲线工作液相同的实验条件下，吸取样品消化液 20μL（可根据使用仪器选择最佳进样量），注入石墨炉，测其吸光度值。代入标准系列的一元线性回归方程中，求样品消化液中镉的含量，平行测定次数不少于 2 次。若测定结果超出标准曲线范围，用硝酸溶液（1%）稀释后再行测定。

6. 基体改进剂的使用

对有干扰的试样，用 5μL 基体改进剂磷酸二氢铵溶液（10g/L）和样品消化液一起注入石墨炉，绘制标准曲线时也要加入与试样测定时等量的基体改进剂。

（五）分析结果的表述

试样中镉含量按下列公式进行计算：

$$X = \frac{(c_1 - c_0) \times V}{m \times 1\,000}$$

式中：

X——试样中镉含量，单位为毫克每千克或毫克每升（mg/kg 或 mg/L）；

c_1——试样消化液中镉含量，单位为纳克每毫升（ng/mL）；

c_0——空白液中镉含量，单位为纳克每毫升（ng/mL）；

V——试样消化液定容总体积，单位为毫升（mL）；

m——试样质量或体积，单位为克或毫升（g 或 mL）；

1 000——换算系数。

以重复性条件下获得的两次独立测定结果的算术平均值表示，结果保留两位有效数字。

（六）精密度

在重复性条件下，获得的两次独立测定结果的绝对差值不得超过算术平均值的 20%。

（七）其他

方法检出限为 0.001mg/kg，定量限为 0.003mg/kg。

十六、氢化物原子荧光光谱法测定茶叶中锡的含量

（一）原理

试样经消化后，在硼氢化钠的作用下生成锡的氢化物（SnH_4），并由载气带入原子化器中进行原子化，在锡空心阴极灯的照射下，基态锡原子被激发至高能态，在去

活化回到基态时，发射出特征波长的荧光，其荧光强度与锡含量呈正比，与标准系列溶液比较并定量。

（二）试剂和材料

注：除特别注明外，本方法所使用试剂均为分析纯，水为 GB/T 6682—2008 规定的二级水。

1. 试剂

（1）硫酸（H_2SO_4）：优级纯。

（2）硝酸（HNO_3）：优级纯。

（3）高氯酸（$HClO_4$）：优级纯。

（4）硫脲（CH_4N_2S）。

（5）抗坏血酸（$C_6H_8O_6$）。

（6）氢化钠（$NaBH_4$）。

（7）氢氧化钠（$NaOH$）。

2. 试剂配制

（1）硝酸—高氯酸混合溶液（4+1）：量取 400mL 硝酸和 100mL 高氯酸，混匀。

（2）硫酸溶液（1+9）：量取 100mL 硫酸倒入 900mL 水中，混匀。

（3）硫脲（150g/L）+抗坏血酸（150g/L）混合溶液：分别称取 15.0g 硫脲和 15.0g 抗坏血酸溶于水中，并稀释至 100mL，置于棕色瓶中避光保存或临用时配制。

（4）氢氧化钠溶液（5.0g/L）：称取氢氧化钠 5.0g 溶于 1 000mL 水中。

（5）硼氢化钠溶液（7.0g/L）：称取 7.0g 硼氢化钠，溶于氢氧化钠溶液中，临用时配制。

3. 标准品

金属锡（Sn）标准品，纯度为 99.99% 或经国家认证并授予标准物质证书的标准物质。

4. 标准溶液的配制

（1）锡标准溶液（1.0mg/mL）：准确称取 0.1g（精确到 0.000 1g）金属锡标准品，置于小烧杯中，加入 10.0mL 硫酸，盖以表面皿，加热至锡完全溶解，移去表面皿，继续加热至发生浓白烟，冷却，慢慢加入 50mL 水，移入 100mL 容量瓶中，用硫酸溶液（1+9）多次洗涤烧杯，洗液并入容量瓶中，并稀释至刻度，混匀。

（2）锡标准使用液（1.0μg/mL）：准确吸取锡标准溶液 1.0mL 于 100mL 容量瓶中，用硫酸溶液（1+9）定容至刻度。此溶液浓度为 10.0μg/mL。准确吸取该溶液 10.0mL 于 100mL 容量瓶中，用硫酸溶液（1+9）定容至刻度。

（三）仪器和设备

（1）原子荧光光谱仪。

（2）电热板。

（3）电子天平：感量为 0.1mg 和 1mg。

（四）分析步骤

1. 试样制备

干茶去除杂物后，用粉碎机粉碎，过 20 目筛，储于塑料瓶中，备用。

注：在采样和试样制备过程中，应避免试样被污染。

2. 试样消化

（1）称取试样 1.0~5.0g 于锥形瓶中，加入 20.0mL 硝酸—高氯酸混合溶液（4+1），加 1.0mL 硫酸，3 粒玻璃珠，放置过夜。次日置电热板上加热消化，如酸液过少，可适当补加硝酸，继续消化至冒白烟，待液体体积近 1mL 时取下冷却。用水将消化试样转入 50mL 容量瓶中，加水定容至刻度，摇匀备用。同时做空白试验（如试样液中锡含量超出标准曲线范围，则用水进行稀释，并补加硫酸，使最终定容后的硫酸浓度与标准系列溶液相同）。

（2）取定容后的试样 10.0mL 于 25mL 比色管中，加入 3.0mL 硫酸溶液（1+9），加入 2.0mL 硫脲（150g/L）+抗坏血酸（150g/L）混合溶液，再用水定容至 25mL，摇匀。

3. 仪器参考条件

原子荧光光谱仪分析参考条件：

——负高压：380V；

——灯电流：70mA；

——原子化温度：850℃；

——炉高：10mm；

——屏蔽气流量：1 200mL/min；

——载气流量：500mL/min；

——测量方式：标准曲线法；

——读数方式：峰面积；

——延迟时间：1s；

——读数时间：15s；

——加液时间：8s；

——进样体积：2.0mL。

4. 标准系列溶液的配制

标准曲线：分别吸取锡标准使用液 0.00mL、0.50mL、2.00mL、3.00mL、4.00mL、5.00mL 于 25mL 比色管中，分别加入硫酸溶液（1+9）5.00mL、4.00mL、3.00mL、2.00mL、1.00mL、0.00mL，加入 2.0mL 硫脲（150g/L）+ 抗坏血酸（150g/L）混合溶液，再用水定容至 25mL。该标准系列溶液浓度为：0ng/mL、20ng/mL、80ng/mL、120ng/mL、160ng/mL、200ng/mL。

5. 仪器测定

按照要求设定好仪器测量的最佳条件，根据所用仪器的型号和工作站设置相应的参数，点火及对仪器进行预热，预热 30min 后进行标准曲线及试样溶液的测定。

（五）分析结果的表述

试样中锡含量按下列公式进行计算：

$$X = \frac{(c_1 - c_0) \times V_1 \times V_3}{m \times V_2 \times 1\,000}$$

式中：

X——试样中锡的含量，单位为毫克每千克（mg/kg）；

c_1——试样消化液测定浓度，单位为纳克每毫升（ng/mL）；

c_0——试样空白消化液浓度，单位为纳克每毫升（ng/mL）；

V_1——试样消化液定容体积，单位为毫升（mL）；

V_3——测定用溶液定容体积，单位为毫升（mL）；

m——试样质量，单位为克（g）；

V_2——测定用所取试样消化液的体积，单位为毫升（mL）；

$1\,000$——换算系数。

当计算结果小于 10mg/kg 时，保留小数点后两位数字；大于 10mg/kg 时，保留两位有效数字。

（六）精密度

在重复性条件下，获得的两次独立测定结果的绝对差值不得超过算术平均值的 10%。

（七）其他

当取样量为 1.0g 时，本方法定量限为 2.5mg/kg。

十七、苯芴酮比色法测定茶叶中锡的含量

（一）原理

试样经消化后，在弱酸性溶液中四价锡离子与苯芴酮形成微溶性橙红色络合物，在保护性胶体存在下与标准系列溶液比较定量。

（二）试剂和材料

注：除特别注明外，本方法所使用试剂均为分析纯，水为 GB/T 6682—2008 规定的三级水。

1. 试剂

（1）酒石酸（$C_4H_4O_6H_2$）。

（2）抗坏血酸（$C_6H_8O_6$）。

（3）酚酞（$C_{20}H_{14}O_4$）。

（4）氨水（nH_4OH）。

（5）硫酸（H_2SO_4）。

（6）乙醇（C_2H_5OH）。

（7）甲醇（CH_3OH）。

（8）苯芴酮（$C_{19}H_{12}O_5$）。

（9）动物胶（明胶）。

2. 试剂配制

（1）酒石酸溶液（100g/L）：称取 100g 酒石酸溶于 1L 水中。

（2）抗坏血酸溶液（10.0g/L）：称取 10.0g 抗坏血酸溶于 1L 水，临用时配制。

（3）动物胶溶液（5.0g/L）：称取 5.0g 动物胶溶于 1L 水，临用时配制。

（4）氨溶液（1+1）：量取 100mL 氨水加入 100mL 水中，混匀。

（5）硫酸溶液（1+9）：量取 10mL 硫酸，搅拌下缓缓倒入 90mL 水中，混匀。

（6）苯芴酮溶液（0.1g/L）：称取 0.01g（精确至 0.001g）苯芴酮加少量甲醇及硫酸数滴溶解，以甲醇稀释至 100mL。

（7）酚酞指示液（10.0g/L）：称取 1.0g 酚酞，用乙醇溶解至 100mL。

3. 标准品

金属锡（Sn）标准品：纯度为 99.99% 或经国家认证并授予标准物质证书的标准物质。

4. 标准溶液的配制

（1）锡标准溶液（1.0mg/mL）：准确称取 0.1g（精确至 0.000 1g）金属锡，置于小烧杯中，加入 10mL 硫酸，盖以表面皿，加热至锡完全溶解，移去表面皿，继续加热至发生浓白烟，冷却，慢慢加入 50mL 水，移入 100mL 容量瓶中，用硫酸溶液（1+9）多次洗涤烧杯，洗液并入容量瓶中，并稀释至刻度，混匀。

（2）锡标准使用液：吸取 10.0mL 锡标准溶液，置于 100mL 容量瓶中，以硫酸溶液（1+9）稀释至刻度，混匀。如此再次稀释至每毫升相当于 10.0μg 锡。

（三）仪器和设备

（1）分光光度计。
（2）电子天平：感量为 0.1mg 和 1mg。

（四）分析步骤

1. 试样制备

（1）称取试样 1.0~5.0g 于锥形瓶中，加入 20.0mL 硝酸—高氯酸混合溶液（4+1），加 1.0mL 硫酸，3 粒玻璃珠，放置过夜。次日置电热板上加热消化，如酸液过少，可适当补加硝酸，继续消化至冒白烟，待液体体积近 1mL 时取下冷却。用水将消化试样转入 50mL 容量瓶中，加水定容至刻度，摇匀备用。同时做空白试验（如试样液中锡含量超出标准曲线范围，则用水进行稀释，并补加硫酸，使最终定容后的硫酸浓度与标准系列溶液相同）。

（2）取定容后的试样 10.0mL 于 25mL 比色管中，加入 3.0mL 硫酸溶液（1+9），加入 2.0mL 硫脲（150g/L）+抗坏血酸（150g/L）混合溶液，再用水定容至 25mL，摇匀。

（3）吸取 1.00~5.00mL 试样消化液和同量的试剂空白溶液，分别置于 25mL 比色管中。于试样消化液、试剂空白液中各加 0.5mL 酒石酸溶液（100g/L）及 1 滴酚酞指示液（100g/L），混匀，各加氨溶液（1+1）中和至淡红色，加 3.0mL 硫酸溶液（1+1）、1.0mL 动物胶溶液（5.0g/L）及 2.5mL 抗坏血酸溶液（10.0g/L），再加水至 25mL，混匀，再各加 2.0mL 苯芴酮溶液（0.1g/L），混匀，放置 1h 后测量。

2. 标准曲线的制作

吸取 0.00mL、0.20mL、0.40mL、0.60mL、0.80mL、1.00mL 锡标准使用液（相当于 0.00μg、2.00μg、4.00μg、6.00μg、8.00μg、10.00μg 锡），分别置于 25mL 比色管中，各加 0.5mL 酒石酸溶液（100g/L）及 1 滴酚酞指示液（10.0g/L），混匀，各加氨溶液（1+1）中和至淡红色，加 3.0mL 硫酸溶液（1+9）、1.0mL 动物胶溶液（5.0g/L）及 2.5mL 抗坏血酸溶液（10.0g/L），再加水至 25mL，混匀，再各加 2.0mL 苯芴酮溶液，混匀，放置 1h 后测量。

用 2cm 比色杯于波长 490nm 处测吸光度，标准各点减去零管吸光值后，以标准系列溶液的浓度为横坐标，以吸光度为纵坐标，绘制标准曲线或计算直线回归方程。

3. 试样溶液的测定

用 2cm 比色杯以标准系列溶液零管调节零点，于波长 490nm 处分别对试剂空白溶液和试样溶液测定吸光度，所得吸光值与标准曲线比较或代入回归方程求出锡含量。

（五）分析结果的表述

试样中锡的含量按下列公式进行计算：

$$X = \frac{(c_1 - c_0) \times V_1 \times V_3}{m \times V_2 \times 1\,000}$$

式中：

X——试样中锡的含量，单位为毫克每千克（mg/kg）；

c_1——试样中锡的含量，单位为纳克每毫升（ng/mL）；

c_0——试样空白消化液中浓度，单位为纳克每毫升（ng/mL）；

V_1——试样消化液定容体积，单位为毫升（mL）；

V_3——测定用溶液定容体积，单位为毫升（mL）；

m——试样质量，单位为克（g）；

V_2——测定用所取试样消化液的体积，单位为毫升（mL）；

1 000——换算系数。

计算结果保留两位有效数字。

（六）精密度

在重复性条件下，获得的两次独立测定结果的绝对差值不得超过算术平均值的 10%。

（七）其他

当取样量为 1.0g，取消化液为 5.0mL 测定时，本方法定量限为 20mg/kg。

十八、原子荧光光谱分析法测定茶叶中总汞的含量

（一）原理

试样经过酸加热消解后，在酸性介质中，试样中汞被硼氢化钾或硼氢化钠还原成原子态汞，由载气（氩气）带入原子化气中，在汞空心阴极灯照射下，基态汞原子被激发至高能态，在由高能态回到基态时，发射出特征波长的荧光，其荧光强度与汞含量成正比，与标准系列溶液比较定量。

（二）试剂和材料

注：除非另有说明，本方法所用试剂均为优级纯，水为 GB/T 6682—2008 规定的一级水。

1. 试剂

（1）硝酸（HNO_3）。

（2）过氧化氢（H_2O_2）。

（3）硫酸（H_2SO_4）。

（4）氢氧化钾（KOH）。

（5）硼氢化钾（KBH_4）：分析纯。

2. 试剂配制

（1）硝酸溶液（1+9）：量取 50mL 硝酸，缓慢加入 450mL 水中。

（2）硝酸溶液（5+95）：量取 50mL 硝酸，缓慢加入 95mL 水中。

（3）氢氧化钾溶液（5g/L）：称取 5.0g 氢氧化钾，纯水溶解并定容至 1 000mL，混匀。

（4）氢化钾溶液（5g/L）：称取 5.0g 硼氢化钾，用 5g/L 的氢氧化钾溶液溶解并定容至 1 000mL。混匀，现配现用。

（5）重铬酸钾的硝酸溶液（0.5g/L）：称取 0.05g 重铬酸钾溶于 100mL 硝酸溶液中。

（6）硝酸高氯酸混合溶液（5+1）：量取 500mL 硝酸，100mL 高氯酸，混匀。

3. 标准品

氯化汞（$HgCl_2$）：纯度≥99%。

4. 标准溶液配制

（1）汞标准储备液（1.00mg/mL）：准确称取 0.135 4g 经干燥过的氯化汞，用重铬酸钾的硝酸溶液（0.5g/L）溶解并转移至 100mL 容量瓶中，稀释至刻度，混匀。此溶液浓度为 1.00mg/mL。于 4℃冰箱中避光保存，可保存 2 年。或购买经国家认证并授予标准物质证书的标准溶液物质。

（2）汞标准中间液（10μg/mL）：吸取 1.00mL 汞标准储备液（1.00mg/mL）于 100mL 容量瓶中，用重铬酸钾的硝酸溶液（0.5g/L）稀释至刻度，混匀，此溶液浓度为 10μg/mL。于 4℃冰箱中避光保存，可保存 2 年。

（三）仪器和设备

注：玻璃器皿及聚四氟乙烯消解内罐均需以硝酸溶液（1+1）浸泡 24h，用水反复冲洗，最后用去离子水冲洗干净。

（1）原子荧光光谱仪。

（2）天平：感量为 0.1mg 和 1mg。

（3）微波消解系统。

（4）压力消解器。

（5）恒温干燥箱（50~300℃）。

（6）恒温电热板（50~200℃）。

（7）超声水浴箱。

（四）分析步骤

1. 试样预处理

干茶去除杂物后，用粉碎机粉碎，过 20 目筛，储于塑料瓶中，备用。

注：在采样和试样制备过程中，应避免试样污染。

2. 试样消解

（1）压力消解法：称取固体试样 0.2~1.0g（精确到 0.001g）。新鲜样品 0.5~2.0g 或液体试样吸取 1~5mL 称量（精确到 0.001g）。置于消解内罐中，加入 5mL 硝酸浸泡过夜。盖好内盖，旋紧不锈钢外套，放入恒温干燥箱。140~160℃保持 4~5h，在箱内自然冷却至室温，然后缓慢旋松不锈钢外套，将消解罐取出，用少量水冲洗内盖，放在控温电热板上或超声水浴箱中，于 80℃ 或超声脱气 2~5min 赶去棕色气体，取出消解内罐，将消化液转移至 25mL 容量瓶中，用少量水分 3 次洗涤内罐，洗涤液合并，并于容量瓶中并定容至刻度，混匀备用；同时做空白试验。

（2）微波消解法：称取固体试剂 0.2~1.0g（精确到 0.001g），新鲜样品 0.2~0.8g 或液体试样吸取 1~3mL 于消解罐中，加入 5~8mL 硝酸，加盖放置过夜，旋紧罐盖，按照微波消解仪的标准操作步骤进行消解。冷却后取出，缓慢打开罐盖排气，用少量水冲洗内盖，将消解罐放在控温电热板上或超声水浴箱中，于 80℃ 加热或超声脱气 2~5min 赶去棕色气体。取出消解内罐，将消化液转移至 25mL 容量瓶中，用少量水分 3 次洗涤内罐，洗涤液合并于容量瓶中并定容至刻度，混匀备用；同时作空白试验。

（3）回流消解法：称取 1.0~4.0g（精确到 0.001g）试样，置于消解装置锥形瓶中，加玻璃珠数粒，加 45mL 硝酸、10mL 硫酸，转动锥形瓶防止局部炭化。装上冷凝管后，小火加热，待开始发泡即停止加热，发泡停止后，加热回流 2h。如加热过程中溶液变棕色，再加 5mL 硝酸，继续回流 2h，消解到样品完全溶解，一般呈淡黄色或者无色，放冷后从冷凝管上端小心加 20mL 水，继续加热回流 10min 放冷，用适量水冲洗冷凝管，冲洗液并入消化液中，将消化液经玻璃棉过滤于 100mL 容量瓶内，用少量水洗涤锥形瓶，滤器，洗涤液并入容量瓶内，加水至刻度，混匀，同时做空白试验。

3. 测定

（1）标准曲线制作：分别吸取 50ng/mL 汞标准使用液 0.00mL、0.20mL、0.50mL、1.00mL、1.50mL、2.00mL、2.50mL 于 50mL 容量瓶中，用硝酸溶液（1+9）稀释至刻度，混匀。各自相当于汞浓度为 0.00ng/mL、0.20ng/mL、0.50ng/mL、1.00ng/mL、1.50ng/mL、2.00 ng/mL、2.50ng/mL。

（2）试样溶液的测定：设定好仪器最佳条件，连续用硝酸溶液（1+9）进样，待读数稳定之后，转入标准系列测量，绘制标准曲线。转入试样测量，先用硝酸溶液（1+9）进样，使读数基本回零，再分别测定试样空白和试样消化液，每测不同的试样前都应清洗进样器。试样测定结果与标准曲线比较或按公式计算。

4. 仪器参数条件

光电倍增管负高压：240V；汞空心阴极灯电流：30mA；原子化器温度：300℃；载气流速：500mL/min；屏蔽气流速：1 000mL/min。

（五）分析结果的表述

试样中汞含量按下列公式计算：

$$X = \frac{(c - c_0) \times V \times 1\,000}{m \times 1\,000 \times 1\,000}$$

式中：

X——试样中汞的含量，单位为毫克每千克或毫克每升（mg/kg 或 mg/L）；

c——测定样液中汞含量，单位为纳克每毫升（ng/mL）；

c_0——空白液中汞含量，单位为纳克每毫升（ng/mL）；

V——试样消化液定容总体积，单位为毫升（mL）；

1 000——换算系数；

m——试样质量，单位为克或毫升（g 或 mL）。

计算结果保留两位有效数字。

（六）精密度

在重复性条件下，获得的两次独立测定结果的绝对差值不得超过算术平均值的 20%。

（七）其他

当样品称样量为 0.5g，定容体积为 25mL 时，方法检出限 0.003mg/kg，方法定量限 0.010mg/kg。

十九、冷原子吸收光谱法测定茶叶中总汞的含量

（一）原理

汞蒸气对波长 257nm 的共振线具有强烈的吸收作用。试样经过酸消解或催化酸消解汞转为离子状态，在强酸介质中以氯化亚锡还原成元素汞，载气将元素汞吹入汞测定仪，进行冷原子吸收测定，在一定浓度范围其吸收值与汞含量呈正比，外标法定量。

（二）试剂和材料

注：除非另有说明外，所用试剂均为优级纯，水为 GB/T 6682—2008 规定的一级水。

1. 试剂

（1）硝酸（HNO_3）。

（2）盐酸（HCl）。

（3）过氧化氢（H_2O_2）（30%）。

（4）五水氯化钙（$CaCl_2$）：分析纯。

（5）高锰酸钾（$KMnO_4$）：分析纯。

（6）重铬酸钾（$K_2Cr_2O_7$）：分析纯。

（7）氯化亚锡（$SnCl_2 \cdot 2H_2O$）：分析纯。

2. 试剂配制

（1）高锰酸钾溶液（50g/L）：称取 5.0g 高锰酸钾置于 100mL 棕色瓶中，用水溶液并稀释至 100mL。

（2）硝酸溶液（5+95）：量取 5mL 硝酸，缓缓倒入 95mL 水中，混匀。

（3）重铬酸钾的硝酸溶液（0.5g/L）：称取 0.05g 重铬酸钾溶于 100mL 硝酸溶液（5+95）中。

（4）氯化亚锡溶液（100g/L）：称取 10g 氯化亚锡溶于 20mL 盐酸中，90℃水浴中加热，轻微震荡，待氯化亚锡溶解成透明状后，冷却，纯水稀释定容至 100mL，加入几粒金属锡，置阴凉、避光处保存，一经发现浑浊应重新配制。

（5）硝酸溶液（1+9）：量取 50mL 硝酸，缓缓加入 450mL 水中。

3. 标准品

氯化汞（$HgCl_2$）：纯度≥99%。

4. 标准溶液配制

汞标准储备液（1.00mg/mL）：准确称取 0.135 4g 干燥过的氯化汞，用重铬酸钾的硝酸溶液（0.5g/L）稀释和定容。溶液浓度为 10μg/mL。于4℃冰箱中避光保存，可保存2年。

（三）仪器和设备

注：玻璃器皿及聚四氟乙烯消解内罐均需以硝酸溶液（1+4）浸泡24h，用水反复冲洗，最后用去离子水冲洗干净。

（1）测汞仪（附气体循环泵、气体干燥装置、汞蒸气发生装置及汞蒸气吸收瓶），或全自动测汞仪。

（2）天平：感量为 0.1mg 和 1mg。

（3）微波消解系统。

（4）压力消解器。

（5）恒温干燥箱（200~300℃）。

（6）控温电热板（50~200℃）。

（7）超声水浴箱。

（四）分析步骤

1. 试样预处理

见"十八、原子荧光光谱分析法测定茶叶中总汞的含量"。

2. 试样消解

（1）压力消解罐法：见"十八、原子荧光光谱分析法测定茶叶中总汞的含量"。

（2）微波消解法：见"十八、原子荧光光谱分析法测定茶叶中总汞的含量"。

（3）回流消解法：见"十八、原子荧光光谱分析法测定茶叶中总汞的含量"。

3. 仪器参考条件

打开测汞仪，预热 1h，并将仪器性能调至最佳状态。

4. 标准曲线的制作

分别吸取汞标准使用液（50ng/mL）0.00mL、0.20mL、0.50mL、1.00mL、1.50mL、2.00mL、2.50mL 于 50mL 容量瓶中，用硝酸溶液（1+9）稀释至刻度，混匀。各自相当于汞浓度为 0.00ng/mL、0.20ng/mL、0.50ng/mL、1.00ng/mL、1.50 ng/mL、2.00ng/mL、2.50ng/mL。将标准系列溶液分别置于测汞仪的汞蒸气发生器中，连接抽气装置，沿壁迅速加入 3.0mL 还原剂氯化亚锡（100g/L），迅速盖紧瓶塞，随后有气泡产生，立即通过流速为 1.0L/min 的氮气或经活性炭处理的空气，使汞蒸气经过氯化钙干燥管进入测汞仪中，从仪器读数显示的最高点测得其吸收值。然后，打开吸收瓶上的三通阀将产生的剩余汞蒸气吸收至高锰酸钾溶液（50g/L）中，待测汞仪上的读数达到零点时进行下一次测定。同时做空白试验。求得吸光度值与汞质量关系的一元线性回归方程。

5. 试样溶液的测定

分别吸取样液和试剂空白各 5mL 置于测汞仪的汞蒸气发生器的还原瓶中，连接抽气装置，沿壁迅速加入 3.0mL 还原剂氯化亚锡（100g/L），迅速盖紧瓶塞，随后有气泡产生，立即通过流速为 1.0L/min 的氮气或经活性炭处理的空气，使汞蒸气经过氯化钙干燥管进入测汞仪中，从仪器读数显示的最高点测得其吸收值。然后，打开吸收瓶上的三通阀将产生的剩余汞蒸气吸收至高锰酸钾溶液（50g/L）中，待测汞仪上的读数达到零点时进行下一次测定。同时做空白试验。将所测得吸光度值，代入标准系列溶液的一元线性回归方程中求得试样溶液中汞含量。

（五）分析结果的表述

试样中汞含量按照下列公式计算：

$$X = \frac{(m_1 - m_2) \times V_1 \times 1\,000}{m \times V_2 \times 1\,000 \times 1\,000}$$

式中：

X——试样中汞的含量，单位为毫克每千克或毫克每升（mg/kg 或 mg/L）；

m_1——测定样液中汞质量，单位为纳克（ng）；

m_2——空白实验对应质量，单位为纳克（ng）；

1 000——换算系数；

m——试样质量，单位为克或毫升（g 或 mL）；

V_1——试样液定容体积，单位为毫升（mL）；

V_2——测定样液体积，单位为毫升（mL）。

计算结果保留两位有效数字。

（六）精密度

在重复性条件下，获得的两次独立测定结果的绝对差值不得超过算术平均值的 20%。

（七）其他

当样品称样量为 0.5g，定容体积为 25mL 时，方法检出限为 0.002mg/kg，方法定量限为 0.007mg/kg。

二十、液相色谱—原子荧光光谱联用方法测定茶叶中甲基汞的含量

（一）原理

茶叶中甲基汞经超声波辅助 5mol/L 盐酸溶液提取后，使用 C_{18} 反相色谱柱分离，色谱流出液进入在紫外线消解系统，在紫外光照射下与强氧化剂过硫酸钾反应，甲基汞转变为无机汞。在酸性环境下，无机汞与硼氢化钾在线反应生成汞蒸气，由原子荧光光谱仪测定。由保留时间定性，外标法峰面积定量。

（二）试剂和材料

注：除非另有说明外，所用试剂均为优级纯，水为 GB/T 6682—2008 规定的一级水。

1. 试剂

（1）甲醇（CH_3OH）：色谱纯。

（2）氢氧化钠（NaOH）。

（3）氢氧化钾（KOH）。

（4）硼氢化钾（KBH_4）：分析纯。

（5）过硫酸钾（$K_2S_2O_8$）：分析纯。

（6）乙酸铵（CH_3COONH_4）：分析纯。

（7）盐酸（HCl）。

（8）氨水（$NH_3 \cdot H_2O$）。

（9）L-半胱氨酸 [$L-HSCH_2CH(NH_2)COOH$]：分析纯。

2. 试剂配制

（1）流动性（5%甲醇+0.06mol/L 乙酸铵+0.1% L-半胱氨酸）：称取 0.5g L-半胱氨酸，2.2g 乙酸铵，置于 500mL 容量瓶中，用于溶解，再加入 25mL 甲醇，最后用水定容至 500mL。经 0.45μm 有机系滤膜过滤后，于超声水浴中超声脱气 30min。现用现配。

（2）盐酸溶液（5mol/L）：量取 208mL 盐酸，溶于水并稀释至 500mL。

（3）盐酸溶液 10%（体积比）：量取 100mL 盐酸，溶于水并稀释至 1 000mL。

（4）氢氧化钾溶液（5g/L）：称取 5.0g 氢氧化钾，溶于水并稀释至 1 000mL。

（5）氢氧化钠溶液（6mol/L）：称取 24g 氢氧化钠，溶于水并稀释至 100mL。

（6）硼氢化钾溶液（2g/L）：称取 2.0g 硼氢化钾，用氢氧化钾溶液（5g/L）溶解并稀释至 1 000mL。现用现配。

（7）过硫酸钾溶液（2g/L）：称取 1.0g 过硫酸钾，用氢氧化钠溶液（5g/L）溶

解并稀释至 500mL。现用现配。

（8）L-半胱氨酸溶液（10g/L）：称取 0.1g L-半胱氨酸，溶于 10mL 水中。现用现配。

（9）甲醇溶液（1+1）：量取甲醇 100mL，加入 100mL 水中，混匀。

3. 标准品

（1）氯化汞（$HgCl_2$）：纯度≥99%。

（2）氯化甲基汞（$HgCH_3Cl$）：纯度≥99%。

4. 标准溶液配制

（1）氯化汞标准储备液（200μg/mL，以 Hg 计）：准确称取 0.0270g 氯化汞，用 0.5g/L 重铬酸钾的硝酸溶液溶解，并稀释、定容至 100mL。于 4℃冰箱中避光保存，可保存 2 年。或购买经国家认证并授予标准物质证书的标准溶液物质。

（2）甲基汞标准储备液（200μg/mL，以 Hg 计）：准确称取 0.025 0g 氯化甲基汞，加少量甲醇溶解，用甲醇溶液（1+1）稀释和定容至 100mL。于 4℃冰箱中避光保存，可保存 2 年。或购买经国家认证并授予标准物质证书的标准溶液物质。

（3）混合标准使用液（1.00μg/mL，以 Hg 计）：准确称取 0.50mL 甲基汞标准储备液和 0.50mL 氯化汞标准储备液，置于 100mL 容量瓶中，以流动相稀释至刻度，摇匀。此混合标准使用液中，两种汞化合物的浓度均为 1.00μg/mL。现用现配。

（三）仪器和设备

注：玻璃器皿均需以硝酸溶液（1+4）浸泡 24h，用水反复冲洗，最后用去离子水冲洗干净。

（1）液相色谱—原子荧光光谱联用仪（LC-AFS）：由液相色谱仪（包括液相色谱泵和手动进样阀）、在线紫外消解系统及原子荧光光谱仪组成。

（2）天平：感量为 0.1mg 和 1.0mg。

（3）组织匀浆器。

（4）高速粉碎机。

（5）冷冻干燥机。

（6）离心机：最大转速 10 000r/min。

（7）超声清洗器。

（四）分析步骤

1. 试样预处理

见"二十一、原子荧光光谱分析法测定茶叶中总汞的含量"。

2. 试样提取

称取样品 0.50~2.0g（精确至 0.001g），置于 15mL 塑料离心管中，加入 10mL 的盐酸溶液（5mol/L），放置过夜。室温下超声水浴提取 60min，期间振摇数次。4℃ 下以 8 000r/min 转速离心 15min。准确吸取 2.0mL 上清液至 5mL 容量瓶或刻度试管中，逐滴加入氢氧化钠溶液（6mol/L），使样液 pH 值为 2~7。加入 0.1mL 的 L-半胱氨酸溶液（10g/L），最后用水定容至刻度。0.45μm 有机系滤膜过滤，待测。同时做空白试验。

注：滴加氢氧化钠溶液（6mol/L）时应缓慢逐滴加入，避免酸碱中和产生的热量来不及扩散，使温度很快升高，导致汞化合物挥发，造成测定值偏低。

3. 仪器参考条件

（1）液相色谱参考条件

色谱柱：C_{18} 分析柱（柱长 150mm，内径 6mm，粒径 5μm），C_{18} 预柱（柱长 10mm，内径 6mm，粒径 5μm）。

流速：1.0mL/min。

进样体积：100μL。

（2）原子荧光检测参考条件

负高压：300V；

汞灯电流：30mA；

原子化方式：冷原子；

载液：10%盐酸溶液；

载液流速：4.0mL/min；

还原剂：2g/L；

还原剂流速：4.0mL/min；

氧化剂：2g/L 过硫酸钾溶液，氧化剂流速 1.6mL/min；

载气流速：500mL/min；

辅助气流速：600mL/min。

4. 标准曲线制作

取 5 支 10mL 容量瓶，分别准确加入混合标准使用液（1.00μg/mL）0.00mL、0.010mL、0.020mL、0.040mL、0.060mL 和 0.10mL，用流动相稀释至刻度。此标准系列溶液的浓度分别为 0.0ng/mL、1.0ng/mL、2.0ng/mL、4.0ng/mL、6.0ng/mL 和 10.0ng/mL。吸取标准系列溶液 100μL 进样，以标准系列溶液中目标化合物的浓度为横坐标，以色谱峰面积为纵坐标，绘制标准曲线。

试样溶液的测定：将试样溶液 100μL 注入液相色谱—原子荧光光谱联用仪中，得到色谱图，以保留时间定性。以外标法峰面积定量。平行测定次数不少于两次。标准溶液及试样溶液的色谱图参见图4-5、图4-6。

标准溶液、试样色谱图分别见图4-5和图4-6。

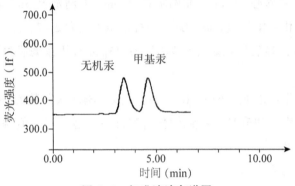

图4-5　标准溶液色谱图

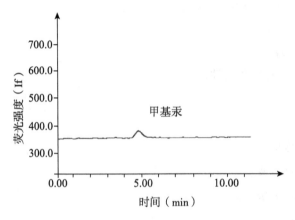

图4-6　试样色谱图

（五）分析结果的表述

试样中甲基汞含量按下列公式计算：

$$X = \frac{\int \times (c - c_0) \times V \times 1\,000}{m \times 1\,000 \times 1\,000}$$

式中：

X——试样中甲基汞的含量，单位为毫克每千克（mg/kg）；

$\int$——稀释因子；

c——经标准曲线得到的测定液中甲基汞的浓度，单位为纳克每毫升（ng/mL）；

c_0——经标准曲线得到的空白溶液中甲基汞的浓度，单位为纳克每毫升（ng/mL）；

V——加入提取试剂的体积，单位为毫升（mL）；

1 000——换算系数；

m——试样称样量，单位为克（g）。

计算结果保留两位有效数字。

（六）精密度

在重复性条件下，获得的两次独立测定结果的绝对差值不得超过算术平均值的 20%。

（七）其他

当样品称样量为 1g，定容体积为 10mL 时，方法检出限为 0.008mg/kg，方法定量限为 0.025mg/kg。

二十一、扩散—氟试剂比色法测定茶叶中氟的含量

（一）原理

茶叶中氟化物在扩散盒内与酸作用，产生氟化氢气体，经扩散被氢氧化钠吸收。氟离子与镧（Ⅲ）、氟试剂（茜素氨羧络合剂）在适宜 pH 值下生成蓝色三元络合物，颜色随氟离子浓度的增大而加深，用或不用含胺类有机溶剂提取，与标准系列比较定量。

（二）试剂

本方法所用水均为不含氟的去离子水，试剂为分析纯，全部试剂贮存于聚乙烯塑料瓶中。

（1）丙酮。

（2）硫酸银—硫酸溶液（20g/L）：称取 2g 硫酸银，溶于 100mL 硫酸（3＋1）中。

（3）氢氧化钠—无水乙醇溶液（40g/L）：取 4g 氢氧化钠，溶于无水乙醇并稀释至 100mL。

（4）乙酸溶液（1mol/L）：取 3mL 冰乙酸，加水稀释至 50mL。

（5）茜素氨羧络合剂溶液：称取 0.19g 茜素氨羧络合剂，加少量水及氢氧化钠溶液（40g/L）使其溶解，加 0.125g 乙酸钠，用乙酸（4）溶液调节 pH 值为 5.0（红色），加水稀释至 500mL，置于冰箱内保存。

（6）乙酸钠溶液（250g/L）。

（7）硝酸镧溶液：称取 0.22g 硝酸镧，用少量乙酸溶液（1mol/L）溶解，加水

至约 450mL，用乙酸钠溶液（250g/L）调节 pH 值为 5.0，再加水稀释至 500mL，置冰箱内保存。

（8）缓冲液（pH 值为 7）：称取 30g 无水乙酸钠，溶于 400mL 水中，加 22mL 冰乙酸，再缓缓加冰乙酸调节 pH 值为 7，然后加水稀释至 500mL。

（9）二乙基苯胺–异戊醇溶液（5+100）：量取 25mL 二乙基苯胺，溶于 500mL 异戊醇中。

（10）硝酸镁溶液（100g/L）。

（11）氢氧化钠溶液（40g/L）：称取 4g 氢氧化钠，溶于水并稀释至 100mL。

（12）氟标准溶液：准确称取 0.2210g 经 95~105℃ 干燥 4h 冷的氟化钠，溶于水，移入 100mL 容量瓶中，加水至刻度，混匀。置冰箱中保存。此溶液每毫升相当于 1.0mg 氟。

（13）氟标准使用液：吸取 1.0mL 氟标准溶液，置于 200mL 容量瓶中，加水至刻度，混匀。此溶液每毫升相当于 5.0μg 氟。

（14）圆滤纸片：把滤纸剪成直径 5cm，浸于氢氧化钠（40g/L）—无水乙醇溶液，于 100℃ 烘干，备用。

（三）仪器

（1）塑料扩散盒：内径 5cm，深 2cm，盖内壁顶部光滑，并带有凸起的圈（盛放氢氧化钠吸收液用），盖紧后不漏气。其他类型塑料盒亦可使用。

（2）恒温箱：（55±1）℃。

（3）可见分光光度计。

（4）酸度计。

（5）马弗炉。

（四）测定步骤

1. 扩散单色法

（1）试样处理：取有代表性试样 50~100g，粉碎，过 40 目筛。

（2）测定

①取塑料盒若干个，分别于盒盖中央加 40g/L 氢氧化钠—无水乙醇溶液 0.2mL，在圈内均匀涂布，于（55±1）℃ 恒温箱中烘干，形成一层薄膜，取出备用。或把滤纸片贴于盒内。

②称取 1.00~2.00g 处理后的试样于塑料盒内，加 4mL 水，使试样均匀分布，不能结块。加 4mL 硫酸银—硫酸溶液（20g/L），立即盖紧，轻轻摇匀。如试样经灰化处理，则先将灰分全部移入塑料盒内，用 4mL 水分数次将坩埚洗净，洗液均倒入塑

料盒内，并使灰分均匀分散，如坩埚还未完全洗净，可 4mL 加硫酸银—硫酸溶液（20g/L）于坩埚内继续洗涤，将洗液倒入塑料盒内，立即盖紧，轻轻摇匀，置（55±1）℃恒温箱内保温 20h。

③分别于塑料盒内加 0mL、0.2mL、0.4mL、0.8mL、1.2mL、1.6mL 氟标准使用液（相当于 0μg、1.0μg、2.0μg、4.0μg、6.0μg、8.0μg 氟）。补加水至 4mL，各加硫酸银—硫酸溶液（20g/L）4mL，立即盖紧，轻轻摇匀（切勿将酸溅在盖上），置恒温箱内保温 20h。

④将盒取出，取下盒盖，分别用 20mL 水，少量多次地将盒盖内氢氧化钠薄膜溶解，用滴管小心地移入 100mL 分液漏斗中。

⑤分别于分液漏斗中加 3mL 茜素氨羧络合剂溶液、3.0mL 缓冲液、8.0mL 丙酮、3.0mL 硝酸镧溶液、13.0mL 水，混匀，放置 10min，各加入 10.0mL 二乙基苯胺—异戊醇（5+100）溶液，振摇 2min，待分层后，弃水层，分出有机层，并用滤纸过滤于 10mL 带塞比色管中。

⑥用 1cm 比色杯于波长 580nm 处以标准零管调节零点，测吸光值绘制标准曲线，试样吸光值与曲线比较求得含量。

（3）结果计算

$$X = \frac{A \times 1\,000}{m \times 1\,000}$$

式中：

X——试样中氟的含量，单位为毫克每千克（mg/kg）；

A——测定用试样中的氟的质量，单位为微克（μg）；

m——试样的质量，单位为克（g）。

计算结果保留两位有效数字。

（4）精密度：在重复性条件下，获得的两次独立测定结果的绝对差值不得超过算术平均值的 10%。

2. 扩散复色法

（1）试样处理：取有代表性试样 50～100g，粉碎，过 40 目筛。

（2）测定

①取塑料盒若干个，分别于盒盖中央加 40g/L 氢氧化钠—无水乙醇溶液 0.2mL，在圈内均匀涂布，于（55±1）℃恒温箱中烘干，形成一层薄膜，取出备用。或把滤纸片贴于盒内。

②称取 1.00～2.00g 处理后的试样于塑料盒内，加 4mL 水，使试样均匀分布，不能结块。加 20g/L 硫酸银—硫酸溶液 4mL，立即盖紧，轻轻摇匀。如试样经灰化处

理，则先将灰分全部移入塑料盒内，用 4mL 水分数次将坩埚洗净，洗液均倒入塑料盒内，并使灰分均匀分散，如坩埚还未完全洗净，可加 20g/L 硫酸银—硫酸溶液 4mL 于坩埚内继续洗涤，将洗液倒入塑料盒内，立即盖紧，轻轻摇匀，置（55±1）℃恒温箱内保温 20h。

③分别于塑料盒内加 0mL、0.2mL、0.4mL、0.8mL、1.2mL、1.6mL 氟标准使用液（相当于 0μg、1.0μg、2.0μg、4.0μg、6.0μg、8.0μg 氟）。补加水至 4mL，各加 20g/L 硫酸银—硫酸溶液 4mL，立即盖紧，轻轻摇匀（切勿将酸溅在盖上），置恒温箱内保温 20h。

④将盒取出，取下盒盖，分别用 10mL 水分次将盒盖内的氢氧化钠薄膜溶解，用滴管小心完全地移入 25mL 带塞比色管中。

⑤分别于带塞比色管中加 2.0mL 茜素氨羧络合剂溶液、3.0mL 缓冲液、6.0mL 丙酮、2.0mL 硝酸镧溶液，再加水至刻度，混匀，放置 20min，以 3cm 比色杯（参考波长 580nm）用零管调节零点，测各管吸光度，绘制标准曲线比较。

（3）结果计算：同"二十一、扩散—氟试剂比色法测定茶叶中氟的含量"。

（4）精密度：在重复性条件下，获得的两次独立测定结果的绝对差值不得超过算术平均值的 10%。

二十二、灰化蒸馏—氟试剂比色法测定茶叶中氟的含量

（一）原理

试样经硝酸镁固定氟，经高温灰化后，在酸性条件下，蒸馏分离氟，蒸出的氟被氢氧化钠溶液吸收，氟与氟试剂、硝酸镧作用，生成蓝色三元络合物，与标准液比较定量。

（二）试剂

本方法所用水均为不含氟的去离子水，试剂为分析纯，全部试剂贮于聚乙烯塑料瓶中。

（1）丙酮。

（2）盐酸（1+11）：取 10mL 盐酸，加水稀释至 120mL。

（3）乙酸钠溶液（250g/L）。

（4）乙酸溶液（1mol/L）：同"二十一、扩散—氟试剂比色法测定茶叶中氟的含量"。

（5）茜素氨羧络合剂溶液：同"二十一、扩散—氟试剂比色法测定茶叶中氟的含量"。

（6）硝酸镁溶液溶液（100g/L）。

（7）硝酸镧溶液：同"二十一、扩散—氟试剂比色法测定茶叶中氟的含量"。

（8）缓冲液（pH值为7）：同"二十一、扩散—氟试剂比色法测定茶叶中氟的含量"。

（9）氢氧化钠溶液（100g/L）。

（10）酚酞—乙醇指示液（10g/L）。

（11）硫酸溶液（2+1）。

（12）氢氧化钠溶液（40g/L）：同"二十一、扩散—氟试剂比色法测定茶叶中氟的含量"。

（13）氟标准溶液：同"二十一、扩散—氟试剂比色法测定茶叶中氟的含量"。

（14）氟标准使用液：吸取1.0mL氟标准溶液，置于200mL容量瓶中，加水至刻度，混匀。此溶液每毫升相当于5.0μg氟。

（三）仪器

（1）电热恒温水浴锅。

（2）电炉：800W。

（3）酸度计。

（4）马弗炉。

（5）蒸馏装置：电炉、蒸馏瓶、温度计、冷凝管、小烧杯。

（6）可见分光光度计。

（四）测定步骤

1. 试样处理

取有代表性试样50~100g，粉碎，过40目筛。

2. 灰化

称取混匀试样5.00g，于30mL坩埚内，加5.0mL硝酸镁溶液（100g/L）和0.5mL氢氧化钠溶液（100g/L），使呈碱性，混匀后浸泡0.5h，置水浴上蒸干，再低温碳化，至完全不冒烟为止。移入马弗炉中，600℃灰化6h，取出，放冷。

3. 蒸馏

（1）于坩埚中加10mL水，将数滴硫酸（2+1）慢慢加入坩埚中，防止溶液飞溅，中和至不产生气泡为止。将此液移入500mL蒸馏瓶中，用20mL水分数次洗涤坩埚，并入蒸馏瓶中。

（2）于蒸馏瓶中加60mL硫酸（2+1），数次无氟小玻珠，连接蒸馏装置，加热蒸馏。馏出液用事先盛有5mL水，7~20滴氢氧化钠溶液（100g/L）和1滴酚酞指示液的50mL烧杯吸收，当蒸馏瓶内溶液温度上升至190℃时停止蒸馏（整个蒸馏时间约 15~20min）。

（3）取下冷凝管，用滴管加水洗涤冷凝管 3~4 次，洗液合并于烧杯中。再将烧杯中的吸收液移入 50mL 容量瓶中，并用少量水洗涤烧杯 2~3 次，合并于容量瓶中。用盐酸（1+11）中和至红色刚好消失。用水稀释至刻度，混匀。

（4）分别吸取 0mL、1.0mL、3.0mL、5.0mL、7.0mL、9.0mL 氟标准使用液置于蒸馏瓶中，补加水至 30mL，以下按上述 "3. 蒸馏" 中（2）和（3）操作。此蒸馏标准液每 10mL 分别相当于 0.0μg、1.0μg、3.0μg、5.0μg、7.0μg、9.0μg 氟。

4. 测定

（1）分别吸取标准系列蒸馏液和试样蒸馏液各 10.0mL 于 25mL 带塞比色管中。

（2）同 "二十一、扩散—氟试剂比色法测定茶叶中氟的含量"。

（3）结果计算

$$X = \frac{A \times V_2 \times 1\,000}{V_1 \times m \times 1\,000}$$

式中：

X——试样中氟的含量，单位为毫克每千克（mg/kg）；

A——测定用试样中的氟的质量，单位为微克（μg）；

V_2——比色时吸取蒸馏液体积，单位为毫升（mL）；

V_1——蒸馏液总体积，单位为毫升（mL）；

m——试样质量，单位为克（g）。

（4）精密度：同 "二十一、扩散—氟试剂比色法测定茶叶中氟的含量"。

二十三、氟离子选择电极法测定茶叶中氟的含量

（一）原理

氟离子选择电极的氟化镧单晶膜对氟离子产生选择性的响应，氟电极和饱和甘汞电极在被测试液中，电位差和随溶液中氟离子活度的变化而改变，电位变化规律符合能斯特（Nernst）方程，见下列公式：

$$E = E_0 - \frac{2.303RT}{F}\lg C_{F^-}$$

E 与 $\log C_{F^-}$ 呈线性关系 2.303 RT/F 为该直线的斜率（25℃时为 59.16）。

与氟离子形成络合物的铁、铝等离子干扰测定，其他常见离子无影响。测量溶液的酸度为 pH 值 5~6，总离子强度缓冲剂，消除干扰离子及酸度的影响。

（二）试剂

本标准所有试剂除另有说明外，均为分析纯试剂，所用水为去离子水或无氟蒸

馏水。

（1）乙酸钠溶液（3mol/L）：称取204g三水合乙酸钠，溶于300mL水中，加乙酸（1mol/L）调节pH值至7.0，加水稀释至500mL。

（2）柠檬酸钠溶液（0.75mol/L）：称取110g二水合柠檬酸钠溶于300mL水中，加14mL高氯酸，加水稀释至500mL。

（3）总离子强度缓冲溶液：乙酸钠溶液（3mol/L）与柠檬酸钠溶液（0.75mol/L）等量混合，临用时现配。

（4）盐酸（1+11）：同"二十二、灰化蒸馏—氟试剂比色法测定茶叶中氟的含量"（二）（2）。

（5）氟标准溶液：同"二十二、灰化蒸馏—氟试剂比色法测定茶叶中氟的含量"（二）（13）。

（6）氟标准使用液：吸取10mL氟离子标准储备液置于100mL容量瓶中，加水稀释至刻度，此溶液每毫升含氟量100μg。

（三）仪器和设备

（1）氟电极。
（2）酸度计：±0.01pH（或离子计）。
（3）饱和甘汞电极。
（4）磁力搅拌器。
（5）甘汞电极。

（四）分析步骤

（1）用组织粉碎器把适当茶叶样品粉碎，过40目分子筛，备用。

（2）称取0.200g粉碎茶叶样品，置于50mL容量瓶中，加10mL盐酸（1+1），密闭浸泡提取1h（不时轻轻摇动），提取后加25mL总离子强度缓冲液，加水至刻度，混匀，备用。

（3）在测定前应使试样达到室温，并且试样和标准溶液的温度一致。

（4）吸取1.0mL、2.0mL、3.0mL、4.0mL、5.0mL氟离子标准使用液，分别置于50mL容量瓶中，于各容量瓶分别加入25mL总离子强度缓冲液，10mL盐酸（1+1），加水至刻度，混匀，备用。

（5）将氟电极和参比饱和甘汞电极与测量仪器的负端与正端相连接。电极插入剩有水的25mL塑料杯中，杯中放有套聚乙烯管的铁搅拌棒，在电磁搅拌中读取平衡点位，更换2~3次水后，待电位值平衡后，即可进行样液与标准液的电位测定。

（6）以电极电位为纵坐标，氟离子浓度为横坐标，在半对数坐标纸上绘制标准曲线，根据试样电位值在曲线上求得氟含量。

（五）结果计算

$$X = \frac{A \times C \times 1\,000}{m \times 1\,000}$$

式中：

X——试样中氟的含量，单位为毫克每千克（mg/kg）；

C——测定用样液中氟的浓度，单位为微克每毫升（μg/mL）；

V——样液总体积，单位为毫升（mL）；

m——样品质量，单位为克（g）。

计算结果保留两位有效数字。

（六）精密度

在重复性条件下，获得的两次独立测定的结果的绝对差值不得超过算数平均值的20%。

二十四、火焰原子吸收光谱法测定茶叶中铁的含量

（一）原理

试样消解后，经原子吸收火焰原子化，在波长 248.3nm 处测定吸光度值。在一定浓度范围内铁的吸光度值与铁含量呈正比，与标准系列比较定量。

（二）试剂和材料

除非另有说明，本方法所用试剂均为优级纯，水为 GB/T 6682—2008 规定的二级水。

1. 试剂

（1）硝酸（HNO_3）。

（2）高氯酸（$HClO_4$）。

（3）硫酸（H_2SO_4）

2. 试剂配制

（1）硝酸溶液（5+95）：量取 50mL 硝酸，倒入 950mL 水中，混匀。

（2）硝酸溶液（1+1）：量取 250mL 硝酸，倒入 250mL 水中，混匀。

（3）硫酸溶液（1+3）：量取 50mL 硫酸，缓慢倒入 150mL 水中，混匀。

3. 标准品

硫酸铁铵 [$NH_4Fe(SO_4)_2 \cdot 12H_2O$，CAS 号 7783-83-7]；纯度>99.99%。或一

定浓度经国家认证并授予标准物质证书的铁标准溶液。

4. 标准溶液配制

（1）铁标准储备液（1 000mg/L）：准确称取 0.8631g（精确至 0.000 1g）硫酸铁铵，加水溶解，加 1.00mL 硫酸溶液（1+3），移入 100mL 容量瓶，加水定容至刻度。混匀。此铁溶液质量浓度为 1 000mg/L。

（2）铁标准中间液（100mg/L）：准确吸取铁标准储备液（1 000mg/L）10mL 于 100mL 容量瓶中，加硝酸溶液（5+95）定容至刻度，混匀。此铁溶液质量浓度为 100mg/L。

（3）铁标准系列溶液：分别准确吸取铁标准中间液（100mg/L）0mL、0.500mL、1.00mL、2.00mL、4.00mL、6.00mL 于 100mL 容量瓶中，加硝酸溶液（5+95）定容至刻度，混匀。此铁标准系列溶液中铁的质量浓度分别为 0mg/L、0.500mg/L、1.00mg/L、2.00mg/L、4.00mg/L、6.00mg/L。

注：可根据仪器的灵敏度及样品中铁的实际含量，确定标准溶液系列中铁的具体浓度。

（三）仪器设备

注：所有玻璃器皿及聚四氟乙烯消解内罐均需硝酸溶液（1+5）浸泡过夜，用自来水反复冲洗，最后用水冲洗干净。

（1）原子吸收光谱仪：配火焰原子化器，铁空心阴极灯。

（2）分析天平：感量 0.1mg 和 1mg。

（3）微波消解仪：配聚四氟乙烯消解内罐。

（4）可调式电热炉。

（5）可调式电热板。

（6）压力消解罐：配聚四氟乙烯消解内罐。

（7）恒温干燥箱。

（8）马弗炉。

（四）分析步骤

1. 试样制备

干茶去除杂物后，用粉碎机粉碎，过 20 目筛，贮存于塑料瓶中，备用。

注：在采样和试样制备过程中，应避免试样污染。

2. 试样消解

（1）湿法消解：准确称取固体试样 0.5~3g（精确至 0.001g）于带刻度消化管中，加入 10mL 硝酸和 0.5mL 高氯酸，在可调式电热炉上消解（参考条件：120℃／

0.5~1h、升至180℃/2~4h、升至200~220℃)。若消化液呈棕褐色，再加硝酸，消解至冒白烟，消化液呈无色透明或略带黄色，取出消化管，冷却后将消化液转移至25mL容量瓶中，用少量水洗涤2~3次，合并洗涤液于容量瓶中并用水定容至刻度，混匀备用。同时做试样空白试验。亦可采用锥形瓶，于可调式电热板上，按上述操作方法进行湿法消解。

（2）微波消解：准确称取固体试样0.2~0.8g（精确至0.001g）于微波消解罐中，加入5mL硝酸，按照微波消解的操作步骤消解试样，消解条件参考表4-16。冷却后取出消解罐，在电热板上于140~160℃赶酸至1.0mL左右。冷却后将消化液转移至25mL容量瓶中，用少量水洗涤内罐和内盖2~3次，合并洗涤液于容量瓶中并用水定容至刻度，混匀备用。同时做试样空白试验。

表4-16 微波消解升温程序

步骤	设定温度（℃）	升温时间（min）	恒温时间（min）
1	120	5	5
2	160	5	10
3	180	5	10

（3）压力罐消解：准确称取固体试样0.3~2g（精确至0.001g）于消解内罐中，加入5mL硝酸。盖好内盖，旋紧不锈钢外套，放入恒温干燥箱，于140~160℃下保持4~5h。冷却后缓慢旋松外罐，取出消解内罐，放在可调式电热板上于140~160℃赶酸至1.0mL左右。冷却后将消化液转移至25mL容量瓶中，用少量水洗涤内罐和内盖2~3次，合并洗涤液于容量瓶中并用水定容至刻度，混匀备用。同时做试样空白试验。

（4）干法消解：准确称取固体试样0.5~3g（精确至0.001g）于坩埚中，小火加热，炭化至无烟，转移至马弗炉中，于550℃灰化3~4h。冷却，取出，对于灰化不彻底的试样，加数滴硝酸，小火加热，小心蒸干，再转入550℃马弗炉中，继续灰化1~2h，至试样呈白灰状，冷却，取出，用适量硝酸溶液（1+1）溶解，转移至25mL容量瓶中，用少量水洗涤内罐和内盖2~3次，合并洗涤液于容量瓶中并用水定容至刻度。同时做试样空白试验。

3. 测定

（1）仪器测试条件：参考条件见表4-17。

表4-17 火焰原子吸收光谱法参考条件

元素	波长（nm）	狭缝（nm）	灯电流（mA）	燃烧头高度（nm）	空气流量（L/min）	乙炔流量（L/min）
铁	248.3	0.2	5~15	3	9	2

（2）标准曲线的制作：将标准系列工作液按质量浓度由低到高的顺序分别导入火焰原子化器，测定其吸光度值。以铁标准系列溶液中铁的质量浓度为横坐标，以相应的吸光度值为纵坐标，制作标准曲线。

（3）试样测定：在与测定标准溶液相同的实验条件下，将空白溶液和样品溶液分别导入原子化器，测定吸光度值，与标准系列比较定量。

（五）分析结果的表述

试样中铁的含量按下列公式计算：

$$X = \frac{(\rho - \rho_0) \times V}{m}$$

式中：

X——试样中铁的含量，单位为毫克每千克或毫克每升（mg/kg 或 mg/L）；

ρ——测定样液中铁的质量浓度，单位为毫克每升（mg/L）；

ρ_0——空白液中铁的质量浓度，单位为毫克每升（mg/L）；

V——试样消化液的定容体积，单位为毫升（mL）；

m——试样称样量或移取体积，单位为克或毫升（g 或 mL）。

当铁含量≥10.0mg/kg 或 10.0mg/L 时，计算结果保留三位有效数字；当铁含量<10.0mg/kg 或 10.0mg/L 时，计算结果保留2位有效数字。

（六）精密度

在重复性条件下，获得的两次独立测定结果的绝对差值不得超过算术平均值的10%。

（七）其他

当称样量为 0.5g（或 0.5mL），定容体积为 25mL 时，方法检出限为 0.75mg/kg（或 0.75mg/L），定量限为 2.5mg/kg（或 2.5mg/L）。

二十五、火焰原子吸收光谱法测定茶叶中钙的含量

（一）原理

试样经消解处理后，加入镧溶液作为释放剂，经原子吸收火焰原子化，在波长

422.7nm 处测定的吸光度值在一定浓度范围内与钙含量呈正比，与标准系列比较定量。

（二）试剂和材料

除非另有规定外，本方法所用试剂均为优级纯，水为 GB/T 6682—2008 规定的二级水。

1. 试剂

（1）硝酸（HNO_3）。

（2）高氯酸（$HClO_4$）。

（3）盐酸（HCl）。

（4）氧化镧（La_2O_3）。

2. 试剂配制

（1）硝酸溶液（5+95）：量取 50mL 硝酸，加入 950mL 水，混匀。

（2）硝酸溶液（1+1）：量取 500mL 硝酸，与 500mL 水混合均匀。

（3）盐酸溶液（1+1）：量取 500mL 盐酸，与 500mL 水混合均匀。

（4）镧溶液（20g/L）：称取 245g 氧化镧，先用少量水湿润后再加入 75mL 盐酸溶液（1+1）溶解，转入 1 000mL 容量瓶中，加水定容至刻度，混匀。

3. 标准品

碳酸钙（$CaCO_3$，CAS 号 471-34-1）：纯度>99.99%，或经国家认证并授予标准物质证书的一定浓度的钙标准溶液。

4. 标准溶液的配制

（1）钙标准储备液（1 000mg/L）：准确称取 2.4963g（精确至 0.000 1g）碳酸钙，加盐酸溶液（1+1）溶解，移入 1 000mL 容量瓶中，加水定容至刻度，混匀。

（2）钙标准中间液（100mg/L）：准确吸取钙标准储备液（1 000mg/L）10mL 于 100mL 容量瓶中，加硝酸溶液（5+95）至刻度，混匀。

（3）钙标准系列溶液：分别吸取钙标准中间液（100mg/L）0mL、0.500mL、1.00mL、2.00mL、4.00mL、6.00mL 于 100mL 容量瓶中，另在各容量瓶中加入 5mL 镧溶液（20g/L），最后加硝酸溶液（5+95）定容至刻度，混匀。此钙标准系列溶液中钙的质量浓度分别为 0mg/L、0.500mg/L、1.00mg/L、2.00mg/L、4.00mg/L、6.00mg/L。

注：可根据仪器的灵敏度及样品中钙的实际含量，确定标准溶液系列中元素的具体浓度。

（三）仪器设备

注：所有玻璃器皿及聚四氟乙烯消解内罐均需硝酸溶液（1+5）浸泡过夜，用自

来水反复冲洗，最后用水冲洗干净。

（1）原子吸收光谱仪：配火焰原子化器，钙空心阴极灯。

（2）分析天平：感量为 1mg 和 0.1mg。

（3）微波消解系统：配聚四氟乙烯消解内罐。

（4）可调式电热炉。

（5）可调式电热板。

（6）压力消解罐：配聚四氟乙烯消解内罐。

（7）恒温干燥箱。

（8）马弗炉。

（四）分析步骤

1. 试样制备

干茶去除杂物后，用粉碎机粉碎，过 20 目筛，储于塑料瓶中，备用。

注：在采样和试样制备过程中，应避免试样污染。

2. 试样消解

（1）湿法消解：准确称取固体试样 0.2～3g（精确至 0.001g）于带刻度消化管中，加入 10mL 硝酸、0.5mL 高氯酸，在可调式电热炉上消解（参考条件：120℃/0.5～120℃/1h、升至 180℃/2～180℃/4h、升至 200～220℃）。若消化液呈棕褐色，再加硝酸，消解至冒白烟，消化液呈无色透明或略带黄色。取出消化管，冷却后用水定容至 25mL，再根据实际测定需要稀释，并在稀释液中加入一定体积的镧溶液（20g/L），使其在最终稀释液中的浓度为 1g/L，混匀备用，此为试样待测液。同时做试剂空白试验。亦可采用锥形瓶，于可调式电热板上，按上述操作方法进行湿法消解。

（2）微波消解：准确称取固体试样 0.2～0.8g（精确至 0.001g）于微波消解罐中，加入 5mL 硝酸，按照微波消解的操作步骤消解试样，消解条件参考附录 A。冷却后取出消解罐，在电热板上于 140～160℃赶酸至 1mL 左右。消解罐放冷后，将消化液转移至 25mL 容量瓶中，用少量水洗涤消解罐 2～3 次，合并洗涤液于容量瓶中并用水定容至刻度。根据实际测定需要稀释，并在稀释液中加入一定体积镧溶液（20g/L），使其在最终稀释液中的浓度为 1g/L，混匀备用，此为试样待测液。同时做试剂空白试验。

（3）压力罐消解：准确称取固体试样 0.2～1g（精确至 0.001g）于消解内罐中，加入 5mL 硝酸。盖好内盖，旋紧不锈钢外套，放入恒温干燥箱中，于 140～160℃下保持 4～5h。冷却后缓慢旋松外罐，取出消解内罐，放在可调式电热板上于 140～160℃赶酸至 1mL 左右。冷却后将消化液转移至 25mL 容量瓶中，用少量水洗涤内罐和内盖2~3次，合并洗涤液于容量瓶中并用水定容至刻度，混匀备用。根据实际测定需要稀释，并在稀释液中加入一定体积的镧溶液（20g/L），使其在最终稀释液中的浓度为1g/L，混匀备用，此为试样待测液。同时做试剂空白试验。

（4）干法灰化：准确称取固体试样0.5~5g（精确至0.001g）或准确移取液体试样0.500~10.0mL于坩埚中，小火加热，炭化至无烟，转移至马弗炉中，于550℃灰化3~4h。冷却，取出。对于灰化不彻底的试样，加数滴硝酸，小火加热，小心蒸干，再转入550℃马弗炉中，继续灰化1~2h，至试样呈白灰状，冷却，取出，用适量硝酸溶液（1+1）溶解转移至刻度管中，用水定容至25mL。根据实际测定需要稀释，并在稀释液中加入一定体积的镧溶液，使其在最终稀释液中的浓度为1g/L，混匀备用，此为试样待测液。同时做试剂空白试验。

3. 仪器参考条件

参考条件见表4-18。

表4-18　火焰原子吸收光谱法参考条件

元素	波长 （nm）	狭缝 （nm）	灯电流 （mA）	燃烧头高度 （nm）	空气流量 （L/min）	乙炔流量 （L/min）
钙	422.7	1.3	5~15	3	9	2

4. 标准曲线的制作

将钙标准系列溶液按浓度由低到高的顺序分别导入火焰原子化器，测定吸光度值，以标准系列溶液中钙的质量浓度为横坐标，相应的吸光度值为纵坐标，制作标准曲线。

5. 试样溶液的测定

在与测定标准溶液相同的实验条件下，将空白溶液和试样待测液分别导入原子化器，测定相应的吸光度值，与标准系列比较定量。

（五）分析结果的表述

试样中钙的含量按下列公式计算：

$$X = \frac{(\rho_1 - \rho_0) \times f \times V}{m}$$

式中：

X——试样中钙的含量，单位为毫克每千克或毫克每升（mg/kg或mg/L）；

ρ——试样溶液中钙的质量浓度，单位为毫克每升（mg/L）；

ρ_0——空白溶液中钙的质量浓度，单位为毫克每升（mg/L）；

f——试样消化液的稀释倍数；

V——试样消化液的定容体积，单位为毫升（mL）；

m——试样称样量或移取体积，单位为克或毫升（g 或 mL）。

当钙含量≥10.0mg/kg 或 10.0mg/L 时，计算结果保留三位有效数字，当钙含量<10.0mg/kg 或 10.0mg/L 时，计算结果保留两位有效数字。

（六）精密度

在重复性条件下，获得的两次独立测定结果的绝对差值不得超过算术平均值的 10%。

（七）其他

以称样量 0.5g（或 0.5mL），定容至 25mL 计算，方法检出限为 0.5mg/kg（或 0.5mg/L），定量限为 1.5mg/kg（或 1.5mg/L）。

二十六、EDTA 滴定法测定茶叶中钙的含量

（一）原理

在适当的 pH 值范围内，钙与 EDTA（乙二胺四乙酸二钠）形成金属络合物。以 EDTA 滴定，在达到当量点时，溶液呈现游离指示剂的颜色。根据 EDTA 用量，计算钙的含量。

（二）试剂和材料

除非另有规定外，本方法所用试剂均为分析纯，水为 GB/T 6682—2008 规定的三级水。

1. 试剂

（1）氢氧化钾（KOH）。

（2）硫化钠（Na_2S）。

（3）柠檬酸钠（$Na_3C_6H_5O_7 \cdot 2H_2O$）。

（4）乙二胺四乙酸二钠（EDTA，$C_{10}H_{14}N_2O_8Na_2 \cdot 2H_2O$）。

（5）盐酸（HCl）：优级纯。

（6）钙红指示剂（$C_{21}O_7N_2SH_{14}$）。

（7）硝酸（HNO_3）：优级纯。

（8）高氯酸（$HClO_4$）：优级纯。

2. 试剂配制

（1）氢氧化钾溶液（1.25mol/L）：称取 70.13g 氢氧化钾，用水稀释至 1 000mL，

混匀。

（2）硫化钠溶液（10g/L）：称取 1g 硫化钠，用水稀释至 100mL，混匀。

（3）柠檬酸钠溶液（0.05mol/L）：称取 14.7g 柠檬酸钠，加水溶解后转移至 1 000mL 容量瓶，去离子水洗涤两次后，将洗涤液转移至容量瓶，并用去离子定容至刻度。

（4）EDTA 溶液：称取 5g EDTA，用水稀释至 1 000mL，混匀，贮存于聚乙烯瓶中，于 4℃下保存。使用时稀释 10 倍即可。

（5）钙红指示剂：称取 0.1g 钙红指示剂，用水稀释至 100mL，混匀。

（6）盐酸溶液（1+1）：量取 500mL 盐酸，与 500mL 水混合均匀。

3. 标准品

碳酸钙（$CaCO_3$，CAS 号 471-34-1）：纯度>99.99%，或经国家认证并授予标准物质证书的一定浓度的钙标准溶液。

4. 标准溶液配制

钙标准储备液（100.0mg/L）：准确称取 0.2496g（精确至 0.000 1g）碳酸钙，加盐酸溶液（1+1）溶解，移入 1 000mL 容量瓶中，加水定容至刻度，混匀。

（三）仪器设备

注：所有玻璃器皿均需硝酸溶液（1+5）浸泡过夜，用自来水反复冲洗，最后用水冲洗干净。

（1）分析天平：感量为 1mg 和 0.1mg。

（2）可调式电热炉。

（3）可调式电热板。

（4）马弗炉。

（四）分析步骤

1. 试样制备

同"二十五、火焰原子吸收光谱法测定茶叶中钙的含量"。

2. 试样消解

（1）湿法消解：同"二十五、火焰原子吸收光谱法测定茶叶中钙的含量"。

（2）干法灰化：同"二十五、火焰原子吸收光谱法测定茶叶中钙的含量"。

3. 滴定度（T）的测定

吸取 0.500mL 钙标准储备液（100.0mg/L）于试管中，加 1 滴硫化钠溶液（10g/L）和 0.1mL 柠檬酸钠溶液（0.05mol/L），加 1.5mL 氢氧化钾溶液（1.25mol/L），加 3 滴钙红指示剂，立即以稀释 10 倍的 EDTA 溶液滴定，至指示剂由紫红色变蓝色为止，记录所消耗的稀释 10 倍的 EDTA 溶液的体积。

根据滴定结果计算出每毫升稀释 10 倍的 EDTA 溶液相当于钙的毫克数，即滴定度（T）。

4. 试样及空白滴定

分别吸取 0.100~1.00mL（根据钙的含量而定）试样消化液及空白液于试管中，加 1 滴硫化钠溶液（10g/L）和 0.1mL 柠檬酸钠溶液（0.05mol/L），加 1.5mL 氢氧化钾溶液（1.25mol/L），加 3 滴钙红指示剂，立即以稀释 10 倍的 EDTA 溶液滴定，至指示剂由紫红色变蓝色为止，记录所消耗的稀释 10 倍的 EDTA 溶液的体积。

（五）分析结果的表述

试样中钙的含量按下列公式计算：

$$X = \frac{T \times (V_1 - V_0) \times V_2 \times 1\,000}{m \times V_3}$$

式中：

X——试样中钙的含量，单位为毫克每千克（mg/kg）；

T——EDTA 滴定度，单位为毫克每毫升（mg/mL）；

V_1——滴定试样溶液时所消耗的稀释 10 倍的 EDTA 溶液的体积，单位为毫升（mL）；

V_0——滴定空白溶液时所消耗的稀释 10 倍的 EDTA 溶液的体积，单位为毫升（mL）；

V_2——试样消化液的定容体积，单位为毫升（mL）；

1 000——换算系数；

m——试样质量或移取体积，单位为克或毫升（g 或 mL）；

V_3——滴定用试样待测液的体积，单位为毫升（mL）。

（六）精密度

在重复性条件下，获得的两次独立测定结果的绝对差值不得超过算术平均值的 10%。

（七）其他

以称样量 4g，定容至 25mL，吸取 1.00mL 试样消化液测定时，方法的定量限为 100mg/kg。

二十七、氢化物原子光光谱法测定茶叶中硒的含量

（一）原理

试样经酸加热消化后，在 6mol/L 盐酸介质中，将试样中的六价硒还原成四价

硒，用硼氢化钠或硼氢化钾作还原剂，将四价硒在盐酸介质中还原成硒化氢，由载气（氩气）带入原子化器中进行原子化，在硒空心阴极灯照射下，基态硒原子被激发至高能态，在去活化回到基态时，发射出特征波长的荧光，其荧光强度与硒含量呈正比，与标准系列比较定量。

（二）试剂和材料

除非另有说明外，本方法所用试剂均为分析纯；水为 GB/T 6682—2008 规定的二级水。

1. 试剂

（1）硝酸（HNO_3）：优级纯。

（2）高氯酸（$HClO_4$）：优级纯。

（3）盐酸（HCl）：优级纯。

（4）氢氧化钠（NaOH）：优级纯。

（5）过氧化氢（H_2O_2）。

（6）硼氢化钠（$NaBH_4$）：优级纯。

（7）铁氰化钾［$K_3Fe(CN)_6$］。

2. 试剂的配制

（1）硝酸—高氯酸混合酸（9+1）：将 900mL 硝酸与 100mL 高氯酸混匀。

（2）氢氧化钠溶液（5g/L）：称取 5g 氢氧化钠，溶于 1 000mL 水中，混匀。

（3）硼氢化钠碱溶液（8g/L）：称取 8g 硼氢化钠，溶于氢氧化钠溶液（5g/L）中，混匀。现配现用。

（4）盐酸溶液（6mol/L）：量取 50mL 盐酸，缓慢加入 40mL 水中，冷却后用水定容至 100mL，混匀。

（5）铁氰化钾溶液（100g/L）：称取 10g 铁氰化钾，溶于 100mL 水中，混匀。

（6）盐酸溶液（5+95）：量取 25mL 盐酸，缓慢加入 475mL 水中，混匀。

3. 标准品

硒标准溶液：1 000mg/L，或经国家认证并授予标准物质证书的一定浓度的硒标准溶液。

4. 标准溶液的制备

（1）硒标准中间液（100mg/L）：准确吸取 1.00mL 硒标准溶液（1 000mg/L）于 10mL 容量瓶中，加盐酸溶液（5+95）定容至刻度，混匀。

（2）硒标准使用液（1.00mg/L）：准确吸取硒标准中间液（100mg/L）1.00mL 于 100mL 容量瓶中，用盐酸溶液（5+95）定容至刻度，混匀。

（3）硒标准系列溶液：分别准确吸取硒标准使用液（1.00mg/L）0mL、

0.500mL、1.00mL、2.00mL 和 3.00mL 于 100mL 容量瓶中，加入铁氰化钾溶液（100g/L）10mL，用盐酸溶液（5+95）定容至刻度，混匀待测。此硒标准系列溶液的质量浓度分别为 0μg/L、5.00μg/L、10.0μg/L、20.0μg/L 和 30.0μg/L。

注：可根据仪器的灵敏度及样品中硒的实际含量，确定标准系列溶液中硒元素的质量浓度。

（三）仪器和设备

注：所有玻璃器皿及聚四氟乙烯消解内罐均需硝酸溶液（1+5）浸泡过夜，用自来水反复冲洗，最后用水冲洗干净。

（1）原子荧光光谱仪：配硒空心阴极灯。

（2）天平：感量为 1mg。

（3）电热板。

（4）微波消解系统：配聚四氟乙烯消解内罐。

（四）分析步骤

1. 试样制备

干茶去除杂物后，用粉碎机粉碎，过 20 目筛，储于塑料瓶中，备用。

注：在采样和试样制备过程中，应避免试样污染。

2. 试样消解

（1）湿法消解：称取固体试样 0.5～3g（精确至 0.001g），置于锥形瓶中，加 10mL 硝酸—高氯酸混合酸（9+1）及几粒玻璃珠，盖上表面皿冷消化过夜。次日于电热板上加热，并及时补加硝酸。当溶液变为清亮无色并伴有白烟产生时，再继续加热至剩余体积为 2mL 左右，切不可蒸干。冷却，再加 5mL 盐酸溶液（6mol/L），继续加热至溶液变为清亮无色并伴有白烟出现。

冷却后转移至 10mL 容量瓶中，加入 2.5mL 铁氰化钾溶液（100g/L），用水定容，混匀待测。同时做试剂空白试验。

（2）微波消解：称取固体试样 0.2～0.8g（精确至 0.001g），置于消化管中，加 10mL 硝酸、2mL 过氧化氢，振摇混合均匀，于微波消解仪中消化，微波消化推荐条件见附录 A（可根据不同的仪器自行设定消解条件）。消解结束待冷却后，将消化液转入锥形烧瓶中，加几粒玻璃珠，在电热板上继续加热至近干，切不可蒸干。再加 5mL 盐酸溶液（6mol/L），继续加热至溶液变为清亮无色并伴有白烟出现，冷却，转移至 10mL 容量瓶中，加入 2.5mL 铁氰化钾溶液（100g/L），用水定容，混匀待测。同时做试剂空白试验。

3. 测定

（1）仪器参考条件：根据各自仪器性能调至最佳状态。参考条件为：负高压 340V；灯电流 100mA；原子化温度 800℃；炉高 8mm；载气流速 500mL/min；屏蔽气流速 1 000mL/min；测量方式标准曲线法；读数方式为峰面积；延迟时间 1s；读数时间 15s；加液时间 8s；进样体积 2mL。

（2）标准曲线的制作：以盐酸溶液（5+95）为载流，硼氢化钠碱溶液（8g/L）为还原剂，连续用标准系列的零管进样，待读数稳定之后，将标硒标准系列溶液按质量浓度由低到高的顺序分别导入仪器，测定其荧光强度，以质量浓度为横坐标，荧光强度为纵坐标，制作标准曲线。

4. 试样测定

在与测定标准系列溶液相同的实验条件下，将空白溶液和试样溶液分别导入仪器，测其荧光值强度，与标准系列比较定量。

（五）分析结果的表述

试样中硒的含量按下列公式计算：

$$X = \frac{(\rho - \rho_0) \times V}{m \times 1\ 000}$$

式中：

X——试样中硒的含量，单位为毫克每千克（mg/kg）；

ρ——试样溶液中硒的质量浓度，单位为毫克每升（mg/L）；

ρ_0——空白溶液中硒的质量浓度，单位为毫克每升（mg/L）；

V——试样消化液的定容体积，单位为毫升（mL）；

m——试样称样量，单位为克（g）；

1 000——换算系数。

当硒含量≥1.00mg/kg（或 mg/L）时，计算结果保留三位有效数字，当硒含量<1.00mg/kg（或 mg/L）时，计算结果保留两位有效数字。

（六）精密度

在重复性条件下，获得的两次独立测定结果的绝对差值不得超过算术平均值的 20%。

（七）其他

当称样量为 1g（或 1mL），定容体积为 10mL 时，方法的检出限为 0.002mg/kg，定量限为 0.006mg/kg。

二十八、荧光分光光度法测定茶叶中硒的含量

（一）原理

将试样用混合酸消化，使硒化合物转化为无机硒 Se^{4+}，在酸性条件下 Se^{4+} 与 2,3-二氨基萘（2, 3-Diaminonaphthalene，缩写为 DAN）反应生成 4, 5-苯并芘硒脑（4, 5-Benzopiaselenol），然后用环己烷萃取后上机测定。4, 5-苯并芘硒脑在波长为 376nm 的激发光作用下，发射波长为 520nm 的荧光，测定其荧光强度，与标准系列比较定量。

（二）试剂和材料

除非另有说明外，本方法所用试剂均为分析纯，水为 GB/T 6682—2008 规定的二级水。

1. 试剂

（1）盐酸（HCl）：优级纯。

（2）环己烷（C_6H_{12}）：色谱纯。

（3）2, 3-二氨基萘（DAN，$C_{10}H_{10}N_2$）。

（4）乙二胺四乙酸二钠（EDTA-2Na，$C_{10}H_{14}N_2Na_2O_8$）。

（5）盐酸羟胺（$NH_2OH \cdot HCl$）。

（6）甲酚红（$C_{21}H_{18}O_5S$）。

（7）氨水（$NH_3 \cdot H_2O$）：优级纯。

2. 试剂的配制

（1）盐酸溶液（1%）：量取 5mL 盐酸，用水稀释至 500mL，混匀。

（2）DAN 试剂（1g/L）：此试剂在暗室内配制。称取 DAN0.2g 于一带盖锥形瓶中，加入盐酸溶液（1%）200mL，振摇约 15min 使其全部溶解。加入约 40mL 环己烷，继续振荡 5min。将此液倒入塞有玻璃棉（或脱脂棉）的分液漏斗中，待分层后滤去环己烷层，收集 DAN 溶液层，反复用环己烷纯化直至环己烷中荧光降至最低时为止（纯化 5~6 次）。将纯化后的 DAN 溶液储于棕色瓶中，加入约 1cm 厚的环己烷覆盖表层，于 0~5℃下保存。必要时在使用前再以环己烷纯化 1 次。

注：此试剂有一定毒性，使用本试剂的人员应注意防护。

（3）硝酸—高氯酸混合酸（9+1）：将 900mL 硝酸与 100mL 高氯酸混匀。

（4）盐酸溶液（6mol/L）：量取 50mL 盐酸，缓慢加入 40mL 水中，冷却后用水定容至 100mL，混匀。

（5）氨水溶液（1+1）：将 5mL 水与 5mL 氨水混匀。

（6）EDTA 混合液

①EDTA 溶液（0.2mol/L）：称取 37g EDTA-2Na，加水并加热至完全溶解，冷却后用水稀释至 500mL；

②盐酸羟胺溶液（100g/L）：称取 10g 盐酸羟胺溶于水中，稀释至 100mL，混匀；

③甲酚红指示剂（0.2g/L）：称取甲酚红 50mg 溶于少量水中，加氨水溶液（1+1）1 滴，待完全溶解后加水稀释至 250mL，混匀；

④取 EDTA 溶液（0.2mol/L）及盐酸羟胺溶液（100g/L）各 50mL，加甲酚红指示剂（0.2g/L）5mL，用水稀释至 1L，混匀；

⑤盐酸溶液（1+9）：量取 100mL 盐酸，缓慢加入到 900mL 水中，混匀。

3. 标准品

硒标准溶液：1 000mg/L，或经国家认证并授予标准物质证书的一定浓度的硒标准溶液。

4. 标准溶液的制备

（1）硒标准中间液（100mg/L）：准确吸取 1.00mL 硒标准溶液（1 000mg/L）于 10mL 容量瓶中，加盐酸溶液（1%）定容至刻度，混匀。

（2）硒标准使用液（50.0μg/L）：准确吸取硒标准中间液（100mg/L）0.50mL，用 1% 盐酸溶液定容至 1 000mL，混匀。

（3）硒标准系列溶液：准确吸取硒标准使用液（50.0μg/L）0mL、0.200mL、1.00mL、2.00mL 和 4.00mL，相当于含有硒的质量为 0μg、0.010 0μg、0.050 0μg、0.100μg、0.200μg，加盐酸溶液（1+9）至 5mL 后，加入 20mL EDTA 混合液，用氨水溶液（1+1）及盐酸溶液（1+9）调至淡红橙色（pH 值 1.5~2.0）。以下步骤在暗室操作：加 DAN 试剂（1g/L）3mL，混匀后，置沸水浴中加热 5min，取出冷却后，加环己烷 3mL，振摇 4min，将全部溶液移入分液漏斗，待分层后弃去水层，小心将环己烷层由分液漏斗上口倾入带盖试管中，勿使环己烷中混入水滴。环己烷中反应产物为 4,5-苯并芘硒脑，待测。

（三）仪器和设备

注：所有玻璃器皿均需硝酸溶液（1+5）浸泡过夜，用自来水反复冲洗，最后用水冲洗干净。

（1）荧光分光光度计。

（2）天平：感量为 1mg。

（3）粉碎机。

（4）电热板。

（5）水浴锅。

（四）分析步骤

1. 试样制备

同"二十七、氢化物原子光光谱法测定茶叶中硒的含量"。

2. 试样消解

准确称取 0.5~3g（精确至 0.001g）固体试样，置于锥形瓶中，加 10mL 硝酸—高氯酸混合酸（9+1）及几粒玻璃珠，盖上表面皿冷消化过夜。次日于电热板上加热，并及时补加硝酸。当溶液变为清亮无色并伴有白烟产生时，再继续加热至剩余体积 2mL 左右，切不可蒸干，冷却后再加 5mL 盐酸溶液（6mol/L），继续加热至溶液变为清亮无色并伴有白烟出现，再继续加热至剩余体积 2mL 左右，冷却。同时做试剂空白。

3. 测定

（1）仪器参考条件：根据各自仪器性能调至最佳状态。参考条件为：激发光波长 376nm、发射光波长 520nm。

（2）标准曲线的制作：将硒标准系列溶液按质量由低到高的顺序分别上机测定 4，5-苯并苤硒脑的荧光强度。以质量为横坐标，荧光强度为纵坐标，制作标准曲线。

（3）试样溶液的测定：将"2. 试样消解"消化后的试样溶液以及空白溶液加盐酸溶液（1+9）至 5mL 后，加入 20mL EDTA 混合液，用氨水溶液（1+1）及盐酸溶液(1+9)调至淡红橙色（pH 值 1.5~2.0）。以下步骤在暗室操作：加 DAN 试剂（1g/L）3mL，混匀后，置沸水浴中加热 5min，取出冷却后，加环己烷 3mL，振摇 4min，将全部溶液移入分液漏斗，待分层后弃去水层，小心将环己烷层由分液漏斗上口倾入带盖试管中，勿使环己烷中混入水滴，待测。

（五）分析结果的表述

试样中硒的含量按下列公式计算：

$$X = \frac{m_1}{F_1 - F_0} \times \frac{F_2 - F_0}{m}$$

式中：

X——试样中硒的含量，单位为毫克每千克或毫克每升（mg/kg 或 mg/L）；

m_1——试样管中硒的质量，单位为微克（μg）；

F_1——标准管硒荧光读数；

F_0——空白管荧光读数；

F_2——试样管荧光读数；

m——试样称样量或移取体积，单位为克或毫升（g 或 mL）。

当硒含量≥1.00mg/kg（或 mg/L）时，计算结果保留三位有效数字；当硒含量<1.00mg/kg（或 mg/L）时，计算结果保留两位有效数字。

（六）精密度

在重复性条件下，获得的两次独立测定结果的绝对差值不得超过算术平均值的 20%。

（七）其他

当称样量为 1g（或 1mL）时，方法的检出限为 0.01mg/kg（或 0.01mg/L），定量限为 0.03mg/kg（或 0.03mg/L）。

二十九、电感耦合等离子体质谱法测定茶叶中稀土元素的含量

（一）原理

样品经消解处理为样品溶液，样品溶液经雾化由载气送入 ICP 或送入等离子体炬管中，经过蒸发、解离、原子化和离子化等过程，转化为带正电荷的离子，经离子采集系统进入质谱仪，质谱仪根据质荷比进行分离。对于一定的质荷比，质谱的信号强度与进入质谱仪的离子数呈正比，即样品浓度与质谱信号强度呈正比。通过测量质谱的信号强度来测定试样溶液的元素浓度。

（二）试剂和材料

1. 试剂

注：除非另有说明，本方法所用试剂均为优级纯，水为 GB/T 6682—2008 规定的一级水。

（1）硝酸（HNO_3）。

（2）氩气（Ar）：高纯氩气（>99.999%）或液氩。

2. 试剂配制

硝酸溶液（5+95）：取 50mL 硝酸，用水稀释至 1 000mL。

3. 标准品

（1）稀土元素贮备液（10μg/mL）：Sc、Y、La、Ce、Pr、Nd、Sm、Eu、Gd、Tb、Dy、Ho、Er、Tm、Yb、Lu。

（2）内标贮备液（10μg/mL）：Rh、In、Re。

（3）仪器调谐贮备液（10ng/mL）：Li、Co、Ba、Tl。

4. 标准溶液配制

（1）稀土元素混合标准使用溶液（100ng/mL）：取适量 Sc、Y、La、Ce、Pr、Nd、Sm、Eu、Gd、Tb、Dy、Ho、Er、Tm、Yb、Lu 的各元素单标标准储备溶液或元素混合标准贮备溶液；用硝酸溶液逐级稀释至浓度为 100.0μg/L 的元素混合标准使用溶液。

（2）标准曲线工作液：取适量元素混合标准使用溶液，用硝酸溶液配制成浓度分别为 0μg/L、0.050 0μg/L、0.100μg/L、0.500μg/L、1.00μg/L、2.00μg/L 的标准系列或浓度分别为 0μg/L、1.00μg/L、2.00μg/L、5.00μg/L、10.0μg/L、20.0μg/L 的标准系列，亦可依据样品溶液中稀土元素浓度适当调节标准系列浓度范围。

（3）内标使用液（1μg/mL）：取适量内标贮备液（10μg/mL），用硝酸溶液（5+95）稀释 10 倍，浓度为 1μg/mL。

（4）仪器调谐使用液（1ng/mL）：取适量仪器调谐贮备液，用硝酸溶液（5+95）稀释 10 倍，浓度为 1ng/mL。

（三）仪器和设备

（1）电感耦合等离子体质谱仪（ICP-MS）。
（2）天平：感量为 0.1mg 和 1mg。
（3）高压密闭微波消解系统，配有聚四氟乙烯高压消解罐。
（4）密闭高压消解器，配有消解内罐。
（5）恒温干燥箱（烘箱）。
（6）50~200℃控温电热板。

（四）分析步骤

1. 试样制备

试样预处理：干茶去除杂物后，用粉碎机粉碎，过 20 目筛，储于塑料瓶中，备用。

注：在采样和试样制备过程中，应避免试样污染。

2. 试样消解

（1）微波消解：称取 0.2 ~ 0.5g（精确到 0.001g）于高压消解罐中，加入 5mLHNO₃，旋紧罐盖，放置 1h，按照微波消解仪的标准操作步骤进行消解。冷却后取出，缓慢打开罐盖排气，将高压消解罐放入控温电热板上，于 140℃赶酸。消解罐取出放冷，将消化液转移至 10~25mL 容量瓶中，用少量水分 3 次洗涤罐，洗液合并于容量瓶中并定容至刻度，混匀备用；同时作试剂空白。

（2）密闭高压罐消解：称取样品 0.5~1. g（精确到 0.001g）于消解内罐中，加入 5mL 硝酸浸泡过夜。盖好内盖，旋紧不锈钢外套，放入恒温干燥箱，140~160℃ 保持 4~6h，在箱内自然冷却至室温，缓慢旋松不锈钢外套，将消解内罐取出，放在控温电热板上，于 140℃ 赶酸。消解内罐放冷后，将消化液转移至 10~25mL 容量瓶中，用少量水分 3 次洗涤罐，洗液合并于容量瓶中并定容至刻度，混匀备用；同时作试剂空白。

3. 仪器参考条件

（1）按照仪器标准操作规程进行仪器起始化、质量校准、氩气流量等的调试。选择合适条件，包括雾化器流速、检测器和离子透镜电压、射频入射功率等，使氧化物形成 CeO/Ce<1% 和双电荷化合物 [70/140] <3%。

（2）测定参考条件：在调谐仪器达到测定要求后，编辑测定方法、干扰校正方程 [校正铕（Eu）元素] 及选择各待测元素同位素钪（^{45}Sc）、钇（^{89}Y）、镧（^{139}La）、铈（^{140}Ce）、镨（^{141}Pr）、钕（^{146}Nd）、钐（^{147}Sm）、铕（^{153}Eu）、钆（^{157}Gd）、铽（^{159}Tb）、镝（^{163}Dy）、钬（^{165}Ho）、铒（^{166}Er）、铥（^{169}Tm）、镱（^{172}Yb）、镥（^{175}Lu），在线引入内标使用溶液，观测内标灵敏度，使仪器产生的信号强度为 400 000~600 000cps（仪器操作参考条件见表 4-19）。测定脉冲模拟转换系数，符合要求后，将试剂空白标准系列、样品溶液依次进行测定。对各被测元素进行回归分析，计算其线性回归方程。

表 4-19　电感耦合等离子体质谱仪操作参考条件

仪器参数	数值	仪器参数	数值
频射功率	1 350W	雾化器	耐盐性
等离子体气流量	15L/min	采集模式	Spectrum
辅助气流量	1.0L/min	测定点数	3
载气流量	1.14L/min	检测方式	自动
雾化室温度	2℃	重复次数	3

铕（Eu）元素校正方程采用：[^{151}Eu] = [151] - [（Ba（135）O）/Ba（135）] × [135]。式中，[（Ba（135）O）/Ba（135）] 为氧化物比，[151]、[135] 分别为质量数 151 和 135 处的质谱的信号强度 CPS。

4. 标准曲线的制作

将标准系列工作液分别注入电感耦合等离子质谱仪中，测定相应的信号响应值，以标准工作液的浓度为横坐标，以响应值——离子每秒计数值（CPS）为纵坐标，绘制标准曲线。

5. 试样溶液的测定

将试样溶液注入电感耦合等离子质谱仪中，得到相应的信号响应值，根据标准曲线得到待测液中相应元素的浓度，平行测定次数不少于 2 次。

（五）分析结果的表述

试样中第 i 个稀土元素含量按照下列公式计算：

$$X_i = \frac{(c_i - c_{i0}) \times V}{m \times 1\,000}$$

式中：

X_i——样品中第 i 个稀土元素含量，单位为毫克每千克（mg/kg）；

c_i——样液中第 i 个稀土元素测定值，单位为微克每升（μg/L）；

c_{i0}——样品空白液中第 i 个稀土元素测定值，单位为微克每升（μg/L）；

V——样品消化液定容体积，单位为毫升（mL）；

m——样品称样量，单位为克（g）；

1 000——单位转换。

计算结果以重复性条件下，获得的两次独立测定结果的算术平均值表示，保留 3 位有效数字。

若分析结果需要以氧化物含量表示，则参见表 4-20，将各元素含量乘以换算系数 F。

表 4-20　稀土元素及其常见氧化物与各元素换算为氧化物的换算系数

元素 A	原子量 M	氧化物 A_mO_n	分子量 M	m	换算系数 F
Sc	44.96	Sc_2O_3	137.9	2	1.534
Y	88.91	Y_2O_3	225.	2	1.270
La	138.9	La_2O_3	325.8	2	1.173
Ce	140.1	CeO_2	172.1	1	1.228
Pr	140.9	Pr_6O_{11}	1 021.4	6	1.208
Nd	14（2）	Nd_2O_3	336.4	2	1.166
Sm	150.4	Sm_2O_3	348.8	2	1.160
Eu	152.0	Eu_2O_3	352.0	2	1.158
Gd	157.3	Gd_2O_3	362.6	2	1.153
Tb	158.9	Tb_4O_7	747.6	4	1.176

元素 A	原子量 M	氧化物 A_mO_n	分子量 M	m	换算系数 F
Dy	162.5	Dy_2O_3	373.0	2	1.148
Ho	164.9	Ho_2O_3	377.0	2	1.146
Er	167.3	Er_2O_3	382.6	2	1.143
Tm	168.9	Tm_2O_3	385.8	2	1.142
Yb	173.0	Yb_2O_3	394.0	2	1.139
Lu	175.0	Lu_2O_3	398.0	2	1.137

注：各元素换算为氧化物的换算系数 F：

$$F = M_{[A_mO_n]} / (m \cdot M_{[A]})$$

式中：

A——稀土元素；

$M_{[A]}$——稀土元素原子量；

$M_{[A_mO_n]}$——稀土氧化物分子量；

M——稀土氧化物分子式中稀土元素的摩尔系。

（六）精密度

样品中的钪、钇、镧、铈、钕等稀土元素含量大于 $10\mu g/kg$ 时，在重复性条件下获得的两次独立测定结果的绝对差值不得超过算术平均值的 10%，样品中稀土元素含量小于 $10\mu g/kg$ 时，在重复性条件下获得的两次独立测定结果的绝对差值不得超过算术平均值的 20%。

（七）其他

本标准的检出限：取样 0.5g，定容 10mL，测定各稀土元素的检出限（$\mu g/kg$）分别为 Sc 0.6、Y 0.3、La 0.4、Ce 0.3、Pr 0.2、Nd 0.2、Sm 0.2、Eu 0.06、Gd 0.1、Tb 0.06、Dy 0.08、Ho 0.03、Er 0.06、Tm 0.03、Yb 0.06、Lu 0.03。定量限（$\mu g/kg$）分别为 Sc 2.1、Y 1.1、La 1.4、Ce 0.9、Pr 0.7、Nd 0.8、Sm 0.5、Eu 0.2、Gd 0.5、Tb 0.2、Dy 0.3、Ho 0.1、Er 0.2、Tm 0.1、Yb 0.2、Lu 0.1。

三十、石墨炉原子吸收光谱法测定茶叶中铬的含量

（一）原理

试样经消解处理后，采用石墨炉原子吸收光谱法，在波长 357.9nm 处测定吸收

值，在一定浓度范围内，其吸收值与标准系列溶液比较定量。

（二）试剂和材料

注：除非另有规定外，本方法所用试剂均为优级纯，水为 GB/T 6682—2008 规定的二级水。

1. 试剂

（1）硝酸（HNO_3）。

（2）高氯酸（$HClO_4$）。

（3）磷酸二氢铵（$NH_4H_2PO_4$）。

2. 试剂配制

（1）硝酸溶液（5+95）：量取 50mL 硝酸慢慢倒入 950mL 水中，混匀。

（2）硝酸溶液（1+1）：量取 250mL 硝酸慢慢倒入 250mL 水中，混匀。

（3）磷酸二氢铵溶液（20g/L）：称取 2.0g 磷酸二氢铵，溶于水中，并定容至 100mL，混匀。

3. 标准品

重铬酸钾（$K_2Cr_2O_7$）：纯度>99.5%或经国家认证并授予标准物质证书的标准物质。

4. 标准溶液配制

（1）铬标准储备液：准确称取基准物质重铬酸钾（110℃，烘 2h）1.431 5g（精确至 0.001g），溶于水中，移入 500mL 容量瓶中，用硝酸溶液 5+95）稀释至刻度，混匀。此溶液每毫升含 1.000mg 铬。或购置经国家认证并授予标准物质证书的铬标准储备液。

（2）铬标准使用液：将铬标准储备液用硝酸溶液（5+95）逐级稀释至每毫升含 100ng 铬。

（3）标准系列溶液的配制：分别吸取铬标准使用液（100ng/mL）0mL、0.500mL、1.00mL、2.00mL、3.00mL、4.00mL 于 25mL 容量瓶中，用硝酸溶液（5+95）稀释至刻度，混匀。各容量瓶中每毫升分别含铬 0ng、2.00ng、4.00ng、8.00ng、12.0ng、16.0ng。或采用石墨炉自动进样器自动配制。

（三）仪器设备

注：所用玻璃仪器均需以硝酸溶液（1+5）浸泡 24h 以上，用水反复冲洗，最后用去离子水冲洗干净。

（1）原子吸收光谱仪，配石墨炉原子化器，附铬空心阴极灯。

（2）微波消解系统，配有消解内罐。

（3）可调式电热炉。

（4）可调式电热板。

（5）压力消解器：配有消解内罐。

（6）马弗炉。

（7）恒温干燥箱。

（8）电子天平：感量为 0.1mg 和 1mg。

（四）分析步骤

1. 试样预处理

干茶去除杂物后，用粉碎机粉碎，过 20 目筛，储于塑料瓶中，备用。

注：在采样和试样制备过程中，应避免试样污染。

2. 样品消解

（1）微波消解：准确称取试样 0.2~0.6g（精确至 0.001g）于微波消解罐中，加入 5mL 硝酸，按照微波消解的操作步骤消解试样（消解条件参见"二十八、电感耦合等离子体质谱法测定茶叶中稀土元素的含量"中"（四）分析步骤"）。冷却后取出消解罐，在电热板上于 140~160℃ 赶酸至 0.5~1.0mL。消解罐放冷后，将消化液转移至 10mL 容量瓶中，用少量水洗涤消解罐 2~3 次，合并洗涤液，用水定容至刻度。同时做试剂空白试验。

（2）湿法消解：准确称取试样 0.5~3g（精确至 0.001g）于消化管中，加入 10mL 硝酸、0.5mL 高氯酸，在可调式电热炉上消解（参考条件：120℃ 保持 0.5~1h、升温至 180℃ 2~4h、升温至 200~220℃）。若消化液呈棕褐色，再加硝酸，消解至冒白烟，消化液呈无色透明或略带黄色，取出消化管，冷却后用水定容至 10mL。同时做试剂空白试验。

（3）高压消解：准确称取试样 0.3~1g（精确至 0.001g）于消解内罐中，加入 5mL 硝酸。盖好内盖，旋紧不锈钢外套，放入恒温干燥箱，于 140~160℃ 下保持 4~5h。在箱内自然冷却至室温，缓慢旋松外罐，取出消解内罐，放在可调式电热板上于 140~160℃ 赶酸至 0.5~1mL。冷却后将消化液转移至 10mL 容量瓶中，用少量水洗涤内罐和内盖 2~3 次，合并洗涤液于容量瓶中并用水定容至刻度。同时做试剂空白试验。

（4）干法灰化：准确称取试样 0.5~3g（精确至 0.001g）于坩埚中，小火加热，炭化至无烟，转移至马弗炉中，于 550℃ 恒温 3~4h。取出冷却，对于灰化不彻底的试样，加数滴硝酸，小火加热，小心蒸干，再转入 550℃ 高温炉中，继续灰化 1~2h，至试样呈白灰状，从高温炉取出冷却，用硝酸溶液（1+1）溶解并用水定容至 10mL。同时做试剂空白试验。

3. 测定

（1）仪器测试条件：根据各自仪器性能调至最佳状态。参考条件见表4-21。

表4-21 石墨炉原子吸收法参考条件

元素	波长（nm）	狭缝（nm）	灯电流（mA）	干燥（℃/s）	灰化（℃/s）	原子化（℃/s）
铬	357.9	0.2	5~7	（85~120℃）/（40~50s）	900℃/（20~30s）	2 700℃/（4~5s）

（2）标准曲线的制作：将标准系列溶液工作液按浓度由低到高的顺序分别取10μL（可根据使用仪器选择最佳进样量），注入石墨管，原子化后测其吸光度值，以浓度为横坐标，吸光度值为纵坐标，绘制标准曲线。

4. 试样测定

在与测定标准溶液相同的实验条件下，将空白溶液和样品溶液分别取10μL（可根据使用仪器选择最佳进样量），注入石墨管，原子化后测其吸光度值，与标准系列溶液比较定量。对有干扰的试样应注入5μL（可根据使用仪器选择最佳进样量）的磷酸二氢铵溶液（20.0g/L）。

（五）分析结果的表述

试样中铬含量的计算见下列公式：

$$X = \frac{(c - c_0) \times V}{m \times 1\,000}$$

式中：

X——试样中铬的含量，单位为毫克每千克（mg/kg）；

c——测定样液中铬的含量，单位为纳克每毫升（ng/mL）；

c_0——空白液中铬的含量，单位为纳克每毫升（ng/mL）；

V——样品消化液的定容总体积，单位为毫升（mL）；

m——样品称样量，单位为克（g）；

1 000——换算系数。

当分析结果≥1mg/kg时，保留三位有效数字；当分析结果<1mg/kg时，保留两位有效数字。

（六）精密度

在重复性条件下，获得的两次独立测定结果的绝对差值不得超过算术平均值的20%。

（七）其他

以称样量 0.5g，定容至 10mL 计算，方法检出限为 0.01mg/kg，定量限为 0.03mg/kg。

三十一、氢化物原子荧光光谱法测定茶叶中锑的含量

（一）原理

试样经酸加热消解后，在酸性介质中，试样中的锑与硼氢化钠或硼氢化钾反应生成挥发性的锑氢化物，以氩气为载气，将锑氢化物导入电热石英原子化器中原子化，在锑空心阴极灯照射下，基态锑原子被激发至高能态，再由高能态回到基态时，发射出特征波长的荧光，其荧光强度与锑含量呈正比，根据标准系列进行定量。

（二）试剂和材料

除非另有说明，本方法所用试剂均为优级纯，水为 GB/T 6682—2008 规定的二级水。

1. 试剂

（1）硝酸（HNO_3）。

（2）过氧化氢（H_2O_2）。

（3）盐酸（HCl）。

（4）硫酸（H_2SO_4）。

（5）高氯酸（$HClO_4$）。

（6）硫脲［（NH_2）$_2$CS］：分析纯。

（7）碘化钾（KI）：分析纯。

（8）抗坏血酸（$C_6H_8O_6$）：分析纯。

（9）硼氢化钾（KBH_4）或硼氢化钠（$NaBH_4$）。

（10）氢氧化钾（KOH）或氢氧化钠（NaOH）。

2. 试剂的配制

（1）硝酸—高氯酸混合酸（10＋1）：分别量取硝酸 500mL 与高氯酸 50mL，混匀。

（2）盐酸溶液（1+9）：量取 50mL 盐酸，加入到 450mL 水中，混匀。

（3）硫脲—抗坏血酸溶液：分别称取 10g 硫脲、10g 抗坏血酸，溶于 100mL 水中，混匀。

（4）硫脲—碘化钾溶液：分别称取 2g 硫脲、10g 碘化钾，溶于 100mL 水中，混匀。

（5）氢氧化钾溶液（2g/L）：称取 1g 氢氧化钾，溶于 500mL 水中，混匀，临用现配。该溶液中的氢氧化钾也可用氢氧化钠代替。

（6）硼氢化钾碱溶液（20g/L）：称取 10g 硼氢化钾，溶于 500mL 氢氧化钾溶液（2g/L）中，混匀，临用现配。该溶液中的硼氢化钾也可用等摩尔数的硼氢化钠代替。

3. 标准品

锑标准溶液：1 000mg/L。或其他经国家认证并授予标准物质证书的一定浓度的锑标准溶液。

4. 标准溶液的配制

（1）标准中间液（100mg/L）：准确吸取 1mL 锑标准溶液（1 000mg/L）于 10mL 容量瓶中，加水定容至刻度，混匀。

（2）锑标准使用液（1.00mg/L）：准确吸取 1mL 锑标准中间液（100mg/L）于 100mL 容量瓶中，加水定容至刻度，混匀。

（3）锑标准系列溶液：分别准确吸取锑标准使用液（1.00mg/L）0mL、0.100mL、0.200mL、0.400mL、1.00mL、2.00mL 于 100mL 容量瓶中，加入少量水稀释后，加入 10mL 盐酸溶液（1+9）、10mL 硫脲—碘化钾溶液或硫脲—抗坏血酸溶液，加水定容至刻度，混匀。此锑标准系列溶液的质量浓度为 0μg/L、1.00μg/L、2.00μg/L、4.00μg/L、10.0μg/L、20.0μg/L。放置 30min 后测定。

注：可根据仪器的灵敏度及样品中锑的实际含量，确定标准系列溶液中锑元素的质量浓度范围。

（三）仪器和设备

注：所有玻璃器皿及四氟乙烯消解内罐均需硝酸溶液（1+5）浸泡过夜，用自来水反复冲洗，最后用水冲洗干净。

（1）原子荧光光谱仪：配锑空心阴极灯。

（2）天平：感量为 1mg。

（3）可调式电热板。

（4）可调式电炉。

（5）微波消解系统：配聚四氟乙烯消解罐。

（6）恒温干燥箱。

（四）分析步骤

1. 试样制备

干茶去除杂物后，用粉碎机粉碎，过 20 目筛，储于塑料瓶中，备用。

注：在采样和试样制备过程中，应避免试样污染。

2. 试样消解

（1）湿法消解：准确称取固体试样 0.5～3g（精确至 0.001g），置于 50～100mL 消化容器中（锥形瓶），加入硝酸—高氯酸混合酸（10+1）5～10mL 浸泡放置过夜。次日，置于电热板上加热消解，如消解过程溶液色泽较深，稍冷后补加少量硝酸，继续消解，消解至冒白烟，消化液呈无色透明或略带黄色，加入 20mL 水，再继续加热赶酸至 0.5～1mL 止，冷却后用少量水转入 10mL 容量瓶中，加入 2mL 盐酸溶液（1+9），用水定容至刻度。准确吸取试样消化液 5.00mL，加入硫脲—碘化钾溶液或硫脲—抗坏血酸溶液 1mL，用水稀释定容至 10mL，摇匀，放置 30min 后测定。同时做试剂空白试验。

（2）微波消解：准确称取固体试样 0.2～0.8g（精确至 0.001g），置于微波消解罐中，加硝酸 5mL 过氧化氢 1mL。微波消解程序可以根据仪器型号调至最佳条件，推荐条件可参见附录 A。消解完毕，待消解罐冷却后打开，加入 20mL 水，加热赶酸至 0.5～1mL 止，用少量水分 3 次冲洗消解罐，将溶液转移至 10mL 容量瓶中，加入 2mL 盐酸溶液（1+9），用水定容至刻度。准确吸取试样消化液 5.00mL，加入硫脲—碘化钾溶液或硫脲—抗坏血酸溶液 1mL，用水稀释定容至 10mL，摇匀，放置 30min 后测定。同时做试剂空白试验。

（3）压力罐消解：准确称取固体试样 0.2～1g（精确至 0.001g）或，置于聚四氟乙烯内罐中，加硝酸 2～4mL 浸泡过夜。再补加硝酸 2～4mL。盖好内盖，旋紧不锈钢外套，放入恒温干燥箱，140～160℃保持 4～5h，在箱内自然冷却至室温，开盖取出内罐，加入 20mL 水，加热赶酸至 0.5～1mL 止，用少量水分 3 次冲洗消解罐，将溶液转移至 10mL 容量瓶中，加入 2mL 盐酸溶液（1+9），用水定容至刻度。准确吸取试样消化液 5.00mL，加入硫脲—碘化钾溶液或硫脲—抗坏血酸溶液 1mL，用水稀释定容至 10mL，摇匀，放置 30min 后测定。同时做试剂空白试验。

3. 仪器参考条件

调整仪器性能至最佳状态，仪器参考条件：光电倍增管电压 300V；空心阴极灯电流 60mA；原子化器高度 8mm；载气流速 300mL/min。根据各自仪器性能调至最佳状态。

4. 标准曲线的制作

设定好仪器最佳条件，将炉温升至所需温度后，稳定 20～30min 开始测量。以盐酸溶液（5%）为载流，硼氢化钾碱溶液（20g/L）为还原剂，连续用标准系列溶液的零管进样，待读数稳定之后，锑标准系列溶液按浓度由低到高的顺序分别导入仪器，测定荧光值。以锑标准系列溶液的质量浓度为横坐标，相应的荧光值为纵坐标，绘制标准曲线。

注：如有自动进样装置，也可用程序自动稀释来配制标准系列。

5. 试样溶液测定

在与测定标准溶液系列相同的实验条件下，将空白溶液和试样溶液分别导入仪器，测定荧光值，与标准系列比较定量。

（五）分析结果的表述

试样中锑的含量按下列公式计算：

$$X = \frac{(\rho - \rho_0) \times V}{m \times 1\,000}$$

式中：

X——试样中锑的含量，单位为毫克每千克或毫克每升（mg/kg 或 mg/L）；

ρ——试样溶液中锑的质量浓度，单位为微克每升（μg/L）；

ρ_0——空白溶液中锑的质量浓度，单位为微克每升（μg/L）；

V——试样消化液的定容体积，单位为毫升（mL）；

m——试样称样量或移取体积，单位为克或毫升（g 或 mL）；

1 000——换算系数。

当锑含量≥1.00mg/kg（或 mg/L）时，计算结果保留三位有效数字，当锑含量<1.00mg/kg（或 mg/L）时，计算结果保留两位有效数字。

（六）精密度

在重复性条件下，获得的两次独立测定结果的绝对差值不得超过算术平均值的20%。

（七）其他

当称样量为0.5g，定容体积为10mL时，本方法的检出限为0.01mg/kg，定量限为0.04mg/kg。

三十二、火焰原子吸收光谱法测定茶叶中镁的含量

（一）原理

试样消解处理后，经火焰原子化，在波长282nm处测定吸光度。在一定浓度范

围内镁的吸光度值与镁含量呈正比，与标准系列比较定量。

（二）试剂和材料

除非另有说明外，本方法所用试剂均为优级纯，水为 GB/T 6682—2008 规定的二级水。

1. 试剂

（1）硝酸（HNO_3）。

（2）高氯酸（$HClO_4$）。

（3）盐酸（HCl）。

2. 试剂配制

（1）硝酸溶液（5+95）：量取 50mL 硝酸，倒入 950mL 水中，混匀。

（2）硝酸溶液（1+1）：量取 250mL 硝酸，倒入 250mL 水中，混匀。

（3）盐酸溶液（1+1）：量取 50mL 盐酸，倒入 50mL 水中，混匀。

3. 标准品

金属镁（Mg，CAS 号：7439-95-4）或氧化镁（MgO，CAS 号：1309-48-4）：纯度>99.99%。或经国家认证并授予标准物质证书的一定浓度的镁标准溶液。

4. 标准溶液配制

（1）镁标准储备液（1 000mg/L）：准确称取 0.1g（精确至 0.000 1g）金属镁或 0.165 8g（精确至 0.000 1g）于（800±50）℃灼烧至恒重的氧化镁，溶于 2.5mL 盐酸溶液（1+1）及少量水中，移入 100mL 容量瓶，加水至刻度，混匀。

（2）镁标准中间液（10.0mg/L）：准确吸取镁标准储备液（1 000mg/L）1.00mL，用硝酸溶液（5+95）定容到 100mL 容量瓶中，混匀。

（3）镁标准系列溶液：吸取镁标准中间液 0mL、2.00mL、4.00mL、6.00mL、8.00mL 和 10.0mL 于 100mL 容量瓶中用硝酸溶液（5+95）定容至刻度。此镁标准系列溶液的质量浓度分别为 0mg/L、0.200mg/L、0.400mg/L、0.600mg/L、0.800mg/L 和 1.00mg/L。

注：可根据仪器的灵敏度及样品中镁的实际含量，确定标准系列溶液中镁的质量浓度。

（三）仪器和设备

注：所有玻璃器皿及聚四氟乙烯消解内罐均需硝酸溶液（1+5）浸泡过夜，用自来水反复冲洗，最后用水冲洗干净。

（1）原子吸收光谱仪：配火焰原子化器，镁空心阴极灯。

（2）分析天平：感量 0.1mg 和 1mg。

（3）可调式电热炉。

（4）可调式电热板。

（5）微波消解系统：配聚四氟乙烯消解内罐。

（6）恒温干燥箱。

（7）压力消解罐：配聚四氟乙烯消解内罐。

（8）马弗炉。

（四）分析步骤

1. 试样制备

干茶去除杂物后，用粉碎机粉碎，过 20 目筛，储于塑料瓶中，备用。

注：在采样和试样制备过程中，应避免试样污染。

2. 试样消解

（1）湿法消解：称取固体试样 0.2~3g（精确至 0.001g）于带刻度消化管中，加入 10mL 硝酸、0.5mL 高氯酸，在可调式电热炉上消解（参考条件：120℃/0.5~1h、升至 180℃/2~4h、升至 200~220℃）。若消化液呈棕褐色，再补加硝酸，消解至冒白烟，消化液呈无色透明或略带黄色，取出消化管，冷却后用水定容至 25mL，混匀备用。同时做试剂空白试验。亦可采用锥形瓶，于可调式电热板上，按上述操作方法进行湿法消解。

（2）微波消解：称取固体试样 0.2~0.8g（精确至 0.001g）于微波消解罐中，加入 5mL 硝酸，按照微波消解的操作步骤消解试样，消解条件可参考"二十八、电感耦合等离子体质谱法测定茶叶中稀土元素的含量"中"（四）分析步骤"。冷却后取出消解罐，在电热板上于 140~160℃赶酸至 0.5~1mL。消解罐放冷后，将消化液转移至 25mL 容量瓶中，用少量水洗涤消解罐 2~3 次，合并洗涤液于容量瓶中并用水定容至刻度，混匀备用。同时做试剂空白试验。

（3）压力罐消解：称取固体试样 0.2~1g（精确至 0.001g）于消解内罐中，加入 5mL 硝酸。盖好内盖，旋紧不锈钢外套，放入恒温干燥箱，于 140~160℃下保持 4~5h。

冷却后缓慢旋松外罐，取出消解内罐，放在可调式电热板上于 140~160℃赶酸至 1mL 左右。冷却后将消化液转移至 25mL 容量瓶中，用少量水洗涤内罐和内盖 2~3 次，合并洗涤液于容量瓶中并用水定容至刻度，混匀备用。同时做试剂空白试验。

（4）干法灰化：称取固体试样 0.5~5g（精确至 0.001g）于坩埚中，将坩埚在电热板上缓慢加热，微火碳化至不再冒烟。碳化后的试样放入马弗炉中，于 550℃灰化 4h。若灰化后的试样中有黑色颗粒，应将坩埚冷却至室温后加少许硝酸溶液（5+95）润湿残渣，在电热板上小火蒸干后置马弗炉 550℃继续灰化，直至试样成白灰状。在马弗炉中冷却后取出，冷却至室温，用 2.5mL 硝酸溶液（1+1）溶解，并用少量水洗涤坩埚 2~3 次，合并洗涤液于容量瓶中并定容至 25mL，混匀备用。同时做试剂空白试验。

3. 测定

（1）仪器参考条件：根据各自仪器性能调至最佳状态。参考条件：空气—乙炔火焰，波长 282nm，狭缝 0.2nm，灯电流 5~15mA。

（2）标准曲线的制作：将镁标准系列溶液按质量浓度由低到高的顺序，分别导入火焰原子化器后测其吸光度值，以质量浓度为横坐标，吸光度值为纵坐标，制作标准曲线。

（3）试样溶液的测定：在与测定标准溶液相同的实验条件下，将空白溶液和试样溶液分别导入原子化器测其吸光度值，与标准系列比较定量。

（五）分析结果的表述

试样中镁的含量按下列公式计算：

$$X = \frac{(\rho - \rho_0) \times V}{m}$$

式中：

X——试样中镁的含量，单位为毫克每千克（mg/kg）；

ρ——试样溶液中镁的质量浓度，单位为毫克每升（mg/L）；

ρ_0——空白溶液中镁的质量浓度，单位为毫克每升（mg/L）；

V——试样消化液的定容体积，单位为毫升（mL）；

m——试样称样量或移取体积，单位为克（g 或 mL）。

当镁含量≥10.0mg/kg（或 mg/L）时，计算结果保留三位有效数字，当镁含量<10.0mg/kg（或 mg/L）时，计算结果保留两位有效数字。

（六）精密度

在重复性条件下，获得的两次独立测定结果的绝对差值不得超过算术平均值的 10%。

（七）其他

当称样量为 1g，定容体积为 25mL 时，方法的检出限为 0.6mg/kg，定量限为 2.0mg/kg。

三十三、火焰原子吸收光谱法测定茶叶中锰的含量

（一）原理

试样经消解处理后，注入原子吸收光谱仪中，火焰原子化后锰吸收波长 279.5nm

的共振线，在一定浓度范围内，其吸收值与锰含量呈正比，与标准系列比较定量。

（二）试剂和材料

除非另有说明外，本方法所用试剂均为优级纯，水为 GB/T 6682—2008 规定的二级水。

1. 试剂

（1）硝酸（HNO_3）。

（2）高氯酸（HClO_4）。

2. 试剂配制

（1）混合酸［高氯酸+硝酸（1+9）］：取 100mL 高氯酸，缓慢加入 900mL 硝酸中，混匀。

（2）硝酸溶液（1+99）：取 10mL 硝酸，缓慢加入 990mL 水中，混匀。

3. 标准品

金属锰标准品（Mn）：纯度大于 99.99%。

4. 标准溶液配制

（1）锰标准储备液（1 000mg/L）：准确称取金属锰 1g（精确至 0.000 1g），加入硝酸溶解并移入 1 000mL 容量瓶中，加硝酸溶液至刻度，混匀，贮存于聚乙烯瓶内，4℃下保存，或使用经国家认证并授予标准物质证书的标准溶液。

（2）锰标准工作液（10.0mg/L）：准确吸取 1.0mL 锰标准储备液于 100mL 容量瓶中，用硝酸溶液稀释至刻度，贮存于聚乙烯瓶中，4℃下保存。

（3）锰标准系列工作液：准确吸取 0mL、0.1mL、1.0mL、2.0mL、4.0mL、8.0mL 锰标准工作液于 100mL 容量瓶中，用硝酸溶液定容至刻度，混匀。此标准系列工作液中锰的质量浓度分别为 0mg/L、0.010mg/L、0.100mg/L、0.200mg/L、0.400mg/L、0.800mg/L，亦可依据实际样品溶液中锰浓度，适当调整标准溶液浓度范围。

（三）仪器和设备

（1）原子吸收光谱仪：配火焰原子化器、锰空心阴极灯。

（2）分析天平：感量为 0.1mg 和 1.0mg。

（3）分析用钢瓶乙炔气和空气压缩机。

（4）样品粉碎设备：匀浆机、高速粉碎机。

（5）马弗炉。

（6）可调式控温电热板。

（7）可调式控温电热炉。

（8）微波消解仪：配有聚四氟乙烯消解内罐。

（9）恒温干燥箱。

（10）压力消解罐：配有聚四氟乙烯消解内罐。

（四）分析步骤

1. 试样制备

干茶去除杂物后，用粉碎机粉碎，过 20 目筛，储于塑料瓶中，备用。

注：在采样和试样制备过程中，应避免试样污染。

2. 试样消解

（1）微波消解法：称取 0.2~0.5g（精确至 0.001g）试样于微波消解内罐中，加入 5~10mL 硝酸，加盖放置 1h 或过夜，旋紧外罐，置于微波消解仪中进行消解（消解条件参见表 A.1）。冷却后取出内罐，置于可调式控温电热板上，于 120~140℃ 赶酸至近干，用水定容至 25mL 或 50mL，混匀备用。同时做空白试验。

（2）压力罐消解法：称取 0.3~1g（精确至 0.001g）试样于聚四氟乙烯压力消解内罐中，加入 5mL 硝酸，加盖放置 1h 或过夜，旋紧外罐，置于恒温干燥箱中进行消解。冷却后取出内罐，置于可调式控温电热板上，于 120~140℃ 赶酸至近干，用水定容至 25mL 或 50mL，混匀备用。同时做空白试验。

（3）湿式消解法：称取 0.5~5g（精确至 0.001g）试样于玻璃或聚四氟乙烯消解器皿中，加入 10mL 混合酸，加盖放置 1h 或过夜，置于可调式控温电热板或电热炉上消解，若变棕黑色，冷却后再加混合酸，直至冒白烟，消化液呈无色透明或略带黄色，放冷，用水定容至 25mL 或 50mL，混匀备用。同时做空白试验。

（4）干式消解法：称取 0.5~5g（精确至 0.001g）试样于坩埚中，在电炉上微火炭化至无烟，置于（525±25）℃马弗炉中灰化 5~8h，冷却。若灰化不彻底有黑色炭粒，则冷却后滴加少许硝酸湿润，在电热板上干燥后，移入马弗炉中继续灰化成白色灰烬，冷却至室温后取出，用硝酸溶液溶解，并用水定容至 25mL 或 50mL，混匀备用。同时做空白试验。

3. 仪器参考条件

优化仪器至最佳状态，主要参考条件：吸收波长 279.5nm，狭缝宽度 0.2nm，灯电流 9mA，燃气流量 1.0L/min。

4. 标准曲线的制作

将标准系列工作液分别注入原子吸收光谱仪中，测定吸光度值，以标准工作液的浓度为横坐标，吸光度值为纵坐标，绘制标准曲线。

5. 试样溶液的测定

于测定标准曲线工作液相同的实验条件下，将空白和试样溶液注入原子吸收光谱仪中，测定锰的吸光值，根据标准曲线得到待测液中锰的浓度。

（五）分析结果的表述

试样中锰含量按下列公式计算：

$$X = \frac{(\rho - \rho_0) \times V \times f}{m}$$

式中：

X——试样中锰的含量，单位为毫克每千克（mg/kg）；

ρ——试样溶液中锰的质量浓度，单位为毫克每升（mg/L）；

ρ_0——空白溶液中锰的质量浓度，单位为毫克每升（mg/L）；

V——试样消化液的定容体积，单位为毫升（mL）；

f——样液稀释倍数；

m——试样称样量或移取体积，单位为克（g 或 mL）。

（六）精密度

在重复性条件下，获得的两次独立测定结果的绝对差值不得超过算术平均值的 10%。

（七）其他

以取样量 0.5g，定容至 25mL 计，本方法锰的检出限为 0.2mg/kg，定量限为 0.5mg/kg。

三十四、火焰原子吸收光谱法测定茶叶中钾、钠的含量

（一）原理

试样经消解处理后，注入原子吸收光谱仪中，火焰原子化后钾、钠分别吸收波长 766.5nm、589.0nm 共振线，在一定浓度范围内，其吸收值与钾、钠含量呈正比，与标准系列比较定量。

（二）试剂和材料

除非另有说明外，本方法所用试剂均为优级纯，水为 GB/T 6682—2008 规定的二级水。

1. 试剂

（1）硝酸（HNO_3）。

（2）高氯酸（$HClO_4$）。

（3）氯化铯（CsCl）。

2. 试剂配制

（1）混合酸 [高氯酸+硝酸（1+9）]：取 100mL 高氯酸，缓慢加入 900mL 硝酸中，混匀。

（2）硝酸溶液（1+99）：取 10mL 硝酸，缓慢加入 990mL 水中，混匀。

（3）氯化铯溶液（50g/L）：将 5.0g 氯化铯溶于水，用水稀释至 100mL。

3. 标准品

（1）氯化钾标准品（KCl）：纯度>99.99%。

（2）氯化钠标准品（NaCl）：纯度>99.99%。

4 标准溶液配制

（1）钾、钠标准储备液（1 000mg/L）：将氯化钾和氯化钠于烘箱中 110~120℃干燥 2h。精确称取 1.906 8g 氯化钾和 2.5421g 氯化钠，分别溶于水中，并移入 1 000mL 容量瓶中，稀释至刻度，混匀，贮存于聚乙烯瓶内，4℃下保存，或使用经国家认证并授予标准物质证书的标准溶液。

（2）钾、钠标准工作液（100mg/L）：准确吸取 10.0mL 钾或钠标准储备溶液于 100mL 容量瓶中，用水稀释至刻度，贮存于聚乙烯瓶中，于 4℃下保存。

（3）钾、钠标准系列工作液：准确吸取 0mL、0.1mL、0.5mL、1.0mL、2.0mL、4.0mL 钾标准工作液于 100mL 容量瓶中，加氯化铯溶液 4mL，用水定容至刻度，混匀。此标准系列工作液中钾质量浓度分别为 0mg/L、0.100mg/L、0.500mg/L、1.00mg/L、2.00mg/L、4.00mg/L，亦可依据实际样品溶液中钾浓度，适当调整标准溶液浓度范围。准确吸取 0mL、0.5mL、1.0mL、2.0mL、3.0mL、4.0mL 钠标准工作液于 100mL 容量瓶中，加氯化铯溶液 4mL，用水定容至刻度，混匀。此标准系列工作液中钠质量浓度分别为 0mg/L、0.500mg/L、1.00mg/L、2.00mg/L、3.00mg/L、4.00mg/L，亦可依据实际样品溶液中钠浓度，适当调整标准溶液浓度范围。

（三）仪器和设备

（1）原子吸收光谱仪：配有火焰原子化器及钾、钠空心阴极灯。

（2）分析天平：感量为 0.1mg 和 1.0mg。

（3）分析用钢瓶乙炔气和空气压缩机。

（4）样品粉碎设备：匀浆机、高速粉碎机。

（5）马弗炉。

（6）可调式控温电热板。

（7）可调式控温电热炉。

（8）微波消解仪：配有聚四氟乙烯消解内罐。

（9）恒温干燥箱。

（10）压力消解罐：配有聚四氟乙烯消解内罐。

（四）分析步骤

1. 试样制备

取有代表性试样 50~100g，粉碎，过 40 目筛。

2. 试样消解

（1）微波消解法：称取 0.2~0.5g（精确至 0.001g）试样于微波消解内罐中，加入 5~10mL 硝酸，加盖放置 1h 或过夜，旋紧外罐，置于微波消解仪中进行消解（消解条件参见表 A.1）。冷却后取出内罐，置于可调式控温电热炉上，于 120~140℃ 赶酸至近干，用水定容至 25mL 或 50mL，混匀备用。同时做空白试验。

（2）压力罐消解法：称取 0.3~1g（精确至 0.001g）试样于聚四氟乙烯压力消解内罐中，加入 5mL 硝酸，加盖放置 1h 或过夜，旋紧外罐，置于恒温干燥箱中进行消解（消解条件参见表 A.1）。冷却后取出内罐，置于可调式控温电热板上，于 120~140℃ 赶酸至近干，用水定容至 25mL 或 50mL，混匀备用。同时做空白试验。

（3）湿式消解法：称取 0.5~5g（精确至 0.001g）试样于玻璃或聚四氟乙烯消解器皿中，加入 10mL 混合酸，加盖放置 1h 或过夜，置于可调式控温电热板或电热炉上消解，若变棕黑色，冷却后再加混合酸，直至冒白烟，消化液呈无色透明或略带黄色，冷却，用水定容至 25mL 或 50mL，混匀备用。同时做空白试验。

（4）干式消解法：称取 0.5~5g（精确至 0.001g）试样于坩埚中，在电炉上微火炭化至无烟，置于（525±25）℃ 马弗炉中灰化 5~8h，冷却。若灰化不彻底有黑色炭粒，则冷却后滴加少许硝酸湿润，在电热板上干燥后，移入马弗炉中继续灰化成白色灰烬，冷却至室温取出，用硝酸溶液溶解，并用水定容至 25mL 或 50mL，混匀备用。同时做空白试验。

3. 仪器参考条件

优化仪器至最佳状态，仪器的主要条件参见表 4-22。

表 4-22 钾、钠火焰原子吸收光谱仪操作参考条件

元素	波长（nm）	狭缝（nm）	灯电流（mA）	燃气流量（L/min）	测定方式
K	766.5	0.5	8	1.2	吸收
Na	589.0	0.5	8	1.1	吸收

4. 标准曲线的制作

分别将钾、钠标准系列工作液注入原子吸收光谱仪中，测定吸光度值，以标准工作液的浓度为横坐标，吸光度值为纵坐标，绘制标准曲线。

5. 试样溶液的测定

根据试样溶液中被测元素的含量，需要时将试样溶液用水稀释至适当浓度，并在空白溶液和试样最终测定液中加入一定量的氯化铯溶液，使氯化铯浓度达到 0.2%。于测定标准曲线工作液相同的实验条件下，将空白溶液和测定液注入原子吸收光谱仪中，分别测定钾或钠的吸光值，根据标准曲线得到待测液中钾或钠的浓度。

（五）分析结果的表述

试样中钾、钠含量按下列公式计算：

$$X = \frac{(c - c_0) \times V \times f \times 100}{m \times 1\,000}$$

式中：

X——试样中被测元素含量，单位为毫克每百克（mg/100g）；

c——测定液中元素的质量浓度，单位为毫克每升（mg/L）；

c_0——测定空白试液中元素的质量浓度，单位为毫克每升（mg/L）；

V——样液体积，单位为毫升（mL）；

f——样液稀释倍数；

100、$1\,000$——换算系数；

m——试样称样量，单位为克（g）。

计算结果保留三位有效数字。

（六）精密度

在重复性条件下，获得的两次独立测定结果的绝对差值不得超过算术平均值的 10%。

（七）其他

以取样量 0.5g，定容至 25mL 计，本方法钾的检出限为 0.2mg/100g，定量限为 0.5mg/100g；钠的检出限为 0.8mg/100g，定量限为 3mg/100g。

三十五、火焰原子发射光谱法测定茶叶中钾、钠的含量

（一）原理

试样经消解处理后，注入火焰光度计或原子吸收光谱仪中，火焰原子化后分别测定钾、钠的发射强度。钾发射波长为 766.5nm，钠发射波长为 589.0nm，在一定浓度范围内，其发射值与钾、钠含量呈正比，与标准系列比较定量。

（二）试剂和材料

除非另有说明外，本方法所用试剂均为优级纯，水为 GB/T 6682—2008 规定的二级水。

1. 试剂

（1）硝酸（HNO_3）。

（2）高氯酸（$HClO_4$）。

2. 试剂配制

（1）混合酸［高氯酸+硝酸（1+9）］：取 100mL 高氯酸，缓慢加入 900mL 硝酸中，混匀。

（2）硝酸溶液（1+99）：取 10mL 硝酸，缓慢加入 990mL 水中，混匀。

3. 标准品

（1）氯化钾标准品（KCl）：纯度>99.99%。

（2）氯化钠标准品（NaCl）：纯度>99.99%。

4. 标准溶液配制

（1）钾、钠标准储备液（1 000mg/L）：将氯化钾或氯化钠于烘箱中 110~120℃干燥 2h。精确称取 1.906 8g 氯化钾或 2.5421g 氯化钠，分别溶于水中，并移入 1 000mL 容量瓶中，稀释至刻度，混匀，贮存于聚乙烯瓶内，于 4℃下保存，或使用经国家认证并授予标准物质证书的标准溶液。

（2）钾、钠标准工作液（100mg/L）：准确吸取 10.0mL 钾或钠标准储备溶液于 100mL 容量瓶中，用水稀释至刻度，贮存于聚乙烯瓶中，于 4℃下保存。

（3）钾、钠标准系列工作液：准确吸取 0mL、0.1mL、0.5mL、1.0mL、2.0mL、4.0mL 钾标准工作液于 100mL 容量瓶中，用水定容至刻度，混匀。此标准系列工作液中钾质量浓度分别为 0mg/L、0.100mg/L、0.500mg/L、1.00mg/L、2.00mg/L、4.00mg/L。准确吸取 0mL、0.5mL、1.0mL、2.0mL、3.0mL、4.0mL 钠标准工作液于 100mL 容量瓶中，用水定容至刻度，混匀。此标准系列工作液中钠质量浓度分别为 0mg/L、0.500mg/L、1.00mg/L、2.00mg/L、3.00mg/L、4.00mg/L。

（三）仪器和设备

（1）火焰光度计或原子吸收光谱仪（配发射功能）。

（2）分析天平：感量为 0.1mg 和 1.0mg。

（3）分析用钢瓶乙炔气和空气压缩机。

（4）样品粉碎设备：匀浆机、高速粉碎机。

（5）马弗炉。

（6）可调式控温电热板。

（7）可调式控温电热炉。

（8）微波消解仪：配有聚四氟乙烯消解内罐。

（9）恒温干燥箱。

（10）压力消解罐：配有聚四氟乙烯消解内罐。

（四）分析步骤

1. 试样制备

同"三十四、火焰原子吸收光谱法测定茶叶中钾、钠的含量"。

2. 试样消解

同"三十四、火焰原子吸收光谱法测定茶叶中钾、钠的含量"。

3. 仪器参考条件

优化仪器至最佳状态，仪器的主要条件参见表4-23。

表 4-23　钾、钠火焰原子发射光谱测定的仪器操作参考条件

元素	波长（nm）	狭缝（nm）	燃气流量（L/min）	测定方式
K	766.5	0.5	1.2	发射
Na	589.0	0.5	1.1	发射

4. 标准曲线的制作

分别将钾、钠标准系列工作液注入火焰光度计或原子吸收光谱仪中，测定发射强度，以标准工作液浓度为横坐标，发射强度为纵坐标，绘制标准曲线。

5. 试样溶液的测定

根据试样溶液中被测元素的含量，需要时将试样溶液用水稀释至适当浓度。将空白溶液和试样最终测定液注入火焰光度计或原子吸收光谱仪中，分别测定钾或钠的发射强度，根据标准曲线得到待测液中钾或钠的浓度。

（五）分析结果的表述

试样中钾、钠含量按下列公式计算：

$$X = \frac{(c - c_0) \times V \times f \times 100}{m \times 1\,000}$$

式中：

X——试样中被测元素含量，单位为毫克每百克（mg/100g）

c——测定液中元素的质量浓度，单位为毫克每升（mg/L）；

c_0——测定空白试液中元素的质量浓度，单位为毫克每升（mg/L）；

V——样液体积，单位为毫升（mL）；

f——样液稀释倍数；

100、1 000——换算系数；

m——试样的质量，单位为克（g）。

计算结果保留三位有效数字。

（六）精密度

在重复性条件下，获得的两次独立测定结果的绝对差值不得超过算术平均值的10%。

（七）其他

以取样量0.5g，定容至25mL计，本方法钾的检出限为0.2mg/100g，定量限为0.5mg/100g；钠的检出限为0.8mg/100g，定量限为3mg/100g。

第二节 前沿检测技术

一、X射线荧光光谱快速测定茶叶中多种元素

1. 原理

采用粉末压片法制备样品，利用X射线荧光光谱进行分析。满足现场、快速检测分析的要求。

2. 试剂和材料

茶叶、花草茶。

3. 仪器与设备

（1）X射线荧光光谱仪。

（2）分析天平：感量0.1mg和0.01g。

（3）粉碎机。

（4）压片机。

4. 试样制备与保存

将茶叶或者花草茶置于60℃的烘箱内烘干，用粉碎机将样品粉碎，过20目筛，混匀，保存于干燥皿中待测。

5. 测定步骤

（1）制样：称取 4.0g 粉末样品放入模具内，用硼酸垫底镶边，在 30t 压力下压制成内径 32mm 的圆形样片，待测。

（2）测定条件：X 射线荧光光谱仪条件见表 4-24。

表 4-24 X 射线荧光光谱仪仪器条件

温度	室温
光源	50kV X 光管
管压	30~60kV
管流	60~120mA

N、Na、Mg、Al、Si、P、S、Cl、K、Ca、Ti、Cr、Mn、Fe、Ni、Cu、Zn、Br、Rb、Sr 分析线选择 Kα 线；Ba、Pb 采用 Lα 线。

（3）定量测定：测定 Mg、P、S 用 Rh 靶 Lα 线的瑞利散射作为内标，Cl、K、Cr、Mn、Fe、Cu、Zn、Ba 用波长 0.187 6nm 处的散射线作内标，N、Br、Rb、Sr、Pb 用 Rh 靶 Kα 线的康普顿散射作内标。

6. 结果计算

（1）基体效应和谱线重叠干扰校正：采用数学校正模型（公式 1）进行校正。

$$C_i = D_i - \sum L_{im} Z_m + E_i R_i \left(1 + \sum_{j \neq 1} \alpha_{ij} Z_j + \right.$$

$$\left. \sum_{j-1}^{n} \frac{\beta_{ij}}{1 + \delta_{ij} C_i} \cdot Z_j + \sum_{j=1}^{N} \sum_{k=1}^{N} \gamma_{ijk} Z_j Z_k \right) \qquad （公式 1）$$

式中，C_i 为分析元素 i 的含量；D_i 为校准曲线截距；L_{im} 为干扰元素 m 对分析元素的谱线重叠干扰校正系数；Z_m 为干扰元素的含量（或计数率）；E_i 为校准曲线斜率；R_i 为分析元素的计数率（或与内标线的强度比）；Z_j 和 Z_k 为共存元素 j 和 k 的含量（或计数率）；N 为共存元素数目；α，β，δ 和 γ 为基体校正因子。谱线重叠干扰校正需通过标样，由公式 1 回归求得谱线重叠干扰校正系数。

（2）检出限、准确度和精密度：分析元素的检出限由公式 2 得到。

$$L_D = \frac{3\sqrt{2}}{m} \sqrt{\frac{I_b}{t}} \qquad （公式 2）$$

式中，m 是灵敏度；I_b 是背景强度；t 是总测量时间。

多种元素分析的检测限如表 4-25 所示。

表 4-25　各元素检出限

元素	检出限（μg/g）	元素	检出限（μg/g）
N	377.0	Cr	0.2
Na	2.2	Mn	0.6
Mg	4.9	Fe	1.8
Al	2.1	Ni	0.1
Si	2.1	Cu	0.3
P	2.6	Zn	0.4
S	2.5	Br	0.1
Cl	2.6	Rb	0.2
K	1.9	Sr	0.2
Ca	3.2	Ba	2.4
Ti	0.9	Pb	0.2

对标准样品 GBW10015 进行测量以评价测量的准确度，各元素的测量值和标准值符合较好。

任意挑选一个花草茶样品，对其重复测定 12 次，以 12 次测量的相对标准偏差来评价精密度，结果列于表 4-26。

表 4-26　各元素精密度

元素	RSD（%）	元素	RSD（%）
N	4.06	Cr	20.72
Na	6.77	Mn	2.13
Mg	8.30	Fe	1.51
Al	4.50	Ni	1.25
Si	4.98	Cu	2.97
P	5.08	Zn	1.69
S	1.86	Br	2.63
Cl	5.00	Rb	0.79
K	2.99	Sr	0.59
Ca	3.40	Ba	3.60
Ti	2.30	Pb	1.76

二、茶叶中砷价态的研究

（一）原理

利用硝酸—水溶液提取，离子色谱—电感耦合等离子体质谱（IC-ICP-MS）进行检测分析，建立了茶叶中砷酸根 As（Ⅴ）、亚砷酸根 As（Ⅲ）、一甲基砷（MMA）和二甲基砷（DMA）四种价态分析方法。

（二）试剂和材料

（1）甲醇：色谱纯。

（2）过氧化氢。

（3）碳酸铵。

（4）硝酸。

（5）超纯水。

（6）微孔过滤膜：0.45μm。

（7）亚砷酸钠 As（Ⅲ）、砷酸钠 As（Ⅴ）、一甲基砷酸钠（MMA）、二甲基砷酸（DMA）标准品，纯度≥99%。

（8）标准储备溶液：用超纯水配制 1.0mg/L 的混合 As（Ⅲ）、DMA、MMA 和 As（Ⅴ）（以砷计）砷形态储备液。

（9）工作液：使用超纯水逐级稀释配制，现用现配。

（三）仪器

（1）分析天平：感量 0.1mg 和 0.01g。

（2）Thermo Fisher XSeries Ⅱ型电感耦合等离子体质谱仪（美国 Thermo Fisher 公司）。

（3）ICS-3000 型离子色谱（美国 Thermo Fisher 公司）。

（4）Milli-Q 超纯水处理系统（美国 Millipore 公司）。

（5）DEENA Ⅱ样品全自动消解前处理系统（美国 Thomas Cain）。

（6）IR210 旋转蒸发仪（瑞士 Buchi 公司）。

（7）Z383K 型离心机（德国 Hermle 公司）。

（8）KQ-100 超声波清洗器（江苏省昆山市超声仪器有限公司）。

（9）Buchi Waterbath B-480 旋转蒸发仪（瑞士 Buchi 公司）。

（四）试样制备与保存

茶叶样品经粉碎机粉碎，过 20 目筛，混匀，密封，常温下保存。

（五）测定步骤

1. 砷总量的测定

准确称量 0.2g 左右（精确至 0.000 1g）茶叶样品于特氟龙消解罐中，加入 5mL 硝酸和 1mL 双氧水，微波消解，参数见表 4-27。消解结束后，将样品转移至干净的容量瓶中，稀释定容至 25mL，供 ICP-MS 测定。

表 4-27　微波消解仪工作条件

步骤	温度（℃）	升温速度（℃/min）	保持时间（min）
1	120	5	5
2	140	5	20
3	180	5	10

2. 不同形态砷的测定

准确称取粉碎的样品 1.00g 于 50mL 特氟龙消解罐中，加 10mL 的 0.2mol/L 硝酸溶液，混匀，90℃消解 2h，8 000r/min 离心 15min，取上清液过滤。用超纯水定容至 25mL，即可用于砷的形态分析。

3. 仪器工作条件

IC 条件：Dionex IonPac AS7（250mm×2mm）阴离子交换柱；流动相：A 为 5mol/L（NH₄）₂CO₃，B 为 100mol/L（NH₄）₂CO₃。二元梯度程序：0～2.5min，100% A；2.5～5min，100% B；5～15min，100% A；流速 0.3mL/min，进样体积 25μL（表 4-28）。

表 4-28　ICP-MS 工作参数

参数	设定值	参数	设定值
功率	1 400W	四极杆偏压	-6.5V
冷却气流速	13.0L/min	六极杆偏压	-8.5V
辅助气流速	0.88L/min	聚焦电压	9.22V
载气流速	1.12L/min	采集时间	800s
采样深度	150	碰撞气流量	3.0L/min

ICP-MS 条件：以 1.0μg/L 的 ^{7}Li、^{59}Co、^{115}In、^{238}U 调谐液进行仪器条件最佳化选择，使 1.0μg/L 的 ^{115}In 和 ^{238}U 的计数分别大于 $4.0×10^4$ cps 和 $8.0×10^4$ cps 以进行全质量范围内质量校正。氧化物比率 CeO$^+$/Ce$^+$≤0.5%，双电荷比率 Ba^{++}/Ba$^+$≤2%；由

于 ^{35}Cl 和仪器所用的高纯载气（氩气）易形成 ^{75}ClAr$^+$，干扰 ^{75}As 的测定，因此，采用时间 CCT 模式，用以消除 ^{75}ClAr$^+$ 干扰。ICP-MS 的工作参数分别见表 4-27。

（六）结果与计算

由保留时间定性，峰面积定量。绘制标准曲线，外标法定量，计算各个砷形态的含量。

$$X_i = c_i \times \frac{V}{m} \times 1\,000$$

式中：

X_i——试样中被测组分残的含量，单位为微克每千克（$\mu g/kg$）；

c_i——从标准曲线上得到的被测组分溶液浓度，单位为微克每毫升（$\mu g/mL$）；

V——样品溶液定容体积，单位为毫升（mL）；

m——样品溶液所代表试样的重量，单位为克（g）。

计算结果应扣除空白值，测定结果用平行测定的算术平均值表示，保留两位有效数字。

（七）检出限、准确性和精密度

将 s/n=3 时的样品浓度作为仪器检出限（LOD），s/n=10 时的样品浓度作为仪器定量下限（LOQ）。结果如表 4-29 所示，4 种砷形态在 0.5~25μg/L 范围内呈良好的线性关系（$R^2 \geqslant 0.999$），As（Ⅲ）、As（Ⅴ）、MMA 和 DMA 4 种砷形态的检出限（LODs）分别为 0.2、0.1、0.3、0.3μg/L，定量下限（LOQs）分别为 0.5、0.3、0.5、0.6μg/L。对 1μg/L 砷混合标准溶液进行 24h 内和 48h 内相对标准偏差（RSD）的测定，得到 4 种砷形态的 24h 内 RSD（n=6）<1%，48h 内 RSD（n=3）<6%。

表 4-29　四种砷形态的线性、精密度、检出限和定量限

砷形态	线性范围（μg/L）	校正曲线	R^2	24h-RSD（%）	48h-RSD（%）	LODs（μg/L）	LOQs（μg/L）
As（Ⅴ）	0.5~25	$y = 31\,396.8x + 11\,695.9$	0.999	1.0	6.0	0.1	0.3
As（Ⅲ）	0.5~25	$y = 23\,195.8x + 970.0$	0.999	8	4.0	0.2	0.4
MMA	0.5~25	$y = 1\,348.1x + 503.7$	0.999	2.3	2.6	0.3	0.5
DMA	0.5~25	$y = 1\,394.7x + 3\,067.4$	0.999	2.4	2.8	0.3	0.6

（八）回收率

在 3 个加标水平下，测定 IC-ICP-MS 方法的回收率及稳定性，结果如表 4-30 所

示。4 种砷形态在 1.0、5.0 和 10.0μg/kg 三个加标水平下的回收率为 90.9% ~ 125.0%。实验重复 4 次，其相对标准偏差小于 7%。

表 4-30　四类茶中 4 种砷化合物的加标回收率（n=4）

茶类	砷形态	本底值（μg/kg）	加标量（μg/kg）	测定值（μg/kg）	回收率（%）
绿茶	As（V）	22.9	1.0/5.0/10.0	23.9/27.6/33.9	99.2/101.1/97.1
	As（Ⅲ）	ND	1.0/5.0/10.0	0.9/5.32/9.2	90.01/106.4/108.7
	MMA	ND	1.0/5.0/10.0	0.9/4.9/10.5	11/98.0/92/105.0
	DMA	ND	1.0/5.0/10.0	0.8/4.8/10.4	125.0/96.2/96.2
红茶	As（V）	31.0	1.0/5.0/10.0	32.8/36.1/41.4	100.8/101.3/104.2
	As（Ⅲ）	ND	1.0/5.0/10.0	1.1/4.8/10.7	110.0/96.0/107.0
	MMA	ND	1.0/5.0/10.0	0.9/4.8/9.5	90.9/96.2/105.0
	DMA	ND	1.0/5.0/10.0	0.9/4.8/9.5	90.9/96.2/95.0
砖茶	As（V）	72.1	1.0/5.0/10.0	73.1/76.9/169.0	96.3/96.6/96.9
	As（Ⅲ）	19.6	1.0/5.0/10.0	20.3/24.7/28.1	101.5/101.2/85.0
	MMA	ND	1.0/5.0/10.0	1.0/5.1/10.3	100.0/102.1/103.2
	DMA	ND	1.0/5.0/10.0	0.9/4.7/10.9	90.9/94.0/109.9
花茶	As（V）	175.0	1.0/5.0/10.0	176.1/180.3/185.4	105.1/106.2/104.2
	As（Ⅲ）	32.8	1.0/5.0/10.0	33.8/38.3/42.4	101.8/107.2/95.6
	MMA	4.0	1.0/5.0/10.0	4.9/8.7/13.6	93.9/93.2/95.7
	DMA	23.9	1.0/5.0/10.0	21.9/28.8/33.2	99.2/97.0/92.6

注：ND 表示未检出

第五章　茶叶农药残留检测

第一节　农药残留检测方法

一、气相色谱—质谱/质谱法测定茶叶中490种农药及相关化学品残留量

（一）原理

试样用乙腈均质提取，固相萃取柱净化，用乙腈—甲苯洗脱农药及相关化学品，气相色谱—质谱仪检测，内标法定量。

（二）试剂和材料

（1）乙腈：色谱纯。

（2）甲苯：优级纯。

（3）丙酮：分析纯，重蒸馏。

（4）二氯甲烷：色谱纯。

（5）正己烷：分析纯，重蒸馏。

（6）甲醇：色谱纯。

（7）无水硫酸钠：分析纯。650℃灼烧4h，贮藏于干燥器中，冷却后备用。

（8）乙腈—甲苯（3+1，体积比）。

（9）微孔过滤膜（尼龙）：13mm×0.2μm。

（10）内标溶液：准确称取3.5mg环氧七氯于100mL容量瓶中，用甲苯定容至刻度。

（11）农药及相关化学品和内标标准物质纯度≥95%，参见表5-1。

（12）农药及相关化学品标准溶液

①标准储备溶液：准确称取5~10mg（精确至0.1mg）农药及相关化学品各标准物分别于10mL容量瓶中，根据标准物的溶解性和测定的需要选甲苯、甲苯—丙酮混

合液、二氯甲烷或甲醇等溶剂溶解并定容至刻度（溶剂选择参见表5-1），标准储备溶液避光0~4℃保存，可使用一年。

表5-1　茶叶中490种农药及相关化学品中文与英文名称、方法检出限、
分组、溶剂选择和混合标准溶液浓度

序号	中文名称	英文名称	检出限（mg/kg）	溶剂	混合标准溶液浓度（μg/mL）
内标	环氧七氯	heptachlor-epoxide		甲苯	
			A 组		
1	二丙烯草胺	allidochlor	0.010 0	甲苯	5.0
2	烯丙酰草胺	dichlormid	0.010 0	甲苯	5.0
3	土菌灵	etridiazol	0.015 0	甲苯	7.0
4	氯甲硫磷	chlormephos	0.010 0	甲苯	5.0
5	苯胺灵	propham	0.005 0	甲苯	2.5
6	环草敌	cycloate	0.005 0	甲苯	2.5
7	联苯二胺	diphenylamine	0.005 0	甲苯	2.5
8	杀虫脒	chlordimeform	0.005 0	正己烷	2.5
9	乙丁烯氟灵	ethalfluralin	0.020 0	甲苯	10.0
10	甲拌磷	phorate	0.005 0	甲苯	2.5
11	甲基乙拌磷	thiometon	0.005 0	甲苯	2.5
12	五氯硝基苯	quintozene	0.010 0	甲苯	5.0
13	脱乙基阿特拉津[a]	atrazine-desethyl	0.005 0	甲苯+丙酮（8+2）	2.5
14	异噁草松	clomazone	0.005 0	甲苯	2.5
15	二嗪磷	diazinon	0.005 0	甲苯	2.5
16	地虫硫磷	fonofos	0.005 0	甲苯	2.5
17	乙嘧硫磷	etrimfos	0.005 0	甲苯	2.5
18	胺丙畏	propetamphos	0.005 0	甲苯	2.5
19	密草通	secbumeton	0.005 0	甲苯	2.5
20	炔丙烯草胺	pronamide	0.005 0	甲苯+丙酮（9+1）	2.5
21	除线磷	dichlofenthion	0.005 0	甲苯	2.5
22	兹克威	mexacarbate	0.015 0	甲苯	7.5
23	乐果[a]	dimethoate	0.020 0	甲苯	10.0

（续表）

序号	中文名称	英文名称	检出限（mg/kg）	溶剂	混合标准溶液浓度（μg/mL）
24	氨氟灵	dinitramine	0.020 0	甲苯	10.0
25	艾氏剂	aldrin	0.010 0	甲苯	5.0
26	皮蝇磷	ronnel	0.010 0	甲苯	5.0
27	扑草净	prometryne	0.005 0	甲苯	2.5
28	环丙津	cyprazine	0.005 0	甲苯+丙酮（9+1）	2.5
29	乙烯菌核利	vinclozolin	0.005 0	甲苯	2.5
30	β-六六六	*beta*-HCH	0.005 0	甲苯	2.5
31	甲霜灵	metalaxyl	0.015 0	甲苯	7.5
32	甲基对硫磷	methyl-parathion	0.020 0	甲苯	10.0
33	毒死蜱	chlorpyrifos（-ethyl）	0.005 0	甲苯	2.5
34	δ-六六六	*delta*-HCH	0.010 0	甲苯	5.0
35	蒽醌ª	anthraquinone	0.012 5	二氯甲烷	2.5
36	倍硫磷	fenthion	0.005 0	甲苯	2.5
37	马拉硫磷	malathion	0.020 0	甲苯	10.0
38	对氧磷	paraoxon-ethyl	0.160 0	甲苯	80.0
39	杀螟硫磷	fenitrothion	0.010 0	甲苯	5.0
40	三唑酮	triadimefon	0.010 0	甲苯	5.0
41	利谷隆	linuron	0.020 0	甲苯+丙酮（9+1）	10.0
42	二甲戊灵	pendimethalin	0.020 0	甲苯	10.0
43	杀螨醚	chlorbenside	0.010 0	甲苯	5.0
44	乙基溴硫磷	bromophos-ethyl	0.005 0	甲苯	2.5
45	喹硫磷	quinalphos	0.005 0	甲苯	2.5
46	反式氯丹	trans-chlordane	0.005 0	甲苯	2.5
47	稻丰散	phenthoate	0.010 0	甲苯	5.0
48	吡唑草胺	metazachlor	0.015 0	甲苯	7.5
49	丙硫磷	prothrophos	0.005 0	甲苯	2.5
50	整形醇	chlorfurenol	0.015 0	甲苯+丙酮（9+1）	7.5
51	腐霉利	procymidone	0.005 0	甲苯	2.5
52	狄氏剂	dieldrin	0.010 0	甲苯	5.0

（续表）

序号	中文名称	英文名称	检出限（mg/kg）	溶剂	混合标准溶液浓度（μg/mL）
53	杀扑磷	methidathion	0.025 0	甲苯	5.0
54	敌草胺	napropamide	0.015 0	甲苯+丙酮（8+2）	7.5
55	氰草津	cyanazine	0.015 0	甲苯	7.5
56	噁草酮	oxadiazone	0.005 0	甲苯	2.5
57	苯线磷	fenamiphos	0.015 0	甲苯	7.5
58	杀螨氯硫	tetrasul	0.005 0	甲苯	2.5
59	乙嘧酚磺酸酯	bupirimate	0.005 0	甲苯	2.5
60	氟酰胺	flutolanil	0.005 0	甲苯	2.5
61	萎锈灵[a]	carboxin	0.015 0	甲苯	60.0
62	p，p′-滴滴滴	p，p′-DDD	0.005 0	甲苯	2.5
63	乙硫磷	ethion	0.010 0	甲苯	5.0
64	乙环唑-1	etaconazole-1	0.015 0	甲苯	7.5
65	硫丙磷	sulprofos	0.010 0	甲苯	5.0
66	乙环唑-2	etaconazole-2	0.015 0	甲苯	7.5
67	腈菌唑	myclobutanil	0.005 0	甲苯	2.5
68	丰索磷	fensulfothion	0.025 0	甲苯	5.0
69	禾草灵	diclofop-methyl	0.005 0	甲苯	2.5
70	丙环唑-1	propiconazole-1	0.015 0	甲苯	7.5
71	丙环唑-2	propiconazole-2	0.015 0	甲苯	7.5
72	联苯菊酯	bifenthrin	0.005 0	正己烷	2.5
73	灭蚁灵	mirex	0.005 0	甲苯	2.5
74	丁硫克百威	carbosulfan	0.015 0	甲苯	7.5
75	氟苯嘧啶醇	nuarimol	0.010 0	甲苯+丙酮（9+1）	5.0
76	麦锈灵	benodanil	0.015 0	甲苯	7.5
77	甲氧滴滴涕	methoxychlor	0.005 0	甲苯	20.0
78	噁霜灵	oxadixyl	0.005 0	甲苯	2.5
79	戊唑醇	tebuconazole	0.037 5	甲苯	7.5
80	胺菊酯	tetramethirn	0.012 5	甲苯	5.0
81	氟草敏	norflurazon	0.005 0	甲苯+丙酮（9+1）	2.5

（续表）

序号	中文名称	英文名称	检出限 （mg/kg）	溶剂	混合标准溶液 浓度（μg/mL）
82	哒嗪硫磷	pyridaphenthion	0.005 0	甲苯	2.5
83	三氯杀螨砜	tetradifon	0.005 0	甲苯	2.5
84	顺式-氯菊酯	cis-permethrin	0.005 0	甲苯	2.5
85	吡菌磷	pyrazophos	0.010 0	甲苯	5.0
86	反式-氯菊酯	trans-permethrin	0.012 5	甲苯	2.5
87	氯氰菊酯	cypermethrin	0.015 0	甲苯	7.5
88	氰戊菊脂-1	fenvalerate-1	0.020 0	甲苯	10.0
90	氰戊菊酯-2	fenvalerate-2	0.020 0	甲苯	10.0
90	溴氰菊酯	deltamethrin	0.0750	甲苯	15.0
B 组					
91	茵草敌	EPTC	0.015 0	甲苯	7.5
92	丁草敌	butylate	0.015 0	甲苯	7.5
93	敌草腈[a]	dichlobenil	0.001 0	甲苯	0.5
94	克草敌	pebulate	0.015 0	甲苯	7.5
95	三氯甲基吡啶[a]	nitrapyrin	0.015 0	甲苯	7.5
96	速灭磷	mevinphos	0.010 0	甲苯	5.0
97	氯苯甲醚	chloroneb	0.005 0	甲苯	2.5
98	四氯硝基苯	tecnazene	0.010 0	甲苯	5.0
99	庚烯磷	heptanophos	0.015 0	甲苯	7.5
100	灭线磷	ethoprophos	0.015 0	甲苯	7.5
101	六氯苯[a]	hexachlorobenzene	0.005 0	甲苯	2.5
102	毒草胺	propachlor	0.015 0	甲苯	7.5
103	顺式-燕麦敌	cis-diallate	0.010 0	甲苯	5.0
104	氟乐灵	trifluralin	0.010 0	甲苯	5.0
105	反式-燕麦敌	trans-diallate	0.010 0	甲苯	5.0
106	氯苯胺灵	chlorpropham	0.010 0	甲苯	5.0
107	治螟磷	sulfotep	0.005 0	甲苯	2.5
108	菜草畏	sulfallate	0.010 0	甲苯	5.0
109	α-六六六	alpha-HCH	0.005 0	甲苯	2.5

（续表）

序号	中文名称	英文名称	检出限（mg/kg）	溶剂	混合标准溶液浓度（μg/mL）
110	特丁硫磷	terbufos	0.010 0	甲苯	5.0
111	环丙氟灵	profluralin	0.020 0	甲苯	10.0
112	敌噁磷	dioxathion	0.050 0	甲苯	10.0
113	扑灭津	propazine	0.005 0	甲苯	2.5
114	氯炔灵	chlorbufam	0.025 0	甲苯	5.0
115	氯硝铵	dicloran	0.010 0	甲苯	5.0
116	特丁津	terbuthylazine	0.012 5	甲苯	2.5
117	绿谷隆	monolinuron	0.020 0	甲苯	10.0
118	杀螟腈	cyanophos	0.010 0	甲苯	5.0
119	氟虫脲	flufenoxuron	0.015 0	甲苯	7.5
120	甲基毒死蜱	chlorpyrifos-methyl	0.005 0	甲苯	2.5
121	敌草净	desmetryn	0.005 0	甲苯	2.5
122	二甲草胺	dimethachlor	0.015 0	甲苯	7.5
123	甲草胺	alachlor	0.015 0	甲苯	7.5
124	甲基嘧啶磷	pirimiphos-methyl	0.005 0	甲苯	2.5
125	特丁净	terbutryn	0.010 0	甲苯	5.0
126	丙硫特普	aspon	0.010 0	甲苯	5.0
127	杀草丹	thiobencarb	0.010 0	甲苯	5.0
128	三氯杀螨醇	dicofol	0.010 0	甲苯	5.0
129	异丙甲草胺	metolachlor	0.005 0	甲苯	2.5
130	嘧啶磷	pirimiphos-ethyl	0.010 0	甲苯	5.0
131	氧化氯丹	oxy-chlordane	0.012 5	甲苯	2.5
132	苯氟磺胺[a]	dichlofluanid	0.030 0	甲苯+丙酮（9+1）	120.0
133	烯虫酯	methoprene	0.020 0	甲苯	10.0
134	溴硫磷	bromofos	0.010 0	甲苯	5.0
135	乙氧呋草黄	ethofumesate	0.010 0	甲苯	5.0
136	异丙乐灵	isopropalin	0.010 0	甲苯	5.0
137	敌稗	propanil	0.010 0	甲苯	5.0
138	育畜磷	crufomate	0.030 0	甲苯	15.0

（续表）

序号	中文名称	英文名称	检出限（mg/kg）	溶剂	混合标准溶液浓度（μg/mL）
139	异柳磷	isofenphos	0.010 0	甲苯	5.0
140	硫丹-1	endosulfan-1	0.030 0	甲苯	15.0
141	毒虫畏	chlorfenvinphos	0.015 0	甲苯	7.5
142	甲苯氟磺胺[a]	tolylfluanide	0.015 0	甲苯	60.0
143	顺式-氯丹	cis-chlordane	0.010 0	甲苯	5.0
144	丁草胺	butachlor	0.010 0	甲苯	5.0
145	乙菌利[a]	chlozolinate	0.010 0	甲苯	5.0
146	p，p'-滴滴伊	p，p'-DDE	0.005 0	甲苯	2.5
147	碘硫磷	iodofenphos	0.010 0	甲苯	5.0
148	杀虫畏	tetrachlorvinphos	0.015 0	甲苯	7.5
149	丙溴磷	profenofos	0.030 0	甲苯	15.0
150	噻嗪酮	buprofezin	0.010 0	甲苯	5.0
151	己唑醇	hexaconazole	0.030 0	甲苯	15.0
152	o，p'-滴滴滴	o，p'-DDD	0.005 0	甲苯	2.5
153	杀螨酯	chlorfenson	0.010 0	甲苯	5.0
154	氟咯草酮	fluorochloridone	0.010 0	甲苯	5.0
155	异狄氏剂	endrin	0.060 0	甲苯	30.0
156	多效唑	paclobutrazol	0.015 0	甲苯	7.5
157	o，p'-滴滴涕	o，p'-DDT	0.010 0	甲苯	5.0
158	盖草津	methoprotryne	0.015 0	甲苯	7.5
159	丙酯杀螨醇	chlorpropylate	0.005 0	甲苯	2.5
160	麦草氟甲酯	flamprop-methyl	0.005 0	甲苯+丙酮（8+2）	2.5
161	除草醚	nitrofen	0.030 0	甲苯	15.0
162	乙氧氟草醚	oxyfluorfen	0.020 0	甲苯	10.0
163	虫螨磷	chlorthiophos	0.015 0	甲苯	7.5
164	麦草氟异丙酯	flamprop-isopropyl	0.005 0	甲苯	2.5
165	三硫磷	carbofenothion	0.010 0	甲苯	5.0
166	p，p'-滴滴涕	p，p'-DDT	0.010 0	甲苯	5.0
167	苯霜灵	benalaxyl	0.005 0	甲苯	2.5

（续表）

序号	中文名称	英文名称	检出限（mg/kg）	溶剂	混合标准溶液浓度（μg/mL）
168	敌瘟磷	edifenphos	0.010 0	甲苯	5.0
169	三唑磷	triazophos	0.015 0	甲苯	7.5
170	苯腈磷	cyanofenphos	0.005 0	甲苯	2.5
171	氯杀螨砜	chlorbensidesulfone	0.010 0	甲苯	5.0
172	硫丹硫酸盐	endosulfan-sulfate	0.015 0	甲苯	7.5
173	溴螨酯	bromopropylate	0.010 0	甲苯	5.0
174	新燕灵	benzoylprop-ethyl	0.015 0	甲苯	7.5
175	甲氰菊酯	fenpropathrin	0.010 0	甲苯	5.0
176	苯硫膦	EPN	0.020 0	甲苯	10.0
177	环嗪酮	hexazinone	0.015 0	甲苯	7.5
178	溴苯磷	leptophos	0.010 0	甲苯	5.0
179	治草醚	bifenox	0.010 0	甲苯	5.0
180	伏杀硫磷	phosalone	0.010 0	甲苯	5.0
181	保棉磷	azinphos-methyl	0.075 0	甲苯	15.0
182	氯苯嘧啶醇	fenarimol	0.010 0	甲苯	5.0
183	益棉磷	azinphos-ethyl	0.025 0	甲苯	5.0
184	氟氯氰菊酯	cyfluthrin	0.120 0	甲苯	30.0
185	咪鲜胺	prochloraz	0.060 0	甲苯	15.0
186	蝇毒磷	coumaphos	0.030 0	甲苯	15.0
187	氟胺氰菊酯	fluvalinate	0.060 0	甲苯	30.0
C 组					
188	敌敌畏[a]	dichlorvos	0.030 0	甲苯	15.0
189	联苯	biphenyl	0.005 0	甲苯	2.5
190	霜霉威[a]	propamocarb	0.015 0	甲苯	7.5
191	灭草敌	vernolate	0.005 0	甲苯	2.5
192	3，5-二氯苯胺[a]	3，5-dichloroaniline	0.012 5	甲苯	2.5
193	虫螨畏	methacrifos	0.005 0	甲苯	2.5
194	禾草敌	molinate	0.012 5	甲苯	2.5
195	邻苯基苯酚	2-phenylphenol	0.005 0	甲苯	2.5

（续表）

序号	中文名称	英文名称	检出限（mg/kg）	溶剂	混合标准溶液浓度（μg/mL）
196	四氢邻苯二甲酰亚胺[a]	cis-1, 2, 3, 6-tetrahydro-phthalimide	0.015 0	甲醇	7.5
197	仲丁威	fenobucarb	0.010 0	甲苯	5.0
198	乙丁氟灵	benfluralin	0.005 0	甲苯	2.5
199	氟铃脲	hexaflumuron	0.030 0	甲苯	15.0
200	扑灭通	prometon	0.015 0	甲苯	7.5
201	野麦畏	triallate	0.010 0	环己烷	5.0
202	嘧霉胺	pyrimethanil	0.005 0	甲苯	2.5
203	林丹	gamma-HCH	0.010 0	甲苯	5.0
204	乙拌磷	disulfoton	0.005 0	甲苯	2.5
205	莠去净	atrizine	0.005 0	甲苯	2.5
206	异稻瘟净	iprobenfos	0.015 0	甲苯	7.5
207	七氯	heptachlor	0.015 0	甲苯	7.5
208	氯唑磷	isazofos	0.010 0	甲苯	5.0
209	三氯杀虫酯	phfenate	0.005 0	甲苯	5.0
210	氯乙氟灵	fluchloralin	0.020 0	环己烷	10.0
211	四氯苯菊酯	transfluthrin	0.005 0	甲苯	2.5
212	丁苯吗啉	fenpropimorph	0.010 0	甲苯	2.5
213	甲基立枯磷	tolclofos-methyl	0.005 0	甲苯	2.5
214	异丙草胺	propisochlor	0.005 0	甲苯	2.5
215	溴谷隆	metobromuron	0.030 0	甲苯	15.0
216	莠灭净	ametryn	0.015 0	甲苯+丙醇（9+1）	7.5
217	嗪草酮	metribuzin	0.015 0	甲苯	7.5
218	异丙净	dipropetryn	0.005 0	甲苯	2.5
219	安硫磷	formothion	0.025 0	甲苯	5.0
220	乙霉威	diethofencarb	0.030 0	甲苯	15.0
221	哌草丹	dimepiperate	0.010 0	甲苯	5.0
222	生物烯丙菊酯-1	bioallethrin-1	0.050 0	甲苯	10.0
223	生物烯丙菊酯-2	bioallethrin-2	0.050 0	甲苯	10.0
224	芬螨酯	fenson	0.005 0	甲苯	2.5

（续表）

序号	中文名称	英文名称	检出限（mg/kg）	溶剂	混合标准溶液浓度（μg/mL）
225	o, p′-滴滴伊	o, p′-DDE	0.012 5	甲苯	2.5
226	双苯酰草胺	diphenamid	0.005 0	甲苯	2.5
227	戊菌唑	penconazole	0.015 0	甲苯	7.5
228	四氟醚唑	tatraconazole	0.015 0	甲苯	7.5
229	灭蚜磷	mecarbam	0.020 0	甲苯	10.0
230	丙虫磷	propaphos	0.010 0	甲苯	5.0
231	氟节胺	flumetralin	0.010 0	环己烷	5.0
232	三唑醇-1	triadimenol-1	0.015 0	甲苯	7.5
233	三唑醇-2	triadimenol-2	0.037 5	甲苯	7.5
234	丙草胺	pretilachlor	0.010 0	甲苯	5.0
235	亚胺菌	kresoxim-methyl	0.005 0	甲苯	2.5
236	吡氟禾草灵	fluazifop-butyl	0.005 0	环己烷	2.5
237	氟啶脲[a]	chlorfluazuron	0.015 0	甲苯	7.5
238	乙酯杀螨醇	chlorobenzilate	0.005 0	甲苯	2.5
239	氟哇唑	flusilazole	0.015 0	甲苯	7.5
240	三氟硝草醚	fluorodifen	0.005 0	甲苯	2.5
241	烯唑醇	diniconazole	0.015 0	甲苯	7.5
242	增效醚	piperonylbutoxide	0.005 0	甲苯	2.5
243	噁唑隆	dimefuron	0.020 0	甲苯	10.0
244	炔螨特	propargite	0.012 5	甲苯	5.0
245	灭锈胺	mepronil	0.005 0	甲苯	2.5
246	吡氟酰草胺	diflufenican	0.005 0	乙酸乙酯	2.5
247	咯菌腈[a]	fludioxonil	0.012 5	甲苯	2.5
248	喹螨醚	fenazaquin	0.005 0	甲苯	2.5
249	苯醚菊酯	phenothrin	0.012 5	甲苯	2.5
250	双甲脒[a]	amitraz	0.015 0	甲苯	7.5
251	莎稗磷	anilofos	0.010 0	甲苯	5.0
252	高效氯氟氰菊酯	*lambda*-cyhalothrin	0.005 0	甲苯	2.5
253	苯噻酰草胺	mefenacet	0.015 0	甲苯	7.5

（续表）

序号	中文名称	英文名称	检出限（mg/kg）	溶剂	混合标准溶液浓度（μg/mL）
254	氯菊酯	permethrin	0.010 0	甲苯	5.0
255	哒螨灵	pyridaben	0.005 0	甲苯	2.5
256	乙羧氟草醚	fluoroglycofen-ethyl	0.060 0	甲苯	30.0
257	联苯三唑醇	bitertanol	0.015 0	甲苯	7.5
258	醚菊酯	etofenprox	0.012 5	甲苯	2.5
259	α-氯氰菊酯	*alpha*-cypermethrin	0.025 0	甲苯	5.0
260	氟氰戊菊酯-1	flucythrinate-1	0.010 0	甲苯+丙醇（8+2）	5.0
261	氟氰戊菊酯-2	flucythrinate-2	0.010 0	甲苯	5.0
262	S-氰戊菊酯	esfenvalerate	0.020 0	甲苯	10.0
263	苯醚甲环唑-2	difenconazole-2	0.030 0	甲苯	15.0
264	苯醚甲环唑-1	difenconazole-1	0.030 0	甲苯+丙醇（8+2）	15.0
265	丙炔氟草胺	flumioxazin	0.010 0	甲苯	5.0
266	氟烯草酸	flumiclorac-pentyl	0.010 0	甲苯	5.0
D 组					
267	甲氟磷[a]	dimefox	0.015 0	甲苯	7.5
268	乙拌磷亚砜	disulfoton-sulfoxide	0.010 0	甲苯	5.0
269	五氯苯	pentachlorobenzene	0.005 0	甲苯	2.5
270	鼠立死	crimidine	0.005 0	甲苯	2.5
271	4-溴-3，5-二甲苯基-N-甲基氨基甲酸酯-1	BDMC-1	0.010 0	甲苯+丙醇（8+2）	5.0
272	燕麦酯	chlorfenprop-methyl	0.005 0	甲苯	2.5
273	虫线磷	thionazin	0.005 0	甲苯	2.5
274	2，3，5，6-四氯苯胺	2，3，5，6-tetrachloroaniline	0.005 0	甲苯	2.5
275	三正丁基磷酸盐	tri-N-bytylphosphate	0.010 0	甲苯	5.0
276	2，3，4，5-四氯甲氧基苯	2，3，4，5-tetrachloroanisole	0.500 0	甲苯+丙醇（8+2）	2.5
277	五氯甲氧基苯	pentachloroanisole	0.005 0	甲苯	2.5
278	牧草胺	tebutam	0.010 0	甲苯	5.0

（续表）

序号	中文名称	英文名称	检出限 （mg/kg）	溶剂	混合标准溶液 浓度（μg/mL）
279	甲基苯噻隆	methabenzthiazuron	0.050 0	甲苯	25.0
280	脱异丙基莠去津	desisopropyl-atrazine	0.040 0	甲苯+丙醇（8+2）	20.0
281	西玛通	simetone	0.010 0	甲苯	5.0
282	阿特拉通	atratone	0.012 5	甲苯	2.5
283	七氟菊酯	tefluthrin	0.005 0	甲苯	2.5
284	溴烯杀	bromocylen	0.005 0	甲苯	2.5
285	草打津	trietazine	0.005 0	甲苯	2.5
286	2，6- 二氯苯甲酰胺	2，6- dichlorobenzamide	0.010 0	甲苯	5.0
287	环秀隆	cycluron	0.015 0	甲苯	7.5
288	2，4，4'- 三氯联苯	de-PCB28	0.005 0	甲苯	2.5
289	2，4，5-三氯联苯	de-PCB31	0.005 0	甲苯	2.5
290	脱乙基另丁津	desethyl-sebuthylazine	0.010 0	甲苯	5.0
291	2，3，4，5- 四氯苯胺	2，3，4，5- tetrachloroaniline	0.010 0	甲苯	5.0
292	合成麝香	muskambrette	0.005 0	甲苯	2.5
293	二甲苯麝香	muskxylene	0.005 0	甲苯	2.5
294	五氯苯胺	pentachloroaniline	0.005 0	甲苯	2.5
295	叠氮津	aziprotryne	0.040 0	甲苯	20.0
296	丁咪酰胺	isocarbamid	0.025 0	甲苯	12.5
297	另丁津	sebutylazine	0.005 0	甲苯	2.5
298	麝香	muskmoskene	0.005 0	甲苯	2.5
299	2，2'，5，5'- 四氯联苯	de-PCB52	0.005 0	甲苯+丙醇（8+2）	2.5
300	苄草丹	prosulfocarb	0.005 0	甲苯	2.5
301	二甲吩草胺	dimethenamid	0.005 0	甲醇	2.5
302	4-溴-3，5-二甲 苯基-N-甲基氨 基甲酸酯-2	BDMC-2	0.025 0	甲苯	5.0
303	庚酰草胺	monalide	0.010 0	甲苯	5.0
304	西藏麝香	musktibeten	0.005 0	甲苯+丙醇（8+2）	2.5

（续表）

序号	中文名称	英文名称	检出限（mg/kg）	溶剂	混合标准溶液浓度（μg/mL）
305	碳氯灵	isobenzan	0.005 0	甲苯	2.5
306	八氯苯乙烯	octachlorostyrene	0.005 0	甲苯	2.5
307	异艾氏剂	isodrin	0.005 0	甲苯	2.5
308	丁嗪草酮	isomethiozin	0.010 0	甲苯	5.0
309	敌草索	dacthal	0.005 0	甲苯	2.5
310	4，4'-二氯二苯甲酮	4，4'-dichlorobenzophenone	0.005 0	甲苯	2.5
311	酞菌酯	nitrothal-isopropyl	0.010 0	甲苯	5.0
312	吡咪唑	rabenzazole	0.005 0	甲苯	2.5
313	嘧菌环胺	cyprodinil	0.005 0	甲苯	2.5
314	氧异柳磷	isofenphosoxon	0.010 0	甲苯+丙醇（8+2）	5.0
315	麦穗灵	fuberidazole	0.025 0	甲苯	12.5
316	异氯磷	dicapthon	0.025 0	甲苯	12.5
317	2-甲-4氯丁氧乙基酯	*mcpa*-butoxyethylester	0.005 0	甲苯+丙醇（8+2）	2.5
318	2，2'，4，5，5'-五氯联苯	*de*-PCB101	0.005 0	甲苯	2.5
319	水胺硫磷	isocarbophos	0.010 0	甲苯	5.0
320	甲拌磷砜	phoratesulfone	0.005 0	甲苯	2.5
321	杀螨醇	chlorfenethol	0.005 0	甲苯	2.5
322	反式九氯	*trans*-nonachlor	0.005 0	甲苯	2.5
323	脱叶磷	DEF	0.010 0	甲苯	5.0
324	氟咯草酮	flurochloridone	0.010 0	甲苯+丙醇（9+1）	5.0
325	溴苯烯磷	bromfenvinfos	0.005 0	甲苯	2.5
326	乙滴涕	perthane	0.012 5	甲苯	2.5
327	2，3，4，4'，5-五氯联苯	*de*-PCB118	0.005 0	甲苯	2.5
328	地胺磷	mephosfolan	0.010 0	甲苯	5.0
329	4，4'-二溴二苯甲酮	4，4'-dibromobenzophenone	0.005 0	甲苯	2.5
330	粉唑醇	flutriafol	0.010 0	甲苯	5.0

（续表）

序号	中文名称	英文名称	检出限（mg/kg）	溶剂	混合标准溶液浓度（μg/mL）
331	2, 2′, 4, 4′, 5, 5′-六氯联苯	*de*-PCB153	0.005 0	甲苯	2.5
332	苄氯三唑醇	diclobutrazolea	0.020 0	甲苯	10.0
333	乙拌磷砜[a]	disulfotonsulfone	0.025 0	甲苯	5.0
334	噻螨酮	hexythiazox	0.040 0	甲苯+丙醇（9+1）	20.0
335	2, 2′, 3, 4, 4′, 5, -六氯联苯	*de*-PCB138	0.012 5	甲苯	2.5
336	环丙唑	cyproconazole	0.012 5	甲苯	2.5
337	苄呋菊酯-1	resmethrin-1	0.025 0	甲苯+丙醇（8+2）	40.0
338	苄呋菊酯-2	resmethrin-2	0.025 0	甲苯	40.0
339	酞酸甲苯基丁酯	phthalicacid, benzylbutylester	0.005 0	甲苯	2.5
340	炔草酸	clodinafop-propargyl	0.010 0	甲苯	5.0
341	倍硫磷亚砜	fenthionsulfoxide	0.050 0	甲苯+丙醇（8+2）	10.0
342	三氟苯唑	fluotrimazole	0.005 0	甲苯	2.5
343	氟草烟-1-甲庚酯	fluroxypr-1-methylheptylester	0.005 0	甲苯+丙醇（8+2）	2.5
344	倍硫磷砜	fenthionsulfone	0.020 0	甲苯	10.0
345	苯嗪草酮[a]	metamitron	0.020 0	甲苯	25.0
346	三苯基磷酸盐	triphenylphosphate	0.005 0	甲苯	2.5
347	2, 2, 3, 4, 4′, 5, 5′-七氯联苯	*de*-PCB180	0.005 0	甲苯	2.5
348	吡螨胺	tebufenpyrad	0.005 0	甲苯	2.5
349	解草酯	cloquintocet-mexyl	0.050 0	甲苯	2.5
350	环草定	lenacil	0.005 0	甲苯	25.0
351	糠菌唑-1	bromuconazole-1	0.010 0	甲苯	5.0
352	糠菌唑-2	bromuconazole-2	0.010 0	甲苯	5.0
353	甲磺乐灵	nitralin	0.050 0	甲苯	25.0
354	苯线磷亚砜	fenamiphossulfoxide	0.050 0	甲苯	80.0
355	苯线磷砜	fenamiphossulfone	0.020 0	甲苯+丙醇（8+2）	10.0

（续表）

序号	中文名称	英文名称	检出限（mg/kg）	溶剂	混合标准溶液浓度（μg/mL）
356	拌种咯ª	fenpiclonil	0.020 0	甲苯	10.0
357	氟喹唑	fluquinconazole	0.005 0	甲苯	2.5
358	腈苯唑	fenbuconazole	0.025 0	甲苯+丙醇（8+2）	5.0
E组					
359	残杀威-1	propoxur-1	0.100 0	甲苯	5.0
360	异丙威-1	isoprocarb-1	0.010 0	甲苯	5.0
361	特草灵-1	terbucarb-1	0.010 0	甲苯	5.0
362	驱虫特	dibutylsuccinate	0.010 0	甲苯	5.0
363	氯氧磷	chlorethoxyfos	0.010 0	甲苯	5.0
364	异丙威-2	isoprocarb-2	0.010 0	环己烷	5.0
365	丁噻隆	tebuthiuron	0.020 0	甲苯	10.0
366	戊菌隆	pencycuron	0.020 0	甲苯	10.0
367	甲基内吸磷	demeton-s-methyl	0.050 0	甲苯	10.0
368	残杀威-2	propoxur-2	0.040 0	环己烷	5.0
369	菲	phenanthrene	0.005 0	甲苯	2.5
370	唑螨酯	fenpyroximate	0.040 0	甲苯	20.0
371	丁基嘧啶磷	tebupirimfos	0.010 0	甲苯	5.0
372	茉莉酮	prohydrojasmon	0.025 0	甲苯	10.0
373	苯锈啶	fenpropidin	0.010 0	甲苯	5.0
374	氯硝胺	dichloran	0.012 5	甲苯	5.0
375	咯喹酮	pyroquilon	0.005 0	甲苯	2.5
376	炔苯酰草胺	propyzamide	0.010 0	甲苯	5.0
377	抗蚜威	pirimicarb	0.025 0	甲苯	5.0
378	解草嗪	benoxacor	0.010 0	环己烷	5.0
379	磷胺-1	phosphamidon-1	0.012 5	甲苯	20.0
380	乙草胺	acetochlor	0.010 0	甲苯	5.0
381	灭草环	tridiphane	0.020 0	甲苯	10.0
382	戊草丹	esprocarb	0.010 0	甲苯	5.0
383	特草灵-2	terbucarb-2	0.010 0	甲苯	5.0

（续表）

序号	中文名称	英文名称	检出限（mg/kg）	溶剂	混合标准溶液浓度（μg/mL）
384	活化酯	acibenzolar-s-methyl	0.025 0	甲苯	5.0
385	精甲霜灵	mefenoxam	0.010 0	甲苯	5.0
386	马拉氧磷	malaoxon	0.025 0	甲苯	40.0
387	氯酞酸甲酯	chlorthal-dimethyl	0.010 0	甲苯	5.0
388	硅氟唑	simeconazole	0.010 0	甲苯	5.0
389	特草净[a]	terbacil	0.010 0	甲苯	5.0
390	噻唑烟酸	thiazopyr	0.010 0	甲苯	5.0
391	甲基毒虫畏	dimethylvinphos	0.025 0	甲苯	5.0
392	苯酰草胺	zoxamide	0.010 0	甲苯	5.0
393	烯丙菊酯	allethrin	0.020 0	甲苯	10.0
394	灭藻醌[a]	quinoclamine	0.020 0	甲苯	10.0
395	氟噻草胺	flufenacet	0.100 0	甲苯	20.0
396	氰菌胺	fenoxanil	0.010 0	甲苯	5.0
397	呋霜灵	furalaxyl	0.010 0	甲苯	5.0
398	除草定	bromacil	0.025 0	甲苯	5.0
399	啶氧菌酯	picoxystrobin	0.010 0	甲苯	5.0
400	抑草磷	butamifos	0.005 0	甲苯	2.5
401	咪草酸	imazamethabenz-methyl	0.015 0	甲苯	7.5
402	灭梭威砜	methiocarbsulfone	0.160 0	甲苯	80.0
403	苯氧菌胺	metominostrobin	0.020 0	甲苯	10.0
404	抑霉唑	imazalil	0.020 0	甲苯+丙醇（8+2）	10.0
405	稻瘟灵	isoprothiolane	0.010 0	甲苯	5.0
406	环氟菌胺	cyflufenamid	0.080 0	甲苯	40.0
407	噁唑磷	isoxathion	0.100 0	甲苯	20.0
408	苯氧喹啉	quinoxyphen	0.005 0	甲苯	2.5
409	肟菌酯	trifloxystrobin	0.020 0	甲苯+丙醇（8+2）	10.0
410	脱苯甲基亚胺唑[a]	imibenconazole-des-benzyl	0.020 0	甲苯	10.0
411	炔咪菊酯-1	imiprothrin-1	0.010 0	甲苯	5.0
412	氟虫腈	fipronil	0.100 0	甲苯	20.0

（续表）

序号	中文名称	英文名称	检出限（mg/kg）	溶剂	混合标准溶液浓度（μg/mL）
413	炔咪菊酯-2	imiprothrin-2	0.010 0	甲苯	5.0
414	氟环唑-1	epoxiconazole-1	0.100 0	甲苯	20.0
415	稗草丹	pyributicarb	0.025 0	乙腈	5.0
416	吡草醚ᵃ	pyraflufenethyl	0.010 0	甲苯	5.0
417	噻吩草胺	thenylchlor	0.010 0	甲苯	5.0
418	吡唑解草酯	mefenpyr-diethyl	0.015 0	甲苯	7.5
419	乙螨唑	etoxazole	0.030 0	甲苯	15.0
420	氟环唑-2	epoxiconazole-2	0.100 0	环己烷	20.0
421	吡丙醚	pyriproxyfen	0.005 0	甲苯	5.0
422	异菌脲	iprodione	0.020 0	甲苯	10.0
423	呋酰胺	ofurace	0.015 0	甲苯	7.5
424	哌草磷	piperophos	0.015 0	环己烷	7.5
425	氯甲酰草胺	clomeprop	0.005 0	甲苯	2.5
426	咪唑菌酮	fenamidone	0.012 5	甲苯	2.5
427	吡唑醚菊酯	pyraclostrobin	0.150 0	甲苯	60.0
428	乳氟禾草灵	lactofen	0.040 0	甲苯	20.0
429	吡唑硫磷	pyraclofos	0.040 0	甲苯	20.0
430	氯亚胺硫磷	dialifos	0.400 0	甲苯	80.0
431	螺螨酯	spirodiclofen	0.100 0	甲苯	20.0
432	呋草酮	flurtamone	0.025 0	甲苯	5.0
433	环酯草醚	pyriftalid	0.012 5	环己烷	2.5
434	氟硅菊酯	silafluofen	0.012 5	甲苯	2.5
435	嘧螨醚ᵃ	pyrimidifen	0.025 0	甲苯	5.0
436	氟丙嘧草酯	butafenacil	0.005 0	乙腈	2.5
437	苯酮唑ᵃ	cafenstrole	0.020 0	甲苯	10.0
F 组					
438	苯磺隆ᵃ	tribenuron-methyl	0.005 0	甲苯	2.5
439	乙硫苯威	ethiofencarb	0.050 0	甲苯	25.0
440	二氧威	dioxacarb	0.040 0	甲苯	20.0

（续表）

序号	中文名称	英文名称	检出限 （mg/kg）	溶剂	混合标准溶液 浓度（μg/mL）
441	避蚊酯	dimethylphthalate	0.020 0	甲苯	10.0
442	4-氯苯氧乙酸	4-chlorophenoxyaceticacid	0.006 3	甲苯	1.3
443	邻苯二甲酰亚胺[a]	phthalimide	0.025 0	甲苯	5.0
444	避蚊胺	diethyltoluamide	0.004 0	甲苯	2.0
445	2，4-滴	2，4-D	0.100 0	甲苯	50.0
446	甲萘威	carbaryl	0.015 0	甲苯	7.5
447	硫线磷	cadusafos	0.020 0	甲苯	10.0
448	内吸磷	demetom-s	0.020 0	甲苯	10.0
449	螺菌环胺-1[a]	spiroxamine-1	0.010 0	甲苯	5.0
450	百治磷	dicrotophos	0.040 0	甲苯	20.0
451	混杀威	3，4，5-trimethacarb	0.040 0	甲苯	20.0
452	2，4，5-涕	2，4，5-T	0.100 0	甲苯	50.0
453	3-苯基苯酚[a]	3-phenylphenol	0.030 0	甲苯	15.0
454	茂谷乐[a]	furmecyclox	0.015 0	环己烷	7.5
455	螺菌环胺-2[a]	spiroxamine-2	0.010 0	甲苯	5.0
456	丁酰肼	DMSA	0.040 0	甲苯	20.0
457	—	sobutylazine	0.010 0	甲苯	5.0
458	环庚草醚	cinmethylin	0.025 0	甲苯	5.0
459	久效磷[a]	monocrotophos	0.100 0	甲苯	20.0
460	八氯二甲醚-1	S421-1	0.100 0	甲苯	50.0
461	八氯二甲醚-2	S421-2	0.100 0	甲苯	50.0
462	十二环吗啉	dodemorph	0.015 0	甲苯	7.5
463	氧皮蝇磷	fenchlorphos	0.020 0	甲苯	10.0
464	枯莠隆	difenoxuron	0.040 0	甲苯	20.0
465	仲丁灵	butralin	0.020 0	甲苯	10.0
466	啶斑肟-1	pyrifenox-1	0.040 0	甲苯	20.0
467	噻菌灵[a]	thiabendazole	0.100 0	甲苯	50.0
468	缬酶威-1	iprovalicarb-1	0.020 0	甲苯	10.0
469	戊环唑	azaconazole	0.020 0	甲苯	10.0

（续表）

序号	中文名称	英文名称	检出限（mg/kg）	溶剂	混合标准溶液浓度（μg/mL）
470	缬酶威-2	iprovalicarb-2	0.020 0	甲苯	10.0
471	苯虫醚-1	diofenolan-1	0.010 0	甲苯	5.0
472	苯虫醚-2	diofenolan-2	0.010 0	甲苯	5.0
473	苯甲醚	aclonifen	0.250 0	甲苯	50.0
474	溴虫腈	chlorfenapyr	0.100 0	甲苯	20.0
475	生物苄呋菊酯	bioresmethrin	0.010 0	甲苯	5.0
476	双苯噁唑酸	isoxadifen-ethyl	0.010 0	甲苯	5.0
477	唑酮草酯	carfentrazone-ethyl	0.010 0	甲苯	5.0
478	环酰菌胺	fenhexamid	0.250 0	甲苯	50.0
479	螺甲螨酯ᵃ	spiromesifen	0.050 0	甲苯	25.0
480	氟啶胺	fluazinam	0.100 0	甲苯	20.0
481	联苯肼酯	bifenazate	0.040 0	甲苯	20.0
482	异狄氏剂酮	endrinketone	0.080 0	甲苯	40.0
483	氟草敏代谢物	norfulrazon-desmethyl	0.050 0	甲苯	10.0
484	精高效氨氟氰菊酯-1	gamma-cyhalothrin-1	0.004 0	甲苯	2.0
485	酮康唑	metoconazole	0.020 0	甲苯	10.0
486	氰氟草酯	cyhalofop-butyl	0.010 0	甲苯	5.0
487	精高效氨氟氰菊酯-2	gamma-cyhalothrin-2	0.004 0	甲苯	2.0
488	苄螨醚	halfenprox	0.025 0	甲苯	5.0
489	烟酰碱	boscalid	0.020 0	甲苯	10.0
490	烯酰吗啉	dimethomorph	0.010 0	甲苯	5.0

注：a 为定性鉴别的农药品种

②混合标准溶液（混合标准溶液 A、B、C、D、E 和 F）：按照农药及相关化学品的性质和保留时间，将 490 种农药及相关化学品分成 A、B、C、D、E、F 六个组，并根据每种农药及相关化学品在仪器上的响应灵敏度，确定其在混合标准溶液中的浓度。本标准对 490 种农药及相关化学品的分组及其混合标准溶液浓度参见表 5-1，中英文对照见表 5-2。依据每种农药及相关化学品的分组号、混合标准溶液浓度及其标准储备液的浓度，移取一定量的单个农药及相关化学品标准储备溶液于 100mL 容量瓶中，用甲苯定容至刻度。混合标准溶液 0~4℃避光保存，可使用一个月。

表5-2 茶叶中490种农药及相关化学品英文与中文名称对照索引（按英文字母顺序）

序号	英文名称	中文名称	附录A中序号	序号	英文名称	中文名称	附录A中序号
1	2, 3, 4, 5-tetrachloroaniline	2, 3, 4, 5-四氯苯胺	291	22	*alpha*-HCH	α-六六六	109
2	2, 3, 4, 5-tetrachloroanisole	2, 3, 4, 5-四氯甲氧基苯	276	23	ametryn	莠灭净	216
3	2, 3, 5, 6-tetrachloroaniline	2, 3, 5, 6-四氯苯胺	274	24	amitraz	双甲脒	250
4	2, 4, 5-T	2, 4, 5-涕	252	25	anilofos	莎稗磷	251
5	2, 4-D	2, 4-滴	445	26	anthraquinone	蒽醌	35
				27	aspon	丙硫特普	126
6	2, 6-dichlorobenzamide	2, 6-二氯苯甲酰胺	286	28	atratone	阿特拉通	282
				29	atrazine-desethyl	脱乙基阿特拉津[a]	13
7	2-phenylphenol	邻苯基苯酚	195	30	atrizine	莠去净	205
8	3, 4, 5-trimethacarb	混杀威	451	31	azaconazole	戊环唑	469
9	3, 5-dichloroaniline	3, 5-二氯苯胺	192	32	azinphos-ethyl	益棉磷	183
10	3-phenylphenol	3-苯基苯酚	453	33	azinphos-methyl	保棉磷	181
11	4, 4'-dibromobenzophenone	4, 4'-二溴二苯甲酮	329	34	aziprotryne	叠氮津	295
12	4, 4'-dichlorobenzophenone	4, 4'-二氯二苯甲酮	310	35	BDMC-1	4-溴-3, 5-二甲苯基-N-甲基氨基甲酸酯-1	271
13	4-chlorophenoxy acetic acid	4-氯苯氧乙酸	442	36	BDMC-2	4-溴-3, 5-二甲苯基-N-甲基氨基甲酸酯-2	302
14	acetochlor	乙草胺	380	37	benalaxyl	苯霜灵	167
15	acibenzolar-s-methyl	活化酯	384	38	benfluralin	乙丁氟灵	198
16	aclonifen	苯甲醚	473	39	benodanil	麦锈灵	76
17	alachlor	甲草胺	123	40	benoxacor	解草嗪	378
18	aldrin	艾氏剂	25	41	benzoylprop-ethyl	新燕灵	174
19	allethrin	烯丙菊酯	393	42	*beta*-HCH	β-六六六	30
20	allidochlor	二丙烯草胺	1	43	bifenazate	联苯肼酯	481
21	*alpha*-cypermethrin	α-氯氰菊酯	259	44	bifenox	治草醚	179
				45	bifenthrin	联苯菊酯	72

（续表）

序号	英文名称	中文名称	附录 A 中序号	序号	英文名称	中文名称	附录 A 中序号
46	bioallethrin-1	生物烯丙菊酯-1	222	80	chlorfenethol	杀螨醇	321
47	bioallethrin-2	生物烯丙菊酯-2	223	81	chlorfenprop-methyl	燕麦酯	272
48	bioresmethrin	生物苄呋菊酯	475	82	chlorfenson	杀螨酯	153
49	biphenyl	联苯	189	83	chlorfenvinphos	毒虫畏	141
50	bitertanol	联苯三唑醇	257	84	chlorfluazuron	氟啶脲 ª	237
51	boscalid	烟酰碱	489	85	chlorfurenol	整形醇	50
52	bromacil	除草定	398	86	chlormephos	氯甲硫磷	4
53	bromfenvinfos	溴苯烯磷	325	87	chlorobenzilate	乙酯杀螨醇	238
54	bromocylen	溴烯杀	284	88	chloroneb	氯苯甲醚	97
55	bromofos	溴硫磷	134	89	chlorpropylate	丙酯杀螨醇	159
56	bromophos-ethyl	乙基溴硫磷	44	90	chlorpropham	氯苯胺灵	06
57	bromopropylate	溴螨酯	173	91	chlorpyrifos (-ethyl)	毒死蜱	33
58	bromuconazole-1	糠菌唑-1	351	92	chlorpyrifos-methyl	甲基毒死蜱	120
59	bromuconazole-2	糠菌唑-2	352	93	chlorthal-dimethyl	氯酞酸甲酯	387
60	Bupirimate	乙嘧酚磺酸酯	59	94	chlorthiophos	虫螨磷	163
61	buprofezin	噻嗪酮	150	95	chlozolinate	乙菌利	145
62	butachlor	丁草胺	144	96	cinmethylin	环庚草醚	458
63	butafenacil	氟丙嘧草酯	436	97	cis-chlordane	顺式-氯丹	143
64	butamifos	抑草磷	400	98	cis-1, 2, 3, 6-tetrahydro-phthalimide	四氢邻苯二甲酰亚胺	196
65	butralin	仲丁灵	465				
66	butylate	丁草敌	92	99	cis-diallate	顺式-燕麦敌	103
67	cadusafos	硫线磷	447	100	cis-permethrin	顺式-氯菊酯	84
68	cafenstrole	苯酮唑	437	101	clodinafop-propargyl	炔草酸	340
69	carbaryl	甲萘威	446	102	clomazone	异噁草松	14
70	carbofenothion	三硫磷	165	103	clomeprop	氯甲酰草胺	425
71	carbosulfan	丁硫克百威	74	104	cloquintocet-mexyl	解草酯	349
72	carboxin	萎锈灵	61	105	coumaphos	蝇毒磷	186
73	carfentrazone-ethyl	唑酮草酯	477	106	crimidine	鼠立死	270
74	chlorbenside	杀螨醚	43	107	crufomate	育畜磷	138
75	chlorbenside sulfone	氯杀螨砜	171	108	cyanazine	氰草津	55
76	chlorbufam	氯炔灵	114	109	cyanofenphos	苯腈磷	170
77	chlordimeform	杀虫脒	8	110	cyanophos	杀螟腈	118
78	chlorethoxyfos	氯氧磷	363	111	cycloate	环草敌	6
79	chlorfenapyr	溴虫腈	474	112	cycluron	环秀隆	287

（续表）

序号	英文名称	中文名称	附录A中序号	序号	英文名称	中文名称	附录A中序号
113	cyflufenamid	环氟菌胺	406	141	dichlobenil	敌草腈	93
114	cyfluthrin	氟氯氰菊酯	184	142	dichlofenthion	除线磷	21
115	cyhalofop-butyl	氰氟草酯	486	143	dichlofluanid	苯氟磺胺	132
116	cypermethrin	氯氰菊酯	87	144	dichloran	氯硝胺	374
117	cyprazine	环丙津	28	145	dichlormid	丙烯酰草胺	2
118	cyproconazole	环丙唑	336	146	dichlormid	烯丙酰草胺	188
119	cyprodinil	嘧菌环胺	313	147	dichlorvos	敌敌畏	332
120	dacthal	敌草索	309	148	diclobutrazolea	苄氯三唑醇	69
121	DEF	脱叶磷	323	149	diclofop-methyl	禾草灵	115
122	*delta*-HCH	δ-六六六	34	150	dicloran	氯硝铵	128
123	deltamethrin	溴氰菊脂	90	151	dicofol	三氯杀螨醇	450
124	demetom-*s*	内吸磷	448	152	dicrotophos	百治磷	52
125	demeton-*s*-methyl	甲基内吸磷	367	153	dieldrin	狄氏剂	220
126	*de*-PCB 101	2, 2′, 4, 5, 5′-五氯联苯	318	154	diethofencarb	乙霉威	444
				155	diethyltoluamide	避蚊胺	264
127	*de*-PCB 118	2, 3, 4, 4′, 5-五氯联苯	327	156	difenconazole-1	苯醚甲环唑-1	263
				157	difenconazole-2	苯醚甲环唑-2	464
128	*de*-PCB 138	2, 2′, 3, 4, 4′, 5, -六氯联苯	335	158	difenoxuron	枯莠隆	246
				159	Diflufenican	吡氟酰草胺	267
129	*de*-PCB 153	2, 2′, 4, 4′, 5, 5′-六氯联苯	331	160	dimefox	甲氟磷ᵃ	243
				161	dimefuron	噁唑隆	221
130	*de*-PCB 180	2, 2, 3, 4, 4′, 5, 5′-七氯联苯	347	162	dimepiperate	哌草丹	122
				163	dimethachlor	二甲草胺	301
131	*de*-PCB 28	2, 4, 4′-三氯联苯	288	164	dimethenamid	二甲吩草胺	23
132	*de*-PCB 31	2, 4, 5-三氯联苯	289	165	dimethoate	乐果	490
133	*de*-PCB 52	2, 2′, 5, 5′-四氯联苯	299	166	dimethomorph	烯酰吗啉	441
				167	dimethyl phthalate	避蚊酯	391
134	desethyl-sebuthylazine	脱乙基另丁津	290	168	dimethylvinphos	甲基毒虫畏	241
135	desisopropyl-atrazine	脱异丙基莠去津	280	169	diniconazole	烯唑醇	24
136	desmetryn	敌草净	121	170	dinitramine	氨氟灵	471
137	dialifos	氯亚胺硫磷	430	171	diofenolan-1	苯虫醚-1	472
138	diazinon	二嗪磷	15	172	diofenolan-2	苯虫醚-2	440
139	dibutyl succinate	驱虫特	362	173	dioxathion	敌噁磷	112
140	dicapthon	异氯磷	316	174	diphenamid	双苯酰草胺	226

序号	英文名称	中文名称	附录A中序号	序号	英文名称	中文名称	附录A中序号
175	diphenylamine	联苯二胺	7	209	fenazaquin	喹螨醚	248
176	dipropetryn	异丙净	218	210	fenbuconazole	腈苯唑	358
177	disulfoton	乙拌磷	204	211	fenchlorphos	氧皮1蝇磷	463
178	disulfoton sulfone	乙拌磷砜ª	333	212	fenhexamid	环酰菌胺	478
179	disulfoton-sulfoxide	乙拌磷亚砜	268	213	fenitrothion	杀螟硫磷	39
180	DMSA	丁酰肼	456	214	fenobucarb	仲丁威	197
181	dodemorph	十二环吗啉	462	215	fenoxanil	氰菌胺	396
182	edifenphos	敌瘟磷	168	216	fenpiclonil	拌种咯	356
183	endosulfan-1	硫丹-1	140	217	fenpropathrin	甲氰菊酯	175
184	endosulfan-sulfate	硫丹硫酸盐	172	218	fenpropidin	苯锈啶	373
185	endrin	异狄氏剂	155	219	fenpropimorph	丁苯吗啉	212
186	endrin ketone	异狄氏剂酮	482	220	fenpyroximate	唑螨酯	370
187	EPN	苯硫膦	176	221	fenson	芬螨酯	224
188	epoxiconazole-1	氟环唑-1	414	222	fensulfothion	丰索磷	68
189	epoxiconazole-2	氟环唑-2	420	223	fenthion	倍硫磷	36
190	EPTC	茵草敌	91	224	fenthion sulfone	倍硫磷砜	344
191	esfenvalerate	S-氰戊菊酯	262	225	fenthion sulfoxide	倍硫磷亚砜	341
192	esprocarb	戊草丹	382	226	fenvalerate-1	氰戊菊酯-1	88
193	etaconazole-1	乙环唑-1	64	227	fenvalerate-2	氰戊菊酯-2	89
194	etaconazole-2	乙环唑-2	66	228	fipronil	氟虫腈	412
195	ethalfluralin	乙丁烯氟灵	9	229	flamprop-isopropyl	麦草氟异丙酯	164
196	ethiofencarb	乙硫苯威	439	230	flamprop-methyl	麦草氟甲酯	160
197	ethion	乙硫磷	63	231	fluazifop-butyl	吡氟禾草灵	236
198	ethofumesate	乙氧呋草黄	135	232	fluazinam	氟啶胺	480
199	ethoprophos	灭线磷	100	233	fluchloralin	氯乙氟灵	210
200	etofenprox	醚菊酯	258	234	flucythrinate-1	氟氰戊菊酯-1	260
201	etoxazole	乙螨唑	419	235	flucythrinate-2	氟氰戊菊酯-2	261
202	etridiazol	土菌灵	3	236	fludioxonil	咯菌腈	247
203	etrimfos	乙嘧硫磷	17	237	flufenacet	氟噻草胺	395
204	fenamidone	咪唑菌酮	426	238	flufenoxuron	氟虫脲	119
205	fenamiphos	苯线磷	57	239	flumetralin	氟节胺	231
206	fenamiphos sulfone	苯线磷砜	355	240	flumiclorac-pentyl	氟烯草酸	266
207	fenamiphos sulfoxide	苯线磷亚砜	354	241	flumioxazin	丙炔氟草胺	265
208	fenarimol	氯苯嘧啶醇	182	242	fluorochloridone	氟咯草酮	154

（续表）

序号	英文名称	中文名称	附录A中序号	序号	英文名称	中文名称	附录A中序号
243	fluorodifen	三氟硝草醚	240	273	imiprothrin-1	炔咪菊酯-1	411
244	fluoroglycofen-ethyl	乙羧氟草醚	256	274	imiprothrin-2	炔咪菊酯-2	413
245	fluotrimazole	三氟苯唑	342	275	iodofenphos	碘硫磷	147
246	fluquinconazole	氟喹唑	357	276	iprobenfos	异稻瘟净	206
247	flurochloridone	氟咯草酮	324	277	iprodione	异菌脲	422
248	fluroxypr-1-methylheptyl ester	氟草烟-1-甲庚酯	343	278	iprovalicarb-1	缬霉威-1	468
				279	iprovalicarb-2	缬霉威-2	470
249	flurtamone	呋草酮	462	280	isazofos	氯唑磷	208
250	flusilazole	氟哇唑	239	281	isobenzan	碳氯灵	305
251	flutolanil	氟酰胺	60	282	isocarbamid	丁咪酰胺	296
252	flutriafol	粉唑醇	330	283	isocarbophos	水胺硫磷	319
253	fluvalinate	氟胺氰菊酯	187	284	isodrin	异艾氏剂	307
254	fonofos	地虫硫磷	16	285	isofenphos	异柳磷	139
255	formothion	安硫磷	219	286	isofenphos oxon	氧异柳磷	314
256	fuberidazole	麦穗灵	315	287	isomethiozin	丁嗪草酮	308
257	furalaxyl	呋霜灵	397	288	isoprocarb-1	异丙威-1	360
258	furmecyclox	茂谷乐	454	289	isoprocarb-2	异丙威-2	364
259	gamma-cyhalothrin-1	精高效氨氟氰菊酯-1	484	290	isopropalin	异丙乐灵	136
				291	isoprothiolane	稻瘟灵	405
260	gamma-cyhalothrin-2	精高效氨氟氰菊酯-2	487	292	isoxadifen-ethyl	双苯噁唑酸	476
				293	isoxathion	噁唑磷	407
261	gamma-HCH	林丹	203	294	kresoxim-methyl	亚胺菌	235
262	halfenprox	苄螨醚	488	295	lactofen	乳氟禾草灵	428
263	heptachlor	七氯	207	296	lambda-cyhalothrin	高效氯氟氰菊酯	252
264	heptanophos	庚烯磷	99	297	lenacil	环草定	350
265	hexachlorobenzene	六氯苯	101	298	leptophos	溴苯磷	178
266	hexaconazole	己唑醇	151	299	linuron	利谷隆	41
267	hexaflumuron	氟铃脲	199	300	malaoxon	马拉氧磷	386
268	hexazinone	环嗪酮	177	301	malathion	马拉硫磷	37
269	hexythiazox	噻螨酮	334	302	mcpa-butoxyethyl ester	2-甲-4氯丁氧乙基酯	317
270	imazalil	抑霉唑	404				
271	imazamethabenz-methyl	咪草酸	401	303	mecarbam	灭蚜磷	229
272	imibenconazole-des-benzyl	脱苯甲基亚胺唑	410	304	mefenacet	苯噻酰草胺	253
				305	mefenoxam	精甲霜灵	385

序号	英文名称	中文名称	附录A中序号	序号	英文名称	中文名称	附录A中序号
306	mefenpyr-diethyl	吡唑解草酯	418	340	nitrofen	除草醚	161
307	mephosfolan	地胺磷	328	341	nitrothal-isopropyl	酞菌酯	311
308	mepronil	灭锈胺	245	342	norflurazon	氟草敏	81
309	metalaxyl	甲霜灵	31	343	norfulrazon-desmethyl	氟草敏代谢物	483
310	metamitron	苯嗪草酮	345	344	nuarimol	氟苯嘧啶醇	75
311	metazachlor	吡唑草胺	48	345	o, p'-DDD	o, p'-滴滴滴	152
312	methabenzthiazuron	甲基苯噻隆	378	346	o, p'-DDT	o, p'-滴滴涕	157
313	methacrifos	虫螨畏	193	347	o, p'-DDE	o, p'-滴滴伊	225
314	methidathion	杀扑磷	53	348	octachlorostyrene	八氯苯乙烯	306
315	methiocarb sulfone	灭梭威砜	402	349	ofurace	呋酰胺	423
316	methoprene	烯虫酯	133	350	Oxadiazone	噁草酮	56
317	methoprotryne	盖草津	158	351	oxadixyl	噁霜灵	78
318	methoxychlor	甲氧滴滴涕	77	352	oxy-chlordane	氧化氯丹	131
319	methyl-parathion	甲基对硫磷	32	353	oxyfluorfen	乙氧氟草醚	162
320	metobromuron	溴谷隆	215	354	p, p'-DDE	p, p'-滴滴伊	146
321	metoconazole	酮康唑	485	355	p, p'-DDT	p, p'-滴滴涕	166
322	metolachlor	异丙甲草胺	129	356	p, p'-DDD	p, p'-滴滴滴	62
323	metominostrobin	苯氧菌胺	403	357	paclobutrazol	多效唑	156
324	Metribuzin	嗪草酮	217	358	paraoxon-ethyl	对氧磷	37
325	mevinphos	速灭磷	96	359	pebulate	克草敌	94
326	mexacarbate	兹克威	22	360	penconazole	戊菌唑	227
327	mirex	灭蚁灵	73	361	pencycuron	戊菌隆	366
328	molinate	禾草敌	194	362	Pendimethalin	二甲戊灵	42
329	monalide	庚酰草胺	303	363	pentachloroaniline	五氯苯胺	294
330	monocrotophos	久效磷	459	364	pentachloroanisole	五氯甲氧基苯	277
331	monolinuron	绿谷隆	117	365	pentachlorobenzene	五氯苯	269
332	musk ambrette	合成麝香	292	366	permethrin	氯菊酯	254
333	musk moskene	麝香	298	367	perthane	乙滴涕	326
334	musk tibeten	西藏麝香	304	368	phenanthrene	菲	369
335	musk xylene	二甲苯麝香	293	369	phenothrin	苯醚菊酯	249
336	myclobutanil	腈菌唑	67	370	phenthoate	稻丰散	47
337	napropamide	敌草胺	54	371	phorate	甲拌磷	10
338	nitralin	甲磺乐灵	353	372	phorate sulfone	甲拌磷砜	320
339	nitrapyrin	三氯甲基吡啶	95	373	phosalone	伏杀硫磷	180

（续表）

序号	英文名称	中文名称	附录A中序号	序号	英文名称	中文名称	附录A中序号
374	phosphamidon-1	磷胺-1	379	407	prosulfocarb	苄草丹	300
375	phthalic acid, benzyl butyl ester	酞酸甲苯基丁酯	339	408	prothrophos	丙硫磷	49
				409	pyraclofos	吡唑硫磷	429
376	phthalimide	邻苯二甲酰亚胺[a]	443	410	pyraclostrobin	吡唑醚菊酯	427
377	picoxystrobin	啶氧菌酯	399	411	pyraflufen ethyl	吡草醚	416
378	piperonyl butoxide	增效醚	242	412	pyrazophos	吡菌磷	85
379	piperophos	哌草磷	424	413	pyributicarb	稗草丹	415
380	pirimicarb	抗蚜威	377	414	pyridaben	哒螨灵	255
381	pirimiphos-ethyl	嘧啶磷	130	415	pyridaphenthion	哒嗪硫磷	82
382	pirimiphos-methyl	甲基嘧啶磷	124	416	pyrifenox-1	啶斑肟-1	466
383	phfenate	三氯杀虫酯	209	417	pyriftalid	环酯草醚	433
384	pretilachlor	丙草胺	234	418	pyrimethanil	嘧霉胺	202
385	prochloraz	咪鲜胺	185	419	pyrimidifen	嘧螨醚	435
386	procymidone	腐霉利	51	420	pyriproxyfen	吡丙醚	421
387	profenofos	丙溴磷	149	421	pyroquilon	咯喹酮	375
388	profluralin	环丙氟灵	111	422	quinalphos	喹硫磷	45
389	prohydrojasmon	茉莉酮	372	423	quinoclamine	灭藻醌	394
390	prometon	扑灭通	200	424	quinoxyphen	苯氧喹啉	408
391	prometryne	扑草净	27	425	quintozene	五氯硝基苯	12
392	pronamide	炔丙烯草胺	20	426	rabenzazole	吡咪唑	312
393	propachlor	毒草胺	102	427	resmethrin-1	苄呋菊酯-1	337
394	propamocarb	霜霉威	190	428	resmethrin-2	苄呋菊酯-2	338
395	propanil	敌稗	137	429	ronnel	皮蝇磷	26
396	propaphos	丙虫磷	230	430	S421 (octachlorodipropyl ether) -1	八氯二甲醚-1	460
397	propargite	炔螨特	244				
398	propazine	扑灭津	113	431	S421 (octachlorodipropyl ether) -2	八氯二甲醚-2	461
399	propetamphos	胺丙畏	18				
400	propham	苯胺灵	5	432	sebutylazine	另丁津	297
401	propiconazole-1	丙环唑-1	70	433	secbumeton	密草通	19
402	propiconazole-2	丙环唑-2	71	434	silafluofen	氟硅菊酯	434
403	propisochlor	异丙草胺	214	435	simeconazole	硅氟唑	388
404	propoxur-1	残杀威-1	359	436	simetone	西玛通	281
405	propoxur-2	残杀威-2	368	437	sobutylazine	特丁津	457
406	propyzamide	炔苯酰草胺	376	438	spirodiclofen	螺螨酯	431

（续表）

序号	英文名称	中文名称	附录 A 中序号	序号	英文名称	中文名称	附录 A 中序号
439	spiromesifen	螺甲螨酯	479	465	thiazopyr	噻唑烟酸	390
440	spiroxamine-1	螺菌环胺-1	449	466	thiobencarb	杀草丹	127
441	spiroxamine-2	螺菌环胺-2	455	467	thiometon	甲基乙拌磷	11
442	sulfallate	菜草畏	108	468	thionazin	虫线磷	273
443	sulfotep	治螟磷	107	469	tolclofos-methyl	甲基立枯磷	213
444	sulprofos	硫丙磷	65	470	tolylfluanide	甲苯氟磺胺	142
445	tebuconazole	戊唑醇	79	471	trans-chlordane	反式氯丹	46
446	tebufenpyrad	吡螨胺	348	472	trans-diallate	反式-燕麦敌	105
447	tebupirimfos	丁基嘧啶磷	371	473	transfluthrin	四氯苯菊酯	211
448	tebutam	牧草胺	278	474	trans-nonachlor	反式九氯	322
449	tebuthiuron	丁噻隆	365	475	trans-permethrin	反式-氯菊酯	76
450	tecnazene	四氯硝基苯	98	476	triadimefon	三唑酮	40
451	tefluthrin	七氟菊酯	283	477	triadimenol-1	三唑醇-1	232
452	terbacil	特草净	389	478	triadimenol-2	三唑醇-2	233
453	terbucarb-1	特草灵-1	361	479	triallate	野麦畏	201
454	terbucarb-2	特草灵-2	383	480	triazophos	三唑磷	169
455	terbufos	特丁硫磷	110	481	tribenuron-methyl	苯磺隆	438
456	terbuthylazine	特丁津	116	482	tridiphane	灭草环	381
457	terbutryn	特丁净	125	483	trietazine	草打津	285
458	tetrachlorvinphos	杀虫畏	148	484	trifloxystrobin	肟菌酯	409
459	tatraconazole	四氟醚唑	228	485	trifluralin	氟乐灵	104
460	tetradifon	三氯杀螨砜	83	486	tri-N-bytyl phosphate	三正丁基磷酸盐	275
461	tetramethirn	胺菊酯	80	487	triphenyl phosphate	三苯基磷酸盐	346
462	tetrasul	杀螨氯硫	58	488	vernolate	灭草敌	191
463	thenylchlor	噻盼草胺	417	489	vinclozolin	乙烯菌核利	29
464	thiabendazole	噻菌灵	467	490	zoxamide	苯酰草胺	392

③基质混合标准工作溶液：A、B、C、D、E、F组农药及相关化学品基质混合标准工作溶液是将40μL内标溶液和一定体积的混合标准溶液分别加到10mL的样品空白基质提取液中，混匀，配成基质混合标准工作溶液A、B、C、D、E和F。基质混合标准工作溶液应现用现配。

固相萃取柱：Cleanert TPT，10mL，20g或相当者。

（三）仪器

（1）气相色谱—质谱仪：配有电子轰击源（EI）。

（2）分析天平：感量0.1mg和0.01g。

（3）均质器：转速不低于20 000r/min。

（4）旋转蒸发器。

（5）鸡心瓶：200mL。

（6）移液器：1mL。

（7）离心机：转速不低于4 200r/min。

（四）试样制备与保存

1. 试样的制备

茶叶样品经粉碎机粉碎，过20目筛，混匀，密封，作为试样，做好标记。

2. 试样的保存

试样常温下保存。

（五）测定步骤

1. 提取

称取5g试样（精确至0.01g），于80mL离心管中，加入15mL乙腈，1 500r/min均质提取1min，4 200r/min离心5min，取上层液于200mL于鸡心瓶中。残渣用15mL乙腈重复提取1次，离心，合并二次提取液，40℃水浴旋转蒸发至1mL左右，待净化。

2. 净化

在Cleanert TPT固相萃取柱中加入约2cm无水硫酸钠，用10mL乙腈—甲苯预洗Cleanert TPT固相萃取柱，弃去流出液。下接鸡心瓶，放入固定架上。将上述样品浓缩液转移至Cleanert TPT固相萃取柱中，用2mL乙腈—甲苯洗涤样液瓶，重复3次，并将洗涤液转移入柱中，在柱上加上50mL贮液器，再用25mL乙腈—甲苯洗涤小柱，收集上述所有流出液于鸡心瓶中，40℃水浴中旋转浓缩至约0.5mL。加入5mL正己烷进行溶剂交换，重复2次，最后使样液体积约为1mL。加入40μL内标溶液，混匀，用于气相色谱—质谱测定。

（六）气相色谱—质谱法测定

1. 条件

（1）色谱柱：DB-1701石英毛细柱［14%氰丙基-苯基-甲基聚硅氧烷，30m×0.25m（内径）×0.25μm］或相当者；

（2）色谱柱温度：40℃保持1min，然后以30℃/min升温至130℃，再以5℃/min升温至250℃，再以10℃/min升温至300℃，保持5min；

（3）载气：氦气，纯度≥99.999%，流量为1.2mL/min；

（4）进样口温度290℃；

（5）进样量：1μL；

（6）进样方式：无分流进样，1.5min后打开阀。

（7）电子轰击源：70eV；

（8）离子源温度：230℃；

（9）GC-MS接口温度：280℃；

（10）溶剂延迟：A组8.30min，B组7.80min，C组7.30min，D组5.50min，E组6.10min，F组5.50min；

（11）选择离子监测：每种化合物选择一个定量离子，2~3个定性离子，每组所有需要检测离子按照出峰顺序，分时段分别检测。每种化合物的保留时间、定量离子、定性离子及定量离子与定性离子的丰度比值，参见表5-3。每组检测离子的开始时间和驻留时间参见表5-4。

表5-3 茶叶中490种农药及相关化学品和内标化合物的保留时间、

定量离子、定性离子及定量离子与定性离子的丰度比值

序号	中文名称	英文名称	保留时间（min）	定量离子	定性离子1	定性离子2	定性离子3
内标	环氧七氯	heptachlor-epoxide	22.10	353（100）	355（79）	351（52）	
A组							
1	二丙烯草胺	allidochlor	8.78	138（100）	158（10）	173（15）	
2	烯丙酰草胺	dichlormid	9.74	172（100）	166（41）	124（79）	
3	土菌灵	etridiazol	10.42	211（100）	183（73）	140（19）	
4	氯甲硫磷	chlormephos	10.53	121（100）	234（70）	154（70）	
5	苯胺灵	propham	11.36	179（100）	137（66）	120（51）	

（续表）

序号	中文名称	英文名称	保留时间（min）	定量离子	定性离子1	定性离子2	定性离子3
6	环草敌	cycloate	13.56	154（100）	186（5）	215（12）	
7	联苯二胺	diphenylamine	14.55	169（100）	168（58）	167（29）	
8	杀虫脒	chlordimeform	14.93	196（100）	198（30）	195（18）	183（23）
9	乙丁烯氟灵	ethalfluralin	15.00	276（100）	316（81）	292（42）	
10	甲拌磷	phorate	15.46	260（100）	121（160）	231（56）	153（3）
11	甲基乙拌磷	thiometon	16.20	88（100）	125（55）	246（9）	
12	五氯硝基苯	quintozene	16.75	295（100）	237（159）	249（114）	
13	脱乙基阿特拉津	atrazine-desethyl	16.76	172（100）	187（32）	145（17）	
14	异噁草松	clomazone	17.00	204（100）	138（4）	205（13）	
15	二嗪磷	diazinon	17.14	304（100）	179（192）	137（172）	
16	地虫硫磷	fonofos	17.31	246（100）	137（141）	174（15）	202（6）
17	乙嘧硫磷	etrimfos	17.92	292（100）	181（40）	277（31）	
18	胺丙畏	propetamphos	17.97	138（100）	194（49）	236（30）	
19	密草通	secbumeton	18.36	196（100）	210（38）	225（39）	
20	炔丙烯草胺	pronamide	18.72	173（100）	175（62）	255（22）	
21	除线磷	dichlofenthion	18.80	279（100）	223（78）	251（38）	
22	兹克威	mexacarbate	18.83	165（100）	150（66）	222（27）	
23	乐果	dimethoate	19.25	125（100）	143（16）	229（11）	
24	氨氟灵	dinitramine	19.35	305（100）	307（38）	261（29）	
25	艾氏剂	aldrin	19.67	263（100）	265（65）	293（40）	329（5）
26	皮蝇磷	ronnel	19.80	285（100）	287（67）	125（32）	
27	扑草净	prometryne	20.13	241（100）	184（78）	226（60）	
28	环丙津	cyprazine	20.18	212（100）	227（58）	170（29）	
29	乙烯菌核利	vinclozolin	20.29	285（100）	212（109）	198（96）	
30	β-六六六	*beta*-HCH	20.31	219（100）	217（78）	181（94）	254（12）
31	甲霜灵	metalaxyl	20.67	206（100）	249（53）	234（38）	
32	甲基对硫磷	methyl-parathion	20.82	263（100）	233（66）	246（8）	200（6）
33	毒死蜱	chlorpyrifos（-ethyl）	20.96	314（100）	258（57）	286（42）	

序号	中文名称	英文名称	保留时间（min）	定量离子	定性离子1	定性离子2	定性离子3
34	δ-六六六	*delta*-HCH	21.16	219（100）	217（80）	181（99）	254（10）
35	蒽醌	anthraquinone	21.49	208（100）	180（84）	152（69）	
36	倍硫磷	fenthion	21.53	278（100）	169（16）	153（9）	
37	马拉硫磷	malathion	21.54	173（100）	158（36）	143（15）	
38	对氧磷	paraoxon-ethyl	21.57	275（100）	220（60）	247（58）	263（11）
39	杀螟硫磷	fenitrothion	21.62	277（100）	260（52）	247（60）	
40	三唑酮	triadimefon	22.22	208（100）	210（50）	181（74）	
41	利谷隆	linuron	22.44	61（100）	248（30）	160（12）	
42	二甲戊灵	pendimethalin	22.59	252（100）	220（22）	162（12）	
43	杀螨醚	chlorbenside	22.96	268（100）	270（41）	143（11）	
44	乙基溴硫磷	bromophos-ethyl	23.06	359（100）	303（77）	357（74）	
45	喹硫磷	quinalphos	23.10	146（100）	298（28）	157（66）	
46	反式氯丹	trans-chlordane	23.29	373（100）	375（96）	377（51）	
47	稻丰散	phenthoate	23.30	274（100）	246（24）	320（5）	
48	吡唑草胺	metazachlor	23.32	209（100）	133（120）	211（32）	
49	丙硫磷	prothrophos	24.04	309（100）	267（88）	162（55）	
50	整形醇	chlorfurenol	24.15	215（100）	152（40）	274（11）	
51	腐霉利	procymidone	24.36	283（100）	285（70）	255（15）	
52	狄氏剂	dieldrin	24.43	263（100）	277（82）	380（30）	345（35）
53	杀扑磷	methidathion	24.49	145（100）	157（2）	302（4）	
54	敌草胺	napropamide	24.84	271（100）	128（111）	171（34）	
55	氰草津	cyanazine	24.94	225（100）	240（56）	198（61）	
56	噁草酮	oxadiazone	25.06	175（100）	258（62）	302（37）	
57	苯线磷	fenamiphos	25.29	303（100）	154（56）	288（31）	217（22）
58	杀螨氯硫	tetrasul	25.85	252（100）	324（64）	254（68）	
59	乙嘧酚磺酸酯	bupirimate	26.00	273（100）	316（41）	208（83）	
60	氟酰胺	flutolanil	26.23	173（100）	145（25）	323（14）	
61	萎锈灵	carboxin	26.25	235（100）	143（168）	87（52）	
62	p, p′-滴滴滴	p, p′-DDD	26.59	235（100）	237（64）	199（12）	165（46）
63	乙硫磷	ethion	26.69	231（100）	384（13）	199（9）	

（续表）

序号	中文名称	英文名称	保留时间（min）	定量离子	定性离子1	定性离子2	定性离子3
64	乙环唑-1	etaconazole-1	26.81	245（100）	173（85）	247（65）	
65	硫丙磷	sulprofos	26.87	322（100）	156（62）	280（11）	
66	乙环唑-2	etaconazole-2	26.89	245（100）	173（85）	247（65）	
67	腈菌唑	myclobutanil	27.19	179（100）	288（14）	150（45）	
68	丰索磷	fensulfothion	27.94	292（100）	308（22）	293（73）	
69	禾草灵	diclofop-methyl	28.08	253（100）	281（50）	342（82）	
70	丙环唑-1	propiconazole-1	28.15	259（100）	173（97）	261（65）	
71	丙环唑-2	propiconazole-2	28.15	259（100）	173（97）	261（65）	
72	联苯菊酯	bifenthrin	28.57	181（100）	166（25）	165（23）	
73	灭蚁灵	mirex	28.72	272（100）	237（49）	274（80）	
74	丁硫克百威	carbosulfan	28.80	160（100）	118（95）	323（30）	
75	氟苯嘧啶醇	nuarimol	28.90	314（100）	235（155）	203（108）	
76	麦锈灵	benodanil	29.14	231（100）	323（38）	203（22）	
77	甲氧滴滴涕	methoxychlor	29.38	227（100）	228（16）	212（4）	
78	噁霜灵	oxadixyl	29.50	163（100）	233（18）	278（11）	
79	戊唑醇	tebuconazole	29.51	250（100）	163（55）	252（36）	
80	胺菊酯	tetramethirn	29.59	164（100）	135（3）	232（1）	
81	氟草敏	norflurazon	29.99	303（100）	145（101）	102（47）	
82	哒嗪硫磷	pyridaphenthion	30.17	340（100）	199（48）	188（51）	
83	三氯杀螨砜	tetradifon	30.70	227（100）	356（70）	159（196）	
84	顺式-氯菊酯	cis-permethrin	31.42	183（100）	184（15）	255（2）	
85	吡菌磷	pyrazophos	31.60	221（100）	232（35）	373（19）	
86	反式-氯菊酯	trans-permethrin	31.68	183（100）	184（15）	255（2）	
87	氯氰菊酯	cypermethrin	33.19	181（100）	152（23）	180（16）	
88	氰戊菊脂-1	fenvalerate-1	34.45	167（100）	225（53）	419（37）	181（41）
89	氰戊菊脂-2	fenvalerate-2	34.79	167（101）	225（54）	419（38）	181（42）
90	溴氰菊酯	deltamethrin	35.77	181（100）	172（25）	174（25）	
			B 组				
91	茵草敌	EPTC	8.54	128（100）	189（30）	132（32）	
92	丁草敌	butylate	9.49	156（100）	146（115）	217（27）	

序号	中文名称	英文名称	保留时间（min）	定量离子	定性离子1	定性离子2	定性离子3
93	敌草腈	dichlobenil	9.75	171（100）	173（68）	136（15）	
94	克草敌	pebulate	10.18	128（100）	161（21）	203（20）	
95	三氯甲基吡啶	nitrapyrin	10.89	194（100）	196（97）	198（23）	
96	速灭磷	mevinphos	11.23	127（100）	192（39）	164（29）	
97	氯苯甲醚	chloroneb	11.85	191（100）	193（67）	206（66）	
98	四氯硝基苯	tecnazene	13.54	261（100）	203（135）	215（113）	
99	庚烯磷	heptanophos	13.78	124（100）	215（17）	250（14）	
100	灭线磷	ethoprophos	14.40	158（100）	200（40）	242（23）	168（15）
101	六氯苯	hexachlorobenzene	14.69	284（100）	286（81）	282（51）	
102	毒草胺	propachlor	14.73	120（100）	176（45）	211（11）	
103	顺式-燕麦敌	cis-diallate	14.75	234（100）	236（37）	128（38）	
104	氟乐灵	trifluralin	15.23	306（100）	264（72）	335（7）	
105	反式-燕麦敌	trans-diallate	15.29	234（100）	236（37）	128（38）	
106	氯苯胺灵	chlorpropham	15.49	213（100）	171（59）	153（24）	
107	治螟磷	sulfotep	15.55	322（100）	202（43）	238（27）	266（24）
108	菜草畏	sulfallate	15.75	188（100）	116（7）	148（4）	
109	α-六六六	alpha-HCH	16.06	219（100）	183（98）	221（47）	254（6）
110	特丁硫磷	terbufos	16.83	231（100）	153（25）	288（10）	186（13）
111	环丙氟灵	profluralin	17.36	318（100）	304（47）	347（13）	
112	敌噁磷	dioxathion	17.51	270（100）	197（43）	169（19）	
113	扑灭津	propazine	17.67	214（100）	229（67）	172（51）	
114	氯炔灵	chlorbufam	17.85	223（100）	153（53）	164（64）	
115	氯硝铵	dicloran	17.89	206（100）	176（128）	160（52）	
116	特丁津	terbuthylazine	18.07	214（100）	229（33）	173（35）	
117	绿谷隆	monolinuron	18.15	61（100）	126（45）	214（51）	
118	杀螟腈	cyanophos	18.73	243（100）	180（8）	148（3）	
119	氟虫脲	flufenoxuron	18.83	305（100）	126（67）	307（32）	
120	甲基毒死蜱	chlorpyrifos-methyl	19.38	286（100）	288（70）	197（5）	
121	敌草净	desmetryn	19.64	213（100）	198（60）	171（30）	
122	二甲草胺	dimethachlor	19.80	134（100）	197（47）	210（16）	

（续表）

序号	中文名称	英文名称	保留时间 （min）	定量离子	定性离子1	定性离子2	定性离子3
123	甲草胺	alachlor	20.03	188（100）	237（35）	269（15）	
124	甲基嘧啶磷	pirimiphos-methyl	20.30	290（100）	276（86）	305（74）	
125	特丁净	terbutryn	20.61	226（100）	241（64）	185（73）	
126	丙硫特普	aspon	20.62	211（100）	253（52）	378（14）	
127	杀草丹	thiobencarb	20.63	100（100）	257（25）	259（9）	
128	三氯杀螨醇	dicofol	21.33	139（100）	141（72）	250（23）	
129	异丙甲草胺	metolachlor	21.34	238（100）	162（159）	240（33）	251（4）
130	嘧啶磷	pirimiphos-ethyl	21.59	333（100）	318（93）	304（69）	
131	氧化氯丹	oxy-chlordane	21.63	387（100）	237（50）	185（68）	
132	苯氟磺胺	dichlofluanid	21.68	224（100）	226（74）	167（120）	
133	烯虫酯	methoprene	21.71	73（100）	191（29）	153（29）	
134	溴硫磷	bromofos	21.75	331（100）	329（ ）57	213（7）	
135	乙氧呋草黄	ethofumesate	21.84	207（100）	161（54）	286（27）	
136	异丙乐灵	isopropalin	22.10	280（100）	238（40）	222（4）	
137	敌稗	propanil	22.68	161（100）	217（21）	163（62）	
138	育畜磷	crufomate	22.93	256（100）	182（154）	276（58）	
139	异柳磷	isofenphos	22.99	213（100）	255（44）	185（45）	
140	硫丹-1	endosulfan-1	23.10	241（100）	265（66）	339（46）	
141	毒虫畏	chlorfenvinphos	23.19	323（100）	267（139）	269（92）	
142	甲苯氟磺胺	tolylfluanide	23.45	238（100）	240（71）	137（210）	
143	顺式-氯丹	cis-chlordane	23.55	373（100）	375（96）	377（51）	
144	丁草胺	butachlor	23.82	176（100）	160（75）	188（46）	
145	乙菌利	chlozolinate	23.83	259（100）	188（83）	331（91）	
146	p，p'-滴滴伊	p，p'-DDE	23.92	318（100）	316（80）	246（139）	248（70）
147	碘硫磷	iodofenphos	24.33	377（100）	379（37）	250（6）	
148	杀虫畏	tetrachlorvinphos	24.36	329（100）	331（96）	333（31）	
149	丙溴磷	profenofos	24.65	339（100）	374（39）	297（37）	
150	噻嗪酮	buprofezin	24.87	105（100）	172（54）	305（24）	
151	己唑醇	hexaconazole	24.92	214（100）	231（62）	256（26）	
152	o，p'-滴滴滴	o，p'-DDD	24.94	235（100）	237（65）	165（39）	199（14）

（续表）

序号	中文名称	英文名称	保留时间（min）	定量离子	定性离子1	定性离子2	定性离子3
153	杀螨酯	chlorfenson	25.05	302（100）	175（282）	177（103）	
154	氟咯草酮	fluorochloridone	25.14	311（100）	313（64）	187（85）	
155	异狄氏剂	endrin	25.15	263（100）	317（30）	345（26）	
156	多效唑	paclobutrazol	25.21	236（100）	238（37）	167（39）	
157	o,p'-滴滴涕	o,p'-DDT	25.56	235（100）	237（63）	165（37）	199（14）
158	盖草津	methoprotryne	25.63	256（100）	213（24）	271（17）	
159	丙酯杀螨醇	chlorpropylate	25.85	251（100）	253（64）	141（18）	
160	麦草氟甲酯	flamprop-methyl	25.90	105（100）	77（26）	276（11）	
161	除草醚	nitrofen	26.12	283（100）	253（90）	202（48）	139（15）
162	乙氧氟草醚	oxyfluorfen	26.13	252（100）	361（35）	300（35）	
163	虫螨磷	chlorthiophos	26.52	325（100）	360（52）	297（54）	
164	麦草氟异丙酯	flamprop-isopropyl	26.70	105（100）	276（19）	363（3）	
165	三硫磷	carbofenothion	27.19	157（100）	342（49）	199（28）	
166	p,p'-滴滴涕	p,p'-DDT	27.22	235（100）	237（65）	246（7）	165（34）
167	苯霜灵	benalaxyl	27.54	148（100）	206（32）	325（8）	
168	敌瘟磷	edifenphos	27.94	173（100）	310（76）	201（37）	
169	三唑磷	triazophos	28.23	161（100）	172（47）	257（38）	
170	苯腈磷	cyanofenphos	28.43	157（100）	169（56）	303（20）	
171	氯杀螨砜	chlorbenside sulfone	28.88	127（100）	99（14）	89（33）	
172	硫丹硫酸盐	endosulfan-sulfate	29.05	387（100）	272（165）	389（64）	
173	溴螨酯	bromopropylate	29.30	341（100）	183（34）	339（49）	
174	新燕灵	benzoylprop-ethyl	29.40	292（100）	365（36）	260（37）	
175	甲氰菊酯	fenpropathrin	29.56	265（100）	181（237）	349（25）	
176	苯硫膦	EPN	30.06	157（100）	169（53）	323（14）	
177	环嗪酮	hexazinone	30.14	171（100）	252（3）	128（12）	
178	溴苯磷	leptophos	30.19	377（100）	375（73）	379（28）	
179	治草醚	bifenox	30.81	341（100）	189（30）	310（27）	
180	伏杀硫磷	phosalone	31.22	182（100）	367（30）	154（20）	
181	保棉磷	azinphos-methyl	31.41	160（100）	132（71）	77（58）	
182	氯苯嘧啶醇	fenarimol	31.65	139（100）	219（70）	330（42）	

（续表）

序号	中文名称	英文名称	保留时间（min）	定量离子	定性离子1	定性离子2	定性离子3
183	益棉磷	azinphos-ethyl	32.01	160（100）	132（103）	77（51）	
184	氟氯氰菊酯	cyfluthrin	32.94	206（100）	199（63）	226（72）	
185	咪鲜胺	prochloraz	33.07	180（100）	308（59）	266（18）	
186	蝇毒磷	coumaphos	33.22	362（100）	226（56）	364（39）	
187	氟胺氰菊酯	fluvalinate	34.94	250（100）	252（38）	181（18）	
			C 组				
188	敌敌畏	dichlorvos	7.80	109（100）	185（34）	220（7）	
189	联苯	biphenyl	9.00	154（100）	153（40）	152（27）	
190	霜霉威	propamocarb	9.40	58（100）	129（6）	188（5）	
191	灭草敌	vernolate	9.82	128（100）	146（17）	203（9）	
192	3，5-二氯苯胺	3，5-dichloroaniline	11.20	161（100）	163（62）	126（10）	
193	虫螨畏	methacrifos	11.86	125（100）	208（74）	240（44）	
194	禾草敌	molinate	11.92	126（100）	187（24）	158（2）	
195	邻苯基苯酚	2-phenylphenol	12.47	170（100）	169（72）	141（31）	
196	四氢邻苯二甲酰亚胺	cis-1，2，3，6-tetrahydro-phthalimide	13.39	151（100）	123（16）	122（16）	
197	仲丁威	fenobucarb	14.60	121（100）	150（32）	107（8）	
198	乙丁氟灵	benfluralin	15.23	292（100）	264（20）	276（13）	
199	氟铃脲	hexaflumuron	16.20	176（100）	279（28）	277（43）	
200	扑灭通	prometon	16.66	210（100）	225（91）	168（67）	
201	野麦畏	triallate	17.12	268（100）	270（73）	143（19）	
202	嘧霉胺	pyrimethanil	17.28	198（100）	199（45）	200（5）	
203	林丹	*gamma*-HCH	17.48	183（100）	219（93）	254（13）	221（40）
204	乙拌磷	disulfoton	17.61	88（100）	274（15）	186（18）	
205	莠去净	atrizine	17.64	200（100）	215（62）	173（29）	
206	异稻瘟净	iprobenfos	18.44	204（100）	246（18）	288（17）	
207	七氯	heptachlor	18.49	272（100）	237（40）	337（27）	
208	氯唑磷	isazofos	18.54	161（100）	257（53）	285（39）	208（15）
209	三氯杀虫酯	phfenate	18.87	217（100）	175（96）	242（91）	
210	氯乙氟灵	fluchloralin	18.89	306（100）	326（87）	264（54）	

（续表）

序号	中文名称	英文名称	保留时间 （min）	定量离子	定性离子 1	定性离子 2	定性离子 3
211	四氯苯菊酯	transfluthrin	19.04	163（100）	165（23）	335（7）	
212	丁苯吗啉	fenpropimorph	19.22	128（100）	303（5）	129（9）	
213	甲基立枯磷	tolclofos-methyl	19.69	265（100）	267（36）	250（10）	
214	异丙草胺	propisochlor	19.89	162（100）	223（200）	146（17）	
215	溴谷隆	metobromuron	20.07	61（100）	258（11）	170（16）	
216	莠灭净	ametryn	20.11	227（100）	212（53）	185（17）	
217	嗪草酮	metribuzin	20.33	198（100）	199（21）	144（12）	
218	异丙净	dipropetryn	20.82	255（100）	240（42）	222（20）	
219	安硫磷	formothion	21.42	170（100）	224（97）	257（63）	
220	乙霉威	diethofencarb	21.43	267（100）	225（98）	151（31）	
221	哌草丹	dimepiperate	22.28	119（100）	145（30）	263（8）	
222	生物烯丙菊酯-1	bioallethrin-1	22.29	123（100）	136（24）	107（29）	
223	生物烯丙菊酯-2	bioallethrin-2	22.34	123（100）	136（24）	107（29）	
224	芬螨酯	fenson	22.54	141（100）	268（53）	77（104）	
225	o, p'-滴滴伊	o, p'-DDE	22.64	246（100）	318（34）	176（26）	248（70）
226	双苯酰草胺	diphenamid	22.87	167（100）	239（30）	165（43）	
227	戊菌唑	penconazole	23.17	248（100）	250（33）	161（50）	
228	四氟醚唑	tatraconazole	23.35	336（100）	338（33）	171（10）	
229	灭蚜磷	mecarbam	23.46	131（100）	296（22）	329（40）	
230	丙虫磷	propaphos	23.92	304（100）	220（108）	262（34）	
231	氟节胺	flumetralin	24.10	143（100）	157（25）	404（10）	
232	三唑醇-1	triadimenol-1	24.22	112（100）	168（81）	130（15）	
233	三唑醇-2	triadimenol-2	24.94	112（100）	168（71）	130（10）	
234	丙草胺	pretilachlor	24.67	162（100）	238（26）	262（8）	
235	亚胺菌	kresoxim-methyl	25.04	116（100）	206（25）	131（66）	
236	吡氟禾草灵	fluazifop-butyl	25.21	282（100）	383（44）	254（49）	
237	氟啶脲	chlorfluazuron	25.27	321（100）	323（71）	356（8）	
238	乙酯杀螨醇	chlorobenzilate	25.90	251（100）	253（65）	152（5）	
239	氟哇唑	flusilazole	26.19	233（100）	206（33）	315（9）	
240	三氟硝草醚	fluorodifen	26.59	190（100）	328（35）	162（34）	

（续表）

序号	中文名称	英文名称	保留时间（min）	定量离子	定性离子1	定性离子2	定性离子3
241	烯唑醇	diniconazole	27.03	268（100）	270（65）	232（13）	
242	增效醚	piperonyl butoxide	27.46	176（100）	177（33）	149（14）	
243	噁唑隆	dimefuron	27.82	140（100）	105（75）	267（36）	
244	炔螨特	propargite	27.87	135（100）	350（7）	173（16）	
245	灭锈胺	mepronil	27.91	119（100）	269（26）	120（9）	
246	吡氟酰草胺	diflufenican	28.45	266（100）	394（25）	267（14）	
247	咯菌腈	fludioxonil	28.93	248（100）	127（24）	154（21）	
248	喹螨醚	fenazaquin	28.97	145（100）	160（46）	117（10）	
249	苯醚菊酯	phenothrin	29.08	123（100）	183（74）	350（6）	
250	双甲脒	amitraz	30.00	293（100）	162（138）	132（168）	
251	莎稗磷	anilofos	30.68	226（100）	184（52）	334（10）	
252	高效氯氟氰菊酯	lambda-cyhalothrin	31.11	181（100）	197（100）	141（20）	
253	苯噻酰草胺	mefenacet	31.29	192（100）	120（35）	136（29）	
254	氯菊酯	permethrin	31.57	183（100）	184（14）	255（1）	
255	哒螨灵	pyridaben	31.86	147（100）	117（11）	364（7）	
256	乙羧氟草醚	fluoroglycofen-ethyl	32.01	447（100）	428（20）	449（35）	
257	联苯三唑醇	bitertanol	32.25	170（100）	112（8）	141（6）	
258	醚菊酯	etofenprox	32.75	163（100）	376（4）	183（6）	
259	α-氯氰菊酯	*alpha*-cypermethrin	33.35	163（100）	181（84）	165（63）	
260	氟氰戊菊酯-1	flucythrinate-1	33.58	199（100）	157（90）	451（22）	
261	氟氰戊菊酯-2	flucythrinate-2	33.85	199（101）	157（91）	451（23）	
262	S-氰戊菊酯	esfenvalerate	34.65	419（100）	225（158）	181（189）	
263	苯醚甲环唑-2	difenconazole-2	35.40	323（100）	325（66）	265（83）	
264	苯醚甲环唑-1	difenconazole-1	35.49	323（100）	325（69）	265（70）	
265	丙炔氟草胺	flumioxazin	35.50	354（100）	287（24）	259（15）	
266	氟烯草酸	flumiclorac-pentyl	36.34	423（100）	308（51）	318（29）	
D组							
267	甲氟磷	dimefox	5.62	110（100）	154（75）	153（17）	
268	乙拌磷亚砜	disulfoton-sulfoxide	8.41	212（100）	153（61）	184（20）	
269	五氯苯	pentachlorobenzene	11.11	250（100）	252（64）	215（24）	

（续表）

序号	中文名称	英文名称	保留时间（min）	定量离子	定性离子1	定性离子2	定性离子3
270	鼠立死	crimidine	13.13	142（100）	156（90）	171（84）	
271	4-溴-3，5-二甲苯基-N-甲基氨基甲酸酯-1	BDMC-1	13.25	200（100）	202（104）	201（13）	
272	燕麦酯	chlorfenprop-methyl	13.57	165（100）	196（87）	197（49）	
273	虫线磷	thionazin	14.04	143（100）	192（39）	220（14）	
274	2，3，5，6-四氯苯胺	2，3，5，6-tetrachloroaniline	14.22	231（100）	229（76）	158（25）	
275	三正丁基磷酸盐	tri-N-bytyl phosphate	14.33	155（100）	211（61）	167（8）	
276	2，3，4，5-四氯甲氧基苯	2，3，4，5-tetrachloroanisole	14.66	246（100）	203（70）	231（51）	
277	五氯甲氧基苯	pentachloroanisole	15.19	280（100）	265（100）	237（85）	
278	牧草胺	tebutam	15.30	190（100）	106（38）	142（24）	
279	甲基苯噻隆	methabenzthiazuron	16.34	164（100）	136（81）	108（27）	
280	脱异丙基莠去津	desisopropyl-atrazine	16.69	173（100）	158（84）	145（73）	
281	西玛通	simetone	16.69	197（100）	196（40）	182（38）	
282	阿特拉通	atratone	16.70	196（100）	211（68）	197（105）	
283	七氟菊酯	tefluthrin	17.24	177（100）	197（26）	161（5）	
284	溴烯杀	bromocylen	17.43	359（100）	357（99）	394（14）	
285	草打津	trietazine	17.53	200（100）	229（51）	214（45）	
286	2，6-二氯苯甲酰胺	2，6-dichlorobenzamide	17.93	173（100）	189（36）	175（62）	
287	环秀隆	cycluron	17.95	89（100）	198（36）	114（9）	
288	2，4，4'-三氯联苯	de-PCB 28	18.15	256（100）	186（53）	258（97）	
289	2，4，5-三氯联苯	de-PCB 31	18.19	256（100）	186（53）	258（97）	
290	脱乙基另丁津	desethyl-sebuthylazine	18.32	172（100）	174（32）	186（11）	
291	2，3，4，5-四氯苯胺	2，3，4，5-tetrachloroaniline	18.55	231（100）	229（76）	233（48）	
292	合成麝香	musk ambrette	18.62	253（100）	268（35）	223（18）	
293	二甲苯麝香	musk xylene	18.66	282（100）	297（10）	128（20）	

（续表）

序号	中文名称	英文名称	保留时间（min）	定量离子	定性离子1	定性离子2	定性离子3
294	五氯苯胺	pentachloroaniline	18.91	265（100）	263（63）	230（8）	
295	叠氮津	aziprotryne	19.11	199（100）	184（83）	157（31）	
296	丁咪酰胺	isocarbamid	19.24	142（100）	185（2）	143（6）	
297	另丁津	sebutylazine	19.26	200（100）	214（14）	229（13）	
298	麝香	musk moskene	19.46	263（100）	278（12）	264（15）	
299	2，2′，5，5′-四氯联苯	de-PCB 52	19.48	292（100）	220（88）	255（32）	
300	苄草丹	prosulfocarb	19.51	251（100）	252（14）	162（10）	
301	二甲吩草胺	dimethenamid	19.55	154（100）	230（43）	203（21）	
302	4-溴-3，5-二甲苯基-N-甲基氨基甲酸酯-2	BDMC-2	19.74	200（100）	202（101）	201（12）	
303	庚酰草胺	monalide	20.02	197（100）	199（31）	239（45）	
304	西藏麝香	musk tibeten	20.40	251（100）	266（25）	252（14）	
305	碳氯灵	isobenzan	20.55	311（100）	375（31）	412（7）	
306	八氯苯乙烯	octachlorostyrene	20.60	380（100）	343（94）	308（120）	
307	异艾氏剂	isodrin	21.01	193（100）	263（46）	195（83）	
308	丁嗪草酮	isomethiozin	21.06	225（100）	198（86）	184（13）	
309	敌草索	dacthal	21.25	301（100）	332（31）	221（16）	
310	4，4′-二氯二苯甲酮	4，4′-dichlorobenzophenone	21.29	250（100）	252（62）	215（26）	
311	酞菌酯	nitrothal-isopropyl	21.69	236（100）	254（54）	212（74）	
312	吡咪唑	rabenzazole	21.73	212（100）	170（26）	195（19）	
313	嘧菌环胺	cyprodinil	21.94	224（100）	225（62）	210（9）	
314	氧异柳磷	isofenphos oxon	22.04	229（100）	201（2）	314（12）	
315	麦穗灵	fuberidazole	22.10	184（100）	155（21）	129（12）	
316	异氯磷	dicapthon	22.44	262（100）	263（10）	216（10）	
317	2-甲-4氯丁氧乙基酯	mcpa-butoxyethyl ester	22.61	300（100）	200（71）	182（41）	
318	2，2′，4，5，5′-五氯联苯	de-PCB 101	22.62	326（100）	254（66）	291（18）	

序号	中文名称	英文名称	保留时间 （min）	定量离子	定性离子1	定性离子2	定性离子3
319	水胺硫磷	isocarbophos	22.87	136（100）	230（26）	289（22）	
320	甲拌磷砜	phorate sulfone	23.15	199（100）	170（30）	215（11）	
321	杀螨醇	chlorfenethol	23.29	251（100）	253（66）	266（12）	
322	反式九氯	trans-nonachlor	26.62	409（100）	407（89）	411（63）	
323	脱叶磷	DEF	24.08	202（100）	226（51）	258（55）	
324	氟咯草酮	flurochloridone	24.31	311（100）	187（74）	313（66）	
325	溴苯烯磷	bromfenvinfos	24.62	267（100）	323（56）	295（18）	
326	乙滴涕	perthane	24.81	223（100）	224（20）	178（9）	
327	2，3，4，4′，5-五氯联苯	de-PCB 118	25.08	326（100）	254（38）	184（16）	
328	地胺磷	mephosfolan	25.29	196（100）	227（49）	168（60）	
329	4，4′-二溴二苯甲酮	4，4′-dibromobenzophenone	25.30	340（100）	259（30）	185（179）	
330	粉唑醇	flutriafol	25.31	219（100）	164（96）	201（7）	
331	2，2′，4，4′，5，5′-六氯联苯	de-PCB 153	25.64	360（100）	290（62）	218（24）	
332	苄氯三唑醇	diclobutrazolea	25.95	270（100）	272（68）	159（42）	
333	乙拌磷砜	disulfoton sulfone	26.16	213（100）	229（4）	185（11）	
334	噻螨酮	hexythiazox	26.48	227（100）	156（158）	184（93）	
335	2，2′，3，4，4′，5，-六氯联苯	de-PCB 138	26.84	360（100）	290（68）	218（26）	
336	环丙唑	cyproconazole	27.23	222（100）	224（35）	223（11）	
337	苄呋菊酯-1	resmethrin-1	27.26	171（100）	143（83）	338（7）	
338	苄呋菊酯-2	resmethrin-2	27.43	171（100）	143（80）	338（7）	
339	酞酸甲苯基丁酯	phthalic acid，benzyl butyl ester	27.56	206（100）	312（4）	230（1）	
340	炔草酸	clodinafop-propargyl	27.74	349（100）	238（96）	266（83）	
341	倍硫磷亚砜	fenthion sulfoxide	28.06	278（100）	279（290）	294（145）	
342	三氟苯唑	fluotrimazole	28.39	311（100）	379（60）	233（36）	
343	氟草烟-1-甲庚酯	fluroxypr-1-methylheptyl ester	28.45	366（100）	254（67）	237（60）	

（续表）

序号	中文名称	英文名称	保留时间（min）	定量离子	定性离子1	定性离子2	定性离子3
344	倍硫磷砜	fenthion sulfone	28.55	310（100）	136（25）	231（10）	
345	苯嗪草酮	metamitron	28.63	202（100）	174（52）	186（12）	
346	三苯基磷酸盐	triphenyl phosphate	28.65	326（100）	233（16）	215（20）	
347	2,2,3,4,4',5,5'-七氯联苯	de-PCB 180	29.05	394（100）	324（70）	359（20）	
348	吡螨胺	tebufenpyrad	29.06	318（100）	333（78）	276（44）	
349	解草酯	cloquintocet-mexyl	29.32	192（100）	194（32）	220（4）	
350	环草定	lenacil	29.70	153（100）	136（6）	234（2）	
351	糠菌唑-1	bromuconazole-1	29.90	173（100）	175（65）	214（15）	
352	糠菌唑-2	bromuconazole-2	30.72	173（100）	175（67）	214（14）	
353	甲磺乐灵	nitralin	30.92	316（100）	274（58）	300（15）	
354	苯线磷亚砜	fenamiphos sulfoxide	31.03	304（100）	219（29）	196（22）	
355	苯线磷砜	fenamiphos sulfone	31.34	320（100）	292（57）	335（7）	
356	拌种咯	fenpiclonil	32.37	236（100）	238（66）	174（36）	
357	氟喹唑	fluquinconazole	32.62	340（100）	342（37）	341（20）	
358	腈苯唑	fenbuconazole	34.02	129（100）	198（51）	125（31）	
E组							
359	残杀威-1	propoxur-1	6.58	110（100）	152（16）	111（9）	
360	异丙威-1	isoprocarb-1	7.56	121（100）	136（34）	103（20）	
361	特草灵-1	terbucarb-1	10.89	205（100）	220（51）	206（16）	
362	驱虫特	dibutyl succinate	12.20	101（100）	157（19）	175（5）	
363	氯氧磷	chlorethoxyfos	13.43	153（100）	125（67）	301（19）	
364	异丙威-2	isoprocarb-2	13.69	121（100）	136（34）	103（20）	
365	丁噻隆	tebuthiuron	14.25	156（100）	171（30）	157（9）	
366	戊菌隆	pencycuron	14.30	125（100）	180（65）	209（20）	
367	甲基内吸磷	demeton-s-methyl	15.19	109（100）	142（43）	230（5）	
368	残杀威-2	propoxur-2	15.48	110（100）	152（19）	111（8）	
369	菲	phenanthrene	16.97	188（100）	160（9）	189（16）	
370	唑螨酯	fenpyroximate	17.49	213（100）	142（21）	198（9）	

（续表）

序号	中文名称	英文名称	保留时间（min）	定量离子	定性离子1	定性离子2	定性离子3
371	丁基嘧啶磷	tebupirimfos	17.61	318（100）	261（107）	234（100）	
372	茉莉酮	prohydrojasmon	17.80	153（100）	184（41）	254（7）	
373	苯锈啶	fenpropidin	17.85	98（100）	273（5）	145（5）	
374	氯硝胺	dichloran	18.10	176（100）	206（87）	124（101）	
375	咯喹酮	pyroquilon	18.28	173（100）	130（69）	144（38）	
376	炔苯酰草胺	propyzamide	19.01	173（100）	255（23）	240（9）	
377	抗蚜威	pirimicarb	19.08	166（100）	238（23）	138（8）	
378	解草嗪	benoxacor	19.62	120（100）	259（38）	176（19）	
379	磷胺-1	phosphamidon-1	19.66	264（100）	138（62）	227（25）	
380	乙草胺	acetochlor	19.84	146（100）	162（59）	223（59）	
381	灭草环	tridiphane	19.90	173（100）	187（90）	219（46）	
382	戊草丹	esprocarb	20.01	222（100）	265（10）	162（61）	
383	特草灵-2	terbucarb-2	20.06	205（100）	220（52）	206（16）	
384	活化酯	acibenzolar-s-methyl	20.42	182（100）	135（64）	153（34）	
385	精甲霜灵	mefenoxam	20.91	206（100）	249（46）	279（11）	
386	马拉氧磷	malaoxon	21.17	127（100）	268（11）	195（15）	
387	氯酞酸甲酯	chlorthal-dimethyl	21.39	301（100）	33（27）	221（17）	
388	硅氟唑	simeconazole	2141	121（100）	278（14）	211（34）	
389	特草净	terbacil	21.50	161（100）	160（70）	117（39）	
390	噻唑烟酸	thiazopyr	21.91	327（100）	363（73）	381（34）	
391	甲基毒虫畏	dimethylvinphos	22.21	295（100）	297（56）	109（74）	
392	苯酰草胺	zoxamide	22.30	187（100）	242（68）	299（9）	
393	烯丙菊酯	allethrin	22.60	123（100）	107（24）	136（20）	
394	灭藻醌	quinoclamine	22.89	207（100）	172（259）	144（64）	
395	氟噻草胺	flufenacet	23.09	151（100）	211（61）	363（6）	
396	氰菌胺	fenoxanil	23.58	140（100）	189（14）	301（6）	
397	呋霜灵	furalaxyl	23.97	242（100）	301（24）	152（40）	
398	除草定	bromacil	24.73	205（100）	207（46）	231（5）	
399	啶氧菌酯	picoxystrobin	24.97	335（100）	303（43）	367（9）	
400	抑草磷	butamifos	25.41	286（100）	200（57）	232（37）	

（续表）

序号	中文名称	英文名称	保留时间（min）	定量离子	定性离子1	定性离子2	定性离子3
401	咪草酸	imazamethabenz-methyl	25.50	144（100）	187（117）	256（95）	
402	灭梭威砜	methiocarb sulfone	25.56	200（100）	185（40）	137（16）	
403	苯氧菌胺	metominostrobin	25.61	191（100）	238（56）	196（75）	
404	抑霉唑	imazalil	25.72	215（100）	173（66）	296（5）	
405	稻瘟灵	isoprothiolane	25.87	290（100）	231（82）	204（88）	
406	环氟菌胺	cyflufenamid	26.02	91（100）	412（11）	294（11）	
407	噁唑磷	isoxathion	26.51	313（100）	105（341）	177（208）	
408	苯氧喹啉	quinoxyphen	27.14	237（100）	272（37）	307（29）	
409	肟菌酯	trifloxystrobin	27.71	116（100）	131（40）	222（30）	
410	脱苯甲基亚胺唑	imibenconazole-des-benzyl	27.86	235（100）	270（35）	272（35）	
411	炔咪菊酯-1	imiprothrin-1	28.31	123（100）	151（55）	107（54）	
412	氟虫腈	fipronil	28.34	367（100）	369（69）	351（15）	
413	炔咪菊酯-2	imiprothrin-2	28.50	123（100）	151（21）	107（17）	
414	氟环唑-1	epoxiconazole-1	28.58	192（100）	183（24）	138（35）	
415	稗草丹	pyributicarb	28.87	165（100）	181（23）	108（64）	
416	吡草醚	pyraflufen ethyl	28.91	412（100）	349（41）	339（34）	
417	噻吩草胺	thenylchlor	29.12	127（100）	288（25）	141（17）	
418	吡唑解草酯	mefenpyr-diethyl	29.55	227（100）	299（131）	372（18）	
419	乙螨唑	etoxazole	29.64	300（100）	330（69）	359（65）	
420	氟环唑-2	epoxiconazole-2	29.73	192（100）	183（13）	138（30）	
421	吡丙醚	pyriproxyfen	30.06	136（100）	226（8）	185（10）	
422	异菌脲	iprodione	30.24	187（100）	244（65）	246（42）	
423	呋酰胺	ofurace	30.36	160（100）	232（83）	204（35）	
424	哌草磷	piperophos	30.42	320（100）	140（123）	122（114）	
425	氯甲酰草胺	clomeprop	30.48	290（100）	288（279）	148（206）	
426	咪唑菌酮	fenamidone	30.66	268（100）	238（111）	206（32）	
427	吡唑醚菊酯	pyraclostrobin	31.98	132（100）	325（14）	283（21）	
428	乳氟禾草灵	lactofen	32.06	442（100）	461（25）	346（12）	
429	吡唑硫磷	pyraclofos	32.18	360（100）	194（79）	362（38）	

（续表）

序号	中文名称	英文名称	保留时间（min）	定量离子	定性离子1	定性离子2	定性离子3
430	氯亚胺硫磷	dialifos	32.27	186（100）	357（143）	210（397）	
431	螺螨酯	spirodiclofen	32.50	312（100）	259（48）	277（28）	
432	呋草酮	flurtamone	32.78	333（100）	199（63）	247（25）	
433	环酯草醚	pyriftalid	32.94	318（100）	274（71）	303（44）	
434	氟硅菊酯	silafluofen	33.18	287（100）	286（274）	258（289）	
435	嘧螨醚	pyrimidifen	33.63	184（100）	186（32）	185（10）	
436	氟丙嘧草酯	butafenacil	33.85	331（100）	333（34）	180（35）	
437	苯酮唑	cafenstrole	34.36	100（100）	188（69）	119（25）	
			F组				
438	苯磺隆	tribenuron-methyl	9.34	154（100）	124（45）	110（18）	
439	乙硫苯威	ethiofencarb	11.00	107（100）	168（34）	77（26）	
440	二氧威	dioxacarb	11.10	121（100）	166（44）	165（36）	
441	避蚊酯	dimethyl phthalate	11.54	163（100）	194（7）	133（5）	
442	4-氯苯氧乙酸	4-chlorophenoxy acetic acid	11.84	200（100）	141（93）	111（61）	
443	邻苯二甲酰亚胺	phthalimide	13.21	147（100）	104（61）	103（35）	
444	避蚊胺	diethyltoluamide	14.00	119（100）	190（32）	191（31）	
445	2,4-滴	2,4-D	14.35	199（100）	234（63）	175（61）	
446	甲萘威	carbaryl	14.42	144（100）	115（100）	116（43）	
447	硫线磷	cadusafos	15.14	159（100）	213（14）	270（13）	
448	内吸磷	demetom-s	16.88	88（100）	170（15）	143（11）	
449	螺菌环胺-1	spiroxamine-1	17.26	100（100）	126（7）	198（5）	
450	百治磷	dicrotophos	17.31	127（100）	237（11）	109（8）	
451	混杀威	3,4,5-trimethacarb	17.70	136（100）	193（32）	121（31）	
452	2,4,5-涕	2,4,5-T	17.75	233（100）	268（49）	209（36）	
453	3-苯基苯酚	3-phenylphenol	18.11	170（100）	141（23）	115（17）	
454	茂谷乐	furmecyclox	18.22	123（100）	251（6）	94（10）	
455	螺菌环胺-2	spiroxamine-2	1823	100（100）	126（5）	198（5）	
456	丁酰肼	DMSA	18.45	200（100）	92（123）	121（8）	
457	—	sobutylazine	18.63	172（100）	174（32）	186（11）	

（续表）

序号	中文名称	英文名称	保留时间 （min）	定量离子	定性离子1	定性离子2	定性离子3
458	环庚草醚	cinmethylin	18.96	105（100）	169（16）	154（14）	
459	久效磷	monocrotophos	19.18	127（100）	192（2）	223（4）	164（20）
460	八氯二甲醚-1	S421（octachlorodi-propylether）-1	19.31	130（100）	132（96）	211（8）	
461	八氯二甲醚-2	S421（octachlorodi-propyl ether）-2	19.57	130（100）	132（97）	211（8）	
462	十二环吗啉	dodemorph	19.62	154（100）	281（12）	238（10）	
463	氧皮蝇磷	fenchlorphos	19.84	285（100）	287（69）	270（6）	
464	枯莠隆	difenoxuron	20.85	241（100）	226（21）	242（15）	
465	仲丁灵	butralin	22.18	266（100）	224（16）	295（9）	
466	啶斑肟-1	pyrifenox-1	23.46	262（100）	294（18）	227（15）	
467	噻菌灵	thiabendazole	24.97	201（100）	174（87）	175（9）	
468	缬酶威-1	iprovalicarb-1	26.13	119（100）	134（126）	158（62）	
469	戊环唑	azaconazole	26.50	217（100）	173（59）	219（64）	
470	缬酶威-2	iprovalicarb-2	26.54	134（100）	119（75）	158（48）	
471	苯虫醚-1	diofenolan-1	26.76	186（100）	300（60）	225（24）	
472	苯虫醚-2	diofenolan-2	27.09	186（100）	300（60）	225（29）	
473	苯甲醚	aclonifen	27.24	264（100）	212（65）	194（57）	
474	溴虫腈	chlorfenapyr	27.47	247（100）	328（54）	408（51）	
475	生物苄呋菊酯	bioresmethrin	27.55	123（100）	171（54）	143（31）	
476	双苯噁唑酸	isoxadifen-ethyl	27.90	204（100）	222（76）	294（44）	
477	唑酮草酯	carfentrazone-ethyl	28.09	312（100）	330（52）	290（53）	
478	环酰菌胺	fenhexamid	28.86	97（100）	177（33）	301（13）	
479	螺甲螨酯	spiromesifen	29.56	272（100）	254（27）	370（14）	
480	氟啶胺	fluazinam	30.04	387（100）	417（44）	371（29）	
481	联苯肼酯	bifenazate	30.38	300（100）	258（99）	199（100）	
482	异狄氏剂酮	endrin ketone	30.40	317（100）	250（28）	281（35）	
483	氟草敏代谢物	norfulrazon-desmethyl	30.80	145（100）	289（76）	88（35）	
484	精高效氨氟氰菊酯-1	gamma-cyhalothrin-1	31.10	181（100）	197（84）	141（28）	

（续表）

序号	中文名称	英文名称	保留时间（min）	定量离子	定性离子1	定性离子2	定性离子3
485	酮康唑	metoconazole	31.12	125（100）	319（14）	250（17）	
486	氰氟草酯	cyhalofop-butyl	31.40	256（100）	357（74）	229（79）	
487	精高效氯氟氰菊酯-2	*gamma*-cyhalothrin-2	31.40	181（100）	197（77）	141（20）	
488	苄螨醚	halfenprox	32.81	263（100）	237（5）	476（5）	
489	烟酰碱	boscalid	34.16	342（100）	140（229）	112（71）	
490	烯酰吗啉	dimethomorph	37.40	301（100）	387（32）	165（28）	

表5-4 茶叶中490种农药及相关化学品A、B、C、D、E、F六组选择离子监测分组表

序号	时间（min）	离子（amu）	驻留时间（ms）
		A组	
1	8.30	138, 158, 173	200
2	9.60	124, 140, 166, 172, 183, 211	90
3	10.50	121, 154, 234	200
4	10.75	120, 137, 179	200
5	11.70	154, 186, 215	200
6	14.40	167, 168, 169	200
7	14.90	121, 142, 143, 153, 183, 195, 196, 198, 230, 231, 260, 276, 292, 316	30
8	16.20	88, 125, 246	200
9	16.70	137, 138, 145, 172, 174, 179, 187, 202, 204, 205, 237, 246, 249, 295, 304	30
10	17.80	138, 173, 175, 181, 186, 194, 196, 201, 210, 225, 236, 255, 277, 292	30
11	18.80	150, 165, 173, 175, 222, 223, 251, 255, 279	50
12	19.20	125, 143, 229, 261, 263, 265, 293, 305, 307, 329	50
13	19.80	125, 261, 263, 265, 285, 287, 293, 305, 307, 329	50
14	20.10	170, 181, 184, 198, 200, 206, 212, 217, 219, 226, 227, 233, 234, 241, 246, 249, 254, 258, 263, 264, 266, 268, 285, 286, 314	10

（续表）

序号	时间（min）	离子（amu）	驻留时间（ms）
15	21.40	143, 152, 153, 158, 169, 173, 180, 181, 208, 217, 219, 220, 247, 254, 256, 260, 275, 277, 278, 351, 353, 355	10
16	22.30	61, 143, 160, 162, 181, 186, 208, 210, 220, 235, 248, 252, 263, 268, 270, 291, 351, 353, 355	20
17	23.00	133, 143, 146, 157, 209, 211, 146, 268, 270, 274, 298, 303, 320, 357, 359, 373, 375, 377	20
18	23.70	72, 104, 133, 145, 152, 157, 160, 162, 209, 211, 215, 253, 255, 260, 263, 267, 274, 277, 283, 285, 297, 302, 309, 345, 380	10
19	24.80	128, 145, 154, 157, 171, 175, 198, 217, 225, 240, 255, 258, 271, 283, 285, 288, 302, 303	20
20	25.50	154, 185, 217, 252, 253, 254, 288, 303, 319, 324, 334	50
21	26.00	87, 139, 143, 145, 165, 173, 199, 208, 231, 235, 237, 251, 253, 273, 316, 323, 384	20
22	26.80	145, 150, 156, 165, 173, 179, 199, 231, 235, 237, 245, 247, 280, 288, 322, 323, 384	20
23	27.90	165, 166, 173, 181, 253, 259, 261, 281, 292, 293, 308, 342	40
24	28.60	118, 160, 165, 166, 181, 203, 212, 227, 228, 231, 235, 237, 272, 274, 314, 323	30
25	29.30	135, 163, 164, 212, 227, 228, 232, 233, 250, 252, 278	40
26	30.00	102, 145, 159, 160, 161, 188, 199, 227, 303, 317, 340, 356	40
27	31.00	175, 183, 184, 220, 221, 223, 232, 250, 255, 267, 373	40
28	33.00	1127, 180, 181	200
29	34.40	167, 181, 225, 419	150
30	35.70	172, 174, 181	200
B组			
1	7.80	128, 132, 189	200
2	8.80	146, 156, 217	200
3	9.70	128, 136, 161, 171, 173, 203	90
4	10.70	127, 164, 192, 194, 196, 198	90
5	11.70	191, 193, 206	200
7	14.40	158, 168, 200, 242, 282, 284, 286	80

（续表）

序号	时间（min）	离子（amu）	驻留时间（ms）
8	14.70	116, 120, 128, 148, 153, 171, 176, 188, 202, 211, 213, 234, 236, 238, 264, 266, 282, 284, 286, 306, 322, 335	10
9	16.00	116, 148, 183, 188, 219, 221, 254	80
10	16.80	153, 186, 231, 288	150
11	17.10	153, 160, 164, 169, 172, 173, 176, 197, 206, 210, 214, 223, 225, 229, 270, 318, 330, 347	20
12	18.20	61, 126, 160, 173, 176, 206, 214, 229	60
13	18.70	126, 127, 134, 148, 164, 171, 172, 180, 192, 197, 198, 210, 213, 223, 243, 286, 288, 305, 307	20
14	19.90	134, 171, 188, 197, 198, 210, 213, 237, 269, 276, 290, 305	40
15	20.60	100, 185, 211, 226, 241, 253, 257, 259, 378	50
16	21.20	73, 139, 141, 153, 161, 162, 167, 185, 191, 207, 213, 224, 226, 237, 238, 240, 250, 251, 286, 304, 318, 329, 331, 333, 351, 353, 355, 387	10
17	22.00	161, 167, 207, 222, 224, 226, 238, 264, 280, 286, 351, 353, 355	40
18	22.70	161, 163, 170, 171, 182, 185, 205, 213, 217, 241, 255, 256, 265, 267, 269, 276, 323, 339	20
19	23.40	137, 160, 176, 188, 238, 240, 246, 248, 259, 267, 269, 316, 318, 323, 331, 373, 375, 377	20
20	23.90	61, 160, 166, 176, 188, 193, 194, 246, 248, 250, 259, 292, 294, 297, 316, 318, 329, 331, 333, 339, 374, 377, 379	20
21	24.90	61, 105, 165, 167, 172, 175, 177, 187, 199, 214, 231, 235, 236, 237, 238, 256, 263, 292, 294, 297, 302, 305, 311, 313, 317, 339, 345, 374	10
22	25.60	77, 105, 139, 141, 165, 169, 171, 199, 202, 213, 223, 235, 237, 251, 252, 253, 256, 271, 276, 283, 297, 300, 325, 360, 361	10
23	26.70	105, 157, 165, 195, 199, 235, 237, 246, 276, 297, 325, 339, 342, 360, 363	30
24	27.60	148, 157, 161, 169, 172, 173, 201, 206, 257, 303, 310, 325	40
25	28.90	89, 99, 126, 127, 157, 161, 169, 172, 181, 183, 257, 260, 265, 272, 292, 303, 339, 341, 349, 365, 387, 389	10
26	29.80	79, 181, 183, 265, 311, 349	90

（续表）

序号	时间（min）	离子（amu）	驻留时间（ms）
27	30.00	128, 157, 169, 171, 189, 252, 310, 323, 341, 375, 377, 379	40
28	31.20	132, 19, 154, 160, 161, 182, 189, 251, 310, 330, 341, 367	40
29	32.90	180, 199, 206, 226, 266, 308, 334, 362, 364	50
30	34.00	181, 250, 252	200
C 组			
1	7.30	109, 185, 220	200
2	8.70	152, 153, 154	200
3	9.30	58, 128, 129, 146, 188, 203	90
4	11.20	126, 161, 163	200
5	11.75	125, 26, 4, 1, 158, 169, 170, 187, 208, 240	50
6	13.50	122, 123, 124, 151, 215, 250	90
7	14.70	107, 121, 150, 264, 276, 292	90
8	16.00	174, 202, 217	200
9	16.50	126, 141, 143, 156, 168, 176, 198, 199, 200, 210, 225, 268, 270, 277, 279	30
10	17.60	88, 173, 183, 186, 200, 215, 219, 254, 274	50
11	18.40	104, 130, 159, 161, 204, 237, 246, 257, 272, 285, 288, 313, 337	40
12	18.90	128, 129, 161, 163, 165, 175, 204, 217, 242, 246, 257, 264, 285, 288, 303, 306, 313, 326, 335	20
13	19.80	73, 89, 146, 162, 185, 212, 223, 227, 250, 265, 267	50
14	20.30	61, 144, 146, 162, 170, 185, 198, 199, 212, 213, 223, 227, 258	40
15	20.70	61, 103, 118, 144, 170, 181, 198, 199, 210, 217, 219, 222, 240, 254, 255	30
16	2135	108, 117, 151, 160, 161, 170, 219, 221, 224, 225, 257, 267, 351, 353, 355	30
17	22.20	107, 108, 119, 123, 136, 145, 176, 219, 221, 246, 248, 263, 318, 351, 353, 355	20
18	22.70	77, 141, 165, 167, 174, 176, 206, 234, 239, 246, 248, 267, 268, 297, 299, 318	20
19	23.20	105, 123, 134, 161, 248, 250, 267, 297, 299	50

序号	时间（min）	离子（amu）	驻留时间（ms）
20	23.50	131, 143, 157, 161, 171, 220, 248, 250, 262, 296, 304, 329, 336, 338, 404	30
21	24.30	112, 130, 162, 168, 238, 262	90
22	25.10	112, 116, 130, 131, 162, 168, 206, 233, 234, 235, 238, 262	40
23	25.30	254, 282, 321, 323, 356, 383	90
24	26.00	131, 152, 206, 233, 234, 236, 251, 253, 315	50
25	26.90	149, 162, 176, 177, 190, 232, 268, 270, 328	50
26	27.90	105, 119, 120, 135, 140, 173, 266, 267, 269, 350, 394	50
27	28.80	105, 117, 123, 140, 145, 160, 183, 266, 267, 350, 394	50
28	29.00	117, 123, 127, 145, 154, 160, 183, 248, 350	50
29	29.60	116, 178, 186, 191, 219, 255	90
30	30.30	132, 162, 178, 184, 219, 226, 281, 293, 334	50
31	31.10	120, 136, 141, 147, 181, 183, 184, 192, 197, 247, 255, 289, 309, 364	30
32	32.00	112, 141, 147, 170, 183, 184, 255, 309, 364, 428, 447, 449	40
33	32.60	112, 141, 163, 170, 183, 376, 428, 447, 449	50
34	33.10	163, 165, 178, 181, 251, 279	90
35	33.80	157, 199, 451	200
36	34.70	181, 225, 250, 252, 419	100
37	35.40	259, 265, 287, 323, 325, 354	90
38	36.40	308, 318, 423	200
		D 组	
1	5.50	110, 153, 154	200
2	8.00	153, 184, 212	200
3	11.00	139, 155, 211, 215, 250, 252	90
4	13.00	142, 156, 165, 171, 196, 197, 200, 201, 202	50
5	14.00	143, 155, 158, 167, 192, 203, 211, 220, 229, 231, 246	40
6	15.00	106, 142, 190, 237, 265, 280	90
7	16.00	108, 136, 145, 158, 164, 171, 173, 182, 186, 196, 197, 201, 211, 213, 216, 288	20
8	17.20	161, 174, 177, 197, 200, 202, 214, 229, 246, 357, 359, 394	40

（续表）

序号	时间（min）	离子（amu）	驻留时间（ms）
9	17.90	89, 114, 128, 172, 173, 174, 175, 186, 189, 198, 223, 229, 230, 231, 233, 253, 256, 258, 263, 265, 268, 277, 282, 292, 297	10
10	19.20	142, 143, 154, 157, 162, 184, 185, 199, 200, 201, 202, 203, 214, 220, 229, 230, 247, 251, 252, 255, 263, 264, 270, 278, 285, 287, 292	10
11	20.00	153, 180, 197, 199, 200, 201, 202, 230, 239, 247, 251, 252, 266, 305, 308, 311, 343, 375, 380, 412	15
12	21.00	115, 184, 193, 195, 196, 198, 215, 221, 225, 250, 252, 263, 269, 276, 285, 297, 301, 332	20
13	21.60	128, 170, 194, 195, 210, 212, 224, 225, 236, 254, 279, 294	40
14	22.10	129, 155, 182, 184, 200, 201, 210, 212, 216, 224, 225, 229, 230, 254, 262, 263, 291, 300, 314, 326, 351, 353, 355	10
15	23.00	136, 171, 199, 215, 230, 251, 253, 266, 289, 407, 409, 411	40
16	23.90	130, 148, 178, 187, 202, 211, 223, 224, 226, 240, 258, 267, 295, 299, 311, 313, 323	20
17	25.00	129, 130, 145, 148, 164, 168, 184, 185, 196, 201, 218, 219, 227, 254, 259, 290, 299, 326, 330, 340, 360	15
18	26.00	156, 159, 184, 185, 213, 218, 227, 229, 270, 272, 290, 360	40
19	27.10	143, 160, 171, 206, 222, 223, 224, 230, 238, 251, 266, 294, 312, 338, 349	30
20	28.00	136, 174, 186, 202, 215, 231, 233, 237, 254, 278, 279, 294, 310, 311, 326, 366, 379	20
21	29.00	136, 153, 192, 194, 220, 234, 276, 318, 324, 333, 359, 394	40
22	30.00	160, 161, 171, 173, 175, 214, 317, 375, 377	50
23	30.80	173, 175, 196, 213, 230, 274, 292, 300, 304, 316, 319, 320, 335, 373	30
24	32.40	147, 236, 238, 340, 341, 342	90
25	34.00	125, 129, 198	200
E组			
1	6.10	110, 111, 152	200
2	7.00	103, 107, 121, 122, 136	100
3	9.00	94, 95, 141	200
4	10.40	160, 162, 164	200
5	12.00	101, 157, 175	200

序号	时间（min）	离子（amu）	驻留时间（ms）
6	12.90	103, 121, 125, 136, 153, 301	100
7	13.90	125, 156, 157, 171, 180, 209	100
8	14.80	109, 110, 111, 142, 145, 152, 185, 213, 230	40
9	16.80	98, 142, 145, 153, 160, 184, 189, 198, 213, 234, 254, 261, 273, 318	30
10	17.95	124, 130, 144, 173, 176, 187, 206	50
11	18.70	138, 166, 173, 238, 240, 255	90
12	19.20	109, 119, 120, 135, 138, 146, 153, 162, 173, 176, 182, 187, 201, 202, 205, 206, 219, 220, 222, 223, 227, 232, 259, 264, 265, 296	15
13	20.30	109, 121, 127, 135, 153, 163, 182, 195, 201, 202, 206, 249, 256, 268, 279, 286, 306, 354	20
14	20.90	117, 121, 138, 160, 161, 211, 221, 227, 264, 278, 301, 327, 332, 363, 381	20
15	21.95	295, 297, 299	200
16	22.30	104, 107, 123, 135, 136, 144, 151, 172, 211, 363, 207	50
17	23.30	140, 152, 189, 242, 301	100
18	24.00	149, 182, 205, 207, 212, 221, 222, 223, 231, 236, 247, 264, 303, 335, 367	40
19	25.00	91, 136, 137, 144, 173, 180, 185, 187, 191, 196, 200, 204, 215, 231, 232, 238, 256, 286, 290, 294, 296, 412	15
20	26.10	105, 125, 157, 177, 302, 313, 314, 330, 361	50
21	26.90	116, 131, 194, 222, 235, 237, 270, 272, 307, 447, 449	50
22	28.00	107, 123, 138, 151, 183, 192, 351, 367, 369	50
23	28.60	108, 127, 141, 164, 165, 181, 205, 267, 288, 339, 349, 412	40
24	29.20	120, 125, 136, 138, 183, 185, 187, 192, 217, 218, 226, 227, 236, 240, 244, 246, 299, 300, 330, 359, 372	15
25	30.05	122, 140, 148, 160, 204, 206, 232, 238, 266, 268, 288, 290, 320, 376	15
26	31.60	132, 144, 171, 186, 194, 199, 210, 226, 247, 259, 268, 274, 277, 291, 303, 312, 318, 325, 333, 346, 357, 360, 362, 442, 461, 283	15
27	33.00	180, 184, 185, 186, 258, 286, 287, 331, 333	50

（续表）

序号	时间（min）	离子（amu）	驻留时间（ms）
28	34.00	100, 119, 188	200
29	37.00	328, 329, 330	200
F组			
1	5.50	110, 124, 154	180
2	10.50	77, 107, 111, 121, 133, 141, 163, 165, 166, 168, 182, 194, 200, 221, 250	40
3	13.00	94, 103, 104, 115, 116, 136, 144, 147, 159, 175, 183, 199, 213, 234, 270	40
4	15.25	68, 100, 140	170
5	16.65	88, 109, 121, 127, 136, 143, 169, 170, 193, 209, 210, 225, 233, 237, 268	40
6	17.90	86, 92, 94, 101, 105, 115, 116, 121, 123, 138, 141, 154, 163, 166, 169, 170, 172, 174, 186, 200, 211, 238, 240, 251	20
7	19.30	122, 130, 132, 135, 154, 162, 181, 211, 222, 238, 265, 270, 281, 285, 287	35
8	20.30	97, 103, 115, 226, 241, 242, 285, 286, 306, 311, 354, 375	30
9	21.59	43, 109, 115, 142, 147, 163, 185, 212, 213, 224, 227, 240, 255, 262, 266, 294, 295, 297, 351, 353, 355	30
10	22.70	77, 115, 140, 141, 142, 151, 170, 185, 189, 211, 212, 213, 215, 227, 243, 255, 262, 267, 269, 272, 294, 301, 323, 363	30
11	24.00	112, 128, 135, 168, 169, 174, 175, 201, 237, 258, 272, 355, 378, 416	30
12	25.95	119, 134, 158, 173, 186, 194, 212, 217, 219, 225, 264, 300	40
13	27.35	123, 143, 161, 162, 171, 189, 247, 250, 253, 255, 260, 279, 290, 295, 312, 327, 328, 330, 342, 345, 408	40
14	28.30	97, 109, 118, 127, 128, 160, 161, 162, 163, 177, 189, 250, 260, 279, 290, 295, 301, 327, 345	30
15	29.30	88, 121, 125, 145, 153, 191, 199, 217, 218, 250, 254, 258, 272, 281, 289, 300, 317, 370, 371, 387, 417	30
16	30.80	88, 125, 141, 145, 181, 197, 229, 250, 256, 289, 319, 357	30
17	31.75	109, 125, 237, 263, 274, 297, 303, 318, 476	50
18	33.50	112, 126, 140, 152, 166, 342	90
19	35.00	171, 181, 197, 251, 253, 383	80
20	36.80	165, 301, 344, 404, 387, 388	80

2. 定性检测

进行样品测定时，如果检测的色谱峰的保留时间与标准样品一致，并且在扣除背景之后的样品质谱图中，所选择的离子均出现，而且所选择的离子丰度比与标准样品的离子丰度比相一致（相对丰度>50%，允许±10%偏差；相对丰度在 20%～50%，允许 15%偏差；相对丰度在 10%～20%，允许±20%偏差；相对丰度≤10%，允许 50%偏差），则可判断样品中存在这种农药或相关化学品。如果不能确证，应重新进样，以扫描方式（有足够灵敏度）或采用增加其他确证离子的方式或用其他灵敏度更高的分析仪器来确证。

3. 定量测定

本方法采用内标法单离子定量测定。内标物为环氧七氯。为减少基质的影响，定量用标准应采用基质混合标准工作溶液。标准溶液的浓度应与待测化合物的浓度相近。

4. 平行试验

按以上步骤对同一试样进行平行试验测定。

5. 空白试验

除不称取试样外，均按照上述步骤进行。

（七）结果计算

气相色谱—质谱测定结果可由计算机按照内标法自动计算，也可按下列公式计算：

$$X_i = C_s \times \frac{A_i}{A_s} \times \frac{c_i}{c_{si}} \times \frac{A_{st}}{A_t} \times \frac{V}{m}$$

式中：

X_i——试样中被测物残留量，单位为毫克每千克（mg/kg）；

C_s——基质标准工作溶液中被测物的浓度，单位为微克每毫升（μg/mL）；

A_i——试样溶液中被测物的色谱峰面积；

A_s——基质标准工作溶液中被测物的色谱峰面积；

c_i——试样溶液中内标物的浓度，单位为微克每毫升（μg/mL）；

c_{si}——基质标准工作溶液中内标物的浓度，单位为微克每毫升（μg/mL）

A_{st}——基质标准工作溶液中内标物的色谱峰面积；

A_t——试样溶液中内标物的色谱峰面积；

V——样液最终定容体积，单位为毫升（mL）；

m——试样溶液所代表试样的质量，单位为克（g）。

计算结果应扣除空白值。

（八）精密度

本方法精密度数据是按照 GB/T 6379.1—2004 和 GB/T 6379.2—2004 的规定来确定的，获得重复性和再现性的值以95％的可信度来计算。本方法的精密度数据参见表5-5。

表5-5　茶叶中490种农药及相关化学品精密度数据表

序号	名称	含量1（mg/kg）	重复性限 r_1	再现性线 R_1	含量2（mg/kg）	重复性限 r_2	再现性线 R_2
				A 组			
1	二丙烯草胺	0.02	0.003 1	0.017 7	0.20	0.018 1	0.038 5
2	烯丙酰草胺	0.02	0.005 4	0.007 2	0.20	0.030 4	0.051 7
3	土菌灵	0.03	0.008 1	0.031 4	0.30	0.035 7	0.092 6
4	氯甲硫磷	0.02	0.007 2	0.006 5	0.20	0.019 0	0.044 7
5	苯胺灵	0.01	0.001 3	0.005 8	0.10	0.006 1	0.048 6
6	环草敌	0.01	0.008 2	0.009 7	0.10	0.008 2	0.009 7
7	联苯二胺	0.01	0.001 3	0.006 6	0.10	0.099 4	0.971 7
8	杀虫脒	0.01	0.001 2	0.002 4	0.10	0.014 5	0.021 0
9	乙丁烯氟灵	0.04	0.006 2	0.007 5	0.40	0.008 5	0.077 6
10	甲拌磷	0.01	0.001 4	0.001 1	0.10	0.002 1	0.005 0
11	甲基乙拌磷	0.01	0.006 3	0.010 6	0.10	0.017 3	0.019 1
12	五氯硝基苯	0.02	0.004 4	0.006 5	0.20	0.023 7	0.041 4
13	脱乙基阿特拉津	0.01	0.001 0	0.001 2	0.10	0.008 6	0.049 2
14	异噁草松	0.01	0.000 4	0.002 0	0.10	0.003 5	0.006 9
15	二嗪磷	0.01	0.000 9	0.004 1	0.10	0.005 6	0.013 6
16	地虫硫磷	0.01	0.001 0	0.000 9	0.10	0.002 8	0.015 3
17	乙嘧硫磷	0.01	0.002 2	0.005 1	0.10	0.010 8	0.021 0
18	胺丙畏	0.01	0.001 4	0.002 0	0.10	0.009 4	0.001 7
19	密草通	0.01	0.000 7	0.001 8	0.10	0.001 7	0.008 0
20	炔丙烯草胺	0.01	0.002 4	0.002 1	0.10	0.007 8	0.103 6
21	除线磷	0.01	0.001 3	0.002 8	0.10	0.023 4	0.028 9
22	兹克威	0.03	0.008 5	0.016 3	0.30	0.028 3	0.318 5
23	乐果	0.04	0.034 5	0.054 0	0.40	0.050 8	0.224 9

（续表）

序号	名称	含量1（mg/kg）	重复性限 r_1	再现性线 R_1	含量2（mg/kg）	重复性限 r_2	再现性线 R_2
24	氨氟灵	0.04	0.007 5	0.007 5	0.40	0.006 4	0.087 7
25	艾氏剂	0.02	0.002 7	0.003 0	0.20	0.005 9	0.008 8
26	皮蝇磷	0.02	0.008 5	0.002 5	0.20	0.028 3	0.024 4
27	扑草净	0.01	0.034 5	0.002 5	0.10	0.050 8	0.008 7
28	环丙津	0.01	0.003 9	0.004 1	0.10	0.008 7	0.008 1
29	乙烯菌核利	0.01	0.001 0	0.002 2	0.10	0.002 8	0.007 6
30	β-六六六	0.01	0.002 9	0.003 2	0.10	0.001 5	0.013 7
31	甲霜灵	0.01	0.000 7	0.001 4	0.10	0.008 9	0.013 9
32	甲基对硫磷	0.04	0.012 6	0.014 2	0.40	0.017 3	0.176 5
33	毒死蜱	0.03	0.005 1	0.009 2	0.30	0.007 9	0.032 6
34	δ-六六六	0.02	0.010 0	0.010 5	0.20	0.024 8	0.039 3
35	蒽醌	0.01	0.001 9	0.000 8	0.10	0.000 0	0.000 0
36	倍硫磷	0.01	0.001 0	0.004 0	0.10	0.015 8	0.485 7
37	马拉硫磷	0.04	0.002 5	0.005 5	0.40	0.013 3	0.070 4
38	对氧磷	0.32	0.051 2	0.066 8	3.20	0.592 2	1.718 1
39	杀螟硫磷	0.02	0.000 8	0.001 8	0.20	0.008 6	0.049 5
40	三唑酮	0.02	0.002 6	0.005 0	0.20	0.033 9	0.260 4
41	利谷隆	0.06	0.004 7	0.092 8	0.64	0.138 4	0.226 1
42	二甲戊灵	0.04	0.001 5	0.004 5	0.40	0.006 0	0.050 8
43	杀螨醚	0.02	0.004 1	0.021 5	0.20	0.008 6	0.020 0
44	乙基溴硫磷	0.01	0.000 7	0.001 2	0.10	0.008 6	0.011 4
45	喹硫磷	0.01	0.001 3	0.001 9	0.10	0.012 0	0.017 3
46	反式氯丹	0.01	0.000 9	0.002 6	0.10	0.001 8	0.002 0
47	稻丰散	0.02	0.005 2	0.017 7	0.20	0.020 3	0.043 1
48	吡唑草胺	0.03	0.009 2	0.012 7	0.30	0.017 2	0.025 3
49	丙硫磷	0.01	0.001 6	0.001 7	0.10	0.011 7	0.017 9

（续表）

序号	名称	含量1（mg/kg）	重复性限 r_1	再现性线 R_1	含量2（mg/kg）	重复性限 r_2	再现性线 R_2
50	整形醇	0.03	0.002 6	0.005 2	0.30	0.024 1	0.047 1
51	腐霉利	0.01	0.002 1	0.003 6	0.10	0.005 4	0.006 2
52	狄氏剂	0.02	0.004 1	0.004 1	0.20	0.008 5	0.011 7
53	杀扑磷	0.02	0.003 3	0.005 1	0.20	0.008 4	0.078 6
54	敌草胺	0.03	0.001 6	0.011 4	0.30	0.013 5	0.032 0
55	氰草津	0.03	0.020 3	0.031 7	0.30	0.038 5	0.092 2
56	噁草酮	0.01	0.001 5	0.002 5	0.10	0.005 4	0.027 3
57	苯线磷	0.03	0.001 9	0.007 0	0.30	0.015 3	0.061 9
58	杀螨氯硫	0.01	0.002 9	0.005 2	0.10	0.003 2	0.018 6
59	乙嘧酚磺酸酯	0.01	0.001 4	0.002 2	0.10	0.003 3	0.012 2
60	氟酰胺	0.01	0.002 8	0.003 1	0.10	0.002 2	0.007 9
61	萎锈灵	0.03	0.006 0	0.022 0	0.30	0.040 2	0.113 0
62	p，p'-滴滴滴	0.01	0.000 9	0.002 3	0.10	0.003 5	0.012 8
63	乙硫磷	0.02	0.001 5	0.002 7	.0.02	0.007 7	0.023 1
64	乙环唑-1	0.03	0.012 2	0.013 1	0.30	0.025 2	0.106 5
65	硫丙磷	0.02	0.003 5	0.009 1	0.20	0.017 3	0.034 3
66	乙环唑-2	0.03	0.002 2	0.004 3	0.30	0.057 8	0.036 5
67	腈菌唑	0.01	0.001 3	0.005 3	0.10	0.014 8	0.013 5
68	丰索磷	0.02	0.003 1	0.005 3	0.20	0.000 0	0.000 0
69	禾草灵	0.01	0.002 1	0.005 0	0.10	0.007 4	0.019 9
70	丙环唑-1	0.03	0.003 1	0.003 9	0.30	0.049 5	0.065 3
71	丙环唑-2	0.03	0.002 4	0.005 7	0.30	0.058 2	0.096 1
72	联苯菊酯	0.01	0.004 4	0.004 9	0.10	0.058 7	0.071 5
73	灭蚁灵	0.01	0.002 9	0.004 9	0.10	0.016 3	0.011 1
74	丁硫克百威	0.03	0.006 6	0.009 0	0.30	0.091 5	0.073 7
75	氟苯嘧啶醇	0.02	0.004 5	0.008 6	0.20	0.013 4	0.082 1
76	麦锈灵	0.03	0.003 3	0.003 1	0.30	0.007 5	0.052 2
77	甲氧滴滴涕	0.01	0.001 8	0.002 9	0.10	0.012 4	0.062 4
78	噁霜灵	0.01	0.000 1	0.011 5	0.10	0.002 8	0.024 1

（续表）

序号	名称	含量1（mg/kg）	重复性限 r_1	再现性线 R_1	含量2（mg/kg）	重复性限 r_2	再现性线 R_2
79	戊唑醇	0.03	0.008 3	0.009 1	0.30	0.047 8	0.059 6
80	胺菊酯	0.01	0.000 8	0.001 5	0.10	0.004 9	0.018 0
81	氟草敏	0.01	0.004 9	0.006 7	0.10	0.007 0	0.113 4
82	哒嗪硫磷	0.01	0.004 6	0.005 4	0.10	0.006 0	0.043 3
83	三氯杀螨砜	0.01	0.002 0	0.001 9	0.10	0.018 9	0.024 4
84	顺式-氯菊酯	0.01	0.005 5	0.004 8	0.10	0.021 9	0.006 1
85	吡菌磷	0.02	0.015 2	0.022 9	0.20	0.026 4	0.063 5
86	反式-氯菊酯	0.01	0.001 0	0.003 5	0.10	0.002 2	0.014 5
87	氯氰菊酯	0.03	0.006 6	0.012 7	0.30	0.066 3	0.141 3
88	氰戊菊脂-1	0.04	0.006 6	0.008 1	0.40	0.018 9	0.094 8
89	氰戊菊脂-2	0.04	0.008 0	0.008 7	0.40	0.018 3	0.203 7
90	溴氰菊酯	0.06	0.015 6	0.016 0	0.60	0.057 8	0.259 4
B组							
91	茵草敌	0.03	0.003 5	0.011 7	0.30	0.081 3	0.181 1
92	丁草敌	0.03	0.020 7	0.027 8	0.30	0.072 5	0.264 0
93	敌草腈	0.00	0.000 5	0.002 9	0.02	0.005 0	0.011 1
94	克草敌	0.03	0.006 4	0.017 1	0.30	0.041 3	0.134 5
95	三氯甲基吡啶	0.03	0.009 7	0.014 5	0.30	0.048 1	0.168 8
96	速灭磷	0.02	0.003 3	0.005 9	0.20	0.005 3	0.066 7
97	氯苯甲醚	0.01	0.000 3	0.017 4	0.10	0.012 3	0.034 8
98	四氯硝基苯	0.02	0.000 8	0.010 2	0.20	0.023 5	0.061 7
99	庚烯磷	0.03	0.004 0	0.019 2	0.30	0.020 5	0.066 2
100	灭线磷	0.03	0.004 7	0.023 5	0.30	0.036 8	0.068 1
101	六氯苯	0.01	0.000 6	0.001 0	0.10	0.002 4	0.067 5
102	毒草胺	0.03	0.013 1	0.022 5	0.30	0.020 5	0.071 5
103	顺式-燕麦敌	0.02	0.002 4	0.014 5	0.20	0.013 2	0.050 4
104	氟乐灵	0.02	0.001 3	0.009 6	0.20	0.0112	0.042 7
105	反式-燕麦敌	0.02	0.003 3	0.011 3	0.20	0.020 8	0.049 8
106	氯苯胺灵	0.02	0.003 0	0.009 7	0.20	0.025 1	0.049 4

（续表）

序号	名称	含量 1（mg/kg）	重复性限 r_1	再现性线 R_1	含量 2（mg/kg）	重复性限 r_2	再现性线 R_2
107	治螟磷	0.01	0.001 0	0.005 6	0.10	0.007 9	0.023 6
108	菜草畏	0.02	0.001 7	0.010 0	0.20	0.022 1	0.049 4
109	α-六六六	0.01	0.005 5	0.007 9	0.10	0.006 7	0.022 8
110	特丁硫磷	0.02	0.004 0	0.014 2	0.20	0.019 2	0.060 6
111	环丙氟灵	0.04	0.002 8	0.019 7	0.40	0.022 4	0.086 7
112	敌噁磷	0.04	0.000 0	0.000 0	0.40	0.038 9	0.212 0
113	扑灭津	0.01	0.001 9	0.005 1	0.10	0.009 7	0.024 1
114	氯炔灵	0.02	0.000 0	0.000 0	0.20	0.033 5	0.053 1
115	氯硝铵	0.02	0.002 0	0.016 3	0.20	0.014 3	0.046 7
116	特丁津	0.01	0.002 1	0.003 5	0.10	0.006 4	0.021 7
117	绿谷隆	0.04	0.011 5	0.058 4	0.40	0.021 6	0.083 0
118	杀螟腈	0.02	0.002 5	0.002 6	0.20	0.010 8	0.020 2
119	氟虫脲	0.03	0.007 6	0.011 1	0.30	0.031 6	0.081 7
120	甲基毒死蜱	0.01	0.000 6	0.005 2	0.10	0.005 8	0.021 2
121	敌草净	0.01	0.001 9	0.006 7	0.10	0.008 9	0.020 6
122	二甲草胺	0.03	0.001 9	0.015 1	0.30	0.022 7	0.064 1
123	甲草胺	0.03	0.005 7	0.028 4	0.30	0.018 7	0.061 6
124	甲基嘧啶磷	0.01	0.002 5	0.005 3	0.10	0.006 8	0.020 1
125	特丁净	0.02	0.003 3	0.014 8	0.20	0.012 6	0.042 4
126	丙硫特普	0.02	0.004 1	0.007 7	0.20	0.008 2	0.016 5
127	杀草丹	0.02	0.001 2	0.008 3	0.20	0.013 2	0.051 6
128	三氯杀螨醇	0.02	0.003 7	0.010 4	0.20	0.013 9	0.090 0
129	异丙甲草胺	0.01	0.003 2	0.005 1	0.10	0.007 1	0.023 8
130	嘧啶磷	0.02	0.002 4	0.010 9	0.20	0.013 7	0.043 1
131	氧化氯丹	0.01	0.001 5	0.001 6	0.10	0.011 9	0.022 0
132	苯氟磺胺	0.06	0.000 0	0.000 0	0.60	0.030 0	0.353 6
133	烯虫酯	0.04	0.032 6	0.031 9	0.40	0.117 4	0.829 1
134	溴硫磷	0.02	0.001 5	0.0109	0.20	0.011 3	0.044 6
135	乙氧呋草黄	0.02	0.004 6	0.010 2	0.20	0.013 8	0.038 3

（续表）

序号	名称	含量 1（mg/kg）	重复性限 r_1	再现性线 R_1	含量 2（mg/kg）	重复性限 r_2	再现性线 R_2
136	异丙乐灵	0.02	0.001 6	0.010 8	0.20	0.009 9	0.044 5
137	敌稗	0.02	0.007 9	0.026 2	0.20	0.022 9	0.035 7
138	育畜磷	0.06	0.003 2	0.034 7	0.60	0.031 3	0.115 9
139	异柳磷	0.02	0.002 0	0.005 5	0.20	0.013 5	0.046 5
140	硫丹-1	0.06	0.005 3	0.0241	0.60	0.029 1	0.140 2
141	毒虫畏	0.03	0.005 4	0.017 1	0.30	0.019 5	0.055 1
142	甲苯氟磺胺	0.03	0.000 3	0.033 1	0.30	0.013 9	0.078 9
143	顺式-氯丹	0.02	0.001 4	0.010 7	0.20	0.014 6	0.043 4
144	丁草胺	0.02	0.001 1	0.010 0	0.20	0.013 8	0.044 4
145	乙菌利	0.02	0.002 6	0.005 9	0.20	0.012 1	0.091 5
146	p, p′-滴滴伊	0.01	0.000 6	0.004 8	0.10	0.007 7	0.022 1
147	碘硫磷	0.02	0.001 6	0.014 4	0.20	0.012 4	0.047 2
148	杀虫畏	0.03	0.004 8	0.016 7	0.30	0.023 8	0.084 9
149	丙溴磷	0.06	0.005 5	0.041 2	0.60	0.032 8	0.171 1
150	噻嗪酮	0.02	0.004 3	0.007 9	0.20	0.016 1	0.042 1
151	己唑醇	0.06	0.003 3	0.026 6	0.60	0.037 0	0.143 2
152	o, p′-滴滴滴	0.01	0.000 4	0.012 0	0.10	0.010 7	0.036 6
153	杀螨酯	0.02	0.000 9	0.023 7	0.20	0.011 7	0.041 4
154	氟咯草酮	0.02	0.001 0	0.026 0	0.20	0.025 5	0.043 6
155	异狄氏剂	0.12	0.009 0	0.045 2	1.20	0.064 7	0.275 8
156	多效唑	0.03	0.003 7	0.012 7	0.30	0.030 7	0.064 8
157	o, p′-滴滴涕	0.02	0.002 6	0.008 4	0.20	0.008 5	0.060 9
158	盖草津	0.03	0.002 4	0.017 7	0.30	0.021 2	0.065 3
159	丙酯杀螨醇	0.01	0.002 1	0.002 2	0.10	0.006 8	0.018 2
160	麦草氟甲酯	0.01	0.000 7	0.007 8	0.10	0.008 0	0.020 4
161	除草醚	0.06	0.005 5	0.03 51	0.60	0.027 1	0.130 9
162	乙氧氟草醚	0.04	0.002 5	0.029 2	0.40	0.022 4	0.085 6
163	虫螨磷	0.03	0.006 0	0.011 5	0.30	0.018 4	0.061 8
164	麦草氟异丙酯	0.01	0.000 6	0.006 7	0.10	0.007 3	0.022 0

（续表）

序号	名称	含量1（mg/kg）	重复性限 r_1	再现性线 R_1	含量2（mg/kg）	重复性限 r_2	再现性线 R_2
165	三硫磷	0.02	0.001 5	0.004 3	0.20	0.012 2	0.045 3
166	p，p′-滴滴涕	0.02	0.002 9	0.035 4	0.20	0.015 6	0.077 5
167	苯霜灵	0.01	0.000 7	0.005 3	0.10	0.008 2	0.020 4
168	敌瘟磷	0.02	0.007 6	0.036 4	0.20	0.069 4	0.093 9
169	三唑磷	0.03	0.000 0	0.000 0	0.30	0.059 1	0.134 7
170	苯腈磷	0.01	0.003 4	0.006 3	0.10	0.012 5	0.025 1
171	氯杀螨砜	0.02	0.005 3	0.016 8	0.20	0.030 7	0.053 7
172	硫丹硫酸盐	0.03	0.009 8	0.019 0	0.30	0.020 3	0.074 3
173	溴螨酯	0.02	0.001 2	0.011 7	0.20	0.013 8	0.046 3
174	新燕灵	0.03	0.005 2	0.013 6	0.30	0.021 7	0.060 9
175	甲氰菊酯	0.02	0.004 3	0.012 0	0.20	0.010 2	0.060 5
176	苯硫膦	0.04	0.003 6	0.019 4	0.40	0.021 1	0.085 0
177	环嗪酮	0.03	0.003 2	0.023 2	0.30	0.026 8	0.039 8
178	溴苯磷	0.02	0.003 6	0.017 0	0.20	0.022 8	0.084 0
179	治草醚	0.02	0.006 0	0.032 3	0.20	0.014 0	0.041 8
180	伏杀硫磷	0.02	0.003 3	0.009 2	0.20	0.033 6	0.082 3
181	保棉磷	0.06	0.013 2	0.112 0	0.60	0.050 3	0.175 5
182	氯苯嘧啶醇	0.02	0.004 8	0.007 4	0.20	0.013 4	0.037 2
183	益棉磷	0.02	0.005 2	0.035 4	0.20	0.014 5	0.056 8
184	氟氯氰菊酯	0.12	0.022 7	0.047 1	1.20	0.144 4	0.270 4
185	咪鲜胺	0.06	0.006 6	0.029 6	0.60	0.051 8	0.660 5
186	蝇毒磷	0.06	0.003 9	0.041 7	0.60	0.051 4	0.346 6
187	氟胺氰菊酯	0.12	0.009 7	0.070 4	1.20	0.100 7	0.234 9
C组							
188	敌敌畏	0.06	0.003 2	0.036 4	0.60	0.054 6	0.214 9
189	联苯	0.01	0.004 9	0.003 8	0.10	0.018 1	0.030 9
190	霜霉威	0.03	0.005 4	0.023 6	0.30	0.008 7	0.050 0
191	灭草敌	0.01	0.003 0	0.006 0	0.10	0.022 7	0.030 3
192	3，5-二氯苯胺	0.01	0.001 2	0.004 0	0.10	0.016 8	0.039 7

（续表）

序号	名称	含量1 (mg/kg)	重复性限 r_1	再现性线 R_1	含量2 (mg/kg)	重复性限 r_2	再现性线 R_2
193	虫螨畏	0.01	0.000 7	0.004 8	0.10	0.008 5	0.030 9
194	禾草敌	0.01	0.002 9	0.006 3	0.10	0.016 1	0.031 5
195	邻苯基苯酚	0.01	0.002 8	0.005 8	0.10	0.018 9	0.041 4
196	四氢邻苯二甲酰亚胺	0.03	0.000 0	0.000 0	0.30	0.025 6	0.173 9
197	仲丁威	0.02	0.002 6	0.011 2	0.20	0.032 4	0.078 1
198	乙丁氟灵	0.01	0.000 4	0.005 4	0.10	0.006 8	0.036 6
199	氟铃脲	0.06	0.016 3	0.022 2	0.60	0.062 9	0.172 6
200	扑灭通	0.03	0.004 3	0.015 7	0.30	0.039 0	0.087 1
201	野麦畏	0.02	0.001 9	0.011 8	0.20	0.037 2	0.057 4
202	嘧霉胺	0.01	0.000 6	0.005 3	0.10	0.012 9	0.028 6
203	林丹	0.02	0.004 6	0.012 9	0.20	0.025 2	0.054 1
204	乙拌磷	0.01	0.001 2	0.004 4	0.10	0.011 4	0.034 3
205	莠去净	0.01	0.002 5	0.006 4	0.10	0.009 7	0.027 3
206	异稻瘟净	0.03	0.008 5	0.012 4	0.30	0.057 7	0.104 4
207	七氯	0.03	0.008 9	0.019 3	0.30	0.049 5	0.062 8
208	氯唑磷	0.02	0.006 4	0.008 4	0.20	0.027 7	0.117 0
209	三氯杀虫酯	0.02	0.006 8	0.009 3	0.20	0.043 2	0.051 1
210	氯乙氟灵	0.04	0.005 1	0.020 9	0.40	0.022 8	0.149 5
211	四氯苯菊酯	0.01	0.001 3	0.005 6	0.10	0.019 0	0.043 5
212	丁苯吗啉	0.01	0.003 3	0.004 2	0.10	0.011 1	0.035 2
213	甲基立枯磷	0.01	0.000 6	0.003 9	0.10	0.019 2	0.029 7
214	异丙草胺	0.01	0.001 2	0.003 4	0.01	0.000 4	0.000 4
215	溴谷隆	0.02	0.005 5	0.009 9	0.20	0.029 0	0.057 8
216	莠灭净	0.03	0.001 8	0.016 4	0.30	0.026 0	0.079 0
217	嗪草酮	0.03	0.002 5	0.016 9	0.30	0.015 7	0.092 1
218	异丙净	0.01	0.002 2	0.004 2	0.10	0.009 5	0.029 1
219	安硫磷	0.02	0.003 2	0.034 7	0.20	0.042 5	0.068 4
220	乙霉威	0.06	0.010 0	0.031 1	0.60	0.046 2	0.170 1
221	哌草丹	0.02	0.001 7	0.020 1	0.20	0.030 2	0.093 5

（续表）

序号	名称	含量1（mg/kg）	重复性限 r_1	再现性线 R_1	含量2（mg/kg）	重复性限 r_2	再现性线 R_2
222	生物烯丙菊酯-1	0.04	0.003 4	0.022 4	0.40	0.036 2	0.107 6
223	生物烯丙菊酯-2	0.04	0.006 6	0.024 7	0.40	0.029 6	0.103 0
224	芬螨酯	0.01	0.002 7	0.019 4	0.10	0.021 5	0.030 4
225	o，p′-滴滴伊	0.01	0.001 5	0.000 6	0.10	0.033 4	0.010 9
226	双苯酰草胺	0.01	0.003 1	0.004 3	0.10	0.015 3	0.028 7
227	戊菌唑	0.03	0.003 5	0.017 6	0.30	0.035 7	0.082 6
228	四氟醚唑	0.03	0.002 4	0.015 6	0.30	0.032 1	0.088 1
229	灭蚜磷	0.04	0.019 3	0.025 8	0.40	0.041 1	0.216 5
230	丙虫磷	0.02	0.002 3	0.002 4	0.20	0.010 3	0.026 1
231	氟节胺	0.02	0.002 0	0.010 2	0.20	0.008 7	0.060 7
232	三唑醇-1	0.03	0.003 1	0.013 9	0.30	0.064 3	0.107 3
233	三唑醇-2	0.03	0.003 5	0.016 1	0.30	0.077 5	0.074 8
234	丙草胺	0.02	0.002 2	0.030 5	0.20	0.129 7	0.289 8
235	亚胺菌	0.01	0.000 9	0.005 3	0.10	0.016 5	0.037 8
236	吡氟禾草灵	0.01	0.001 0	0.005 1	0.10	0.011 6	0.036 2
237	氟啶脲	0.03	0.004 6	0.021 9	0.30	0.024 7	0.166 3
238	乙酯杀螨醇	0.01	0.001 3	0.004 1	0.10	0.023 0	0.041 8
239	氟哇唑	0.03	0.003 7	0.016 9	0.30	0.031 4	0.091 9
240	三氟硝草醚	0.01	0.000 0	0.000 0	0.10	0.015 8	0.041 9
241	烯唑醇	0.03	0.003 4	0.015 3	0.30	0.015 3	0.114 7
242	增效醚	0.01	0.000 5	0.005 3	0.10	0.001 6	0.026 4
243	噁唑隆	0.04	0.006 0	0.046 5	0.40	0.092 7	0.329 3
244	炔螨特	0.02	0.000 0	0.000 0	0.20	0.006 8	0.311 3
245	灭锈胺	0.01	0.000 9	0.006 5	0.10	0.011 8	0.023 3
246	吡氟酰草胺	0.01	0.001 2	0.005 2	0.10	0.026 8	0.036 4
247	咯菌腈	0.01	0.005 1	0.006 8	0.10	0.014 6	0.015 5
248	喹螨醚	0.01	0.001 8	0.006 9	0.10	0.005 2	0.034 2
249	苯醚菊酯	0.01	0.001 3	0.004 7	0.10	0.015 4	0.042 2
250	双甲脒	0.03	0.002 3	0.022 8	0.30	0.025 4	0.099 1

（续表）

序号	名称	含量1（mg/kg）	重复性限 r_1	再现性线 R_1	含量2（mg/kg）	重复性限 r_2	再现性线 R_2
251	莎稗磷	0.02	0.002 4	0.001 4	0.20	0.050 4	0.020 0
252	高效氯氟氰菊酯	0.01	0.001 6	0.002 4	0.10	0.021 1	0.042 9
253	苯噻酰草胺	0.03	0.009 5	0.021 4	0.30	0.041 0	0.128 1
254	氯菊酯	0.02	0.002 4	0.010 9	0.20	0.018 2	0.056 8
255	哒螨灵	0.01	0.001 0	0.005 3	0.10	0.007 3	0.030 7
256	乙羧氟草醚	0.12	0.048 6	0.059 2	1.20	0.143 8	0.701 8
257	联苯三唑醇	0.03	0.005 3	0.013 5	0.30	0.022 0	0.126 7
258	醚菊酯	0.01	0.000 7	0.008 8	0.10	0.017 7	0.069 5
259	α-氯氰菊酯	0.02	0.005 2	0.010 0	0.20	0.008 9	0.117 2
260	氟氰戊菊酯-1	0.02	0.003 3	0.026 2	0.20	0.025 4	0.107 5
261	氟氰戊菊酯-2	0.02	0.003 8	0.012 5	0.20	0.047 9	0.077 6
262	S-氰戊菊酯	0.04	0.009 8	0.011 3	0.40	0.079 8	0.185 4
263	苯醚甲环唑-2	0.06	0.013 0	0.031 5	0.60	0.080 9	0.274 4
264	苯醚甲环唑-1	0.06	0.009 9	0.032 1	0.60	0.082 7	0.210 2
265	丙炔氟草胺	0.02	0.004 9	0.011 2	0.20	0.016 7	0.072 4
266	氟烯草酸	0.02	0.003 1	0.012 6	0.20	0.007 2	0.080 5
D 组							
267	甲氟磷	0.03	0.000 4 1	0.020 5	0.30	0.009 1	0.064 1
268	乙拌磷亚砜	0.02	0.005 9	0.006 3	0.20	0.007 6	0.035 9
269	五氯苯	0.01	0.000 7	0.003 5	0.10	0.023 3	0.130 0
270	鼠立死	0.01	0.002 0	0.003 5	0.10	0.007 8	0.009 5
271	4-溴-3，5-二甲苯基-N-甲基氨基甲酸酯-1	0.02	0.004 4	0.008 1	0.20	0.026 6	0.048 1
272	燕麦酯	0.01	0.002 4	0.002 1	0.10	0.009 6	0.060 8
273	虫线磷	0.01	0.000 9	0.003 2	0.10	0.008 6	0.019 9
274	2，3，5，6-四氯苯胺	0.01	0.001 4	0.006 5	0.10	0.010 6	0.021 4
275	三正丁基磷酸盐	0.02	0.002 1	0.007 0	0.20	0.056 0	0.077 5
276	2，3，4，5-四氯甲氧基苯	0.01	0.003 6	0.004 5	0.10	0.008 6	0.025 9

（续表）

序号	名称	含量1（mg/kg）	重复性限 r_1	再现性线 R_1	含量2（mg/kg）	重复性限 r_2	再现性线 R_2
277	五氯甲氧基苯	0.01	0.000 4	0.003 2	0.10	0.027 7	0.045 9
278	牧草胺	0.02	0.001 3	0.006 8	0.20	0.017 6	0.022 0
279	甲基苯噻隆	0.10	0.014 9	0.038 9	1.00	0.099 4	0.330 2
280	脱异丙基莠去津	0.08	0.010 5	0.024 1	0.80	0.10 57	0.194 2
281	西玛通	0.02	0.001 6	0.005 3	0.20	0.015 5	0.130 1
282	阿特拉通	0.01	0.002 4	0.003 2	0.10	0.011 3	0.036 4
283	七氟菊酯	0.01	0.000 9	0.003 8	0.10	0.005 4	0.014 2
284	溴烯杀	0.01	0.000 9	0.003 6	0.10	0.009 4	0.015 4
285	草打津	0.01	0.001 4	0.003 5	0.10	0.026 5	0.026 9
286	2,6-二氯苯甲酰胺	0.02	0.001 8	0.008 3	0.20	0.051 8	0.047 3
287	环秀隆	0.03	0.008 9	0.014 8	0.30	0.026 5	0.105 8
288	2,4,4'-三氯联苯	0.01	0.001 1	0.003 5	0.10	0.006 5	0.014 3
289	2,4,5-三氯联苯	0.01	0.000 9	0.003 0	0.10	0.006 9	0.012 4
290	脱乙基另丁津	0.02	0.004 3	0.005 4	0.20	0.064 1	0.051 3
291	2,3,4,5-四氯苯胺	0.02	0.001 2	0.005 3	0.20	0.014 3	0.230 1
292	合成麝香	0.01	0.000 0	0.000 0	0.10	0.011 1	0.024 8
293	二甲苯麝香	0.01	0.001 6	0.021 2	0.10	0.026 7	0.027 0
294	五氯苯胺	0.01	0.000 6	0.003 1	0.10	0.007 4	0.031 9
295	叠氮津	0.08	0.008 2	0.029 9	0.80	0.033 6	0.112 7
296	丁咪酰胺	0.05	0.010 2	0.027 3	0.50	0.039 6	0.257 3
297	另丁津	0.01	0.001 2	0.002 5	0.10	0.003 8	0.017 5
298	麝香	0.01	0.001 1	0.001 7	0.10	0.002 9	0.004 4
299	2,2',5,5'-四氯联苯	0.01	0.001 2	0.002 1	0.10	0.002 2	0.003 2
300	苄草丹	0.01	0.001 1	0.005 3	0.10	0.006 4	0.010 5
301	二甲吩草胺	0.01	0.005 2	0.005 4	0.10	0.010 0	0.018 0
302	4-溴-3,5-二甲苯基-N-甲基氨基甲酸酯-2	0.02	0.002 4	0.005 1	0.20	0.029 4	0.363 3
303	庚酰草胺	0.02	0.004 7	0.011 8	0.20	0.099 6	0.111 3
304	西藏麝香	0.01	0.002 7	0.004 2	0.10	0.026 7	0.027 0

（续表）

序号	名称	含量1（mg/kg）	重复性限 r_1	再现性线 R_1	含量2（mg/kg）	重复性限 r_2	再现性线 R_2
305	碳氯灵	0.01	0.003 8	0.003 5	0.10	0.002 4	0.004 0
306	八氯苯乙烯	0.01	0.001 3	0.001 7	0.10	0.002 1	0.002 0
307	异艾氏剂	0.01	0.002 5	0.002 7	0.10	0.005 9	0.035 3
308	丁嗪草酮	0.02	0.002 8	0.006 7	0.20	0.015 9	0.029 1
309	敌草索	0.01	0.000 9	0.002 7	0.10	0.005 0	0.014 1
310	4，4′-二氯二苯甲酮	0.01	0.001 4	0.003 2	0.10	0.004 1	0.039 5
311	酞菌酯	0.02	0.002 5	0.029 2	0.20	0.010 6	0.033 8
312	吡咪唑	0.01	0.003 7	0.002 4	0.10	0.015 2	0.086 8
313	嘧菌环胺	0.01	0.002 3	0.003 3	0.10	0.005 9	0.035 2
314	氧异柳磷	0.02	0.000 7	0.035 1	0.18	0.005 4	0.121 0
315	麦穗灵	0.05	0.001 4	0.096 0	0.50	0.089 1	0.164 0
316	异氯磷	0.05	0.006 4	0.017 5	0.50	0.037 7	0.228 5
317	2-甲-4氯丁氧乙基酯	0.01	0.002 1	0.005 7	0.10	0.007 3	0.017 4
318	2，2′，4，5，5′-五氯联苯	0.01	0.001 2	0.003 3	0.10	0.004 9	0.009 5
319	水胺硫磷	0.02	0.003 5	0.014 5	0.20	0.015 8	0.074 1
320	甲拌磷砜	0.01	0.001 1	0.021 2	0.10	0.017 2	0.037 9
321	杀螨醇	0.01	0.001 0	0.001 8	0.10	0.001 9	0.002 6
322	反式九氯	0.01	0.000 8	0.002 6	0.10	0.005 1	0.014 4
323	脱叶磷	0.02	0.003 0	0.009 6	0.20	0.022 3	0.042 5
324	氟咯草酮	0.02	0.019 3	0.018 0	0.20	0.006 7	0.054 2
325	溴苯烯磷	0.01	0.006 0	0.003 2	0.10	0.015 0	0.025 1
326	乙滴涕	0.01	0.001 4	0.006 1	0.10	0.017 0	0.016 1
327	2，3，4，4′，5-五氯联苯	0.01	0.000 8	0.002 3	0.10	0.009 0	0.162 0
328	地胺磷	0.02	0.000	0.039 1	0.20	0.036 4	0.109 5
329	4，4′-二溴二苯甲酮	0.01	0.002 3	0.005 4	0.10	0.005 8	0.026 6
330	粉唑醇	0.02	0.004 3	0.007 8	0.20	0.008 9	0.047 2

（续表）

序号	名称	含量 1 (mg/kg)	重复性限 r_1	再现性线 R_1	含量 2 (mg/kg)	重复性限 r_2	再现性线 R_2
331	2, 2′, 4, 4′, 5, 5′-六氯联苯	0.01	0.001 1	0.001 6	0.10	0.001 7	0.002 0
332	苄氯三唑醇	0.04	0.005 9	0.015 8	0.40	0.043 7	0.061 7
333	乙拌磷砜	0.02	0.000 0	0.000 0	0.20	0.029 1	0.083 2
334	噻螨酮	0.08	0.071 2	0.057 8	0.80	0.089 8	0.389 8
335	2, 2′, 3, 4, 4′, 5, -六氯联苯	0.01	0.000 5	0.003 2	0.10	0.004 8	0.011 9
336	环丙唑	0.01	0.010 7	0.028 3	0.10	0.013 1	0.019 2
337	苄呋菊酯-1	0.02	0.006 4	0.014 8	0.20	0.019 6	0.073 2
338	苄呋菊酯-2	0.02	0.006 4	0.019 9	0.20	0.019 7	0.080 4
339	酞酸甲苯基丁酯	0.01	0.001 2	0.002 4	0.10	0.005 8	0.019 8
340	炔草酸	0.02	0.002 0	0.007 8	0.20	0.037 6	0.110 8
341	倍硫磷亚砜	0.04	0.014 7	0.009 5	0.40	0.208 5	0.220 0
342	三氟苯唑	0.01	0.001 2	0.003 3	0.10	0.008 3	0.017 2
343	氟草烟-1-甲庚酯	0.01	0.001 4	0.005 1	0.10	0.012 3	0.030 6
344	倍硫磷砜	0.04	0.000 0	0.000 0	0.40	0.027 2	0.174 0
345	苯嗪草酮	0.10	0.000 0	0.000 0	1.00	0.264 1	0.920 1
346	三苯基磷酸盐	0.01	0.001 1	0.002 5	0.10	0.005 3	0.040 1
347	2, 2, 3, 4, 4′, 5, 5′-七氯联苯	0.01	0.000 6	0.003 9	0.10	0.006 4	0.013 9
348	吡螨胺	0.01	0.001 6	0.004 0	0.10	0.004 3	0.015 7
349	解草酯	0.01	0.002 0	0.003 9	0.10	0.008 0	0.034 3
350	环草定	0.10	0.018 4	0.034 6	1.00	0.068 1	0.394 9
351	糠菌唑-1	0.02	0.006 1	0.007 9	0.20	0.025 2	0.058 1
352	糠菌唑-2	0.02	0.003 9	0.034 7	0.20	0.029 5	0.401 6
353	甲磺乐灵	0.10	0.033 8	0.033 2	1.00	0.025 8	0.382 2
354	苯线磷亚砜	0.04	0.010 8	0.012 3	0.40	0.181 0	0.145 1
355	苯线磷砜	0.04	0.012 4	0.018 1	0.40	0.036 1	0.378 1
356	拌种咯	0.04	0.015 9	0.065 1	0.40	0.206 3	0.339 6
357	氟喹唑	0.01	0.001 1	0.003 8	0.10	0.007 1	0.022 1

（续表）

序号	名称	含量1（mg/kg）	重复性限 r_1	再现性线 R_1	含量2（mg/kg）	重复性限 r_2	再现性线 R_2
358	腈苯唑	0.02	0.003 0	0.006 6	0.20	0.014 2	0.086 0
				E组			
359	残杀威-1	0.08	0.021 7	0.031 2	0.80	0.038 1	0.097 1
360	异丙威-1	0.02	0.005 0	0.020 6	0.20	0.005 9	0.056 5
361	特草灵-1	0.02	0.009 6	0.008 4	0.20	0.028 5	0.203 1
362	驱虫特	0.02	0.004 4	0.017 4	0.20	0.003 3	0.086 6
363	氯氧磷	0.02	0.004 8	0.040 5	0.20	0.006 8	0.277 4
364	异丙威-2	0.02	0.006 0	0.028 2	0.20	0.008 4	0.046 2
365	丁噻隆	0.04	0.012 9	0.033 8	0.40	0.016 2	0.023 6
366	戊菌隆	0.04	0.006 3	0.041 9	0.40	0.037 7	0.073 0
367	甲基内吸磷	0.04	0.010 4	0.010 5	0.40	0.089 4	0.099 8
368	残杀威-2	0.08	0.027 3	0.066 1	0.80	0.030 4	0.448 3
369	菲	0.01	0.001 6	0.004 0	0.10	0.002 6	0.155 0
370	唑螨酯	0.08	0.028 6	0.065 4	0.80	0.02 67	1.336 4
371	丁基嘧啶磷	0.02	0.007 8	0.021 5	0.20	0.007 3	0.028 0
372	茉莉酮	0.04	0.007 7	0.012 6	0.40	0.157 8	0.197 0
373	苯锈啶	0.02	0.003 8	0.026 2	0.20	0.005 6	0.078 6
374	氯硝胺	0.02	0.006 1	0.011 1	0.20	0.009 7	0.011 0
375	咯喹酮	0.01	0.001 6	0.007 2	0.10	0.004 9	0.014 8
376	炔苯酰草胺	0.02	0.006 0	0.013 3	0.20	0.008 1	0.016 0
377	抗蚜威	0.02	0.007 7	0.011 8	0.20	0.003 4	0.045 7
378	解草嗪	0.02	0.003 3	0.012 4	0.20	0.025 1	0.040 5
379	磷胺-1	0.02	0.000 0	0.000 0	0.20	0.119 6	0.135 7
380	乙草胺	0.02	0.002 9	0.036 4	0.20	0.010 4	0.024 2
381	灭草环	0.04	0.005 4	0.006 3	0.40	0.069 1	0.136 2
382	戊草丹	0.02	0.004 0	0.008 4	0.20	0.019 7	0.113 5
383	特草灵-2	0.02	0.006 1	0.029 4	0.20	0.008 3	0.020 1
384	活化酯	0.02	0.002 0	0.033 6	0.20	0.006 8	0.283 1
385	精甲霜灵	0.02	0.006 0	0.012 8	0.20	0.009 5	0.024 0

（续表）

序号	名称	含量1（mg/kg）	重复性限 r_1	再现性线 R_1	含量2（mg/kg）	重复性限 r_2	再现性线 R_2
386	马拉氧磷	0.16	0.054 2	0.244 4	1.60	0.196 1	3.008 6
387	氯酰酸甲酯	0.02	0.003 2	0.016 8	0.20	0.008 5	0.021 6
388	硅氟唑	0.02	0.005 5	0.035 7	0.20	0.003 7	0.026 6
389	特草净	0.02	0.000 0	0.000 0	0.20	0.011 1	0.041 8
390	噻唑烟酸	0.02	0.004 9	0.016 0	0.20	0.009 7	0.018 5
391	甲基毒虫畏	0.02	0.000 0	0.000 0	0.20	0.010 0	0.035 0
392	苯酰草胺	0.02	0.009 4	0.014 9	0.20	0.011 8	0.030 9
393	烯丙菊酯	0.04	0.014 9	0.024 7	0.40	0.015 9	0.051 0
394	灭藻醌	0.04	0.000 0	0.000 0	0.40	0.022 8	0.266 6
395	氟噻草胺	0.08	0.023 7	0.055 3	0.80	0.082 1	0.180 5
396	氰菌胺	0.02	0.007 3	0.032 8	0.20	0.007 2	0.042 0
397	呋霜灵	0.02	0.008 6	0.011 8	0.20	0.007 4	0.017 0
398	除草定	0.02	0.007 3	0.025 7	0.20	0.022 4	0.030 1
399	啶氧菌酯	0.02	0.006 1	0.014 1	0.20	0.008 4	0.018 3
400	抑草磷	0.01	0.002 4	0.002 3	0.10	0.011 8	0.025 8
401	咪草酸	0.03	0.003 1	0.010 7	0.30	0.009 7	0.011 4
402	灭梭威砜	0.32	0.021 0	0.049 3	3.20	0.201 4	0.537 4
403	苯氧菌胺	0.04	0.004 4	0.005 5	0.40	0.013 6	0.021 7
404	抑霉唑	0.04	0.011 8	0.032 7	0.40	0.029 3	0.050 6
405	稻瘟灵	0.02	0.004 7	0.028 0	0.20	0.009 3	0.018 0
406	环氟菌胺	0.16	0.019 9	0.034 7	1.60	0.082 1	0.189 1
407	噁唑磷	0.08	0.038 9	0.037 2	0.80	0.167 1	0.354 2
408	苯氧喹啉	0.01	0.001 3	0.001 9	0.10	0.012 2	0.012 9
409	肟菌酯	0.04	0.015 8	0.013 9	0.40	0.015 9	0.036 6
410	脱苯甲基亚胺唑	0.04	0.005 9	0.007 4	0.40	0.029 9	0.024 4
411	炔咪菊酯-1	0.02	0.003 4	0.004 5	0.20	0.020 4	0.071 4
412	氟虫腈	0.08	0.036 2	0.037 8	0.80	0.051 1	0.065 3
413	炔咪菊酯-2	0.02	0.003 0	0.004 4	0.20	0.024 4	0.044 9
414	氟环唑-1	0.08	0.029 2	0.145 1	0.80	0.228 6	0.689 0

（续表）

序号	名称	含量1（mg/kg）	重复性限 r_1	再现性线 R_1	含量2（mg/kg）	重复性限 r_2	再现性线 R_2
415	稗草丹	0.02	0.006 4	0.014 2	0.20	0.012 8	0.016 6
416	吡草醚	0.02	0.002 2	0.024 6	0.20	0.013 2	0.014 3
417	噻吩草胺	0.02	0.009 5	0.018 2	0.20	0.040 6	0.041 2
418	吡唑解草酯	0.03	0.003 0	0.020 7	0.30	0.015 5	0.019 9
419	乙螨唑	0.06	0.026 0	0.050 3	0.60	0.021 9	0.053 1
420	氟环唑-2	0.08	0.028 7	0.042 3	0.80	0.051 3	0.184 5
421	吡丙醚	0.01	0.003 8	0.011 6	0.10	0.005 4	0.050 6
422	异菌脲	0.04	0.006 5	0.013 7	0.40	0.025 7	0.033 3
423	呋酰胺	0.03	0.012 0	0.013 5	0.30	0.081 1	0.070 5
424	哌草磷	0.03	0.007 4	0.010 4	0.30	0.013 2	0.039 0
425	氯甲酰草胺	0.01	0.000 0	0.000 0	0.10	0.000 0	0.000 0
426	咪唑菌酮	0.01	0.003 5	0.017 3	0.10	0.001 2	0.156 1
427	吡唑醚菊酯	0.12	0.000 0	0.000 0	1.20	0.050 5	1.991 2
428	乳氟禾草灵	0.08	0.025 7	0.058 1	0.80	0.344 2	0.386 6
429	吡唑硫磷	0.08	0.013 4	0.025 3	0.80	0.160 3	0.261 1
430	氯亚胺硫磷	0.32	0.010 4	0.167 8	3.20	0.432 6	0.547 0
431	螺螨酯	0.08	0.024 2	0.085 6	0.80	0.071 4	0.334 6
432	呋草酮	0.02	0.004 3	0.011 3	0.20	0.012 5	0.017 2
433	环酯草醚	0.01	0.002 1	0.002 3	0.10	0.011 5	0.147 4
434	氟硅菊酯	0.01	0.002 0	0.013 4	0.10	0.008 3	0.155 8
435	嘧螨醚	0.02	0.002 9	0.003 9	0.20	0.000 0	0.000 0
436	氟丙嘧草酯	0.01	0.002 4	0.007 6	0.10	0.004 2	0.010 9
437	苯酮唑	0.04	0.000 0	0.000 0	0.40	0.000 0	0.000 0
				F组			
438	苯磺隆	0.01	0.000 9	0.018 5	0.10	0.003 3	0.016 4
439	乙硫苯威	0.10	0.014 5	0.071 4	1.00	0.094 4	0.719 8
440	二氧威	0.08	0.022 8	0.038 1	0.80	0.157 5	0.146 7
441	避蚊酯	0.04	0.017 7	0.020 7	0.40	0.027 4	0.241 2
442	4-氯苯氧乙酸	0.10	0.000 0	0.000 0	1.00	0.125 9	0.474 6

（续表）

序号	名称	含量1（mg/kg）	重复性限 r_1	再现性线 R_1	含量2（mg/kg）	重复性限 r_2	再现性线 R_2
443	邻苯二甲酰亚胺	0.08	0.013 4	0.083 3	0.80	0.125 3	0.263 9
444	避蚊胺	0.01	0.002 9	0.004 9	0.08	0.003 8	0.005 7
445	2，4-滴	0.20	0.040 8	0.305 0	2.00	0.148 2	0.856 6
446	甲萘威	0.03	0.005 1	0.026 6	0.30	0.067 8	0.058 6
447	硫线磷	0.04	0.006 3	0.010 9	0.40	0.022 3	0.035 0
448	内吸磷	0.04	0.011 4	0.018 5	0.40	0.116 4	0.105 0
449	螺菌环胺-1	0.02	0.001 8	0.004 1	0.20	0.002 2	0.005 0
450	百治磷	0.08	0.016 2	0.032 0	0.80	0.408 3	0.166 8
451	混杀威	0.08	0.010 2	0.017 8	0.80	0.223 9	0.166 6
452	2，4，5-涕	0.20	0.043 0	0.315 4	2.00	0.065 7	0.900 9
453	3-苯基苯酚	0.06	0.012 2	0.023 8	0.60	0.120 5	0.184 1
454	茂谷乐	0.03	0.004 7	0.008 6	0.30	0.039 7	0.098 6
455	螺菌环胺-2	0.02	0.001 9	0.002 9	0.20	0.003 9	0.003 8
456	丁酰肼	0.08	0.019 7	0.151 5	0.80	0.108 9	0.398 4
457	sobutylazine	0.02	0.006 6	0.004 5	0.20	0.025 1	0.038 2
458	环庚草醚	0.020 0	0.000 0	0.000 0	0.200 0	0.027 3	0.043 2
459	久效磷	0.04	0.000 0	0.000 0	0.40	0.150 7	0.189 1
460	八氯二甲醚-1	0.20	0.060 3	0.205 1	2.00	0.399 1	0.222 6
461	八氯二甲醚-2	0.20	0.030 0	0.034 7	2.00	0.439 4	0.269 4
462	十二环吗琳	0.03	0.005 5	0.025 4	0.30	0.013 1	0.142 5
463	氧皮蝇磷	0.04	0.006 5	0.010 0	0.40	0.032 2	0.172 2
464	枯莠隆	0.08	0.021 5	0.036 1	0.80	0.334 3	0.708 2
465	仲丁灵	0.04	0.005 1	0.021 8	0.40	0.043 1	0.047 2
466	啶斑肟-1	0.08	0.020 3	0.065 2	0.80	0.050 1	0.094 7
467	噻菌灵	0.20	0.164 7	0.251 6	2.00	0.302 2	0.583 5
468	缬酶威-1	0.04	0.016 3	0.025 0	0.40	0.056 5	0.135 7
469	戊环唑	0.04	0.005 4	0.064 9	0.40	0.042 0	0.051 5
470	缬酶威-2	0.04	0.012 9	0.030 7	0.40	0.036 1	0.078 4
471	苯虫醚-1	0.02	0.003 7	0.011 6	0.20	0.005 1	0.040 1

（续表）

序号	名称	含量1（mg/kg）	重复性限 r_1	再现性线 R_1	含量2（mg/kg）	重复性限 r_2	再现性线 R_2
472	苯虫醚-2	0.02	0.005 4	0.026 0	0.20	0.004 6	0.037 2
473	苯甲醚	0.20	0.017 7	0.042 2	2.00	0.319 7	2.091 3
474	溴虫腈	0.08	0.000 0	0.000 0	0.80	0.075 9	0.372 0
475	生物苄呋菊酯	0.02	0.006 1	0.014 8	0.20	0.024 9	0.057 6
476	双苯噁唑酸	0.02	0.005 8	0.010 3	0.20	0.000 0	0.000 0
477	唑酮草酯	0.02	0.002 6	0.006 3	0.20	0.011 4	0.049 9
478	环酰菌胺	0.50	0.076 4	0.121 1	0.00	0.000 0	0.000 0
479	螺甲螨酯	0.10	0.019 5	0.053 8	1.00	0.127 2	1.142 8
480	氟啶胺	0.08	0.000 0	0.000 0	0.80	0.149 9	0.814 7
481	联苯肼酯	0.08	0.013 8	0.025 3	0.80	0.098 9	0.853 5
482	异狄氏剂酮	0.16	0.025 4	0.030 1	1.60	0.130 8	0.357 9
483	氟草敏代谢物	0.040 0	0.005 9	0.015 0	0.40	0.043 3	0.135 6
484	精高效氨氟氰菊酯-1	0.01	0.002 5	0.003 6	0.08	0.010 4	0.025 7
485	酮康唑	0.04	0.008 6	0.011 3	0.40	0.040 2	0.071 2
486	氰氟草酯	0.02	0.005 2	0.007 2	0.20	0.008 3	0.043 1
487	精高效氨氟氰菊酯-2	0.01	0.002 4	0.005 1	0.08	0.013 3	0.142 1
488	苄螨醚	0.02	0.003 6	0.028 6	0.20	0.030 9	0.078 0
489	烟酰碱	0.20	0.045 0	0.056 2	2.00	0.195 6	2.613 4
490	烯酰吗啉	0.02	0.005 1	0.007 0	0.20	0.014 1	0.045 9

二、液相色谱—质谱法测定茶叶中 448 种农药及相关化学品残留量

（一）原理

试样用乙腈匀浆提取，经固相萃取柱净化，用乙腈—甲苯溶液（3+1）洗脱农药及相关化学品，用液相色谱—质谱/质谱仪检测，外标法定量。

（二）试剂和材料

除另有规定外，所有试剂均为分析纯，水为符合 GB/T 6682—2008 中规定的一级水。

1. 试剂

（1）乙腈（CH_3CN, 75-05-8）：色谱纯。

（2）甲苯（C_7H_8，108-88-3）：优级纯。

（3）丙酮（CH_3COCH_3，67-64-1）：色谱纯。

（4）异辛烷（C_8H_{18}，540-84-1）：色谱纯。

（5）甲醇（CH_3OH，67-56-1/170082-17-4）：色谱纯。

（6）乙酸（CH_3COOH，64-19-7）：优级纯。

（7）氯化纳（NaCl，7647-14-5）：分析纯。

（8）无水硫酸钠（Na_2SO_4，7757-82-6）：分析纯。用前在650℃灼烧4h，贮存于干燥器中，冷却后备用。

2. 溶液配制

（1）0.1%甲酸溶液：取1 000mL水，加入1mL甲酸，摇匀备用。

（2）5mmol/L乙酸铵溶液：称取0.385g乙酸铵，加水稀释至1 000mL。

（3）乙腈—甲苯溶液（3+1）：取300mL乙腈，加入100mL甲苯，摇匀备用。

（4）乙腈+水溶液（3+2）：取300mL乙腈，加入200mL水，摇匀备用。

3. 标准品

农药及相关化学品标准物质：纯度≥95%，参见表5-6。

表5-6 448种农药及相关化学品中、英文名称、方法定量限、
分组、溶剂选择和混合标准溶液浓度

序号	中文名称	英文名称	定量限（μg/kg）	溶剂	混合标准溶液浓度（mg/L）
A组					
1	苯胺灵	propham	110.00	甲苯	11.00
2	异丙威	isoprocarb	2.30	甲醇	0.23
3	3，4，5-混杀威	3，4，5-trimethacarb	0.34	甲醇	0.03
4	环莠隆	cycluron	0.20	甲醇	0.02
5	甲萘威	carbaryl	10.32	甲醇	1.03
6	毒草胺	propachlor	0.28	甲醇	0.03
7	吡咪唑	rabenzazole	1.34	甲醇	0.13
8	西草净	simetryn	0.14	甲醇	0.01
9	绿谷隆	monolinuron	3.56	甲醇	0.36
10	速灭磷	mevinphos	1.56	甲苯	0.16
11	叠氮津	aziprotryne	1.38	甲醇	0.14
12	密草通	secbumeton	0.08	甲醇	0.01

（续表）

序号	中文名称	英文名称	定量限 （μg/kg）	溶剂	混合标准溶液 浓度（mg/L）
13	嘧菌磺胺	cyprodinil	0.74	甲醇	0.07
14	播土隆	buturon	8.96	甲醇	0.90
15	双酰草胺	carbetamide	3.64	甲醇	0.36
16	抗蚜威	pirimicarb	0.16	甲醇	0.02
17	异噁草松	clomazone	0.42	甲醇	0.04
18	氰草津	cyanazine	0.16	甲醇	0.02
19	扑草净	prometryne	0.16	甲醇	0.02
20	甲基对氧磷	paraoxon methyl	0.76	甲醇	0.08
21	4，4-二氯二苯甲酮	4，4-dichlorobenzophenone	13.60	甲醇	1.36
22	噻虫啉	thiacloprid	0.38	甲醇	0.04
23	吡虫啉	imidacloprid	22.00	甲醇	2.20
24	磺噻隆	ethidimuron	1.50	甲醇	0.15
25	丁嗪草酮	isomethiozin	1.06	甲醇	0.11
26	燕麦敌	diallate	89.20	甲醇	8.92
27	乙草胺	acetochlor	47.40	甲醇	4.74
28	烯啶虫胺	nitenpyram	17.12	甲醇	1.71
29	甲氧丙净	methoprotryne	0.24	甲醇	0.02
30	二甲酚草胺	dimethenamid	4.30	甲醇	0.43
31	特草灵	terrbucarb	2.10	甲醇	0.21
32	戊菌唑	penconazole	2.00	甲醇	0.20
33	腈菌唑	myclobutanil	1.00	甲醇	0.10
34	咪唑乙烟酸[a]	imazethapyr	1.12	甲醇	0.11
35	多效唑	paclobutrazol	0.58	甲醇	0.06
36	倍硫磷亚砜	fenthion sulfoxide	0.32	甲醇	0.03
37	三唑醇	triadimenol	10.56	甲醇	1.06
38	仲丁灵	butralin	1.90	甲醇	0.19
39	螺环菌胺	spiroxamine	0.06	甲醇	0.01
40	甲基立枯磷	tolclofos methyl	66.56	甲醇	6.66
41	杀扑磷	methidathion	10.66	甲醇	1.07

（续表）

序号	中文名称	英文名称	定量限（μg/kg）	溶剂	混合标准溶液浓度（mg/L）
42	烯丙菊酯	allethrin	60.40	甲醇	6.04
43	二嗪磷	diazinon	0.72	甲苯	0.07
44	敌瘟磷	edifenphos	0.76	甲醇	0.08
45	丙草胺	pretilachlor	0.34	甲醇	0.03
46	氟硅唑	flusilazole	0.58	甲醇	0.06
47	丙森锌	iprovalicarb	2.32	甲醇	0.23
48	麦锈灵	benodanil	3.48	甲醇	0.35
49	氟酰胺	flutolanil	1.14	甲醇	0.11
50	氨磺磷	famphur	3.60	甲醇	0.36
51	苯霜灵	benalyxyl	1.24	甲醇	0.12
52	苄氯三唑醇	diclobutrazole	0.46	甲醇	0.05
53	乙环唑	etaconazole	1.78	甲醇	0.18
54	氯苯嘧啶醇	fenarimol	0.60	甲醇	0.06
55	胺菊酯	tetramethrin	1.82	甲醇	0.18
56	抑菌灵	dichlofluanid	2.60	甲苯	0.26
57	解草酯	cloquintocet mexyl	1.88	甲醇	0.19
58	联苯三唑醇	bitertanol	33.40	甲醇	3.34
59	甲基毒死蜱	chlorprifos methyl	16.00	甲醇	1.60
60	益棉磷	azinphos ethyl	108.92	甲醇	10.89
61	炔草酸	clodinafop propargyl	2.44	甲醇	0.24
62	杀铃脲	triflumuron	3.92	甲醇	0.39
63	异噁唑草酮	isoxaflutole	3.90	甲醇	0.39
64	莎稗磷	anilofos	0.72	甲醇	0.07
65	喹禾灵	quizalofop-ethyl	0.68	甲醇	0.07
66	精氟吡甲禾灵	haloxyfop-methyl	2.64	甲醇	0.26
67	精吡磺草隆	fluazifop butyl	0.26	甲醇	0.03
68	乙基溴硫磷	bromophos-ethyl	567.70	甲醇	56.77
69	地散磷	bensulide	34.20	甲醇	3.42
70	溴苯烯磷	bromfenvinfos	3.02	甲醇	0.30

（续表）

序号	中文名称	英文名称	定量限（μg/kg）	溶剂	混合标准溶液浓度（mg/L）
71	嘧菌酯	azoxystrobin	0.46	甲醇	0.05
72	吡菌磷	pyrazophos	1.62	甲醇	0.16
73	氟虫脲	flufenoxuron	3.16	甲醇	0.32
74	茚虫威	indoxacarb	7.54	甲醇	0.75
B 组					
75	乙撑硫脲	ethylene thiourea	52.20	甲醇	5.22
76	丁酰肼	daminozide	2.60	甲醇	0.26
77	棉隆	dazomet	127.00	甲醇	12.70
78	烟碱	nicotine	2.20	甲醇	0.22
79	非草隆	fenuron	1.04	甲醇	0.10
80	鼠立死	crimidine	1.56	甲醇	0.16
81	禾草敌	molinate	2.10	甲醇	0.21
82	多菌灵	carbendazim	0.46	甲醇	0.05
83	6-氯-4-羟基-3-苯基哒嗪	6-chloro-4-hydroxy-3-phenyl-pyridazin	1.66	甲醇	0.17
84	残杀威	propoxur	24.40	甲醇	2.44
85	异唑隆	isouron	0.40	甲醇	0.04
86	绿麦隆	chlorotoluron	0.62	甲醇	0.06
87	久效威	thiofanox	157.00	甲醇	15.70
88	氯草灵	chlorbufam	183.00	甲醇	18.30
89	噁虫威	bendiocarb	3.18	甲醇	0.32
90	扑灭津	propazine	0.32	甲醇	0.03
91	特丁津	terbuthylazine	0.46	甲醇	0.05
92	敌草隆	diuron	1.56	甲醇	0.16
93	氯甲硫磷	chlormephos	448.00	甲醇	44.80
94	萎锈灵[a]	carboxin	0.56	甲醇	0.06
95	噻虫胺	clothianidin	63.00	甲醇	6.30
96	拿草特	pronamide	15.38	甲醇	1.54
97	二甲草胺	dimethachloro	1.90	甲醇	0.19
98	溴谷隆	methobromuron	16.84	甲苯	1.68

（续表）

序号	中文名称	英文名称	定量限（μg/kg）	溶剂	混合标准溶液浓度（mg/L）
99	甲拌磷	phorate	314.00	甲醇	31.40
100	苯草醚	aclonifen	24.20	甲醇	2.42
101	地安磷	mephosfolan	2.32	甲醇	0.23
102	脱苯甲基亚胺唑	imibenzonazole-des-benzyl	6.22	甲醇	0.62
103	草不隆	neburon	7.10	甲醇	0.71
104	精甲霜灵	mefenoxam	1.54	甲醇	0.15
105	发硫磷	prothoate	2.46	甲醇	0.25
106	乙氧呋草黄	ethofume sate	372.00	甲醇	37.20
107	异稻瘟净	iprobenfos	8.28	甲醇	0.83
108	特普[a]	TEPP	10.40	甲醇	1.04
109	环丙唑醇	cyproconazole	0.74	甲醇	0.07
110	噻虫嗪	thiamethoxam	33.00	甲醇	3.30
111	育畜磷	crufomate	0.52	甲醇	0.05
112	乙嘧硫磷	etrimfos	37.52	甲醇	1.88
113	杀鼠醚	coumatetralyl	1.36	甲醇	0.14
114	畜蜱磷	cythioate	80.00	甲醇	8.00
115	磷胺	phosphamidon	3.88	甲醇	0.39
116	甜菜宁	phenmedipham	4.48	甲醇	0.45
117	联苯井酯[a]	bifenazate	22.80	甲醇	2.28
118	环酰菌胺	fenhexamid	0.94	甲醇	0.09
119	粉唑醇	flutriafol	8.58	甲醇	0.86
120	抑菌丙胺酯	furalaxyl	0.78	甲醇	0.08
121	生物丙烯菊酯	bioallethrin	198.00	甲醇	19.80
122	苯腈磷	cyanofenphos	20.80	甲醇	2.08
123	甲基嘧啶磷	pirimiphos methyl	0.20	甲醇	0.02
124	噻嗪酮	buprofezin	0.88	甲醇	0.09
125	乙拌磷砜	disulfoton sulfone	2.46	甲醇	0.25
126	喹螨醚	fenazaquin	0.32	甲醇	0.03
127	三唑磷	triazophos	0.68	甲苯	0.07

（续表）

序号	中文名称	英文名称	定量限（μg/kg）	溶剂	混合标准溶液浓度（mg/L）
128	脱叶磷	DEF	1.62	甲醇	0.16
129	环酯草醚	pyriftalid	0.62	甲醇	0.06
130	叶菌唑	metconazole	1.32	甲醇	0.13
131	蚊蝇醚	pyriproxyfen	0.44	甲醇	0.04
132	异噁酰草胺	isoxaben	0.18	甲醇	0.02
133	呋草酮	flurtamone	0.44	甲醇	0.04
134	氟乐灵	trifluralin	334.80	甲苯	33.48
135	甲基麦草氟异丙酯	flamprop methyl	20.20	甲醇	2.02
136	生物苄呋菊酯	bioresmethrin	7.42	甲醇	0.74
137	丙环唑	propiconazole	1.76	甲醇	0.18
138	毒死蜱	chlorpyrifos	53.80	甲醇	5.38
139	氯乙氟灵	fluchloralin	488.00	甲醇	48.80
140	氯磺隆ª	chlorsulfuron	2.74	甲醇	0.27
141	麦草氟异丙酯	flamprop isopropyl	0.44	甲醇	0.04
142	杀虫畏	tetrachlorvinphos	2.22	甲苯	0.22
143	炔螨特	propargite	68.60	甲醇	6.86
144	糠菌唑	bromuconazole	3.14	甲醇	0.31
145	氟吡酰草胺	picolinafen	0.72	甲醇	0.07
146	氟噻乙草酯	fluthiacet methyl	5.30	甲醇	0.53
147	肟菌酯	trifloxystrobin	2.00	甲醇	0.20
148	氟铃脲	hexaflumuron	25.20	甲醇	2.52
149	氟酰脲	novaluron	8.04	甲醇	0.80
150	—	flurazuron	26.80	甲醇	2.68
C组					
151	抑芽丹	maleic hydrazide	80.00	甲醇	8.00
152	甲胺磷	methamidophos	4.94	甲醇	0.49
153	茵草敌	EPTC	37.34	甲醇	3.73
154	避蚊胺	diethyltoluamide	0.56	甲醇	0.06
155	灭草隆	monuron	34.74	甲醇	3.47

（续表）

序号	中文名称	英文名称	定量限（μg/kg）	溶剂	混合标准溶液浓度（mg/L）
156	嘧霉胺	pyrimethanil	0.68	甲醇	0.07
157	甲呋酰胺	fenfuram	0.78	甲醇	0.08
158	灭藻醌	quinoclamine	7.92	甲醇	0.79
159	仲丁威	fenobucarb	5.90	甲醇	0.59
160	敌稗	propanil	21.60	甲醇	2.16
161	克百威	carbofuran	13.06	甲醇	1.31
162	啶虫脒	acetamiprid	1.44	甲醇	0.14
163	嘧菌胺	mepanipyrim	0.32	甲醇	0.03
164	扑灭通	prometon	0.14	甲醇	0.01
165	甲硫威	methiocarb	41.20	甲醇	4.12
166	甲氧隆	metoxuron	0.64	甲醇	0.06
167	乐果	dimethoate	7.60	甲醇	0.76
168	伏草隆	fluometuron	0.92	甲醇	0.09
169	百治磷	dicrotophos	1.14	甲醇	0.11
170	庚酰草胺	monalide	1.20	甲醇	0.12
171	双苯酰草胺	diphenamid	0.28	甲醇	0.01
172	灭线磷	ethoprophos	2.76	甲醇	0.28
173	地虫硫磷	fonofos	7.46	甲醇	0.75
174	土菌灵	etridiazol	100.42	甲醇	10.04
175	环嗪酮	hexazinone	0.12	甲醇	0.01
176	阔草净	dimethametryn	0.12	甲醇	0.01
177	敌百虫	trichlorphon	1.12	甲醇	0.11
178	内吸磷	demeton（o+s）	6.78	甲醇	0.68
179	解草酮	benoxacor	6.90	甲醇	0.69
180	除草定	bromacil	23.60	甲醇	2.36
181	甲拌磷亚砜	phorate sulfoxide	368.28	甲醇	36.83
182	溴莠敏	brompyrazon	3.60	甲醇	0.36
183	氧化萎锈灵[a]	oxycarboxin	0.90	甲醇	0.09
184	灭锈胺	mepronil	0.38	甲醇	0.04

（续表）

序号	中文名称	英文名称	定量限（μg/kg）	溶剂	混合标准溶液浓度（mg/L）
185	乙拌磷	disulfoton	469.70	甲醇	46.97
186	倍硫磷	fenthion	52.00	甲醇	5.20
187	甲霜灵	metalaxyl	0.50	甲醇	0.05
188	甲呋酰胺	ofurace	1.00	甲醇	0.10
189	噻唑硫磷	fosthiazate	0.56	甲醇	0.40
190	甲基咪草酯	imazamethabenz-methyl	0.16	甲醇	0.02
191	乙拌磷亚砜	disulfoton-sulfoxide	2.84	甲醇	0.28
192	稻瘟灵	isoprothiolane	1.84	甲醇	0.18
193	抑霉唑	imazalil	2.00	甲醇	0.20
194	辛硫磷	phoxim	82.80	甲醇	8.28
195	喹硫磷	quinalphos	2.00	甲醇	0.20
196	苯氧威	fenoxycarb	18.28	甲醇	1.83
197	嘧啶磷	pyrimitate	0.18	甲醇	0.02
198	丰索磷	fensulfothin	2.00	甲醇	0.20
199	氯咯草酮	fluorochloridone	13.78	甲醇	1.38
200	丁草胺	butachlor	20.06	甲醇	2.01
201	醚菌酯	kresoxim-methyl	100.58	甲醇	10.06
202	灭菌唑	triticonazole	3.02	异辛烷	0.30
203	苯线磷亚砜	fenamiphos sulfoxide	0.74	甲醇	0.07
204	噻吩草胺	thenylchlor	24.14	甲醇	2.41
205	稻瘟酰胺	fenoxanil	39.40	甲醇	3.94
206	氟啶草酮	fluridone	0.18	甲醇	0.02
207	氟环唑	epoxiconazole	4.06	甲醇	0.41
208	氯辛硫磷	chlorphoxim	77.58	甲醇	7.76
209	苯线磷砜	fenamiphos sulfone	0.44	甲醇	0.04
210	腈苯唑	fenbuconazole	1.64	甲醇	0.16
211	异柳磷	isofenphos	218.68	甲醇	21.87
212	苯醚菊酯	phenothrin	339.20	甲醇	33.92
213	呱草磷	piperophos	9.24	甲醇	0.92

（续表）

序号	中文名称	英文名称	定量限（μg/kg）	溶剂	混合标准溶液浓度（mg/L）
214	增效醚	piperonyl butoxide	1.14	甲醇	0.11
215	乙氧氟草醚	oxyflurofen	58.54	甲醇	5.85
216	氟噻草胺	flufenacet	5.30	甲醇	0.53
217	伏杀硫磷	phosalone	48.04	甲醇	4.80
218	甲氧虫酰肼	methoxyfenozide	3.70	甲醇	0.37
219	丙硫特普	aspon	1.74	甲醇	0.17
220	乙硫磷	ethion	2.96	甲醇	0.30
221	丁醚脲	diafenthiuron	0.28	甲醇	0.03
222	氟硫草定	dithiopyr	10.40	甲醇	1.04
223	螺螨酯	spirodiclofen	9.90	甲醇	0.99
224	唑螨酯	fenpyroximate	1.36	甲醇	0.14
225	胺氟草酸	flumiclorac-pentyl	10.60	甲醇	1.06
226	双硫磷	temephos	1.22	甲醇	0.12
227	氟丙嘧草酯	butafenacil	9.50	甲醇	0.95
228	多杀菌素	spinosad	0.56	甲醇	0.06
D组					
229	甲呱鎓	mepiquat chloride	0.90	甲醇	0.09
230	二丙烯草胺	allidochlor	41.04	甲醇	4.10
231	三环唑	tricyclazole	1.24	甲醇	0.12
232	苯噻草酮	metamitron	6.36	甲醇	0.64
233	异丙隆	isoproturon	0.14	甲醇	0.01
234	莠去通	atratone	0.18	甲醇	0.02
235	敌草净	oesmetryn	0.18	甲醇	0.02
236	嗪草酮	metribuzin	0.54	甲苯	0.05
237	N,N-二甲基氨基-甲苯	DMST	40.00	甲醇	4.00
238	环草敌	cycloate	4.44	甲醇	0.44
239	莠去津	atrazine	0.36	甲醇	0.04
240	丁草敌	butylate	604.00	甲醇	30.20
241	吡蚜酮	pymetrozin	34.28	甲醇	3.43

（续表）

序号	中文名称	英文名称	定量限（μg/kg）	溶剂	混合标准溶液浓度（mg/L）
242	氯草敏	chloridazon	2.32	甲醇	0.23
243	莱草畏	sulfallate	207.20	甲苯	20.72
244	乙硫苯威	ethiofencarb	4.92	甲醇	0.49
245	特丁通	terbumeton	0.10	甲醇	0.01
246	环丙津	cyprazine	0.06	甲醇	0.04
247	阔草净	ametryn	0.96	甲醇	0.10
248	木草隆	tebuthiuron	0.22	甲醇	0.02
249	草达津	trietazine	0.60	甲醇	0.06
250	另丁津	sebutylazine	0.32	甲醇	0.03
251	蓄虫避	dibutyl succinate	222.40	甲醇	22.24
252	牧草胺	tebutam	0.14	甲醇	0.01
253	久效威亚砜	thiofanox-sulfoxide	8.30	甲醇	0.83
254	杀螟丹	cartap hydrochloride	2080.00	甲醇	208.00
255	虫螨畏	methacrifos	2423.70	甲醇	242.37
256	虫线磷	thionazin	22.68	甲醇	2.27
257	利谷隆	linuron	11.64	甲醇	1.16
258	庚虫磷	heptanophos	5.84	甲醇	0.58
259	苄草丹	prosulfocarb	0.36	甲醇	0.04
260	杀草净	dipropetryn	0.28	甲醇	0.03
261	禾草丹	thiobencarb	3.30	甲醇	0.33
262	三异丁基磷酸盐	tri-iso-butyl phosphate	3.58	甲醇	0.36
263	三丁基磷酸酯	tributyl phosphate	0.38	甲醇	0.04
264	乙霉威	diethofencarb	2.00	甲醇	0.20
265	硫线磷	cadusafos	1.16	甲醇	0.12
266	吡唑草胺	metazachlor	0.98	甲醇	0.10
267	胺丙畏	propetamphos	54.00	甲醇	5.40
268	特丁硫磷[a]	terbufos	2240.00	甲醇	224.00
269	硅氟唑	simeconazole	2.94	甲醇	0.29
270	三唑酮	triadimefon	7.88	甲醇	0.79

（续表）

序号	中文名称	英文名称	定量限（μg/kg）	溶剂	混合标准溶液浓度（mg/L）
271	甲拌磷砜	phorate sulfone	42.00	甲醇	4.20
272	十三吗啉	tridemorph	2.60	甲醇	0.26
273	苯噻酰草胺	mefenacet	2.20	甲醇	0.22
274	苯线磷	fenamiphos	0.20	甲醇	0.02
275	丁苯吗啉	fenpropimorph	0.18	甲醇	0.02
276	戊唑醇	tebuconazole	2.24	甲醇	0.22
277	异丙乐灵	isopropalin	30.00	甲醇	3.00
278	氟苯嘧啶醇	nuarimol	1.00	甲醇	0.10
279	乙嘧酚磺酸酯	bupirimate	0.70	甲醇	0.07
280	保棉磷	azinphos-methyl	1104.34	甲醇	110.43
281	丁基嘧啶磷	tebupirimfos	0.12	甲醇	0.01
282	稻丰散	phenthoate	92.36	甲醇	9.24
283	治螟磷	sulfotep	2.60	甲醇	0.26
284	硫丙磷	sulprofos	5.84	甲苯	0.58
285	苯硫磷	EPN	33.00	甲醇	3.30
286	烯唑醇	diniconazole	1.34	甲醇	0.13
287	稀禾啶	sethoxydim	89.60	甲醇	8.96
288	纹枯脲	pencycuron	0.28	甲醇	0.03
289	灭蚜磷	mecarbam	19.60	甲醇	1.96
290	苯草酮	tralkoxydim	0.32	甲醇	0.03
291	马拉硫磷	malathion	5.64	甲醇	0.56
292	稗草丹	pyributicarb	0.34	甲醇	0.03
293	哒嗪硫磷	pyridaphenthion	0.88	甲醇	0.09
294	嘧啶磷	pirimiphos-ethyl	0.06	甲醇	0.01
295	硫双威	thiodicarb	39.36	甲醇	3.94
296	吡唑硫磷	pyraclofos	1.00	甲醇	0.10
297	啶氧菌酯	picoxystrobin	8.44	甲醇	0.84
298	四氟醚唑	tetraconazole	1.72	甲醇	0.17
299	吡唑解草酯	mefenpyr-diethyl	12.56	甲醇	1.26

（续表）

序号	中文名称	英文名称	定量限（μg/kg）	溶剂	混合标准溶液浓度（mg/L）
300	丙溴磷	profenefos	2.02	甲醇	0.20
301	吡唑醚菌酯	pyraclostrobin	0.50	甲醇	0.05
302	烯酰吗啉	dimethomorph	0.36	甲醇	0.04
303	噻恩菊酯	kadethrin	6.66	甲醇	0.33
304	噻唑烟酸	thiazopyr	1.96	甲醇	0.20
305	氟啶脲	chlorfluazuron	8.68	甲醇	0.87
E 组					
306	4-氨基吡啶	4-aminopyridine	0.86	甲醇	0.09
307	灭多威	methomyl	9.56	甲醇	0.96
308	咯喹酮	pyroquilon	3.48	甲醇	0.35
309	麦穗灵	fuberidazole	1.90	甲醇	0.19
310	丁胨酰胺	isocarbamid	1.70	甲醇	0.17
311	丁酮威	butocarboxim	1.58	甲醇	0.16
312	杀虫脒	chlordimeform	1.34	甲醇	0.13
313	霜脲氰	cymoxanil	55.60	甲醇	5.56
314	氯硫酰草胺[a]	chlorthiamid	8.82	甲醇	0.88
315	灭害威	aminocarb	16.42	甲醇	1.64
316	氧乐果	omethoate	9.66	甲醇	0.97
317	乙氧喹啉[a]	ethoxyquin	3.52	甲醇	0.35
318	涕灭威砜	aldicarb sulfone	21.36	甲醇	2.14
319	二氧威	dioxacarb	3.36	甲醇	0.34
320	甲基内吸磷	demeton-s-methyl	5.30	甲醇	0.53
321	杀虫腈	cyanophos	10.10	甲醇	1.01
322	甲基乙拌磷	thiometon	578.00	甲醇	57.80
323	灭菌丹	folpet	138.60	甲醇	13.86
324	甲基内吸磷砜	demeton-s-methyl sulfone	19.76	甲醇	1.98
325	苯锈定	fenpropidin	0.18	甲醇	0.02
326	赛硫磷	amidithion	190.40	甲醇	65.80
327	甲咪唑烟酸[a]	imazapic	5.90	甲醇	0.59

（续表）

序号	中文名称	英文名称	定量限（μg/kg）	溶剂	混合标准溶液浓度（mg/L）
328	甲基对氧磷	paraoxon-ethyl	0.48	甲醇	0.05
329	4-十二烷基-2, 6-二甲基吗啉	aldimorph	3.16	甲醇	0.32
330	乙烯菌核利[a]	vinclozolin	2.54	甲醇	0.25
331	烯效唑	uniconazole	2.40	甲醇	0.24
332	啶斑肟	pyrifenox	0.26	甲醇	0.03
333	氯硫磷	chlorthion	133.60	甲醇	13.36
334	异氯磷	dicapthon	0.24	甲醇	0.02
335	四螨嗪	clofentezine	0.76	甲醇	0.08
336	氟草敏	norflurazon	0.26	甲醇	0.03
337	野麦畏	triallate	46.20	甲醇	4.62
338	苯氧喹啉	quinoxyphen	153.40	甲醇	15.34
339	倍硫磷砜	fenthion sulfone	17.46	甲醇	1.75
340	氟咯草酮	flurochloridone	1.30	甲醇	0.13
341	酞酸苯甲基丁酯	phthalic acid, benzyl butyl ester	632.00	甲醇	63.20
342	氯唑磷	isazofos	0.18	甲醇	0.02
343	除线磷	dichlofenthion	29.96	甲醇	3.02
344	蚜灭多砜[a]	vamidothion sulfone	476.00	甲醇	47.60
345	特丁硫磷砜	terbufos sulfone	88.60	甲醇	8.86
346	敌乐胺	dinitramine	1.80	甲苯	0.18
347	氰霜唑[a]	cyazofamid	4.50	乙腈	0.45
348	毒壤磷	trichloronat	66.80	甲醇	6.68
349	苄呋菊酯-2	resmethrin-2	0.30	甲醇	0.03
350	啶酰菌胺	boscalid	4.76	甲醇	0.48
351	甲磺乐灵	nitralin	34.40	甲醇	3.44
352	甲氰菊酯	fenpropathrin	245.00	甲醇	24.50
353	噻螨酮	hexythiazox	23.60	甲醇	2.36
354	苯满特	benzoximate	19.66	甲醇	1.97
355	新燕灵	benzoylprop-ethyl	308.00	甲醇	30.80

（续表）

序号	中文名称	英文名称	定量限（μg/kg）	溶剂	混合标准溶液浓度（mg/L）
356	嘧螨醚[a]	pyrimidifen	14.00	甲醇	1.40
357	呋线威	furathiocarb	1.92	甲醇	0.19
358	反式氯菊酯	trans-permethin	4.80	甲醇	0.48
359	醚菊酯	etofenprox	228.02	甲醇	228.00
360	苄草唑	pyrazoxyfen	0.32	甲醇	0.03
361	嘧唑螨[a]	flubenzimine	7.78	甲醇	0.78
362	Z-氯氰菊酯	zeta-cypermethrin	0.68	甲醇	0.07
363	氟吡乙禾灵	haloxyfop-2-ethoxyethyl	2.50	甲醇	0.25
364	S-氰戊菊酯[a]	esfenvalerate	416.00	甲醇	41.60
365	乙羧氟草醚	fluroglycofen-ethyl	5.00	甲醇	0.50
366	氟胺氰菊酯	tau-fluvalinate	230.00	甲醇	23.00
		F 组			
367	丙烯酰胺	acrylamide	35.60	甲醇	1.78
368	叔丁基胺	tert-butylamine	38.96	甲醇	3.90
369	噁霉灵	hymexazol	224.14	甲醇	22.41
370	邻苯二甲酰亚胺	phthalimide	43.00	甲醇	4.30
371	甲氟磷	dimefox	68.20	甲醇	6.82
372	速灭威	metolcarb	25.40	甲醇	2.54
373	二苯胺	diphenylamin	0.42	甲醇	0.04
374	1-萘基乙酰胺	1-naphthy acetamide	0.82	甲醇	0.08
375	脱乙基莠去津	atrazine-desethyl	1.24	甲醇	0.06
376	2,6-二氯苯甲酰胺	2,6-dichlorobenzamide	4.50	甲醇	0.45
377	涕灭威	aldicarb	261.00	甲醇	26.10
378	邻苯二甲酸二甲酯	dimethyl phthalate	13.20	甲醇	1.32
379	杀虫脒盐酸盐	chlordimeformy drochloride	5.28	甲醇	0.26
380	西玛通	simeton	2.20	甲醇	0.11
381	呋草胺[a]	dinotefuran	10.18	甲醇	1.02
382	克草敌	pebulate	3.40	甲醇	0.34
383	活化酯	acibenzolar-s-methyl	3.08	甲醇	0.31

（续表）

序号	中文名称	英文名称	定量限（μg/kg）	溶剂	混合标准溶液浓度（mg/L）
384	蔬果磷	dioxabenzofos	13.84	甲醇	1.38
385	杀线威	oxamyl	548.06	甲醇	54.81
386	甲基苯噻隆	methabenzthiazuron	0.14	甲醇	0.01
387	丁酮砜威	butoxycarboxim	53.20	甲醇	2.66
388	兹克威	mexacarbate	0.94	甲醇	0.09
389	甲基内吸磷亚砜	demeton-s-methyl sulfoxide	3.92	甲醇	0.39
390	久效威砜	thiofanox sulfone	48.16	甲醇	2.41
391	硫环磷	phosfolan	0.48	环己烷	0.05
392	硫赶内吸磷	demeton-s	160.00	甲醇	8.00
393	氧倍硫磷	fenthion oxon	1.18	甲醇	0.12
394	萘丙胺	napropamide	2.54	甲醇	0.13
395	杀螟硫磷	fenitrothion	53.60	甲醇	2.68
396	酞酸二丁酯	phthalic acid, dibutylester	39.60	甲醇	3.96
397	丙草胺	metolachlor	0.40	甲醇	0.04
398	腐霉利	procymidone	86.60	甲醇	8.66
399	蚜灭磷	vamidothion	9.12	甲醇	0.46
400	枯草隆	chloroxuron	0.44	甲醇	0.04
401	威菌磷	triamiphos	0.06	甲醇	0.002
402	右旋炔丙菊酯	prallethrin	0.20	甲醇	0.02
403	二苯隆	cumyluron	2.64	甲醇	0.13
404	甲氧咪草烟	imazamox	1.80	甲醇	0.18
405	杀鼠灵	warfarin	2.68	甲醇	0.27
406	亚胺硫磷	phosmet	17.72	甲醇	1.77
407	皮蝇磷	ronnel	13.14	甲醇	1.31
408	除虫菊酯	pyrethrin	35.80	甲醇	3.58
409	—	phthalic acid, biscyclohexyl ester	0.68	甲醇	0.07
410	环丙酰菌胺	carpropamid	5.20	甲醇	0.52
411	吡螨胺	tebufenpyrad	0.26	甲醇	0.03
412	虫螨磷	chlorthiophos	63.60	甲醇	3.18

（续表）

序号	中文名称	英文名称	定量限（μg/kg）	溶剂	混合标准溶液浓度（mg/L）
413	氯亚胺硫磷	dialifos	157.00	甲醇	15.70
414	吲哚酮草酯	cinidon-ethyl	29.16	甲醇	1.46
415	鱼滕酮	rotenone	4.64	甲醇	0.23
416	亚胺唑	imibenconazole	10.26	甲醇	1.03
417	噁草酸	propaquizafop	1.24	甲醇	0.12
418	乳氟禾草灵	lactofen	124.00	甲醇	6.20
419	吡草酮[a]	benzofenap	0.08	甲醇	0.01
420	地乐酯	dinoseb acetate	41.28	甲醇	4.13
421	异丙草胺	propisochlor	0.80	甲醇	0.08
422	氟硅菊酯	silafluofen,	608.00	甲醇	60.80
423	乙氧苯草胺	etobenzanid	0.80	甲醇	0.08
424	四唑酰草胺	fentrazamide	12.40	甲醇	1.24
425	五氯苯胺	pentachloroaniline	3.74	甲醇	0.37
426	丁硫克百威	carbosulfan	0.80	甲醇	0.08
427	苯醚氰菊酯	cyphenothrin	16.80	甲醇	1.68
428	噁唑隆	dimefuron	4.00	甲醇	0.40
429	马拉氧磷	malaoxon	4.68	甲醇	0.47
430	氯杀螨砜	chlorbenside sulfone	0.80	甲醇	0.08
431	多果定	dodine	16.00	甲醇	0.80
G 组					
432	茅草枯	dalapon	230.74	甲醇	23.07
433	2-苯基苯酚[a]	2-phenylphenol	169.88	甲醇	16.99
434	3-苯基苯酚[a]	3-phenylphenol	4.00	甲醇	0.40
435	氯硝胺	dicloran	48.56	甲醇	4.86
436	氯苯胺灵[a]	chlorpropham	15.76	甲醇	1.58
437	特草定[a]	terbacil	0.88	甲醇	0.09
438	2，4-滴[a]	2，4-D	11.86	甲醇	1.19
439	咯菌腈	fludioxonil	62.16	甲醇	6.22
440	杀螨醇	chlorfenethol	164.30	甲醇	16.43

（续表）

序号	中文名称	英文名称	定量限（μg/kg）	溶剂	混合标准溶液浓度（mg/L）
441	萘草胺[a]	naptalam	1.94	甲醇	0.19
442	灭幼脲	chlorobenzuron	20.40	甲醇	2.04
443	氯霉素	chloramphenicolum	3.88	甲醇	0.39
444	噁唑菌酮[a]	famoxadone	45.28	甲醇	4.53
445	吡氟酰草胺[a]	diflufenican	28.28	甲醇	2.83
446	氟氰唑	ethiprole	39.86	甲醇	3.99
447	氟啶胺[a]	fluazinam	70.60	甲醇	7.06
448	克来范[a]	kelevan	9 640.00	甲醇	964.00

注：a 为定性鉴别的农药品种。

4. 标准溶液配制

（1）标准储备溶液：分别称取 5~10mg（精确至 0.1mg）农药及相关化学品各标准物分别于 10mL 容量瓶中，根据标准物的溶解度选甲醇、甲苯、丙酮、乙腈或异辛烷溶解并定容至刻度（溶剂选择参见表 5-6），标准溶液于 4℃下避光保存，保存期为 1 年。

（2）混合标准溶液（混合标准溶液 A、B、C、D、E、F 和 G）：按照农药及相关化学品的保留时间，将 448 种农药及相关化学品分成 A、B、C、D、E、F 和 G 七个组，并根据每种农药及相关化学品在仪器上的响应灵敏度，确定其在混合标准溶液中的浓度。本标准 448 种农药及相关化学品的分组及其混合标准溶液浓度参见表 5-6。依据每种农药及相关化学品的分组、混合标准溶液浓度及其标准储备液的浓度，移取一定量的单个农药及相关化学品标准储备溶液于 100mL 容量瓶中，用甲醇定容至刻度。混合标准溶液于 4℃下避光保存，保存期为一个月。

（3）基质混合标准工作溶液：农药及相关化学品基质混合标准工作溶液是用样品空白溶液配成不同浓度的基质混合标准工作溶液 A、B、C、D、E、F 和 G，用于做标准工作曲线。基质混合标准工作溶液应现用现配。

5. 材料

（1）微孔过滤膜（尼龙）：13mm×0.2μm。

（2）Cleanert TPT 固相萃取柱：10mL，2.0g，或相当者。

（三）仪器和设备

（1）液相色谱—质谱/质谱仪：配有电喷雾离子源。

（2）分析天平：感量 0.1mg 和 0.01g。

（3）鸡心瓶：200mL。

（4）移液器：1mL。

（5）样品瓶：2mL，带聚四氟乙烯旋盖。

（6）具塞离心管：50mL。

（7）氮气吹干仪。

（8）低速离心机：4 200r/min。

（9）旋转蒸发仪。

（10）高速组织捣碎机。

（四）试样制备

将茶叶样品放入粉碎机中粉碎，样品全部过 425μm 的标准网筛。混匀，制备好的试样均分成两份，装入洁净的盛样容器内，密封并标明标记。将试样于-18℃下冷冻保存。

（五）分析步骤

1. 提取

称取 10g 试样（精确至 0.01g）于 50mL 具塞离心管中，加入 30mL 乙腈溶液，在高速组织捣碎机上以 15 000r/min 匀浆提取 1min，4 200r/min 离心 5min，上清液移入鸡心瓶中。残渣加 30mL 乙腈，匀浆 1 浆 1min，4 200r/min 离心 5min，上清液并入鸡心瓶中，残渣再加 20mL 乙腈，重复提取一次，上清液并入鸡心瓶中，45℃水浴，旋转浓缩至近干，氮吹至干，加入 5mL 乙腈溶解残余物，取其中 1mL 待净化。

2. 净化

在 Cleanet-TPT 柱中加入约 2cm 无水硫酸钠，并将柱子放入下接鸡心瓶的固定架上。加样前先用 5mL 乙腈—甲苯溶液预洗柱，当液面到达硫酸钠的顶部时，迅速将样品提取液转移至净化柱上，并更换新鸡心瓶接收。在 Cleanert TPT 柱上加上 50mL 贮液器，用 25mL 乙腈—甲苯溶液洗脱农药及相关化学品，合并于鸡心瓶中，并在 45℃水浴中旋转浓缩至约 0.5mL，于 35℃下氮气吹干，1mL 乙腈—水溶液溶解残渣，经 0.2μm 微孔滤膜过滤后，供液相色谱—质谱/质谱测定。

（六）测定

1. 液相色谱—质谱/质谱参考条件

（1）A、B、C、D、E、F 组农药及相关化学品 LC-MS-MS 测定条件

a) 色谱柱：ZORBAX SB-C18，3.5μm，100mm×2.1mm（内径）或相当者。

b) 流动相及梯度洗脱条件见表5-7。

表5-7 流动相及梯度洗脱条件

步骤	总时间（min）	流速（μL/min）	流动相A（0.1%甲酸水）（%）	流动相B（乙腈）（%）
0	0.00	400	99.0	1.0
1	3.00	400	70.0	30.0
2	6.00	400	60.0	40.0
3	9.00	400	60.0	40.0
4	15.00	400	40.0	60.0
5	19.00	400	1.0	99.0
6	23.00	400	1.0	99.0
7	23.01	400	99.0	1.0

c) 柱温：40℃。

d) 进样量：10μL。

e) 电离源模式：电喷雾离子化。

f) 电离源极性：正模式。

g) 雾化气：氮气。

h) 雾化气压力：0.28MPa。

i) 离子喷雾电压：4 000V。

j) 干燥气温度：350℃。

k) 干燥气流速：10L/min。

l) 监测离子对、碰撞气能量和源内碎裂电压参见表5-9。

（2）G组农药及相关化学品LC-MS-MS测定条件

a) 色谱柱：ZORBAX SB-C$_{18}$，3.5μm，100mm×2.1mm（内径）或相当者。

b) 流动相及梯度洗脱条件见表5-8。

表5-8 流动相及梯度洗脱条件

步骤	总时间（min）	流速（μL/min）	流动相A（5mmol/L乙酸铵水）（%）	流动相B（乙腈）（%）
0	0.00	400	99.0	1.0
1	3.00	400	70.0	30.0

（续表）

步骤	总时间（min）	流速（μL/min）	流动相 A（5mmol/L 乙酸铵水）（%）	流动相 B（乙腈）（%）
2	6.00	400	60.0	40.0
3	9.00	400	60.0	40.0
4	15.00	400	40.0	60.0
5	19.00	400	1.0	99.0
6	23.00	400	1.0	99.0
7	23.01	400	99.0	1.0

    c) 柱温：40℃。

    d) 进样量：10μL。

    e) 电离源模式：电喷雾离子化。

    f) 电离源极性：负模式。

    g) 雾化气：氮气。

    h) 雾化气压力：0.28MPa。

    i) 离子喷雾电压：4 000V。

    j) 干燥气温度：350℃。

    k) 干燥气流速：10L/min。

    l) 监测离子对、碰撞气能量和源内碎裂电压参见表 5-9。

表 5-9　448 种农药及相关化学品监测离子对、碰撞气能量、源内碎裂电压和保留时间表

序号	中文名称	英文名称	保留时间（min）	定量离子	定性离子	源内碎裂电压（V）	碰撞气能量（V）
				A 组			
1	苯胺灵	propham	8.8	180.1/138.0	180.1/138.0；180.1/120.0	80	5；15
2	异丙威	isoprocarb	8.38	194.1/95.0	194.1/95.0；194.1/137.1	80	20；5
3	3,4,5-混杀威	3,4,5-trimethacarb	8.38	194.2/137.2	194.2/137.2；194.2/122.2	80	5；20
4	环莠隆	cycluron	7.73	199.4/72.0	199.4/72.0；199.4/89.0	120	25；15
5	甲萘威	carbaryl	7.45	202.1/145.1	202.1/145.1；202.1/127.1	80	10；5
6	毒草胺	propachlor	8.75	212.1/170.1	212.1/170.1；212.1/94.1	100	10；30
7	吡咪唑	rabenzazole	7.54	213.2/172.0	213.2/172；213.2/118.0	120	25；25

（续表）

序号	中文名称	英文名称	保留时间（min）	定量离子	定性离子	源内碎裂电压（V）	碰撞气能量（V）
8	西草净	simetryn	5.32	214.2/124.1	214.2/124.1；214.2/96.1	120	20；25
9	绿谷隆	monolinuron	7.82	215.1/126.0	215.1/126.0；215.1/148.1	100	15；10
10	速灭磷	mevinphos	5.17	225.0/127.0	225.0/127.0；225.0/193.0	80	15；1
11	叠氮津	aziprotryne	10.4	226.1/156.1	226.1/156.1；226.1/198.1	100	10；10
12	密草通	secbumeton	5.56	226.2/170.1	226.2/170.1；226.2/142.1	120	20；25
13	嘧菌磺胺	cyprodinil	9.24	226.0/93.0	226.0/93.0；226.0/108.0	120	40；30
14	播土隆	buturon	9.38	237.1/84.1	237.1/84.1；237.1/126.1	120	30；15
15	双酰草胺	carbetamide	5.8	237.1/192.1	237.1/192.1；237.1/18.1	80	5；10
16	抗蚜威	pirimicarb	4.2	239.2/72.0	239.2/72.0；239.2/182.2	120	20；15
17	异噁草松	clomazone	9.36	240.1/125.0	240.1/125.0；240.1/89.1	100	20；50
18	氰草津	cyanazine	6.38	241.1/214.1	241.1/214.1；241.1/174.0	120	15；15
19	扑草净	prometryne	7.66	242.2/158.1	242.2/158.1；242.2/200.2	120	20；20
20	甲基对氧磷	paraoxon methyl	6.2	248.0/202.1	248.0/202.1；248.0/90.0	120	20；30
21	4,4-二氯二苯甲酮	4,4-dichloro-benzoph enone	12.0	251.1/111.1	251.1/111.1；251.1/139.0	100	35；20
22	噻虫啉	thiacloprid	5.65	253.1/126.1	253.1/126.1；253.1/186.1	120	20；10
23	吡虫啉	imidacloprid	4.73	256.1/209.1	256.1/209.1；256.1/175.0	80	10；10
24	磺噻隆	ethidimuron	4.62	265.1/208.1	265.1/208.1；265.1/162.1	80	10；25
25	丁嗪草酮	isomethiozin	14.2	269.1/200.0	269.1/200.0；269.1/172.1	120	15；25
26	燕麦敌	diallate	17.4	270.0/86.0	270.0/86.0；270.0/109.0	100	15；35
27	乙草胺	acetochlor	13.7	270.2/224.0	270.2/224；270.2/148.2	80	5；20
28	烯啶虫胺	nitenpyram	3.87	271.1/224.1	271.1/224.1；271.1/37.1	100	15；15
29	甲氧丙净	methoprotryne	6.47	272.2/198.2	272.2/198.2；272.2/170.1	140	25；30
30	二甲酚草胺	dimethenamid	10.5	276.1/244.1	276.1/244.1；276.1/168.1	120	10；15
31	特草灵	terrbucarb	16.5	278.2/166.1	278.2/166.1；278.2/109.0	80	15；30
32	戊菌唑	penconazole	13.7	284.1/70.0	284.1/70.0；284.1/159.0	120	15；20
33	腈菌唑	myclobutanil	12.1	289.1/125.0	289.1/125.0；289.1/70.0	120	20；15
34	咪唑乙烟酸	imazethapyr	5.6	290.2/177.1	290.2/177.1；290.2/245.2	120	25；20
35	多效唑	paclobutrazol	10.32	294.2/70.0	294.2/70.0；294.2/125.0	100	15；25
36	倍硫磷亚砜	fenthion sulfoxide	7.31	295.1/109.0	295.1/109.0；295.1/280.0	140	35；20

序号	中文名称	英文名称	保留时间（min）	定量离子	定性离子	源内碎裂电压（V）	碰撞气能量（V）
37	三唑醇	triadimenol	10.15	296.1/70.0	296.1/70.0；296.1/99.1	80	10；10
38	仲丁灵	butralin	18.6	296.1/240.1	296.1/240.1；296.1/222.1	100	10；20
39	螺环菌胺	spiroxamine	9.9	298.2/144.2	298.2/144.2；298.2/100.1	120	20；35
40	甲基立枯磷	tolclofos methyl	16.6	301.2/269	301.2/269.0；301.2/125.2	120	15；20
41	杀扑磷	methidathion	10.69	303.0/145.1	303.0/145.1；303.0/85.0	80	5；10
42	烯丙菊酯	allethrin	18.1	303.2/135.1	303.2/135.1；303.2/123.2	60	10；20
43	二嗪磷	diazinon	15.95	305.0/169.1	305.0/169.1；305.0/153.2	160	20；20
44	敌瘟磷	edifenphos	3.0	311.1/283.0	311.1/283.0；311.1/109.0	100	10；35
45	丙草胺	pretilachlor	17.15	312.1/252.1	312.1/252.1；312.1/176.2	100	15；30
46	氟硅唑	flusilazole	13.6	316.1/247.1	316.1/247.1；316.1/165.1	120	15；20
47	丙森锌	iprovalicarb	12.0	321.1/119.0	321.1/119.0；321.1/203.2	100	25；5
48	麦锈灵	benodanil	9.8	324.1/203.0	324.1/203；324.1/231.0	120	25；40
49	氟酰胺	flutolanil	14.0	324.2/262.1	324.2/262.1；324.2/282.1	120	20；10
50	氨磺磷	famphur	10.3	326.0/217.0	326.0/217；326.0/281.0	100	20；10
51	苯霜灵	benalyxyl	15.19	326.2/148.1	326.2/148.1；326.2/294.0	120	1；5
52	苄氯三唑醇	diclobutrazole	12.2	328.0/159.0	328.0/159.0；328.0/70.0	120	35；30
53	乙环唑	etaconazole	11.75	328.1/159.1	328.1/159.1；328.1/205.1	80	25；20
54	氯苯嘧啶醇	fenarimol	12.2	331.0/268.1	331.0/268.1；331.0/81.0	120	25；30
55	胺菊酯	tetramethrin	17.85	332.2/164.1	332.2/164.1；332.2/135.1	100	15；15
56	抑菌灵	dichlofluanid	15.16	333.0/123.0	333.0/123.0；333/224.0	80	20；10
57	解草酯	cloquintocet mexyl	17.36	336.1/238.1	336.1/238.1；336.1/192.1	120	15；20
58	联苯三唑醇	bitertanol	13.9	338.2/70.0	338.2/70.0；338.2/269.2	60	5；1
59	甲基毒死蜱	chlorprifos methyl	16.72	322.0/125.0	322.0/125.0；322.0/290.0	80	15；15
60	益棉磷	azinphos ethyl	14.0	346.0/233	346.0/233.0；346.0/261.1	120	10；5
61	炔草酸	clodinafop propargyl	16.09	350.1/266.1	350.1/266.1；350.1/238.1	120	15；20
62	杀铃脲	triflumuron	15.59	359.0/156.1	359.0/156.1；359.0/139.0	120	15；30
63	异噁唑草酮	isoxaflutole	12.0	360.0/251.1	360.0/251.1；360.0/220.1	120	10；45
64	莎稗磷	anilofos	17.35	367.9/145.2	367.9/145.2；367.9/205.0	120	20；5
65	喹禾灵	quizalofop-ethyl	17.4	373.0/299.1	373.0/299.1；373.0/91.0	140	15；30

（续表）

序号	中文名称	英文名称	保留时间（min）	定量离子	定性离子	源内碎裂电压（V）	碰撞气能量（V）
66	精氟吡甲禾灵	haloxyfop-methyl	17.11	376.0/316.0	376.0/316.0；376.0/288.0	120	15；20
67	精吡磺草隆	fluazifop butyl	18.24	384.1/282.1	384.1/282.1；384.1/328.1	120	20；15
68	乙基溴硫磷	bromophos-ethyl	19.15	393.0/337.0	393.0/337.0；393.0/162.1	100	20；30
69	地散磷	bensulide	16.18	398.0/158.1	398.0/158.1；398.0/314.0	80	20；5
70	溴苯烯磷	bromfenvinfos	15.22	402.9/170.0	402.9/170.0；402.9/127.0	100	35；20
71	嘧菌酯	azoxystrobin	12.5	404.0/372.0	404.0/372.0；404.0/344.1	120	10；15
72	吡菌磷	pyrazophos	16.2	374.0/222.0	374.0/222.0；374.0/194.0	120	20；30
73	氟虫脲	flufenoxuron	18.3	489.0/158.1	489.0/158.1；489.0/141.1	80	10；15
74	茚虫威	indoxacarb	17.43	528.0/150.0	528.0/150.0；528.0/218.0	120	20；20
B组							
75	乙撑硫脲	ethylene thiourea	0.74	103.0/60.0	103.0/60.0；103.0/86.0	100	35；10
76	丁酰肼	daminozide	0.74	161.1/143.1	161.1/143.1；161.1/102.2	80	15；15
77	棉隆	dazomet	3.8	163.1/120.0	163.1/120.0；163.1/77.0	80	10；35
78	烟碱	nicotine	0.74	163.2/130.1	163.2/130.1；163.2/117.1	100	25；30
79	非草隆	fenuron	4.5	165.1/72.0	165.1/72.0；165.1/120.0	120	15；15
80	鼠立死	crimidine	4.47	172.1/107.1	172.1/107.1；172.1/136.2	120	30；25
81	禾草敌	molinate	11.3	188.1/126.1	188.1/126.1；188.1/83.0	120	10；15
82	多菌灵	carbendazim	3.3	192.1/160.1	192.1/160.1；192.1/132.1	80	15；20
83	6-氯-4-羟基-3-苯基哒嗪	6-chloro-4-hydroxy-3-phenyl-pyridazin	12.86	207.1/77.0	207.1/77；207.1/104.0	120	25；35
84	残杀威	propoxur	6.79	210.1/111.0	210.1/111.0；210.1/168.1	80	10；5
85	异唑隆	isouron	6.11	212.2/167.1	212.2/167.1；212.2/72.0	120	15；25
86	绿麦隆	chlorotoluron	7.23	213.1/72.0	213.1/72.0；213.1/140.1	80	25；25
87	久效威	thiofanox	1.0	241.0/184.0	241.0/184.0；241/57.1	120	15；5
88	氯草灵	chlorbufam	11.67	224.1/172.1	224.1/172.1；224.1/154.1	120	5；15
89	噁虫威	bendiocarb	6.87	224.1/109.0	224.1/109；224.1/167.1	80	5；10
90	扑灭津	propazine	9.37	229.9/146.1	229.9/146.1；229.9/188.0	120	20；15
91	特丁津	terbuthylazine	10.15	230.1/174.1	230.1/174.1；230.1/132.0	120	15；20
92	敌草隆	diuron	7.82	233.1/72.0	233.1/72.0；233.1/160.1	120	20；20

（续表）

序号	中文名称	英文名称	保留时间（min）	定量离子	定性离子	源内碎裂电压（V）	碰撞气能量（V）
93	氯甲硫磷	chlormephos	13.7	235.0/125.0	235.0/125.0；235.0/75.0	100	10；10
94	萎锈灵	carboxin	7.67	236.1/143.1	236.1/143.1；236.1/87.0	120	15；20
95	噻虫胺	clothianidin	4.4	250.2/169.1	250.2/169.1；250.2/132.0	80	10；15
96	拿草特	pronamide	11.81	256.1/190.1	256.1/190.1；256.1/173.0	80	10；20
97	二甲草胺	dimethachloro	8.96	256.1/224.2	256.1/224.2；256.1/148.2	120	10；20
98	溴谷隆	methobromuron	8.25	259.0/170.1	259.0/170.1；259/148.0	80	15；15
99	甲拌磷	phorate	16.55	261.0/75.0	261.0/75.0；261/199.0	80	10；5
100	苯草醚	aclonifen	14.7	265.1/248.0	265.1/248.0；265.1/193.0	120	15；15
101	地安磷	mephosfolan	5.97	270.1/140.1	270.1/140.1；270.1/168.1	100	25；15
102	脱苯甲基亚胺唑	imibenzonazole-des-benzyl	5.96	271.0/174.0	271.0/174.0；271.0/70.0	120	25；25
103	草不隆	neburon	14.17	275.1/57.0	275.1/57；275.1/88.1	120	20；15
104	精甲霜灵	mefenoxam	7.92	280.1/192.1	280.1/192.1；280.1/220.0	100	15；10
105	发硫磷	prothoate	4.78	286.1/227.1	286.1/227.1；286.1/199.0	100	5；15
106	乙氧呋草黄	ethofume sate	12.86	287/121.0	287.0/121.0；287.0/161.0	80	10；20
107	异稻瘟净	iprobenfos	13.5	289.1/91.0	289.1/91.0；289.1/205.1	80	25；5
108	特普	TEPP	5.64	291.1/179.0	291.1/179.0；291.1/99.0	100	20；35
109	环丙唑醇	cyproconazole	10.59	292.1/70.0	292.1/70.0；292.1/125	120	15；15
110	噻虫嗪	thiamethoxam	4.05	292.1/211.2	292.1/211.2；292.1/181.1	80	10；20
111	育畜磷	crufomate	11.56	292.1/236.0	292.1/236.0；292.1/108.1	120	20；30
112	乙嘧硫磷	etrimfos	6.16	293.1/125.0	293.1/125.0；293.1/265.1	80	20；15
113	杀鼠醚	coumatetralyl	4.68	293.2/107.0	293.2/107；293.2/175.1	140	35；25
114	畜蜱磷	cythioate	6.59	298/217.1	298.0/217.1；298.0/125.0	100	15；25
115	磷胺	phosphamidon	5.77	300.1/174.1	300.1/174.1；300.1/127.0	120	10；20
116	甜菜宁	phenmedipham	10.69	301.1/168.1	301.1/168.1；301.1/136	80	5；20
117	联苯井酯	bifenazate	13.28	301.2/198.1	301.2/198.1；301.2/170.1	60	5；20
118	环酰菌胺	fenhexamid	12.33	302.0/97.1	302.0/97.1；302.0/55.0	80	30；25
119	粉唑醇	flutriafol	7.55	302.1/70.0	302.1/70；302.1/123.0	120	15；20
120	抑菌丙胺酯	furalaxyl	10.77	302.2/242.2	302.2/242.2；302.2/270.2	100	15；5
121	生物丙烯菊酯	bioallethrin	18.0	303.1/135.1	303.1/135.1；303.1/107.0	80	10；20

（续表）

序号	中文名称	英文名称	保留时间（min）	定量离子	定性离子	源内碎裂电压（V）	碰撞气能量（V）
122	苯腈磷	cyanofenphos	16.44	304.0/157.0	304.0/157.0；304.0/276.0	100	20；10
123	甲基嘧啶磷	pirimiphos methyl	15.5	306.2/164.0	306.2/164.0；306.2/108.1	120	20；30
124	噻嗪酮	buprofezin	13.34	306.2/201.0	306.2/201.0；306.2/116.1	120	15；10
125	乙拌磷砜	disulfoton sulfone	9.79	307.0/97.0	307.0/97.0；307.0/125.0	100	30；10
126	喹螨醚	fenazaquin	18.8	307.2/57.1	307.2/57.1；307.2/161.2	120	20；15
127	三唑磷	triazophos	13.8	314.1/162.1	314.1/162.1；314.1/286	120	20；10
128	脱叶磷	DEF	19.21	315.1/169.0	315.1/169.0；315.1/113	100	10；20
129	环酯草醚	pyriftalid	12.0	319.0/139.1	319.0/139.1；319/179	140	35；35
130	叶菌唑	metconazole	13.77	320.2/70.0	320.2/70.0；320.2/125.0	140	35；55
131	蚊蝇醚	pyriproxyfen	18.0	322.1/96.0	322.1/96.0；322.1/227.1	120	15；10
132	异噁酰草胺	isoxaben	13.21	333.1/165.0	333.1/165.0；333.1/150.1	120	15；50
133	呋草酮	flurtamone	11.25	334.1/247.1	334.1/247.1；334.1/303.0	120	30；20
134	氟乐灵	trifluralin	12.86	336.0/138.9	336/138.9；336.0/103.0	120	20；45
135	甲基麦草氟异丙酯	flamprop methyl	13.2	336.1/105.1	336.1/105.1；336.1/304.0	80	20；5
136	生物苄呋菊酯	bioresmethrin	19.39	339.2/171.1	339.2/171.1；339.2/143.1	100	15；25
137	丙环唑	propiconazole	14.29	342.1/159.1	342.1/159.1；342.1/69.0	120	20；20
138	毒死蜱	chlorpyrifos	18.29	350.0/198.0	350.0/198.0；350.0/79.0	100	20；35
139	氯乙氟灵	fluchloralin	17.68	356.0/186.0	356.0/314.1；356.0/63.0	80	15；30
140	氯磺隆	chlorsulfuron	6.96	358.0/141.1	358.0/141.1；358.0/167.0	120	15；15
141	麦草氟异丙酯	flamprop isopropyl	16.0	364.1/105.1	364.1/105.1；364.1/304.1	80	20；5
142	杀虫畏	tetrachlorvinphos	13.7	365.0/127.0	365.0/127.0；365.0/239.0	120	15；15
143	炔螨特	propargite	18.77	368.1/231.0	368.1/231；368.1/175.1	100	5；15
144	糠菌唑	bromuconazole	12.7	376.0/159.0	376.0/159.0；376.0/70.0	80	20；20
145	氟吡酰草胺	picolinafen	17.74	377.0/238.0	377.0/238.0；377.0/359.0	120	20；20
146	氟噻乙草酯	fluthiacet methyl	14.8	404.0/215.0	404.0/215.0；404.0/274.0	180	50；10
147	肟菌酯	trifloxystrobin	17.44	409.3/186.1	409.3/186.1；409.3/206.2	120	15；10
148	氟铃脲	hexaflumuron	16.9	461.0/141.1	461/141.1；461.0/158.1	120	35；35
149	氟酰脲	novaluron	17.39	493.0/158.0	493.0/158.0；493.0/141.1	80	15；55

（续表）

序号	中文名称	英文名称	保留时间（min）	定量离子	定性离子	源内碎裂电压（V）	碰撞气能量（V）
150	啶蜱脲	flurazuron	18.1	506.0/158.1	506.0/158.1；506.0/141.1	120	15；50
C 组							
151	抑芽丹	maleic hydrazide	0.73	113.1/67.1	113.1/67.1；113.1/85.0	100	20；20
152	甲胺磷	methamidophos	0.74	142.1/94.0	142.1/94.0；142.1/125.0	80	15；10
153	茵草敌	EPTC	14.0	190.2/86.0	190.2/86.0；190.2/128.1	100	10；10
154	避蚊胺	diethyltoluamide	7.7	192.2/119.0	192.2/119.0；192.2/91.0	100	15；30
155	灭草隆	monuron	5.94	199.0/72.0	199.0/72.0；199.0/126.0	120	15；15
156	嘧霉胺	pyrimethanil	6.7	200.2/107.0	200.2/107.0；200.2/183.1	120	25；25
157	甲呋酰胺	fenfuram	7.48	202.1/109.0	202.1/109.0；202.1/83.0	120	20；20
158	灭藻醌	quinoclamine	6.09	208.1/105.0	208.1/105.0；208.1/154.1	120	30；20
159	仲丁威	fenobucarb	9.92	208.2/95.0	208.2/95.0；208.2/152.1	80	10；5
160	敌稗	propanil	9.09	218.0/162.1	218.0/162.1；218.0/127.0	120	15；20
161	克百威	carbofuran	6.81	222.3/165.1	222.3/165.1；222.3/123.1	120	5；20
162	啶虫脒	acetamiprid	4.86	223.2/126.1	223.2/126.0；223.2/56.0	120	15；15
163	嘧菌胺	mepanipyrim	12.23	224.2/77.0	224.2/77.0；224.2/106.0	120	30；25
164	扑灭通	prometon	5.4	226.2/142.0	226.2/142.0；226.2/184.1	120	20；20
165	甲硫威	methiocarb	4.51	226.2/121.1	226.2/121.1；226.2/169.1	80	10；5
166	甲氧隆	metoxuron	5.59	229.1/72.0	229.1/72.0；229.1/156.1	120	20；20
167	乐果	dimethoate	4.88	230.0/199.0	230.0/199.0；230.0/171.0	80	5；10
168	伏草隆	fluometuron	7.27	233.1/72.0	233.1/72.0；233.1/160.0	120	20；20
169	百治磷	dicrotophos	3.97	238.1/112.1	238.1/112.1；238.1/193.0	80	10；5
170	庚酰草胺	monalide	14.5	240.1/85.1	240.1/85.1；240.1/57.0	120	15；35
171	双苯酰草胺	diphenamid	9.0	240.1/134.1	240.1/134.1；240.1/167.1	120	20；25
172	灭线磷	ethoprophos	11.98	243.1/173.0	243.1/173.0；243.1/215.0	120	10；10
173	地虫硫磷	fonofos	16.1	247.1/109.0	247.1/109.0；247.1/137.0	80	15；5
174	土菌灵	etridiazol	17.2	247.1/183.1	247.1/183.1；247.1/132.0	120	15；15
175	环嗪酮	hexazinone	5.66	253.2/171.1	253.2/171.1；253.2/71.0	120	15；20
176	阔草净	dimethametryn	8.79	256.2/186.1	256.2/186.1；256.2/96.1	140	20；35
177	敌百虫	trichlorphon	4.21	257.0/221.0	257.0/221.0；257.0/109.0	120	10；20

（续表）

序号	中文名称	英文名称	保留时间（min）	定量离子	定性离子	源内碎裂电压（V）	碰撞气能量（V）
178	内吸磷	demeton（o+s）	8.59	259.1/89.0	259.1/89.0；259.1/61.0	60	10；35
179	解草酮	benoxacor	10.83	260.0/149.2	260.0/149.2；260.0/134.1	120	15；20
180	除草定	bromacil	5.78	261.0/205.0	261.0/205.0；261.0/188.0	80	10；20
181	甲拌磷亚砜	phorate sulfoxide	7.34	277.0/143.0	277.0/143.0；277.0/199.0	100	15；5
182	溴莠敏	brompyrazon	4.69	266.0/92.0	266.0/92.0；266.0/104.0	120	30；30
183	氧化萎锈灵	oxycarboxin	5.38	268.0/175.0	268.0/175.0；268.0/147.1	100	10；20
184	灭锈胺	mepronil	13.15	270.2/119.1	270.2/119.1；270.2/228.2	100	30；15
185	乙拌磷	disulfoton	16.8	275.0/89.0	275.0/89.0；275/61.0	80	5；20
186	倍硫磷	fenthion	15.54	279.0/169.1	279.0/169.1；279.0/247.0	120	15；10
187	甲霜灵	metalaxyl	7.75	280.1/192.2	280.1/192.2；280.1/220.2	120	15；20
188	甲呋酰胺	ofurace	7.65	282.1/160.2	282.1/160.2；282.1/254.2	120	20.1
189	噻唑硫磷	fosthiazate	4.38	284.1/228.1	284.1/228.1；284.1/104.0	80	5；20
190	甲基咪草酯	imazamethabenz-methyl	5.33	289.1/229.0	289.1/229.0；289.1/86.0	120	15；25
191	乙拌磷亚砜	disulfoton-sulfoxide	7.38	291.0/185.0	291.0/185.0；291.0/157.0	80	10；20
192	稻瘟灵	isoprothiolane	13.17	291.1/189.1	291.1/189.1；291.1/231.1	80	20；5
193	抑霉唑	imazalil	6.86	297.0/159.0	297.0/159.0；297.0/255.0	120	20；20
194	辛硫磷	phoxim	16.8	299.0/77.0	299.0/77.0；299.0/129.0	80	20；10
195	喹硫磷	quinalphos	14.8	299.1/147.1	299.1/147.1；299.1/163.0	120	20；20
196	苯氧威	fenoxycarb	18.1	362.1/288.0	362.1/288.0；362.1/244.0	120	20；20
197	嘧啶磷	pyrimitate	14.0	306.1/170.2	306.1/170.2；306.1/154.2	120	20；20
198	丰索磷	fensulfothin	8.55	309.0/157.1	309.0/157.1；309.0/253.0	120	25；15
199	氯咯草酮	fluorochloridone	13.8	312.1/292.1	312.1/292.1；312.1/89.0	100	25；25
200	丁草胺	butachlor	18.0	312.2/238.1	312.2/238.1；312.2/162.0	80	10；20
201	醚菌酯	kresoxim-methyl	15.2	314.1/267	314.1/267.0；314.1/206.0	80	5；5
202	灭菌唑	triticonazole	10.55	318.2/70.0	318.2/70.0；318.2/125.1	120	15；35
203	苯线磷亚砜	fenamiphos sulfoxide	5.87	320.1/171.1	320.1/171.1；320.1/292.1	140	25；15
204	噻吩草胺	thenylchlor	14.0	324.1/127.0	324.1/127.0；324.1/59.0	80	10；45

（续表）

序号	中文名称	英文名称	保留时间（min）	定量离子	定性离子	源内碎裂电压（V）	碰撞气能量（V）
205	稻瘟酰胺	fenoxanil	18.81	329.1/302.0	329.1/302.0；329.1/189.1	80	5；30
206	氟啶草酮	fluridone	10.3	330.1/309.1	330.1/309.1；330.1/259.2	160	40；55
207	氟环唑	epoxiconazole	18.81	330.1/141.1	330.1/141.1；330.1/121.1	120	20；20
208	氯辛硫磷	chlorphoxim	17.15	333.0/125.0	333.0/125.0；333.0/163.1	80	5；5
209	苯线磷砜	fenamiphos sulfone	6.63	336.1/188.2	336.1/188.2；336.1/266.2	120	30；20
210	腈苯唑	fenbuconazole	13.4	337.1/70.0	337.1/70.0；337.1/125.0	120	20；20
211	异柳磷	isofenphos	17.25	346.1/217.0	346.1/217.0；346.1/245.0	80	20；10
212	苯醚菊酯	phenothrin	19.7	351.1/183.2	351.1/183.2；351.1/237.0	100	15；5
213	呱草磷	piperophos	17.0	354.1/171.0	354.1/171.0；354.1/143.0	100	20；30
214	增效醚	piperonyl butoxide	17.75	356.2/177.1	356.2/177.1；356.2/119.0	100	10；35
215	乙氧氟草醚	oxyflurofen	18.0	362.0/316.1	362.0/316.1；362/237.1	120	10；25
216	氟噻草胺	flufenacet	14.0	364.0/194.0	364.0/194.0；364.0/152.0	80	5；10
217	伏杀硫磷	phosalone	16.79	368.1/182.0	368.1/182.0；368.1/322.0	80	10；5
218	甲氧虫酰肼	methoxyfenozide	13.41	313.0/149.0	313.0/149.0；313.0/91.0	100	10；35
219	丙硫特普	aspon	19.22	379.1/115.0	379.1/115.0；379.1/210.0	80	30；15
220	乙硫磷	ethion	18.46	385.0/199.1	385.0/199.1；385.0/171.0	80	5；15
221	丁醚脲	diafenthiuron	18.9	385.0/329.2	385.0/329.2；385.0/278.2	140	15；35
222	氟硫草定	dithiopyr	17.81	402.0/354.0	402.0/354.0；402.0/272.0	120	20；30
223	螺螨酯	spirodiclofen	19.28	411.1/71.0	411.1/71.0；411.1/313.1	100	10；5
224	唑螨酯	fenpyroximate	18.66	422.2/366.2	422.2/366.2；422.2/135.0	120	10；35
225	胺氟草酸	flumiclorac-pentyl	18.0	441.1/308.0	441.1/308.0；441.1/354.0	100	25；10
226	双硫磷	temephos	18.3	467.0/125.0	467.0/125.0；467.0/155.0	100	30；30
227	氟丙嘧草酯	butafenacil	15.0	492.0/180.0	492.0/180.0；492.0/331.0	120	35；25
228	多杀菌素	spinosad	14.3	732.4/142.2	732.4/142.2；732.4/98.1	180	30；75
D 组							
229	甲呱鎓	mepiquat chloride	0.71	114.1/98.1	114.1/98.1；114.1/58.0	140	30；30
230	二丙烯草胺	allidochlor	5.78	174.1/98.1	174.1/98.1；174.1/81.0	100	10；15
231	三环唑	tricyclazole	5.06	190.1/136.1	190.1/136.1；190.1/163.1	120	30；25
232	苯噻草酮	metamitron	4.18	203.1/175.1	203.1/175.1；203.1/104.0	120	15；20

（续表）

序号	中文名称	英文名称	保留时间（min）	定量离子	定性离子	源内碎裂电压（V）	碰撞气能量（V）
233	异丙隆	isoproturon	7.44	207.2/72.0	207.2/72.0；207.2/165.1	120	15；15
234	莠去通	atratone	4.46	212.2/170.2	212.2/170.2；212.2/100.1	120	15；30
235	敌草净	oesmetryn	4.92	214.1/172.1	214.1/172.1；214.1/82.1	120	15；25
236	嗪草酮	metribuzin	7.16	215.1/187.2	215.1/187.2；215.1/131.1	120	15；20
237	N，N-二甲基氨基-N甲苯	DMST	7.06	215.3/106.1	215.3/106.1；215.3/151.2	80	10；5
238	环草敌	cycloate	15.95	216.2/83.0	216.2/83.0；216.2/154.1	120	15；10
239	莠去津	atrazine	7.2	216.0/174.2	216.0/174.2；216.0/132.0	120	15；20
240	丁草敌	butylate	17.2	218.1/57.0	218.1/57.0；218.1/156.2	80	10；5
241	吡蚜酮	pymetrozin	0.73	218.1/105.1	218.1/105.1；218.1/78.0	100	20；40
242	氯草敏	chloridazon	4.35	222.1/104.0	222.1/104.0；222.1/92.0	120	25；35
243	菜草畏	sulfallate	15.25	224.1/116.1	224.1/116.1；224.1/88.1	100	10；20
244	乙硫苯威	ethiofencarb	4.48	227.0/107.0	227.0/107.0；227/164.0	80	5；5
245	特丁通	terbumeton	5.25	226.2/170.1	226.2/170.1；226.2/114	120	15；20
246	环丙津	cyprazine	7.15	228.2/186.1	228.2/186.1；228.2/108.1	120	15；25
247	阔草净	ametryn	5.85	228.2/186.0	228.2/186.0；228.2/68.0	120	20；35
248	木草隆	tebuthiuron	5.3	229.2/172.2	229.2/172.2；229.2/116.0	120	15；20
249	草达津	trietazine	12.0	230.1/202.0	230.1/202.0；230.1/132.1	160	20；20
250	另丁津	sebutylazine	8.65	230.1/174.1	230.1/174.1；230.1/104.0	12	15；30
251	蓄虫避	dibutyl succinate	14.8	231.1/101.0	231.1/101；231.1/157.1	60	1；10
252	牧草胺	tebutam	13.04	234.2/91.1	234.2/91.1；234.2/192.2	120	20；15
253	久效威亚砜	thiofanox-sulfoxide	4.08	235.1/104.0	235.1/104.0；235.1/57.0	60	5；20
254	杀螟丹	cartap hydrochloride	5.9	238.0/73.0	238.0/73.0；238.0/150	100	30；10
255	虫螨畏	methacrifos	10.03	241.0/209.0	241.0/209.0；241.0/125.0	60	5；20
256	虫线磷	thionazin	8.84	249.1/97.0	249.1/97.0；249.1/193.0	80	30；10
257	利谷隆	linuron	9.84	249.0/160.1	249.0/160.1；249/182.1	100	15；15
258	庚虫磷	heptanophos	7.85	251.0/127.0	251.0/127.0；251.0/109.0	80	10；30
259	苄草丹	prosulfocarb	17.1	252.1/91.0	252.1/91.0；252.1/128.1	120	15；10
260	杀草净	dipropetryn	8.58	256.1/144.1	256.1/144.1；256.1/214.0	140	30；20

（续表）

序号	中文名称	英文名称	保留时间（min）	定量离子	定性离子	源内碎裂电压（V）	碰撞气能量（V）
261	禾草丹	thiobencarb	15.8	258.1/125.0	258.1/125.0；258.1/89.0	80	20；55
262	三异丁基磷酸盐	tri-iso-butylphosphate	15.45	267.1/99.0	267.1/99.0；267.1/155.1	80	20；5
263	三丁基磷酸酯	tri-n-butyl phosphate	15.45	267.2/99.0	267.2/99.0；267.2/155.1	80	5；15
264	乙霉威	diethofencarb	10.4	268.1/226.2	268.1/226.2；268.1/152.1	80	5；20
265	硫线磷	cadusafos	15.27	271.1/159.1	271.1/159.1；271.1/131	80	10；20
266	吡唑草胺	metazachlor	8.36	278.1/134.1	278.1/134.1；278.1/210.1	80	20；5
267	胺丙畏	propetamphos	13.6	282.1/138	282.1/138.0；282.1/156.1	80	15；10
268	特丁硫磷	terbufos	13.7	289.0/57.0	289.0/57.0；289.0/103.1	80	20；5
269	硅氟唑	simeconazole	11.0	294.2/70.1	294.2/70.1；294.2/135.1	120	15；15
270	三唑酮	triadimefon	11.88	294.2/69.0	294.2/69.0；294.2/197.1	100	20；15
271	甲拌磷砜	phorate sulfone	9.34	293.0/171.0	293.0/171.0；293/143.1	60	5；15
272	十三吗啉	tridemorph	14.0	298.3/130.1	298.3/130.1；298.3/57.1	160	25；35
273	苯噻酰草胺	mefenacet	11.6	299.1/148.1	299.1/148.1；299.1/120.1	100	15；25
274	苯线磷	fenamiphos	8.97	304.0/216.9	304.0/216.9；304.0/202.0	100	20；35
275	丁苯吗啉	fenpropimorph	9.1	304.0/147.2	304.0/147.2；304.0/130.0	120	30；30
276	戊唑醇	tebuconazole	12.44	308.2/70.0	308.2/70.0；308.2/125.0	100	25；25
277	异丙乐灵	isopropalin	19.05	310.2/225.7	310.2/225.7；310.2/207.7	120	15；20
278	氟苯嘧啶醇	nuarimol	9.2	315.1/252.1	315.1/252.1；315.1/81.0	120	25；30
279	乙嘧酚磺酸酯	bupirimate	9.52	317.2/166.0	317.2/166；317.2/272.0	120	25；20
280	保棉磷	azinphos-methyl	10.45	318.1/125.0	318.1/125；318.1/160.0	80	15；10
281	丁基嘧啶磷	tebupirimfos	18.15	319.1/277.1	319.1/277.1；319.1/153.2	120	10；30
282	稻丰散	phenthoate	15.57	321.1/247.0	321.1/247；321.1/163.1	80	5；10
283	治螟磷	sulfotep	16.35	323.0/171.1	323.0/171.1；323.0/143.0	120	10；20
284	硫丙磷	sulprofos	18.4	323.0/219.1	323.0/219.1；323.0/247.0	120	15；10
285	苯硫磷	EPN	17.1	324.0/296.0	324.0/296.0；324.0/157.1	120	10；20
286	烯唑醇	diniconazole	13.67	326.1/70.0	326.1/70.0；326.1/159.0	120	25；30
287	稀禾啶	sethoxydim	5.36	328.2/282.2	328.2/282.2；328.2/178.1	100	10；15
288	纹枯脲	pencycuron	16.33	329.2/125.0	329.2/125.0；329.2/218.1	120	20；15

（续表）

序号	中文名称	英文名称	保留时间（min）	定量离子	定性离子	源内碎裂电压（V）	碰撞气能量（V）
289	灭蚜磷	mecarbam	14.46	330.0/227.0	330.0/227.0；330.0/199.0	80	5；10
290	苯草酮	tralkoxydim	18.09	330.2/284.2	330.2/284.2；330.2/138.1	100	10；20
291	马拉硫磷	malathion	13.2	331.0/127.1	331.0/127.1；331.0/99.0	80	5；10
292	稗草丹	pyributicarb	18.26	331.1/181.1	331.1/181.1；331.1/108.0	120	10；20
293	哒嗪硫磷	pyridaphenthion	12.32	341.1/189.2	341.1/189.2；341.1/205.2	120	20；20
294	嘧啶磷	pirimiphos-ethyl	17.75	334.2/198.2	334.2/198.2；334.2/182.2	120	20；25
295	硫双威	thiodicarb	6.55	355.1/88.0	355.1/88.0；355.1/163.0	80	15；5
296	吡唑硫磷	pyraclofos	15.34	361.1/257.0	361.1/257.0；361.1/138.0	120	25；35
297	啶氧菌酯	picoxystrobin	15.4	368.1/145.0	368.1/145.0；368.1/205.0	80	20；5
298	四氟醚唑	tetraconazole	12.54	372.0/159.0	372.0/159.0；372.0/70.0	120	35；35
299	吡唑解草酯	mefenpyr-diethyl	16.8	373.0/327.0	373.0/327.0；373.0/160.0	80	15；35
300	丙溴磷	profenofos	16.74	373.0/302.9	373.0/302.9；373.0/345.0	120	15；10
301	吡唑醚菌酯	pyraclostrobin	16.04	388.0/163.0	388.0/163.0；388.0/194.0	120	20；10
302	烯酰吗啉	dimethomorph	16.04	388.1/165.1	388.1/165.1；388.1/301.1	120	25；20
303	噻恩菊酯	kadethrin	17.95	397.1/171.1	397.1/171.1；397.1/128.0	100	15；55
304	噻唑烟酸	thiazopyr	16.15	397.1/377.0	397.1/377；397.1/335.1	140	20；30
305	氟啶脲	chlorfluazuron	18.53	540.0/383.0	540.0/383.0；540/158.2	120	15；15
				E组			
306	4-氨基吡啶	4-aminopyridine	0.72	95.1/52.1	95.1/52.1；95.1/78.1	120	25；5
307	灭多威	methomyl	3.76	163.2/88.1	163.2/88.1；163.2/106.1	80	5；10
308	咯喹酮	pyroquilon	5.87	174.1/117.1	174.1/117.1；174.1/132.2	140	35；25
309	麦穗灵	fuberidazole	3.66	185.2/157.2	185.2/157.2；185.2/92.1	120	20；25
310	丁脒酰胺	isocarbamid	4.35	186.2/87.1	186.2/87.1；186.2/130.1	80	20；5
311	丁酮威	butocarboxim	5.3	213.0/75.1	213.0/75.1；213.0/156.1	100	15；5
312	杀虫脒	chlordimeform	4.13	197.2/117.1	197.2/117.1；197.2/89.1	120	25；50
313	霜脲氰	cymoxanil	4.95	199.1/111.1	199.1/111.1；199.1/128.1	80	20；15
314	氯硫酰草胺	chlorthiamid	5.8	206.0/189.0	206.0/189.0；206.0/119.0	80	15；50
315	灭害威	aminocarb	0.75	209.3/137.1	209.3/137.1；209.3/152.1	100	20；10
316	氧乐果	omethoate	0.75	214.1/125.0	214.1/125.0；214.1/183.0	80	20；5

（续表）

序号	中文名称	英文名称	保留时间（min）	定量离子	定性离子	源内碎裂电压（V）	碰撞气能量（V）
317	乙氧喹啉	ethoxyquin	7.19	218.2/174.2	218.2/174.2；218.2/160.1	120	30；35
318	涕灭威砜	aldicarb sulfone	3.5	223.1/76.0	223.1/76.0；223.1/148.0	80	5；5
319	二氧威	dioxacarb	4.7	224.1/123.1	224.1/123.1；224.1/167.1	80	15；5
320	甲基内吸磷	demeton-s-methyl	6.25	253.0/89.0	253.0/89.0；253.0/61.0	80	10；35
321	杀虫腈	cyanohos	6.89	244.2/180.0	244.2/180.0；244.2/125.0	120	20；15
322	甲基乙拌磷	thiometon	7.16	247.1/171.0	247.1/171.0；247.1/89.1	100	10；10
323	灭菌丹	folpet	12.82	260.0/130.0	260.0/130.0；260.0/102.3	100	10；40
324	甲基内吸磷砜	demeton-s-methylsulfone	3.96	263.1/169.1	263.1/169.1；263.1/125.0	80	15；20
325	苯锈定	fenpropidin	8.96	274.0/147.1	274.0/147.1；274.0/86.1	160	25；25
326	赛硫磷	amidithion	14.25	274.1/97.0	274.1/97.0；274.1/122.0	140	20；15
327	甲咪唑烟酸	imazapic	4.8	276.2/163.2	276.2/163.2；276.2/216.2；276.2/86.1	120	20；20；25
328	对氧磷	paraoxon-ethyl	8.0	276.2/220.1	276.2/220.1；276.2/94.1	100	10；40
329	4-十二烷基-2,6-二甲基吗啉	aldimorph	14.1	284.4/57.2	284.4/57.2；284.4/98.1	160	30；30
330	乙烯菌核利	vinclozolin	14.66	286.1/242	286.1/242；286.1/145.1	100	5；45
331	烯效唑	uniconazole	11.69	292.1/70.1	292.1/70.1；292.1/125.1	120	30；30
332	啶斑肟	pyrifenox	7.42	295.0/93.1	295.0/93.1；295.0/163.0	120	15；15
333	氯硫磷	chlorthion	14.45	298.0/125.0	298.0/125.0；298.0/109.0	100	15；20
334	异氯磷	dicapthon	14.47	298.0/125.0	298.0/125.0；298.0/266.1	80	10；10
335	四螨嗪	clofentezine	16.18	303.0/138.0	303.0/138.0；303.0/156.0	100	25；25
336	氟草敏	norflurazon	8.08	304.0/284.0	304.0/284.0；304.0/160.1	140	25；35
337	野麦畏	triallate	18.52	304.0/143.0	304.0/143.0；304.0/86.1	120	25；15
338	苯氧喹啉	quinoxyphen	17.05	308.0/197.0	308.0/197.0；308.0/272.0	180	35；35
339	倍硫磷砜	fenthion sulfone	8.71	311.1/125.0	311.1/125.0；311.1/109.0	140	15；20
340	氟咯草酮	flurochloridone	13.34	312.2/292.2	312.2/292.2；312.2/53.1	140	25；30
341	酞酸苯甲基丁酯	phthalic acid, benzyl butyl ester	17.34	313.2/91.1	313.2/91.1；313.2/149.0；313.2/205.1	80	10；10；
342	氯唑磷	isazofos	13.67	314.1/162.1	314.1/162.1；314.1/120.0	100	10；35
343	除线磷	dichlofenthion	18.15	315/259.0	315.0/259.0；315.0/287.0	100	10；5

（续表）

序号	中文名称	英文名称	保留时间（min）	定量离子	定性离子	源内碎裂电压（V）	碰撞气能量（V）
344	蚜灭多砜	vamidothion sulfone	2.45	178.0/87.0	178.0/87.0；178.0/60.0	100	15；10
345	特丁硫磷砜	terbufos sulfone	12.57	321.2/171.1	321.2/171.1；321.2/143.0	80	5；15
346	敌乐胺	dinitramine	15.8	323.1/305.0	323.1/305.0；323.1/247.0	120	10；15
347	氰霜唑	cyazofamid	5.1	325.2/261.3	325.2/261.3；325.2/108.0	80	5；15
348	毒壤磷	trichloronat	18.98	333.1/304.9	333.1/304.9；333.1/161.8	100	10；45
349	苄呋菊酯-2	resmethrin-2	12.35	339.2/171.1	339.2/171.1；339.2/143.1	80	10；25
350	啶酰菌胺	boscalid	12.2	343.2/307.2	343.2/307.2；343.2/271.0	140	20；35
351	甲磺乐灵	nitralin	15.15	346.1/304.1	346.1/304.1；346.1/262.1	100	10；20
352	甲氰菊酯	fenpropathrin	19.0	350.2/125.2	350.2/125.2；350.2/97	120	5；20
353	噻螨酮	hexythiazox	18.23	353.1/168.1	353.1/168.1；353.1/228.1	120	20；10
354	苯满特	benzoximate	17.0	386.1/197.0	386.1/197；386.1/199.2	140	30；30
355	新燕灵	benzoylprop-ethyl	16.0	366.1/105.0	366.1/105.0；366.1/77.0	80	15；35
356	嘧螨醚	pyrimidifen	13.69	378.2/184.1	378.2/184.1；378.2/150.2	140	15；40
357	呋线威	furathiocarb	17.85	383.3/195.1	383.3/195.1；383.3/252.1；383.3/167	100	10；5；25
358	反式氯菊酯	trans-permethin	21.0	391.3/149.1	391.3/149.1；391.3/167.1	100	10；10
359	醚菊酯	etofenprox	19.73	394.0/177.0	394.0/177.0；394.0/359.0	100	15；5
360	苄草唑	pyrazoxyfen	14.3	403.2/91.1	403.2/91.1；403.2/105.1；403.2/139.1	140	25；20；20
361	嘧唑螨	flubenzimine	14.48	417.0/397.0	417.0/397；417.0/167.1	100	10；25
362	Z-氯氰菊酯	zeta-cypermethrin	20.45	433.3/416.2	433.3/416.2；433.3/191.2	100	5；10
363	氟吡乙禾灵	haloxyfop-2-ethoxyethyl	17.65	434.1/316.0	434.1/316.0；434.1/288.0；434.1/91.2	120	15；20；
364	S-氰戊菊酯	esfenvalerate	8.28	437.2/206.9	437.2/206.9；437.2/154.2	80	35；20
365	乙羧氟草醚	fluoroglycofen-ethyl	17.7	344.0/300.0	344.0/300.0；344.0/233.0	120	15；20
366	氟胺氰菊酯	tau-fluvalinate	19.58	503.2/181.2	503.2/181.2；503.2/208.1	80	25；15
F组							
367	丙烯酰胺	acrylamide	0.73	72/55.0	72.0/55.0；72.0/27.0	100	10；10

序号	中文名称	英文名称	保留时间（min）	定量离子	定性离子	源内碎裂电压（V）	碰撞气能量（V）
368	叔丁基胺	tert-butylamine	0.65	74.1/46.0	74.1/46.0；74.1/56.8	120	5；5
369	噁霉灵	hymexazol	2.65	100.1/54.1	100.1/54.1；100.1/44.2；100.1/28	100	10；15；15
370	邻苯二甲酰亚胺	phthalimide	0.74	148/130.1	148.0/130.1；148.0/102.0	100	10；25
371	甲氟磷	dimefox	3.88	155.1/110.1	155.1/110.1；155.1/135.0	120	20；10
372	速灭威	metolcarb	6.5	166.2/109.0	166.2/109.0；166.2/97.1	80	15；50
373	二苯胺	diphenylamin	13.06	170.2/93.1	170.2/93.1；170.2/152	120	30；30
374	1-萘基乙酰胺	1-naphthy acetamide	5.3	186.2/141.1	186.2/141.1；186.2/115.1	100	15；45
375	脱乙基莠去津	atrazine-desethyl	4.43	188.2/146.1	188.2/146.1；188.2/104.1	120	10；20
376	2,6-二氯苯甲酰胺	2,6-dichlor-obenzamide	3.85	190.1/173.0	190.1/173.0；190.1/145.0	100	20；30
377	涕灭威	aldicarb	5.42	213.0/89.0	213/89；213.0/116.0	100	30；10
378	邻苯二甲酸二甲酯	dimethyl phthalate	3.5	217.0/86.0	217.0/86.0；217.0/156.0	100	15；20
379	杀虫脒盐酸盐	chlordimeform hydrochloride	4	197.2/117.1	197.2/117.1；197.2/89.1	120	25；50
380	西玛通	simeton	3.94	198.2/100.1	198.2/100.1；198.2/128.2	120	25；20
381	呋草胺	dinotefuran	3.06	203.3/129.2	203.3/129.2；203.3/87.1	80	5；10
382	克草敌	pebulate	16.05	204.2/72.1	204.2/72.1；204.2/128.0	100	10；10
383	活化酯	acibenzolar-s-methyl	10	211.1/91.0	211.1/91.0；211.1/136.0	120	20；30
384	蔬果磷	dioxabenzofos	10.15	217.0/77.1	217.0/77.1；217.0/107.1	100	40；30
385	杀线威	oxamyl	3.46	241.0/72.0	241.0/72.0；242.0/121.0	120	15；10
386	甲基苯噻隆	methaben-zthiazuron	6.8	222.2/165.1	222.2/165.1；222.2/149.9	100	15；35
387	丁酮砜威	butoxycarboxim	3.3	223.2/63.0	223.2/63；223.2/106.1	80	10；5
388	兹克威	mexacarbate	4	233.2/151.2	233.2/151.2；233.2/166.2	100	15；10
389	甲基内吸磷亚砜	demeton-s-methylsulfoxide	3.42	247.1/109.0	247.1/109.0；247.1/169.1	80	20；10

（续表）

序号	中文名称	英文名称	保留时间（min）	定量离子	定性离子	源内碎裂电压（V）	碰撞气能量（V）
390	久效威砜	thiofanox sulfone	7.3	251.1/57.2	251.1/57.2；251.1/76.1	80	5；5
391	硫环磷	phosfolan	4.95	256.2/140.0	256.2/140.0；256.2/228.0	100	25；10
392	硫赶内吸磷	demeton-s	5.44	259.1/89.1	259.1/89.1；259.1/61.0	60	10；35
393	氧倍硫磷	fenthion oxon	8.15	263.2/230.0	263.2/230.0；263.2/216.0	100	10；20
394	萘丙胺	napropamide	12.45	272.2/171.1	272.2/171.1；272.2/129.2	120	15；15
395	杀螟硫磷	fenitrothion	13.6	278.1/125.0	278.1/125.0；278.1/246.0	140	15；15
396	酞酸二丁酯	phthalic acid, dibutylester	17.5	279.2/149.0	279.2/149.0；279.2/121.1	80	10；45
397	丙草胺	metolachlor	13.15	284.1/252.2	284.1/252.2；284.1/176.2	120	10；15
398	腐霉利	procymidone	13.33	284.0/256.0	284.0/256.0；284.0/145.0	140	10；45
399	蚜灭磷	vamidothion	4.18	288.2/146.1	288.2/146.1；288.2/118.1	80	10；20
400	枯草隆	chloroxuron	9	291.2/72.1	291.2/72.1；291.2/218.1	120	20；30
401	威菌磷	triamiphos	6.58	295.2/135.1	295.2/135.1；295.2/92.0	100	25；35
402	右旋炔丙菊酯	prallethrin	7.25	301.0/105.0	301.0/105.0；301/169.0	80	5；20
403	二苯隆	cumyluron	11.7	303.3/185.1	303.3/185.1；303.3/125.0	100	5；45
404	甲氧咪草烟	imazamox	3	304.2/260.0	304.2/260.0；304.2/186.0	100	5；40
405	杀鼠灵	warfarin	10.3	309.2/163.1	309.2/163.1；309.2/251.2	100	20；15
406	亚胺硫磷	phosmet	11.14	318/160.1	318.0/160.1；318.0/133.0	80	10；35
407	皮蝇磷	ronnel	17.7	320.9/125.0	320.9/125.0；320.9/288.8	120	10；10
408	除虫菊酯	pyrethrin	18.78	329.2/161.1	329.2/161.1；329.2/133.1	100	5；15
409	—	phthalic acid, biscyclohexyl ester	19.1	331.3/149.1	331.3/149.1；331.3/167.1；331.3/249	80	10；5；5
410	环丙酰菌胺	carpropamid	15.36	334.2/196.1	334.2/196.1；334.2/139.1	120	10；15
411	吡螨胺	tebufenpyrad	17.32	334.3/147	334.3/147；334.3/117.1	160	25；40
412	虫螨磷	chlorthiophos	18.58	361/305.0	361.0/305.0；361/225	100	10；15
413	氯亚胺硫磷	dialifos	17.15	394.0/208	394.0/208；394.0/187	100	5；20
414	吲哚酮草酯	cinidon-ethyl	17.63	394.2/348.1	394.2/348.1；394.2/107.1	120	15；45
415	鱼藤酮	rotenone	14	395.3/213.2	395.3/213.2；395.3/192.2	160	20；20
416	亚胺唑	imibenconazole	17.16	411/125.1	411.0/125.1；411.0/171.1；411/342	120	25；15；10

（续表）

序号	中文名称	英文名称	保留时间（min）	定量离子	定性离子	源内碎裂电压（V）	碰撞气能量（V）
417	噁草酸	propaquizafop	17.56	444.2/100.1	444.2/100.1；444.2/299.1	140	15；25
418	乳氟禾草灵	lactofen	18.23	479.1/344.0	479.1/344.0；479.1/223	120	15；35
419	吡草酮	benzofenap	16.95	431.0/105.0	431.0/105.0；431.0/119.0	140	30；20
420	地乐酯	dinoseb acetate	0.75	283.1/89.2	283.1/89.2；283.1/133.1；283.1/177.2	120	10；10；10
421	异丙草胺	propisochlor	15	284.0/224.0	284.0/224.0；284.0/212.0	80	5；15
422	氟硅菊酯	silafluofen	20.8	412.0/91.0	412.0/91.0；412/72.1	100	40；30
423	乙氧苯草胺	etobenzanid	15.65	340.0/149.0	340.0/149.0；340.0/121.1	120	20；30
424	四唑酰草胺	fentrazamide	16	372.1/219.0	372.1/219.0；372.1/83.2	200	5；35
425	五氯苯胺	pentachloroaniline	14.3	285.0/99.1	285.0/99.1；285.0/127.0	100	15；5
426	丁硫克百威	carbosulfan	19.5	381.2/118.1	381.2/118.1；381.2/160.2	100	10；10
427	苯醚氰菊酯	cyphenothrin	19.4	376.2/151.2	376.2/151.2；376.2/123.2	100	5；15
428	噁唑隆	dimefuron	10.3	339.1/167.0	339.1/167.0；339.1/72.1	140	20；30
429	马拉氧磷	malaoxon	13.8	331.0/99.0	331.0/99.0；331.0/127.0	120	20；5
430	氯杀螨砜	chlorbenside sulfone	9.86	299.0/235.0	299.0/235.0；299.0/125.0	100	5；25
431	多果定	dodine	7.46	228.2/57.3	228.2/57.3；228.2/60.1	160	25；20
				G组			
432	茅草枯	dalapon	0.6	140.8/58.8	140.8/58.8；140.8/62.9	100	10；15
433	2-苯基苯酚	2-phenylphenol	9.78	169.0/115.0	169.0/115.0；169.0/93.0	140	35；20
434	3-苯基苯酚	3-phenylphenol	9.78	169.0/115.0	169.0/115.0；169.0/141.1	140	35；35
435	氯硝胺	dicloran	8.82	205.1/169.3	205.1/169.3；205.1/123.2	120	15；30
436	氯苯胺灵	chlorpropham	12.55	212.0/152.0	212.0/152.0；212.0/57.0	80	5；20
437	特草定	terbacil	5.94	215.1/159.0	215.1/159.0；215.1/73.0	120	10；40
438	2,4-滴	2,4-D	4.28	218.9/161.0	218.9/161.0；218.9/125.0	80	5；20
439	咯菌腈	fludioxonil	11.1	247.0/180.0	247.0/180；247.0/126.0	140	10；10
440	杀螨醇	chlorfenethol	11.81	265.0/96.7	265.0/96.7；265.0/152.7	120	15；5
441	萘草胺	naptalam	4.3	290.0/246.0	290.0/246.0；290.0/168.3	100	10；30
442	灭幼脲	chlorobenzuron	14.05	306.9/154.0	306.9/154；306.9/125.9	100	5；20

（续表）

序号	中文名称	英文名称	保留时间（min）	定量离子	定性离子	源内碎裂电压（V）	碰撞气能量（V）
443	氯霉素	chloramphenicolum	5.07	321.0/152.0	321.0/152.0；321.0/257.0	100	15；10
444	噁唑菌酮	famoxadone	16.52	373.0/282.0	373.0/282.0；373.0/328.9	120	20；15
445	吡氟酰草胺	diflufenican	17.3	393.1/329.1	393.1/329.1；393.1/272.0	100	10；10
446	氟氰唑	ethiprole	10.74	394.9/331.0	394.9/331.0；394.9/250.0	100	5；25
447	氟啶胺	fluazinam	17.25	462.9/415.9	462.9/415.9；462.9/398.0	120	20；15
448	克来范	kelevan	19.5	628.1/169.0	628.1/169.0；628.1/422.6	120	24；22

2. 定性测定

在相同实验条件下进行样品测定时，如果检出的色谱峰的保留时间与标准样品相一致，并且在扣除背景后的样品质谱图中，所选择的离子均出现，而且所选择的离子丰度比与标准样品的离子丰度比相一致（相对丰度>50%，允许±20%偏差；相对丰度>20%~50%，允许±25%偏差；相对丰度>10%~20%，允许±30%偏差；相对丰度≤10%，允许±50%偏差），则可判断样品中存在这种农药或相关化学品。

3. 定量测定

本标准中液相色谱—质谱/质谱采用外标—校准曲线法定量测定。为减少基质对定量测定的影响，定量用标准溶液应采用基质混合标准工作溶液绘制标准曲线。并且保证所测样品中农药及相关化学品的响应值均在仪器的线性范围内。

4. 平行试验

按以上步骤对同一试样进行平行试验。

5. 空白试验

除不称取试样外，均按上述步骤进行。

（七）结果计算和表述

液相色谱—质谱/质谱测定采用标准曲线法定量，标准曲线法定量结果按式（1）计算：

$$X_i = c_i \times \frac{V}{m}$$

X_i——试样中被测组分残留量，单位为毫克每千克（mg/kg）；

c_i——从标准曲线上得到的被测组分溶液浓度，单位为微克每毫升（μg/mL）；

V——样品溶液定容体积，单位为毫升（mL）；

m——样品溶液所代表试样的重量，单位为克（g）。

计算结果应扣除空白值，测定结果用平行测定的算术平均值表示，保留两位有效数字。

（八）精密度

（1）在重复性条件下，获得的两次独立测定结果的绝对差值与其算术平均值的比值（百分率），应符合表 5-10 的要求。

表 5-10　实验室内重复性要求

被测组分含量 x（mg/kg）	精密度（%）
$x \leqslant 0.001$	36
$0.001 < x \leqslant 0.01$	32
$0.01 < x \leqslant 0.1$	22
$0.1 < x \leqslant 1$	18
$x > 1$	14

（2）在再现性条件下，获得的两次独立测定结果的绝对差值与其算术平均值的比值（百分率），应符合表 5-11 的要求。

表 5-11　实验室间再现性要求

被测组分含量 x（mg/kg）	精密度（%）
$x \leqslant 0.001$	54
$0.001 < x \leqslant 0.01$	46
$0.01 < x \leqslant 0.1$	34
$0.1 < x \leqslant 1$	25
$x > 1$	19

（九）定量限和回收率

1. 定量限

本方法的定量限见表 5-6。

2. 回收率

当添加水平为 LOQ、4×LOQ 时，添加回收率参见表 5-12。

表5-12　样品的添加浓度及回收率的实验数据

	中文名称	英文名称	低水平添加（%）				高水平添加（%）			
			1LOQ				4LOQ			
			红茶	绿茶	乌龙	普洱	红茶	绿茶	乌龙	普洱
1	苯胺灵	propham	84.1	85.6	76.6	102.1	82.3	94.4	81.9	88.5
2	异丙威	isoprocarb	97.2	101.0	103.4	89.7	80.3	95.5	79.0	91.3
3	3，4，5-混杀威	3，4，5-trimethacarb	97.7	141.6	95.7	89.4	80.3	93.4	96.9	89.6
4	环莠隆	cycluron	105.2	104.0	75.1	105.7	87.9	101.9	91.1	92.7
5	甲萘威	carbaryl	92.9	102.3	65.2	100.8	82.8	113.5	80.5	95.98
6	毒草胺	propachlor	85.9	92.9	58.4	101.3	90.6	93.5	93.2	89.9
7	吡咪唑	rabenzazole	73.5	85.0	49.0	64.8	71.5	85.0	71.4	65.3
8	西草净	simetryn	67.2	84.8	58.1	98.2	76.8	92.9	88.3	84.6
9	绿谷隆	monolinuron	80.8	92.8	86.2	96.4	80.1	90.2	93.8	93.2
10	速灭磷	mevinphos	85.1	91.7	57.0	92.2	80.2	89.2	83.0	88.9
11	叠氮津	aziprotryne	79.5	81.2	100.6	105.3	100.4	95.3	81.8	102.9
12	密草通	secbumeton	78.6	85.3	50.3	96.0	82.1	88.4	87.0	91.2
13	嘧菌磺胺	cyprodinil	109.7	122.2	67.6	89.1	82.5	92.3	106.0	96.0
14	播土隆	buturon	87.3	91.9	62.6	110.4	83.4	111.6	94.7	96.4
15	双酰草胺	carbetamide	92.2	102.1	62.5	109	82.1	114.5	86.3	95.8
16	抗蚜威	pirimicarb	103.7	109.2	57.1	112.2	82.3	74.8	86.7	99.6
17	氰草津	cyanazine	88.7	99.0	67.9	93.4	83.2	94.9	89.0	93.3
18	扑草净	prometryne	80.6	90.5	69.7	106.9	81.9	129.0	100.4	101.7
19	甲基对氧磷	paraoxon methyl	104.8	97.2	79.2	108.6	82.1	96.9	86.7	92.3
20	4，4-二氯二苯甲酮	4，4-dichlorob-enzophenone	74.0	99.3	66.8	92.2	69.2	83.7	76.5	84.1
21	噻虫啉	thiacloprid	95.0	88.4	109.4	89.9	110.9	99.2	66.4	59.3
22	吡虫啉	imidacloprid	82.0	83.8	49.5	98.4	79.1	103.9	82.5	95.5
23	磺噻隆	ethidimuron	85.7	88.5	84.2	104.9	85.3	109.6	121.6	102.4
24	丁嗪草酮	isomethiozin	76.7	86.9	58.0	106.9	84.6	127.4	94.5	105.6
25	乙草胺	acetochlor	87.7	87.9	62.6	87.6	75.0	87.5	78.8	70.6

（续表）

| 中文名称 | 英文名称 | 低水平添加（%） | | | | 高水平添加（%） | | | |
| | | 1LOQ | | | | 4LOQ | | | |
		红茶	绿茶	乌龙	普洱	红茶	绿茶	乌龙	普洱
26 烯啶虫胺	nitenpyram	98.8	93.8	85.6	98.9	87.3	102.2	93.0	90.8
27 甲氧丙净	methoprotryne	97.0	97.1	93.8	96.0	83.1	98.9	86.5	99.6
28 二甲酚草胺	dimethenamid	84.3	90.6	91.3	99.2	50.9	92.6	58.8	85.8
29 特草灵	terrbucarb	78.6	73.9	67.2	82.0	83.4	89.4	79.8	86.8
30 戊菌唑	penconazole	91.7	93.7	72.2	92.1	82.7	98.9	91.5	86.8
31 腈菌唑	myclobutanil	71.8	112.6	101.5	103.6	83.1	90.4	88.0	100.7
32 咪唑乙烟酸	imazethapyr	99.8	93.9	67.4	106.8	83.6	119.5	90.1	93.2
33 多效唑	paclobutrazol	94.6	81.4	58.3	113.1	80.6	101.7	97.3	96.7
34 倍硫磷亚砜	fenthion sulfoxide	3.0	3.9	1.6	1.5	1.9	0.6	0.7	0.7
35 三唑醇	triadimenol	110.8	115.4	73.1	105.8	87.6	98.8	108.8	95.0
36 仲丁灵	butralin	104.6	102.6	90.4	91.8	84.1	100.7	95.1	94.2
37 螺环菌胺	spiroxamine	97.0	102.5	66.8	102.5	83.2	108.1	93.4	96.6
38 甲基立枯磷	tolclofos methyl	99.0	90.4	100.6	103.9	91.7	95.9	83.2	94.4
39 杀扑磷	methidathion	69.3	61.5	68.0	99.2	55.7	83.1	94.9	78.9
40 烯丙菊酯	allethrin	90.6	85.5	87.5	97.8	83.0	80.7	81.5	87.7
41 二嗪磷	diazinon	80.5	93.4	68.7	101.0	82.5	95.9	88.9	92.5
42 敌瘟磷	edifenphos	84.3	95.2	90.9	95.7	84.6	85.9	94.1	90.9
43 丙草胺	pretilachlor	93.6	91.7	80.6	111.2	88.6	93.0	94.3	93.4
44 氟硅唑	flusilazole	99.2	93.9	64.8	67.8	74.0	108.9	81.3	113.1
45 丙森锌	iprovalicarb	95.7	97.7	66.4	82.8	82.8	99.6	53.2	68.6
46 麦锈灵	benodanil	106.5	104.3	64.1	98.7	85.0	89.2	99.2	98.6
47 氟酰胺	flutolanil	88.8	108.2	69.8	107.2	74.9	98.8	94.1	93.6
48 氨磺磷	famphur	110.0	101.0	71.0	107.9	89.4	113.5	85.3	96.2
49 苯霜灵	benalyxyl	94.6	97.0	97.4	113.0	85.7	101.9	95.5	95.9
50 苄氯三唑醇	diclobutrazole	95.0	98.3	75.4	93.5	80.8	95.6	83.9	83.1
51 乙环唑	etaconazole	112.9	87.2	75.4	107.9	80.6	104.0	95.6	95.9
52 氯苯嘧啶醇	fenarimol	104.0	90.3	60.9	108.1	82.7	105.0	92.8	95.4

（续表）

	中文名称	英文名称	低水平添加（%）				高水平添加（%）			
			1LOQ				4LOQ			
			红茶	绿茶	乌龙	普洱	红茶	绿茶	乌龙	普洱
53	胺菊酯	tetramethrin	104.0	90.3	60.9	108.1	82.7	105.0	92.8	95.4
54	抑菌灵	dichlofluanid	59.0	89.4	50.5	79.6	102.9	106.3	88.6	98.4
55	解草酯	cloquintocet mexyl	73.5	85.2	93.1	92.2	83.6	104.3	101.0	91.1
56	联苯三唑醇	bitertanol	119.6	132.1	106.3	92.2	104.2	97.4	96.8	103.5
57	甲基毒死蜱	chlorprifos methyl	69.4	94.1	94.2	104.1	94.8	99.0	108.7	91.6
58	益棉磷	azinphos ethyl	101.3	96.6	74.7	108.7	85.7	101.7	95.4	95.2
59	炔草酸	clodinafop propargyl	90.4	84.8	93.1	97.0	83.3	81.8	90.6	86.5
60	杀铃脲	triflumuron	102.6	96.0	64.5	92.7	84.3	106.0	89.9	86.5
61	异噁唑草酮	isoxaflutole	99.7	115.0	88.8	102.5	78.6	97.1	70.0	64.0
62	莎稗磷	anilofos	106.2	100.0	87.1	95.3	86.7	94.5	91.7	92.6
63	喹禾灵	quizalofop-ethyl	76.7	86.4	48.3	79.3	50.0	88.0	59.5	54.2
64	精氟吡甲禾灵	haloxyfop-methyl	88.6	105.5	61.0	88.0	48.1	71.9	75.0	70.6
65	精吡磺草隆	fluazifop butyl	85.5	87.1	101.3	97.1	88.5	108.3	89.2	88.8
66	乙基溴硫磷	bromophos-ethyl	95.3	94.7	83.5	103.0	88.9	99.1	92.9	92.8
67	地散磷	bensulide	81.0	92.4	96.4	107.7	88.1	94.4	96.4	91.6
68	溴苯烯磷	bromfenvinfos	105.3	89.0	91.2	97.3	83.9	82.1	111.5	93.0
69	嘧菌酯	azoxystrobin	89.0	101.3	82.1	110.4	87.3	103.6	98.8	94.5
70	吡菌磷	pyrazophos	106.0	108.4	73.4	104.3	82.0	109.7	91.1	93.6
71	氟虫脲	flufenoxuron	115.6	102.6	100.6	102.7	84.0	105.7	88.3	94.5
72	茚虫威	indoxacarb	108.1	112.6	54.9	88.7	81.2	98.1	71.8	90.3
73	乙撑硫脲	ethylene thiourea	99.0	94.9	92.9	99.3	87.3	86.4	91.8	91.7
74	丁酰肼	daminozide	104.4	101.9	86.5	101.4	83.1	105.1	101.8	90.7
75	棉隆	dazomet	94.1	72.9	81.7	76.2	86.3	74.1	84.2	88.0
76	烟碱	nicotine	58.8	95.5	88.3	97.1	95.4	85.0	84.9	82.2

序号	中文名称	英文名称	低水平添加（%）				高水平添加（%）			
			1LOQ				4LOQ			
			红茶	绿茶	乌龙	普洱	红茶	绿茶	乌龙	普洱
77	非草隆	fenuron	83.9	87.4	104.8	99.5	118.3	81.5	112.0	60.4
78	鼠立死	crimidine	86.2	107.9	73.7	72.9	110.2	75.6	70.4	63.5
79	禾草敌	molinate	105.8	106.0	109.3	97.6	98.7	98.7	99.9	100.7
80	多菌灵	carbendazim	107.0	114.3	97.3	107.6	96.9	83.8	95.1	107.1
81	6-氯-4-羟基-3-苯基哒嗪	6-chloro-4-hydroxy-3-phenyl-pyridazin	86.6	105.3	93.1	111.8	102.8	77.7	53.3	99.8
82	残杀威	propoxur	97.2	103.0	107.2	98.1	96.1	127.4	101.2	98.0
83	异唑隆	isouron	105.9	96.9	94.7	99.6	102.7	93.3	114.0	102.0
84	绿麦隆	chlorotoluron	107.6	112.1	92.0	106.3	99.1	92.4	97.1	95.9
85	久效威	thiofanox	104.1	99.5	89.5	103.0	94.1	106.2	104.2	103.3
86	氯草灵	chlorbufam	107.6	108.2	89.8	107.1	91.9	96.4	95.6	96.5
87	噁虫威	bendiocarb	99.4	91.1	92.5	84.6	64.4	92.9	79.0	78.7
88	扑灭津	propazine	102.9	104.3	105.4	79.1	100.8	93.6	100.9	96.5
89	特丁津	terbuthylazine	62.3	105.5	77.6	103.9	96.9	87.0	76.3	100.1
90	敌草隆	diuron	111.7	93.5	94.1	75.1	102.4	96.3	106.6	80.3
91	氯甲硫磷	chlormephos	107.1	109.1	112.2	103.0	94.8	90.4	98.7	98.4
92	萎锈灵	carboxin	100.7	113.2	91.6	105.3	106.7	99.5	100.4	104.2
93	噻虫胺	clothianidin	86.0	111.9	99.8	120.1	86.0	76.5	92.2	74.5
94	拿草特	pronamide	105.4	109.1	97.3	96.0	98.0	97.1	66.8	95.8
95	二甲草胺	dimethachloro	106.4	106.9	102.1	97.8	103.3	96.4	95.6	101.8
96	溴谷隆	methobromuron	101.0	102.3	109.4	107.8	98.3	96.9	77.6	103.0
97	甲拌磷	phorate	111.6	110.3	97.3	106.1	104.1	94.5	97.9	96.8
98	苯草醚	aclonifen	97.8	109.3	86.8	104.7	97.0	92.8	94.5	102.2
99	地安磷	mephosfolan	102.2	108.4	93.8	97.6	81.3	83.2	94.5	91.2
100	脱苯甲基亚胺唑	imibenzonazole-des-benzyl	106.8	100.3	74.5	87.6	96.4	84.7	93.9	100.5
101	草不隆	neburon	107.3	109.8	84.9	105.3	101.9	92.3	102.4	98.8

（续表）

		低水平添加（%）				高水平添加（%）			
中文名称	英文名称	1LOQ				4LOQ			
		红茶	绿茶	乌龙	普洱	红茶	绿茶	乌龙	普洱
102	精甲霜灵	mefenoxam	104.6	102.9	79.3	99.1	106.0	94.7	95.6	94.2
103	发硫磷	prothoate	104.4	103.6	83.7	110.7	94.6	101.4	78.4	104.0
104	乙氧呋草黄	ethofume sate	103.7	107.3	94.9	110.6	105.4	92.7	100.0	102.3
105	异稻瘟净	iprobenfos	80.0	55.4	83.3	80.0	103.2	76.8	121.4	103.0
106	特普	TEPP	100.9	103.4	95.9	102.8	95.1	92.6	102.6	98.6
107	环丙唑醇	cyproconazole	110.2	107.1	94.6	109.0	99.1	96.2	102.4	98.2
108	噻虫嗪	thiamethoxam	3.3	8.1	6.8	5.1	12.9	11.6	13.8	9.1
109	育畜磷	crufomate	103.4	106.2	104.1	92.8	101.2	94.2	96.2	97.3
110	乙嘧硫磷	etrimfos	112.5	111.0	96.7	101.2	96.9	94.4	106.0	102.1
111	杀鼠醚	coumatetralyl	99.4	110.7	75.1	73.5	95.8	99.7	89.9	101.8
112	畜蜱磷	cythioate	3.6	38.1	70.2	81.8	87.1	92.8	88.2	65.3
113	磷胺	phosphamidon	71.4	110.6	86.8	113.3	58.2	73.1	85.7	95.3
114	甜菜宁	phenmedipham	104.9	101.1	101.9	108.8	98.9	95.5	92.6	96.2
115	联苯井酯[a]	bifenazate	98.9	104.2	84.4	106.0	102.1	93.4	96.8	100.5
116	环酰菌胺	fenhexamid	82.8	90.5	67.9	97.8	90.6	68.1	69.7	60.4
117	粉唑醇	flutriafol	112.7	100.2	12.4	6.9	111.9	72.0	8.9	14.8
118	抑菌丙胺酯	furalaxyl	86.0	62.0	83.3	72.6	109.6	96.8	90.9	91.4
119	生物丙烯菊酯	bioallethrin	105.2	102.7	93.1	101.8	104.7	97.8	98.8	101.0
120	苯腈磷	cyanofenphos	100.8	110.5	89.1	106.8	100.8	94.3	104.0	98.2
121	甲基嘧啶磷	pirimiphos methyl	102.5	106.4	93.5	95.0	87.4	96.1	93.7	100.8
122	噻嗪酮	buprofezin	100.7	98.5	90.0	100.0	93.5	93.5	96.5	99.7
123	乙拌磷砜	disulfoton sulfone	94.5	105.9	92.0	101.2	94.7	97.6	103.0	104.0
124	喹螨醚	fenazaquin	101.9	101.9	85.7	91.0	92.0	94.1	72.3	83.6
125	三唑磷	triazophos	91.2	111.7	90.0	118.9	99.9	92.4	96.0	94.2
126	脱叶磷	DEF	98.1	108.1	96.2	103.0	94.4	98.0	100.8	100.2
127	环酯草醚	pyriftalid	101.4	110.5	82.4	80.9	100.8	99.5	91.7	104.1

（续表）

		低水平添加（%）				高水平添加（%）			
中文名称	英文名称	1LOQ				4LOQ			
		红茶	绿茶	乌龙	普洱	红茶	绿茶	乌龙	普洱
128	叶菌唑	metconazole	109.5	110.7	94.6	97.1	96.0	107.4	102.8	99.5
129	蚊蝇醚	pyriproxyfen	101.9	99.6	95.6	88.0	103.5	100.0	67.4	76.8
130	异噁酰草胺	isoxaben	103.1	105.5	93.9	104.1	99.8	92.6	104.9	103.7
131	呋草酮	flurtamone	104.7	104.7	93.7	108.8	99.6	95.4	98.4	98.4
132	氟乐灵	trifluralin	106.6	108.9	89.7	92.6	102.6	95.8	102.5	96.0
133	甲基麦草氟异丙酯	flamprop methyl	102.4	104.9	99.8	93.5	93.7	98.8	110.1	85.4
134	生物苄呋菊酯	bioresmethrin	109.5	100.9	86.3	88.2	104.3	91.2	106.4	92.2
135	丙环唑	propiconazole	108.5	111.6	93.2	106.3	96.4	97.3	101.7	96.9
136	毒死蜱	chlorpyrifos	109.2	110.0	88.6	70.7	55.0	74.7	75.0	83.0
137	氯乙氟灵	fluchloralin	107.8	111.2	127.5	99.7	100.6	94.9	87.3	90.3
138	氯磺隆	chlorsulfuron	99.5	108.5	93.1	104.4	81.5	96.3	93.3	101.8
139	麦草氟异丙酯	flamprop isopropyl	92.1	110.9	92.2	96.8	79.9	104.7	90.5	no
140	杀虫畏	tetrachlorvinphos	15.8	8.0	15.4	5.6	4.7	4.4	4.2	4.3
141	炔螨特	propargite	63.5	107.6	74.6	81.5	81.9	141.7	90.5	89.1
142	糠菌唑	bromuconazole	98.7	107.8	94.6	103.3	97.1	90.4	99.8	97.8
143	氟吡酰草胺	picolinafen	94.1	110.1	86.7	104.7	66.2	108.4	82.1	91.3
144	氟噻乙草酯	fluthiacet methyl	99.8	100.0	98.0	111.5	103.7	95.9	96.3	100.3
145	肟菌酯	trifloxystrobin	103.2	109.5	83.7	83.1	79.7	103.8	95.8	97.3
146	氟铃脲	hexaflumuron	90.2	82.0	78.6	89.2	88.4	80.7	66.7	100.0
147	氟酰脲	novaluron	114.6	112.2	92.6	107.2	89.5	102.3	96.3	98.5
148	—	flurazuron	91.1	95.9	87.2	100.0	93.0	91.6	88.9	98.1
149	抑芽丹	maleic hydrazide	92.9	112.3	92.7	102.7	87.2	98.3	95.4	102.6
150	甲胺磷	methamidophos	94.1	108.5	90.0	97.5	79.7	97.3	93.6	97.9
151	茵草敌	EPTC	82.1	107.7	120.4	75.6	89.6	78.1	85.1	102.1
152	避蚊胺	diethyltoluamide	66.9	54.7	70.1	68.7	80.1	69.1	87.5	69.8

（续表）

	中文名称	英文名称	低水平添加（%）				高水平添加（%）			
			1LOQ				4LOQ			
			红茶	绿茶	乌龙	普洱	红茶	绿茶	乌龙	普洱
153	灭草隆	monuron	109.8	94.9	103.4	93.2	91.3	95.9	97.1	82.1
154	甲呋酰胺	fenfuram	108.4	111.3	93.7	95.4	79.1	80.5	106.1	114.6
155	灭藻醌	quinoclamine	80.9	82.3	96.7	82.5	71.9	87.8	86.7	103.7
156	仲丁威	fenobucarb	81.6	97.1	102.1	49.1	80.5	79.8	95.1	104.6
157	敌稗	propanil	91.2	95.7	84.6	65.0	86.0	88.3	60.4	81.9
158	克百威	carbofuran	51.3	63.5	100.9	79.3	85.9	91.5	80.4	108.8
159	啶虫脒	acetamiprid	97.8	106.4	101.2	76.1	86.8	87.2	93.8	103.6
160	嘧菌胺	mepanipyrim	80.9	89.4	61.6	84.2	73.6	77.9	82.2	76.0
161	扑灭通	prometon	79.8	79.6	104.8	81.2	69.1	83.3	84.9	102.4
162	甲硫威	methiocarb	85.6	83.0	103.7	78.9	90.3	90.5	102.3	107.8
163	甲氧隆	metoxuron	79.0	94.3	92.1	96.8	107.9	86.2	104.8	71.9
164	乐果	dimethoate	72.7	83.3	87.7	83.7	77.0	82.7	81.3	96.2
165	伏草隆	fluometuron	106.6	89.5	94.3	75.0	103.1	109.4	103.9	81.6
166	百治磷	dicrotophos	90.8	67.3	94.0	94.5	85.4	89.9	87.2	104.9
167	庚酰草胺	monalide	72.7	77.6	103.3	78.6	99.6	81.6	82.3	105.9
168	双苯酰草胺	diphenamid	69.0	104.7	100.2	109.6	88.0	98.9	83.5	99.9
169	灭线磷	ethoprophos	131.8	80.2	94.1	69.7	81.2	82.1	68.2	87.4
170	地虫硫磷	fonofos	84.9	73.7	99.1	70.5	78.7	79.8	91.8	109.7
171	土菌灵	etridiazol	73.8	79.4	80.1	68.1	94.2	92.2	104.7	107.2
172	环嗪酮	hexazinone	107.6	118.0	99.7	93.9	91.7	87.8	98.4	66.6
173	阔草净	dimethametryn	113.0	120.1	94.9	83.7	93.1	85.9	92.8	99.8
174	敌百虫	trichlorphon	82.4	107.2	90.3	81.9	96.6	88.2	90.6	102.2
175	内吸磷	demeton（o+s）	62.2	70.4	87.8	90.8	81.2	79.8	84.8	109.2
176	解草酮	benoxacor	98.7	86.5	96.3	91.0	83.6	85.4	89.4	81.4
177	除草定	bromacil	80.5	106.2	89.5	73.1	70.2	73.3	89.5	96.3
178	甲拌磷亚砜	phorate sulfoxide	51.5	78.4	64.3	83.7	73.7	53.6	78.3	80.8
179	溴莠敏	brompyrazon	86.9	101.1	99.6	71.0	79.0	83.6	84.6	102.1

	中文名称	英文名称	低水平添加（%）				高水平添加（%）			
			1LOQ				4LOQ			
			红茶	绿茶	乌龙	普洱	红茶	绿茶	乌龙	普洱
180	氧化萎锈灵	oxycarboxin	66.0	72.2	99.5	77.4	67.8	76.5	79.0	102.1
181	灭锈胺	mepronil	133.5	108.5	74.0	101.4	78.5	74.9	81.0	80.4
182	乙拌磷	disulfoton	59.1	73.9	106.6	68.5	95.0	79.0	81.3	117.6
183	倍硫磷	fenthion	26.3	32.5	59.7	5.2	16.8	13.2	19.4	17.9
184	甲霜灵	metalaxyl	81.9	74.7	69.6	66.8	76.6	85.2	90.4	97.6
185	甲呋酰胺	ofurace	138.3	114.7	100.6	94.2	76.1	77.1	86.7	116.7
186	噻唑硫磷	fosthiazate	86.8	77.3	69.7	84.2	106.6	107.9	85.5	100.9
187	甲基咪草酯	imazametha-benz-methyl	64.2	75.4	91.7	84.4	100.9	86.2	96.9	113.0
188	乙拌磷亚砜	disulfoton-sulfoxide	58.6	64.7	90.6	86.5	73.7	85.3	99.6	99.3
189	稻瘟灵	isoprothiolane	95.8	106.9	104.2	93.5	67.5	74.8	78.9	57.1
190	抑霉唑	imazalil	68.1	74.5	92.7	68.6	67.2	73.5	86.5	102.4
191	辛硫磷	phoxim	80.8	70.9	98.5	76.7	105.8	95.7	131.4	116.7
192	喹硫磷	quinalphos	95.5	87.1	91.3	86.6	107.7	87.4	94.2	104.1
193	苯氧威	fenoxycarb	87.6	96.2	100.6	72.0	84.6	94.9	66.4	101.3
194	嘧啶磷	pyrimitate	97.3	81.0	91.2	79.7	112.0	91.2	88.9	96.6
195	丰索磷	fensulfothin	72.3	95.0	99.2	79.5	85.1	85.6	97.1	101.7
196	氯咯草酮	fluorochloridone	50.3	81.2	99.7	61.3	82.0	70.1	120.1	85.4
197	丁草胺	butachlor	80.5	108.8	105.3	88.0	94.6	90.6	84.4	103.8
198	醚菌酯	kresoxim-methyl	73.3	69.4	76.9	38.7	80.3	80.2	91.2	74.6
199	灭菌唑	triticonazole	77.2	89.1	84.0	89.2	86.5	92.8	82.5	109.4
200	苯线磷亚砜	fenamiphos sulfoxide	99.5	86.8	92.7	84.2	97.8	97.2	90.8	104.6
201	噻吩草胺	thenylchlor	71.8	87.6	93.0	83.3	82.0	90.2	94.4	99.8
202	稻瘟酰胺	fenoxanil	62.1	76.6	81.5	91.5	84.7	83.2	81.5	103.5
203	氟啶草酮	fluridone	56.3	75.6	76.7	100.8	82.0	82.4	87.9	110.4
204	氟环唑	epoxiconazole	70.9	77.4	95.1	88.7	87.7	88.9	96.6	104.8
205	氯辛硫磷	chlorphoxim	73.4	85.9	94.8	83.2	83.4	87.9	91.0	102.4

（续表）

	中文名称	英文名称	低水平添加（%）				高水平添加（%）			
			1LOQ				4LOQ			
			红茶	绿茶	乌龙	普洱	红茶	绿茶	乌龙	普洱
206	苯线磷砜	fenamiphos sulfone	53.2	91.0	93.3	98.8	88.4	84.1	93.2	109.0
207	腈苯唑	fenbuconazole	66.5	98.9	97.9	78.7	72.2	81.5	83.6	106.6
208	异柳磷	isofenphos	87.5	82.8	93.0	80.4	110.2	95.4	82.7	99.4
209	苯醚菊酯	phenothrin	67.6	78.9	103.1	64.9	65.7	89.7	75.2	104.1
210	呱草磷	piperophos	65.7	77.0	106.1	80.8	79.6	83.2	91.7	104.9
211	增效醚	piperonyl butoxide	88.0	90.3	97.8	68.8	66.6	64.9	94.2	110.5
212	乙氧氟草醚	oxyflurofen	89.2	94.8	104.7	80.3	121.2	132.1	83.0	109.5
213	氟噻草胺	flufenacet	79.2	79.1	94.4	86.4	94.9	91.2	95.0	101.7
214	伏杀硫磷	phosalone	98.7	82.9	96.1	81.1	106.9	108.7	94.0	101.6
215	甲氧虫酰肼	methoxyf-enozide	92.4	73.1	88.2	84.7	119.5	102.5	88.6	94.8
216	丙硫特普	aspon	72.0	82.0	93.7	85.0	82.3	86.9	93.8	89.2
217	乙硫磷	ethion	85.4	77.2	86.0	92.1	98.3	90.5	89.2	94.6
218	丁醚脲	diafenthiuron	61.1	86.0	96.0	82.6	94.0	75.1	97.9	104.6
219	氟硫草定	dithiopyr	105.5	87.8	85.7	94.1	157.2	122.7	85.9	106.8
220	螺螨酯	spirodiclofen	134.3	83.7	94.0	99.9	85.6	98.2	96.6	110.0
221	唑螨酯	fenpyroximate	75.9	84.3	96.5	100.6	94.2	136.7	110.4	115.9
222	胺氟草酸	flumiclorac-pentyl	86.2	95.4	89.2	83.5	121.5	115.2	76.0	98.8
223	氟丙嘧草酯	butafenacil	57.2	76.0	62.0	72.4	68.7	46.0	42.8	76.1
224	多杀菌素	spinosad	80.5	74.3	102.7	81.7	94.5	91.8	93.1	103.3
225	甲呱鎓	mepiquat chloride	102.6	72.2	111.2	65.2	86.8	77.9	62.4	98.1
226	二丙烯草胺	allidochlor	92.4	87.5	72.1	92.6	72.3	93.5	94.4	118.5
227	三环唑	tricyclazole	64.2	78.0	93.8	83.8	76.1	84.3	88.1	103.2
228	苯噻草酮	metamitron	93.4	108.6	91.0	96.8	56.4	60.7	75.5	96.8
229	异丙隆	isoproturon	91.7	93.0	123.1	99.3	100.9	101.2	100.7	110.3
230	莠去通	atratone	100.1	106.0	100.2	120.0	112.7	84.0	98.8	98.5
231	敌草净	oesmetryn	108.5	102.8	98.9	130.6	81.2	107.6	97.4	106.2

（续表）

		低水平添加（%）				高水平添加（%）			
中文名称	英文名称	1LOQ				4LOQ			
		红茶	绿茶	乌龙	普洱	红茶	绿茶	乌龙	普洱
232 嗪草酮	metribuzin	83.1	77.0	87.5	97.8	101.3	105.1	84.6	103.9
233 —	DMST	100.0	84.1	139.2	84.8	103.7	60.0	112.9	109.5
234 环草敌	cycloate	100.8	73.2	100.3	107.6	103.5	103.6	92.5	120.1
235 丁草敌	butylate	76.0	81.0	72.1	106.7	100.3	98.2	89.5	78.4
236 吡蚜酮	pymetrozin	80.9	84.0	96.3	86.3	89.8	93.7	111.3	82.1
237 氯草敏	chloridazon	87.9	81.5	76.2	111.3	94.2	87.5	81.3	93.2
238 菜草畏	sulfallate	107.2	107.9	75.8	111.9	105.7	92.8	103.8	109.3
239 乙硫苯威	ethiofencarb	93.7	81.6	129.1	106.6	101.1	99.0	94.0	136.3
240 特丁通	terbumeton	529.8	382.2	74.8	108.3	115.8	96.3	113.8	112.5
241 环丙津	cyprazine	76.8	92.5	88.7	90.4	68.8	70.1	77.1	83.0
242 阔草净	ametryn	77.6	64.3	76.4	73.0	100.7	95.1	85.6	97.1
243 木草隆	tebuthiuron	105.1	106.4	80.6	116.8	105.6	97.0	85.4	115.2
244 草达津	trietazine	73.5	104.9	80.0	87.2	84.5	90.7	104.2	61.0
245 另丁津	sebutylazine	71.8	79.0	98.8	104.1	101.7	95.3	91.0	105.0
246 丁二酸二丁酯	dibutyl succinate	94.9	79.3	95.1	98.4	100.6	97.6	90.1	108.5
247 牧草胺	tebutam	94.9	79.3	95.1	98.0	100.6	97.6	90.1	108.5
248 久效威亚砜	thiofanox-sulfoxide	92.4	76.3	114.4	119.2	105.7	100.2	80.8	106.7
249 杀螟丹	cartap hydrochloride	93.5	93.4	92.8	112.1	99.2	96.1	97.9	102.3
250 虫螨畏	methacrifos	88.5	87.6	90.7	116.8	104.8	104.1	91.8	62.9
251 虫线磷	thionazin	97.6	94.2	107.8	108.9	98.5	87.9	100.0	106.0
252 庚虫磷	heptanophos	90.5	85.3	80.6	77.0	103.7	99.4	94.6	80.7
253 苄草丹	prosulfocarb	87.8	58.4	87.4	95.6	96.4	104.7	119.2	70.3
254 杀草净	dipropetryn	104.0	102.5	100.6	91.3	78.1	72.2	117.8	74.9
255 禾草丹	thiobencarb	112.6	107.5	92.8	93.6	99.9	82.1	95.5	90.6
256 三异丁基磷酸盐	tri-iso-butyl phosphate	106.2	99.9	95.7	84.9	107.4	92.5	96.9	59.8

（续表）

编号	中文名称	英文名称	低水平添加（%）				高水平添加（%）			
			1LOQ				4LOQ			
			红茶	绿茶	乌龙	普洱	红茶	绿茶	乌龙	普洱
257	三丁基磷酸酯	tributyl phosphate	89.0	83.6	85.5	77.1	95.8	89.5	75.7	74.8
258	乙霉威	diethofencarb	95.0	83.2	85.5	105.3	86.4	85.9	92.2	74.3
259	硫线磷	cadusafos	78.6	96.3	76.3	110.8	98.0	104.9	96.0	114.0
260	吡唑草胺	metazachlor	86.8	86.1	100.9	105.9	103.1	97.2	90.4	83.4
261	胺丙畏	propetamphos	88.6	91.9	80.4	108.9	97.0	93.9	82.9	113.5
262	特丁硫磷[a]	terbufos	89.0	100.0	103.1	109.9	101.0	100.7	96.0	94.5
263	硅氟唑	simeconazole	99.5	97.7	103.1	109.9	101.0	100.7	96.0	95.6
264	三唑酮	triadimefon	79.9	94.8	82.0	98.8	90.8	105.0	91.6	89.0
265	甲拌磷砜	phorate sulfone	72.6	80.4	90.0	114.7	54.9	64.3	69.7	91.7
266	十三吗啉	tridemorph	79.5	76.6	96.7	102.5	98.9	97.6	95.2	87.2
267	苯噻酰草胺	mefenacet	89.4	87.8	89.3	93.6	99.4	94.5	80.1	103.1
268	苯线磷	fenamiphos	104.0	93.3	87.6	104.8	57.9	63.6	80.5	78.6
269	戊唑醇	tebuconazole	85.1	74.2	100.3	112.1	98.6	99.4	91.1	105.1
270	异丙乐灵	isopropalin	81.9	81.5	110.1	111.3	98.6	96.4	90.6	109.0
271	氟苯嘧啶醇	nuarimol	92.7	79.6	90.8	101.1	95.1	90.9	89.5	91.5
272	乙嘧酚磺酸酯	bupirimate	72.0	102.8	80.0	58.2	68.7	82.6	71.0	69.3
273	保棉磷	azinphos-methyl	85.1	75.3	101.0	107.2	97.3	98.3	89.4	93.4
274	丁基嘧啶磷	tebupirimfos	137.8	111.5	89.7	86.8	61.7	85.5	125.6	108.7
275	稻丰散	phenthoate	69.5	64.2	78.3	75.9	89.6	87.1	98.4	88.0
276	治螟磷	sulfotep	81.4	83.1	95.7	109.1	97.7	94.9	88.5	84.7
277	硫丙磷	sulprofos	87.2	90.1	84.5	99.0	108.6	116.2	72.8	106.8
278	苯硫磷	EPN	80.4	103.7	96.5	92.9	88.7	119.9	128.4	85.3
279	烯唑醇	diniconazole	75.4	66.3	89.6	84.5	104.1	89.0	86.1	83.5
280	稀禾啶	sethoxydim	92.4	79.5	90.7	112.1	83.4	112.0	91.4	96.5
281	纹枯脲	pencycuron	89.3	94.3	103.8	100.0	92.0	90.4	87.8	111.2
282	灭蚜磷	mecarbam	87.4	86.6	82.2	109.5	96.6	90.9	89.0	96.8
283	苯草酮	tralkoxydim	104.4	97.4	82.6	110.0	98.7	97.2	93.7	101.2

（续表）

	中文名称	英文名称	低水平添加（%）				高水平添加（%）			
			1LOQ				4LOQ			
			红茶	绿茶	乌龙	普洱	红茶	绿茶	乌龙	普洱
284	马拉硫磷	malathion	77.3	75.6	77.0	103.5	76.6	93.4	82.1	100.9
285	稗草丹	pyributicarb	85.7	90.1	74.6	98.1	99.3	101.5	89.7	111.4
286	哒嗪硫磷	pyridaphenthion	81.7	85.6	85.3	86.8	96.7	92.3	74.3	87.0
287	嘧啶磷	pirimiphos-ethyl	67.2	89.8	80.0	79.1	104.9	98.4	86.4	63.3
288	硫双威	thiodicarb	95.4	89.5	94.0	111.5	95.9	106.5	89.5	98.8
289	吡唑硫磷	pyraclofos	91.2	85.2	92.3	105.2	85.0	82.4	90.2	84.2
290	啶氧菌酯	picoxystrobin	93.8	83.2	100.2	69.9	87.4	80.4	87.0	92.0
291	四氟醚唑	tetraconazole	82.9	82.1	112.9	103.9	91.9	86.8	91.5	75.8
292	吡唑解草酯	mefenpyr-diethyl	90.9	89.2	102.5	112.5	104.5	112.1	87.3	109.7
293	丙溴磷	profenefos	89.3	87.0	103.0	114.8	99.8	94.3	97.6	89.1
294	吡唑醚菌酯	pyraclostrobin	78.0	94.1	71.6	114.9	105.5	99.2	94.1	114.6
295	烯酰吗啉	dimethomorph	82.7	76.1	119.2	133.9	106.5	114.1	85.3	110.6
296	噻恩菊酯	kadethrin	68.8	86.5	87.4	101.2	100.6	85.7	101.8	99.0
297	噻唑烟酸	thiazopyr	85.0	82.6	87.8	116.9	101.7	95.8	97.0	86.7
298	氟啶脲	chlorfluazuron	81.4	88.0	95.2	100.0	100.8	98.6	91.5	71.2
299	4-氨基吡啶	4-aminopyridine	86.3	84.2	91.0	113.0	102.9	100.0	93.5	86.6
300	灭多威	methomyl	79.6	75.1	61.4	93.5	70.7	77.0	83.7	91.4
301	咯喹酮	pyroquilon	126.1	70.6	83.2	84.6	99.0	106.8	93.3	89.8
302	麦穗灵	fuberidazole	52.6	94.1	79.0	80.2	59.0	82.9	51.7	59.0
303	丁脒酰胺	isocarbamid	12.5	36.5	47.1	100.4	81.7	94.0	71.7	109.1
304	丁酮威	butocarboxim	88.4	93.9	105.3	109.7	101.6	93.0	86.8	105.1
305	杀虫脒	chlordimeform	68.8	79.0	50.9	69.4	81.4	91.7	80.7	93.2
306	霜脲氰	cymoxanil	116.5	90.0	99.7	107.2	97.2	101.7	87.4	103.4
307	氯硫酰草胺	chlorthiamid	106.6	92.9	128.3	101.5	70.6	91.2	93.7	104.4
308	灭害威	aminocarb	95.2	101.5	88.8	105.3	88.9	79.7	85.9	104.8
309	氧乐果	omethoate	91.4	60.9	121.9	103.1	99.2	92.1	76.9	98.0
310	乙氧喹啉	ethoxyquin	110.2	98.6	105.4	101.8	84.0	83.4	85.8	109.4

（续表）

	中文名称	英文名称	低水平添加（%）				高水平添加（%）			
			1LOQ				4LOQ			
			红茶	绿茶	乌龙	普洱	红茶	绿茶	乌龙	普洱
311	涕灭威砜	aldicarb sulfone	106.1	82.3	109.8	96.9	103.4	107.2	104.5	83.2
312	二氧威	dioxacarb	106.2	93.1	115.8	118.0	56.6	89.3	90.5	104.3
313	甲基内吸磷	demeton-s-methyl	100.8	112.7	101.4	92.3	104.4	104.2	91.7	96.7
314	甲基乙拌磷	thiometon	83.0	90.1	63.1	37.4	94.6	92.8	90.3	196.3
315	灭菌丹	folpet	80.4	90.6	109.4	74.6	89.0	123.9	67.5	89.3
316	甲基内吸磷砜	demeton-s-methyl sulfone	76.1	75.0	70.2	92.5	76.4	92.5	75.7	108.1
317	苯锈定	fenpropidin	89.9	75.0	72.7	81.0	15.2	35.5	24.8	43.0
318	赛硫磷	amidithion	113.6	78.8	57.6	84.1	84.2	104.9	70.9	79.0
319	甲咪唑烟酸	imazapic	74.4	70.9	76.4	79.2	74.0	91.6	71.6	68.7
320	甲基对氧磷	paraoxon-ethyl	93.1	76.8	102.1	96.5	99.1	82.5	79.5	88.8
321	4-十二烷基-2,6-二甲基吗啉	aldimorph	149.5	95.9	99.3	79.7	131.1	88.3	100.5	126.8
322	乙烯菌核利	vinclozolin	62.1	100.2	130.7	123.6	87.2	73.6	80.0	94.6
323	烯效唑	uniconazole	109.2	99.2	93.7	88.2	92.3	94.8	93.7	104.0
324	啶斑肟	pyrifenox	92.3	107.4	95.7	95.3	79.4	98.4	78.0	86.1
325	氯硫磷	chlorthion	48.7	61.4	55.1	87.0	63.0	59.3	61.1	99.3
326	异氯磷	dicapthon	120.6	110.6	103.4	78.0	60.7	74.3	94.7	87.8
327	四螨嗪	clofentezine	3.7	4.4	85.8	1.2	1.0	1.7	1.4	2.1
328	氟草敏	norflurazon	100.7	81.5	132.8	76.3	67.6	90.5	79.6	103.8
329	野麦畏	triallate	110.9	112.6	97.0	107.4	83.2	111.2	95.8	112.4
330	苯氧喹啉	quinoxyphen	44.0	60.0	72.7	7.7	96.6	64.3	70.0	82.0
331	倍硫磷砜	fenthion sulfone	92.5	87.2	105.1	104.2	93.3	103.1	71.3	97.6
332	氟咯草酮	flurochloridone	101.8	82.5	91.7	130.6	85.7	86.8	92.3	112.3
333	酞酸苯甲基丁酯	phthalic acid, benzyl butylester	101.2	86.0	85.2	106.1	80.4	104.3	106.8	102.3

（续表）

	中文名称	英文名称	低水平添加（%）				高水平添加（%）			
			1LOQ				4LOQ			
			红茶	绿茶	乌龙	普洱	红茶	绿茶	乌龙	普洱
334	氯唑磷	isazofos	64.1	56.2	83.9	79.7	61.3	98.1	96.5	104.2
335	除线磷	dichlofenthion	90.4	100.0	108.5	85.4	83.0	71.1	109.2	79.5
336	蚜灭多砜	vamidothion sulfone	97.1	109.1	94.1	109.6	89.4	102.2	85.2	101.3
337	特丁硫磷砜	terbufos sulfone	115.2	104.0	90.1	115.2	70.3	126.3	92.8	101.7
338	敌乐胺	dinitramine	106.7	119.2	106.6	103.5	89.9	120.3	82.7	99.8
339	氰霜唑	cyazofamid	98.7	97.6	79.4	106.0	68.7	95.6	86.8	104.7
340	毒壤磷	trichloronat	100.8	91.8	83.1	98.4	96.8	121.2	79.5	100.8
341	苄呋菊酯-2	resmethrin-2	139.0	84.5	93.7	109.6	97.1	107.3	123.1	100.7
342	啶酰菌胺	boscalid	126.7	85.1	101.9	107.2	98.7	110.6	80.7	107.0
343	甲磺乐灵	nitralin	87.6	91.0	106.7	116.2	69.8	106.9	90.6	102.7
344	甲氰菊酯	fenpropathrin	16.8	40.0	47.1	91.9	15.4	14.3	97.6	59.9
345	噻螨酮	hexythiazox	95.9	96.4	92.6	104.3	88.4	111.7	86.9	99.2
346	苯满特	benzoximate	77.2	89.6	83.9	70.7	85.1	90.7	90.2	85.6
347	新燕灵	benzoylprop-ethyl	25.7	70.0	82.7	92.5	79.4	68.6	70.0	82.3
348	嘧螨醚	pyrimidifen	113.7	89.6	93.2	84.4	60.4	96.0	96.5	101.0
349	呋线威	furathiocarb	100.6	92.0	74.2	105.4	89.0	113.7	82.2	102.6
350	反式氯菊酯	trans-permethin	100.6	104.2	71.3	102.4	80.8	108.7	81.4	98.8
351	醚菊酯	etofenprox	102.4	80.0	86.5	87.8	67.1	117.2	79.2	95.9
352	苄草唑	pyrazoxyfen	87.3	92.5	106.9	95.8	53.5	101.5	89.5	106.7
353	嘧唑螨	flubenzimine	94.8	104.2	77.6	101.5	62.5	106.2	82.1	101.9
354	氟吡乙禾灵	haloxyfop-2-ethoxyethyl	56.0	61.0	58.3	78.1	77.1	70.0	77.7	77.1
355	S-氰戊菊酯	esfenvalerate	106.1	105.8	85.6	104.8	98.6	114.8	82.4	98.6
356	乙羧氟草醚	fluoroglycofen-ethyl	38.0	60.0	61.2	113.1	55.1	99.6	60.0	67.3
357	氟胺氰菊酯	tau-fluvalinate	105.1	104.2	87.9	105.3	102.2	122.3	128.3	125.4
358	丙烯酰胺	acrylamide	96.4	119.5	71.9	93.7	65.4	77.1	99.1	96.3

（续表）

序号	中文名称	英文名称	低水平添加（%）				高水平添加（%）			
			1LOQ				4LOQ			
			红茶	绿茶	乌龙	普洱	红茶	绿茶	乌龙	普洱
359	叔丁基胺	tert-butylamine	99.4	137.6	81.6	105.1	65.9	89.3	95.6	116.0
360	噁霉灵	hymexazol	107.9	105.8	108.0	91.0	94.7	120.1	66.4	135.2
361	邻苯二甲酰亚胺	phthalimide	88.3	78.5	96.7	54.3	26.0	52.9	70.0	67.4
362	甲氟磷	dimefox	88.9	110.7	96.8	96.8	87.5	122.7	68.8	117.3
363	速灭威	metolcarb	115.8	82.5	97.7	109.8	76.4	115.7	77.9	98.2
364	二苯胺	diphenylamin	45.4	60.0	47.8	60.0	61.6	67.8	60.0	60.6
365	1-萘基乙酰胺	1-naphthy acetamide	80.1	79.5	83.3	85.0	78.5	85.5	90.0	71.5
366	脱乙基莠去津	atrazine-desethyl	105.9	102.6	93.7	88.3	96.5	99.8	86.9	119.3
367	2，6-二氯苯甲酰胺	2，6-dichloro-benzamide	113.6	90.0	83.0	56.6	61.3	112.7	74.4	95.5
368	涕灭威	aldicarb	71.1	100.0	101.8	100.6	68.2	115.5	95.0	111.5
369	邻苯二甲酸二甲酯	dimethyl phthalate	88.6	55.8	57.9	84.5	128.3	124.0	94.6	121.4
370	杀虫脒盐酸盐	chlordimefo-rmhydrochloride	115.0	85.9	90.8	84.6	82.0	72.0	88.7	93.0
371	西玛通	simeton	80.6	83.1	78.9	75.3	110.1	111.4	95.8	117.1
372	呋草胺	dinotefuran	108.4	92.2	105.7	71.5	88.8	79.6	66.5	83.1
373	克草敌	pebulate	95.4	85.6	94.2	102.5	72.6	76.0	86.5	63.7
374	活化酯	acibenzolar-s-methyl	93.2	89.5	103.3	88.6	118.0	87.6	99.4	94.1
375	蔬果磷	dioxabenzofos	63.6	80.0	100.7	93.5	89.5	83.4	99.5	96.4
376	杀线威	oxamyl	96.8	102.6	96.2	99.6	116.4	98.0	90.7	94.1
377	甲基苯噻隆	methabenz-thiazuron	96.3	88.0	102.0	92.8	125.9	88.4	103.0	87.0
378	丁酮砜威	butoxycarboxim	72.1	69.7	88.8	86.1	73.6	90.9	104.7	90.0
379	兹克威	mexacarbate	92.2	90.0	89.6	87.5	60.7	67.7	104.8	105.8

（续表）

| 中文名称 | 英文名称 | 低水平添加（%） | | | | 高水平添加（%） | | | |
| | | 1LOQ | | | | 4LOQ | | | |
		红茶	绿茶	乌龙	普洱	红茶	绿茶	乌龙	普洱
380	甲基内吸磷亚砜	demeton-s-methyl sulfoxide	44.6	81.3	92.5	99.2	98.2	84.5	98.9	96.0
381	久效威砜	thiofanox sulfone	22.5	88.1	85.9	76.4	79.1	68.1	87.9	95.5
382	硫环磷	phosfolan	109.4	104.1	97.1	81.2	103.9	111.4	96.9	131.9
383	硫赶内吸磷	demeton-s	55.9	63.6	98.0	82.4	80.9	90.5	108.7	106.4
384	氧倍硫磷	fenthion oxon	70.2	114.7	83.7	57.8	93.6	91.1	101.4	87.8
385	萘丙胺	napropamide	84.3	91.0	97.4	100.9	108.9	82.8	100.8	97.8
386	杀螟硫磷	fenitrothion	48.2	13.6	71.8	121.8	70.1	87.5	103.6	88.0
387	酞酸二丁酯	phthalic acid, dibutyl ester	28.8	90.0	102.5	100.6	101.1	93.7	76.1	102.1
388	丙草胺	metolachlor	126.2	78.5	93.7	80.3	63.9	79.6	79.0	89.7
389	腐霉利	procymidone	81.1	92.1	86.1	84.1	103.0	79.3	77.7	88.0
390	蚜灭磷	vamidothion	368.2	42.3	98.8	65.1	76.2	71.2	86.8	82.0
391	枯草隆	chloroxuron	94.5	92.2	96.5	86.8	104.8	86.6	108.8	109.0
392	威菌磷	triamiphos	63.9	80.0	113.3	73.9	113.1	79.3	81.8	90.7
393	右旋炔丙菊酯	prallethrin	52.4	81.2	84.7	84.5	109.4	80.8	100.8	85.5
394	二苯隆	cumyluron	47.3	81.4	90.5	107.0	103.8	89.0	101.9	98.6
395	甲氧咪草烟	imazamox	44.0	91.4	84.4	107.3	105.6	95.6	98.3	94.8
396	杀鼠灵	warfarin	105.3	91.0	94.2	101.6	83.0	99.6	97.3	105.3
397	亚胺硫磷	phosmet	87.7	92.5	91.7	103.6	101.4	89.9	102.4	95.6
398	皮蝇磷	ronnel	76.6	91.5	91.9	99.1	101.7	89.2	101.0	95.3
399	除虫菊酯	pyrethrin	43.6	81.0	81.5	69.0	111.5	81.7	101.1	78.1
400	—	phthalic acid, biscyclohexyl ester	72.9	105.3	88.9	120.6	86.4	78.6	51.7	73.3
401	环丙酰菌胺	carpropamid	93.7	105.5	72.6	101.1	70.9	78.6	91.8	103.7
402	吡螨胺	tebufenpyrad	111.4	85.2	80.2	130.9	105.0	100.0	100.7	90.5
403	虫螨磷	chlorthiophos	45.4	91.0	87.3	102.9	99.3	89.5	101.1	99.1
404	氯亚胺硫磷	dialifos	75.6	77.1	50.9	63.9	90.0	85.7	69.6	99.8
405	吲哚酮草酯	cinidon-ethyl	108.6	90.6	89.3	114.2	101.8	85.1	98.6	94.5

（续表）

序号	中文名称	英文名称	低水平添加（%）				高水平添加（%）			
			1LOQ				4LOQ			
			红茶	绿茶	乌龙	普洱	红茶	绿茶	乌龙	普洱
406	鱼滕酮	rotenone	73.1	80.9	101.9	119.8	78.5	65.5	62.3	72.3
407	亚胺唑	imibenconazole	100.5	87.6	94.8	81.1	108.3	90.0	110.9	93.9
408	噁草酸	propaquizafop	57.7	65.5	93.3	102.7	145.5	114.0	101.5	95.8
409	乳氟禾草灵	lactofen	96.2	100.7	90.3	101.2	146.6	108.6	98.7	99.4
410	吡草酮	benzofenap	95.4	100.6	90.2	108.1	100.8	93.7	102.1	58.9
411	地乐酯	dinoseb acetate	77.4	91.7	90.0	100.2	109.1	90.0	99.9	97.6
412	异丙草胺	propisochlor	47.4	81.9	89.8	95.5	134.0	107.4	92.5	96.3
413	氟硅菊酯	silafluofen	75.1	71.3	71.6	59.0	100.6	82.8	75.1	47.5
414	乙氧苯草胺	etobenzanid	98.5	93.7	92.5	90.0	77.8	64.6	72.2	79.2
415	四唑酰草胺	fentrazamide	45.0	92.1	75.6	107.1	94.7	74.9	93.5	92.0
416	五氯苯胺	pentachl-oroaniline	58.5	90.5	92.3	95.6	95.9	81.9	97.4	95.3
417	丁硫克百威	carbosulfan	83.3	90.8	84.7	110.4	59.2	99.9	97.5	96.6
418	苯醚氰菊酯	cyphenothrin	47.3	91.3	102.7	101.9	164.7	115.1	97.2	98.1
419	噁唑隆	dimefuron	53.4	63.8	100.0	52.6	77.3	90.0	100.9	107.3
420	马拉氧磷	malaoxon	114.4	108.2	108.9	74.0	75.4	65.8	109.6	87.6
421	氯杀螨砜	chlorbenside sulfone	84.3	94.0	78.4	101.1	94.9	98.5	85.8	112.7
422	多果定	dodine	87.4	88.0	91.2	90.0	72.1	95.0	94.6	97.4
423	茅草枯	dalapon	75.3	87.3	90.4	76.9	96.0	79.4	74.2	56.8
424	2-苯基苯酚[a]	2-phenylphenol	92.5	110.5	80.4	105.4	79.5	105.7	103.0	83.1
425	3-苯基苯酚	3-phenylphenol	96.4	84.6	81.2	81.7	122.7	100.0	98.0	104.2
426	氯硝胺	dicloran	80.7	71.3	90.3	92.4	97.1	84.9	96.7	109.4
427	氯苯胺灵	chlorpropham	92.7	110.9	109.4	79.7	104.3	63.9	94.4	96.1
428	特草定	terbacil	75.5	89.2	145.5	115.0	97.3	89.4	87.9	83.3
429	咯菌腈	fludioxonil	103.8	87.6	87.2	95.0	61.7	75.5	82.7	80.5
430	杀螨醇	chlorfenethol	85.9	86.7	60.3	99.2	95.6	90.3	75.6	125.8

	中文名称	英文名称	低水平添加（%）				高水平添加（%）			
			1LOQ				4LOQ			
			红茶	绿茶	乌龙	普洱	红茶	绿茶	乌龙	普洱
431	萘草胺	naptalam	40.4	41.7	81.7	27.0	90.0	119.8	88.8	119.5
432	灭幼脲	chlorobenzuron	37.1	53.3	61.9	35.0	71.3	113.1	123.2	83.4
433	氯霉素	chloramphenicolum	49.8	42.3	52.4	43.2	47.5	49.6	45.4	47.4
434	噁唑菌酮	famoxadone	49.8	42.3	52.4	43.2	47.5	49.6	45.4	47.4
435	吡氟酰草胺	diflufenican	65.2	54.2	45.0	49.9	80.6	65.9	77.1	52.8
436	氟氰唑	ethiprole	48.5	48.3	54.4	45.9	56.1	50.6	47.6	50.5
437	氟啶胺	fluazinam	56.5	44.4	58.8	53.0	47.4	50.9	48.3	53.2
438	克来范	kelevan	29.7	31.5	9.8	31.5	13.2	16.8	31.9	16.8
439	异噁草松	clomazone	41.7	59.8	57.2	54.3	59.2	89.3	73.3	70.0
440	燕麦敌	diallate	73.3	65.4	47.1	91.4	62.7	64.0	70.1	75.1
441	嘧霉胺	pyrimethanil	80.0	79.5	77.6	80.0	76.6	75.1	80.2	0
442	双硫磷	temephos	51.2	54.6	56.6	60.6	51.8	68.6	48.3	55.9
443	莠去津	atrazine	74.9	53.3	59.2	43.3	69.6	60.4	61.6	42.8
444	利谷隆	linuron	49.9	50.5	44.1	46.5	48.8	49.2	46.3	47.1
445	丁苯吗啉	fenpropimorph	47.2	49.0	43.8	45.3	48.1	49.0	45.5	46.7
446	杀虫腈	cyanophos	52.1	59.2	52.4	65.1	65.9	52.0	48.9	58.6
447	Z-氯氰菊酯	zeta-cypermethrin	48.5	50.0	42.6	48.6	50.3	48.8	48.5	49.3
448	2,4-滴	2,4-D	46.1	53.8	42.5	48.5	53.4	51.5	37.8	53.9

三、加速溶剂萃取凝胶色谱净化气相色谱质谱法测定茶叶中的农药残留

（一）原理

茶叶试样中有机磷、有机氯、拟除虫菊酯类农药经加速溶剂萃取仪（ASE）用乙腈+二氯甲烷（1+1，体积比）提取，提取液经溶剂置换后用凝胶渗透色谱（GPC）净化、浓缩后，用气相色谱—质谱仪进行检测，选择离子和色谱保留时间定性，外标法定量。

（二）试剂和材料

除另有说明外，所用试剂均为分析纯。

（1）环己烷：色谱纯。

（2）乙酸乙酯：色谱纯。

（3）正己烷：色谱纯。

（4）有机相微孔滤膜：孔径 0.45μm。

（5）36 种农药标准物质（纯度>98%）：见表 5-13。

表 5-13　36 种农药中英文名称、方法检出限

序号	中文名称	英文名称	检出限（mg/kg）
1	敌敌畏	dichlorvos	0.01
2	甲胺磷	methamidophos	0.02
3	乙酰甲胺磷	acephate	0.02
4	甲拌磷	phorate	0.01
5	δ-六六六	*delta*-HCH	0.005
6	γ-六六六	*gamma*-HCH	0.005
7	β-六六六	*beta*-HCH	0.005
8	异稻瘟净	iprobenfos	0.01
9	乐果	dimethoate	0.02
10	八氯二丙醚	S421	0.01
11	α-六六六	*alpha*-HCH	0.005
12	毒死蜱	chlorpyrifos	0.01
13	杀螟硫磷	fenitrothion	0.01
14	三氯杀螨醇	dicofol	0.02
15	水胺硫磷	isocarbophos	0.01
16	α-硫丹	*alpho*-endosulfan	0.02
17	喹硫磷	quinalphos	0.01
18	p，p′-滴滴伊	p，p′-DDE	0.01
19	o，p′-滴滴伊	o，p′-EED	0.01
20	噻嗪酮	buprofenzin	0.01
21	o，p′-滴滴涕	o，p′-DDT	0.01
22	p，p′-滴滴涕	p，p′-DDT	0.01

序号	中文名称	英文名称	检出限（mg/kg）
23	β-硫丹	*beta*-endosulfan	0.02
24	联苯菊酯	bifenthrin	0.01
25	三唑磷	triazophos	0.01
26	甲氰菊脂	fenpropathrin	0.01
27	氯氟氰菊酯	lambda-cyhalothrin	0.01
28	苯硫磷	EPN	0.01
29	三氯杀螨砜	tetradifon	0.01
30	氯菊酯	permethrin	0.01
31	哒螨酮	pyridaben	0.01
32	氯氰菊酯	cypermethrin	0.05
33	氟氰戊菊酯	flucythrinate	0.02
34	氟胺氰菊酯	fluvalinate	0.05
35	氰戊菊酯	fenvalerate	0.05
36	溴氰菊酯	deltamethrin	0.05

（6）农药混合标准储备溶液：根据每种农药在仪器上的响应灵敏度，确定其在混合标准储备液中的浓度，移取适量 100μg/mL 单种农药标准样品于 10mL 容量瓶中，用正己烷定容，配制 36 种农药混合标准储备液（4℃下避光保存，可使用一个月）。

（7）基质混合标准工作液：移取一定体积的混合标准储备液，用经净化后的样品空白基质提取液作溶剂，配制成不同浓度的基质混合标准工作液，用于制作标准工作曲线。基质混合标准工作溶液应现配现用。

（三）仪器和设备

（1）气相色谱—质谱仪：配有电子轰击电离源（EI）。

（2）加速溶剂萃取仪（ASE）。

（3）凝胶渗透色谱仪（GPC）。

（4）旋转蒸发器。

（5）氮气吹干仪。

（6）高速离心机。

（7）分析天平：感量 0.01g。

（8）粉碎机。

（9）移液器：100μL、1mL各1支。

（四）测定步骤

1. 提取

称取磨碎的均匀茶叶试样5g（精确至0.01g），加适量水润湿，移入加速溶剂萃取仪的34mL萃取池中，用乙腈+二氯甲烷（1+1，体积比）作为提取溶剂，在10.34MPa（1 500psi）压力、100℃条件下，加热5min，静态萃取5min。循环1次。然后用池体积60%的乙腈+二氯甲烷（1+1，体积比）冲洗萃取池，并用氮气吹扫100s。萃取完毕，将萃取液转移到100mL鸡心瓶中，于40℃水浴中减压旋转蒸发近干，然后用适量乙酸乙酯+环己烷（1+1，体积比）溶解残余物后转移至10mL离心管中，再用乙酸乙酯+环己烷（1+1，体积比）定容至10mL。将此10mL溶液高速离心（1 000r/min，5min）后过0.45μm滤膜，待凝胶色谱净化。

2. 净化

取上述提取液5mL按照凝胶色谱条件［净化柱：调料50g Bio-beads-X₃，柱径25mm；柱床高32cm；流动相：环己烷+乙酸乙酯（1+1，体积比）；流速：5mL/min；排除时间：1 080s（18min）；收集时间：600s（10min）］净化，将净化液置于氮气吹干仪上（≤40℃）吹至近干，用正己烷定容至0.5mL，用GC/MS测定。

3. 测定

（1）参考分析条件

a）色谱柱：DB-17ms（30m×0.25m×0.25μm）石英毛细柱或柱效相当的色谱柱。

b）色谱柱升温程序：60℃保持1min，然后以30℃/min升温至160℃，再以5℃/min升温至295℃，保持10min。

c）载气：氦气（纯度≥99.999%），恒流模式，流速为1.2mL/min。

d）进样口温度：250℃。

e）进样量：1μL。

f）进样方式：无分流进样，1min后打开分流阀。

g）离子源：EI源，70eV。

h）离子源温度：230℃。

i）接口温度：280℃。

j）测定方式：选择离子监测（SIM）。每种目标化合物分别选择1个定量离子、2~3个定性离子。每组所有需要检测的离子按照保留时间的先后顺序，分时段分别检测。每种化合物的保留时间、定量离子、定性离子及定量离子与定性离子的丰度比值见表5-14。每组检测离子和保留时间范围参见表5-15。

表 5-14　36 种农药的保留时间、定量离子、定性离子及定量离子与定性离子丰度比值

序号	中文名称	英文名称	保留时间（min）	定量离子（m/z）	定性离子（m/z）		
1	敌敌畏	dichlorvos	5.7	109（100）	145（8）	185（28）	220（5）
2	甲胺磷	methamidophos	6.4	94（100）	95（56）	141（36）	126（7）
3	乙酰甲胺磷	acephate	8.9	94（100）	95（50）	136（200）	142（22）
4	甲拌磷	phorate	11.3	121（100）	75（335）	97（85）	231（27）
5	δ-六六六	delta-HCH	11.7	219（100）	181（111）	183（107）	217（78）
6	γ-六六六	gamma-HCH	13.15	183（100）	219（95）	221（48）	254（11）
7	β-六六六	beta-HCH	13.6	219（100）	181（122）	254（21）	217（84）
8	异稻瘟净	iprobenfos	13.8	91（100）	204（56）	246（6）	
9	乐果	dimethoate	14.0	87（100）	93（54）	125（46）	229（8）
10	八氯二丙醚	S421	14.4	132（100）	109（32）	130（99）	
11	α-六六六	alpha-HCH	14.8	219（100）	183（109）	221（53）	254（21）
12	毒死蜱	chlorpyrifos	16.4	314（100）	197（190）	258（54）	286（44）
13	杀螟硫磷	fenitrothion	16.7	277（100）	109（71）	125（86）	260（60）
14	三氯杀螨醇	dicofol	17.25	139（100）	141（32）	250（11）	252（13）
15	水胺硫磷	isocarbophos	18.2	136（100）	230（9）	289（10）	
16	α-硫丹	alpho-endosulfan	18.7	241（100）	265（70）	277（64）	339（58）
17	喹硫磷	quinalphos	18.9	146（100）	156（41）	157（67）	298（22）
18	p，p′-滴滴伊	p，p′-DDE	19.6	318（100）	246（145）	248（93）	316（81）
19	o，p′-滴滴伊	o，p′-EED	19.8	318（100）	246（145）	248（93）	316（81）
20	噻嗪酮	buprofenzin	20.0	105（100）	172（54）	249（16）	305（24）
21	o，p′-滴滴涕	o，p′-DDT	21.7	235（100）	165（43）	199（14）	237（65）
22	p，p′-滴滴涕	p，p′-DDT	21.8	235（100）	165（43）	199（14）	237（65）
23	β-硫丹	beta-endosulfan	22.1	241（100）	265（62）	339（71）	
24	联苯菊酯	bifenthrin	23.2	181（100）	165（31）	166（32）	
25	三唑磷	triazophos	24.4	161（100）	172（35）	257（13）	285（7）
26	甲氰菊酯	fenpropathrin	24.8	181（100）	209（25）	265（36）	349（13）
27	氯氟氰菊酯	lambda-cyhalothrin	25.6	181（100）	197（70）	208（43）	141（27）
28	苯硫磷	EPN	26.0	157（100）	169（63）	323（13）	
29	三氯杀螨砜	tetradifon	26.9	159（100）	227（50）	354（31）	356（41）

（续表）

序号	中文名称	英文名称	保留时间（min）	定量离子（m/z）	定性离子（m/z）		
30	氯菊酯	permethrin	28.2；28.5	183（100）	163（23）	165（20）	255（3）
31	哒螨酮	pyridaben	28.6	147（100）	117（12）	309（6）	364（5）
32	氯氰菊酯	cypermethrin	30.0；30.2；30.4	163（100）	152（23）	181（16）	
33	氟氰戊菊酯	flucythrinate	30.1；30.5	199（100）	157（75）	451（12）	
34	氟胺氰菊酯	fluvalinate	31.0；31.2	250（100）	181（26）	252（33）	
35	氰戊菊酯	fenvalerate	32.2；32.8	167（100）	181（58）	225（86）	419（64）
36	溴氰菊酯	deltamethrin	34.5	181（100）	172（30）	174（28）	253（58）

表5-15　36种农药选择离子检测分组和选择离子

序号	时间范围（min）	选择离子（m/z）
1	5.25~6.92	109，220，185，94，126，141
2	6.92~9.38	136，94，142
3	9.38~12.26	131，231，260，219，181，183，217
4	12.26~15.40	183，254，221，219，217，181，91，246，204，87，229，125，109，130，132
5	15.40~20.55	314，258，288，277，109，125，260，139，141，250，353，289，183，253，136，230，241，265，339，146，298，157，246，318，316，248，105，172，305
6	20.55~22.58	23，165，237，199，241，265，339
7	22.58~26.44	181，166，165，139，251，253，161，172，257，265，349，197，141，208，157，323，169
8	26.44~27.47	159，227，356
9	27.47~29.18	183，163，255，147，364，117
10	29.18~33.07	163，152，181，199，157，451，250，252，167，225，419
11	33.07~34.98	181，174，172

（2）定性检测：进行样品测定时，如果检出的色谱峰的保留时间与标准样品一

致，在扣除背景后的样品质谱图中所选择的离子均出现，且所选择的离子丰度比与标准样品的离子丰度比一致，则可判断样品中存在这种农药化合物。本标准定性测定时相对离子丰度的最大允许偏差见表 5-16 要求。

表 5-16　定性测定时相对离子丰度的最大允许偏差

相对离子丰度（％）	>50	>20~50	>10~20	≤10
最大允许偏差（％）	±10	±15	±20	±50

（3）定量测定：本标准采用外表校准曲线法单离子定量测定。为了减少基质对定量测定的影响，需用空白样液来制备所使用的一系列基质标准工作溶液，用基质标准工作溶液分别进样来绘制标准曲线。并且保证所测样品中农药响应值均在仪器的线性范围内。

（4）空白试验：除不称取样品外，均按"（四）测定步骤"进行。

（五）结果计算

1. 标准曲线

使用基质标准工作溶液（浓度在 50~100 050μg/L 混合标准系列溶液）进样，绘制基质标准工作曲线。待测农药的响应值均应在检测方法的线性范围之内。

2. 结果计算

试样中每种农药残留量按下列公式计算：

$$X = \frac{c \times V \times 1\,000}{m \times 1\,000}$$

式中：

X——试样中被测组分残留量，单位为毫克每千克（mg/kg）；

c——从标准曲线上得到的被测组分溶液浓度，单位为微克每毫升（μg/mL）；

V——样品定容体积，单位为毫升（mL）；

m——试样的质量，单位为克（g）。

3. 精密度

本标准精密度数据是按照 GB/T 6379.1—2004、GB/T 6379.2—2004 规定确定的。在再现性条件下获得的两次独立的测试结果的绝对差值不大于这两个测定值的算术平均值的 15%，以大于这两个测定值的算术平均值的 15% 情况不超过 5% 为前提。本标准的精密度数据见表 5-17。

表 5-17　36 种农药精密度数据表

序号	名称	含量（mg/kg）	相对标准偏差（RSD）（n=6）（%）
1	敌敌畏	0.02	3.11
		0.1	2.25
2	甲胺磷	0.02	4.44
		0.1	3.25
3	乙酰甲胺磷	0.02	3.24
		0.1	4.00
4	甲拌磷	0.02	3.52
		0.1	2.92
5	δ-六六六	0.02	3.17
		0.1	1.78
6	γ-六六六	0.02	5.02
		0.1	4.45
7	β-六六六	0.02	4.33
		0.1	3.65
8	异稻瘟净	0.02	4.39
		0.1	2.34
9	乐果	0.02	5.35
		0.1	2.96
10	八氯二丙醚	0.02	3.69
		0.1	2.89
11	α-六六六	0.02	4.32
		0.1	2.87
12	毒死蜱	0.02	6.84
		0.1	2.75
13	杀螟硫磷	0.02	5.37
		0.1	2.81
14	三氯杀螨醇	0.02	3.53
		0.1	3.54
15	水胺硫磷	0.02	4.48
		0.1	2.58

（续表）

序号	名称	含量（mg/kg）	相对标准偏差（RSD）（n=6）（%）
16	α-硫丹	0.04	8.40
		0.2	7.19
17	喹硫磷	0.02	4.62
		0.1	3.20
18	p，p′-滴滴伊	0.02	4.84
		0.1	3.47
19	o，p′-滴滴伊	0.02	4.76
		0.1	3.49
20	噻嗪酮	0.02	4.53
		0.1	2.60
21	o，p′-滴滴涕	0.02	4.70
		0.1	3.59
22	p，p′-滴滴涕	0.02	4.99
		0.1	3.26
23	β-硫丹	0.04	4.22
		0.2	2.28
24	联苯菊酯	0.02	3.91
		0.1	2.72
25	三唑磷	0.04	5.19
		0.2	2.84
26	甲氰菊酯	0.04	3.93
		0.2	2.74
27	氯氟氰菊酯	0.02	4.58
		0.1	3.03
28	苯硫磷	0.02	5.45
		0.1	2.66
29	三氯杀螨砜	0.04	4.23
		0.2	2.24
30	氯菊酯	0.04	3.89
		0.2	7.32

序号	名称	含量（mg/kg）	相对标准偏差（RSD）（$n=6$）（%）
31	蝶螨酮	0.02	3.11
		0.1	2.68
32	氯氰菊酯	0.08	1.92
		0.4	2.42
33	氟氰戊菊酯	0.04	2.99
		0.2	1.95
34	氟胺氰菊酯	0.08	2.51
		0.4	1.29
35	氰戊菊酯	0.08	2.91
		0.4	2.97
36	溴氰菊酯	0.08	1.92
		0.4	1.70

四、液相色谱—质谱/质谱法测定茶叶中环己酮类除草剂残留量

（一）原理

试样中残留的环己烯酮类除草剂用酸性乙腈或乙腈提取，提取液经 N-丙基乙二胺（PSA）、十八烷基硅烷（ODS）和石墨化碳黑净化，用液相色谱—质谱/质谱仪检测和确证，外标法定量。

（二）试剂和材料

除另有规定外，所有试剂均为分析纯，水为符合 GB/T 6682—2008 中规定的一级水。

1. 试剂

（1）乙腈（CH_3CN）：色谱纯。

（2）乙酸（CH_3COOH）（99.5%）。

（3）甲酸（HCOOH）（88.0%）。

（4）乙酸钠（CH_3COONa）。

（5）氯化钠（NaCl）。

（6）无水硫酸镁（$MgSO_4$）：经650℃灼烧4h，置于干燥器内备用。

2. 溶液配制

（1）1%乙酸乙腈溶液：取 10mL 乙酸，加入 990mL 乙腈，混匀。

（2）60%乙腈水溶液：取 60mL 乙腈，加入 40mL 水，混匀。

（3）甲酸—水溶液（0.2+999.8，v/v）：取 0.2mL 甲酸，用水溶解并稀释至 1 000mL。

3. 标准品

环己烯酮类标准品：烯草酮（Clethodim），CAS：99129-21-2，纯度≥99%；吡喃草酮（Tepraloxydim），CAS：149979-41-9，纯度≥99%；噻草酮（Cycloxydim），CAS：101205-02-1，纯度≥93.5%；三甲苯草酮（Tralkoxydim），CAS：87820-88-0，纯度≥93.5%；禾草灭（Alloxydim），CAS：55634-91-8，纯度≥98%；环苯草酮（Profoxydim），CAS：139001-49-3，纯度≥98.5%；丁苯草酮（Butroxydim），CAS：138164-12-2；纯度≥99%；烯禾啶（Sethoxydim），CAS：74051-80-2；纯度≥99%。

4. 标准溶液配制

（1）环己烯酮类标准储备溶液：准确称取适量环己烯酮类的标准品，用乙腈溶解并定容至 100mL。

（2）棕色容量瓶中，得浓度为 100μg/mL 的标准储备溶液，此溶液避光储存。

（3）混合标准工作溶液：根据需要使用前用空白样品基质配制适当混合标准工作溶液。

5. 材料

（1）石墨化碳黑吸附剂：120~400μm。

（2）N-丙基乙二胺（PSA）吸附剂：40~100μm。

（3）十八烷基硅烷（ODS）键合相：40~100μm。

（4）水相滤膜：0.22μm。

（三）仪器和设备

（1）液相色谱—质谱/质谱联用仪：配 ESI 电离源。

（2）电子天平：感量 0.01g 和 0.000 1g。

（3）粉碎机。

（4）组织捣碎机。

（5）离心机：4 000r/min。

（6）旋涡混合器。

（7）氮吹仪。

（8）均质器：10 000r/min。

（9）螺旋盖聚丙烯离心管：50mL、15mL。

（10）玻璃具塞离心管：15mL。

（四）试样制备与保存

1. 试样制备

取有代表性样品约 500g，用粉碎机粉碎，混匀，装入洁净容器作为试样，密封并标明标记。

2. 试样保存

试样于 0~4℃下保存。在制样的操作过程中，应防止样品污染或发生残留物含量的变化。

（五）分析步骤

1. 提取

称取试样 2g（精确到 0.01g）于 50mL 螺旋盖聚丙烯离心管中，加入 10mL 水，于旋涡混合器上混合 30s，放置 15min。加入 3g 无水硫酸镁、1g 氯化钠、1g 乙酸钠和 15mL 1%乙酸乙腈溶液，用均质器以 10 000r/min 均质 2min，4 000r/min 离心 5min。将上清液转移至 25mL 容量瓶中。再用 10mL 1%乙酸乙腈溶液重复提取 1 次，合并提取液于同一 25mL 容量瓶中，并用乙腈定容至刻度，待净化。

2. 净化

移取 8mL 上述提取液于 15mL 螺旋盖聚丙烯离心管中，加入 300mg 无水硫酸镁、250mg PSA、500mg ODS 和 10mg 石墨化碳黑，在旋涡混合器上混合 2min，4 000r/min 离心 5min。准确移取 5mL 净化液于 15mL 玻璃具塞离心管中，经 60℃氮吹仪吹干后，用 60%乙腈水溶液溶解并定容 1.0mL，过 0.22μm 滤膜供液相色谱—质谱/质谱仪测定。

3. 测定

（1）液相色谱参考条件。

（2）色谱柱：C_{18}，50mm×2.1mm（i. d.），粒度 1.7μm，或相当者。

（3）流动相：见梯度洗脱程序表 5-18。

表 5-18　梯度洗脱程序表

时间（min）	甲酸水溶液（3.9）（%）	乙腈（%）
0.25	60	40
1.5	60	40
1.6	40	60
2	40	60
3	20	80

（续表）

时间（min）	甲酸水溶液（3.9）（%）	乙腈（%）
4.5	20	80
5	60	40
6	60	40

a）流速：0.25mL/min。

b）柱温：30℃。

c）进样量：5μL。

d）质谱参考条件参见表5-19和表5-20。

（4）液相色谱—质谱/质谱检测和确证。

表5-19　质谱参考条件

离子源	ESI，正模式
扫描方式	多反应监测 MRM
源温度	110℃
去溶剂气流量	550L/h，氮气
去溶剂温度	350℃
锥孔气流量	50L/h，氮气
碰撞气压力	$3.30×10^{-3}$mbar，氩气：纯度≥99.999%
毛细管电压	3.0kV

表5-20　多反应监测条件

化合物	母离子（m/z）	子离子（m/z）	驻留时间（s）	锥孔电压（V）	碰撞能量（eV）
禾草灭	324.7	178.4	0.02	23	21
		266.5*	0.02	23	12
噻草酮	326.4	180.2	0.02	20	20
		280.3*	0.02	20	13
稀禾啶	328.3	178.1*	0.02	12	20
		282.2	0.02	12	11

（续表）

化合物	母离子（m/z）	子离子（m/z）	驻留时间（s）	锥孔电压（V）	碰撞能量（eV）
三甲苯草酮	330.3	137.9	0.02	24	24
		284.2*	0.02	24	12
吡喃草酮	342.4	166.1	0.02	22	21
		250.3*	0.02	22	14
烯草酮	360.2	164.1*	0.02	24	19
		268.3	0.02	24	13
丁苯草酮	400.4	138.1	0.02	28	23
		354.3*	0.02	28	15
环苯草酮	466.2	180.2	0.02	25	25
		280.3*	0.02	25	15

注：表中带"*"的离子为定量离子。

根据样液中被测物的含量情况，选定浓度与样液相近的标准工作溶液。标准工作溶液和样液中环己烯酮类响应值均应在仪器检测线性范围内。对标准工作溶液和样液等体积参插进样测定。在上述液相色谱—质谱条件下，环己烯酮类的保留时间分别为吡喃草酮2.83min、禾草灭3.40min、噻草酮3.81min、烯草酮3.89min、烯禾啶4.05min、丁苯草酮4.08min、三甲苯草酮4.17min、环苯草酮4.83min。

在上述液相色谱—质谱条件下，样品中待测物质保留时间与标准工作溶液中对应的保留时间的偏差为±2.5%之内，且样品中被测物质的相对离子丰度与浓度相当标准工作溶液的相对离子丰度进行比较，相对丰度允许相对偏差不超过表5-16规定的范围，则可确定样品中存在对应的被测物。

4. 空白试验

除不加试样外，均按上述步骤进行。

（六）结果计算和表达

用LC-MS/MS色谱数据处理机或按下列公式计算试样中环己烯酮类残留含量，计算结果需扣除空白值。

$$X_i = \frac{A_i \times C_{si} \times V}{A_{si} \times m}$$

式中：

X_i——试样中环己烯酮类残留量，单位为微克每千克（µg/kg）；

A_i——样液中环己烯酮类的峰面积；

C_{si}——标准工作液中环己烯酮类的浓度，单位为纳克每毫升（ng/mL）；

V——样液最终定容体积，单位为毫升（mL）；

A_{si}——标准工作液中环己烯酮类的峰面积；

m——最终样液所代表的试样质量，单位为克（g）。

注：计算结果应扣除空白值，测定结果用平行测定的算术平均值表示，保留两位有效数字。

（七）精密度

（1）在重复性条件下，获得的两次独立测定结果的绝对差值与其算术平均值的比值（百分率），应符合表5-10的要求。

（2）在再现性条件下，获得的两次独立测定结果的绝对差值与其算术平均值的比值（百分率），应符合表5-11的要求。

（八）定量限

本方法的定量限为5μg/kg。

五、液相色谱—质谱/质谱法测定茶叶中硫代氨基甲酸酯类除草剂残留量

（一）原理

采用乙腈提取试样中残留的硫代氨基甲酸酯除草剂，提取液经 HLB 和 Envi-Carb 固相萃取柱净化，液相色谱—质谱联用仪检测和确证，内标法定量。

（二）试剂和材料

除另有规定外，所有试剂均为分析纯，水为符合 GB/T 6682—2008 中规定的一级水。

1. 试剂

（1）乙腈（CH_3CN，75-05-8）：色谱纯。

（2）正己烷（C_6H_{14}，110-54-3）。

（3）丙酮（C_3H_6O，67-64-1）。

（4）乙酸（$C_2H_4O_2$，64-19-7）：色谱纯。

（5）氯化钠（NaCl，7647-14-5）。

2. 溶液配制

（1）正己烷—丙酮溶液（7+3）：准确量取 70mL 正己烷和 30mL 丙酮，摇匀备用。

（2）乙腈—水溶液（1+1）：准确量取 50mL 乙腈和 50mL 水，摇匀备用。

3. 标准品

（1）标准物质：见表5-21，纯度均>99%。

（2）内标标准物质：D3-甲萘威（100μg/mL）。

表5-21 9种硫代氨基甲酸酯除草剂相关信息

化合物	英文名	CAS No.	分子式
克草敌	pebulate	1114-71-2	$C_{10}H_{21}NOS$
禾草敌	molinate	2212-67-1	$C_9H_{17}NOS$
茵草敌	EPTC	759-94-4	$C_9H_{19}NOS$
禾草丹	thiobencarb	28249-77-6	$C_{12}H_{16}ClNOS$
燕麦敌	diallate	2303-16-4	$C_{10}H_{17}Cl_2NOS$
丁草敌	butylate	2008-41-5	$C_{11}H_{23}NOS$
野麦畏	triallate	2303-17-5	$C_{10}H_{16}Cl_3NOS$
灭草敌	vernolate	1929-77-7	$C_{10}H_{21}NOS$
环草敌	cycloate	1134-23-2	$C_{11}H_{21}NOS$

4. 标准溶液配制

（1）硫代氨基甲酸酯农药标准储备溶液（100μg/mL）：准确称取适量的各种硫代氨基甲酸酯标准物质，用乙腈配制成浓度为100mg/L的标准储备溶液，-18℃下避光保存，保存期为6个月。

（2）硫代氨基甲酸酯农药混合标准中间溶液（1.0μg/mL）：吸取每种适量标准储备溶液，用乙腈稀释成1.0mg/L的混合标准工作溶液，-18℃下避光保存，保存期为1个月。

（3）内标中间溶液（1.0μg/mL）：准确吸取适量的内标标准物质，用乙腈配制成浓度为1.0mg/L内标工作溶液，-18℃下避光保存，保存期为1个月。

5. 材料

（1）HLB固相萃取柱或相当者：200mg，6mL。用前用5mL乙腈处理，保持柱体湿润。

（2）Envi-Carb固相萃取柱或相当者：200mg，3mL。用前用5mL正己烷-丙酮处理，保持柱体湿润。

（3）微孔滤膜：0.22μm，有机相型。

（三）仪器和设备

（1）液相色谱—质谱联用仪：配有电喷雾离子源（ESI）。

（2）分析天平：感量0.1mg和0.01g。

（3）吹氮浓缩仪。

（4）离心机：转速不低于5 000r/min。

（5）均质器。

（6）旋涡混匀器。

（7）固相萃取装置。

（8）移液器：10~100μL和100~1 000μL。

（9）聚丙烯离心管：50mL或15mL，具塞。

（10）容量瓶：25mL。

（四）试样制备与保存

取代表性样品约500g，用粉碎机充分粉碎，样品全部过425μm的标准网筛。混匀。试样均分为两份，装入洁净容器，密封，并标明标记。茶叶样品常温下保存。在制样的操作过程中，应防止样品受到污染或发生残留物含量的变化。

（五）分析步骤

1. 提取

称取2.5g（精确至0.01g）样品于50mL具塞离心管中，加入100μL内标中间溶液，加入10mL水，混匀后放置1h。然后加入4.0g氯化钠，再加入15mL乙腈高速均质提取3min，振荡提取15min，于5 000r/min离心5min，将乙腈层转移至25mL容量瓶中。残渣再用10mL乙腈重复提取1次，合并提取液，并用乙腈定容至25mL。

2. 净化

取5.0mL提取液于15mL离心管中，茶叶提取液取10.0mL，40℃下用N_2吹至2.0mL左右。将浓缩液转入处理过的HLB固相萃取柱中，以约1.5mL/min的流速使样液全部通过固相萃取柱，再用3mL乙腈淋洗并抽干固相萃取柱，收集全部流出液于15mL离心管中，40℃下用N_2吹至近干。残渣用2.0mL正己烷-丙酮溶液溶解，将溶解液加入处理过的Envi-Carb固相萃取柱中，以约1.5mL/min的流速使样液全部通过固相萃取柱，再用5mL正己烷-丙酮溶液润洗样品管，并将润洗液一并加入Envi-Carb固相萃取柱，收集全部流出液于15mL离心管中，40℃吹氮至近干。残渣用乙腈-水溶液定容至1.0mL，旋涡混匀后，过微孔滤膜，供液相色谱—质谱联用仪测定。

3. 测定

（1）液相色谱参考条件

a）色谱柱：Acquity BEH C_{18}色谱柱，50mm×2.1mm（i.d.），1.7μm，或相当者；

b）柱温：40℃；

c）进样量：10μL；

d）流动相、流速及梯度洗脱条件见表 5-22。

表 5-22 流动相、流速及梯度洗脱条件

时间（min）	流速（mL/min）	0.1%乙酸水溶液（%）	甲醇（%）
0	0.25	70	30
15	0.25	0	100
15.1	0.25	70	30
18	0.25	70	30

（2）质谱参考条件

a）离子化模式：电喷雾离子源；

b）扫描方式：正离子扫描；

c）检测方式：多反应监测（MRM）；

d）电喷雾电压：3 000V；

e）辅助气流速：700L/h；

f）碰撞气：氩气；

g）幕帘气流速：50L/h；

h）离子源温度：105℃；

i）辅助气温度：350℃；

j）其他参考质谱条件见表 5-23。

表 5-23 9 种硫代氨基甲酸酯除草剂测定的质谱参数

分析物	参考保留 时间（min）	母离子	子离子	采集时间 （s）	提取电压 （V）	碰撞能量 （eV）
禾草敌	7.20	188	126*	0.10	32	14
			83			18
茵草敌	8.57	190	128*	0.05	28	11
			86			13
丁草敌	10.56	218	57*	0.05	32	17
			156			11
灭草敌	9.79	204	86*	0.05	30	15
			128			13

（续表）

分析物	参考保留时间（min）	母离子	子离子	采集时间（s）	提取电压（V）	碰撞能量（eV）
克草敌	9.84	204	57*	0.05	28	19
			72			13
野麦畏	11.62	306	86*	0.05	30	14
			145			26
禾草丹	9.77	258	100*	0.05	28	12
			125			22
环草敌	9.89	216	154*	0.05	24	11
			134			14
燕麦敌	10.30	270	86*	0.05	34	16
			109			28
D3-甲萘威	4.22	205	145*	0.05	20	10

注：*为定量离子，对于不同质谱仪器，仪器参数可能存在差异，测定前应将质谱参数优化到最佳性能。

4. 标准工作曲线

吸取适量的混合标准中间溶液（1.0μg/mL）和内标中间溶液（1.0μg/mL），用空白样品提取液配成浓度为1.0μg/L、5.0μg/L、10.0μg/L、20.0μg/L、40.0μg/L、100μg/L的基质混合标准工作溶液，内标浓度均为20.0μg/L。临用配制，供液相色谱—质谱/质谱联用仪测定。以待测物和内标物峰面积的比值为纵坐标，基质混合标准工作溶液浓度为横坐标绘制标准工作曲线。

5. 测定

（1）定性测定：每种被测组分选择1个母离子，2个以上子离子，在上述实验条件下，样品中待测物质的保留时间，与基质标准溶液的保留时间偏差在±2.5%之内；且样品中各组分定性离子的相对丰度与浓度接近的基质混合标准工作溶液中对应的定性离子的相对丰度进行比较，偏差不超过表5-16规定的范围，则可判定为样品中存在对应的待测物。

（2）定量测定：在仪器最佳工作条件下，对基质混合标准工作溶液进样，以待测物和内标物峰面积的比值为纵坐标，基质混合标准工作溶液浓度为横坐标绘制标准工作曲线，用标准工作曲线对样品进行定量，样品溶液中待测物的响应值均应在仪器测定的线性范围内；如果超出线性范围，应用空白基质溶液进行适当稀释后进样测定。9种硫代氨基甲酸酯类除草剂标准物质的多反应监测（MRM）色谱图参见图5-1。

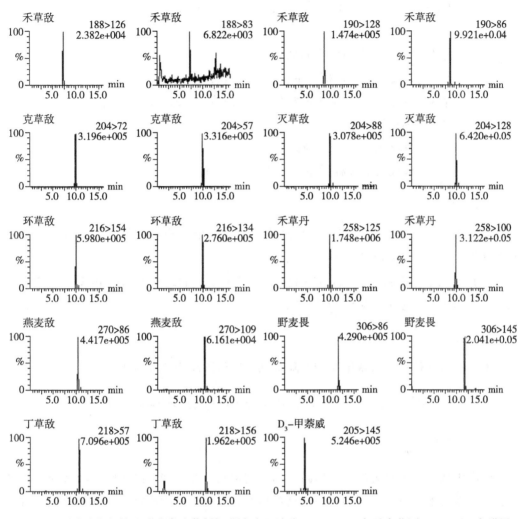

图5-1 9种硫代氨基甲酸酯类除草剂标准溶液（浓度5.0μg/L）多反应监测（MRM）色谱图

6. 空白实验

除不加标样外，按上述测定步骤进行。

（六）结果计算和表述

按下列公式计算试样中硫代氨基甲酸酯类除草剂的残留量。

$$X = \frac{c \times c_i \times A \times A_{si} \times V \times 1\,000}{c_{si} \times A_i \times A_s \times m \times 1\,000}$$

式中：

X——样品中待测组分残留量，单位为微克每千克（μg/kg）；

c——标准工作溶液中药物的浓度，单位为微克每升（μg/L）；

c_i——样液中内标物的浓度，单位为微克每升（$\mu g/L$）；

A——样液中药物的峰面积；

A_{si}——标准工作溶液中内标物的峰面积；

V——样品溶液最终定容体积，单位为毫升（mL）；

c_{si}——标准工作溶液中内标物的浓度，单位为微克每升（$\mu g/L$）；

A_i——样液中内标物的峰面积；

A_s——标准工作溶液中药物的峰面积；

m——最终样液代表的试样质量，单位为克（g）。

（七）精密度

（1）在重复性条件下，获得的两次独立测定结果的绝对差值与其算术平均值的比值（百分率），应符合表5-10的要求

（2）在再现性条件下，获得的两次独立测定结果的绝对差值与其算术平均值的比值（百分率），应符合表5-11的要求。

（八）定量限

本方法对9种硫代氨基甲酸酯类除草剂的定量限均为5.0$\mu g/kg$。

六、气相色谱—质谱法测定茶叶中9种有机杂环类农药残留量

（一）原理

试样中残留的中莠去津、乙烯菌核利、腐霉利、氟菌唑、抑霉唑、噻嗪酮、丙环唑、氯苯嘧啶醇、哒螨灵用丙酮—正己烷提取，采用活性炭小柱和中性氧化铝小柱净化，被测物用丙酮—正己烷洗脱。净化后用气相色谱仪，配有质谱检测器的测定，外标法定量。

（二）试剂和材料

除另有规定外，所有试剂均为分析纯，水为符合 GB/T 6682—2008 中规定的一级水。

1. 试剂

（1）丙酮（CH_3COCH_3）：重蒸馏。

（2）正己烷（C_6H_{14}）：重蒸馏。

（3）氯化钠（NaCl）。

2. 溶液配制

（1）丙酮—正己烷（1+3）溶液：取100mL丙酮，加入300mL正己烷，摇匀备用。

（2）丙酮—正己烷（2+1）溶液：取 200mL 丙酮，加入 100mL 正己烷，摇匀备用。

3. 标准品

农药标准品：纯度≥99%。

4. 标准溶液配制

标准溶液：准确称取适量莠去津、乙烯菌核利、腐霉利、氟菌唑、抑霉唑、噻嗪酮、丙环唑、氯苯嘧啶醇、哒螨灵标准品，用丙酮配制成浓度为 1.00mg/mL 标准储备液。再根据需要用正己烷稀释成相应的标准工作液。

5. 材料

（1）无水硫酸钠（Na_2SO_4）：经过 650℃灼烧 4h，置于干燥器中备用。

（2）活性碳固相萃取小柱：250mg 或相当者。

（3）中性氧化铝固相萃取小柱：250mg 或相当者。

（三）仪器和设备

（1）气相色谱仪：配质量选择性检测器。

（2）分析天平：感量 0.01g 和 0.000 1g。

（3）固相萃取装置：带真空泵。

（4）多功能微量化样品处理仪，或相当者。

（5）离心机：4 000r/min。

（6）涡旋混匀器。

（7）离心管：15mL。

（8）刻度试管：15mL。

（9）微量注射器：10μL。

（四）试样制备与保存

1. 试样制备

将所取回的样品磨碎，通过孔径为 0.84mm 筛，混匀，均分成 2 份，装入清洁的容器内，作为试样。密封，并标明标记。

2. 试样保存

将试样于-5℃以下避光保存。在取样和制样的操作过程中，必须防止样品受到污染或发生残留物含量的变化。

（五）分析步骤

1. 提取

准确称取 1g 均匀试样（精确至 0.001g）于 15ml 离心管中，加入 1g 氯化钠，加

377

入 2mL 蒸馏水，于混匀器上混匀 30s，放置 30min，再加入 4mL 丙酮和正己烷混合液，在混合器上混匀 2min。在 2 500r/min 下离心 1min，吸取上层正己烷提取液于另一 15mL 刻度试管中。再分别加入 2mL 丙酮和正己烷混合液重复提取两次，合并提取液，加入 1g 无水硫酸钠干燥。将干燥后的提取液完全转移至另一干净刻度试管中，置于微量化样品处理仪上在 50℃下氮气流吹至约 1mL（溶液 A）。

2. 净化

将活性炭固相萃取小柱和中性氧化铝固相萃取小柱（活性炭固相萃取小柱内填约 1cm 高的无水硫酸钠层）自上而下安装在固相萃取的真空抽滤装置上，先用 1mL×3 丙酮预淋洗小柱，再用 1mL×3 正己烷预淋洗小柱，保持滴速 0.5mL/min，弃去所有淋洗液。

将溶液 A 依次过活性炭固相萃取小柱和中性氧化铝固相萃取小柱，再用 6.0mL 丙酮和正己烷混合液淋洗柱子，收集全部洗脱液，置于 50℃下，氮气流吹至近干。最后用正己烷定容于 0.5mL，供气相色谱—质谱分析。

3. 测定

（1）气相色谱—质谱参考条件

a）色谱柱：石英毛细管柱，5%苯基甲基聚硅氧烷固定相。30m×0.20mm（内径），膜厚 0.25μm，或相当者。

b）色谱柱温度：70℃保持 2min，以 8℃/min 上升至 180℃；再以 3℃/min 上升至 280℃，保持 18min。

c）进样口温度：250℃。

d）色谱—质谱接口温度：220℃。

e）载气：氦气（纯度>99.995%），0.6mL/min。

f）进样量：1μL。

g）进样方式：无分流进样，1min 后开阀。

h）电离方式：EI。

i）电离能量：70eV。

j）测定方式：选择离子监测方式（SIM）。

k）监测离子（m/z）：见表 5-24。

l）溶剂延迟：15min。

表 5-24　9 种杂环类农药的监测离子

农药	采集时间（min）	监测离子（m/z）
莠去津	15~20	173，187，200[a]，215

（续表）

农药	采集时间（min）	监测离子（m/z）
乙烯菌核利	20~25	187，198，212ᵃ，285
腐霉利	25~26.5	96ᵃ，255，283，285
氟菌唑	25~26.5	219，248，278ᵃ，287
抑霉唑	26.5~28.2	173ᵃ，215，240，296
噻嗪酮	28.2~30.5	105ᵃ，172，175，305
丙环唑	30.5~36	173ᵃ，191.259.261
氯苯嘧啶醇	36~40.5	139ᵃ，219，251，330
哒螨灵	40.5~43	117，147ᵃ，309，364

注：a标记离子为定量离子。

（2）色谱测定：根据样液中莠去津、乙烯菌核利、腐霉利、氟菌唑、抑霉唑、噻嗪酮、丙环唑、氯苯嘧啶醇、哒螨灵的含量情况，选定峰面积相近的标准工作溶液。标准工作溶液和样液中莠去津、乙烯菌核利、腐霉利、氟菌唑、抑霉唑、噻嗪酮、丙环唑、氯苯嘧啶醇、哒螨灵的响应值均应在仪器检测的线性范围内。对标准工作液的样液等体积参插进样测定。

（3）质谱确证：对标准溶液及样液均按相同条件进行测定，如果样液中与标准溶液相同的保留时间有峰出现，则对其进行质谱确证。当待测物全部监测离子的相对丰度与标准品一致，且相似度±10%之内时，可确证此待测物。在上述气相色谱—质谱条件下，9种杂环类农药的保留时间及监测离子丰度比（m/z）见表5-25。

表5-25　9种杂环类农药的保留时间和监测离子丰度比

农药	保留时间（min）	监测离子丰度比
莠去津	18.41	173:187:200:215（26:3:100:58）
乙烯菌核利	21.09	187:198:212:285（74:89:100:86）
腐霉利	25.46	96:255:283:285（100:8:69:5）
氟菌唑	25.67	219:248:278:287（18:7:100:53）
抑霉唑	27.33	173:215:240:296（76:100:9:6）
噻嗪酮	28.30	105:172:175:305（100:35:25:6）

农药	保留时间（min）	监测离子丰度比
丙环唑	32. 20，32. 58	173：191：259：261（100：27：88：57）
氯苯嘧啶醇	39. 12	139：219：251：330（100：63：54：36）
哒螨灵	41. 64	117：147：309：364（15：100：7：6）

4. 空白实验

除不加试样外，均按上述测定步骤进行。

（六）结果计算和表述

用色谱数据处理机或按下列公式计算试样中莠去津、乙烯菌核利、腐霉利、氟菌唑、抑霉唑、腈菌唑、噻嗪酮、丙环唑、氯苯嘧啶醇、哒螨灵的含量。

$$X = \frac{A \times c_s \times V}{A_s \times m}$$

式中：

X——试样中莠去津、乙烯菌核利、腐霉利、氟菌唑、抑霉唑、噻嗪酮、丙环唑、氯苯嘧啶醇、哒螨灵的含量，单位为毫克每千克（mg/kg）；

A——样液中莠去津、乙烯菌核利、腐霉利、氟菌唑、抑霉唑、噻嗪酮、丙环唑、氯苯嘧啶醇、哒螨灵的峰面积，单位为平方毫米（mm²）；

c_s——标准工作液中莠去津、乙烯菌核利、腐霉利、氟菌唑、抑霉唑、噻嗪酮、丙环唑、氯苯嘧啶醇、哒螨灵的浓度，单位为微克每毫升（μg/mL）；

A_s——标准工作液中莠去津、乙烯菌核利、腐霉利、氟菌唑、抑霉唑、噻嗪酮、丙环唑、氯苯嘧啶醇、哒螨灵的峰面积，单位为平方毫米（mm²）；

V——样液最终定容体积，单位为毫克（mL）；

m——最终样液所代表的试样量，单位为克（g）。

注：计算结果应扣除空白值，测定结果用平行测定的算术平均值表示，保留两位有效数字。

（七）精密度

（1）在重复性条件下，获得的两次独立测定结果的绝对差值与其算术平均值的比值（百分率），应符合表5-10的要求。

（2）在再现性条件下，获得的两次独立测定结果的绝对差值与其算术平均值的比值（百分率），应符合表5-11的要求。

（八）定量限

本方法莠去津的定量限是 0.02mg/kg，乙烯菌核利定量限是 0.02mg/kg，腐霉利定量限是 0.02mg/kg，氟菌唑定量限是 0.38mg/kg，抑霉唑定量限是 0.05mg/kg，噻嗪酮定量限是 0.01mg/kg，丙环唑定量限是 0.05mg/kg，氯苯嘧啶醇定量限是 0.02mg/kg，哒螨灵定量限是 0.5mg/kg。

七、气相色谱—质谱法测定茶叶中嘧霉胺、嘧菌胺、腈菌唑、嘧菌酯残留量

（一）原理

用丙酮或乙酸乙酯、丙酮和氯化钠水溶液提取试样中残留的嘧霉胺、嘧菌胺、腈菌唑、嘧菌酯，经液液萃取和石墨化碳黑柱/氨基柱组合柱净化，用气相色谱—质谱仪选择离子检测，外标法定量。

（二）试剂和材料

除另有规定外，所有试剂均为分析纯，水为符合 GB/T 6682—2008 中规定的一级水。

1. 试剂

（1）丙酮（C_3H_6O）：农残级。

（2）乙酸乙酯（$C_4H_8O_2$）。

（3）乙腈（CH_3CN）：HPLC 级。

（4）甲苯（C_7H_8）。

（5）正己烷（C_6H_{14}）。

（6）氯化钠（NaCl）。

（7）无水硫酸钠（Na_2SO_4）：于 650℃灼烧 4h，储于密封容器中备用。

2. 溶液配制

（1）氯化钠溶液（300g/L）：称取 300g 氯化钠用蒸馏水溶解并定容至 1 000mL。

（2）乙腈—甲苯（3+2，体积比）：取 30mL 乙腈和 20mL 甲苯，混合均匀。

（3）乙腈—甲苯（3+1，体积比）：取 30mL 乙腈和 10mL 甲苯，混合均匀。

（4）丙酮—正己烷（1+1，体积比）：取 50mL 丙酮和 50mL 正己烷，混合均匀。

（5）乙腈饱和正己烷。

（6）正己烷饱和乙腈。

3. 标准品

（1）嘧霉胺标准品：分子式，$C_{12}H_{13}N_3$；CAS 53112-28-0；纯度≥99%。

（2）嘧菌胺标准品：分子式，$C_{14}H_{13}N_3$；CAS 110235-47-7；纯度≥99%。

（3）腈菌唑标准品：分子式，$C_{15}H_{17}ClN_4$；CAS 88671-89-0；纯度≥99%。

（4）嘧菌酯标准品：分子式，$C_{22}H_{17}N_3O5$；CAS 131860-33-8；纯度≥99%。

4. 标准溶液配制

嘧霉胺、嘧菌胺、腈菌唑、嘧菌酯标准溶液：准确称取适量的嘧霉胺、嘧菌胺、腈菌唑、嘧菌酯标准品，用丙酮配制成100μg/mL标准储备液，5℃以下贮存，6个月以内使用。再用丙酮稀释成适当浓度的标准工作溶液，5℃以下贮存，3个月以内使用。

5. 材料

（1）石墨化碳黑柱/氨基柱组合柱：500mg，6ml；或者石墨化碳黑柱（500mg，6ml）与氨基柱（500mg，3ml）按照从上到下串联使用。

（2）无水硫酸钠柱：150mm×10mm玻璃层析柱，从下往上依次装入脱脂棉，5cm高的无水硫酸钠。

（三）仪器和设备

（1）气相色谱—质谱联用仪：配电子轰击离子源（EI源）。

（2）分析天平：感量0.01g和0.0001g。

（3）漩涡混合器。

（4）均质器。

（5）离心机：6000r/min。

（6）固相萃取装置。

（7）旋转蒸发器

（8）氮气吹干仪。

（9）离心管：玻璃，50mL。

（10）水平回旋式摇床。

（四）试样制备与保存

1. 试样制备

取样品约500g，用粉碎机粉碎至全部通过20目筛，装入洁净容器作为试样，密封并做好标识。

2. 试样保存

茶叶试样于室温避光保存。在制样的操作过程中，应防止样品受到污染或发生残留物含量的变化。

（五）分析步骤

1. 提取

称取搅碎混匀的试样约 10g（精确到 0.01g）于三角瓶中，加 25mL 乙酸乙酯，在水平回旋式摇床上振摇 30min，过滤到 250mL 分液漏斗中，用 20mL 乙酸乙酯分 2 次洗涤锥形瓶及滤渣，合并滤液于同一分液漏斗中并加入 30mL 氯化钠溶液，振荡 1min，液液萃取，静置分层，乙酸乙酯层经无水硫酸钠柱转入心形瓶中；水相再加入 25mL 乙酸乙酯液液萃取，静置分层，弃去水相，合并乙酸乙酯层于上述同一心形瓶中。于 45℃ 水浴上抽真空旋转蒸发至干。

2. 净化

（1）对提取步骤获得的试样残渣，加入 40mL 乙腈饱和正己烷分 2 次溶解，转入同一 250mL 分液漏斗中，分别用 50mL 正己烷饱和乙腈分 2 次、乙腈饱和正己烷 10mL 洗心形瓶，均转入上述分液漏斗中。振荡分层，乙腈层过无水硫酸钠柱转入原心形瓶，正己烷层每次再用正己烷饱和乙腈 15mL 洗 2 次，正己烷层弃去，乙腈层过无水硫酸钠柱合并入心形瓶，于 45℃ 水浴上抽真空旋转蒸发至干。

（2）石墨化碳黑柱/氨基柱组合柱净化：用 1mL 乙腈—甲苯（3+1，体积比）溶解试样残渣，全部转入石墨化碳黑柱/氨基柱。再用 1mL 乙腈—甲苯（3+1，体积比）分 2 次洗心形瓶，并入上述石墨化碳黑柱/氨基柱，弃去全部流出液。用 10mL 乙腈—甲苯（3+2，体积比）洗脱石墨化碳黑柱/氨基组合柱，接收全部洗脱液。于 45℃ 水浴上氮气流吹干。用丙酮—正己烷（1+1，体积比）定容 1.0mL。供气相色谱—质谱分析。

3. 测定

（1）气相色谱—质谱参考条件

色谱条件：

a）色谱柱：DB-5MS，30m×0.25mm（内径），0.25μm，或相当者；

b）色谱柱升温程序：210℃（2min）30℃/min 升温至 280℃，再以 10℃/min 升温至 290℃（6min）；

c）进样口温度：250℃；

d）载气：氦气，纯度为 99.999%；

e）载气流速：恒流模式 1mL/min；

f）进样方式：不分流；

g）进样量：2μL；

h）开阀时间：1min。

质谱条件：

a）接口温度：280℃；

b）离子源：电子轰击源（EI）；

c）电离电压：70eV；

d）离子源温度：230℃；

e）检测方式：SIM；

f）溶剂延迟时间：2.5min；

g）选择离子及相对丰度：见表5-26。

表5-26　选择离子及相对丰度

被测组分	定量离子（相对丰度）（%）	定性离子（相对丰度）（%）		
嘧霉胺	198（100）	199（47）	188（3）	184（4）
嘧菌胺	222（100）	223（51）	208（5）	181（3）
腈菌唑	179（100）	150（53）	245（14）	288（13）
嘧菌酯	344（100）	388（28）	372（14）	403（13）

（2）定量测定：对样液及标准工作液等体积参差进样测定。实际应用的标准工作液和待测样液中，嘧霉胺、嘧菌胺、腈菌唑、嘧菌酯的响应值均应在仪器的线性范围之内。在上述气相色谱—质谱条件下，嘧霉胺、嘧菌胺、腈菌唑、嘧菌酯的保留时间分别为 3.42min、5.48min、5.90min 和 11.63min。标准品气相色谱—质谱图见图5-2。

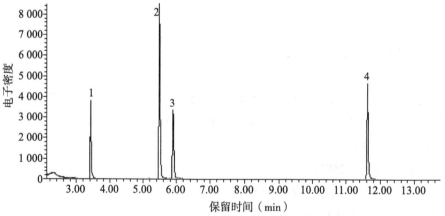

图5-2　标准混合物的总离子流图（TIC）（4种农药浓度均为1μg/mL）

1—嘧霉胺；2—嘧霉胺；3—腈菌唑；4—嘧菌酯

（3）定性测定：进行样品测定时，如果检出的质量色谱峰保留时间与标准样品一致，并且在扣除背景后的样品谱图中，各定性离子的相对丰度与浓度接近的同样条件下得到的标准溶液谱图相比，误差不超过表5-16规定的范围，则可判断样品中存在对应的被测物。

4. 空白实验

除不加试样外，均按上述测定步骤进行。

（六）结果计算和表述

用色谱数据处理机或按下式计算试样中各被测物的含量：

$$X_i = \frac{A_i \times c_i \times V}{A_{si} \times m}$$

式中：

X_i——式样中嘧霉胺、嘧菌胺、腈菌唑、嘧菌酯含量，单位为毫克每千克（mg/kg）；

A_i——样液中嘧霉胺、嘧菌胺、腈菌唑、嘧菌酯的峰面积；

c_i——标准溶液中嘧霉胺、嘧菌胺、腈菌唑、嘧菌酯的浓度，单位为微克每毫升（μg/mL）；

V——样液最终定容体积，单位为毫升（mL）；

A_{si}——标准溶液中嘧霉胺、嘧菌胺、腈菌唑、嘧菌酯的峰面积；

m——最终样液所代表的试样量，单位为克（g）。

注：计算结果应扣除空白值，测定结果用平行测定的算术平均值表示，保留两位有效数字。

（七）精密度

（1）在重复性条件下，获得的两次独立测定结果的绝对差值与其算术平均值的比值（百分率），应符合表5-10的要求。

（2）在再现性条件下，获得的两次独立测定结果的绝对差值与其算术平均值的比值（百分率），应符合表5-11的要求。

（八）定量限

4种农药的定量限分别为：嘧霉胺为0.01mg/kg；嘧菌胺为0.01mg/kg；腈菌唑为0.01mg/kg；嘧菌酯为0.005mg/kg。

八、液相色谱—质谱/质谱法测定食品中二硝基苯胺类农药残留量

（一）原理

试样用乙腈振荡提取，石墨化碳黑固相萃取柱和HLB固相萃取柱净化，液相色谱—质谱/质谱法仪测定和确证，外标法定量。

（二）试剂和材料

除另有规定外，所有试剂均为分析纯，水为符合 GB/T 6682—2008 中规定的一级水。

1. 试剂

（1）甲醇（CH_3OH）：色谱纯。

（2）乙腈（CH_3CN）：色谱纯。

（3）正己烷（C_6H_{14}）：色谱纯。

（4）甲酸（CH_2O_2）：色谱纯。

（5）丙酮（C_3H_6O）：优级纯。

（6）氯化钠（Nacl）：分析纯。

（7）无水硫酸钠（Na_2SO_4）：分析纯，用前经 650℃灼烧 4h，置干燥器中备用。

2. 溶液配制

（1）乙腈—水溶液（1+1，含 0.05% 甲酸）：量取 500mL 乙腈与 0.5mL 甲酸于 1L 容量瓶中，用水定容至 1L，混匀。

（2）正己烷—丙酮溶液（2+8）：取 20mL 正己烷，加入 80mL 丙酮，混匀。

3. 标准品

二硝基苯胺类农药标准物质参见表 5-27。

表 5-27　二硝基苯胺类农药的相关信息

化合物名称	英文名	Cas No.	分子式	分子量	分子结构
氟乐灵	Trifluralin	1582-09-8	C13H16F3N3O4	335.28	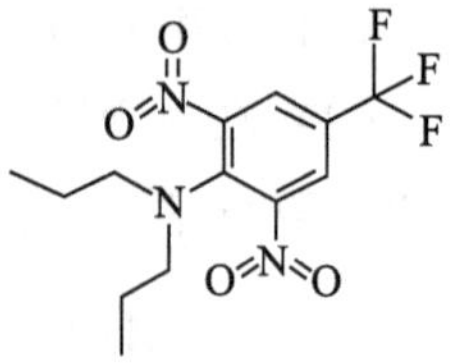
二甲戊灵	Pendimethalin	40487-42-1	C13H19N3O4	281.31	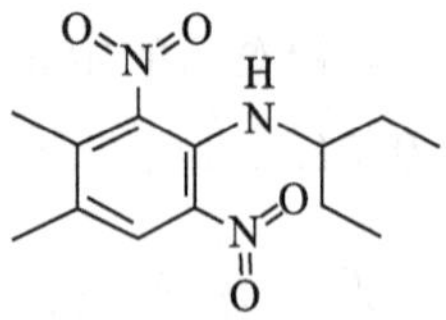
仲丁灵	Butralin	33629-47-9	C14H21N3O4	295.33	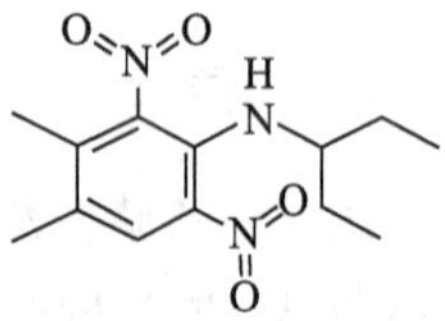

（续表）

化合物名称	英文名	Cas No.	分子式	分子量	分子结构
异丙乐灵	Isopropalin	33820-53-0	C15H23N3O4	309.36	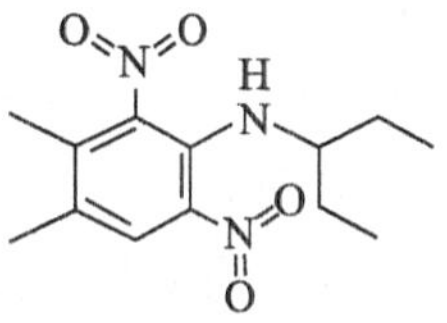
氨氟灵	Dinitramine	29091-05-2	C11H13F3N4O4	322.24	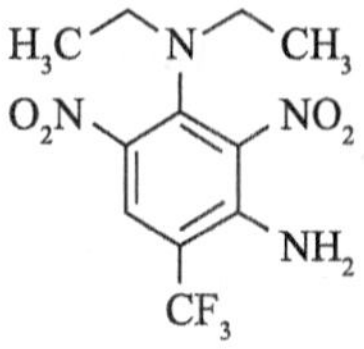
甲磺乐灵	Nitralin	4726-14-1	C13H19N3O6S	345.37	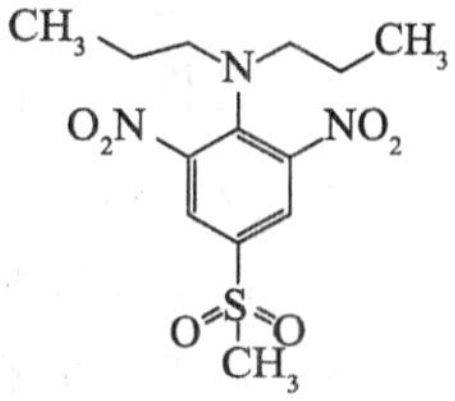
氨磺乐灵	Oryzalin	19044-88-3	C12H18N4O6S	346.36	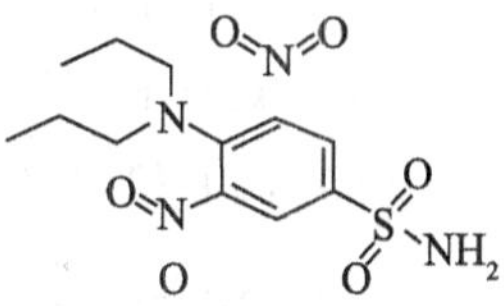
氨氟乐灵	Prodiamine	29091-21-2	C13H17F3N4O4	350.29	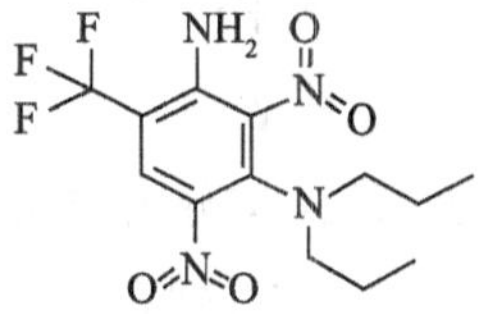

4. 标准溶液配制

（1）二硝基苯胺类农药标准储备溶液：分别准确称取适量的二硝基苯胺类农药标准物质，用丙酮配制成浓度为 1 000mg/L 的标准储备溶液，标准溶液于-18℃避光保存，保存期为 12 个月。

（2）二硝基苯胺类农药混合中间标准溶液：吸取适量的各标准储备溶液，用甲醇稀释成氟乐灵浓度为 5.0mg/L，其他 7 种药物浓度为 1.0mg/L 的混合中间标准溶液，0~4℃避光保存，保存期为 3 个月。

（3）基质混合标准工作溶液：吸取适量的混合中间标准溶液，用空白样品提取液配成氟乐灵浓度为 50.0μg/L、100μg/L、250μg/L、500μg/L 和 1 000μg/L，其他 7 种农药浓度为 10.0μg/L、20.0μg/L、50.0μg/L、100μg/L 和 200μg/L 的基质混合标准工作溶液。当天配制。

5. 材料

（1）石墨化碳黑固相萃取柱：3mL 250mg，或相当者。用前 3mL 正己烷—丙酮溶液活化，保持柱体湿润。

（2）Oasis HLB1，6mL，200mg，或相当者。使用前用 5mL 乙腈活化，保持柱体湿润。

（三）仪器和设备

（1）液相色谱—质谱/质谱仪：配有电喷雾离子源（ESI）。

（2）分析天平：感量 0.01g 和 0.000 1g。

（3）粉碎机。

（4）组织捣碎机。

（5）旋涡混匀器。

（6）固相萃取装置，带真空泵。

（7）氮吹浓缩仪。

（8）离心机：转速不低于 5 000r/min。

（四）试样制备与保存

1. 试样制备

取代表性样品约 500g，（不可用水洗）切碎后，用捣碎机将样品加工成浆状，混匀。试样均分为两份，装入洁净容器，密封，并标明标记。

2. 试样保存

在制样的操作过程中，应防止样品受到污染或发生残留物含量的变化。试样于-4℃下保存。

（五）分析步骤

1. 提取

称取 2.5g 试样（精确至 0.01g），将称取的试样置于 50mL 离心管中，加入 6mL 饱和氯化钠水溶液，于涡旋混匀器上混匀 30s，放置 15min。加入 6mL 丙酮—正己烷（2+8）溶液，在混匀器上混匀 2min。5 000r/min 离心 1min，吸取上层提取液于另一试管中。再分别加入 4mL 丙酮—正己烷（2+8）溶液重复提取两次，合并提取液，在

45℃下氮气流吹至约1mL待净化。

2. 净化

吸取茶叶、鸡蛋及鸡肝浓缩提取液于Oasis HLB固相萃取柱中，以约1.5mL/min的流速使样液全部通过固相萃取柱，再用5mL乙腈淋洗并抽干固相萃取柱，收集全部流出液于15mL离心管中，40℃以下用氮气吹至近干，用2.0mL正己烷—丙酮溶液溶解，转入Envi-carb固相萃取柱中，以约1.5mL/min的流速使样液全部通过固相萃取柱，再用3mL正己烷—丙酮溶液淋洗并抽干固相萃取柱，收集全部流出液于15mL离心管中，40℃以下用氮气吹至近干，残渣用乙腈+水溶液定容至1.0mL。涡旋混匀后，过微孔滤膜，供液相色谱—质谱/质谱仪测定。

3. 测定

1）液相色谱参考条件

a）色谱柱：C_{18}色谱柱，50mm×2.1mm（i.d.），1.7μm，或相当者；

b）柱温：40℃；

c）进样量：10μL；

d）流动相、流速及梯度洗脱条件见表5-28。

表5-28 梯度洗脱条件

时间 （min）	流速 （mL/min）	0.05%甲酸—5mmol/L 乙酸铵水溶液（%）	甲醇（%）
0	0.30	50	50
5.0	0.30	20	80
8.0	0.30	0	100
9.5	0.30	50	50

（2）质谱参考条件

a）离子化模式：电喷雾离子源；

b）扫描方式：正离子扫描；

c）检测方式：多反应监测（MRM）；

d）电喷雾电压：3 000V；

e）辅助气流速：750L/h；

f）碰撞气：氩气；

g）幕帘气流速：50L/h；

h）离子源温度：105℃；

i）辅助气温度：350℃；

j）定性离子对、定量离子对：采集时间、锥孔电压及碰撞能量见表 5-29。

表 5-29　二硝基苯胺类农药标准物质的质谱参数

分析物	参考保留时间（min）	母离子（m/z）	子离子（m/z）	采集时间（s）	锥孔电压（V）	碰撞能量（eV）
氟乐灵	5.70	336.2	236*	0.1	34	24
			252	0.1		23
二甲戊灵	5.36	282	212*	0.05	32	10
			194	0.05		17
仲丁灵	5.70	296	240*	0.05	20	13
			222	0.05		20
异丙乐灵	6.06	310	226*	0.05	32	19
			268	0.05		14
氨氟灵	4.06	323	289*	0.05	32	20
			247	0.05		16
甲磺乐灵	3.41	346	304*	0.05	32	16
			262	0.05		22
氨磺乐灵	3.21	347	288*	0.05	34	17
			305	0.05		14
氨氟乐灵	5.20	351	267*	0.05	30	20
			291	0.05		18

注：*为定量离子，对于不同质谱仪器，仪器参数可能存在差异，测定前应将质谱参数优化到最佳。

（3）定性测定：每种被测组分选择 1 个母离子，2 个以上子离子，在相同实验条件下，样品中待测物质的保留时间，与基质标准溶液的保留时间偏差在 ±2.5% 之内；且样品中各组分定性离子的相对丰度与浓度接近的基质混合标准工作溶液中对应的定性离子的相对丰度进行比较，偏差不超过表 5-16 规定的范围，则可判定为样品中存在对应的待测物。

（4）定量测定：仪器最佳工作条件下，对基质混合标准工作溶液进样，以峰面积为纵坐标，基质混合标准工作溶液浓度为横坐标绘制标准工作曲线，用标准工作曲线对样品进行定量。样品溶液中待测物的响应值均应在测定方法的线性范围内，如果超出线性响应范围，应用空白基质溶液进行适当稀释。在上述液相色谱—质谱条件下，二硝基苯胺类农药的保留时间分别为：氨磺乐灵（3.21min）、甲磺乐灵（3.41min）、氨氟灵（4.06min）、氨氟乐灵（5.20min）、二甲戊灵（5.36min）、仲丁灵（5.70min）、氟乐灵（5.70min）和异丙乐灵（6.06min）。

4. 空白实验

除不加试样外，均按上述测定步骤进行。

（六）结果计算和表述

用色谱数据处理机或按下列公式计算试样中各二硝基苯胺类农药的含量：

$$X = \frac{A_i \times c_{si} \times V}{A_{si} \times m}$$

式中：

X——试样中各二硝基苯胺类农药的残留含量，单位为毫克每千克（mg/kg）；

A_i——样液中各二硝基苯胺类农药的峰面积；

V——样液最终定容体积，单位为毫升（mL）；

A_{si}——标准工作液中各二硝基苯胺类农药的峰面积；

c_{si}——标准工作液中各二硝基苯胺类农药的浓度，单位为微克每毫升（μg/mL）；

m——最终样液所代表的试样量，单位为克（g）。

（七）精密度

（1）在重复性条件下，获得的两次独立测定结果的绝对差值与其算术平均值的比值（百分率），应符合表5-10的要求。

（2）在再现性条件下，获得的两次独立测定结果的绝对差值与其算术平均值的比值（百分率），应符合表5-11的要求。

（八）定量限

本方法的二硝基苯胺类农药定量限均为0.01mg/kg。

九、气相色谱—质谱法测定茶叶中二缩甲酰亚胺类农药残留量

（一）原理

试样用丙酮—正己烷混合溶剂提取，经凝胶色谱柱净化和固相萃取柱净化，气相色谱—质谱测定，外标法定量。

（二）试剂和材料

除另有规定外，所有试剂均为分析纯，水为符合 GB/T 6682—2008 中规定的一级水。

1. 试剂

（1）丙酮（C_3H_6O）：残留级。

（2）正己烷（C_6H_{14}）：残留级。

（3）环己烷（C_6H_{12}）：残留级。

（4）乙酸乙酯（$C_4H_8O_2$）：残留级。

（5）氯化钠（NaCl）。

（6）无水硫酸钠（Na_2SO_4）：经650℃灼烧4h，置干燥器中冷却，密封保存。

2. 溶液配制

（1）丙酮—正己烷溶液（1+4，v/v）：取100mL丙酮，加入400mL正己烷，摇匀备用。

（2）丙酮—正己烷溶液（1+1，v/v）：取100mL丙酮，加入100mL正己烷，摇匀备用。

（3）乙酸乙酯+环己烷（1+1，v/v）：取100mL乙酸乙酯，加入100mL环己烷，摇匀备用。

3. 标准品

乙烯菌核利标准品（Vinclozolin，$C_{12}H_9C_{12}NO_3$，CAS：50471-44-8）、乙菌利标准品（Ethephon，$C_{13}H_{11}C_{12}NO_5$，CAS：84332-86-5）、腐霉利标准品（Procymidone，$C_{13}H_{11}C_{12}NO_2$，CAS：32809-16-8）、异菌脲标准品（iprodione，$C_{13}H_{13}C_{12}N_3O_3$，CAS：36734-19-7）纯度均>99%。

4. 标准溶液配制

（1）乙烯菌核利、乙菌利、腐霉利、异菌脲标准储备溶液：准确称取适量乙烯菌核利、乙菌利、腐霉利、异菌脲标准品，用丙酮配制成100μg/mL标准储备液，再根据检测要求用正己烷稀释成适当浓度的混合标准工作溶液。标准储备溶液避光于0~4℃下保存。

（2）异菌脲基质标准工作溶液：异菌脲基质标准工作溶液是用样品空白溶液配成不同浓度的基质标准工作溶液，用于做标准曲线。基质标准工作溶液现用现配。

5. 材料

（1）凝胶净化柱：400mm×25mm；填料 Bio-Beads S-X3，38~75μm，使用前做淋洗曲线。

（2）石墨化碳黑固相萃取小柱：250mg，3mL 或相当者。使用前做淋洗曲线，用前用 3mL 丙酮—正己烷预淋洗。

（三）仪器和设备

（1）气相色谱—质谱联用仪：配电子轰击离子源（EI 源）。

（2）均质器：转速大于 10 000r/min。

（3）旋转蒸发仪。

（4）凝胶净化仪。

（5）离心机：转速大于 4 000r/min。

（6）氮吹仪。

（7）分析天平：感量 0.01g 和 0.000 1g。

（四）试样制备与保存

取有代表性样品约 500g，用粉碎机粉碎至全部通过 20 目筛，装入洁净容器作为试样，密封，标明标记。试样于 0~4℃下保存，在制样的操作过程中应防止样品受到污染或发生残留物含量的变化。

（五）分析步骤

1. 提取

准确称取 10g（茶叶为 2g）试样（精确至 0.01g）于 50mL 离心管中，加入 5mL 水，浸泡 30min，加入 20mL 丙酮—正己烷，加入 2g 氯化钠，以 10 000r/min 均质 1min，提取液以 4 000r/min 的转速离心 5min，上清液经无水硫酸钠过滤并转入浓缩瓶中，残渣中加入 20mL 丙酮—正己烷再提取 1 次，合并提取液，将提取液于 40℃下减压浓缩至近干，用 10mL 乙酸乙酯—环己烷溶解残渣，待净化。

2. 净化

（1）凝胶色谱（GPC）净化条件

a）凝胶净化柱：Bio Beads S-X3，400mm×25mm（内径），或相当者；

b）流动相：乙酸乙酯-环己烷（1+1，体积比）；

c）流速：5mL/min；

d）进样量：5mL；

e）收集时间：1 100~1 800s。

（2）凝胶色谱（GPC）步骤：将上述样品的待净化液"①凝胶色谱（GPC）净化条件"规定的条件净化，将收集馏分在 40℃以下水浴减压浓缩至近干，用 3mL 丙酮—正己烷溶解残渣，并加入到石墨化碳黑固相萃取柱中，待提取液全部流出后，再用5mL丙酮—正己烷洗脱，保持1.0mL/min流速，收集全部流出液，全部流出液用氮吹仪吹至近干，用正己烷定容至2.0mL，供气相色谱—质谱联用仪测定。

3. 测定

（1）气相色谱—质谱参考条件

a）色谱柱：DB-5MS 石英毛细管柱，30m×0.25mm（i.d）×0.25μm，或相当者；

b）柱温：初始温度70℃，保持2min，以20℃/min升至230℃保持10min；

c）进样口温度：220℃；

d）色谱—质谱接口温度：250℃；

e）载气：氦气，纯度≥99.995%，1.0mL/min；

f）进样量：1μL；

g）进样方式：不分流进样；

h）电离方式：EI；

i）电离能量：70eV；

j）检测方式：选择离子监测方式（SIM）；

k）选择离子（m/z）：

定性离子：乙烯菌核利（m/z 187，285，287*），乙菌利（m/z 188，259，331*），腐霉利（m/z 255，283，285*），异菌脲（m/z 187，314，316*）。带 * 者为定量离子。

（2）定量测定：根据样液中目标物含量的情况，选择峰面积相近的标准工作溶液比较定量，异菌脲的基质效应明显，定量用基质标准工作溶液。标准工作溶液和样液中的目标物响应值应在仪器检测的线性范围内，标准工作溶液和样液等体积穿插进样测定。在上述色谱条件下，各目标物的保留时间约为：乙烯菌核利（10.97min）、乙菌利（12.30min）、腐霉利（12.63min）、异菌脲（18.11min），标准品的总离子流色谱图参见图5-3。

（3）定性测定：对标准溶液及样品溶液均按"3. 测定"规定的条件进行检测，如果样液与标准溶液在相同的保留时间有峰出现，则对其进行质谱确证，在扣除背景后的样品谱图中，所选离子全部出现，同时所选的离子的离子丰度比与标准品相关离子的相对丰度一致，波动范围符合表5-21的最大容许偏差之内，可判定样品中存在相应目标物。被确证的样品可被判定阳性检出。在"（五）分析步骤"条件下阳性检出物的碎片离子的离子丰度比分别为乙烯菌核利（187∶285∶287=95∶100∶64）、乙菌利（188∶259∶331=100∶94∶75）、腐霉利（255∶283∶285=13∶100∶65）、异菌脲（187∶314∶316=33∶100∶64）。乙烯菌核利、乙菌利、腐霉利，异菌脲的

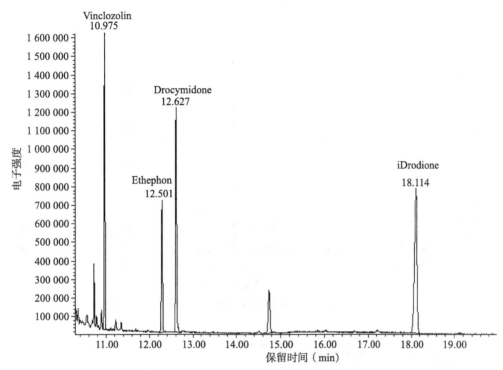

图 5-3　乙烯菌核利、乙菌利、腐霉利、异菌脲标准品总离子流色谱图

标准品的质谱图见图 5-4、图 5-5 和图 5-6。

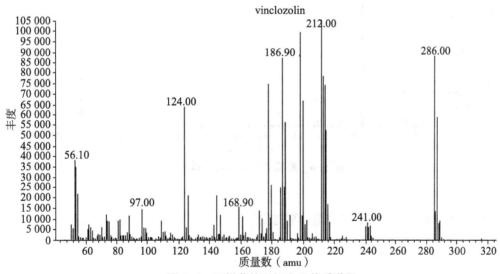

图 5-4　乙烯菌核利标准品的质谱图

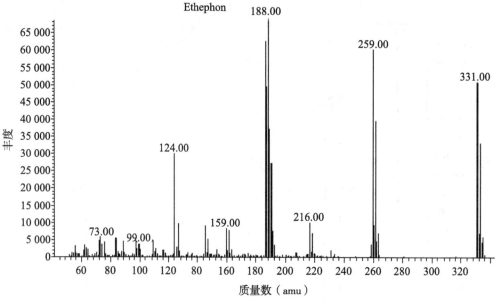

图 5-5　乙菌利标准品的质谱图

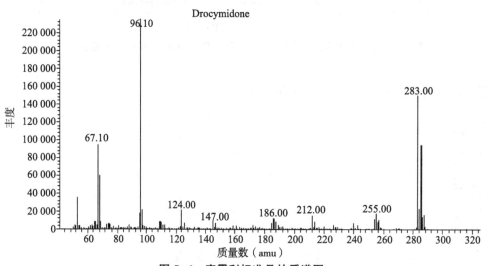

图 5-6　腐霉利标准品的质谱图

4. 空白实验

除不加试样外，均按上述测定步骤进行。

（六）结果计算和表述

用色谱数据处理机或按下列公式计算试样中待测物质的含量：

$$X_i = \frac{A_i \times c_i \times V}{A_{si} \times m}$$

式中：

X_i——试样中待测物质的残留含量，单位为毫克每千克（mg/kg）；

A_i——样液中待测物质的峰面积；

c_i——标准工作液中待测物质的浓度，单位为微克每毫升（μg/mL）；

V——样液最终定容体积，单位为毫升（mL）；

A_{si}——标准工作液中待测物质的峰面积；

m——最终样液所代表的试样量，单位为克（g）。

（七）精密度

（1）在重复性条件下，获得的两次独立测定结果的绝对差值与其算术平均值的比值（百分率），应符合表5-10的要求。

（2）在再现性条件下，获得的两次独立测定结果的绝对差值与其算术平均值的比值（百分率），应符合表5-11的要求。

（八）定量限

乙烯菌核利、乙菌利、腐霉利的定量限为0.025mg/kg，异菌脲为0.05mg/kg。

十、气相色谱—质谱法测定茶叶中苯酰胺类农药残留量

（一）原理

试样用丙酮—正己烷振荡提取，石墨化碳黑固相萃取柱或中性氧化铝固相萃取柱净化，气相色谱—质谱仪测定和确证，外标法定量。

（二）试剂和材料

除另有规定外，所有试剂均为分析纯，水为符合GB/T 6682—2008中规定的一级水。

1. 试剂

（1）正己烷（C_6H_{14}）：色谱纯。

（2）丙酮（CH_3COCH_3）：色谱纯。

（3）氯化钠（NaCl）。

（4）无水硫酸钠（Na_2SO_4）：经650℃灼烧4h，置干燥器中备用。

2. 溶液配制

（1）丙酮—正己烷溶液（1+2，v/v）：取100mL丙酮，加入200mL正己烷，摇匀备用。

（2）丙酮—正己烷溶液（1+1，v/v）：取200mL丙酮，加入200mL正己烷，摇

匀备用。

3. 标准品

苯酰胺类农药标准物质见表5-30。

4. 标准溶液配制

（1）苯酰胺类农药标准储备溶液：分别准确称取适量的苯酰胺类农药标准物质，用丙酮配制成 1 000μg/mL 标准储备液，标准溶液避光于 0~4℃保存，保存期为 6个月。

（2）苯酰胺类农药标准工作溶液：根据检测要求，分别量取上述各标准储备液于同一容量瓶中，用正己烷稀释到刻度配制成适当浓度的标准工作溶液，标准溶液避光于 0~4℃保存，保存期为 1 个月。

5. 材料

（1）石墨化碳黑固相萃取柱：6mL，500mg，或相当者。

表 5-30   25 种苯酰胺类农药的保留时间和监测离子丰度比

序号	中文名称	英文名称	分子式	分子量	保留时间（min）	监测离子丰度比（%）
1	毒草胺	Propachlor	$C_{11}H_{14}ClNO$	211.69	9.39	120 (100)*, 176 (39), 211 (10)
2	氯苯胺灵	Chlorpropham	$C_{10}H_{12}ClNO_2$	213.66	9.78	127 (100)*, 171 (31), 213 (51)
3	炔苯酰草胺	Propyzamide	$C_{12}H_{11}C_{12}NO$	256.13	12.18	173 (100)*, 175 (68), 255 (28)
4	二甲酚草胺	Dimethenamid	$C_{12}H_{18}ClNO_2S$	275.79	13.05	154 (100)*, 203 (35), 230 (70)
5	甲草胺	Alachlor	$C_{14}H_{20}ClNO_2$	269.77	13.43	160 (99)*, 188 (100), 237 (31)
6	甲呋酰胺	Fenfuram	$C_{12}H_{11}NO_2$	201.22	13.52	109 (100)*, 201 (47), 202 (6)
7	异丙甲草胺	Metolachlor	$C_{15}H_{22}ClNO_2$	283.79	14.86	162 (100)*, 211 (8), 238 (47)
8	呋菌胺	Methfuroxam	$C_{14}H_{15}NO_2$	229.27	16.38	137 (100)*, 229 (42), 230 (7)
9	氟噻草胺	Flufenacet	$C_{14}H_{13}F_4N_3O_2S$	363.33	16.61	151 (100)*, 183 (19), 211 (76)
10	敌稗	Propanil	$C_9H_9Cl_2NO$	218.08	16.9	161 (100)*, 163 (62), 217 (16)
11	双苯酰草胺	Diphenamide	$C_{16}H_{17}NO$	239.31	17.03	165 (47)*, 167 (100), 239 (18)
12	吡唑草胺	Metazachlor	$C_{14}H_{16}ClN_3O$	277.75	17.49	132 (79)*, 133 (100), 209 (74)
13	丁草胺	Butachlor	$C_{17}H_{26}ClNO_2$	311.85	18.12	160 (77)*, 176 (100), 188 (55)
14	丙草胺	Pretilachlor	$C_{17}H_{26}ClNO_2$	311.85	19.64	162 (100)*, 176 (66), 238 (76)
15	敌草胺	Napropamide	$C_{17}H_{21}NO_2$	271.35	19.71	128 (100)*, 171 (28), 271 (75)
16	环氟菌胺	Cyflufenamide	$C_{20}H_{17}F_5N_2O_2$	412.35	21.17	91 (100)*, 223 (15), 412 (18)
17	异丙菌胺	Iprovalicarb	$C18H_{28}N_2O_3$	320.43	21.64	116 (93)*, 134 (100), 158 (56)

序号	中文名称	英文名称	分子式	分子量	保留时间（min）	监测离子丰度比（%）
18	萎锈灵	Carboxin	$C_{12}H_{13}NO_2S$	235.3	22.16	143（100）*，235（70），236（10）
19	氟酰胺	Flutolanil	$C_{17}H_{16}F_3NO_2$	323.31	22.43	173（100）*，281（27），323（17）
20	噻呋酰胺	Thifluzamide	$C_{13}H_6Br_2F_6N_2O_2S$	528.06	23.46	166（61）*，194（100），447（45）
21	苯霜灵	Benalaxyl	$C_{20}H_{23}NO_3$	325.4	24.39	148（100）*，206（28），234（11）
22	稻瘟酰胺	Fenoxanil	$C_{15}H_{18}Cl_2N_2O_2$	329.22	24.75	139（62）*，189（100），293（50）
23	灭锈胺	Mepronil	$C_{17}H_{19}NO_2$	269.34	25.79	119（100）*，219（1），269（32）
24	噻吩草胺	Thenychlor	$C_{16}H_{18}ClNO_2S$	323.84	27.03	127（100）*，141（19），288（30）
25	吡螨胺	Tebufenpyrad	$C18H_{24}ClN_3O$	333.86	27.73	276（42）*，318（100），333（77）

注："＊"标证离子为定量离子。

（2）中性氧化铝固相萃取柱：6mL，500mg，或相当者。

（三）仪器和设备

（1）气相色谱—质谱联用仪，配电子轰击离子源（EI源）。

（2）组织捣碎机。

（3）粉碎机。

（4）分析天平：感量0.01g和0.0001g。

（5）涡旋混匀器。

（6）固相萃取装置，带真空泵。

（7）离心机：6000r/min。

（8）离心管：50mL。

（9）刻度试管：15mL。

（10）微量注射器：10μL。

（四）试样制备与保存

取有代表性样品500g，用粉碎机粉碎。混匀，装入洁净的盛样容器内，密封并标明标记。试样于0~4℃保存，在制样的操作过程中，应防止样品受到污染或发生残留物含量的变化。

（五）分析步骤

1. 提取

称取2.5g试样（精确至0.01g）置于50mL离心管中，加入6mL饱和氯化钠水溶液，于涡旋混匀器上混匀 30s，放置 15min。加入 6mL 丙酮—正己烷溶液，在混匀器上混匀 2min。5 000r/min 离心 1min，吸取上层提取液于另一试管中。再分别加入 4mL 丙酮—正己烷溶液重复提取两次，合并提取液，在 45℃ 下氮气流吹至约 1mL 待净化。

2. 净化

将石墨化碳黑固相萃取柱（柱内填约 1cm 高的无水硫酸钠层）安装在固相萃取的真空抽滤装置上，先用 6mL 丙酮—正己烷预淋洗萃取柱，弃去全部预淋洗液。将提取液加入到石墨化碳黑固相萃取柱中，待提取液全部流出后，再用 8mL 丙酮—正己烷混合液洗脱萃取柱，保持流速 1.5mL/min，收集全部流出液，45℃ 下氮气流吹至近干。用正己烷定容至 0.5mL，供 GC-MS 测定。

3. 测定

（1）气相色谱—质谱参考条件

a）色谱柱：HP-1701MS 石英毛细管柱，30m×0.25mm，膜厚 0.25μm，或相当者。

b）色谱柱温度：100℃ 保持 1min；以 10℃/min 的速度升至 280℃，保持 11min。

c）进样口温度：250℃。

d）色谱-质谱接口温度：280℃。

e）载气：氦气，纯度≥99.995%，1.0mL/min。

f）进样量：1μL。

g）进样方式：无分流进样，1min 后开阀。

h）电离方式：EI。

i）电离能量：70eV。

j）检测方式：选择离子监测方式（SIM）。

k）监测离子（m/z）：参见表 5-30。

l）溶剂延迟：8min。

（2）色谱测定与确证：根据样液中苯酰胺类农药的含量情况，选定峰面积相近的标准工作溶液，对标准工作液和样液等体积参插进样，测定标准工作溶液和样液中苯酰胺类农药的响应值均应在仪器检测的线性范围内。

在相同实验条件下样品中待测物质的质量色谱保留时间与标准工作液相同并且在扣除背景后的样品质量色谱中所选离子均出现经过对比所选择离子的丰度比与标准品对应离子的丰度比其值在允许范围内（允许范围见表 5-16）则可判定样品中存在对应的待测物。在上述色谱条件下，苯酰胺类农药的保留时间及其监测离子（m/z）丰度比参见附录 A。标准品的总离子流色谱图和质谱图参见图 5-7。

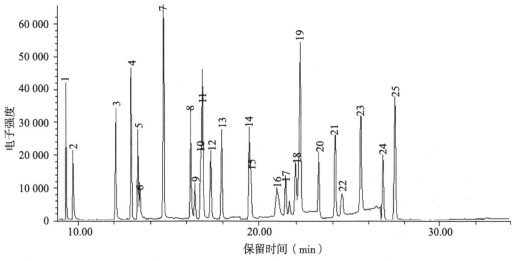

图 5-7　25 种苯酰胺类农药标准物质的总离子流色谱图

4. 空白实验

除不加试样外，均按上述测定步骤进行。

（六）结果计算和表述

用色谱数据处理机或按下列公式计算试样中各苯酰胺类农药的含量：

$$X = \frac{A_i \times c_{si} \times V}{A_{si} \times m}$$

式中：

X——试样中各苯酰胺类农药的残留含量，单位为毫克每千克（mg/kg）；

A_i——样液中各苯酰胺类农药的峰面积；

V——样液最终定容体积，单位为毫升（mL）；

A_{si}——标准工作液中各苯酰胺类农药的峰面积；

c_{si}——标准工作液中各苯酰胺类农药的浓度，单位为微克每毫升（μg/mL）；

m——最终样液所代表的试样量，单位为克（g）。

（七）精密度

（1）在重复性条件下，获得的两次独立测定结果的绝对差值与其算术平均值的比值（百分率），应符合表 5-10 的要求。

（2）在再现性条件下，获得的两次独立测定结果的绝对差值与其算术平均值的比值（百分率），应符合表 5-11 的要求。

（八）定量限

本方法苯酰胺类农药的定量限为 0.01mg/kg。

十一、液相色谱—质谱/质谱法测定茶叶中鱼藤酮和印楝素残留量

（一）原理

试样中残留的鱼藤酮和印楝素采用乙腈提取，提取液经氯化钠盐析后经正己烷除脂，以聚苯乙烯—二乙烯基苯—吡咯烷酮聚合物填料的固相萃取小柱净化，液相色谱—质谱/质谱仪检测及确证，外标法定量。

（二）试剂和材料

除另有规定外，所有试剂均为分析纯，水为符合 GB/T 6682—2008 中规定的一级水。

1. 试剂

（1）乙腈（CH_3CN）：色谱纯。

（2）正己烷（C_6H_{10}）：色谱纯。

（3）甲醇（CH_3OH）。

（4）甲酸（HCOOH）：色谱纯。

（5）氯化钠（NaCl）。

（6）乙酸铵（CH_3COONH_4）。

（7）碳酸氢钠（$NaHCO_3$）。

2. 溶液配制

（1）饱和碳酸氢钠溶液：称取一定量碳酸氢钠溶于水中至饱和。

（2）5mmol/L 乙酸铵缓冲液：称取 0.38g 乙酸铵溶于 800mL 水中，加入 2mL 甲酸，以水定容至 1 000mL。

3. 标准品

标准物质（鱼藤酮：英文名 Rotenone，分子式 $C_{23}H_{22}O_6$，CAS No. 83-79-4，分子量 394.42；印楝素：英文名 Azadirachtin，分子式 $C_{35}H_{44}O_{16}$，CAS No. 11141-17-6，分子量 720.71）：纯度≥98%。

4. 标准溶液配制

（1）鱼藤酮和印楝素标准贮备液（100mg/L）：准确称取 0.010 0g 鱼藤酮和印楝素标准物质，用甲醇溶解并定容至 100mL，该标准储备液于 4℃避光保存不超过 1 个月。

（2）鱼藤酮和印楝素标准工作液：根据需要取适量标准贮备液，以 20%乙腈水溶液稀释成适当浓度的标准工作液，临用现配。

5. 材料

（1）聚苯乙烯—二乙烯基苯—吡咯烷酮聚合物填料的固相萃取柱：60mg，3mL。使用前依次以 3mL 甲醇、3mL 水预处理。

（2）滤膜：0.22μm，有机系。

（三）仪器和设备

（1）液相色谱—质谱/质谱联用仪，配电喷雾（ESI）源。

（2）分析天平：感量 0.01g 和 0.000 1g。

（3）离心机：4 500r/min，配有 50mL 的具塞塑料离心管。

（4）粉碎机。

（5）组织捣碎机。

（6）涡旋混合器。

（7）超声波清洗器。

（8）固相萃取装置。

（9）氮吹仪。

（四）试样制备与保存

取有代表性样品 500g，用粉碎机粉碎并通过直径 2.0mm 的筛，混匀，分成 2 份，装入洁净容器内，密封并标识。试样于 0~4℃保存。

（五）分析步骤

1. 提取

称取 1g（精确至 0.01g）试样，置于 50mL 具塞塑料离心管中，加入 5mL 饱和碳酸氢钠溶液振摇后避光浸泡 10min，加入 15mL 乙腈，涡动 30s 后超声提取 10min，4 500r/min 离心 3min，移出有机相，残渣再加入 10mL 乙腈重复提取 1 次，合并提取液，加入约 3g 氯化钠盐析，4 500r/min 离心 3min 离心，取上清液，加入 2mL 经乙腈饱和后的正己烷，振摇 1min，4 500r/min 离心 3min 离心，弃去正己烷层，乙腈层于 45℃减压旋转蒸发至近干，以 5mL 20%甲醇水溶解残渣，待净化。

2. 净化

将样品提取液上柱，用 5mL 水淋洗，弃去全部淋洗液，抽干，以 5mL 乙腈洗脱，保持流速约为 1mL/min，收集洗脱液，于 45℃氮吹至近干，以 20%乙腈水溶液定容 1mL，过 0.22μm 滤膜，供测定。

3. 测定

（1）液相色谱参考条件

a）色谱柱：Phenomenex Luna C$_{18}$柱，150mm×2.0mm（i.d.），3μm，或相当者；

b）柱温：35℃；

c）流动相：乙腈-5mmol/L乙酸铵缓冲液（35+65，v/v）；

d）流速：400μL/min；

e）进样量：10μL。

（2）质谱参考条件

a）离子源：电喷雾源（ESI），正离子模式；

b）扫描方式：多反应监测（MRM）；

c）毛细管电压：4kV；

d）屏蔽气温度：320℃；

e）屏蔽气流量：10L/min；

f）干燥气流量：3L/min；

g）碰撞气压：50psi；

h）其他质谱参数见表5-31。

表5-31　鱼藤酮和印棟素的主要参考质谱参数

化合物	监测离子	驻留时间（ms）	电压（V）	碰撞能量（eV）
鱼藤酮	395>213	50	160	24
	395>192			25
印棟素	743>725	50	140	28
	743>625			36

（3）色谱测定与确证：根据试样中被测物的含量情况，选取响应值适宜的标准工作液进行色谱分析。标准工作液和待测样液中鱼藤酮和印棟素的响应值均应在仪器线性响应范围内。按公式进行结果计算。在本方法的条件下，鱼藤酮和印棟素的保留时间约为5.6min和4.2min，鱼藤酮和印棟素标准品的多反应监测（MRM）色谱图参见图5-8。定性标准进行样品测定时，如果检出的的色谱峰保留时间与标准样品一致，并且在扣除背景后的样品谱图中，各定性离子的相对丰度与浓度接近的同样条件下得到的标准溶液谱图相比，最大允许相对偏差不超过表5-16中规定的范围，则可判断样品中存在对应的被测物。在本方法的条件下，鱼藤酮和印棟素的色谱图见图5-8。

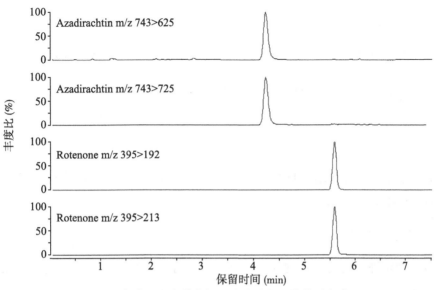

图 5-8 鱼藤酮和印楝素标准溶液的多反应监测色谱图

4. 空白实验

除不加试样外，均按上述步骤进行。

（六）结果计算和表述

用数据处理软件或下列公式计算试样中鱼藤酮和印楝素药物的残留量，计算结果需扣除空白值：

$$X = \frac{c \times V}{m}$$

式中：

X——试样中鱼藤酮或印楝素残留量，单位为微克每千克（µg/kg）；

c——从标准工作曲线得到的鱼藤酮和印楝素溶液浓度，单位为微克每升（µg/L）；

V——样品溶液最终定容体积，单位为毫升（mL）；

m——最终样液所代表的试样质量，单位为克（g）。

（七）精密度

（1）在重复性条件下，获得的两次独立测定结果的绝对差值与其算术平均值的比值（百分率），应符合表 5-10 的要求。

（2）在再现性条件下，获得的两次独立测定结果的绝对差值与其算术平均值的比值（百分率），应符合表 5-11 的要求。

（八）定量限

本方法鱼藤酮和印楝素的定量限分别为 0.0005mg/kg 和 0.002mg/kg。

十二、液相色谱—质谱/质谱法测定茶叶中杀草强残留量

（一）原理

样品经提取后，用 PCX 固相萃取柱或 ENVI-Carb 固相萃取柱净化，液相色谱—质谱/质谱法测定，外标法定量。

（二）试剂和材料

除另有规定外，所有试剂均为色谱纯，水为符合 GB/T 6682 中规定的一级水。

1. 试剂

（1）冰乙酸（$C_2H_4O_2$）。

（2）氨水（NH_4OH）。

（3）二氯甲烷（CH_2Cl_2）。

（4）丙酮（C_3H_6O）。

2. 溶液配制

（1）1%乙酸溶液：吸取 10mL 冰乙酸，用超纯水定容至 1L。

（2）25%丙酮—水溶液：量取 250mL 丙酮，用超纯水定容至 1L。

（3）1%乙酸—丙酮—水溶液：吸取 10mL 冰乙酸，用丙酮水溶液定容至 1L。

（4）5%氨化甲醇溶液：吸取 5mL 氨水，用甲醇定容至 100mL。

3. 标准品

杀草强标准物质：Amitrole，$C_2H_4N_4$，分子量：84.08，CAS：61-82-5，纯度≥99.9%。

4. 标准溶液配制

（1）杀草强标准储备液：称取适量杀草强标准品（精确至 0.1mg）于 50mL 容量瓶中，用乙腈配制成 1.0mg/mL 的标准储备液；0~4℃保存。

（2）杀草强标准工作液：根据需要用流动相将储备液稀释配制成适用浓度的标准工作液。0~4℃保存。

5. 材料

（1）PCX 固相萃取柱：60mg/3mL 或者相当者（混合型阳离子交换小柱）。

（2）ENVI-Carb 固相萃取柱：500mg/6mL 或者相当者（石墨化非多孔碳）。

（3）滤膜：0.2μm。

（三）仪器和设备

（1）液相色谱—质谱/质谱联用仪：配备电喷雾离子源（ESI）。

（2）分析天平：感量 0.01g 和 0.000 1g。

（3）旋涡混合器。

（4）旋转蒸发仪。

（5）高速均质器。

（6）离心机。

（7）振荡器。

（8）食品捣碎机。

（9）离心管：100mL、50mL。

（10）容量瓶：100mL。

（四）试样制备与保存

取有代表性茶叶样品约 500g，用粉碎机全部粉碎并通过 2.0mm 圆孔筛。混匀，装入洁净的容器内，密闭，标明标记。试样于 0~4℃ 保存。在取样及制样的操作过程中，应防止样品受到污染或发生残留物含量的变化。

（五）分析步骤

1. 提取

称取 1g 茶叶试样（精确至 0.01g）于 50mL 离心管中，加 20mL 1% 乙酸水溶液，20 000r/min 均质 1min，5 000r/min 离心 5min，上清液过滤至 125mL 分液漏斗中，残渣再用 10mL 1% 乙酸水溶液重复提取一次，合并上清液，加入 10mL 二氯甲烷，震荡 1min，静置分层，弃去下层二氯甲烷层。待净化。

2. 净化

依次用 3mL 甲醇、3mL 水预淋洗 Envi-Carb，弃去流出液，注入提取液，收集流出液。

依次用 3mL 甲醇、5mL 水预淋洗 PCX 小柱，弃去流出液。将 Envi-Carb 净化后的样液转至 PCX 净化柱，再分别用 3mL 水、3mL 甲醇淋洗，用 2mL 5% 氨化甲醇溶液洗脱，收集洗脱液，于 40℃ 旋转浓缩至近干，残留物用 1.0mL 流动相溶解，过 0.2μm 滤膜，供液相色谱—质谱/质谱测定。

3. 测定

（1）液相色谱—质谱/质谱参考条件

a）色谱柱：CAPCELLPAK（1：4）2.00mmI×100mm，5μm 或相当者。

b) 流动相：10mmol/L 乙酸胺，0.1%甲酸水 pH 值 = 3（A），乙腈（B），流速 0.20mL/min，20% A，80% B。

c) 柱温：40℃。

d) 流速：0.2mL/min。

e) 进样量：10μL。

f) 质谱条件：参见表 5-32 和表 5-33

表 5-32 质谱条件

电离方式	ESI+
电喷雾电压	4 000V
源温度	350℃
雾化器压力	氮气，40psi
干燥气	氮气，流速 10L/min
去溶剂气流	氮气，600L/h
碰撞气压	氮气，$3.10×10^{-6}$Pa
监测模式	多反应监测

表 5-33 多反应监条件

化合物	母离子	子离子	驻留时间	锥孔电压	碰撞能量
杀草强	85	43[*]	0.20s	100V	25eV
		57	0.20s	100V	15eV

注：加"*"的离子用于定量。

（2）色谱测定与确证：根据样液中被测物含量，选定浓度相近的标准工作溶液，对标准工作溶液与样液等体积参插进样测定，标准工作溶液和待测样液中呋虫胺的响应值均应在仪器检测的线性范围内。

如果样液与标准工作溶液的质量色谱图中，在相同保留时间有色谱峰出现，允许偏差小于±2.5%，所选择离子的丰度比与标准品对应离子的丰度比，其值在允许范围内（允许范围见表 5-21）。则可判断样品中存在相应的被测物。在"（五）分析步骤"条件下，杀草强标准物的液相色谱—质谱谱图见图 5-9。

（3）空白实验：除不加试样外，均按上述测定步骤进行。

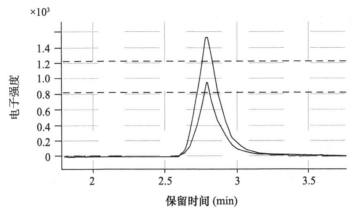

图 5-9 杀草强液相色谱—质谱/质谱多反应监测色谱图

（六）结果计算和表述

用色谱数据处理机或按下列公式计算样品中杀草强残留量：

$$X = \frac{A \times c \times V}{A_s \times m}$$

式中：

X——试样中杀草强残留量，单位为毫克每千克（mg/kg）；

A——样品溶液中杀草强的峰面积；

c——杀草强标定工作液的浓度单位为微克每毫升（μg/mL）；

V——样品溶液最终定容体积，单位为毫升（mL）；

A_s——杀草强标准工作溶液的峰面积；

m——最终样液代表的试样质量，单位为（g）。

注：计算结果应扣除空白值，测定结果用平行测定的算术平均值表示，保留两位有效数字。

（七）精密度

（1）在重复性条件下，获得的两次独立测定结果的绝对差值与其算术平均值的比值（百分率），应符合表 5-10 的要求。

（2）在再现性条件下，获得的两次独立测定结果的绝对差值与其算术平均值的比值（百分率），应符合表 5-11 的要求。

（八）定量限

本方法在茶叶定量限为 0.02mg/kg。

十三、液相色谱—质谱/质谱法测定茶叶中阿维菌素残留量

（一）原理

样品用乙腈提取，用中性氧化铝固相萃取柱净化，高效液相色谱—质谱/质谱测定，外标法定量。

（二）试剂和材料

除另有规定外，所有试剂均为分析纯，水为符合 GB/T 6682—2008 中规定的一级水。

1. 试剂

（1）乙腈：色谱纯。

（2）无水硫酸钠：使用前650℃灼烧4h，在干燥器中冷却至室温，贮于密封瓶中备用。

2. 溶液配制

（1）乙酸水溶液（0.1%）：取1mL乙酸，以水定容至1 000mL。

（2）乙腈水溶液（1+6，v/v）：取100mL乙腈，加入600mL水，摇匀备用。

3. 标准品

阿维菌素标准物质：（Abamectin，$C_{48}H_{72}O_{14}$，CAS No：71754-41-2），阿维菌素 B_{1a} 含量大于87%，以下阿维菌素含量均以阿维菌素 B_{1a} 计。

4. 标准溶液配制

（1）阿维菌素标准储备液：称取适量（精确至0.000 1g）阿维菌素标准物质，以乙腈溶解配制浓度为100μg/mL的标准储备液，保存于-18℃冰箱内。

（2）阿维菌素标准中间液：准确移取阿维菌素标准储备液，以乙腈稀释配制成含1g/mL浓度的标准中间液。保存于4℃冰箱内。

（3）阿维菌素标准工作液：根据需要准确移取适量阿维菌素标准中间液，以乙腈稀释并定容至适当浓度的标准工作液。保存于4℃冰箱内。

5. 材料

（1）中性氧化铝固相萃取柱：1 000mg，3mL。

（2）C_{18}固相萃取柱：1 000mg，6mL。

（3）有机滤膜：0.45μm。

（三）仪器和设备

（1）高效液相色谱—质谱/质谱仪：配有大气压化学电离源（APCI源）。

（2）分析天平：感量 0.01g 和 0.000 1g。

（3）均质器。

（4）离心机：3 000r/min 以上。

（5）涡旋振荡器。

（6）固相萃取装置。

（7）旋转蒸发器。

（8）氮吹仪。

（四）试样制备

取茶叶样品约 500g 用粉碎机粉碎至全部通过 850μm 筛，装入洁净容器作为试样，密封并做好标识。试样于室温保存。在制样的操作过程中，应防止样品受到污染或发生残留物含量的变化。

（五）分析步骤

1. 提取

准确称取 5g（精确至 0.01g）均匀试样，用 20mL 水将试样润湿，放置 15min，加入 5g 无水硫酸钠和 15mL 乙腈，以 10 000r/min 均质 2min，3 000r/min 下离心 5min，将上清液转入浓缩瓶中。用 10mL 乙腈再提取 1 次，合并提取液。将提取液于 40℃ 水浴下浓缩至 2~3mL。

2. 净化

用 3mL 乙腈对中性氧化铝柱进行预淋洗。将"1. 提取"中得到的样品提取液转入中性氧化铝柱，用 5mL 乙腈分两次洗涤浓缩瓶并将洗涤液转入中性氧化铝柱中，调整流速在 1.5mL/min 左右，用 2mL 乙腈淋洗小柱，收集全部流出液。将流出液在 50℃ 下吹干，用 1.00mL 乙腈溶解残渣，滤膜过滤，供液相色谱—质谱/质谱测定。

3. 测定

（1）液相色谱—质谱/质谱参考条件

a）色谱柱：色谱柱：C_{18} 柱，150mm×2.1mm（内径），粒径 5μm。

b）流动相：乙腈+乙酸水溶液（0.1%）= 70+30。

c）流速：0.3mL/min。

d）柱温：40℃。

e）进样量：20μL。

f）离子源：大气压化学电离源（APCI 源），负离子监测模式。

g）喷雾压力：60psi。

h）干燥气体流量：5L/min。

i）干燥气体温度：350℃。

j）大气压化学电离源蒸发温度：400℃。

k）电晕电流：10 000nA。

l）毛细管电压：3 500V。

m）监测离子对（m/z）：定性离子对（872/565，872/854），定量离子对（872/565）。

（2）色谱测定与确证：根据试样中阿维菌素的含量情况，选择浓度相近的标准工作液进行色谱分析，以峰面积按外标法定量。在上述色谱条件下，阿维菌素的参考保留时间为11.3min。标准溶液的选择离子流图参见图5-10和图5-11。按照上述条件测定样品和标准工作液，如果检测的质量色谱峰保留时间与标准工作液一致，定性离子对的相对丰度与相当浓度的标准工作液的相对丰度一致，相对丰度偏差不超过表5-16的规定，则可判断样品中存在相应的被测物。标准溶液的二级质谱图见图5-12。

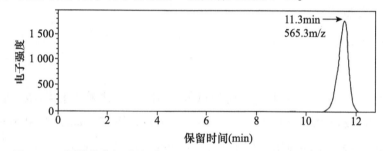

图5-10　阿维菌素标准物质（10ng/mL）的选择离子流图（565m/z）

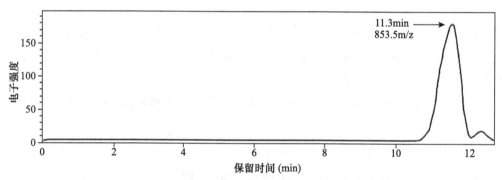

图5-11　阿维菌素标准物质（10ng/mL）的选择离子流图（854m/z）

4. 空白实验

除不加试样外，均按上述测定步骤进行。

（六）结果计算和表述

按数据处理软件处理或下列公式计算样品中阿维菌素残留量：

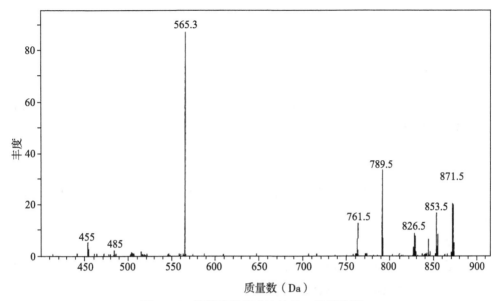

图 5-12 阿维菌素标准溶液的二级质谱图

$$X = \frac{A \times C \times V}{A_s \times m}$$

式中：

X——试样中阿维菌素残留量，单位为毫克每千克（mg/kg）；

A——样液中阿维菌素的峰面积；

V——样品最终定容体积，单位为毫升（mL）；

A_s——阿维菌素标准工作液的峰面积；

C——阿维菌素标准工作液的浓度，单位为微克每毫升（μg/mL）；

m——最终样液代表的试样质量，单位为克（g）。

注：计算结果须扣除空白值，测定结果用平行测定的算术平均值表示，保留两位有效数字。

（七）精密度

（1）在重复性条件下，获得的两次独立测定结果的绝对差值与其算术平均值的比值（百分率），应符合表 5-10 的要求。

（2）在再现性条件下，获得的两次独立测定结果的绝对差值与其算术平均值的比值（百分率），应符合表 5-11 的要求。

（八）定量限

本方法阿维菌素的定量限为 0.005mg/kg。

十四、液相色谱—质谱/质谱法测定茶叶中地乐酚残留量

（一）原理

用乙腈提取试样中残留的地乐酚，经凝胶渗透色谱净化，用液相色谱—质谱/质谱仪检测，外标法定量。

（二）试剂和材料

除另有规定外，所有试剂均为分析纯，水为符合 GB/T 6682—2008 中规定的一级水。

1. 试剂

（1）乙腈（CH_3CN），高效液相色谱级。

（2）甲醇（CH_3OH），高效液相色谱级。

（3）环己烷（C_6H_{12}）。

（4）乙酸乙酯（$C_4H_8O_2$）。

（5）氯化钠（NaCl）。

2. 溶液配制

乙酸乙酯—环己烷（1+1，体积比）：等体积的乙酸乙酯和环己烷互溶。

3. 标准品

地乐酚标准品：分子式，$C_{10}H_{12}N_2O_5$；CAS 88-85-7；纯度≥99%。

4. 标准溶液配制

（1）地乐酚标准储备溶液：准确称取适量的地乐酚标准品，用甲醇配制成100μg/mL标准储备液，-18℃以下贮存。

（2）地乐酚标准工作溶液：准确吸取适量的地乐酚标准储备溶液，用甲醇稀释至所需浓度，-18℃以下贮存。

5. 材料

0.22μm 有机滤膜。

（三）仪器和设备

（1）液相色谱—质谱/质谱仪：配有电喷雾离子源。

（2）分析天平：感量 0.01g 和 0.000 1g。

（3）离心管：玻璃，50mL。

（4）凝胶渗透色谱仪。

（5）涡旋混合器。

（6）均质器。

（7）离心机。

（8）旋转蒸发器。

（9）氮气吹干仪。

（四）试样制备

取样品约500g，用粉碎机粉碎至全部通过20目筛，装入洁净容器作为试样，密封并做好标识，室温保存。试样于室温避光保存。制样操作过程中必须防止样品受到污染或发生残留物含量的变化。

（五）测定步骤

1. 提取

称取茶叶样品约2.5g（精确到0.01g），于50mL离心管中（大豆样品加3mL水，使样品充分润湿），加入25mL乙腈和5g氯化钠，以10 000r/min均质2min，以4 000 r/min离心10min，上清液移入25mL比色管中，用乙腈定容至25mL。

2. 净化

（1）凝胶渗透色谱条件

（a）净化柱S-X3 Bio-Beads填料，粒径38~75μm，200mm×22mm（内径），或相当者；

（b）流动相：乙酸乙酯—环己烷，流速：5mL/min；

（c）进样量：5mL；

（d）净化程序：0~10.5min弃去洗脱液，10.5~15min收集洗脱液。

（2）净化过程

准确移取5mL上述定容液，水浴45℃下氮气流吹至近干，定容至10mL，取5mL乙酸乙酯—环己烷溶解液（1+1，v/v），按"（1）凝胶渗透色谱条件"的条件用凝胶渗透色谱仪净化。将收集的洗脱液于45℃水浴上浓缩至干，准确加入1mL甲醇溶解残渣，溶解液过0.22μm有机滤膜，供液相色谱—质谱/质谱测定。

3. 测定

（1）液相色谱参考条件

a）色谱柱：C_{18}，150mm×2.1mm（内径），粒径5μm，或相当者；

b）柱温：30℃；

c）进样量：5μL；

d）流动相梯度及流速见表5-34。

表 5-34　液相色谱梯度洗脱条件

时间（min）	0.1%乙酸水溶液（%）	乙腈（%）	流速（μL/min）
0.0	30	70	200
4.0	30	70	200
5.0	10	90	200
6.0	10	90	200
6.1	30	70	200
8.0	30	70	200

（2）质谱参考条件

a）离子源：电喷雾离子源（ESI）；

b）扫描方式：负离子扫描模式；

c）鞘气压力：137.9kPa（20psi）；

d）辅助气压力：206.85kPa（30psi）；

e）负离子模式电喷雾电压（IS）：-3 200V；

f）毛细管温度：320℃；

g）源内诱导解离电压：10V；

h）Q1、Q3 分辨率：Q1 为 0.4，Q3 为 0.7；

i）碰撞气：高纯氩气；

j）碰撞气压力：1.5mTorr；

k）监测离子对为 m/z 239/194.1 和 m/z 239/193，碰撞能量分别为 24eV 和 27eV。

（3）定量测定：根据样液中被测物的含量情况，选定响应值相近的标准工作液。标准工作溶液和样液中分析物的响应值均应在仪器的检测线性范围内。对标准工作溶液和样液等体积参差进样测定。在上述色谱条件下地乐酚的参考保留时间约为 4.55min。

（4）定性测定：进行样品测定时，如果检出的质量色谱峰保留时间与标准样品一致，并且在扣除背景后的样品谱图中，各定性离子的相对丰度与浓度接近的同样条件下得到的基质标准溶液谱图相比，误差不超过表 5-21 规定的范围，则可判断样品中存在对应的被测物。

4. 空白实验

除不加试样外，均按上述测定步骤进行。

（六）结果计算和表述

用色谱数据处理机或按下列公式计算试样中地乐酚农药的含量：

$$X = \frac{A \times c \times V}{A_s \times m}$$

式中：

X——试样中地乐酚含量，单位为微克每千克（μg/kg）；

A——样液中地乐酚的峰面积；

c——标准溶液中地乐酚的浓度，单位为纳克每毫升（ng/mL）；

V——样液最终定容体积，单位为毫升（mL）；

A_s——标准溶液中地乐酚的峰面积；

m——最终样液所代表的试样量，单位为克（g）。

注：计算结果应扣除空白值，测定结果用平行测定的算术平均值表示，保留两位有效数字。

（七）精密度

（1）在重复性条件下，获得的两次独立测定结果的绝对差值与其算术平均值的比值（百分率），应符合表5-22的要求。

（2）在再现性条件下，获得的两次独立测定结果的绝对差值与其算术平均值的比值（百分率），应符合表5-23的要求。

（八）定量限

茶叶中地乐酚的定量限为10μg/kg。

十五、气相色谱—质谱法测定茶叶中环氟菌胺残留量

（一）原理

样品用提取，提取液加入氯化钠脱水后，用 Envi-Carb/LC-NH2 柱或 C_{18} 固相萃取柱或弗罗里硅土层析柱净化，气相色谱—质谱法测定，外标法定量。

（二）试剂和材料

除另有规定外，所有试剂均为分析纯，水为符合 GB/T 6682—2008 中规定的一级水。

1. 试剂

（1）乙腈（C_2H_3N）：色谱纯。

（2）正己烷（C_6H_{14}）：色谱纯。

（3）丙酮（C_3H_6O）：色谱纯。

（4）乙醚（$C_4H_{10}O$）：色谱纯。

（5）甲苯（C_7H_8）：色谱纯。

（6）氯化钠（NaCl）：优级纯。

（7）无水硫酸钠（Na_2SO_4）：分析纯，650℃灼烧4h，自然冷却后贮于密封瓶中备用。

2. 溶液配制

磷酸缓冲液：0.5mol/L（pH值＝7.0），称取52.7g磷酸氢二钾（K_2HPO_4）和30.2g磷酸二氢钾（KH_2PO_4），加入约500mL水溶解，用1mol/L氢氧化钠或1mol/L盐酸调整pH值为7.0后，加水定容至1L。

3. 标准品

标准物质：Cyflufenamid，$C_{22}H_{17}F_5N_2O_2$，CASNO：180409-60-3，纯度≥98%。

4. 标准溶液配制

（1）环氟菌胺标准储备液：称取适量环氟菌胺标准品，用丙酮—正己烷（1+1）配制成1.0mg/mL的标准储备液。0~4℃保存。

（2）环氟菌胺标准工作液：根据需要用丙酮—正己烷（1+1，v/v）将储备液稀释配制成适用浓度的标准工作液。0~4℃保存。

5. 材料

（1）Envi-Carb/LC-NH_2固相萃取柱：500mg/500mg。

（2）C_{18}固相萃取柱：1 000mg。

（3）弗罗里硅土：Florisil，0.150~0.250mm。

（4）弗罗里硅土柱：玻璃层析柱30cm×15mm（i.d.）中下端依次装入1cm高的无水硫酸钠、10g弗罗里硅土和1cm高的无水硫酸钠。

（三）仪器和设备

（1）气相色谱—质谱联用仪：配有电子轰击离子源（EI源）。

（2）分析天平：感量0.01g和0.000 1g。

（3）振荡器。

（4）漩涡混合器。

（5）旋转蒸发仪。

（6）高速均质器。

（7）离心机。

（8）离心管：100mL。

（9）分液漏斗：150mL。

（10）滤膜：0.45μm。

（四）试样制备与保存

1. 样制备

取有代表性样品约500g，用粉碎机全部粉碎并通过2.0mm圆孔筛。混匀，装入洁净的容器内，密闭，标明标记。

2. 试样保存

茶叶试样于0~4℃保存；水果和蔬菜类试样于-18℃以下冷冻保存。在抽样及制样的操作过程中，应防止样品受到污染或发生残留物含量的变化。

（五）分析步骤

1. 提取

称取试样1g（精确至0.01g）于50mL离心管中，加入1g氯化钠和3mL水，在旋涡混合器上充分混匀1min，放置0.5h，加入10mL正己烷—丙酮（1+1）混合溶液，以10 000 r/min均质1min，离心3min，吸取上层有机相过无水硫酸钠柱于浓缩瓶中，残渣再分别用2×20mL正己烷—丙酮（1+1）重复提取2次，合并上层有机相，于45℃水浴中减压浓缩至近干。

2. 净化

用5mL正己烷溶解残渣，转移入弗罗里硅土柱中。用5mL正己烷淋洗，弃去流出液，用5mL正己烷—乙醚（9+1）混合溶液洗脱。收集洗脱液于10mL离心管，在45℃水浴中用吹氮浓缩仪缓缓吹至近干，残留物用1mL丙酮—正己烷（1+1）混和液溶解，过0.45μm滤膜，供气相色谱—质谱测定。

3. 测定

（1）气相色谱—质谱参考条件

a）色谱柱：DB-35MS石英毛细管柱：30m×0.25mm（i.d.），0.25μm（膜厚）；

b）柱温：70℃，以25℃/min升温至260℃，保留1min；以5℃/min升至300℃，保留10min；

c）进样口温度：250℃；

d）辅助加热器：280℃；

e）离子源温度：230℃；

f）四极杆温度：150℃；

g）载气：氦气纯度≥99.999%，1mL/min；

h）进样量：2μL；

i）进样方式：脉冲不分流；

j）电离方式：EI；

k）电离能量：70eV；

l）选择离子：（m/z）412、321、294、275，定量离子412。

（2）色谱测定与确证：根据样液中被测物含量情况，选定浓度相近的标准工作溶液，对标准工作溶液与样液等体积参插进样测定，标准工作溶液和待测样液中环氟菌胺的响应值均应在仪器检测的线性范围内。

如果样液与标准工作溶液的选择离子色谱图中，在相同保留时间有色谱峰出现，并且在扣除背景后的样品质量色谱中，所选离子均出现，所选择离子的丰度比与标准品对应离子的丰度比，其值在允许范围内（允许范围见表5-16）。在"（五）分析步骤"条件下，环氟菌胺保留时间是10.0min，其监测离子（m/z）为m/z 412、321、294、275（其丰度比为100∶70∶85∶50）对其进行确证；根据定量离子m/z为421对其进行外标法定量。

4. 空白实验

除不加试样外，均按上述测定步骤进行。

（六）结果计算和表述

用色谱数据处理机或按下式计算样品中环氟菌胺残留量：

$$X = \frac{A \times c \times V}{A_s \times m}$$

式中：

X——试样中环氟菌胺残留量，单位为毫克每千克（mg/kg）；

A——样品溶液中环氟菌胺的峰面积；

A_s——环氟菌胺标准工作溶液的峰面积；

V——样品溶液最终定容体积，单位为毫升（mL）；

c——环氟菌胺标准工作液的浓度单位为微克每毫升（μg/mL）；

m——最终样液代表的试样质量，单位为克（g）。

注：计算结果应扣除空白值，测定结果用平行测定的算术平均值表示，保留两位有效数字。

（七）精密度

（1）在重复性条件下，获得的两次独立测定结果的绝对差值与其算术平均值的比值（百分率），应符合表5-10的要求。

（2）在再现性条件下，获得的两次独立测定结果的绝对差值与其算术平均值的比值（百分率），应符合表5-11的要求。

（八）定量限

本方法茶叶中环氟菌胺的定量限为0.010mg/kg。

十六、气相色谱—质谱法测定茶叶中丁酰肼残留量

（一）原理

试样中的丁酰肼残留物用水提取，经水蒸气蒸馏，水杨醛衍生化，硅胶固相萃取柱净化，用气相色谱—质谱仪进行测定，外标法定量。

（二）试剂与材料

除另有规定外，所有试剂均为分析纯，水为符合GB/T 6682—2008中规定的一级水。

1. 试剂

（1）正己烷（C_6H_{14}）：色谱纯。

（2）氢氧化钠（NaOH）。

（3）氯化钠（NaCl）。

（4）冰醋酸（$C_2H_4O_2$）。

（5）水杨醛（$C_7H_6O_2$）。

（6）乙酸乙酯（$C_4H_8O_2$）：色谱纯。

2. 溶液配制

（1）乙酸乙酯正己烷溶液（3+97，v/v）：取30mL乙酸乙酯，加入970mL正己烷，摇匀备用。

（2）醋酸溶液（10%，v/v）：移取10mL冰醋酸加入90mL水，充分混合。

（3）氢氧化钠溶液（50%，m/v）：称取500g氢氧化钠逐渐溶解于1L水中，冷却，充分混合。

3. 标准品

1，1-二甲基联氨标准品（1，1-dimethyl hydrazine，$C_2H_8N_2$，CAS：57-14-7）：纯度≥98%。

4. 标准溶液配制

1，1-二甲基联氨储备溶液：准确称取适量的1，1-二甲基联氨标准品0.1g（精确至0.1mg），加入到盛有2mL醋酸溶液的小烧杯中，用水转移至1L棕色容量瓶中，配成浓度为100μg/mL的标准储备液。根据需要用水将标准储备溶液稀释成适当浓度

的标准工作液。储备溶液在 4℃ 条件下避光贮存。每 6 个月配制 1 次。

（三）仪器与设备

（1）气相色谱仪，配质量选择性检测器。

（2）分析天平：感量 0.01g 和 0.000 1g。

（3）水蒸气蒸馏装置。

（4）离心机：5 000r/min。

（5）旋转蒸发仪。

（6）振荡器。

（7）超声波仪。

（8）固相萃取柱：硅胶，6mL，1 000mg，或相当者。

（9）具塞三角烧瓶：250mL。

（10）具塞试管：25mL。

（四）试样制备与保存

取茶叶有代表性样品约 500g，装入洁净的容器内，密闭并标明标记。4℃ 以下保存。

（五）分析步骤

1. 提取

茶叶称取试样 25g（精确到 0.1g）于 250mL 具塞三角烧瓶中，加入 100mL 水，盖塞，在振荡器上振荡 30min。将提取液直接倒入蒸馏瓶中，加入氢氧化钠溶液 50mL，用少量水冲洗瓶壁，连接水蒸气蒸馏装置，缓慢加热至沸腾。用时先加入醋酸溶液 3mL、水杨醛 50μL 的 25mL 具塞试管接收馏出液，收集馏出液约 15mL。

2. 衍生

接收试管 50℃ 超声 30min。冷却至室温后，加入约 3g 氯化钠，5mL 正己烷，振摇 1min。静置分层，上层正己烷相供净化。取适当体积的 1，1-二甲基联氨标准溶液按上述步骤衍生化，供 GC-MS 测定。

3. 净化

用硅胶固相萃取柱（SPE）净化。固相萃取柱用 10mL 正己烷预淋洗，准确移取正己烷溶液 4mL 至固相萃取柱上，用 10mL 正己烷淋洗，再用 5mL 乙酸乙酯正己烷溶液淋洗，10mL 乙酸乙酯正己烷溶液洗脱。收集洗脱液，50℃ 水浴减压浓缩至干，用正己烷定容至 4mL，供 GC-MS 测定。

4. 测定

（1）气相色谱—质谱参考条件

a）色谱柱：DB-5MS 石英毛细管柱，30m×0.25mm（内径），膜厚 0.25μm，或相当者；

b）色谱柱温度：起始温度 70℃，以 15℃/min 升温至 270℃，保留 5min；

c）进样口温度：240℃；

d）色谱—质谱接口温度：280℃；

e）载气：氦气，纯度≥99.995%，1.0mL/min；

f）进样量：1μL；

g）进样方式：无分流进样，0.75min 后开阀；

h）电离方式：EI；

i）电离能量：70eV；

j）测定方式：选择离子监测方式（SIM）；

k）监测离子（m/z）：定量 164，定性 149、163、165；

l）溶剂延迟：6min。

（2）色谱测定与确证

a）定量测定：根据样液中丁酰肼含量情况，选定浓度相近的 1，1-二甲基联氨标准工作溶液衍生化。1，1-二甲基联氨标准工作溶液衍生物和样液中 1，1-二甲基联氨衍生物响应值均应在仪器检测线性范围内。对 1，1-二甲基联氨标准工作溶液衍生物和样液等体积参插进样进行测定。在上述色谱条件下，1，1-二甲基联氨衍生物保留时间约为 8.17min。

b）气相色谱—质谱确证：标准溶液衍生物及样液均按"4. 测定"规定的条件进行测定，如果样液中与标准溶液衍生物相同的保留时间有峰出现，则对其进行质谱确证。经确证分析被测物 SIM 色谱峰保留时间与标准样品相一致，并且在扣除背景后的样品谱图中，所选择的离子均出现；选择离子 m/z 164、149、163、165（其丰度比 100：8：7：14）与标准样品衍生物相关离子的相对丰度一致，相似度在允许偏差之内（表 5-16）。

5. 空白试验

除不加试样外，均按上述步骤进行。

（六）结果计算和表述

用色谱数据处理机或按下式计算试样中丁酰肼的含量，计算结果需将空白值扣除。

$$X = \frac{A \times c \times V \times 2.67}{A_s \times m}$$

式中：

X——试样中丁酰肼的含量（mg/kg）；

c——标准工作液中1，1-二甲基联氨衍生物的浓度，单位为微克/毫升（μg/mL）；

A——样品溶液中1，1-二甲基联氨衍生物的峰面积；

A_s——标准工作溶液中1，1-二甲基联氨衍生物的峰面积；

V——样液最终定容体积，单位为毫升（mL）；

m——最终样液所代表的试样量，单位为克（g）；

2.67——1，1-二甲基联氨与丁酰肼换算系数。

注：计算结果应扣除空白值，测定结果用平行测定的算术平均值表示，保留两位有效数字。

（七）精密度

（1）在重复性条件下，获得的两次独立测定结果的绝对差值与其算术平均值的比值（百分率），应符合表5-10的要求。

（2）在再现性条件下，获得的两次独立测定结果的绝对差值与其算术平均值的比值（百分率），应符合表5-11的要求。

（八）定量限

本方法的定量限为0.01mg/kg。

十七、液相色谱—质谱/质谱法测定茶叶中噻虫嗪及其代谢物噻虫胺残留量

（一）原理

用0.1%乙酸-乙腈超声提取试样中的噻虫嗪和噻虫胺残留物，采用基质分散固相萃取剂净化，超高效液相色谱—质谱/质谱仪测定，外标法定量。

（二）试剂和材料

除另有说明外，所用试剂均为色谱级，水为符合GB/T 6682中规定的一级水。

1. 试剂

（1）乙腈（CH_3CN）。

（2）乙酸铵（CH_3COONH_4）；乙酸（CH_3COOH）：分析纯。

（3）甲酸（HCOOH）。

（4）甲醇（CH₃OH）。

（5）正己烷（C₆H₁₄）。

（6）无水硫酸镁（MgSO₄）：分析纯。

（7）无水硫酸钠（Na₂SO₄）：分析纯。

（8）N-丙基乙二胺（PSA）吸附剂：粒径 40~60μm。

（9）石墨化碳黑吸附剂（GCB）：粒径 120~400μm。

（10）十八烷基硅烷（ODS）键合相吸附剂（C₁₈）：粒径 40~60μm。

（11）基质分散固相萃取剂：50mg PSA、150mg MgSO₄、50mg C₁₈、10mg GCB；

2. 溶液配制

（1）0.1%乙酸—乙腈溶液：取 1mL 乙酸，加入乙腈定容到 1 000mL，混匀。

（2）10mmol/L 乙酸铵溶液（含 0.1%甲酸）：准确称取 0.16g 乙酸铵于 200mL 容量瓶中，先用少量水溶解后加入 200μL 甲酸，再用水定容至刻度，混匀，现用现配。

3. 标准品

（1）噻虫嗪标准品（thiamethoxam）：CAS 号 153719-23-4，分子式 C₈H₁₀ClN₅O₃S，分子量 291.7，纯度≥99%。

（2）噻虫胺标准品（clothianidin）：CAS 号 205510-53-8，分子式 C₆H₈ClN₅O₂S，分子量 250.2，纯度≥99%。

4. 标准溶液配制

（1）噻虫嗪标准储备溶液：准确称取适量的噻虫嗪标准品（精确至 0.01mg），用乙腈溶解，配制成 1 000μg/mL 的标准储备溶液，-18℃下保存。

（2）噻虫胺标准储备溶液：准确称取适量的噻虫胺标准品（精确至 0.01mg），用乙腈溶解，配制成 1 000μg/mL 的标准储备溶液，-18℃下保存。

（3）噻虫嗪和噻虫胺混合标准工作溶液：根据需要分别取适量噻虫嗪标准储备溶液和噻虫胺标准储备溶液，用乙腈稀释成 1μg/mL 标准工作溶液，-18℃下保存。

（4）基质空白溶液：将不同基质的阴性样品分别按照"提取与净化"处理后得到的溶液。

（5）基质标准工作液：根据实验需要吸取适量混合标准工作溶液，用基质空白溶液稀释成适当浓度的标准工作液，现用现配。

5. 材料

微孔滤膜：尼龙，13mm（i.d.），0.2μm。

（三）仪器和设备

（1）超高效液相色谱—串联质谱仪：配有电喷雾离子源（ESI）。

（2）粉碎机。

（3）组织捣碎机。

（4）分析天平：感量分别为 0.01mg 和 0.01g。

（5）超声波振荡器。

（6）旋涡混匀器。

（7）离心机：转速不低于 4 000r/min。

（8）离心管：具塞，聚四氟乙烯，50mL。

（9）分液漏斗：100mL，具塞。

（四）试样制备与保存

在制样的操作过程中，应防止样品受到污染或发生农药残留含量的变化。

取代表性样品 500g，用粉碎机粉碎。混匀，均分成 2 份作为试样，分装，密闭，于 0~4℃下保存。

（五）分析步骤

1. 提取与净化

称取 5g（精确至 0.01g）试样于 50mL 离心管中，如果为干燥样品则加 5~8mL 水，视具体样品而定，浸泡 0.5h。加入乙酸—乙腈溶液使乙腈和水总体积为 20mL，均质 0.5min，摇匀，在 40℃以下超声提取 30min，4 000r/min 离心 10min。取上清液 1.0mL，加适量基质分散固相萃取剂净化，剧烈振摇 1min，4 000r/min 离心 10min，取上清液用 0.2μm 滤膜过滤，用液相色谱—质谱/质谱仪测定。

2. 测定

（1）液相色谱参考条件

a）液相色谱柱：ACQUITY UPLC BEH C_{18}，50mm × 2.1mm（i.d.），粒度 1.7μm，或性能相当者。

b）柱温：35℃。

c）流动相梯度：见表 5-35。

表 5-35　流动相洗脱梯度表

	时间（min）	流速（mL/min）	10mmol/L 乙酸铵溶液（4.10）（%）	甲醇（%）	曲线类型
1	Initial	0.25	90	10	
2	0.5	0.25	90	10	1
3	2.5	0.25	50	50	6
4	3	0.25	90	10	1

d）进样量：2.0μL。

e）样品室温度：10℃。

（2）质谱参考条件

a）电离方式：ESI+；

b）检测方式：MRM；

c）毛细管电压：3.00kV；

d）氮吹气流量：800L/h；

e）锥孔气流量：50L/h；

f）去溶剂气温度：350℃；

g）放大器电压：650V；

h）离子源温度：110℃；

i）监测离子、碰撞能量和锥孔电压（表5-36）。

表5-36　噻虫嗪和噻虫胺的多反应离子监测分析参数

组分	监测离子对（m/z）	驻留时间（s）	锥孔电压（V）	碰撞能量（V）
噻虫嗪	*292/211	0.05	20	19
	292/181	0.05	20	10
噻虫胺	*250/169	0.05	16	15
	250/131	0.05	16	10

注：＊为定量离子对。

（3）标准曲线的配制：以5.0g空白样品通过前处理步骤制备基质空白溶液，将标准中间溶液稀释至2.0ng/mL、5.0ng/mL、10.0ng/mL、20.0ng/mL、40.0ng/mL、100.0ng/mL，不过原点做基质标准工作曲线，宜现用现配。

（4）定量测定：本方法中采用外标校准曲线法定量测定。为减少基质对定量测定的影响，定量用标准曲线应采用基质混合标准工作溶液绘制的标准工作曲线，并且保证所测样品中农药的响应值均在线性范围以内。

（5）定性测定：在上述条件下进行测定，试液中待测物的保留时间应在标准溶液保留时间的时间窗内，各离子对的相对丰度应与标准品的相对丰度一致，误差不超过表5-16中规定的范围。

3. 空白试验

除不加试样外，均按上述操作步骤进行。

（六）结果计算和表述

液相色谱—质谱/质谱法测定试样中噻虫嗪或噻虫胺农药的残留量采用标准曲线法定量，标准曲线法定量结果按下列公式计算：

$$X_i = c_i \times \frac{V}{m}$$

式中：

X_i——试样中噻虫嗪或噻虫胺农药的残留量，单位为毫克每千克（mg/kg）；

c_i——从标准曲线上得到的被测组分溶液浓度，单位为微克每毫升（μg/mL）；

V——样品提取液总体积，单位为毫升（mL）（本方法中为 20.0mL）；

m——最终样品溶液所代表试样的质量，单位为克（g）。

注：计算结果应扣除空白值，测定结果用平行测定的算术平均值表示，保留两位有效数字。

（七）精密度

（1）在重复性条件下，获得的两次独立测定结果的绝对差值与其算术平均值的比值（百分率），应符合表 5-10 的要求。

（2）在再现性条件下，获得的两次独立测定结果的绝对差值与其算术平均值的比值（百分率），应符合表 5-11 的要求。

（八）定量限

本方法对噻虫嗪和噻虫胺的测定低限为 0.010mg/kg。

十八、液相色谱—质谱法测定茶叶中除虫脲残留量

（一）原理

试样中的除虫脲用乙腈提取，分散固相萃取净化后，用液相色谱—串联质谱仪测定并确证，外标法定量。

（二）试剂和材料

1. 试剂

除另有说明外，所用试剂均为分析纯，水为 GB/T 6682—2008 规定的一级水。

（1）乙腈（CH_3CN）：色谱纯。

（2）正己烷（C_6H_{14}）。

（3）冰乙酸（CH_3COOH）。

（4）无水乙酸钠（CH_3COONa）。

（5）氯化钠（NaCl）：450℃灼烧4h，密封备用。

（6）无水硫酸钠（Na_2SO_4）：650℃灼烧4h，贮藏干燥器中备用。

（7）无水硫酸镁（$MgSO_4$）：650℃灼烧4h，贮藏干燥器中备用。

（8）N-丙基乙二胺（Primary secondary amine, PSA）：PSA填料或相当，粒径40μm。

（9）十八烷基硅烷键合相（C_{18}）：C_{18}填料或相当，粒径50μm。

2. 溶液配制

冰乙酸-乙腈溶液（0.1+99.9，v/v）：取0.1mL冰醋酸加入99.9mL乙腈，混匀后备用。

3. 标准品

除虫脲标准品：CAS号：35367-38-5，纯度≥96%。

4. 标准溶液配制

（1）除虫脲标准储备溶液：准确称取适量除虫脲标准品（精确至0.1mg），用乙腈配制成浓度为1.0mg/mL的标准储备液，置于-18℃冰箱中保存，保存期为6个月。

（2）除虫脲标准工作溶液：根据需要用乙腈将标准储备溶液稀释成适当浓度的标准工作液，临用现配。

（3）0.005mol/L乙酸铵水溶液：称取0.385 0g乙酸铵，用水溶解定容到1L，过0.45μm滤膜备用。

5. 材料

微孔滤膜：0.22μm，有机系。

（三）仪器和设备

（1）高效液相色谱—串联质谱仪：三重四极杆串联质谱，配有电喷雾离子源（ESI）。

（2）分析天平：感量0.01g和0.000 1g。

（3）具塞离心管：50mL，聚丙烯旋盖塑料离心管或相当者；10mL，玻璃具塞离心管或相当者。

（4）涡旋混合器。

（5）超声波清洗器。

（6）离心机。

（7）样品粉碎机。

（8）组织捣碎机。

（9）样品筛：孔径为2mm。

（10）高速组织匀浆机。

（四）试样制备与保存

取代表性样品 500g，粉碎后使其全部通过样品筛，混匀后装入洁净容器内，密封并标识。茶叶试样可在常温下密封保存。制样和样品保存过程中，应防止样品污染或待测物的含量变化。

（五）测定步骤

1. 提取

称取 2.5g 试样（精确至 0.01g）于 50mL 具塞离心管中，加 10mL 水混匀，放置 60min。加入 10mL 冰乙酸—乙腈溶液，加入 1g 无水乙酸钠和 2g 氯化钠，涡旋振荡 2min，30℃ 恒温水浴超声提取 30min 后 5 000r/min 离心 10min，上层清液过装填适量无水硫酸钠漏斗收集于 50mL 具塞离心管中，待净化。

2. 净化

称取 0.05g PSA，0.1g C_{18}，0.15g 无水硫酸镁置于 10mL 玻璃具塞离心管中，准确吸取"1. 提取"所得提取液 2.0mL 至此离心管中，准确涡旋振荡 1min，以 5 000 r/min离心 2min。取上清液 1mL 过 0.22μm 有机微孔滤膜后，供液相色谱—串联质谱测定。

3. 测定

（1）液相色谱参考条件

a）色谱柱：C_{18}柱，150mm×2.1mm（内径），粒径 5μm，或相当者。

b）流动相：A（乙腈），B（0.005mol/L 乙酸铵水溶液）。梯度洗脱条件参见表 5-37。

表 5-37　液相色谱洗脱条件

时间（min）	A（%）	B（%）
0~1.0	40	60
3.0~8.0	70	30
8.1~10.0	95	5
10.1~15.0	40	60

c）进样量：10μL。

d）柱温：30℃。

e）流速：0.2mL/min。

（2）质谱参考条件

a）离子源：电喷雾离子源（ESI）。

b）扫描方式：负离子扫描。

c）检测方式：多反应监测（MRM）。

d）监测离子对：母离子 308.9（m/z），定量离子对 308.9/288.9（m/z）；定性离子对分别为 308.9/288.9（m/z）、308.9/92.9（m/z）。

e）其他质谱参考条件见表 5-38 和表 5-39。

表 5-38　质谱条件

仪器参数	参数值电
喷雾电压（IS）	-4 500V 雾化
气压力（GS1）	45psi（氮气）
气帘气压力（CUR）	10psi（氮气）
辅助气压力（GS2）	50psi（氮气）
离子源温度（TEM）	500℃

表 5-39　多反应监测条件

进样物	母离子（m/z）	子离子（m/z）	去簇电压（V）	碰撞电压（V）	碰撞室入口电压（V）	碰撞室出口电压（V）	驻留时间（ms）
除虫脲	308.9	288.9*	-55	-15	-11	-6	200
		92.9		-70		-8	200

注：* 离子用于定量。

（3）定量测定：根据样液中待测物的含量，选定浓度相近的标准工作溶液一起进行色谱分析。待测样液中除虫脲的响应值均应在仪器检测的线性范围内。对标准工作溶液及样液等体积参插进样测定。在上述仪器条件下，除虫脲保留时间约为 7.51min。

（4）定性测定：按照上述条件测定样品和标准品，样品中待测物色谱峰保留时间与标准品对应的保留时间偏差应一致，允许偏差在±2.5%之内；并且在扣除背景后的样品谱图中，各定性离子的相对丰度与浓度接近的同样条件下得到的标准溶液谱图相比，最大允许相对偏差不超过表 5-16 中规定的范围，则可判断样品中存在对应的被测物。

4. 空白实验

除不加试样外，均按上述测定步骤进行。

(六) 结果计算和表述

用 LC-MS/MS 的数据处理软件或按下式计算试样中除虫脲的含量，计算结果应扣除空白值。

$$X = \frac{A \times c \times V}{A_s \times m}$$

式中：

X——试样中除虫脲含量，单位为微克每千克（$\mu g/kg$）；

A——样液中除虫脲的峰面积；

c——标准工作溶液中除虫脲的浓度，单位为纳克每毫升（ng/mL）；

V——样品溶液最终定容体积，单位为毫升（mL）；

A_s——标准工作溶液中除虫脲的峰面积；

m——样品溶液所代表最终试样的质量，单位为克（g）；

注：计算结果应扣除空白值，测定结果用平行测定的算术平均值表示，保留两位有效数字。

(七) 精密度

（1）在重复性条件下，获得的两次独立测定结果的绝对差值与其算术平均值的比值（百分率），应符合表5-10的要求。

（2）在再现性条件下，获得的两次独立测定结果的绝对差值与其算术平均值的比值（百分率），应符合表5-11的要求。

(八) 定量限

本方法中除虫脲在茶叶中的定量限为 $20.0\mu g/kg$。

十九、气相色谱—质谱法测定茶叶中嘧霉胺、嘧菌胺、腈菌唑、嘧菌酯残留量

(一) 原理

用丙酮或乙酸乙酯、丙酮和氯化钠水溶液提取试样中残留的嘧霉胺、嘧菌胺、腈菌唑、嘧菌酯，经液液萃取和石墨化碳黑柱/氨基柱组合柱净化，用气相色谱—质谱仪选择离子检测，外标法定量。

(二) 试剂和材料

除另有规定外，所有试剂均为分析纯，水为符合 GB/T 6682—2008 中规定的一级水。

1. 试剂

（1）丙酮（C_3H_6O）：农残级。

（2）乙酸乙酯（$C_4H_8O_2$）。

（3）乙腈（CH_3CN）：HPLC级。

（4）甲苯（C_7H_8）。

（5）正己烷（C_6H_{14}）。

（6）氯化钠（NaCl）。

（7）无水硫酸钠（Na_2SO_4）：于650℃灼烧4h，贮于密封容器中备用。

2. 溶液配制

（1）氯化钠溶液（300g/L）：称取300g氯化钠用蒸馏水溶解并定容至1 000mL。

（2）乙腈—甲苯（3+2，v/v）：取30mL乙腈和20mL甲苯，混合均匀。

（3）乙腈—甲苯（3+1，v/v）：取30mL乙腈和10mL甲苯，混合均匀。

（4）丙酮—正己烷（1+1，v/v）：取50mL丙酮和50mL正己烷，混合均匀。

（5）乙腈饱和正己烷。

（6）正己烷饱和乙腈。

3. 标准品

（1）嘧霉胺标准品：分子式，$C_{12}H_{13}N_3$；CAS 53112-28-0；纯度≥99%。

（2）菌胺标准品：分子式，$C_{14}H_{13}N_3$；CAS 110235-47-7；纯度≥99%。

（3）腈菌唑标准品：分子式，$C_{15}H_{17}ClN_4$；CAS 88671-89-0；纯度≥99%。

（4）嘧菌酯标准品：分子式，$C_{22}H_{17}N_3O_5$；CAS 131860-33-8；纯度≥99%。

4. 标准溶液配制

嘧霉胺、嘧菌胺、腈菌唑、嘧菌酯标准溶液：准确称取适量的嘧霉胺、嘧菌胺、腈菌唑、嘧菌酯标准品，用丙酮配制成100μg/mL标准储备液，5℃以下贮存，6个月以内使用。再用丙酮稀释成适当浓度的标准工作溶液，5℃以下贮存，3个月以内使用。

5. 材料

（1）石墨化碳黑柱/氨基柱组合柱：500mg，6ml；或者石墨化碳黑柱（500mg，6ml）与氨基柱（500mg，3ml）按照从上到下串联使用。

（2）无水硫酸钠柱：150mm×10mm玻璃层析柱，从下往上依次装入脱脂棉，5cm高的无水硫酸钠。

（三）仪器和设备

（1）气相色谱—质谱联用仪，配电子轰击离子源（EI源）。

（2）分析天平：感量0.01g和0.000 1g。

（3）漩涡混合器。

（4）均质器。

（5）离心机：6 000r/min。

（6）固相萃取装置。

（7）旋转蒸发器

（8）氮气吹干仪。

（9）离心管：玻璃，50mL。

（10）水平回旋式摇床。

（四）试样制备与保存

1. 试样制备

取样品约 500g，用粉碎机粉碎至全部通过 20 目筛，装入洁净容器作为试样，密封并做好标识。

2. 试样保存

茶叶试样于室温避光保存。在制样的操作过程中，应防止样品受到污染或发生残留物含量的变化。

（五）分析步骤

1. 提取

称取搅碎混匀的试样约 10g（精确到 0.01g）于三角瓶中，加 25mL 乙酸乙酯，在水平回旋式摇床上振摇 30min，过滤到 250mL 分液漏斗中，用 20mL 乙酸乙酯分 2 次洗涤锥形瓶及滤渣，合并滤液于同一分液漏斗中并加入 30mL 氯化钠溶液，振荡 1min，液液萃取，静置分层，乙酸乙酯层经无水硫酸钠柱转入心形瓶中；水相再加入 25mL 乙酸乙酯液液萃取，静置分层，弃去水相，合并乙酸乙酯层于上述同一心形瓶中。于 45℃水浴上抽真空旋转蒸发至干。

2. 净化

（1）对提取步骤获得的试样残渣，加入 40mL 乙腈饱和正己烷分两次溶解，转入同一 250mL 分液漏斗中，分别用 50mL 正己烷饱和乙腈分 2 次、乙腈饱和正己烷 10mL 洗心形瓶，均转入上述分液漏斗中。振荡分层，乙腈层过无水硫酸钠柱转入原心形瓶，正己烷层每次再用正己烷饱和乙腈 15mL 洗 2 次，正己烷层弃去，乙腈层过无水硫酸钠柱合并入心形瓶，于 45℃水浴上抽真空旋转蒸发至干。

（2）石墨化碳黑柱/氨基柱组合柱净化：用 1mL 乙腈—甲苯（3+1，v/v）溶解试样残渣，全部转入石墨化碳黑柱/氨基柱。再用 1mL 乙腈—甲苯（3+1，v/v）分 2 次洗心形瓶，并入上述石墨化碳黑柱/氨基柱，弃去全部流出液。用 10mL 乙腈—甲苯（3+2，v/v）洗脱石墨化碳黑柱/氨基组合柱，接收全部洗脱液。于 45℃水浴上氮气流吹干。用丙酮—正己烷（1+1，v/v）定容 1.0mL。供气相色谱—质谱分析。

3. 测定

（1）气相色谱—质谱参考条件

色谱条件：

a）色谱柱：DB-5MS，30m×0.25mm（内径），0.25μm，或相当者；

b）色谱柱升温程序：210℃，保留 2min；以 30℃/min 升温至 280℃，再以 10℃/min 升温至 290℃，保留 6min；

c）进样口温度：250℃；

d）载气：氦气，纯度 99.999%，

e）载气流速：恒流模式 1mL/min；

f）进样方式：不分流；

g）进样量：2μL；

h）开阀时间：1min。

质谱条件：

a）接口温度：280℃；

b）离子源：电子轰击源（EI）；

c）电离电压：70eV；

d）离子源温度：230℃；

e）检测方式：SIM；

f）溶剂延迟时间：2.5min；

g）选择离子及相对丰度：见表 5-40。

表 5-40　选择离子及相对丰度

被测组分	定量离子（相对丰度）（%）	定性离子（相对丰度）（%）		
嘧霉胺	198（100）	199（47）	188（3）	184（4）
嘧菌胺	222（100）	223（51）	208（5）	181（3）
腈菌唑	179（100）	150（53）	245（14）	288（13）
嘧菌酯	344（100）	388（28）	372（14）	403（13）

（2）定量测定：对样液及标准工作液等体积参差进样测定。实际应用的标准工作液和待测样液中，嘧霉胺、嘧菌胺、腈菌唑、嘧菌酯的响应值均应在仪器的线性范围之内。在上述气相色谱—质谱条件下，嘧霉胺、嘧菌胺、腈菌唑、嘧菌酯的保留时间分别为 3.42min、5.48min、5.90min、11.63min。标准品气相色谱—质谱图见

图5-13。

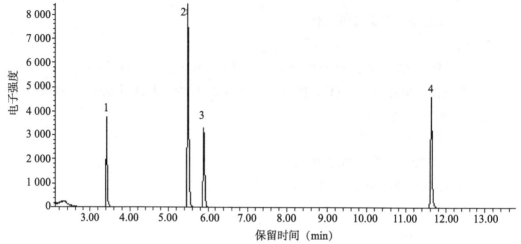

图5-13　标准混合物的总离子流图（TIC）（四种农药浓度均为1μg/mL）

1—嘧霉胺；2—嘧菌胺；3—腈菌唑；4—嘧菌酯

（3）定性测定：进行样品测定时，如果检出的质量色谱峰保留时间与标准样品一致，并且在扣除背景后的样品谱图中，各定性离子的相对丰度与浓度接近的同样条件下得到的标准溶液谱图相比，误差不超过表5-16规定的范围，则可判断样品中存在对应的被测物。

4. 空白实验

除不加试样外，均按上述测定步骤进行。

（六）结果计算和表述

用色谱数据处理机或按下列公式计算试样中各被测物的含量：

$$X_i = \frac{A_i \times C_i \times V}{A_{si} \times m}$$

式中：

X_i——式样中嘧霉胺、嘧菌胺、腈菌唑、嘧菌酯含量，单位为毫克每千克（mg/kg）；

A_i——样液中嘧霉胺、嘧菌胺、腈菌唑、嘧菌酯的峰面积；

C_i——标准溶液中嘧霉胺、嘧菌胺、腈菌唑、嘧菌酯的浓度，单位为微克每毫升（μg/mL）；

V——样液最终定容体积，单位为毫升（mL）；

A_{si}——标准溶液中嘧霉胺、嘧菌胺、腈菌唑、嘧菌酯的峰面积；

m——最终样液所代表的试样量，单位为克（g）。

注：计算结果应扣除空白值，测定结果用平行测定的算术平均值表示，保留两位有效数字。

（七）精密度

（1）在重复性条件下，获得的两次独立测定结果的绝对差值与其算术平均值的比值（百分率），应符合表 5-10 的要求。

（2）在再现性条件下，获得的两次独立测定结果的绝对差值与其算术平均值的比值（百分率），应符合表 5-11 的要求。

（八）定量限

4 种农药的定量限分别为：嘧霉胺为 0.01mg/kg；嘧菌胺为 0.01mg/kg；腈菌唑为 0.01mg/kg；嘧菌酯为 0.005mg/kg。

二十、气相色谱—质谱法测定茶叶中苯醚甲环唑残留量

（一）原理

试样中的苯醚甲环唑用乙酸乙酯提取，经串联活性炭和中性氧化铝双柱法或弗罗里硅土单柱法固相萃取净化后，由气相色谱—质谱联用仪测定与确证，外标法定量。

（二）试剂和材料

除另有规定外，所有试剂均为分析纯，水为符合 GB/T 6682—2008 中规定的一级水。

1. 试剂

（1）乙酸乙酯（$C_4H_8O_2$）：色谱纯。

（2）正己烷（C_6H_{14}）：色谱纯。

（3）丙酮（C_3H_6O）：色谱纯。

（4）无水硫酸钠（Na_2SO_4）：经 650℃ 灼烧 4h，置于密闭容器中备用。

2. 溶液配制

正己烷+丙酮（3+2，v/v）混合溶剂：取 300mL 正己烷，加入 200mL 丙酮，摇匀备用。

3. 标准品

苯醚甲环唑标准物质（Difenoconazole，$C_{19}H_{17}Cl_2N_3O_3$，CAS#：119446-68-3）：纯度≥99.5%。

4. 标准溶液配制

（1）苯醚甲环唑标准储备溶液：准确称取适量的苯醚甲环唑标准品，用乙酸乙酯稀释配制成 200μg/mL 的标准储备液，4℃ 下保存。

（2）苯醚甲环唑标准工作液：根据需要用正己烷稀释成适当浓度的标准工作溶

液，4℃下保存。

5．材料

（1）活性炭固相萃取柱：250mg，3mL，或相当着。

（2）中性氧化铝固相萃取柱：N-Al$_2$O$_3$，250mg，3mL，或相当者。

（3）弗罗里硅土固相萃取柱：Florisil，0.5g，3mL，或相当者。

（三）仪器和设备

（1）气相色谱—质谱仪：配有负化学离子源（NCI）。

（2）分析天平：感量0.01g和0.0001g。

（3）固相萃取装置：带真空泵。

（4）组织捣碎机。

（5）粉碎机。

（6）离心机。

（7）旋转蒸发器。

（四）试样制备与保存

取代表性样品500g，用粉碎机粉碎并通过2.0mm圆孔筛。混匀，分装入洁净的容器内，密闭并标明标记。茶叶试样于4℃保存。在制样的操作过程中，应防止样品受到污染或发生残留物含量的变化。

（五）分析步骤

1．提取

准确称取5g均匀试样（精确至0.01g）。将称取的样品置于250mL的具塞锥形瓶中，加入50mL乙酸乙酯，加入15g无水硫酸钠，放置于振荡器中振荡40min，过滤于150mL浓缩瓶中。再加入20mL乙酸乙酯重复提取1次，合并提取液，40℃下减压浓缩至干。用3mL正己烷溶解，待净化。

2．净化

将活性炭小柱与中性氧化铝小柱串联，依次用5mL丙酮、5mL正己烷活化，将正己烷提取溶液过柱，过完后再用3mL正己烷清洗瓶子并过柱，保持液滴流速约为2mL/min，去掉滤液，抽干后，用5mL正己烷+丙酮（3+2，v/v）混合溶剂进行洗脱，收集洗脱液于10mL小试管中，于40℃水浴中氮气吹干，用正己烷定容1.0mL，并过0.45μm有机相滤膜，供气相色谱—质谱测定和确证。

3．测定

（1）气相色谱—质谱参考条件

a）色谱柱：石英弹性毛细管柱DB-17ms，30m×0.25mm（i.d.），膜厚

0.25μm，或相当者。

  b）色谱柱温度：200℃，以10℃/min升温至300℃，保留10min。

  c）进样口温度：300℃。

  d）色谱-质谱接口温度：280℃。

  e）载气：氦气，纯度≥99.999%，流速1.0mL/min。

  f）进样量：1μL。

  g）进样方式：不分流进样，1.5min后开阀。

  h）电离方式：NCI。

  i）电离能量：216.5eV。

  j）离子源温度：150℃

  k）四极杆温度：150℃

  l）反应气：甲烷，纯度≥99.99%；反应气流速：2mL/min。

  m）检测方式：选择离子监测方式（SIM）。

  n）选择监测离子（m/z）：定量离子348；定性离子310，350，405。

  o）溶剂延迟时间：12min。

  （2）色谱测定与确证：根据样液中苯醚甲环唑含量的情况，选定峰面积相近的标准工作溶液，对标准工作液和样液等体积参插进样。标准工作溶液和样液中苯醚甲环唑的相应值均应在仪器的线性范围内。

  如果样液与标准工作溶液的选择离子色谱图中，在相同保留时间处有色谱峰出现，并且在扣除背景后的样品质量色谱图中，所选离子均出现，所选择离子的丰度比与标准品对应离子的丰度比，其值在允许范围内（允许范围见表5-16）。苯醚甲环唑的保留时间是15.74min，其监测离子（m/z）丰度比为310∶348∶350∶405＝45∶100∶67∶13，对其进行确证；根据定量离子m/z 348对其进行外标法定量。

  4. 空白实验

  除不加试样外，均按上述测定步骤进行。

  （六）结果计算和表述

  用色谱数据处理机或按下列公式计算试样中苯醚甲环唑残留量：

$$X = \frac{A_x \times C_s \times V_x}{A_s \times m}$$

  式中：

  X——试样中苯醚甲环唑残留量（μg/g）；

  C_s——标准工作液中苯醚甲环唑的浓度（μg/mL）；

A_x——样液中苯醚甲环唑定量离子的峰面积;

A_s——标准工作液中苯醚甲环唑定量离子的峰面积;

V_x——样液最后定容体积（mL）;

m——最终样液所代表的试样质量（g）。

注:计算结果应扣除空白值,测定结果用平行测定的算术平均值表示,保留两位有效数字。

（七）精密度

（1）在重复性条件下,获得的两次独立测定结果的绝对差值与其算术平均值的比值（百分率）,应符合表5-10的要求。

（2）在再现性条件下,获得的两次独立测定结果的绝对差值与其算术平均值的比值（百分率）,应符合表5-11的要求。

（八）定量限

本方法的定量限为0.005mg/kg。

二十一、气相色谱—质谱法测定茶叶中嘧菌环胺残留量

（一）原理

试样中残留的嘧菌环胺经正己烷-丙酮（1+1,v/v）提取,用凝胶渗透色谱柱和丙磺酰基甲硅烷基硅胶阳离子交换柱净化,气相色谱—质谱检测和确证,外标法定量。

（二）试剂和材料

除另有规定外,所有试剂均为分析纯,水为符合GB/T 6682—2008中规定的一级水。

1. 试剂

（1）正己烷（C_6H_{14}）:色谱纯。

（2）丙酮（C_3H_6O）:色谱纯。

（3）环己烷（C_6H_{12}）:色谱纯。

（4）酸乙酯（$C_4H_8O_2$）:色谱纯。

（5）甲醇（CH_3OH）:色谱纯。

（6）氨水（$NH_3 \cdot H_2O$）:分析纯。

（7）盐酸（HCl）:分析纯。

（8）氯化钠（NaCl）:分析纯。

（9）无水硫酸钠（Na_2SO_4）:分析纯,650℃灼烧4h,在干燥器内冷却至室温,

贮于密封瓶中备用。

2. 溶液配制

0.1mol/L盐酸溶液：量取9mL盐酸，加适量水稀释至1 000mL。

3. 标准品

嘧菌环胺（Cyprodinil）标准物质：纯度>99%，分子式：C₁₄H₁₅N₃，分子量：225.3，CAS登记号：121552-61-2。

4. 标准溶液配制

嘧菌环胺标准溶液：准确称取适量的嘧菌环胺标准物质，用丙酮配成浓度为100mg/mL的标准储备液。根据需要用丙酮稀释至适当浓度的标准工作液。标准储备液在0~4℃冰箱中保存，有效期为12个月，标准工作液在0~4℃冰箱中保存，有效期为6个月。

5. 材料

丙磺酰基甲硅烷基硅胶阳离子交换柱：3mL，500mg或相当者。

（三）仪器和设备

（1）气相色谱—质谱仪：配有电子轰击源（EI）。

（2）分析天平：感量0.01g和0.000 1g。

（3）离心机：转速>5 000r/min。

（4）氮吹仪。

（5）旋转蒸发器。

（6）均质器。

（7）固相萃取装置。

（8）多功能食品搅拌机。

（9）粉碎机。

（10）凝胶渗透色谱仪。

（11）旋涡混合器。

（四）试样制备与保存

取代表性样品约500g，经粉碎机粉碎并通过2.0mm圆孔筛，混匀，装入洁净容器内密封，标明标记。茶叶试样于4℃以下保存。在制样过程中，应防止样品受到污染或发生嘧菌环胺残留量的变化。

（五）分析步骤

1. 提取

称取2g（精确至0.01g）试样，加入5mL水混匀（茶叶、大米和花生需放置

0.5h），加入 15mL 正己烷－丙酮（1＋1，v/v）混合溶液，以 10 000r/min 均质 0.5min，加入 5g 氯化钠，摇匀，并于 4 000r/min 离心 3min。吸取上层有机相于浓缩瓶中，残渣中加入 15mL 正己烷—丙酮（1＋1，v/v）混合溶液，重复提取一次，合并上层有机相，在 45℃ 水浴中减压浓缩至近干。准确加入 10.0mL 环己烷—乙酸乙酯（1＋1，v/v）溶解残渣，供凝胶色谱净化。

2. 净化

（1）凝胶色谱净化

①凝胶色谱净化条件

a）凝胶净化柱：400mm×25mm（id）；填料：Bio-Beads，S-X3，38～75m，或相当者（在使用前需先做淋洗曲线）。

b）流动相：环己烷－乙酸乙酯（1＋1，体积比）；

c）流速：5.0mL/min；

d）样品定量环：5mL；

e）收集时间：20～25min。

②凝胶色谱净化步骤：将提取液转移到离心管中，4 000r/min 离心 3min，将上清液转移到凝胶渗透色谱仪的样品瓶中，按"（1）凝胶色谱净化"条件净化，将收集液在 45℃ 以下水浴减压浓缩至近干，加入 5mL 甲醇溶解后，加入 5mL 水混匀。

（2）丙磺酰基甲硅烷基硅胶阳离子交换柱净化：将丙磺酰基甲硅烷基硅胶阳离子交换柱安装在固相萃取装置上，加入 5mL 甲醇，弃去流出液，再加入 5mL 0.1mol/L 盐酸溶液，弃去流出液。加入"1. 提取"所得溶液，加入 10mL 甲醇－水（1＋1，v/v），弃去流出液，抽真空至尽干，再加入 10mL 氨水－甲醇（5＋95，v/v），收集 10mL 流出液。在 45℃ 水浴中减压浓缩至近干。准确加入 0.5mL 丙酮溶解残渣并定容，供 GC-MS 检测。

3. 测定

（1）气相色谱—质谱参考条件

a）色谱柱：DB-5ms 石英毛细管柱，30m×0.25mm（i.d）×0.25μm（膜厚），或相当者。

b）色谱柱温度：50℃，保留 1min，以 20℃/min 升温至 300℃（10min）。

c）进样口温度：250℃。

d）接口温度：280℃。

e）载气：氦气，纯度≥99.999%。流速：1.0mL/min。

f）进样量：2μL。

g）进样方式：脉冲不分流进样，脉冲压力 25psi，延时 0.75min，0.75min 后开阀。

h）离子源：电子轰击源（EI）。

i）电离能量：70eV。

j）溶剂延迟时间：8min。

k）检测方式：选择离子监测方式。

l）选择离子及相对丰度：m/z 224（100）、225（62%）、210（113.%）。

（2）定量测定：根据样液中嘧菌环胺含量的情况，选定峰面积相近的标准工作溶液。标准工作溶液和样液中嘧菌环胺响应值应在仪器检测的线性范围内。标准工作溶液和样液等体积穿插进样检测。在上述色谱条件下，嘧菌环胺的保留时间约为 10.5mim。

（3）定性测定：对标准溶液及样液均按"（1）气相色谱—质谱参考条件"规定的条件进行检察，如果样液与标准溶液在相同的保留时间有峰出现，则对其进行质谱确证，在扣除背景后的样品谱图中，所选择离子全部出现，同时所选择的离子的离子丰度比与标准品相关离子的相对丰度一致，波动范围符合表 5-16 的最大容许偏差之内，可判定样品中存在嘧菌环胺。被确证的样品可判定为嘧菌环胺阳性检出。

4. 空白试验

除不加试样外，均按上述检测步骤进行。

（六）结果计算

用色谱数据处理软件或按下列公式计算试样中嘧菌环胺的残留含量：

$$X = \frac{A \times c \times V}{A_s \times m}$$

式中：

X——试样中嘧菌环胺残留量，单位为毫克每千克（mg/kg）；

A——样液中嘧菌环胺的峰面积；

c——标准工作液中嘧菌环胺的浓度，单位为微克每毫升（μg/mL）；

V——最终样液定容体积，单位为毫升（mL）；

A_s——标准工作液中嘧菌环胺峰面积；

m——最终样液所代表的试样量，单位为克（g）。

注：计算结果应扣除空白值，测定结果用平行测定的算术平均值表示，保留两位有效数字。

（七）精密度

（1）在重复性条件下，获得的两次独立测定结果的绝对差值与其算术平均值的比值（百分率），应符合表5-10的要求。

（2）在再现性条件下，获得的两次独立测定结果的绝对差值与其算术平均值的比值（百分率），应符合表5-11的要求。

（八）定量限

本方法的定量限为0.01mg/kg。

二十二、气相色谱—质谱法茶叶中氟硅唑残留量

（一）原理

样品经乙腈提取，经弗罗里硅土固相萃取柱净化，气相色谱—质谱检测和确证，外标法定量。

（二）试剂和材料

除另有规定外，所有试剂均为分析纯，水为符合GB/T 6682—2008中规定的一级水。

1. 试剂

（1）乙腈（CH_3CN）：色谱纯。

（2）甲苯（C_7H_8）：色谱纯。

（3）正己烷（$C_6H_{14}v$）：色谱纯。

（4）乙醚（$C_4H_{10}O$）：色谱纯。

（5）氯化钠（NaCl）：分析纯，650℃灼烧4h，在干燥器内冷却至室温，贮于密封瓶中备用。

（6）无水硫酸钠（Na_2SO_4）：分析纯，650℃灼烧4h，在干燥器内冷却至室温，贮于密封瓶中备用。

2. 溶液配制

（1）正己烷—乙醚（8+2，v/v）：取800mL正己烷，加入200mL乙醚，摇匀备用。

（2）乙腈—甲苯（7+3，v/v）：取700mL乙腈，加入300mL甲苯，摇匀备用。

3. 标准品

氟硅唑（Flusilazole，$C_{16}H_{15}F_2N_3Si$，CAS No：85509-19-9，分子量为315）标准物质：纯度>99%。

4. 标准溶液配制

氟硅唑标准溶液：准确称取适量的氟硅唑标准物质，用乙腈配成浓度为100mg/mL的

标准储备液。根据需要用乙腈稀释至适当浓度的标准工作液。标准储备液在0~4℃冰箱中保存，有效期为12个月，标准工作液在0~4℃冰箱中保存，有效期为6个月。

5. 材料

（1）石墨化碳黑固相萃取柱：Envi-Carb，6mL，500mg或相当者。

（2）氨基固相萃取柱：Sep-Pak，3mL，500mg或相当者。

（3）弗罗里硅土固相萃取柱：LC-Florisil，6mL，1g或相当者。加样前先用5mL正己烷—乙醚（8+2，v/v）预淋洗柱。

（4）串联柱：在石墨化碳黑固相萃取柱中加入约20mm高无水硫酸钠，将该柱连接在氨基固相萃取柱顶部，加样前先用5mL乙腈—甲苯（7+3，v/v）预淋洗柱。

（三）仪器和设备

（1）气相色谱—质谱仪：配有电子轰击源（EI）。

（2）分析天平：感量0.01g和0.0001g。

（3）离心机：转速>5000r/mi。

（4）氮吹仪。

（5）旋转蒸发器。

（6）均质器。

（7）固相萃取装置。

（8）多功能食品搅拌机。

（9）粉碎机。

（10）旋涡混合器。

（四）试样制备与保存

取代表性样品约500g，经粉碎机粉碎并通过2.0mm圆孔筛，混匀，装入洁净容器内密封，标明标记。

注：样品取样部位按GB 2763—2016附录A执行。

（五）分析步骤

1. 提取

称取2g（精确至0.01g）试样于50mL离心管中，加5mL水放置0.5h。加入20mL乙腈，以10000r/min均质0.5min（蜂蜜仅需涡旋混匀2min），加入5g氯化钠，摇匀，并于4000r/min离心3min。吸取上层有机相于浓缩瓶中，残渣中加入15mL乙腈，重复提取1次，合并上层有机相，在45℃水浴中减压浓缩至近干。准确加入5.0mL正己烷—乙醚（8+2，v/v）溶解残渣，供固相萃取柱净化。

2. 净化

准确移取 2.5mL 提取液入弗罗里硅土固相萃取柱中，用 15mL 正己烷—乙醚（8+2，v/v）淋洗，流速为 2mL/min，弃去淋洗液。用正己烷—乙醚（3+7，v/v）洗脱，收集 10mL 洗脱液于 10mL 玻璃离心管中，在 45℃ 以下水浴用氮吹仪吹干，加入 0.5mL 乙腈溶解并定容，供气相色谱—质谱测定。

3. 测定

（1）气相色谱—质谱参考条件

a）色谱柱：DB‒5ms 石英毛细管柱，30m×0.25mm（i.d）×0.25μm，或相当者。

b）色谱柱温度：70℃，保留 1min，以 20℃/min 升温至 300℃，保留 10min。

c）进样口温度：280℃。

d）接口温度：280℃。

e）载气：氦气，纯度≥99.999%；流速：1.0mL/min。

f）进样量：2μL。

g）进样方式：脉冲不分流进样，脉冲压力 25psi，延时 0.75min，0.75min 后开阀。

h）溶剂延迟时间：8min。

i）离子源：电子轰击源（EI）。

j）电离能量：70eV。

k）检测方式：选择离子监测方式。

l）选择离子及相对丰度：m/z 233（100%）、206（35%）、315（9.2%）。

（2）定量测定：根据样液中氟硅唑含量的情况，选定与样液中氟硅唑浓度相近的标准工作溶液。标准工作溶液和样液中氟硅唑响应值应在仪器检测的线性范围内。标准工作溶液和样液等体积穿插进样测定。在上述色谱条件下，氟硅唑的保留时间约为 11.0mim。

（3）定性测定：对标准溶液及样液均按"（1）气相色谱—质谱参考条件"规定的条件进行检测，如果样液与标准溶液在相同的保留时间有峰出现，则对其进行质谱确证，在扣除背景后的样品谱图中，所选择离子全部出现，同时所选择的离子的离子丰度比与标准品相关离子的相对丰度一致，波动范围符合表 5‒16 的最大允许偏差之内，可判定样品中存在氟硅唑。被确证的样品可判定为氟硅唑阳性检出。

4. 空白试验

除不加试样外，均按上述检测步骤进行。

（六）结果计算

用色谱数据处理软件或按下列公式计算试样中氟硅唑的残留含量：

$$X = \frac{A \times c \times V}{A_s \times m}$$

式中：

X——试样中氟硅唑残留量，单位为毫克每千克（mg/kg）；

A——样液中氟硅唑的峰面积；

c——标准工作液中氟硅唑的浓度，单位为微克每毫升（μg/mL）；

V——最终样液定容体积，单位为毫升（mL）；

A_s——标准工作液中氟硅唑峰面积；

m——最终样液所代表的试样量，单位为克（g）。

注：计算结果应扣除空白值，测定结果用平行测定的算术平均值表示，保留两位有效数字。

（七）精密度

（1）在重复性条件下，获得的两次独立测定结果的绝对差值与其算术平均值的比值（百分率），应符合表5-10的要求。

（2）在再现性条件下，获得的两次独立测定结果的绝对差值与其算术平均值的比值（百分率），应符合表5-11的要求。

（八）定量限和回收率

本方法的定量限为：0.01mg/kg。

二十三、气相色谱—质谱法测茶叶中氟硅唑残留量

（一）原理

样品经乙腈提取，经弗罗里硅土固相萃取柱净化，气相色谱—质谱检测和确证，外标法定量。

（二）试剂和材料

除另有规定外，所有试剂均为分析纯，水为符合 GB/T 6682—2008 中规定的一级水。

1. 试剂

（1）乙腈（CH_3CN）：色谱纯。

（2）甲苯（C_7H_8）：色谱纯。

（3）正己烷（C_6H_{14}）：色谱纯。

（4）乙醚（$C_4H_{10}O$）：色谱纯。

（5）氯化钠（NaCl）：分析纯，650℃灼烧4h，在干燥器内冷却至室温，贮于密封瓶中备用。

（6）无水硫酸钠（Na_2SO_4）：分析纯，650℃灼烧4h，在干燥器内冷却至室温，贮于密封瓶中备用。

2. 溶液配制

（1）正己烷—乙醚（8+2，v/v）：取800mL正己烷，加入200mL乙醚，摇匀备用。

（2）乙腈—甲苯（7+3，v/v）：取700mL乙腈，加入300mL甲苯，摇匀备用。

3. 标准品

氟硅唑（Flusilazole，$C_{16}H_{15}F_2N_3Si$，CAS No：85509-19-9，分子量为315）标准物质：纯度>99%。

4. 标准溶液配制

氟硅唑标准溶液：准确称取适量的氟硅唑标准物质，用乙腈配成浓度为100μg/mL的标准储备液。根据需要用乙腈稀释至适当浓度的标准工作液。标准储备液在0~4℃冰箱中保存，有效期为12个月，标准工作液在0~4℃冰箱中保存，有效期为6个月。

5. 材料

（1）石墨化碳黑固相萃取柱：Envi-Carb，6mL，500mg或相当者。

（2）氨基固相萃取柱：Sep-Pak，3mL，500mg或相当者。

（3）弗罗里硅土固相萃取柱：LC-Florisil，6mL，1g或相当者。加样前先用5mL正己烷—乙醚（8+2，v/v）预淋洗柱。

（4）串联柱：在石墨化碳黑固相萃取柱中加入约20mm高无水硫酸钠，将该柱连接在氨基固相萃取柱顶部，加样前先用5mL乙腈—甲苯（7+3，v/v）预淋洗柱。

（三）仪器和设备

（1）气相色谱—质谱仪：配有电子轰击源（EI）。

（2）分析天平：感量0.01g和0.0001g。

（3）离心机：转速>5000r/min。

（4）氮吹仪。

（5）旋转蒸发器。

（6）均质器。

（7）固相萃取装置。

（8）多功能食品搅拌机。

（9）粉碎机。

（10）旋涡混合器。

（四）试样制备与保存

取代表性样品约 500g，经粉碎机粉碎并通过 2.0mm 圆孔筛，混匀，装入洁净容器内密封，标明标记。

（五）分析步骤

1. 提取

称取 2g（精确至 0.01g）试样于 50mL 离心管中，加 5mL 水放置 0.5h。加入 20mL 乙腈，以 10 000r/min 均质 0.5min（蜂蜜仅需涡旋混匀 2min），加入 5g 氯化钠，摇匀，并于 4 000r/min 离心 3min。吸取上层有机相于浓缩瓶中，残渣中加入 15mL 乙腈，重复提取一次，合并上层有机相，在 45℃水浴中减压浓缩至近干。准确加入 5.0mL 正己烷—乙醚（8+2，v/v）溶解残渣，供固相萃取柱净化。

2. 净化

准确移取 2.5mL 提取液入弗罗里硅土固相萃取柱中，用 15mL 正己烷—乙醚（8+2，v/v）淋洗，流速为 2mL/min，弃去淋洗液。用正己烷—乙醚（3+7，v/v）洗脱，收集 10mL 洗脱液于 10mL 玻璃离心管中，在 45℃以下水浴用氮吹仪吹干，加入 0.5mL 乙腈溶解并定容，供气相色谱—质谱测定。

3. 测定

（1）气相色谱—质谱参考条件

a）色谱柱：DB-5ms 石英毛细管柱，30m×0.25mm（i.d）×0.25μm，或相当者。

b）色谱柱温度：70℃，保留 1min，以 20℃/min 升温至 300℃，保留 10min。

c）进样口温度：280℃。

d）接口温度：280℃。

e）载气：氦气，纯度≥99.999%。流速：1.0mL/min。

f）进样量：2μL。

g）进样方式：脉冲不分流进样，脉冲压力 25psi，延时 0.75min，0.75min 后开阀。

h）溶剂延迟时间：8min。

i）离子源：电子轰击源（EI）。

j）电离能量：70eV。

k）检测方式：选择离子监测方式。

l）选择离子及相对丰度：见表 5-41

表 5-41　选择离子和相对丰度

选择离子（m/z）	233（定量）	206	315
相对丰度（%）	100	34.5	9.2

（2）定量测定：根据样液中氟硅唑含量的情况，选定与样液中氟硅唑浓度相近的标准工作溶液。标准工作溶液和样液中氟硅唑响应值应在仪器检测的线性范围内。标准工作溶液和样液等体积穿插进样测定。在上述色谱条件下，氟硅唑的保留时间约为 11.0mim，标准品的总离子流色谱图。

（3）定性测定：对标准溶液及样液均按"（1）气相色谱—质谱参考条件"规定的条件进行检测，如果样液与标准溶液在相同的保留时间有峰出现，则对其进行质谱确证，在扣除背景后的样品谱图中，所选择离子全部出现，同时所选择离子的离子丰度比与标准品相关离子的相对丰度一致，波动范围符合表 5-16 的最大容许偏差之内，可判定样品中存在氟硅唑。被确证的样品可判定为氟硅唑阳性检出。

4. 空白试验

除不加试样外，均按上述检测步骤进行。

（六）结果计算

用色谱数据处理软件或按下列公式计算试样中氟硅唑的残留含量：

$$X = \frac{A \times c \times V}{A_s \times m}$$

式中：

X——试样中氟硅唑残留量，单位为毫克每千克（mg/kg）；

A——样液中氟硅唑的峰面积；

c——标准工作液中氟硅唑的浓度，单位为微克每毫升（μg/mL）；

V——最终样液定容体积，单位为毫升（mL）；

A_s——标准工作液中氟硅唑峰面积；

m——最终样液所代表的试样量，单位为克（g）。

注：计算结果应扣除空白值，测定结果用平行测定的算术平均值表示，保留两位有效数字。

（七）精密度

（1）在重复性条件下，获得的两次独立测定结果的绝对差值与其算术平均值的比值（百分率），应符合表 5-10 的要求。

（2）在再现性条件下，获得的两次独立测定结果的绝对差值与其算术平均值的比值（百分率），应符合表5-11的要求。

（八）定量限和回收率

本方法的定量限为0.01mg/kg。

二十四、液相色谱—质谱/质谱法测定茶叶中氯酯磺草胺残留量

（一）原理

试样中残留氯酯磺草胺采用1%乙酸乙腈提取，分散固相萃取剂净化，液相色谱—串联质谱仪检测，外标法定量。

（二）试剂和材料

除另有规定外，所有试剂均为分析纯，水为符合GB/T 6682—2008中规定的一级水。

1. 试剂

（1）乙腈（CH_3CN）。

（2）乙酸铵（CH_3COONH_4）。

（3）乙酸（CH_3COOH）。

（4）甲酸（$HCOOH$）。

（5）无水硫酸镁（$MgSO_4$）：分析纯。

（6）无水乙酸钠（CH_3COONa）：分析纯。

2. 溶液配制

（1）乙酸—乙腈溶液（1+99，v/v）：取10mL乙酸，加入990mL乙腈，混匀。

（2）5mmol/L乙酸铵溶液（含0.1%甲酸）：准确称取77.0mg乙酸铵于200mL容量瓶中，先用少量水溶解后加入200μL甲酸，再用水定容至刻度，混匀，现用现配。

3. 标准品

氯酯磺草胺标准品（cloransulam-methyl）：CAS号147150-35-4，分子式$C_{15}H_{13}FN_5O_5SCl$，分子量429.81，纯度≥99%。

4. 标准溶液配制

（1）氯酯磺草胺标准储备溶液：准确称取适量的氯酯磺草胺标准品（精确至0.1mg），用乙腈溶解，配制成1 000μg/mL的标准储备溶液，−18℃下保存。

（2）氯酯磺草胺标准工作溶液：根据需要用乙腈稀释成1μg/mL标准工作溶液，−18℃下保存。

（3）基质空白溶液：将不同基质的阴性样品分别按照"（五）分析步骤"处理后

得到的溶液。

（4）基质标准工作液：根据实验需要吸取适量氯酯磺草胺标准工作溶液，用基质空白溶液稀释成适当浓度的标准工作液，现用现配。

5. 材料

（1）石墨化碳黑吸附剂：120～400μm。

（2）N-丙基乙二胺（PSA）吸附剂：40～60μm。

（3）十八烷基硅烷（ODS）键合相吸附剂（C₁₈）：40～60μm。

（4）微孔滤膜：0.2μm，有机相型。

（三）仪器和设备

（1）高效液相色谱—串联质谱仪：配有电喷雾离子源（ESI）。

（2）粉碎机。

（3）组织捣碎机。

（4）天平：感量0.01g和0.000 1g。

（5）超声波振荡器。

（6）旋涡混匀器。

（7）离心机：转速不低于4 000r/min。

（8）聚四氟乙烯离心管：50mL，具塞。

（四）试样制备与保存

取代表性样品500g，用粉碎机粉碎。混匀，均分成2份作为试样，分装入洁净的盛样袋内，密闭，于0～4℃下保存。

（五）分析步骤

1. 提取

称取5g（精确至0.01g）试样于50mL聚四氟乙烯离心管中，加适量水（5～8mL，是具体样品而定）浸泡0.5h。加入1%乙酸乙腈使乙腈和水总体积为20mL，以10 000r/min均质0.5min，摇匀，在40℃以下超声提取30min，于8 500 r/min离心10min。取上清液1mL，加PSA和C₁₈各50mg，色素干扰大的样品如茶叶等，加入5mg石墨化碳黑，剧烈振摇1min，8 000r/min离心10min，取上清液用0.2μm滤膜过滤后，用于液相色谱—质谱/质谱仪测定。

2. 测定

（1）液相色谱参考条件

a）液相色谱柱：ACQUITY UPLC BEHC₁₈，50mm×2.1mm（i.d.），粒度1.7μm，

或性能相当者；

　　b）柱温：35℃；

　　c）流动相梯度：见表5-42；

表 5-42　流动相洗脱梯度表

	时间（min）	流速（mL/min）	A%（5mmol/L 乙酸铵溶液（含 0.1%甲酸）（4.8）	B%（乙腈）	曲线类型
1	Initial	0.25	90	10	
2	0.3	0.25	10	90	6
3	0.4	0.25	10	90	1
4	1.4	0.25	90	10	6
5	1.5	0.25	90	10	1

　　d）进样量：5.0μL；

　　e）样品室温度：10℃。

（2）质谱参考条件

　　a）扫描方式：ESI+；

　　b）检测方式：MRM；

　　c）电离方式：ESI+；

　　d）检测方式：MRM；

　　e）毛细管电压：3.00kV；

　　f）氮吹气流量：800L/h；

　　g）锥孔气流量：148L/h；

　　h）去溶剂气温度：350℃；

　　i）放大器电压：650V；

　　j）离子源温度：105℃；

　　k）监测离子、碰撞能量和锥孔电压（表5-43）。

表 5-43　氯酯磺草胺的多反应离子监测分析参数

组分	监测离子对	驻留时间（s）	碰撞能量（V）	锥孔电压（V）
	*430/153	0.1	40	30
氯酯磺草胺	430/370	0.1	20	30
	430/398	0.1	10	30

注：*为定量离子对。

（3）标准曲线的绘制：进行样品分析前根据需要用空白样品提取溶液稀释混合标准中间溶液，配成适当浓度的基质混合标准工作液，用于作标准工作曲线，而且宜现用现配。

以5g空白样品用乙腈定容到20mL的比例，通过前处理步骤"（五）分析步骤1.提取"制备基质空白溶液，将标准中间溶液稀释至2.0、5.0、10.0、12.0、15.0、20.0ng/mL，不过原点制作标准工作曲线。

3. 定量测定

本方法中液相色谱—串联质谱采用外标校准曲线法定量测定。为减少基质对定量测定的影响，定量用标准曲线应采用基质混合标准工作溶液绘制的标准工作曲线，并且保证所测样品中农药的响应值均在线性范围以内。根据样液中氯酯磺草胺含量的情况，选定浓度相近的标准工作溶液。在上述仪器条件下，氯酯磺草胺的保留时间约为1.17min。

4. 定性测定

对标准溶液及样液均按上述规定的条件进行检查，如果样液与标准溶液在相同的保留时间有峰出现，则对其进行质谱确证，在扣除背景后的样品谱图中，所选择离子全部出现，同时所选择的离子的离子丰度比与标准品相关离子的相对丰度一致，相对离子丰度偏差不超过表5-16的规定范围，可判定样品中存在氯酯磺草胺。

5. 空白试验

除不加试样外，均按上述操作步骤进行。

（六）结果计算和表述

液相色谱—质谱/质谱测定采用标准曲线法定量，标准曲线法定量结果按下列公式计算：

$$X = c \times \frac{V}{m}$$

式中：

X——试样中氯酯磺草胺农药的残留量，单位为毫克每千克（mg/kg）；

c——从标准曲线上得到的被测组分溶液浓度，单位为微克每毫升（μg/mL）；

V——样品提取液总体积，单位为毫升（mL）（本方法中为20.0mL）；

m——最终样品溶液所代表试样的质量，单位为克（g）。

注：计算结果应扣除空白值，测定结果用平行测定的算术平均值表示，保留两位有效数字。

（七）精密度

（1）在重复性条件下，获得的两次独立测定结果的绝对差值与其算术平均值的比值（百分率），应符合表 5-10 的要求。

（2）在再现性条件下，获得的两次独立测定结果的绝对差值与其算术平均值的比值（百分率），应符合表 5-11 的要求。

（八）定量限

本方法对氯酯磺草胺的定量限为 0.010mg/kg。

二十五、气相色谱—质谱法测定茶叶中苯胺灵残留量

（一）原理

试样中残留的苯胺灵用乙酸乙酯—正己烷（1+1，v/v）混合溶剂提取，以石墨碳黑固相萃取小柱净化，气相色谱—质谱仪测定及确证，外标法定量。

（二）试剂和材料

除非另有说明，所用试剂均为农残级，水为 GB/T 6682—2008 规定的一级水。

1. 试剂

（1）正己烷（C_6H_{14}）。

（2）乙酸乙酯（$C_4H_8O_2$）。

（3）氯化钠（NaCl），分析纯。

（4）环己烷（C_6H_{12}）。

2. 溶液配制

（1）乙酸乙酯—正己烷（1+1，v/v）混合溶剂：量取 100mL 乙酸乙酯和 100mL 正己烷，混匀。

（2）饱和氯化钠溶液：氯化钠加水配成饱和溶液。

（3）乙酸乙酯—环己烷（1+1，v/v）混合溶剂：量取 100mL 乙酸乙酯和 100mL 环己烷，混匀。

3. 标准品

农药标准品：苯胺灵（Propham，CAS：122-42-9，$C_{10}H_{13}NO_2$）标准品纯度≥95%。

4. 标准溶液配制

（1）标准储备液（100mg/L）：准确称取标准品 10.0mg，用正己烷溶解并定容至 100mL，该标准贮备液置于 4℃冰箱中。

（2）标准工作液：根据需要取适量标准储备液，以正己烷稀释成适当浓度的标准工作液。标准工作液要现配现用。

5. 材料

（1）ENVI-Carb 石墨碳黑固相萃取小柱：250mg，3mL，或相当者。

（2）GPC 柱填料：20g200~400 目的 Bio-beadsS-X3。

（三）仪器和设备

（1）气相色谱仪：配质量检测器。

（2）凝胶渗透色谱仪。

（3）粉碎机。

（4）组织捣碎机。

（5）涡旋混合器。

（6）分析天平：感量 0.01g 和 0.000 1g。

（7）具螺旋盖聚四氟乙烯塑料离心管：50mL。

（8）离心机：2 500r/min。

（9）移液器：1~5mL，100~1 000μL。

（四）试样制备与保存

取茶叶代表性样品至少 300g，用粉碎机粉碎并通过 2.0mm 圆孔筛，混匀，均分成 2 份作为试样，分装入洁净盛样袋内，密闭并标识。试样在-18℃下保存；在制样过程中，应防止样品受到污染或发生残留物含量的变化。

（五）分析步骤

1. 提取

称取 2.5g（精确至 0.01g）均匀试样置于 50mL 具塞塑料离心管中，加入 2.5mL 饱和氯化钠溶液，加入 5mL 乙酸乙酯—正己烷混合溶剂，涡旋振荡器混匀 30s，超声提取 20min，以 2 500r/min 离心 3min，取上层有机相于另一试管中。再分别加入乙酸乙酯—正己烷混合溶剂重复提取 2 次，合并提取液，40℃氮吹浓缩至约 1mL，待净化。

2. 净化

将 ENVI-Carb 小柱装在固相萃取的真空抽滤装置上，先用 3mL 乙酸乙酯—正己烷混合溶剂预淋洗小柱，保持流速约为 1mL/min。将提取液过 ENVI-Carb 小柱，再用 6mL 乙酸乙酯—正己烷混合溶剂洗脱，收集全部洗脱液，置于 40℃下氮吹至近干，用乙酸乙酯定容 1.0mL，供 GC-MS 分析。

3. 测定

（1）气相色谱—质谱参考条件

a）色谱柱：DB-5MS 石英毛细管柱，30m×0.25mm（i.d.）×0.25μm，或相

当者。

　　b）色谱柱温度：初始温度80℃，以10℃/min上升至130℃，以0.5℃/min上升至136℃，以40℃/min上升至280℃，保持2min。

　　c）进样口温度：260℃。

　　d）离子源：230℃。

　　e）选择监测离子（m/z）：定量离子120；定性离子93，137，179。

　　f）载气：氦气，纯度≥99.999%，流速1mL/min。

　　g）进样量：1μL。

　　h）进样方式：不分流进样。

　　i）四极杆温度：250℃。

　　j）连接口温度：280℃。

　　（2）色谱测定与确证：根据试样中被测物的含量情况，选取响应值适宜的标准工作液进行色谱分析，对标准工作液和样液等体积参插进样。标准工作液和待测样液中苯胺灵的响应值均应在仪器线性响应范围内。

　　如果样液与标准工作溶液的选择离子色谱图中，在相同保留时间处有色谱峰出现，并且在扣除背景后的样品质谱图中，m/z120，93，137，179均出现，所选离子的丰度比与标准品对应离子的丰度比，其值在允许范围内（表5-16）则可以判定样品中存在苯胺灵残留。在上述的仪器条件下，苯胺灵的参考保留时间为14.2min，离子丰度比m/z 93∶120∶137∶179＝100∶34∶42∶54。苯胺灵色谱图及质谱图见图5-14和图5-15。

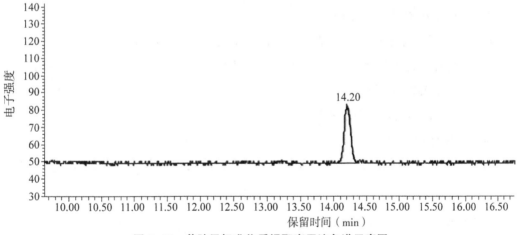

图5-14　苯胺灵标准物质提取离子流色谱示意图

4. 空白实验

除不加试样外，均按上述测定步骤进行。

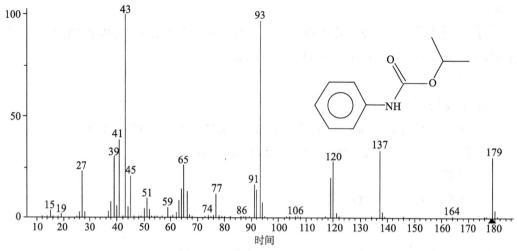

图 5-15　苯胺灵标准品质谱图

（六）结果计算和表述

用色谱数据处理机或按下式计算试样中苯胺灵的含量：

$$X = \frac{A \times C_s \times V \times f}{A_s \times m}$$

式中：

X——试样中农药残留量，单位为毫克每千克（mg/kg）；

A——样液中农药的峰面积；

C_s——标准工作液中农药的浓度，单位为毫克每升（mg/L）；

V——样品最终定容体积，单位为毫升（mL）；

f——稀释或浓缩倍数；

A_s——标准工作液中农药的峰面积；

m——称样量，单位为克（g）。

注：计算结果应扣除空白值，测定结果用平行测定的算术平均值表示，保留两位有效数字。

（七）精密度

（1）在重复性条件下，获得的两次独立测定结果的绝对差值与其算术平均值的比值（百分率），应符合表 5-10 的要求。

（2）在再现性条件下，获得的两次独立测定结果的绝对差值与其算术平均值的比值（百分率），应符合表 5-11 的要求。

（八）定量限

本方法苯胺灵的定量限为 0.005mg/kg。

二十六、气相色谱法测定茶叶中炔草酯残留量

（一）原理

茶叶用乙酸乙酯—环己烷混合溶剂提取，固相萃取净化，提取液用凝胶色谱仪（GPC），供带有电子捕获检测器的气相色谱仪测定，外标法定量，阳性样品用气相色谱—质谱法确证。

（二）试剂和材料

除另有规定外，所有试剂均为分析纯，水为符合 GB/T 6682—2008 中规定的一级水。

1. 试剂

（1）乙酸乙酯：色谱纯。

（2）环己烷：色谱纯。

（3）乙腈：色谱纯。

（4）正己烷：色谱纯。

（5）丙酮：色谱纯。

（6）无水硫酸钠：650℃灼烧 4h，贮于密封容器中备用。

（7）氯化钠。

2. 溶液配制

（1）乙酸乙酯—环己烷混合溶剂（1+1，v/v）：量取 500mL 乙酸乙酯和 500mL 环己烷，混匀。

（2）正己烷—丙酮混合溶剂（9+1，v/v）：量取 90mL 正己烷和 10mL 丙酮，混匀。

（3）环己烷—乙酸乙酯混合溶剂（6+1，v/v）：量取 10mL 乙酸乙酯和 60mL 环己烷，混匀。

3. 标准品

炔草酯标准物质：（clodinafop-propargyl；CAS：105512-06-9；分子式：$C_{17}H_{13}ClFNO_4$；分子量：349.8）纯度≥98.5%。

4. 标准溶液配制

（1）标准储备液（100mg/L）：准确称取适量标准物质，用乙酸乙酯溶解，配制

成浓度为 100mg/L 的标准储备液，该溶液在 0~4℃冰箱中保存。

（2）标准工作液：根据需要再用乙酸乙酯稀释成适用浓度的标准工作溶液。标准工作液应现用现配。

5. 材料

（1）石墨化碳黑和 PSA 混合柱：1mL，50mg 石墨化碳黑+50mg PSA，用 3mL 环己烷—乙酸乙酯混合溶剂活化。

（2）HLB 固相萃取柱：3mL，60mg，或相当者，用 2mL 正己烷—丙酮混合溶液，2mL 丙酮，5mL 蒸馏水预淋洗。

（3）有机相滤膜：0.45μm。

（三）仪器和设备

（1）气相色谱仪，配有电子捕获检测器。

（2）气相色谱—质谱仪，配有电子轰击源（EI）。

（3）分析天平：感量为 0.01g。

（4）分析天平：感量为 0.000 1g。

（5）凝胶色谱仪，配有单元泵，馏分收集器。

（6）离心机：4 000r/min。

（7）旋转蒸发器。

（8）无水硫酸钠柱：7.5cm×1.5（i.d.）cm 玻璃柱，内装 5cm 高无水硫酸钠。

（9）涡旋混合器。

（10）均质器。

（11）氮吹仪。

（12）具塞离心管：50mL，聚四氟乙烯。

（四）试样制备与保存

将样品按四分法缩分至 500g，用磨碎机全部磨碎。混匀，均分成 2 份作为试样，分装入洁净的盛样瓶内，密闭，标明标记。试样于 0~4℃保存。在制样的操作过程中，应防止样品受到污染或发生残留物含量的变化。

（五）分析步骤

1. 提取

称取 2.5g（精确到 0.01g）均匀试样，置于 50mL 具塞塑料离心管中，加入 15mL 蒸馏水，静置 1h，加入 20mL 乙酸乙酯—环己烷混合溶剂，10 000r/min 匀浆 60s，4 000r/min 离心 3min，收集上层有机相，残留物再用 20mL 乙酸乙酯—环己烷混合溶剂重复提取 1 次，合并上层有机相，过无水硫酸钠脱水，收集于 150mL 浓缩瓶中，于 40℃ 水浴中旋转浓缩至近干，用乙酸乙酯—环己烷混合溶剂准确定容到 1.0mL，过 0.45μm 滤膜，待固相萃取净化。

2. 净化

（1）取 0.5mL 待净化液上石墨化碳黑和 PSA 混合柱，用 1.5mL 乙酸乙酯—环己烷混合溶剂洗脱，流速控制在 1mL/min，收集所有流出液于离心管中，40℃ 下氮气吹干，0.5mL 乙酸乙酯定容，待测。

（2）凝胶色谱净化条件

a）凝胶净化柱：300mm×10mm（i.d.），Bio Beads S-X3，60~100 目，或相当者；

b）流动相：环己烷—乙酸乙酯（1+1）；

c）流速：4.7mL/min；

d）样品定量环：5mL；

e）收集时间：7.5~12.5min。

（3）凝胶色谱净化步骤

将 10mL 待净化液按"（2）凝胶色谱净化条件"条件净化，收集全部收集液于氮吹管中，于 35℃ 水浴中氮吹至近干，用乙酸乙酯定容至 1.0mL，供气相色谱仪测定，气相色谱—质谱法确证。

3. 测定

（1）气相色谱参考条件

a）色谱柱：DB-1301 石英毛细管柱，30m×0.25mm（i.d.）×0.25μm，或性能相当者；

b）色谱柱温度：50℃，以 20℃/min 升至 200℃；以 5℃/min 升至 260℃，保留 10min；

c）进样口温度：260℃；

d）检测器温度：300℃；

e）载气：氮气，纯度≥99.999%，柱流量 2mL/min；

f）进样方式：不分流，0.75min 后打开分流阀；

g）进样量：1μL。

（2）气相色谱—质谱参考条件

a）色谱柱：HP-5MS 石英毛细管柱，30m×0.25mm（i.d.）×0.25μm，或性能相当者；

b）色谱柱温度：50℃ 保留 1min；以 10℃/min 升至 280℃，保留 10min；

c）进样口温度：250℃；

d）色谱—质谱接口温度：280℃；

e）电离方式：EI；

f）电离能量：70eV；

g）载气：氦气，纯度≥99.999%，流速1mL/min；

h）进样方式：不分流，0.75min后打开分流阀；

i）进样量：1μL；

j）测定方式：选择离子监测；

k）选择监测离子（m/z）：349、267、238；

l）溶剂延迟：5.0min。

4. 色谱测定与确证

根据样液中炔草酯含量情况，选定峰面积相近的标准工作溶液，标准工作溶液和样液中炔草酯相应值均应在仪器检测线性范围内。标准工作溶液和样液等体积交替进样测定。在上述色谱条件下，炔草酯的保留时间约为16.1min。标准溶液及样液均按"（1）气相色谱参考条件"的条件进行测定，如果样液中与标准溶液相同的保留时间有峰出现，则对其进行气相色谱—质谱确证。经确证分析被测物质量色谱峰保留时间与标准品样品相一致，并且在扣除背景后的样品谱图中，所选择的离子均出现；同时所选择离子的丰度比与标准样品相关离子的相对丰度一致，相似度再允许差之内（表5-16），则可判定样品为炔草酯阳性检出。

5. 空白实验

除不加试样外，均按上述测定步骤进行。

（六）结果计算和表述

用色谱数据处理机或按下式计算试样中炔草酯残留量：

$$X = \frac{A \times C_s \times V}{A_s \times M}$$

式中：

X——试样中炔草酯残留量，单位为毫克每千克（mg/kg）；

A——样液中炔草酯的峰面积；

C_s——标准工作液中炔草酯的浓度，单位为微克每毫升（μg/mL）；

V——样液最终定容体积，单位为毫升（mL）；

A_s——标准工作液中炔草酯的峰面积；

M——最终样液所代表的试样量，单位为克（g）。

注：计算结果须扣除空白值，测定结果用平行测定的算术平均值表示，保留两位

有效数字。

（七）精密度

（1）在重复性条件下，获得的两次独立测定结果的绝对差值与其算术平均值的比值（百分率），应符合表5-10的要求。

（2）在再现性条件下，获得的两次独立测定结果的绝对差值与其算术平均值的比值（百分率），应符合表5-11的要求。

二十七、气相色谱—质谱法测定茶叶中氟烯草酸残留量

（一）原理

茶叶中氟烯草酸用乙酸乙酯或乙腈提取。提取后的有机相蒸干，残渣用乙酸乙酯—环己烷（1+1，v/v）溶解后用凝胶渗透色谱仪（GPC）净化，洗脱液蒸干定容，用气相色谱—质谱仪选择离子检测，外标法定量。

（二）试剂和材料

除另有规定外，所有试剂均为分析纯，水为符合GB/T 6682—2008中规定的一级水。

1. 试剂

（1）丙酮（C_3H_6O）：农残级。

（2）乙酸乙酯（$C_4H_8O_2$）。

（3）环己烷（C_6H_{12}）。

（4）乙腈（CH_3CN）：液相色谱级。

（5）正己烷（C_6H_{14}）。

（6）氯化钠（NaCl）。

（7）无水硫酸钠：于650℃灼烧4h，贮于密封容器中备用。

2. 溶液配制

（1）乙腈饱和正己烷。

（2）正己烷饱和乙腈。

（3）乙酸乙酯—环己烷（1+1，v/v）：将乙酸乙酯和环己烷等体积混合均匀，备用。

（4）氯化钠溶液：200g/L，取200g NaCl，定容至1L。

3. 标准品

氟烯草酸标准品：英文名称：flumiclorac-pentyl，CAS：87546-18-7，纯度≥99%。

4. 标准溶液配制

（1）氟烯草酸标准储备溶液：准确称取适量的氟烯草酸标准品，用丙酮配制成

100μg/mL 标准储备液。

（2）氟烯草酸标准中间溶液：1μg/mL。准确吸取 1mL 标准储备溶液放入 100mL 容量瓶中，用丙酮定容至刻度，该溶液在 0~4℃保存。

（3）基质标准工作溶液：根据需要，用空白样品按照样品处理步骤得到的提取液，配不同浓度的基质标准工作溶液，基质标准工作溶液要现用现配。

5. 材料

（1）凝胶渗透色谱柱：填料为 S-X3BioBeads，22g。

（2）无水硫酸钠柱：在 150mm×10mm（内径）层析柱中，依次加入脱脂棉和 5cm 无水硫酸钠。

（三）仪器和设备

（1）气相色谱—质谱联用仪：配电子轰击离子源。

（2）分析天平：感量 0.000 1g。

（3）分析天平：感量 0.01g。

（4）均质器。

（5）离心机。

（6）旋转蒸发器。

（7）凝胶渗透色谱（以下简称 GPC）。

（8）涡旋混合器。

（9）离心管，50mL，聚丙烯。

（四）试样的制备与保存

制样操作过程中必须防止样品受到污染或发生残留物含量的变化。取样品约 500g，用粉碎机粉碎至全部通过 20 目筛，装入洁净容器作为试样，密封并做好标识，室温下保存。

（五）分析步骤

1. 提取

称取试样约 10g（精确到 0.01g）于 150mL 具塞三角瓶中，加入 50mL 乙腈，20 000r/min 均质提取 2min，上层有机相过滤入分液漏斗中。残渣用 50mL 乙腈重复提取 1 次，过滤后，合并提取液于分液漏斗中。

2. 净化

提取液加入 40ml 乙腈饱和正己烷，振荡 2min，静置分层，乙腈层转入心形瓶，正己烷层每次再用正己烷饱和乙腈 15mL 洗两次，乙腈层合并入同一心形瓶中，于

45℃水浴上抽真空旋转蒸发至干。用乙酸乙酯—环己烷定容 10mL，待 GPC 净化。

3. 凝胶渗透色谱净化

（1）凝胶渗透色谱条件

a）净化柱：400mm（长）×25mm（内径），内装 BIO-BeadsS-X3 填料或相当者。

b）流动相：乙酸乙酯—环己烷（1+1）。

c）流速：4.7mL/min。

d）进样量：5mL。

e）开始收集时间：9.5min。

f）结束收集时间：14.0min。

（2）凝胶渗透色谱条件

进样 5mL，用凝胶渗透色谱仪净化，收集 9.5~14min 的馏分于心形瓶中，并在 45℃水浴上旋转蒸发至干，用丙酮定容至 1mL，供气相色谱—质谱仪测定。

4. 测定

（1）气相色谱—质谱参考条件

a）色谱柱：DB-5MS，30m（长）×0.25mm（内径）×0.25μm（膜厚）或相当者。

b）色谱柱升温程序：200℃，保持 1min；以 10℃/min 的速率升温到 280℃，保持 12min。

c）进样口温度：280℃。

d）载气：氦气，纯度≥99.999%。

e）载气流速：恒流模式 1mL/min。

f）进样方式：不分流。

g）进样量：2μL。

h）接口温度：280℃。

i）离子源：电子轰击源（EI）。

j）电离电压：70eV。

k）离子源温度：230℃。

l）检测方式：SIM。

m）选择离子及相对丰度：m/z 423（100%）、308（49%）、318（26%）、280（12%）。

（2）定量测定：对样液及标准工作液等体积参差进样测定。实际应用的标准工作液和待测样液中，氟烯草酸的响应值均应在仪器的线性范围之内。在上述气相色谱

—质谱条件下，氟烯草酸的保留时间约为 15.9min。标准品气相色谱—质谱图参见图 5-16。

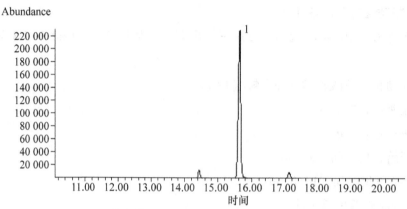

图 5-16 氟烯草酸标准物的气相色谱—质谱图（TIC）

（3）定性测定：进行样品测定时，如果检出的质量色谱峰保留时间与标准样品一致，并且在扣除背景后的样品谱图中，各定性离子的相对丰度与浓度接近的同样条件下得到的标准溶液谱图相比，误差不超过表 5-16 规定的范围，则可判断样品中存在对应的被测物。

（六）结果计算和表述

用色谱数据处理仪或按下列公式计算，计算结果需扣除空白值。

$$X = \frac{A \times c \times V}{A_s \times m}$$

式中：

X——试样中氟烯草酸残留量，单位为毫克每千克（mg/kg）；

A——样液中氟烯草酸的峰面积；

c——标准溶液中氟烯草酸的浓度，单位为微克每毫升（μg/mL）；

V——样液最终定容体积，单位为毫升（mL）；

A_s——标准溶液中氟烯草酸的峰面积；

m——最终样液所代表的试样量，单位为克（g）。

（七）精密度

（1）在重复性条件下，获得的两次独立测定结果的绝对差值与其算术平均值的比值（百分率），应符合表 5-10 的要求。

（2）在再现性条件下，获得的两次独立测定结果的绝对差值与其算术平均值的比值（百分率），应符合表 5-11 的要求。

二十八、液相色谱—串联质谱法测定茶叶中吡丙醚残留量

（一）原理

试样中残留的吡丙醚在醋酸钠缓冲剂作用下用酸性乙腈提取，再用 PSA 填料净化，液相色谱—质谱进行测定，外标法定量。

（二）试剂和材料

除另有规定外，所有试剂均为分析纯，水为符合 GB/T 6682—2008 中规定的一级水。

1. 试剂

（1）无水硫酸镁（$MgSO_4$）。

（2）无水乙酸钠（$C_2H_3O_2Na$）。

（3）乙酸（$C_2H_4O_2$）：色谱级。

（4）乙腈（C_2H_3N）：色谱级。

（5）N-丙基乙二胺（PSA）填料：50μm，色谱级。

（6）甲酸（CH_2O_2）：色谱级。

（7）乙酸铵（$C_2H_7NO_2$）。

2. 溶液配制

0.025%甲酸水溶液（含 5mmol/L 乙酸铵）：准确吸取 0.25mL 甲酸和称取 0.386g 乙酸铵于 1L 容量瓶中，用水溶解并稀释定容至 1L。

3. 标准品

吡丙醚标准品（Pyriproxyfen，$C_{20}H_{19}NO_3$，CAS：95737-68-1），纯度>99%。

4. 标准溶液配制

（1）吡丙醚标准储备液：准确称取适量的吡丙醚标准品，用乙腈溶解并稀释配制成 100μg/mL 的标准储备液，4℃以下保存。

（2）吡丙醚标准工作液：根据需要，用 10%乙腈水溶液稀释成适当浓度的标准工作液，于 4℃以下保存。

5. 材料

微孔滤膜：0.2μm，有机相型。

（三）仪器和设备

（1）液相色谱—质谱/质谱仪：配有电喷雾（ESI）离子源。

（2）离心机：4 000r/min。

（3）分析天平：感量 0.000 1g 和 0.01g。

（4）具塞聚丙稀离心管：2mL 和 50mL。

（5）粉碎机。

（四）试样制备与保存

取有代表性样品约 500g，用组织捣碎机充分捣碎混匀，均分成 2 份，分别装入洁净容器内作为试样。密封，并标明标记。将试样置于 -18℃冷冻避光保存。

（五）分析步骤

1. 提取

称取上述样品 5g（精确至 0.01g）于 50mL 聚丙烯塑料离心管中，加 10mL 水，混匀，静置 30min。将离心管置于冰浴中，然后加 6g 无水硫酸镁和 1.5g 无水乙酸钠，恢复至室温后，准确加入 15.0mL 1%乙酸乙腈溶液，振荡提取 4min，4 000r/min 离心 5min。

2. 净化

取 1mL 上述乙腈提取液于预先称有 50mg PSA 和 150mg 无水硫酸镁的 2mL 聚丙烯塑料离心管中，振荡提取 1min，在 4 000r/min 离心 5min。准确吸取 200μL 上清液用水定容至 1mL，混匀后过 0.2μm 滤膜。滤液供液相色谱—质谱测定。

3. 测定

（1）高效液相色谱参考条件

a）色谱柱：色谱柱：CAPCELLPAKC$_{18}$柱，50mm×2.0mm（i.d.），3μm 或相当者。

b）流动相：A：0.1%甲酸乙腈溶液，B：0.025%甲酸水溶液（含 5mmol/L 乙酸铵）。

c）流速：300μL/min，梯度洗脱程序见表 5-44。

表 5-44　梯度洗脱程序表

梯度时间（min）	流动相 A（%）	流动相 B（%）
0	20	80
1	20	80
2	90	10
4	90	10
4.5	20	80
8.5	20	80

d）柱温：35℃。

e）进样量：20μL。

（2）质谱参考条件

a）离子源：电喷雾 ESI，正离子模式；

b）扫描方式：多反应监测（MRM）；

c）离子源温度：350℃；

d）电喷雾电压：5 250V；

e）碰撞压力：34.475kPa（5psi）；

f）气帘气压力：206.85kPa（30psi）

g）雾化气压力：344.75kPa（50psi）；

h）辅助气压力：413.7kPa（60psi）；

i）吡丙醚定量离子对、定性离子对、去簇电压（DP）、碰撞气能量（CE）和保留时间见表 5-45。

表 5-45 吡丙醚定量离子对、定性离子对、去簇电压（DP）、碰撞气能量（CE）和保留时间

组分名称	定性离子对 （m/z）	定量离子对 （m/z）	去簇电压 （V）	碰撞气能量 （V）	保留时间 （min）
吡丙醚	322.2→185.0 322.2→227.2	322.2→185.0	110	16 14	1.4

（3）定量测定：根据试样中被测物的含量，选取响应值相近的标准工作液同时进行分析。标准工作液和待测液中吡丙醚的响应值均应在仪器线性响应范围内。在上述色谱条件下，吡丙醚的参考保留时间为 1.4min，标准溶液的多反应监测色谱图见图 5-17。

（4）定性测定：按照液相色谱—质谱/质谱条件测定样品和标准工作溶液，如果检测的质量色谱峰保留时间与标准品一致，定性离子对的相对丰度是用相对于最强离子丰度的强度百分比表示，应当与浓度相当标准工作溶液的相对丰度一致，相对丰度允许偏差不超过表 5-16 规定的范围，则可判断样品中存在对应的被测物。

4. 空白实验

除不加试样外，均按上述测定步骤进行。

（六）结果计算和表述

用色谱数据处理机或按下列公式计算样品中待测药物残留量。计算结果需扣除空白值：

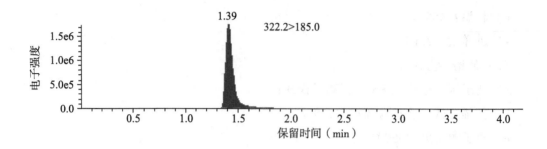

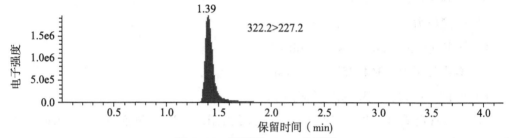

图 5-17　吡丙醚 MRM 色谱图

$$X = \frac{A \times c \times V}{A_s \times m \times 1\,000}$$

式中：

X——试样中吡丙醚的含量，单位为微克每千克（μg/kg）；

A——样液中吡丙醚的峰面积；

c——标准溶液中吡丙醚的浓度，单位为微克每毫升（μg/mL）；

V——样液最终定容体积，单位为毫升（mL）；

A_s——标准溶液中吡丙醚的峰面积；

m——最终溶液所代表试样的质量，单位为克（g）。

（七）精密度

（1）在重复性条件下，获得的两次独立测定结果的绝对差值与其算术平均值的比值（百分率），应符合表 5-10 的要求。

（2）在再现性条件下，获得的两次独立测定结果的绝对差值与其算术平均值的比值（百分率），应符合表 5-11 的要求。

二十九、气相色谱—质谱测定茶叶中四氟醚唑残留量

（一）原理

试样经乙腈提取，以正己烷液液分配和硅酸镁固相萃取柱净化，用气相色谱—负

化学源质谱测定，外标法定量。

（二）试剂和材料

除另有规定外，所用试剂均为分析纯，水为符合 GB/T 6682—2008 中规定的一级水。

1. 试剂

丙酮（C_3H_6O）：残留级。

乙腈（C_2H_3N）：残留级。

正己烷（C_6H_{14}）：残留级。

氯化钠（NaCl）：650℃灼烧 4h，置入干燥器中冷却，备用。

2. 溶液配制

丙酮—正己烷（3+7）：取 300mL 丙酮，加入 700mL 正己烷，摇匀备用。

3. 标准品

四氟醚唑标准品（Tetraconazole，$C_{13}H_{11}C_{12}F_4N_3O$）：纯度≥96.5%。

4. 标准溶液配制

四氟醚唑标准溶液的配制：准确称取适量标准品，用少量的丙酮溶解，并以丙酮配制成浓度为 1.0mg/mL 的标准储备液。根据需要再用丙酮—正己烷稀释成适当浓度的标准工作溶液。保存于−18℃冰箱中。

5. 材料

硅酸镁（CleanertFlorisil）固相萃取柱：500mg，3mL 或相当者。

（三）仪器与设备

（1）气相色谱—质谱仪：配有负化学源。

（2）分析天平：感量 0.01g 和 0.000 1g。

（3）固相萃取装置。

（4）均质器。

（5）旋转蒸发器。

（6）氮气浓缩仪。

（7）具塞离心管：50mL、100mL。

（8）浓缩瓶：50mL、100mL。

（9）移液管：1mL、2mL、5mL、10mL。

（四）试样制备与保存

取有代表性样品 500g，用磨碎机全部磨碎并通过 2.0mm 圆孔筛。混匀，装入洁净的洁净容器内，密闭，标明标记。试样于-4℃以下冷冻保存。在抽样及制样的操作过程中，应防止样品受到污染或发生残留物含量的变化。

（五）分析步骤

1. 提取

称取10g试样（精确至0.1g）于100mL具塞离心管中，加入10mL水，准确加入50mL饱和乙腈，用均质器高速匀浆提取2min（酱油和蜂蜜仅需剧烈振荡10min），再加入5g氯化钠，剧烈震荡10min，3 000r/min离心10min。

2. 净化

（1）液/液分配净化：取上层提取液10mL转移至50mL具塞离心管中，加入10mL饱和正己烷，振摇3min，静置分层，弃去上层正己烷相，再用10mL正己烷重复操作1次，弃去正己烷相；下层乙腈相收集于100mL浓缩瓶中，于40℃水浴中浓缩至近1mL。

（2）固相萃取（SPE）净化：使用前用5mL丙酮—正己烷预淋Florisil柱。将样液倾入柱中，用12mL丙酮—正己烷进行洗脱，控制流速小于等于2mL/min。收集全部洗脱液于50mL浓缩瓶中，于40℃水浴中浓缩至近干，氮气吹干。用丙酮—正己烷溶解并定容至1.0mL，供气相色谱—质谱仪测定。

3. 测定

（1）气相色谱—质谱参考条件

a）色谱柱：HP-5 MS石英毛细管柱，30m×0.25mm（i.d.），膜厚0.25μm，或相当者；

b）色谱柱温度：初始温度为70℃，以30℃/min升温至200℃，保持10min；再以50℃/min升温至270℃，保持4min。

c）进样口温度：250℃；

d）色谱—质谱接口温度：280℃；

e）载气：氦气，纯度≥99.999%，恒压模式，柱头压1.45Mpa；

f）进样量：1μL；

g）进样方式：无分流进样，0.65min后开阀；

h）电离方式：负化学电离；

i）离子源温度：150℃；

j）四极杆温度：150℃；

k）反应气：甲烷，纯度≥99.99%；

l）测定方式：选择离子监测方式；

m）选择监测离子（m/z）：定量117，定性217、275、295；

n）溶剂延迟：4.0min。

（2）色谱测定与确证：根据样液中被测物含量情况，选定浓度相近的标准工作溶液，对标准工作溶液与样液等体积参插进样测定，标准工作溶液和待测样液中四氟醚唑的响应值均应在仪器检测的线性范围内。如果样液与标准工作溶液的选择离子色谱图中，在相同保留时间有色谱峰出现，并且在扣除背景后的样品质量色谱中，所选离子均出现，所选择离子的丰度比与标准品对应离子的丰度比，其值在允许范围内（允许范围见表5-16）。在"（1）气相色谱—质谱参考条件"条件下四氟醚唑保留时间是19.71min，其监测离子（m/z）为 m/z 117、217、275、295（其丰度比为100:38:11:27）对其进行确证；根据定量离子m/z117对其进行外标法定量。

（六）结果计算和表述

用色谱数据处理机或按下列公式计算试样中四氟醚唑残留量：

$$X = \frac{h \times c \times V}{h_s \times m}$$

式中：

X——试样中四氟醚唑残留量，单位为毫克每千克（mg/kg）；

h——样液中四氟醚唑的色谱峰高；

h_s——标准工作液中四氟醚唑的色谱峰高；

c——标准工作液中四氟醚唑的浓度，单位为微克每毫升（μg/mL）；

V——样液最终定容体积，单位为毫升（mL）；

m——最终样液所代表的试样质量，单位为克（g）。

（七）精密度

（1）在重复性条件下，获得的两次独立测定结果的绝对差值与其算术平均值的比值（百分率），应符合表5-10的要求。

（2）在再现性条件下，获得的两次独立测定结果的绝对差值与其算术平均值的比值（百分率），应符合表5-11的要求。

三十、气相色谱—质谱法测定茶叶中吡螨胺残留量

（一）原理

试样经乙腈提取，以正己烷液液分配和硅酸镁固相萃取柱净化，用气相色谱—负化学源质谱测定，外标法定量。

（二）试剂和材料

除另有规定外，所有试剂均为分析纯，水为符合 GB/T 6682—2008 中规定的一级水。

1. 试剂

（1）丙酮（C_3H_6O）：残留级。

（2）乙腈（C_2H_3N）：农药残留级。

（3）正己烷（C_6H_{14}）：农药残留级。

（4）氯化钠（NaCl）：650℃灼烧4h，置入干燥器中冷却，备用。

2. 溶液配制

丙酮—正己烷（3+7，v/v）：取 300mL 丙酮，加入 700mL 正己烷，摇匀备用。

3. 标准品

吡螨胺标准品（Tebufenpyrad，$C_{18}H_{24}ClNO$）：纯度≥96.5%。

4. 标准溶液配制

吡螨胺标准溶液的配制：准确称取适量标准品，用少量的丙酮溶解，并以丙酮配制成浓度为 1.0mg/mL 的标准储备液。根据需要再用丙酮—正己烷稀释成适当浓度的标准工作溶液。保存于-18℃冰箱中。

5. 材料

硅酸镁（CleanertFlorisil）固相萃取柱：500mg，3mL 或相当者。

（三）仪器与设备

（1）气相色谱—质谱仪：配有负化学源。

（2）分析天平：感量 0.01g 和 0.000 1g。

（3）固相萃取装置。

（4）均质器。

（5）旋转蒸发器。

（6）氮气浓缩仪。

（7）具塞离心管：50mL、100mL。

（8）浓缩瓶：50mL、100mL。

（9）移液管：1mL、2mL、5mL、10mL。

（四）试样制备与保存

取有代表性样品 500g，用磨碎机全部磨碎并通过 2.0mm 圆孔筛。混匀，装入洁净的洁净容器内，密闭，标明标记。试样于-4℃以下冷冻保存。在抽样及制样的操作过程中，应防止样品受到污染或发生残留物含量的变化。

（五）分析步骤

1. 提取

称取 10g 试样（精确至 0.1g）于 100mL 具塞离心管中，加入 10mL 水，准确加入 50mL 饱和乙腈，用均质器高速匀浆提取 2min（酱油和蜂蜜仅需剧烈振荡 10min），再加入 5g 氯化钠，剧烈震荡 10min，3 000r/min 离心 10min。

2. 净化

（1）液/液分配净化：取上层提取液 10mL 转移至 50mL 具塞离心管中，加入 10mL 饱和正己烷，振摇 3min，静置分层，弃去上层正己烷相，再用 10mL 正己烷重复操作 1 次，弃去正己烷相；下层乙腈相收集于 100mL 浓缩瓶中，于 40℃ 水浴中浓缩至近 1mL。

（2）固相萃取（SPE）净化：使用前用 5mL 丙酮—正己烷预淋 Florisil 柱。将样液倾入柱中，用 12mL 丙酮—正己烷进行洗脱，控制流速小于等于 2mL/min。收集全部洗脱液于 50mL 浓缩瓶中，于 40℃ 水浴中浓缩至近干，氮气吹干。用丙酮—正己烷溶解并定容至 1.0mL，供气相色谱—质谱仪测定。

3. 测定

（1）气相色谱—质谱参考条件

a）色谱柱：HP-5 MS 石英毛细管柱，30m×0.25mm（i.d.），膜厚 0.25μm，或相当者。

b）色谱柱温度：初始温度为 70℃，以 30℃/min 程序升温至 200℃，保持 10min，再以 50℃/min，程序升温至 270℃，保持 4min。

c）进样口温度：250℃。

d）色谱—质谱接口温度：280℃。

e）载气：氦气，纯度≥99.999%，恒压模式，柱头压 1.45Mpa。

f）进样量：1μL。

g）进样方式：无分流进样，0.65min 后开阀。

h）电离方式：负化学电离。

i）离子源温度：150℃。

j）四极杆温度：150℃。

k）反应气：甲烷，纯度≥99.99%。

l）测定方式：选择离子监测方式。

m）选择监测离子（m/z）：定量 318，定性 320、333、335。

n）溶剂延迟：4.0min。

（2）色谱测定与确证：根据样液中被测物含量情况，选定浓度相近的标准工作溶液，对标准工作溶液与样液等体积参插进样测定，标准工作溶液和待测样液中吡螨胺的响应值均应在仪器检测的线性范围内。

如果样液与标准工作溶液的选择离子色谱图中，在相同保留时间有色谱峰出现，并且在扣除背景后的样品质量色谱中，所选离子均出现，所选择离子的丰度比与标准品对应离子的丰度比，其值在允许范围内（允许范围见表5-16）。在"（1）气相色谱—质谱参考条件"条件下吡螨胺保留时间是16.18min，其监测离子（m/z）为m/z318、320、333、335（其丰度比为100∶39∶95∶33）对其进行确证；根据定量离子m/z318对其进行外标法定量。

（六）结果计算和表述

用色谱数据处理机或按下式计算试样中吡螨胺残留量：

$$X = \frac{h \times c \times V}{h_s \times m}$$

式中：

X——试样中吡螨胺残留量，单位为毫克每千克（mg/kg）；

h——样液中吡螨胺的色谱峰高；

h_s——标准工作液中吡螨胺的色谱峰高；

c——标准工作液中吡螨胺的浓度，单位为微克每毫升（μg/mL）；

V——样液最终定容体积，单位为毫升（mL）；

m——最终样液所代表的试样质量，单位为克（g）。

（七）精密度

（1）在重复性条件下，获得的两次独立测定结果的绝对差值与其算术平均值的比值（百分率），应符合表5-10的要求。

（2）在再现性条件下，获得的两次独立测定结果的绝对差值与其算术平均值的比值（百分率），应符合表5-11的要求。

（八）定量限

本方法吡螨胺的定量限为2μg/kg。

三十一、气相色谱—质谱法测定茶叶中炔苯酰草胺残留量

（一）原理

试样中炔苯酰草胺用乙腈提取，经液液分配和丙基乙二胺键合硅胶（PSA）固相萃取柱净化，用气相色谱—电子轰击源质谱测定，外标法定量。

（二）试剂和材料

除另有规定外，所用试剂均为分析纯，水为符合 GB/T 6682—2008 中规定的一级水。

1. 试剂

（1）丙酮（C_3H_6O）：农药残留级。

（2）乙腈（C_2H_3N）：农药残留级。

（3）正己烷（C_6H_{14}）：农药残留级。

（4）氯化钠（NaCl）：650℃灼烧 4h，置入干燥器中冷却，备用。

2. 溶液配制

（1）乙腈饱和正己烷：取 100mL 正己烷，100mL 乙腈于分液漏斗中，振荡混匀，取上层待用。

（2）正己烷饱和乙腈：取 100mL 正己烷，100mL 乙腈于分液漏斗中，振荡混匀，取下层待用。

（3）丙酮—正己烷（3+7，v/v），取 300mL 丙酮，加入 700mL 正己烷，摇匀备用。

3. 标准品

炔苯酰草胺标准物质（Propyzamide，分子式：$C_{12}H_{11}C_{12}NO$，分子量 255，CAS：23950-58-5）：纯度≥98.0%。

4. 标准溶液配制

炔苯酰草胺标准溶液：准确称取适量标准品用丙酮溶解并配制成浓度为 1.0mg/mL 的标准储备液。根据需要再用不含炔苯酰草胺的空白样品基质溶液稀释成适当浓度的标准工作溶液。保存于-18℃冰箱中。

5. 材料

丙基乙二胺键合硅胶（Primary Second Aryamine，PSA）固相萃取柱：500mg，3mL 或相当者。

（三）仪器和设备

（1）气相色谱—质谱仪：配有电子轰击源（EI）。

（2）固相萃取装置。

（3）均质器：转速 10 000r/min。

（4）旋转蒸发器。

（5）氮气浓缩仪。

（6）具塞离心管：50mL、100mL。

（7）浓缩瓶：50mL、100mL。

（8）分析天平：感量 0.01g 和 0.000 1g。

（四）试样制备与保存

取有代表性样品 500g，用磨碎机全部磨碎并通过 2.0mm 圆孔筛。混匀，装入洁净的洁净容器内，密闭，标明标记。试样于-4℃以下冷冻保存。在制样的操作过程中，应防止样品受到污染或发残留物含量的变化。

（五）分析步骤

1. 提取

称取 10g 试样（精确至 0.01g）于 100mL 具塞离心管中，加入 10mL 水，准确加入 40.0mL 正己烷饱和乙腈，均质器提取 2min（蜂蜜加水 10mL 和乙腈需剧烈振荡 20min），再加入 5g 氯化钠，剧烈振荡 10min，3 000r/min 离心 10min，待净化。

2. 净化

（1）液/液分配净化：取上层提取液 10.0mL 转移至 50mL 具塞离心管中，加入 10mL 乙腈饱和正己烷，振摇 3min，静置分层，弃去上层正己烷相，再用 10mL 乙腈饱和正己烷重复操作 1 次，弃去正己烷相；下层乙腈相收集于 100mL 浓缩瓶中，于 40℃水浴中浓缩至近 1mL。

（2）固相萃取（SPE）净化：用 5mL 丙酮—正己烷预淋洗 PSA 柱。将样液倾入柱中，用 10mL 丙酮—正己烷洗脱，控制流速小于 2mL/min。收集全部洗脱液于 40℃水浴中浓缩至近干，氮气吹干。用丙酮—正己烷溶解并定容至 1.0mL，气相色谱—质谱仪测定。

3. 测定

（1）气相色谱—质谱参考条件

a）色谱柱：HP-5 MS 石英毛细管柱，30m×0.25mm（i.d.），膜厚 0.25μm，或相当者；

b）色谱柱温度：初始温度为 70℃，保持 2min，以 25℃/min 程序升温至 150℃，以 3℃/min 程序升温至 200℃，再以 8℃/min 程序升温至 280℃，保持 10min；

c）进样口温度：250℃；

d）色谱—质谱接口温度：280℃；

e）载气：氦气，纯度≥99.999%，恒压模式，144kpa；

f）进样量：1μL；

g）进样方式：无分流进样，0.65min 后开阀；

h）电离方式：电子轰击；

i）离子源温度：230℃；

j）四极杆温度：150℃；

k）测定方式：选择离子监测方式；

l）选择监测离子（m/z）：定量 173，定性 175、145、255；

m）溶剂延迟：4.0min。

（2）色谱测定及确证：根据样液中被测物含量情况，选定浓度相近的基质标准工作溶液，对标准工作溶液与样液等体积参插进样测定，基质标准工作溶液和待测样液中炔苯酰草胺的响应值均应在仪器检测的线性范围内。

如果样液与标准工作溶液的选择离子色谱图中，在相同保留时间有色谱峰出现，并且在扣除背景后的样品质量色谱中，所选离子均出现，所选择离子的丰度比与标准品对应离子的丰度比，其值在允许范围内（允许范围见表5-16）。在上述色谱条件下炔苯酰草胺保留时间约 14.0min，其监测离子为 m/z 173，175、145、255（其相对丰度比为 100∶72∶24∶36）对其进行确证；根据定量离子 m/z 173 对其进行外标法定量。

4. 空白试验

除不加试样外，均按上述操作步骤进行。

（六）结果计算和表述

用色谱数据处理机或按下列公式计算试样中炔苯酰草胺残留量：

$$X = \frac{h \times c \times V}{h_s \times m}$$

式中：

X——试样中炔苯酰草胺残留量，单位为毫克每千克（mg/kg）；

h——样液中炔苯酰草胺的色谱峰高；

c——标准工作液中炔苯酰草胺的浓度，单位为微克每毫升（μg/mL）；

V——样液最终定容体积，单位为毫升（mL）；

h_s——标准工作液中炔苯酰草胺的色谱峰高；

m——最终样液所代表的试样质量，单位为克（g）。

（七）精密度

（1）在重复性条件下，获得的两次独立测定结果的绝对差值与其算术平均值的比值（百分率），应符合表5-10的要求。

（2）在再现性条件下，获得的两次独立测定结果的绝对差值与其算术平均值的比值（百分率），应符合表5-11的要求。

（八）定量限

本方法炔苯酰草胺的定量限为 0.01mg/kg。

三十二、气相色谱—质谱法测定茶叶中啶酰菌胺残留量

（一）原理

试样中啶酰菌胺用乙腈提取，经液/液分配和丙基乙二胺键合硅胶（PSA）固相萃取柱净化，用气相色谱—电子轰击源质谱测定，外标法定量。

（二）试剂和材料

除另有规定外，所用试剂均为分析纯，水为符合 GB/T 6682—2008 中规定的一级水。

1. 试剂

（1）丙酮（C_3H_6O）：农药残留级。

（2）乙腈（C_2H_3N）：农药残留级。

（3）正己烷（C_6H_{14}）：农药残留级。

（4）氯化钠（NaCl）：650℃灼烧 4h，置入干燥器中冷却，备用。

2. 溶液配制

（1）正己烷饱和乙腈：取 100mL 正己烷，100mL 乙腈于分液漏斗中，振荡混匀，取下层待用。

（2）乙腈饱和正己烷：取 100mL 正己烷，100mL 乙腈于分液漏斗中，振荡混匀，取上层待用。

（3）丙酮—正己烷（3+7，v/v）：取 300mL 丙酮，加入 700mL 正己烷，摇匀备用。

3. 标准品

啶酰菌胺标准物质（Boscalid，CAS 号；188425-85-6，分子式：$C_{18}H_{12}Cl_2N_2O$）：纯度≥98.0%。

4. 标准溶液配制

啶酰菌胺标准溶液：准确称取适量标准品用丙酮溶解并配制成浓度为 1.0mg/mL 的标准储备液。根据需要再用不含啶酰菌胺的空白样品基质溶液稀释成适当浓度的标准工作溶液。保存于-18℃冰箱中。

5. 材料

丙基乙二胺键合硅胶（Primary Secondary Amine，PSA）固相萃取柱：500mg，

3mL 或相当者。

（三）仪器和设备

（1）气相色谱—质谱仪：配有电子轰击源（EI）。

（2）固相萃取装置。

（3）均质器：转速 10 000r/min。

（4）旋转蒸发器。

（5）氮气浓缩仪。

（6）具塞离心管：50mL、100mL。

（7）浓缩瓶：50mL、100mL。

（8）分析天平：感量 0.01g 和 0.000 1g。

（四）试样制备与保存

取有代表性样品 500g，用磨碎机全部磨碎并通过 2.0mm 圆孔筛。混匀，装入洁净的洁净容器内，密闭，标明标记。试样于 -4℃ 以下冷冻保存。在制样的操作过程中，应防止样品受到污染或发生残留物含量的变化。

（五）测定步骤

1. 提取

称取 10g 试样（精确至 0.01g）于 100mL 具塞离心管中，加入 10mL 水，准确加入 40.0mL 正己烷饱和乙腈，均质器提取 2min，再加入 5g 氯化钠，剧烈振荡 10min，3 000r/min 离心 10min，待净化。

2. 净化

（1）液/液分配净化：取上层提取液 10.0mL 转移至 50mL 具塞离心管中，加入 10mL 乙腈饱和正己烷，振摇 3min，静置分层，弃去上层正己烷相，再用 10mL 乙腈饱和正己烷重复操作 1 次，弃去正己烷相；下层乙腈相收集于 100mL 浓缩瓶中，于 40℃ 水浴中浓缩至近 1mL。

（2）固相萃取（SPE）净化：用 5mL 丙酮—正己烷预淋洗 PSA 柱。将样液倾入柱中，用 10mL 丙酮—正己烷洗脱，控制流速<2mL/min。收集全部洗脱液于 40℃ 水浴中浓缩至近干，氮气吹干。用丙酮—正己烷溶解并定容至 1.0mL，气相色谱—质谱仪测定。

3. 测定

（1）气相色谱—质谱参考条件

a）色谱柱：HP-5 MS 石英毛细管柱，30m×0.25mm（i. d.），膜厚 0.25μm，或

相当者；

b）色谱柱温度：初始温度为 70℃，保持 2min，以 25℃/min 程序升温至 150℃，以 15℃/min 程序升温至 200℃，再以 10℃/min 程序升温至 280℃，保持 10min；

c）进样口温度：250℃；

d）色谱—质谱接口温度：280℃；

e）载气：氦气，纯度≥99.999%，恒流模式，1mL/min；

f）进样量：1μL；

g）进样方式：无分流进样，0.65min 后开阀；

h）电离方式：电子轰击；

i）离子源温度：230℃；

j）四极杆温度：150℃；

k）测定方式：选择离子监测方式；

l）选择监测离子（m/z）：定量 140，定性 112、167、342；

m）溶剂延迟：4.0min。

（2）色谱测定与确证：根据样液中被测物含量情况，选定浓度相近的基质标准工作溶液，对标准工作溶液与样液等体积参插进样测定，基质标准工作溶液和待测样液中啶酰菌胺的响应值均应在仪器检测的线性范围内。

如果样液与标准工作溶液的选择离子色谱图中，在相同保留时间有色谱峰出现，并且在扣除背景后的样品质量色谱中，所选离子均出现，所选择离子的丰度比与标准品对应离子的丰度比，其值在允许范围内（允许范围见表 5-16）。在上述色谱条件下啶酰菌胺保留时间约 18.8min，其监测离子为 m/z 140，112、167、342（其相对丰度比为 100：33：13：27）对其进行确证；根据定量离子 m/z 140 对其进行外标法定量。

4. 空白试验

除不加试样外，均按上述操作步骤进行。

（六）结果计算和表述

用色谱数据处理机或按下式计算试样中啶酰菌胺残留量：

$$X = \frac{h \times c \times V}{h_s \times m}$$

式中：

X——试样中啶酰菌胺残留量，单位为毫克每千克（mg/kg）；

h——样液中啶酰菌胺的色谱峰高；

c——标准工作液中啶酰菌胺的浓度，单位为微克每毫升（μg/mL）；

V——样液最终定容体积,单位为毫升(mL);

h_s——标准工作液中啶酰菌胺的色谱峰高;

m——最终样液所代表的试样质量,单位为克(g)。

（七）精密度

（1）在重复性条件下,获得的两次独立测定结果的绝对差值与其算术平均值的比值(百分率),应符合表5-10的要求。

（2）在再现性条件下,获得的两次独立测定结果的绝对差值与其算术平均值的比值(百分率),应符合表5-11的要求。

（八）定量限

本方法啶酰菌胺的定量限为0.01mg/kg。

三十三、液相色谱—质谱/质谱法测定茶叶中鱼藤酮和印楝素残留量

（一）原理

试样中残留的鱼藤酮和印楝素采用乙腈提取,提取液经氯化钠盐析后经正己烷除脂,以聚苯乙烯—二乙烯基苯—吡咯烷酮聚合物填料的固相萃取小柱净化,液相色谱—质谱/质谱仪检测及确证,外标法定量。

（二）试剂和材料

除另有规定外,所有试剂均为分析纯,水为符合GB/T 6682—2008中规定的一级水。

1. 试剂

（1）乙腈（CH_3CN）：色谱纯。

（2）正己烷（C_6H_{10}）：色谱纯。

（3）甲醇（CH_3OH）。

（4）甲酸（HCOOH）：色谱纯。

（5）氯化钠（NaCl）。

（6）乙酸铵（CH_3COONH_4）。

（7）碳酸氢钠（$NaHCO_3$）。

2. 溶液配制

（1）饱和碳酸氢钠溶液：称取一定量碳酸氢钠溶于水中至饱和。

（2）5mmol/L乙酸铵缓冲液：称取0.38g乙酸铵溶于800mL水中,加入2mL甲酸,以水定容至1 000mL。

3. 标准品

标准物质（鱼藤酮：英文名 Rotenone，分子式 $C_{23}H_{22}O_6$，CAS No. 83-79-4，分子量 394.42；印楝素：英文名 Azadirachtin，分子式 $C_{35}H_{44}O_{16}$，CAS No. 11141-17-6，分子量 720.71）：纯度≥98%。

4. 标准溶液配制

（1）鱼藤酮和印楝素标准贮备液（100mg/L）：准确称取 0.010 0g 鱼藤酮和印楝素标准物质，用甲醇溶解并定容至 100mL，该标准储备液于 4℃下避光保存不超过 1 个月。

（2）鱼藤酮和印楝素标准工作液：根据需要取适量标准贮备液，以 20% 乙腈水溶液稀释成适当浓度的标准工作液，临用现配。

5. 材料

（1）聚苯乙烯—二乙烯基苯—吡咯烷酮聚合物填料的固相萃取柱：60mg，3mL。使用前依次以 3mL 甲醇、3mL 水预处理。

（2）滤膜：0.22μm，有机系。

（三）仪器和设备

（1）液相色谱—质谱/质谱联用仪，配电喷雾（ESI）源。

（2）分析天平：感量 0.01g 和 0.000 1g。

（3）离心机：4 500r/min，配有 50mL 的具塞塑料离心管。

（4）粉碎机。

（5）组织捣碎机。

（6）涡旋混合器。

（7）超声波清洗器。

（8）固相萃取装置。

（9）氮吹仪。

（四）试样制备与保存

取有代表性样品 500g，用粉碎机粉碎并通过直径 2.0mm 的筛，混匀，分成 2 份，装入洁净容器内，密封并标识。试样于 0~4℃下保存。

（五）分析步骤

1. 提取

称取 1g（精确至 0.01g）试样，置于 50mL 具塞塑料离心管中，加入 5mL 饱和碳酸氢钠溶液振摇后避光浸泡 10min，加入 15mL 乙腈，涡动 30s 后超声提取 10min，4 500r/min

离心 3min，移出有机相，残渣再加入 10mL 乙腈重复提取 1 次，合并提取液，加入约 3g 氯化钠盐析，4 500r/min 离心 3min，取上清液，加入 2mL 经乙腈饱和后的正己烷，振摇 1min，4 500r/min 离心 3min，弃去正己烷层，乙腈层于 45℃减压旋转蒸发至近干，以 5mL 20%甲醇水溶解残渣，按下一步骤净化。

2. 净化

将样品提取液上柱，用 5mL 水淋洗，弃去全部淋洗液，抽干，以 5mL 乙腈洗脱，保持流速约为 1mL/min，收集洗脱液，于 45℃氮吹至近干，以 20%乙腈水溶液定容 1mL，过 0.22μm 滤膜，供测定。

3. 测定

（1）液相色谱参考条件

a）色谱柱：Phenomenex Luna C$_{18}$柱，150mm×2.0mm（i. d.），3μm，或相当者；

b）柱温：35℃；

c）流动相：乙腈-5mmol/L 乙酸铵缓冲液（35+65，v/v）；

d）流速：400μL/min；

e）进样量：10μL。

（2）质谱参考条件

a）离子源：电喷雾源（ESI），正离子模式；

b）扫描方式：多反应监测（MRM）；

c）毛细管电压：4kV；

d）屏蔽气温度：320℃；

e）屏蔽气流量：10L/min；

f）干燥气流量：3L/min；

g）碰撞气压：50psi；

h）质谱参数见表 5-46。

表 5-46 鱼藤酮和印楝素的主要参考质谱参数

化合物	监测离子（m/z）	驻留时间（ms）	电压（V）	碰撞能量（eV）
鱼藤酮	395>213	50	160	24
	395>192			25
印楝素	743>725	50	140	28
	743>625			36

（3）色谱测定与确证：根据试样中被测物的含量情况，选取响应值适宜的标准工作液进行色谱分析。标准工作液和待测样液中鱼藤酮和印楝素的响应值均应在仪器线性响应范围内。在本方法条件下，鱼藤酮和印楝素的保留时间分别约为5.6min和4.2min，鱼藤酮和印楝素标准品的多反应监测（MRM）色谱图参图5-18。

定性标准进行样品测定时，如果检出的色谱峰保留时间与标准样品一致，并且在扣除背景后的样品谱图中，各定性离子的相对丰度与浓度接近的同样条件下得到的标准溶液谱图相比，最大允许相对偏差不超过表5-21中规定的范围，则可判断样品中存在对应的被测物。

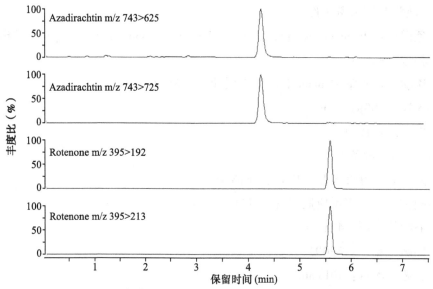

图5-18 鱼藤酮和印楝素标准溶液的多反应监测色谱图

4. 空白实验

除不加试样外，均按上述步骤进行。

（六）结果计算和表述

用数据处理软件或下列公式计算试样中鱼藤酮和印楝素药物的残留量，计算结果需扣除空白值：

$$X = \frac{c \times V}{m}$$

式中：

X——试样中鱼藤酮或印楝素残留量，单位为微克每千克（μg/kg）；

c——从标准工作曲线得到的鱼藤酮和印楝素溶液浓度，单位为微克每升（μg/L）；

V——样品溶液最终定容体积，单位为毫升（mL）；

m——最终样液所代表的试样质量，单位为克（g）。

（七）精密度

（1）在重复性条件下，获得的两次独立测定结果的绝对差值与其算术平均值的比值（百分率），应符合表 5-10 的要求。

（2）在再现性条件下，获得的两次独立测定结果的绝对差值与其算术平均值的比值（百分率），应符合表 5-11 的要求。

（八）定量限

本方法的鱼藤酮和印楝素的定量限分别为 0.000 5mg/kg 和 0.002mg/kg。

三十四、液相色谱—质谱/质谱法测定茶叶中井冈霉素残留量

（一）原理

试样中的井冈霉素残留用甲醇水溶液提取，经 HLB 固相萃取柱或乙酸乙酯液液萃取净化，用液相色谱—质谱/质谱仪检测和确证，外标法定量。

（二）试剂和材料

除非另有说明外，本方法所用试剂均为液相色谱纯，水为符合 GB/T 6682—2008 中规定的一级水。

1. 试剂

（1）乙酸铵（CH_3COONH_4，CAS：631-61-8）。

（2）甲醇（CH_3OH，CAS：67-56-1）。

（3）乙腈（CH_3CN，CAS：75-05-8）。

（4）乙酸乙酯（$CH_3COOCH_2CH_3$，CAS：141-78-6）。

（5）冰乙酸（CH_3COOH，CAS：64-19-7）。

2. 溶液配制

（1）甲醇溶液（9+1）：量取 90mL 甲醇加入 10mL 水中，混匀。

（2）5mmol/L 乙酸铵缓冲溶液：称取 0.385g 乙酸铵，用水溶解并定容至 1 000 mL，以冰乙酸调节 pH 值到 4.5±0.1。

3. 标准品

井冈霉素标准品（Validamycin A，分子式：$C_{20}H_{35}NO_{13}$，CAS：37248-47-8）：纯度≥91.0%。

4. 标准溶液配制

（1）井冈霉素标准储备溶液：称取 2mg（精确到 0.1mg）井冈霉素的标准品，用水溶解并定容至 25mL 棕色容量瓶中，配制成浓度为 80mg/L 的标准储备溶液。

（2）井冈霉素基质标准工作溶液：根据需要，用空白样品按照样品处理步骤得到的提取液，配制不同浓度的基质标准溶液，现用现配。

5. 材料

（1）HLB 柱：6mL/200mg 或相当者；使用前依次用 6mL 甲醇和 6mL 水活化。

（2）滤膜：0.22μm，双相。

（三）仪器和设备

（1）液相色谱—质谱/质谱仪：配大气压化学电离源（APCI）。

（2）分析天平：感量 0.01g 和 0.000 1g。

（3）旋涡混合器。

（4）均质器。

（5）离心机：转速>3 000r/min。

（6）氮吹浓缩仪。

（7）离心管：50mL 聚四氟乙烯离心管和 50mL 具塞玻璃离心管。

（8）刻度试管：30mL，最小刻度为 0.1mL。

（9）pH 计：感量 0.1。

（四）样品制备与保存

制样操作过程中应防止样品受到污染或发生残留物含量的变化。取代表性样品约 500g，经磨碎机全部磨碎并通过 2.0mm 圆孔筛，混匀，装入洁净容器内密封，标明标记，于 0~4℃下冷藏存放。

（五）分析步骤

1. 提取

称取 1g 试样（精确到 0.01g），置于 50mL 聚四氟乙烯离心管中，加 1.5mL 水，混匀，加入 20mL 甲醇溶液，用均质器高速匀浆提取 2min，3 000r/min 离心 5min，收集上清液于一刻度试管中。离心后的残渣用 5mL 甲醇溶液重复上述提取步骤 1 次，合并上清液，在 45℃水浴下吹氮浓缩至 2.5mL 以下，待净化。

2. 净化

（1）固相萃取（SPE）净化：提取溶液转入经过预处理的 HLB 固相萃取柱中，以约 1 滴/s 流速使样品溶液通过固相萃取柱，用 2mL 水淋洗柱子，收集全部流出液和淋洗液到一刻度试管,加水定容至5.00mL,混匀,过0.22μm滤膜,供测定。

(2) 液—液分配净化:提取溶液用水定容至5.00mL,混匀,转入50mL具塞玻璃离心管中,加入5mL乙酸乙酯,旋涡振荡3min,3 000r/min离心5min,弃去上层乙酸乙酯相,再用5mL乙酸乙酯重复操作1次。过0.22μm滤膜,供液相色谱—串联质谱仪测定。

3. 测定

(1) 液相色谱参考条件

色谱柱:HILIC(250mm×4.6mm,粒径5μm),或相当者。流动相:乙腈+5mmol/L乙酸铵缓冲溶液,梯度洗脱(表5-47)。流速:1 000μL/min。

a) 柱温:35℃。

b) 进样量:10μL。

表5-47 液相色谱的梯度洗脱条件

时间(min)	5mmol/L乙酸铵缓冲溶液(%)	乙腈(%)
0.0	20	80
4.0	45	55
10.0	45	55
10.1	20	80
16.0	20	80

(2) 质谱参考条件

a) 离子化模式:大气压化学电离正离子模式(APCI+)。

b) 质谱扫描方式:多反应监测(MRM)。

c) 分辨率:单位分辨率。

d) 气帘气压力(CUR):207kPa(氮气)。

e) 电晕放电电流(NC):5.00μA。

f) 雾化温度(TEM):600℃。

g) 雾化气压力:138kPa(氮气)。

h) 碰撞气压力(CAD):34.5kPa(氮气)。

i) 其他质谱参数见表5-48。

表 5-48　主要参考质谱参数

化合物	离子对 （m/z）	驻留时间 （ms）	去簇电压 （V）	入口电压 （V）	碰撞能量 （eV）	碰撞池出 口电压（V）
	498.3/336.3	100	75	3	31.74	12.08
井冈霉素	498.3/178.1	100	75	3	38.57	12.08
	498.3/142.2	100	75	3	48.77	12.08

注：对于不同质谱仪器，仪器参数可能存在差异，测定前应将质谱参数优化到最佳

（3）色谱测定与确证：在仪器最佳工作条件下，根据样液中被测化合物的含量情况，选定峰高相近的基质标准工作溶液，对基质标准工作溶液和样液等体积参差进样测定。以峰面积为纵坐标，浓度为横坐标绘制标准工作曲线，用标准工作曲线对样品进行定量，基质标准工作溶液和样液中待测化合物的响应值均应在仪器测定的线性范围内。在上述仪器条件下，井冈霉素的参考保留时间约为 8.10min；井冈霉素标准品色谱图见图 5-19。

在相同实验条件下，样液中待测物质的保留时间，与基质标准工作溶液的保留时间偏差在±2.5%之内；且样液中定性离子对的相对丰度与浓度接近的基质标准工作溶液进行比较，偏差不超过表 5-16 规定的范围，则可判定为样品中存在对应的待测物。

（六）结果计算与表述

采用外标法定量，按式下列公式计算试样中井冈霉素残留量，计算结果应扣除空白值。

$$X = \frac{c \times V}{m}$$

式中：

X——试样中井冈霉素残留量，单位为微克每千克（μg/kg）；

c——从标准工作曲线得到的样液中被测组分浓度，单位为微克每升（μg/L）；

V——样液最终定容体积，单位为毫升（mL）；

m——最终样液所代表的试样质量，单位为克（g）。

（七）精密度

（1）在重复性条件下，获得的两次独立测定结果的绝对差值与其算术平均值的比值（百分率），应符合表 5-10 的要求。

（2）在再现性条件下，获得的两次独立测定结果的绝对差值与其算术平均值的比值（百分率），应符合表 5-11 的要求。

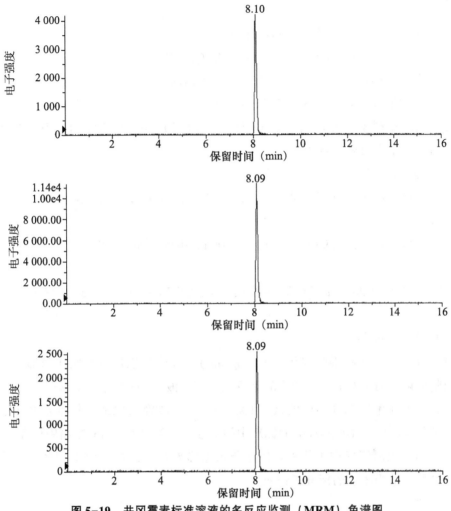

图 5-19 井冈霉素标准溶液的多反应监测（MRM）色谱图

（八）定量限和回收率

本方法的井冈霉素的定量限为 10μg/kg。

三十五、茶叶中氟啶虫酰胺残留量的检测方法

（一）原理

试样经乙酸乙酯提取后，通过凝胶渗透色谱（GPC）和固相萃取柱（SPE）净化，气相色谱外标法定量测定，液相色谱—质谱/质谱法确证。

（二）试剂和材料

除另有规定外，试剂均为分析纯，水为符合 GB/T 6682—2008 中规定的一级水。

1. 试剂

（1）环己烷（C_6H_{12}，CAS：110-82-7）。

（2）乙酸乙酯（$C_4H_8O_2$，CAS：141-78-6）：色谱纯。

（3）甲醇（CH_3OH，CAS：67-56-1）：色谱纯。

（4）氯化钠（NaCl，CAS：7647-14-5）。

（5）无水硫酸钠（Na_2SO_4，CAS：15124-09-1）：650℃灼烧4h，在干燥器内冷却至室温，储于密封瓶中备用。

2. 溶液配制

（1）乙酸乙酯—环己烷溶液（1+1，v/v）：取200mL乙酸乙酯，加入200mL环己烷，摇匀备用。

（2）甲醇—水溶液（9+1，v/v）：取900mL甲醇，加入100mL水，摇匀备用。

3. 标准品

氟啶虫酰胺（flonicamid）标准物质（$C_9H_6F_3N_3O$，CAS：158062-67-0）：纯度≥98.8%。

4. 标准溶液配制

（1）氟啶虫酰胺标准储备液（1.0mg/mL）：准确称取适量氟啶虫酰胺，用乙酸乙酯配制成浓度为1.0mg/mL的标准储备液。该溶液于-18℃冰箱中保存。

（2）氟啶虫酰胺标准中间溶液（100μg/mL）：准确吸取适量标准储备液，用乙酸乙酯稀释至浓度为100μg/mL的标准中间溶液。该溶液在-18℃冰箱中保存。

（3）氟啶虫酰胺标准工作液：使用前根据需要将标准中间溶液用各种样本的空白基质稀释成适当浓度的标准工作液。

5. 材料

（1）氨基固相萃取柱：200mg，3mL和500mg，3mL，或相当者。临用前用2mL乙酸乙酯活化2次。

（2）XTR硅藻土固相萃取柱：3 000mg，15mL，或相当者。

（3）微孔滤膜：0.45μm，有机相。

（三）仪器和设备

（1）气相色谱仪：配ECD检测器。

（2）液相色谱—质谱/质谱仪：配有电喷雾离子源。

（3）凝胶渗透色谱仪：配有自动浓缩设备。

（4）分析天平：感量0.01g和0.000 1g。

（5）高速均质机。

（6）高速低温冷冻离心机：10 000r/min。

（7）聚四氟乙烯塑料离心管：50mL，带盖。

（8）心形瓶：50mL。

（9）试管：15mL。

（10）旋转蒸发仪。

（11）氮气吹干浓缩仪。

（12）玻璃刻度试管：5mL、10mL，具塞。

（四）试样制备与保存

取有代表性样品约500g，用粉碎机粉碎并通过孔径2.0mm圆孔筛。混匀，装入洁净容器，密封，标明标记。试样于0～4℃保存，在抽样及制样的操作过程中，应防止样品受到污染或发生残留物含量的变化。

（五）分析步骤

1. 提取

称取2g（精确至0.01g）试样于50mL离心管中，加10mL水浸泡20min；加1g无水硫酸钠。加10.0mL乙酸乙酯，震荡提取10min，提取2次。将样本4 000r/min离心5min，吸取上清液，定容至20mL；取10mL过0.45μm有机相滤膜，待凝胶渗透色谱净化。

2. 净化

提取溶液取10mL过凝胶渗透色谱仪，收集7～14min的流出液，2mL乙酸乙酯定容，作为初净化液。将初净化液过氨基柱后，用乙酸乙酯1mL洗涤3次收集瓶，洗液同样过柱，流速控制为1mL/min，收集全部洗脱液于试管中，在45℃下吹氮浓缩至近干，用乙酸乙酯涡旋振荡溶解残渣，定容1.0mL，待测。

3. 测定

（1）凝胶色谱净化参考条件

a）凝胶净化柱：300mm×25（i.d.）mm；填料：Bio-Beads，S-X3，38～75μm。

b）浓缩温度：45℃。

c）流动相：环己烷—乙酸乙酯（1+1，v/v）。

d）定容试剂：乙酸乙酯。

e）流速：5mL/min。

f）进样量：5mL。

（2）气相色谱参考条件

a）色谱柱：DB-1701毛细管柱，30m×0.32mm（i.d.），0.25μm，或性能相当者。

b）升温程序：初始温度80℃，保持1min，以15℃/min升到240℃，保持1min，以10℃/min升到260℃，保持10min。

c）进样口温度：260℃。

d）检测器温度：320℃。

e）载气：氮气（纯度≥99.999%），流量2.5mL/min。

f）进样模式：不分流进样。

g）进样量：1.0μL。

（3）气相色谱测定：根据样液中氟啶虫酰胺含量的情况，选定峰面积相近的标准工作溶液。标准工作溶液和样液中氟啶虫酰胺响应值均应在仪器检测线性范围内。标准工作溶液和样液等体积参差进样测定。在上述色谱条件下，氟啶虫酰胺的保留时间约为13.1min。标准品的色谱图见图5-23。

（4）LC-MS/MS质谱参考条件

液相色谱参考条件：

a）色谱柱：Waters Atlantis Hilic Silica柱，3μm，3.0mm（i.d.）×50mm，或性能相当者；

b）柱温：40℃；

c）流动相：甲醇-水（9+1，v/v）；

d）流速：0.30mL/min；

e）进样量：10μL；

f）离子源：电喷雾离子源（ESI），温度500℃；

g）扫描方式：负离子扫描；

h）检测方式：多反应选择离子检测（MRM）；

i）电喷雾电压（IS）：4 500V；

j）雾化气、气帘气、辅助加热气、碰撞气均为高纯氮气及其他合适气体：使用前应调节各气体流量以使质谱灵敏度达到检测要求；

k）辅助气温度（TEM）：500℃；

l）监测离子对、定量离子对、驻留时间、去簇电压及碰撞能量见表5-49。

表5-49　氟啶虫酰胺监测离子对、定量离子对、驻留时间、去簇电压及碰撞能

被测物名称	监测离子对（m/z）	定量离子对（m/z）	驻留时间（ms）	去簇电压（V）	碰撞能量（V）
氟啶虫酰胺	228.0/81.1 228.0/146.0	228.0/81.1	100	-64	-14 -30

（5）液相色谱质谱法测定：乙酸乙酯定容的样液进行溶剂转换为甲醇–水（9+1，v/v）后再进行上机测定。根据样液中氟啶虫酰胺含量情况，选定峰面积相近的标准工作溶液。标准工作溶液和样液中氟啶虫酰胺响应值均应在仪器检测线性范围内。标准工作溶液和样液等体积参差进样测定。在上述色谱条件下，氟啶虫酰胺的保留时间约为 1.03min。

被测组分选择 1 个母离子，2 个以上子离子，在相同实验条件下，如果样品中待检测物质与标准溶液中对应的保留时间偏差在±2.5%之内；且样品谱图中各组分定性离子的相对丰度与浓度接近的标准溶液谱图中对应的定性离子的相对丰度进行比较，偏差不超过表5-16规定的范围，被确证的样品可判定为氟啶虫酰胺阳性检出。标准品的色谱图、质谱图见图5-20、图5-21和图5-22。

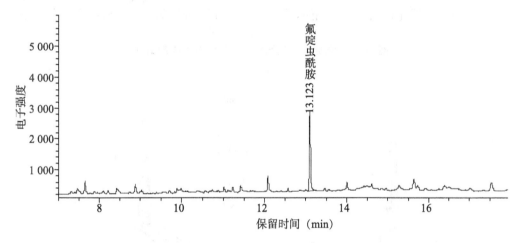

图 5-20　氟啶虫酰胺标准品（10μg/kg）的气相色谱图（GC-ECD）

4. 空白试验

除不加试样外，按上述测定步骤进行。

（六）结果计算和表述

用色谱数据处理机或按下列公式计算试样中氟啶虫酰胺的残留含量，计算结果需扣除空白值。

$$X = \frac{A \times c \times V}{A_s \times m}$$

式中：

X——试样中氟啶虫酰胺含量，单位为纳克每克（ng/g）；

A——样液中氟啶虫酰胺的色谱峰面积；

c——标准工作溶液中氟啶虫酰胺浓度，单位为纳克每毫升（ng/mL）；

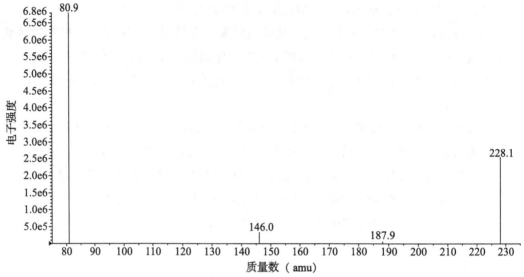

图 5-21　氟啶虫酰胺标准品的离的全扫描质谱图

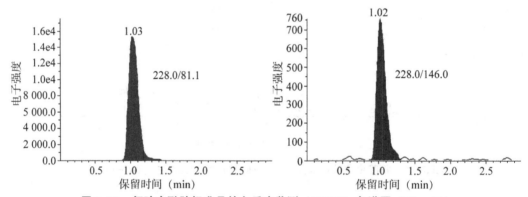

图 5-22　氟啶虫酰胺标准品的多反应监测（MRM）色谱图（20μg/L）

V——最终样液的定容体积，单位毫升（mL）；

A_s——标准工作溶液中氟啶虫酰胺的色谱峰面积；

m——最终样液所代表试样量，单位为克（g）。

注：计算结果需扣除空白值，测定结果用平行测定的算术平均值表示，保留两位有效数字。

（七）精密度

（1）在重复性条件下，获得的两次独立测定结果的绝对差值与其算术平均值的比值（百分率），应符合表 5-10 的要求。

（2）在再现性条件下，获得的两次独立测定结果的绝对差值与其算术平均值的比值（百分率），应符合表 5-11 的要求。

（八）定量限

本方法中氟啶虫酰胺定量限为 20.0μg/kg。

三十六、液相色谱—质谱/质谱法测定茶叶中氟苯虫酰胺残留量

（一）原理

试样中的氟苯虫酰胺残留用乙腈提取，提取液经石墨碳—氨基固相萃取柱或弗罗里硅土固相萃取柱净化，液相色谱—质谱/质谱测定，外标法定量。

（二）试剂和材料

所有试剂除特殊注明外，均为分析纯，水为 GB/T 6682—2008 规定的一级水。

1. 试剂

（1）乙腈（C_2H_3N）：色谱纯。

（2）甲苯（C_7H_8）：色谱纯。

（3）正己烷（C_6H_{14}）：色谱纯。

（4）丙酮（C_3H_6O）：色谱纯。

（5）氯化钠（NaCl）。

（6）无水硫酸钠（Na_2SO_4）：650℃灼烧 4h，在干燥器内冷却至室温，贮于密封瓶中备用。

2. 溶液配制

（1）乙腈饱和正己烷：250mL 的分液漏斗中加入 150ml 正己烷和 50mL 乙腈混匀震荡 5min，取上层备用。

（2）乙腈—甲苯（3+1，v/v）：用量筒量取 350mL 乙腈和 150mL 甲苯混匀备用。

（3）丙酮—正己烷（1+1，v/v）：用量筒量取 200mL 正己烷和 200mL 丙酮混匀备用。

（4）乙腈—水（7+3，v/v）：用量筒量取 350mL 乙腈和 150mL 水混匀备用。

3. 标准品

氟苯虫酰胺（Flubendiamide）标准品：纯度≥99%，CAS：272451-65-7，分子式：$C_{23}H_{22}F_7IN_2O_4S$，分子量为 682.39。

4. 标准溶液配制

（1）氟苯虫酰胺标准储备溶液（100μg/mL）：准确称取适量的氟苯虫酰胺标准物质，用乙腈配成浓度为 100μg/mL 的标准储备液，该标准储备液置于 4℃冰箱中避

光密封保存。

（2）氟苯虫酰胺基质标准工作液：使用前根据需要将标准储备溶液用各种样本的空白基质稀释成适当浓度的标准工作液。基质标准工作液应现用现配。

5. 材料

（1）石墨碳—氨基固相萃取柱：500mg/500mg，5mL 或相当者。加样前先用 5mL 乙腈—甲苯预淋洗柱。

（2）弗罗里硅土固相萃取柱：1 000mg，5mL 或相当者。加样前依次用 2mL 丙酮和 4mL 正己烷预淋洗柱。

（3）微孔滤膜：0.2μm，通用型。

（三）仪器和设备

（1）液相色谱—质谱/质谱仪：配电喷雾离子源（ESI）。

（2）分析天平：感量 0.01g 和 0.000 1g。

（3）组织捣碎机。

（4）均质器：10 000r/min。

（5）离心机：4 000r/min。

（6）聚四氟乙烯塑料离心管：50mL，具塞。

（7）旋转蒸发仪。

（8）氮吹仪。

（四）试样制备和保存

取代表性样品约 500g，经组织捣碎机粉碎并通过 2.0mm 圆孔筛，混匀，装入洁净容器内密封，标明标记。试样于 0~4℃保存。在制样过程中，应防止样品受到污染或发生氟苯虫酰胺残留量的变化。

（五）分析步骤

1. 提取

称取 2g（精确至 0.01g）试样于 50mL 离心管中，加 5mL 水放置 0.5h。加入 20mL 乙腈，以 10 000r/min 均质 1min，加入 2g 氯化钠，摇匀，并于 4 000r/min 离心 3min。吸取上层有机相于浓缩瓶中，残渣中加入 15mL 乙腈，重复提取 1 次，合并上层有机相，在 40℃水浴中减压浓缩至近干，待净化。

2. 净化

以 3×2mL 乙腈—甲苯洗涤浓缩瓶中残留物并全部转入石墨碳—氨基固相萃取柱中，然后用 15mL 乙腈—甲苯淋洗柱子，控制流速不超过 2.0mL/min，收集全部流出液，于40℃水浴中减压浓缩，氮吹至近干，用乙腈—水溶解残渣并定容至2.0mL，过滤膜，供分析。

3. 测定

（1）液相色谱—质谱/质谱参考条件

液相色谱条件：

a）色谱柱：C₁₈柱，2.1mm×50mm，1.7μm或相当者。

b）流动相以及梯度洗脱程序：见表5-50。

表 5-50 流动相梯度洗脱程序

时间（min）	乙腈（%）	水（%）
0.00	60	40
2.00	100	0
3.00	60	40

c）流速：0.20mL/min。

d）柱温：35℃。

e）进样量：2μL。

f）离子源：电喷雾离子源（ESI），负离子扫描。

g）检测方式：多反应选择离子检测（MRM）。

h）电喷雾电压（IS）：2 500V。

i）雾化气、气帘气、辅助加热气、碰撞气均为高纯氮气及其他合适气体：使用前应调节各气体流量以使质谱灵敏度达到检测要求。

j）辅助气温度（TEM）：250℃。

k）离子源温度：110℃。

l）定性离子对、定量离子对、采集时间、去簇电压及碰撞能量见表5-51。

表 5-51 氟苯虫酰胺监测离子对、定量离子对、去簇电压及碰撞能

被测物名称	监测离子对（m/z）	定量离子对（m/z）	驻留时间（ms）	去簇电压（V）	碰撞能量（V）
氟苯虫酰胺	681.1/254.1	681.1/254.1	500	−35	−30
	681.1/274.1				−20

（2）色谱测定与确证：根据样液中氟苯虫酰胺含量的情况，选定峰面积相近的标准工作溶液。标准工作溶液和样液中氟苯虫酰胺响应值均应在仪器检测线性范围内。如果残留量超出标准曲线范围，应用乙腈将样品提取液进行适当稀释。标准工作

溶液和样液等体积参差进样测定。在上述色谱条件下，氟苯虫酰胺的保留时间约为1.75min。

被测组分选择1个母离子，2个以上子离子，在相同实验条件下，如果样品中待检测物质与标准溶液中对应的保留时间偏差在±2.5%之内；且样品谱图中各组分定性离子的相对丰度与浓度接近的标准溶液谱图中对应的定性离子的相对丰度进行比较，偏差不超过表5-16规定的范围，被确证的样品可判定为氟苯虫酰胺阳性检出。标准品的质谱图见图5-23。

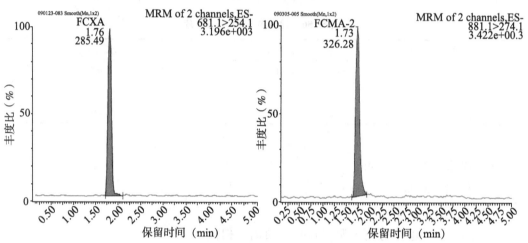

图5-23 氟苯虫酰胺标准品的多反应监测（MRM）色谱图（浓度为5ng/mL）

4. 空白试验

除不称取样品外，均按上述测定条件和步骤进行。

（六）结果计算和表述

用色谱数据处理机或按下列公式计算试样中氟苯虫酰胺的残留含量，计算结果需扣除空白值。

$$X = \frac{A \times c \times V}{A_s \times m}$$

式中：

X——试样中氟苯虫酰胺的残留量，单位为毫克每千克（mg/kg）；

A——样液中氟苯虫酰胺的峰面积或峰高；

A_s——标准工作液中氟苯虫酰胺的峰面积或峰高；

c——标准工作液中氟苯虫酰胺的浓度，单位为纳克每毫升（ng/mL）；

m——最终样液所代表的试样质量，单位为克（g）；

V——样液最终定容体积，单位为毫升（mL）。

（七）精密度

（1）在重复性条件下，获得的两次独立测定结果的绝对差值与其算术平均值的比值（百分率），应符合表5-10的要求。

（2）在再现性条件下，获得的两次独立测定结果的绝对差值与其算术平均值的比值（百分率），应符合表5-11的要求。

（八）定量限

本方法的氟苯虫酰胺的定量限为0.005mg/kg。

三十七、气相色谱法测定茶叶中苄螨醚残留量

（一）原理

样品经乙酸乙酯—环己烷混合溶剂提取，固相萃取净化，带有电子捕获检测器的气相色谱仪测定，外标法定量，阳性样品用气相色谱—质谱法确证。

（二）试剂和材料

除另有规定外，所有试剂均为分析纯，水为符合GB/T 6682—2008中规定的一级水。

1. 试剂

（1）乙酸乙酯（$C_4H_8O_2$，CAS：141-78-6）：色谱纯。

（2）乙腈（C_2H_3N，CAS：75-05-8）：色谱纯。

（3）正己烷（C_6H_{14}，CAS：110-54-3）：色谱纯。

（4）丙酮（C_3H_6O，CAS：67-64-1）：色谱纯。

（5）无水硫酸钠（Na_2SO_4，CAS：15124-09-1）：650℃灼烧4h，贮于密封容器中备用。

（6）氯化钠（NaCl，CAS号7647-14-5）。

2. 溶液配制

（1）乙酸乙酯—环己烷混合溶剂（1+1，v/v）：量取500mL乙酸乙酯和500mL环己烷，混匀。

（2）正己烷—丙酮混合溶剂（9+1，v/v）：量取90mL正己烷和10mL丙酮，混匀。

（3）环己烷—乙酸乙酯混合溶剂（6+1，v/v）：量取10mL乙酸乙酯和60mL环己烷，混匀。

3. 标准品

苄螨醚标准物质：（Halfenprox；CAS：111872-58-3；$C_{24}H_{23}BrF_2O_3$；分子量：477.34）纯度≥99%。

4. 标准溶液配制

（1）标准储备液（100mg/L）：准确称取适量标准物质，用乙酸乙酯溶解，配制成浓度为100mg/L的标准储备液，该溶液在0~4℃冰箱中保存。

（2）标准工作液：根据需要再用乙酸乙酯稀释成适用浓度的标准工作溶液。标准工作液应现用现配。

5. 材料

（1）石墨化碳黑和PSA混合柱：1mL，50mg石墨化碳黑+50mg PSA，用3mL环己烷—乙酸乙酯混合溶剂活化。

（2）有机相滤膜：0.45μm。

（三）仪器和设备

（1）气相色谱仪：配有电子捕获检测器。

（2）气相色谱—质谱仪：配有电子轰击源（EI）。

（3）分析天平：感量为0.01g。

（4）分析天平：感量为0.000 1g。

（5）凝胶色谱仪：配有单元泵，馏分收集器。

（6）离心机：4 000r/min。

（7）旋转蒸发器。

（8）无水硫酸钠柱：7.5cm×1.5（i.d.）cm玻璃柱，内装5cm高无水硫酸钠。

（9）涡旋混合器。

（10）均质器。

（11）氮吹仪。

（12）具塞离心管：50mL，聚四氟乙烯。

（四）试样制备与保存

将样品按四分法缩分至500g，用磨碎机全部磨碎。混匀，均分成2份作为试样，分装入洁净的盛样瓶内，密闭，标明标记。试样于0~4℃下保存。在制样的操作过程中，应防止样品受到污染或发生残留物含量的变化。

（五）分析步骤

1. 提取

称取2.5g（精确到0.01g）均匀试样，置于50mL具塞塑料离心管中，加入15mL蒸馏水，静置1h，加入20mL乙酸乙酯—环己烷混合溶剂，10 000r/min匀浆60s，4 000r/min离心3min，收集上层有机相，残留物再用20mL乙酸乙酯—环己烷混合溶剂重复提取 1 次，合并上层有机相，过无水硫酸钠脱水，收集于 150mL 浓缩瓶中，于 40℃ 水浴中旋转浓缩至近干，用乙酸乙酯—环己烷混合溶剂准确定容到 1.0mL，过 0.45μm 滤膜，待固相萃取净化。

2. 净化

取 0.5mL 待净化液上石墨化碳黑和 PSA 混合柱，用 1.5mL 乙酸乙酯—环己烷混合溶剂洗脱，流速控制在 1mL/min，收集所有流出液于离心管中，40℃ 下氮气吹干，0.5mL 乙酸乙酯定容，待测。

3. 测定

（1）气相色谱参考条件

a）色谱柱：DB-1301 石英毛细管柱，30m×0.25mm（i.d.）×0.25μm，或性能相当者；

b）色谱柱温度：50℃，以 20℃/min 升温至 200℃；以 5℃/min 升温至 260℃，保留 10min；

c）进样口温度：260℃；

d）检测器温度：300℃；

e）载气：氮气，纯度≥99.999%，柱流量 2mL/min；

f）进样方式：无分流，0.75min 后打开分流阀；

g）进样量：1μL。

（2）气相色谱—质谱参考条件

a）色谱柱：HP-5MS 石英毛细管柱，30m×0.25mm（i.d.）×0.25μm，或性能相当者；

b）色谱柱温度：50℃ 保留 1min，以 10℃/min 升温至 280℃，保留 10min；

c）进样口温度：250℃；

d）色谱—质谱接口温度：280℃；

e）电离方式：EI；

f）电离能量：70eV；

g）载气：氦气，纯度≥99.999%，流速 1mL/min；

h）进样方式：无分流，0.75min 后打开分流阀；

i）进样量：1μL；

j）测定方式：选择离子监测；

k）选择监测离子（m/z）：183、264、265；

l）溶剂延迟：5.0min。

（3）色谱测定与确证：根据样液中苄螨醚含量情况，选定峰面积相近的标准工作溶液，标准工作溶液和样液中苄螨醚响应值均应在仪器检测线性范围内。标准工作溶液和样液等体积交替进样测定。在上述色谱条件下，苄螨醚的保留时间约为 22.4min。

标准溶液及样液均按本方法的条件进行测定，如果样液中与标准溶液相同的保留时间有峰出现，则对其进行气相色谱—质谱确证。

经确证分析被测物质量色谱峰保留时间与标准品样品相一致，并且在扣除背景后的样品谱图中，所选择的离子均出现；同时所选择离子的丰度比与标准样品相关离子的相对丰度一致，相似度再允许差之内（表 5-16），则可判定样品为炔草酯阳性检出。

4. 空白实验

除不加试样外，均按上述测定步骤进行。

（六）结果计算和表述

用色谱数据处理机或按下式计算试样中苄螨醚残留量：

$$X = \frac{A \times c \times V}{A_s \times m}$$

式中：

X——试样中氟苯虫酰胺的残留量，单位为毫克每千克（mg/kg）；

A——样液中氟苯虫酰胺的峰面积或峰高；

A_s——标准工作液中氟苯虫酰胺的峰面积或峰高；

c——标准工作液中氟苯虫酰胺的浓度，单位为纳克每毫升（ng/mL）；

m——最终样液所代表的试样质量，单位为克（g）；

V——样液最终定容体积，单位为毫升（mL）。

（七）精密度

（1）在重复性条件下，获得的两次独立测定结果的绝对差值与其算术平均值的比值（百分率），应符合表 5-10 的要求。

（2）在再现性条件下，获得的两次独立测定结果的绝对差值与其算术平均值的比值（百分率），应符合表 5-11 要求。

（八）定量限

本方法的苄螨醚的定量限为 0.01mg/kg。

三十八、气相色谱质谱法测定茶叶中异稻瘟净残留量

（一）原理

试样中残留的异稻瘟净采用丙酮和正己烷（1+2，v/v）振荡提取，石墨化碳黑固相萃取柱或中性氧化铝固相萃取柱净化，洗脱液浓缩并定容后，供气相色谱—质谱仪测定和确证，外标法定量。

（二）试剂和材料

除另有规定外，所有试剂均为分析纯，水为符合 GB/T 6682—2008 中规定的一级水。

1. 试剂

（1）正己烷（C_6H_{14}）：重蒸馏。

（2）丙酮（CH_3COCH_3）：重蒸馏。

（3）氯化钠（NaCl）。

（4）无水硫酸钠（Na_2SO_4）：经 650℃灼烧 4h，置干燥器中备用。

2. 溶液配制

（1）丙酮+正己烷（1+2，v/v）溶液：取 100mL 丙酮，加入 200mL 正己烷，摇匀备用。

（2）丙酮+正己烷（1+1，v/v）溶液：取 100mL 丙酮，加入 100mL 正己烷，摇匀备用。

3. 标准品

异稻瘟净标准物质（Iprobenfos，$C_{13}H_{21}O_3PS$，CAS：26087-47-8）：纯度>99%。

4. 标准溶液配制

标准储备溶液：准确称取适量的异稻瘟净标准物质，用丙酮将配制成 1 000μg/mL 标准储备液，再根据检测要求用正己烷稀释成相应的标准工作溶液。标准溶液避光于 4℃下保存。

5. 材料

（1）石墨化碳黑固相萃取柱：3mL，125mg，或相当者。

（2）中性氧化铝固相萃取柱：3mL，125mg，或相当者。

（三）仪器和设备

（1）气相色谱—质谱联用仪，配电子轰击离子源（EI 源）。

（2）分析天平：感量 0.01g 和 0.000 1g。

（3）组织捣碎机。

（4）涡旋混匀器。

（5）固相萃取装置，带真空泵。

（6）多功能微量化样品处理仪，或相当者。

（7）低速离心机：3 000r/min。

（8）离心管：15mL。

（9）刻度试管：15mL。

（10）微量注射器：10μL。

（11）粉碎机。

（四）试样制备与保存

取有代表性样品 500g，用粉碎机粉碎并通过 2.0mm 圆孔筛。混匀，装入洁净的盛样容器内，密封并标明标记。试样于 0~4℃下保存；水果蔬菜类和肉及肉制品类等试样于-18℃以下冷冻保存。在制样的操作过程中，应防止样品受到污染或发生残留物含量的变化。

（五）分析步骤

1. 提取

称取 1g 均匀试样（精确至 0.001g）置于 15mL 离心管中，加入 1g 氯化钠，加入 2mL 蒸馏水，于混匀器上混匀 30s，放置 15min。加入 3mL 丙酮+正己烷混合液，在混匀器上混匀 2min。2 500r/min 离心 1min，吸取上层正己烷萃取液于另一试管中。再分别加入 3mL 丙酮+正己烷混合液重复提取两次，合并提取液。

2. 净化

将石墨化碳黑固相萃取柱（柱内填约 1cm 高的无水硫酸钠层）安装在固相萃取的真空抽滤装置上，先用 1mL 丙酮预淋洗萃取柱，再用 1mL 正己烷预淋洗萃取柱，弃去全部预淋洗液。将正己烷提取液加入到石墨化碳黑固相萃取柱中，待提取液全部流出后，再用 3mL 丙酮+正己烷混合液洗脱萃取柱，保持流速 1.5mL/min，收集全部流出液，于 45℃下，氮气流吹至近干。最后用正己烷定容至 0.5mL，供 GC-MS 分析。

3. 测定

（1）气相色谱—质谱参考条件

a）色谱柱：HP-5MS 石英毛细管柱，30m>0.25mm（i.d），膜厚 0.25μm，或相当者。

b）色谱柱温度：初始温度 80℃，以 7℃/min 升至 205℃，再以 25℃/min 升至

280℃保持5min。

  c）进样口温度：280℃。

  d）色谱—质谱接口温度：270℃。

  e）载气：氦气，纯度≥99.995%，0.8mL/min。

  f）进样量：1μL。

  g）进样方式：无分流进样，1min后开阀。

  h）电离方式：EI。

  i）电离能量：70eV。

  j）检测方式：选择离子监测方式（SIM）。

  k）监测离子（m/z）：203，204，246，288；定量离子：204。

  l）溶剂延迟：10min。

  （2）色谱测定与确证：根据样液中异稻瘟净的含量情况，选定峰面积相近的标准工作溶液，对标准工作液和样液等体积进样，测定标准工作溶液和样液中异稻瘟净的响应值均应在仪器检测的线性范围内。

  在相同实验条件下，样品中待测物质的质量色谱保留时间与标准工作液相同，并且在扣除背景后的样品质量色谱中，所选离子均出现，经过对比所选择离子的丰度比与标准品对应离子的丰度比，其值在允许范围内（允许范围见表5-16）则可判定样品中存在对应的待测物。在本方法的色谱条件下，异稻瘟净的参考保留时间17.70min，其监测离子（m/z）丰度比是203：204：246：288＝17：100：15：19。

（六）结果计算和表述

用色谱数据处理机或按下式计算试样中苄螨醚残留量：

$$X = \frac{A \times c \times V}{A_s \times m}$$

式中：

X——试样中异稻瘟净的残留量，单位为毫克每千克（mg/kg）；

A——样液中异稻瘟净的峰面积或峰高；

A_s——标准工作液中异稻瘟净的峰面积或峰高；

c——标准工作液中异稻瘟净的浓度，单位为纳克每毫升（ng/mL）；

m——最终样液所代表的试样质量，单位为克（g）；

V——样液最终定容体积，单位为毫升（mL）。

（七）精密度

（1）在重复性条件下，获得的两次独立测定结果的绝对差值与其算术平均值的比值（百分率），应符合表5-10的要求。

（2）在再现性条件下，获得的两次独立测定结果的绝对差值与其算术平均值的比值（百分率），应符合表5-11的要求。

（八）定量限

本方法的异稻瘟净的定量限为0.005mg/kg。

第二节　前沿检测技术

一、超高压液相色谱—轨道阱高分辨质谱筛查茶叶中农药残留分析方法

（一）原理

茶叶样品经乙腈提取，分散固相萃取技术净化，超高压液相色谱—轨道阱高分辨质谱分析，利用农药残留高分辨质谱数据库，根据精确质量数及离子碎片信息筛查药残留，并采用外标法定量分析农药残留量。

（二）试剂和材料

1. 试剂

（1）乙腈（CH_3CN）：色谱纯。

（2）甲醇（CH_3OH）。

（3）冰乙酸（CH_3COOH）。

（4）无水乙酸钠（CH_3COONa）。

（5）氯化钠（NaCl）：450℃灼烧4h，密封备用。

（6）无水硫酸钠（Na_2SO_4）：650℃灼烧4h，贮藏干燥器中备用。

（7）无水硫酸镁（$MgSO_4$）：650℃灼烧4h，贮藏干燥器中备用。

2. 标准品

117种农药标准品采购于Dr. Ehrenstorfer，Sigma-Aldrich，J&K Chemical公司，纯度要求98%以上，并储存于-18℃避光保存。

3. 标准溶液配制

标准储备溶液：准确称取适量的固体标准物质，用丙酮将配制成1 000μg/mL标准储备液，再根据检测要求用甲醇稀释成相应的标准工作溶液。标准溶液避光于4℃下保存。

4. 材料

（1）N-丙基乙二胺（Primary Secondary Amine，PSA）：PSA 填料或相当，粒度 40μm。

（2）十八烷基硅烷键合相（C18）：C18 填料或相当，粒度 50μm。

（3）多管壁纳米管（MWCNTs）：粒度 10μm。

（三）仪器和设备

（1）超高压液相色谱—轨道阱高分辨质谱仪，配电喷雾电离源。

（2）分析天平：感量 0.01g 和 0.000 1g。

（3）组织捣碎机。

（4）涡旋混匀器。

（5）高速离心机：10 000r/min。

（6）离心管：50mL。

（7）注射器：5mL。

（8）微量注射器：10、100、200、1 000μL。

（9）Milli-Q 去离子水制备系统。

（四）试样制备与保存

取有代表性样品 500g，用粉碎机粉碎并通过 2.0mm 圆孔筛。混匀，装入洁净的盛样容器内，密封并标明标记。试样于 0~4℃保存；水果蔬菜类和肉及肉制品类等试样于 -18℃以下冷冻保存。在制样的操作过程中，应防止样品受到污染或发生残留物含量的变化。

（五）分析步骤

1. 提取

称取 2.5 克茶叶粉末样品加入 50mL 离心管中，加入 5mL 去离子水，1 200r/min 涡旋 1min，再加入 10mL 乙腈涡旋（1 200r/min）提取 2min 后，离心管加入 2g 氯化钠和 4g 无水硫酸镁，1 200r/min 涡旋 1min，再离心（5 000r/min）5min。

2. 净化

取上层液 2mL 转移到装有 200mg PSA、100mg C_{18}、15mg MWCNTs 的 5mL 的注射器中，并用塞子堵住注射器出口，涡旋 1min 后，将 0.22μm 的有机滤膜期待塞子，并过滤到自动进样瓶中。

3. 测定

（1）液相色谱—质谱/质谱参考条件

a）色谱柱：Hypersil C$_{18}$柱，100mm×2.1mm，3μm 或相当者。

b）流动相以及梯度洗脱程序：见表 5-52。

表 5-52　流动相梯度洗脱程序

时间（min）	甲醇（%）	4mmol/L 水（含 0.1%甲酸）
0.00	10	90
1.00	75	25
3.00	75	25
4.00	100	0
10.00	100	0
11.00	10	90
14.00	10	90

c）流速：0.30mL/min。

d）柱温：40℃。

e）进样量：10μL。

f）离子源：电喷雾正离子源（ESI+）。

g）检测方式：全扫描（Full scan）。

h）电喷雾电压（IS）：4kV。

i）雾化气、气帘气、辅助加热气、碰撞气均为高纯氮气及其他合适气体：使用前应调节各气体流量以使质谱灵敏度达到检测要求。

j）辅助气温度（TEM）：300℃。

k）离子源温度：320℃。

l）农药精确质量数、保留时间、碎片离子见表 5-53。

（2）色谱测定与确证：UPLC-Orbitrap MS 全扫描的分辨率为 70 000amu，保留时间窗口为±0.2min，质量数偏差窗口为 5mg/kg。在相同实验条件下，如果样品中待检测物质与标准溶液中对应的保留时间偏差在±0.2min 之内；且样品谱图中各组分定性离子的精确质量数与标准溶液谱图中对应的定性离子的进行比较，质量数偏差不超过表 5mg/kg，被确证的样品可判定为阳性检出。

表5-53 117种农药分子式、保留时间、精确质量数与质量偏差、碎片离子

序号	名称	分子式	保留时间(min)	加合物	理论分子量	实验分子量	质量数偏差(mg/kg)	碎片离子1	碎片离子2
1	Acetamiprid	$C_{10}H_{11}ClN_4$	4.30	M+H	223.074 4	223.074 3	0.4	126.011 0	56.050 3
2	Acetochlor	$C_{14}H_{20}ClNO_2$	6.25	M+H	270.125 5	270.125 3	0.7	148.113 2	224.083 0
3	Allethrin	$C_{19}H_{26}O_3$	6.69	M+H	303.195 4	303.195 2	0.7	135.081 2	123.117 5
4	Ametryn	$C_9H_{17}N_5S$	5.55	M+H	228.127 7	228.127 5	0.9	90.977 5	171.107 4
5	Atraton	$C_9H_{17}N_5O$	4.85	M+H	212.150 5	212.150 3	0.9	170.104 7	72.044 9
6	Atrazine	$C_8H_{14}ClN_5$	5.74	M+H	216.101	216.100 8	0.9	174.054 3	96.056 4
7	Azoxystrobin	$C_{22}H_{17}N_3O_5$	5.88	M+H	404.124	404.123 8	0.5	344.102 3	372.097 3
8	Buprofezin	$C_{16}H_{23}N_3OS$	6.50	M+H	306.163 5	306.163 4	0.3	201.105 6	116.052 9
9	Butachlor	$C_{17}H_{26}ClNO_2$	6.57	M+H	312.172 4	312.172 3	0.3	238.099 9	162.128 2
10	Carbaryl	$C_{12}H_{11}NO_2$	5.37	M+H	202.086 2	202.086 2	0.0	101.060 0	111.044 9
11	Carbendazim	$C_9H_9N_3O_2$	3.12	M+H	192.076 7	192.076 4	1.6	160.050 9	105.044 8
12	Carbofuran	$C_{12}H_{15}NO_3$	5.40	M+H	222.112 4	222.112 4	0.0	165.090 7	123.044 6
13	Chlorantraniliprole	$C_{18}H_{14}BrCl_2N_5O_2$	5.80	M+H	481.978	481.979 6	-3.3	283.921 5	450.932 9
14	Chlorbenzuron	$C_{14}H_{10}Cl_2N_2O_2$	6.32	M+H	309.019 1	309.018 9	0.6	156.020 4	138.994 8
15	Chlorfluazuron	$C_{20}H_9Cl_3F_5N_3O_3$	6.81	M+H	539.970 2	539.970 0	0.4	97.101 6	83.086 3
16	Chlorotoluron	$C_{10}H_{13}ClN_2O$	5.67	M+H	213.078 8	213.078 6	0.9	141.001 0	158.026 7
17	Chlorpyrifos	$C_9H_{11}Cl_3NO_3PS$	6.64	M+H	349.933 5	349.933 3	0.6	197.927 4	114.962 3
18	Chlorpyrifos-methyl	$C_7H_7Cl_3NO_3PS$	6.63	M+H	321.902 2	321.902 3	-0.3	142.992 5	289.874 9
19	Chromafenozide	$C_{24}H_{30}N_2O_3$	6.43	M+H	395.232 8	395.232 5	0.8	175.075 0	

（续表）

序号	名称	分子式	保留时间(min)	加合物	理论分子量	实验分子量	质量数偏差(mg/kg)	碎片离子1	碎片离子2
20	Clofentezine	$C_{14}H_8Cl_2N_4$	6.43	M+H	303.0198	303.0196	0.7	138.0107	114.1281
21	Coumphos	$C_{14}H_{16}ClO_5PS$	6.35	M+H	363.0217	363.0211	1.7	90.9768	158.9634
22	Cyanazine	$C_9H_{13}ClN_6$	5.20	M+H	241.0962	241.0959	1.2	214.0842	181.0467
23	Diazinon	$C_{12}H_{21}N_2O_3PS$	6.39	M+H	305.1083	305.1078	1.6	169.0803	153.1028
24	Dichlorvos	$C_4H_7Cl_2O_4P$	5.39	M+H	220.9531	220.9530	0.5	127.0151	205.1580
25	Difenoconazole	$C_{19}H_{17}Cl_2N_3O_3$	6.47	M+H	406.0719	406.0718	0.2	251.0014	337.0421
26	Diflubenzuron	$C_{14}H_9ClF_2N_2O_2$	6.26	M+H	311.0393	311.0390	1.0	158.0417	293.2842
27	Diflufenican	$C_{19}H_{11}F_5N_2O_2$	6.49	M+H	395.0813	395.0812	0.3	266.0436	
28	Dimetachlone	$C_{10}H_7Cl_2NO_2$	6.12	M+H	243.9926	243.9928	-0.8	215.9971	187.9661
29	Dimethachlor	$C_{13}H_{18}ClNO_2$	5.86	M+H	256.1098	256.1095	1.2	224.0847	148.1127
30	Dimethenamid	$C_{12}H_{18}ClNO_2S$	6.03	M+H	276.0817	276.0818	-0.4	246.0525	168.0843
31	Dimethoate	$C_5H_{12}NO_3PS_2$	4.36	M+H	230.0068	230.0065	1.3	142.9925	170.9705
32	Dimethomorph	$C_{21}H_{22}ClNO_4$	5.95、6.05	M+H	388.1309	388.1307	0.5	301.0633	165.0549
33	Diuron	$C_9H_{10}Cl_2N_2O$	5.82	M+H	233.0242	233.0241	0.4	176.051	72.0454
34	Epoxiconazole	$C_{17}H_{13}ClFN_3O$	6.19	M+H	330.0803	330.0798	1.5	312.0699	
35	Ethiofencarb	$C_{11}H_{15}NO_2S$	6.03	M+H	226.0896	226.0895	0.4	90.9771	
36	Ethion	$C_9H_{22}O_4P_2S_4$	6.66	M+H	384.9948	384.9944	1.0	142.9390	114.9611
37	Ethoprop	$C_8H_{19}O_2PS_2$	6.23	M+H	243.0636	243.0635	0.4	172.9857	130.9391
38	Fenazaquin	$C_{20}H_{22}N_2O$	7.01	M+H	307.1804	307.1801	1.0	161.1324	147.0544

（续表）

序号	名称	分子式	保留时间（min）	加合物	理论分子量	实验分子量	质量数偏差（mg/kg）	碎片离子 1	碎片离子 2
39	Fenobucarb	$C_{12}H_{17}NO_2$	5.97	M+H	208.133 1	208.133 1	0.0	95.049 6	
40	Flonicamid	$C_9H_6F_3N_3O$	3.43	M+H	230.053 5	230.053 2	1.3	203.042 0	174.017 2
41	Flufenacet	$C_{14}H_{13}F_4N_3O_2S$	6.13	M+H	364.073 7	364.073 5	0.5	355.070 2	285.008 0
42	Flusilazole	$C_{16}H_{15}F_2N_3Si$	6.25	M+H	316.107 5	316.108 0	-1.6	187.057 5	165.069 4
43	Fonofos	$C_{10}H_{15}OPS_2$	6.40	M+H	247.037 4	247.037 1	1.2	108.987 5	126.997 5
44	Furalaxyl	$C_{17}H_{19}NO_4$	5.94	M+H	302.138 6	302.138 3	1.0	242.119 2	95.013 1
45	Hexaconazole	$C_{14}H_{17}Cl_2N_3O$	6.34	M+H	314.082 1	314.081 6	1.6	70.040 5	158.975 7
46	Hexazinone	$C_{12}H_{20}N_4O_2$	5.41	M+H	253.165 8	253.165 6	0.8	171.087 3	163.965 7
47	Imazalil	$C_{14}H_{14}Cl_2N_2O$	5.52	M+H	297.055 5	297.055 2	1.0	255.007 3	200.987 6
48	Indoxacarb	$C_{22}H_{17}ClF_3N_3O_7$	6.44	M+H	528.077 9	528.077 8	0.2	218.042 0	203.020 3
49	Imidacloprid	$C_9H_{10}ClN_5O_2$	3.95	M+H	256.059 5	256.059 2	1.2	209.058 6	175.097 9
50	Iprobenphos	$C_{13}H_{21}O_3PS$	6.31	M+H	289.102 1	289.101 9	0.7	91.055 0	205.007 0
51	Isazophos	$C_9H_{17}ClN_3O_3PS$	6.13	M+H	314.048 9	314.049 1	-0.6	162.043 2	119.996 9
52	Isoproturon	$C_{12}H_{18}N_2O$	5.78	M+H	207.149 1	207.149 1	0.0	165.102 0	72.045 2
53	Kadethrin	$C_{23}H_{24}O_4S$	6.50	M+H	397.146 7	397.146 6	0.3		
54	Linuron	$C_9H_{10}Cl_2N_2O_2$	6.01	M+H	249.019 1	249.018 9	0.8	81.070 7	159.971 8
55	Malathion	$C_{10}H_{19}O_6PS_2$	6.06	M+H	331.043 3	331.042 8	1.5	99.008 5	127.039 5
56	Mefenacet	$C_{16}H_{14}N_2O_2S$	6.11	M+H	299.084 8	299.084 6	0.7	148.075 3	120.081 7
57	Metaflumizone	$C_{24}H_{16}F_6N_4O_2$	6.55	M+H	507.124 9	507.124 8	0.2	178.047 2	287.079 0

（续表）

序号	名称	分子式	保留时间 (min)	加合物	理论分子量	实验分子量	质量数偏差 (mg/kg)	碎片离子 1	碎片离子 2
58	Metalaxyl	$C_{15}H_{21}NO_4$	5.77	M+H	280.154 3	280.154 6	-1.1	192.138 1	220.132 5
59	Metazachlor	$C_{14}H_{16}ClN_3O$	5.72	M+H	278.105 4	278.105 3	0.4	134.097 6	210.069 1
60	Methabenzthiazuron	$C_{10}H_{11}N_3OS$	5.72	M+H	222.069 5	222.069 3	0.9	165.048 4	105.034 5
61	Methacrifos	$C_7H_{13}O_5PS$	5.88	M+H	241.029 3	241.029 3	0.0	142.993 3	209.002 9
62	Methidathion	$C_6H_{11}N_2O_4PS_3$	5.84	M+H	302.968 1	302.968 8	-2.3	85.040 0	145.006 6
63	Methoxyfenozide	$C_{22}H_{28}N_2O_3$	6.05	M+H	369.217 2	369.217 2	0.0	133.065 6	327.078 9
64	Metobromuron	$C_9H_{11}BrN_2O_2$	5.70	M+H	259.007 6	259.007 5	0.4	169.959 7	148.063 4
65	Metolachlor	$C_{15}H_{22}ClNO_2$	6.26	M+H	284.141 1	284.141 4	-1.1	252.113 8	176.144 0
66	Metolcarb	$C_9H_{11}NO_2$	5.20	M+H	166.086 2	166.086 3	-0.6	109.065 6	84.960 0
67	Metoxuron	$C_{10}H_{13}ClN_2O_2$	4.96	M+H	229.073 8	229.073 9	-0.4	174.054 4	72.045 4
68	Monalide	$C_{13}H_{18}ClNO$	6.26	M+H	240.114 9	240.114 9	0.0	85.101 8	162.168 6
69	Monocrotophos	$C_7H_{14}NO_5P$	3.66	M+H	224.068 2	224.068 3	-0.4	127.015 2	98.060 5
70	Monolinuron	$C_9H_{11}ClN_2O_2$	5.58	M+H	215.058 1	215.058 3	-0.9	126.011 0	148.063 3
71	Myclobutanil	$C_{15}H_{17}ClN_4$	6.11	M+H	289.121 4	289.121 4	0.0	91.054 9	164.070 4
72	Napropamide	$C_{17}H_{21}NO_2$	6.21	M+H	272.164 4	272.164 2	0.7	129.115 1	
73	Nitenpyram	$C_{11}H_{15}ClN_4O_2$	3.13	M+H	271.095 6	271.096 1	-1.8	99.091 9	196.063 0
74	Penconazole	$C_{13}H_{15}Cl_2N_3$	6.37	M+H	284.071 5	284.071 1	1.4	116.107 0	
75	Pendimethalin	$C_{13}H_{19}N_3O_4$	6.78	M+H	282.144 8	282.144 6	0.7	250.177 6	247.242 6
76	Pethoxamid	$C_{16}H_{22}ClNO_2$	6.21	M+H	296.141 1	296.140 9	0.7	131.085 4	250.098 3

（续表）

序号	名称	分子式	保留时间（min）	加合物	理论分子量	实验分子量	质量数偏差（mg/kg）	碎片离子1	碎片离子2
77	Phorate sulfone	$C_7H_{17}O_4PS_3$	5.69	M+H	293.009 9	293.009 9	0.0	114.962 3	142.992 5
78	Phosalone	$C_{12}H_{15}ClNO_4PS_2$	6.41	M+H	367.994 1	367.994 2	-0.3	182.000 1	114.961 2
79	Phosmet	$C_{11}H_{12}NO_4PS_2$	5.88	M+H	318.001 7	318.001 5	0.6	160.039 0	
80	Phosphamidon	$C_{10}H_{19}ClNO_5P$	5.14	M+H	300.076 1	300.075 8	1.0	174.067 7	127.015 3
81	Phoxim	$C_{12}H_{15}N_2O_3PS$	6.32	M+H	299.061 3	299.060 7	2.0	129.044 4	114.961 2
82	Pirimicarb	$C_{11}H_{18}N_4O_2$	4.08	M+H	239.150 2	239.150 2	0.0	182.129 1	72.045 2
83	Pirimiphos-ethyl	$C_{13}H_{24}N_3O_3PS$	6.59	M+H	334.134 8	334.134 4	1.2	198.107 9	182.129 2
84	Pirimiphos-methyl	$C_{11}H_{20}N_3O_3PS$	6.38	M+H	306.103 5	306.102 8	2.3	164.119 7	278.074 3
85	Pretilachlor	$C_{15}H_{22}ClNO_2$	6.26	M+H	284.141 1	284.140 9	0.7	224.082 5	252.113 6
86	Prochloraz	$C_{15}H_{16}Cl_3N_3O_2$	6.31	M+H	376.038	376.037 7	0.8	308.001 6	265.954 0
87	Profenofos	$C_{11}H_{15}BrClO_3PS$	6.62	M+H	372.942 3	372.942 0	0.8	302.863 9	303.866 1
88	Prometryn	$C_{10}H_{19}N_5S$	5.74	M+H	242.143 3	242.143 1	0.8	186.079 9	200.097 3
89	Propachlor	$C_{11}H_{14}ClNO$	5.77	M+H	212.083 6	212.083 5	0.5	172.033 7	141.000 9
90	Propanil	$C_9H_9Cl_2NO$	6.04	M+H	218.013 3	218.013 2	0.5	129.055 0	111.044 5
91	Propargite	$C_{19}H_{26}O_4S$	6.73	M+NH4	368.189	368.188 8	0.5	175.111 2	231.175 9
92	Propazine	$C_9H_{16}N_5Cl$	5.99	M+H	230.116 6	230.116 2	1.7	174.054 6	187.083 4
93	Propoxur	$C_{11}H_{15}NO_3$	5.36	M+H	210.112 4	210.112 4	0.0	168.065 3	191.142 6
94	Pyraclostrobine	$C_{19}H_{18}ClN_3O_4$	6.37	M+H	388.105 8	388.105 2	1.5	163.063 0	296.057 1
95	pyridaben	$C_{19}H_{25}ClN_2OS$	6.94	M+H	365.144 8	365.144 4	1.1	147.116 2	309.081 9
96	pyrimethanil	$C_{12}H_{13}N_3$	5.54	M+H	200.118 2	200.118 0	1.0	107.060 7	82.065 7
97	Quinalphos	$C_{12}H_{15}N_2O_3PS$	6.32	M+H	299.061 3	299.060 7	2.0	147.054 8	163.033 1

（续表）

序号	名称	分子式	保留时间(min)	加合物	理论分子量	实验分子量	质量数偏差(mg/kg)	碎片离子1	碎片离子2
98	Rotenone	$C_{23}H_{22}O_6$	6.23	M+H	395.148 8	395.148 6	0.5	213.091 2	192.077 3
99	Secbumeton	$C_{10}H_{19}N_5O$	5.31	M+H	226.166 2	226.166 0	0.9	170.104 6	184.118 9
100	Simazine	$C_7H_{12}ClN_5$	5.37	M+H	202.085 3	202.085 2	0.5	101.060 0	111.049
101	Simetryn	$C_8H_{15}N_5S$	4.97	M+H	214.112	214.111 7	1.4	141.001 0	158.026 6
102	Spirodiclofen	$C_{21}H_{24}Cl_2O_4$	6.85	M+H	411.112 4	411.112 1	0.7	313.040 5	295.030 3
103	Spirotetramat	$C_{21}H_{27}NO_5$	6.13	M+H	374.196 1	374.195 6	1.3	302.176 5	270.151 2
104	Sulfotepp	$C_8H_{20}O_5P_2S_2$	6.28	M+H	323.029 9	323.029 5	1.2	114.961 1	142.992 6
105	Sumithrin	$C_{23}H_{26}O_3$	7.09	M+H	351.195 4	351.195 5	-0.3	183.080 1	249.128 9
106	Tebufenozide	$C_{22}H_{28}N_2O_2$	6.25	M+H	353.222 3	353.221 8	1.4	133.064 9	72.081 4
107	Temephos	$C_{16}H_{20}O_6P_2S_3$	6.59	M+H	466.996 9	466.996 6	0.6	142.996 1	341.005 8
108	Tetrachlorvinphose	$C_{10}H_9Cl_4O_4P$	6.28	M+H	364.906 5	364.906 3	0.5	127.015 9	238.897 1
109	Tetramethrin	$C_{19}H_{25}NO_4$	6.63	M+H	332.185 6	332.185 3	0.9	164.070 2	135.117 0
110	Thiacloprid	$C_{10}H_9ClN_4S$	4.72	M+H	253.030 8	253.030 3	2.0	126.011 2	186.015 1
111	Thiodicarb	$C_{10}H_{18}N_4O_4S_3$	5.53	M+H	355.056 2	355.055 6	1.7	88.021 8	107.993 5
112	Thiophanate	$C_{12}H_{14}N_4O_4S_2$	5.73	M+H	371.084 2	371.083 7	1.3	151.032 1	285.011 6
113	Thiophanate-methyl	$C_{12}H_{14}N_4O_4S_2$	5.29	M+H	343.052 9	343.052 5	1.2	151.032 8	192.075 9
114	Triadimefon	$C_{14}H_{16}ClN_3O_2$	6.10	M+H	294.100 3	294.100 2	0.3	197.074 2	69.070 8
115	Triazophos	$C_{12}H_{16}N_3O_3PS$	6.01	M+H	314.072 2	314.071 7	1.6	162.066 1	114.962 2
116	Trichlorfon	$C_4H_8Cl_3O_4P$	4.32	M+H	256.929 8	256.929 6	0.8	78.995 1	
117	Tricyclazole	$C_9H_7N_3S$	4.88	M+H	190.043 3	190.043 1	1.1	136.022 7	109.011 6

4. 空白实验

除不称取样品外，均按上述测定条件和步骤进行。

（六）回收率、线性范围与最低检出限

117 种农药的回收率见表 5-54。采用空白基质配制基质标准溶液，以农药浓度为横坐标，峰面积为纵坐标，绘制标准曲线，117 种农药的线性方程见表 5-55。分别以 0.1~1μg/kg 的基质标准溶液进样分析，得到 109 种农药的最低检出限（LOD）（表 5-55）和最低定量限（LOQ）。

表 5-54　117 种农药在红茶、绿茶和乌龙茶中的回收率与相对标准偏差

序号	杀虫剂	回收率（μg/kg）						相对标准偏差（%）
		红茶		绿茶		乌龙茶		
		10	50	10	50	10	50	
1	Acetamiprid	83 (9.5)	88 (5.6)	75 (11.5)	78 (3.2)	83 (6.3)	86 (5.9)	9.6
2	Acetochlor	94 (8.7)	96 (3.3)	92 (7.9)	88 (3.1)	87 (10.6)	91 (5.7)	6.7
3	Allethrin	94 (14.7)	92 (9.7)	81 (8.9)	88 (6.3)	85 (11.6)	93 (8.5)	10.5
4	Ametryn	89 (6.3)	94 (4.7)	78 (3.2)	83 (5.1)	87 (7.6)	84 (5.2)	4.8
5	Atraton	85 (5.5)	87 (4.9)	81 (7.1)	82 (6.8)	78 (8.8)	86 (7.3)	6.2
6	Atrazine	92 (3.6)	96 (5.1)	82 (5.6)	90 (7.3)	85 (2.5)	93 (4.7)	4.9
7	Azoxystrobin	95 (4.6)	91 (2.7)	92 (1.8)	94 (3.2)	85 (3.2)	95 (1.9)	3.7
8	Buprofezin	87 (2.1)	90 (1.7)	89 (5.4)	87 (7.3)	93 (3.4)	94 (4.1)	1.8
9	Butachlor	87 (1.8)	91 (0.7)	86 (3.2)	76 (5.6)	82 (1.7)	81 (3.6)	2.8
10	Carbaryl	83 (14.6)	87 (7.5)	94 (16.3)	83 (10.5)	90 (13.7)	79 (7.6)	9.7
11	Carbendazim	68 (6.2)	73 (4.8)	66 (6.9)	69 (7.5)	68 (8.1)	73 (7.6)	5.9

（续表）

序号	杀虫剂	回收率（μg/kg）						相对标准偏差（%）
		红茶		绿茶		乌龙茶		
		10	50	10	50	10	50	
12	Carbofuran	81 (2.3)	93 (3.1)	85 (1.7)	90 (1.9)	78 (4.3)	84 (3.8)	3.8
13	Chlorantraniliprole	84 (10.7)	88 (5.6)	76 (9.8)	73 (7.5)	80 (6.9)	84 (5.7)	8.2
14	Chlorbenzuron	21 (15.8)	26 (8.8)	28 (16.3)	30 (7.5)	31 (13.9)	27 (6.8)	8.6
15	Chlorfluazuron	61 (12.7)	65 (6.4)	61 (11.6)	71 (7.0)	65 (9.9)	63 (6.3)	9.1
16	Chlorotoluron	46 (7.9)	49 (8.5)	52 (7.5)	47 (6.2)	48 (7.2)	49 (6.7)	8.1
17	Chlorpyrifos	85 (8.6)	82 (5.1)	80 (2.8)	84 (2.6)	77 (1.9)	86 (1.1)	3.0
18	Chlorpyrifos-methyl	88 (8.5)	91 (4.3)	89 (7.6)	96 (4.1)	80 (3.6)	85 (5.3)	6.7
19	Chromafenozide	92 (9.6)	97 (3.4)	83 (7.5)	92 (8.6)	92 (9.7)	94 (4.2)	8.4
20	Clofentezine	22 (8.9)	27 (6.8)	32 (9.7)	34 (6.1)	25 (11.6)	23 (6.6)	9.3
21	Coumphos	82 (1.7)	84 (2.5)	90 (3.0)	96 (2.1)	85 (0.8)	89 (3.1)	2.7
22	Cyanazine	80 (9.4)	83 (6.2)	84 (8.5)	87 (7.7)	78 (6.9)	80 (7.8)	7.5
23	Diazinon	89 (0.8)	93 (1.5)	92 (2.7)	95 (1.5)	79 (1.7)	86 (2.4)	2.4
24	Dichlorvos	83 (8.5)	88 (4.9)	86 (7.6)	95 (6.4)	81 (6.9)	89 (7.8)	8.6
25	Difenoconazole	95 (2.3)	92 (2.7)	93 (3.9)	91 (2.1)	88 (4.2)	90 (5.9)	4.3
26	Diflubenzuron	40 (6.7)	42 (5.3)	54 (8.1)	57 (9.4)	41 (7.6)	53 (7.8)	8.1
27	Diflufenican	48 (7.9)	59 (4.7)	64 (6.3)	61 (5.1)	43 (8.3)	49 (3.7)	8.9

（续表）

| 序号 | 杀虫剂 | 回收率（μg/kg） | | | | | | 相对标准偏差（%） |
| | | 红茶 | | 绿茶 | | 乌龙茶 | | |
		10	50	10	50	10	50	
28	Dimetachlone	86[b] (9.7)	92 (7.6)	90[b] (11.6)	95 (7.9)	87[b] (14.3)	95 (9.8)	7.7
29	Dimethachlor	93 (3.7)	91 (2.6)	79 (4.8)	90 (1.5)	91 (5.0)	88 (1.7)	2.9
30	Dimethenamid	90 (1.1)	95 (2.0)	87 (2.5)	92 (1.4)	90 (2.4)	93 (1.7)	3.2
31	Dimethoate	82 (5.7)	85 (4.6)	79 (6.2)	80 (4.1)	80 (6.7)	82 (3.9)	5.9
32	Dimethomorph	100 (8.5)	97 (3.5)	101 (6.1)	99 (4.9)	99 (5.8)	100 (4.2)	7.1
33	Diuron	87 (8.6)	85 (3.5)	72 (9.6)	85 (3.7)	83 (8.3)	78 (5.2)	6.8
34	Epoxiconazole	89 (1.1)	91 (3.2)	92 (4.6)	95 (2.7)	89 (5.7)	87 (3.2)	4.6
35	Ethiofencarb	87 (16.4)	90 (5.3)	79 (9.8)	72 (6.8)	82 (15.7)	87 (9.6)	8.7
36	Ethion	95 (3.2)	95 (4.7)	93 (1.8)	86 (2.5)	82 (4.6)	84 (1.9)	3.3
37	Ethoprop	96 (1.7)	95 (0.8)	93 (2.3)	96 (3.1)	92 (2.8)	96 (1.8)	2.9
38	Fenazaquin	57 (5.3)	53 (2.1)	58 (2.2)	61 (4.3)	49 (2.7)	57 (1.7)	4.1
39	Fenobucarb	89 (1.8)	95 (1.1)	93 (2.4)	98 (1.6)	94 (3.2)	93 (1.8)	3.7
40	Flonicamid	72 (4.3)	82 (5.1)	79 (2.9)	77 (7.4)	80 (6.3)	76 (2.1)	6.5
41	Flufenacet	93 (8.6)	96 (4.3)	92 (9.6)	90 (3.9)	91 (9.6)	89 (7.9)	8.2
42	Flusilazole	91 (2.3)	97 (5.4)	97 (4.8)	100 (1.9)	94 (5.3)	96 (4.9)	4.7
43	Fonofos	88 (2.7)	104 (3.2)	91 (1.8)	98 (2.5)	96 (2.5)	91 (1.6)	3.7

（续表）

序号	杀虫剂	回收率（μg/kg）						相对标准偏差（%）
		红茶		绿茶		乌龙茶		
		10	50	10	50	10	50	
44	Furalaxyl	86 (1.3)	94 (2.7)	84 (0.9)	88 (1.5)	90 (3.2)	88 (1.6)	3.2
45	Hexaconazole	83 (2.8)	90 (3.1)	90 (5.4)	92 (2.9)	91 (6.4)	89 (1.8)	4.8
46	Hexazinone	79 (7.5)	90 (7.1)	82 (3.7)	87 (6.8)	78 (5.3)	85 (4.9)	7.6
47	Imazalil	52 (1.8)	68 (1.0)	62 (4.3)	65 (1.7)	49 (3.2)	64 (0.8)	3.8
48	Indoxacarb	97 (3.5)	101 (4.7)	105 (5.1)	103 (1.4)	95 (2.6)	103 (3.2)	4.9
49	Imidacloprid	80 (10.6)	88 (8.9)	73 (13.2)	76 (9.7)	72 (11.7)	81 (10.9)	12.1
50	Iprobenphos	84 (11.2)	94 (3.6)	91 (10.8)	86 (4.8)	90 (9.7)	83 (6.1)	9.0
51	Isazophos	94 (2.1)	98 (4.3)	89 (0.9)	93 (4.3)	92 (2.1)	95 (3.7)	4.8
52	Isoproturon	90 (1.5)	95 (0.5)	82 (2.5)	89 (1.5)	83 (3.6)	82 (2.4)	3.7
53	Kadethrin	95 (1.1)	95 (4.2)	90 (5.3)	103 (2.6)	94 (4.8)	91 (7.9)	8.5
54	Linuron	93 (16.7)	96 (11.2)	99 (7.9)	104 (9.4)	94 (10.5)	93 (7.3)	13.4
55	Malathion	100 (8.5)	99 (4.7)	97 (8.6)	102 (7.3)	97 (9.5)	99 (3.7)	7.8
56	Mefenacet	90 (3.7)	95 (5.8)	91 (3.6)	88 (2.1)	92 (6.9)	91 (9.4)	6.6
57	Metaflumizone	73 (7.8)	79 (8.1)	83 (5.9)	89 (10.5)	73 (8.6)	83 (4.8)	7.9
58	Metalaxyl	98 (2.1)	96 (3.2)	87 (2.8)	84 (3.7)	80 (3.8)	85 (2.6)	4.3
59	Metazachlor	91 (8.5)	97 (6.3)	83 (5.8)	80 (4.7)	94 (5.5)	96 (6.3)	5.9

（续表）

序号	杀虫剂	回收率（μg/kg）						相对标准偏差（%）
		红茶		绿茶		乌龙茶		
		10	50	10	50	10	50	
60	Methabenzthiazuron	94 (6.8)	97 (5.9)	80 (4.7)	89 (5.1)	92 (8.5)	97 (4.3)	8.9
61	Methacrifos	91 (7.8)	97 (8.3)	94 (10.5)	81 (8.4)	90 (9.7)	97 (9.5)	10.8
62	Methidathion	90 (8.5)	95 (4.7)	82 (5.9)	79 (6.8)	92 (9.6)	89 (5.7)	9.6
63	Methoxyfenozide	84 (7.9)	97 (9.5)	89 (8.3)	80 (6.4)	83 (7.9)	95 (7.3)	9.5
64	Metobromuron	90 (6.4)	94 (7.8)	88 (10.5)	93 (4.6)	90 (9.5)	95 (3.6)	8.9
65	Metolachlor	95 (2.5)	95 (1.9)	92 (5.3)	102 (5.8)	92 (2.5)	97 (3.1)	6.3
66	Metolcarb	72 (8.5)	81 (6.3)	74 (9.0)	71 (6.6)	69 (6.3)	74 (6.9)	9.1
67	Metoxuron	73 (8.6)	76 (4.3)	70 (6.5)	77 (6.8)	72 (8.4)	70 (3.2)	7.7
68	Monalide	89 (2.1)	95 (7.6)	96 (4.6)	99 (5.7)	94 (2.6)	92 (6.7)	8.3
69	Monocrotophos	88 (11.5)	85 (6.9)	87 (13.6)	77 (10.5)	87 (13.5)	89 (11.3)	13.2
70	Monolinuron	83 (5.3)	91 (4.7)	85 (6.8)	89 (5.8)	83 (3.1)	89 (6.3)	8.6
71	Myclobutanil	99 (3.6)	101 (2.5)	89 (6.8)	99 (6.4)	95 (5.7)	98 (5.0)	7.3
72	Napropamide	90 (14.6)	96 (12.5)	93 (15.0)	91 (10.6)	83 (11.7)	90 (16.7)	11.6
73	Nitenpyram	86 (6.4)	82 (5.8)	75 (8.4)	83 (6.0)	74 (9.1)	72 (6.6)	8.6
74	Penconazole	87 (2.5)	92 (3.8)	91 (4.6)	93 (1.5)	99 (2.0)	90 (4.8)	5.8

（续表）

序号	杀虫剂	回收率（μg/kg）						相对标准偏差（%）
		红茶		绿茶		乌龙茶		
		10	50	10	50	10	50	
75	Pendimethalin	44 (0.8)	46 (4.3)	40 (3.5)	48 (6.2)	33 (4.4)	37 (5.0)	7.3
76	Pethoxamid	87 (1.1)	95 (3.2)	92 (2.8)	89 (3.6)	84 (3.5)	91 (2.1)	4.5
77	Phorate sulfone	102 (6.3)	99 (7.2)	97 (5.8)	100 (4.9)	105 (5.0)	94 (6.3)	7.9
78	Phosalone	88 (3.5)	91 (6.1)	85 (6.8)	93 (9.3)	80 (3.6)	89 (3.9)	8.0
79	Phosmet	78 (5.6)	74 (3.6)	72 (6.2)	71 (5.8)	70 (6.4)	73 (7.6)	6.9
80	Phosphamidon	84 (5.8)	82 (8.7)	80 (5.3)	85 (2.0)	82 (8.3)	80 (6.9)	7.3
81	Phoxim	91 (3.7)	94 (0.8)	85 (4.6)	94 (6.1)	90 (0.6)	97 (4.5)	5.5
82	Pirimicarb	83 (0.6)	84 (3.5)	82 (6.3)	79 (3.5)	75 (2.4)	77 (5.1)	6.0
83	Pirimiphos-ethyl	92 (1.3)	90 (2.7)	88 (3.6)	91 (5.2)	81 (4.2)	85 (4.0)	5.4
84	Pirimiphos-methyl	93 (3.2)	91 (6.3)	92 (4.6)	95 (5.3)	82 (5.7)	83 (6.6)	7.1
85	Pretilachlor	96 (8.5)	95 (7.5)	100 (9.6)	102 (4.3)	97 (10.5)	92 (10.9)	9.4
86	Prochloraz	89 (7.9)	93 (6.3)	88 (9.7)	82 (10.0)	83 (6.6)	81 (7.4)	8.2
87	Profenofos	87 (10.5)	89 (3.6)	89 (5.3)	93 (5.7)	82 (7.3)	82 (8.1)	7.2
88	Prometryn	92 (2.0)	95 (1.7)	90 (3.6)	93 (5.8)	89 (3.5)	90 (3.9)	4.8
89	Propachlor	89 (3.6)	94 (6.8)	81 (9.5)	86 (4.2)	83 (6.9)	86 (11.1)	9.8

（续表）

序号	杀虫剂	回收率（μg/kg）						相对标准偏差（%）
		红茶		绿茶		乌龙茶		
		10	50	10	50	10	50	
90	Propanil	88 (8.7)	85 (10.3)	88 (5.7)	98 (8.5)	87 (6.8)	89 (3.6)	8.6
91	Propargite	79 (4.4)	85 (3.7)	72 (5.1)	83 (6.5)	78 (5.3)	80 (4.5)	5.4
92	Propazine	89 (0.4)	95 (4.6)	93 (2.6)	99 (5.3)	90 (6.3)	98 (2.7)	3.6
93	Propoxur	83 (5.6)	91 (7.1)	84 (8.5)	88 (8.0)	84 (6.4)	81 (3.4)	6.1
94	Pyraclostrobine	79 (1.3)	83 (5.6)	88 (6.7)	86 (3.5)	79 (8.3)	81 (2.5)	7.1
95	Pyridaben	70 (3.6)	73 (3.1)	73 (7.8)	66 (4.4)	65 (2.0)	69 (4.7)	5.6
96	Pyrimethanil	71 (1.6)	75 (2.6)	76 (3.1)	78 (5.2)	70 (4.3)	73 (4.8)	6.3
97	Quinalphos	90 (0.7)	94 (3.6)	85 (4.3)	95 (5.2)	88 (4.3)	94 (4.8)	3.7
98	Rotenone	80 (6.7)	73 (3.6)	78 (6.2)	82 (5.4)	80 (7.1)	82 (7.7)	8.6
99	Secbumeton	91 (3.2)	94 (3.0)	82 (5.3)	87 (2.7)	81 (2.8)	83 (6.1)	6.7
100	Simazine	89 (4.1)	88 (6.2)	87 (5.8)	92 (5.4)	83 (3.1)	85 (3.9)	5.7
101	Simetryn	83 (6.2)	80 (2.9)	77 (5.5)	72 (6.0)	75 (2.1)	74 (4.2)	6.7
102	Spirodiclofen	53 (8.6)	50 (4.6)	55 (10.5)	58 (7.8)	53 (11.6)	55 (9.5)	9.9
103	Spirotetramat	53 (7.9)	58 (6.3)	53 (11.6)	61 (8.4)	55 (6.4)	52 (7.7)	8.5

（续表）

序号	杀虫剂	回收率（μg/kg）						相对标准偏差（%）
		红茶		绿茶		乌龙茶		
		10	50	10	50	10	50	
104	Sulfotepp	91 (3.2)	96 (2.2)	94 (1.9)	92 (4.7)	90 (3.2)	93 (4.4)	7.1
105	Sumithrin	72 (9.5)	74 (6.7)	70 (5.6)	74 (7.3)	66 (6.9)	73 (7.4)	9.1
106	Tebufenozide	94 (13.6)	96 (8.4)	91 (9.6)	90 (12.6)	95 (11.9)	92 (8.9)	9.3
107	Temephos	91 (6.7)	94 (7.1)	95 (6.9)	107 (4.3)	92 (6.8)	89 (5.6)	7.5
108	Tetrachlorvinphose	96 (8.9)	98 (7.4)	98 (9.3)	104 (6.7)	97 (5.5)	95 (6.8)	8.5
109	Tetramethrin	83 (6.7)	92 (8.3)	95 (7.3)	88 (5.6)	91 (8.3)	94 (5.7)	9.2
110	Thiacloprid	71 (9.5)	78 (7.8)	70 (6.9)	73 (6.3)	67 (8.1)	69 (5.2)	9.3
111	Thiodicarb	92 (5.7)	89 (7.5)	80 (6.3)	78 (6.9)	83 (10.6)	82 (8.5)	8.7
112	Thiophanate	90 (8.7)	95 (7.4)	90 (9.1)	87 (11.6)	95 (5.8)	92 (7.3)	8.1
113	Thiophanate-methyl	81 (9.8)	84 (6.7)	84 (7.5)	82 (11.3)	76 (8.9)	78 (9.3)	10.8
114	Triadimefon	98 (6.5)	101 (7.5)	97 (8.2)	101 (3.8)	100 (6.7)	98 (5.8)	9.0
115	Triazophos	93 (1.7)	97 (1.8)	97 (4.3)	96 (2.5)	96 (4.8)	95 (5.8)	6.3
116	Trichlorfon	75 (15.6)	78 (11.8)	82 (13.4)	88 (14.1)	83 (9.5)	74 (11.8)	12.7
117	Tricyclazole	53 (3.7)	53 (2.7)	43 (6.3)	48 (3.4)	45 (3.0)	42 (5.7)	7.5

表5-55 117种农药的线性方程、最低检出限（LOD）和最低定量限（LOQ）

名称	线性范围 （μg/kg）	线性方程，R^2				LOD （μg/kg）	LOQ （μg/kg）
		甲醇	红茶	绿茶	乌龙茶		
Acetamiprid	4~400	y=13 020 681x+8 294 651, 0.999 8	y=11 108 383x+70 135 252, 0.999 5	y=9 360 906x+7 468 003, 0.999 2	y=9 375 720x+6 667 627, 0.999 4	0.5	10
Acetochlor	8~400	y=2 985 004x+11 563, 0.991 2	y=2 883 933x+7 214 265, 0.997 3	y=2 953 110x+7 877 050, 0.992 4	y=28 18 608x+7 787 720, 0.991 6	5	10
Allethrin	8~400	y=1 778 512x+655 2168, 0.992 9	y=1 878 422x+6 773 440, 0.997 2	y=16 925 42x+8 704 976, 0.997 3	y=2 216 850x+3 489 917, 0.999 2	5	10
Ametryn	8~400	y=1 556 431x+4 982 100, 0.998 5	y=1 457 736x+2 983 001, 0.999 1	y=1 465 608x+1 114 982, 0.999 5	y=1 389 065x+2 003 628, 0.998 1	2	10
Atraton	8~400	y=1 254 860x+1 980 721, 0.999 4	y=1 056 587x+2 112 903, 0.999 3	y=917 447x-12 236, 0.999 1	y=836 551x+111 298, 0.998 6	5	10
Atrazine	4~400	y=8 988 159x+29 986 001, 0.997 3	y=7 552 433x+2 991 005, 0.999 2	y=6 934 288x+3 110 987, 0.999 5	y=7 956 487x+1 760 994, 0.999 5	0.5	10
Azoxystrobin	4~400	y=21 311 145x+235 624, 1.000 0	y=19 784 871x+20 011 382, 0.996 8	y=20 370 561x+11 615 543, 0.998 7	y=18 969 036x+15 024 562, 0.998 9	0.5	10
Buprofezin	4~400	y=231 036 507x+76 646 369, 0.999 8	y=190 796 846x-93 586 189, 0.999 3	y=197 492 898x-58 846 030, 0.997 4	y=191 024 976x+595 167 363, 0.995 8	0.5	10
Butachlor	4~400	y=50 851 319x+76 133 568, 0.999 1	y=47 753 236x+80 602 489, 0.995 6	y=53 436 310x+35 977 782, 0.999 6	y=46 119 324x+9 946 245, 0.999 1	0.5	10
Carbaryl	8~400	y=1 223 810x+563 289, 0.999 5	y=985 129x-628 093, 0.996 8	y=9 972 99x-457 789, 0.998 3	y=936 763x-455 773, 0.993 6	5	10
Carbendazim	4~400	y=13 126 173x+7 125 981, 0.999 8	y=5 192 047x+2 637 346, 0.999 9	y=3 939 456x+3 296 282, 0.999 2	y=6 467 554x+1 664 943, 0.999 3	0.5	10

（续表）

名称	线性范围 (μg/kg)	线性方程, R^2				LOD (μg/kg)	LOQ (μg/kg)
		甲醇	红茶	绿茶	乌龙茶		
Carbofuran	4~400	$y=10\ 464\ 483x+9\ 973\ 270$, 0.999 5	$y=9\ 825\ 185x+13\ 889\ 121$, 0.997 3	$y=9736\ 236x+7261\ 604$, 0.998 9	$y=9\ 037\ 765x+6\ 224\ 887$, 0.998 6	0.5	10
Chlorantraniliprole	8~400	$y=4\ 230\ 751x+1\ 208\ 247$, 0.999 8	$y=4\ 075\ 474x+3\ 320\ 279$, 0.996 4	$y=4\ 098\ 617x+1\ 452\ 504$, 0.998 8	$y=3\ 920\ 350x+1\ 367\ 542$, 0.999 4	5	10
Chlorbenzuron	8~400	$y=3\ 038\ 037x+8\ 716\ 333$, 0.993 3	$y=2\ 739\ 128x+2\ 911\ 903$, 0.999 0	$y=3\ 213\ 459x+1\ 875\ 381$, 0.999 9	$y=3\ 112\ 963x+1\ 939\ 340$, 0.999 7	5	10
chlorfluazuron	8~400	$y=2\ 300\ 021x+487\ 011$, 0.999 9	$y=1\ 978\ 283x+15\ 411$, 0.998 3	$y=2\ 057\ 290x+572\ 813$, 0.999 2	$y=2\ 389\ 083x+210\ 650$, 0.998 7	5	10
Chlorotoluron	8~400	$y=4\ 100\ 765x+508\ 732$, 0.997 7	$y=3\ 811\ 746x+2\ 876\ 531$, 0.999 1	$y=39\ 110\ 873x+763\ 109$, 0.999 2	$y=40\ 118\ 934x+2\ 990\ 187$, 0.998 2	1	10
Chlorpyrifos	4~400	$y=11\ 069\ 804x+28\ 005\ 306$, 0.994 9	$y=9\ 643\ 286x+35\ 274\ 970$, 0.994 0	$y=9\ 288\ 711x+20\ 569\ 809$, 0.994 8	$y=8\ 784\ 529x+16\ 269\ 941$, 0.995 6	0.5	10
Chlorpyrifos-methyl	8~400	$y=2\ 096\ 187x+9\ 882\ 282$, 0.992 9	$y=2\ 100\ 892x+3\ 386\ 665$, 0.996 7	$y=1\ 613\ 515x+3\ 929\ 529$, 0.922 2	$y=1\ 655\ 078x+445\ 356$, 0.998 7	5	10
Chromafenozide	8~400	$y=1\ 381\ 066x+1\ 843\ 887$, 0.998 0	$y=1\ 302\ 760x+1\ 280\ 240$, 0.998 2	$y=1\ 303\ 225x+760\ 172$, 0.993 0	$y=1\ 297\ 084x+124\ 170$, 0.993 1	5	10
Clofentezine	8~400	$y=2\ 554\ 583x+5\ 797\ 677$, 0.998 8	$y=1\ 920\ 959x+6\ 573\ 561$, 0.994 9	$y=1\ 998\ 628x+5\ 638\ 372$, 0.994 8	$y=2\ 172\ 618x+1\ 275\ 246$, 0.999 5	2	10
Coumphos	4~400	$y=14\ 469\ 638x+2\ 863\ 6310$, 0.995 9	$y=13\ 648\ 108x+3\ 2518\ 758$, 0.992 1	$y=13\ 817\ 279x+28\ 312\ 968$, 0.994 3	$y=13\ 802\ 132x+34\ 464\ 802$, 0.992 5	0.5	10
Cyanazine	8~400	$y=1\ 292\ 378x+987\ 766$, 0.999 7	$y=1\ 123\ 404x-90\ 8671$, 0.999 3	$y=1\ 138\ 570x+100\ 895$, 0.999 8	$y=1\ 095\ 772x+786\ 226$, 0.999 9	2	10

（续表）

名称	线性范围（μg/kg）	线性方程，R^2 甲醇	红茶	绿茶	乌龙茶	LOD（μg/kg）	LOQ（μg/kg）
Diazinon	4~400	y=35 885 392x+57 103 168, 0.997 4	y=40 016 664x+7 156 849, 0.999 8	y=3 9601 022x+10 670 763, 0.999 9	y=37 869 870x+11 969 735, 1.000 0	0.5	10
Dichlorvos	8~400	y=7 324 998x+11 810 969, 0.998 7	y=8 928 408x+11 307 426, 0.998 7	y=762 373x+2 816 247, 0.996 3	y=1 578 701x+2 269 591, 0.999 5	5	10
Difenoconazole	4~400	y=9 488 718x+944 615, 0.999 9	y=8 418 570x+10 489 332, 0.996 5	y=7 982 833x+11 243 595, 0.996 8	y=8 155 477x+12 912 574, 0.996 2	1	10
Diflubenzuron	8~400	y=2 294 477x+7 552 797, 0.990 4	y=2 222 663x+5 419 013, 0.991 8	y=2 245 898x+4 807 658, 0.991 4	y=2 335 248x+1 650 648, 0.999 2	2	10
Diflufenican	4~400	y=4 988 883x+16 644 942, 0.992 8	y=5 133 591x+4 911 126, 0.999 6	y=5 282 884x+2 990 368, 0.999 9	y=4 874 139x+3 385 694, 0.999 6	1	10
Dimetachlone	16~800	y=190 501x+4 911 497, 0.998 3	y=172 834x−792 570, 0.998 7	y=234 078x+662 034, 0.995 5	y=161 425x+4 627 070, 0.998 3	10	20
Dimethachlor	4~400	y=8 615 207x+6 972 767, 0.999 7	y=7 957 860x+5 982 721, 0.997 1	y=8 187 101x+3 615 259, 0.998 5	y=7 682 325x+563 681, 0.999 4	1	10
Dimethenamid	4~400	y=22 217 597x+12 064 332, 0.997 9	y=21 376 290x+13 734 199, 0.999 7	y=20 007 458x+32 425 595, 0.997 7	y=19 784 958x+22 152 413, 0.997 9	0.5	10
Dimethoate	4~400	y=8 187 400x+6 782 009, 0.999 6	y=6 593 797x+403 282, 0.999 0	y=6 211 371x+3 994 100, 0.998 6	y=5 736 514x+5 044 734, 0.997 1	1	10
Dimethomorph	4~400	y=5 909 657x+966 918, 0.999 9	y=5 687 537x+1 217 374, 0.999 6	y=3 387 963x+3 253 927, 0.999 2	y=5 726 217x+5 971 232, 0.997 8	1	10
Diuron	4~400	y=3 157 191x+1 199 761, 0.999 1	y=2667 796x−789 243, 0.999 9	y=2 546 481x+2 987 661, 0.999 4	y=2 870 091x+1 000 962, 0.999 5	2	10

（续表）

名称	线性范围 (μg/kg)	线性方程，R^2				LOD (μg/kg)	LOQ (μg/kg)
		甲醇	红茶	绿茶	乌龙茶		
Epoxiconazole	4~400	y=9 982 990x+12 664 641, 0.998 9	y=10 310 771x-459 121, 0.999 7	y=9 270 896x+7 058 811, 0.999 6	y=9 409 939x+4 113 765, 0.999 9	0.5	10
Ethiofencarb	8~400	y=828 671x+73 5940, 0.999 3	y=742 422x+812 996, 0.99 6	y=715 924x+430 617, 0.999 1	y=627 938x+302 823, 0.999 6	5	10
Ethion	4~400	y=22 812 607x+67 720 286, 0.9982	y=21 559 254x+52 014 232, 0.999 0	y=20 928 949x+73 481 622, 0.997 1	y=22 228 413x+39 685 521, 0.998 3	0.5	10
Ethoprop	4~400	y=27 402 842x+41 831 361, 0.999 5	y=25 644 553x+35 974 129, 0.999 4	y=26 025 290x+44 570 723, 0.999 0	y=26 279 694x+26 534 374, 0.999 6	0.5	10
Fenazaquin	4~400	y=44 320 081x+16 484 663, 0.999 9	y=45 889 855x+2 577 4391, 0.999 7	y=40 544 255x+32 187 895, 0.998 7	y=33 215 498x+14 478 855, 0.999 3	0.5	10
Fenobucarb	4~400	y=13 158 539x+17 644 048, 0.999 2	y=11 054 912x+24 356 707, 0.992 7	y=11 444 129x+23 725 164, 0.995 5	y=11 971 375x+7 183 785, 0.999 5	0.5	10
Flonicamid	8~400	y=8 497 281x+11 613 713, 0.999 4	y=1 551 060x+4 545 241, 0.998 9	y=1 308 753x+2 354 866, 0.999 7	y=1 643 656x+4 376 992, 0.999 0	5	10
Flufenacet	4~400	y=7 090 377x+12 435 078, 0.999 4	y=6 764 588x+5 978 703, 0.999 8	y=6 781 295x+8 848 552, 0.999 7	y=6 087 885x+1 201 9408, 0.998 4	0.5	10
Flusilazole	4~400	y=15 959 472x+5 618 824, 0.999 9	y=13 194 577x+23 002 846, 0.995 3	y=12 786 152x+21 332 604, 0.995 1	y=12 511 084x+1 8904 418, 0.996 8	0.5	10
Fonofos	4~400	y=11 449 630x+16 565 838, 0.999 3	y=10 604 174x+4 687 908, 0.999 6	y=10 906 525x+7 501 106, 0.999 8	y=9 991 663x+6 848 941, 0.999 4	0.5	10
Furalaxyl	4~400	y=13 541 435x+10 712 883, 0.999 4	y=13 893 721x+2 611 807, 0.999 7	y=14 266 512x-417 146, 0.999 9	y=13 028 912x+9 291 942, 0.998 5	0.5	10

（续表）

名称	线性范围 (μg/kg)	线性方程，R^2				LOD (μg/kg)	LOQ (μg/kg)
		甲醇	红茶	绿茶	乌龙茶		
Hexaconazole	4~400	$y=5\,458\,032x+9\,405\,592$, 0.996 7	$y=5\,696\,751x+136\,401$, 0.999 9	$y=5\,459\,924x+2\,812\,894$, 0.999 9	$y=5\,481\,595x+493\,862$, 1.000 0	1	10
Hexazinone	4~400	$y=3\,673\,580x+2\,229\,801$, 0.999 3	$y=3\,269\,464x+276\,998$, 0.999 9	$y=3\,245\,532x+1\,569\,008$, 0.998 7	$y=3\,326\,891x-909\,286$, 0.999 9	1	10
Imazalil	4~400	$y=13\,293\,524x+147\,864$, 0.999 9	$y=13\,351\,314x+4\,584\,818$, 0.998 9	$y=13\,064\,325x+4\,086\,233$, 0.999 4	$y=12\,798\,879x+1\,579\,129$, 0.999 9	1	10
Indoxacarb	4~400	$y=10\,711\,349x+5\,486\,331$, 0.999 9	$y=10\,618\,762x+9\,240\,255$, 0.999 4	$y=11\,536\,446x+1\,149\,724$, 0.999 8	$y=12\,126\,454x+4\,407\,932$, 0.999 9	0.5	10
Imidacloprid	8~400	$y=5\,623\,588x-15\,146$, 1.000 0	$y=5\,278\,780x-12\,624$, 0.99 90	$y=6\,967\,235x+7\,502\,769$, 0.999 8	$y=5\,923\,042x+7\,783\,968$, 0.999 6	2	10
Iprobemphos	4~400	$y=5\,761\,459x+6\,126\,749$, 0.999 7	$y=5\,974\,561x-329\,340$, 0.999 8	$y=5\,816\,471x+2\,463\,527$, 0.999 9	$y=5\,893\,538x-849\,406$, 0.999 2	1	10
Isazophos	4~400	$y=14\,431\,065x+21\,982\,712$, 0.999 4	$y=14175452x+18806506$, 0.999 1	$y=14639255x+17453821$, 0.999 4	$y=14381531x+10742590$, 0.999 6	0.5	10
Isoproturon	4~400	$y=19\,577\,464x+16\,457\,839$, 0.999 3	$y=19\,820\,036x+9\,145\,658$, 0.999 0	$y=17\,702\,871x+1\,145\,346$, 0.999 9	$y=18\,312\,325x+13\,043\,701$, 0.998 7	0.5	10
Kadethrin	4~400	$y=11\,003\,343x+18\,256\,402$, 0.998 3	$y=10\,472\,909x+18\,435\,175$, 0.994 9	$y=12\,495\,430x-2\,522\,160$, 0.999 5	$y=11\,294\,174x+5\,588\,374$, 0.999 8	0.5	10
Linuron	8~400	$y=1\,788\,066x+985\,671$, 0.999 4	$y=1\,718\,853x+1\,008\,759$, 0.999 9	$y=1\,697\,755x+899\,761$, 0.999 8	$y=1\,685\,491x+999\,091$, 0.999 9	2	10
Malathion	4~400	$y=5\,728\,643x+6\,735\,935$, 0.999 7	$y=5\,717\,779x+2\,111\,413$, 1.000 0	$y=5\,814\,327x+1\,000\,581$, 0.999 9	$y=5\,593\,278x+1\,796\,731$, 0.999 9	1	10

（续表）

名称	线性范围 (μg/kg)	线性方程, R^2 甲醇	红茶	绿茶	乌龙茶	LOD (μg/kg)	LOQ (μg/kg)
Mefenacet	4~400	y=86 556 404x+7 112 426, 0.999 8	y=8 706 340x+1 641 786, 0.999 9	y=8 922 564x+3 250 759, 0.999 9	y=8 760 805x+2 802 596, 0.999 9	1	10
Metaflumizone	4~400	y=3 372 104x+2 882 060, 0.999 5	y=2 721 536x+2 155 446, 0.997 5	y=2 600 805x+1 631 780, 0.998 6	y=2 254 943x−227 219, 0.999 3	2	10
Metalaxyl	4~400	y=13 804 858x+10 800 524, 0.999 2	y=13 436 918x+12 726 076, 0.997 3	y=13 119 492x−2 929 083, 1.000 0	y=14 135 270x−8 002 362, 0.999 9	0.5	10
Metazachlor	4~400	y=7 973 159x+6 362 203, 0.999 6	y=8 202 219x−2 430 489, 1.000 0	y=6 998 917x+3 904 981, 0.998 5	y=7 415 712x−2 107 227, 0.999 3	1	10
Methabenzthiazuron	4~400	y=2 859 407x+1 149 761, 0.999 3	y=2 319 583x+1 996 228, 0.999 5	y=2 087 531x+1 009 444, 0.999 2	y=2 448 051x+1 399 317, 0.997 6	2	10
Methacrifos	8~400	y=1 149 536x+288 564, 0.999 7	y=893 696x−1 414 732, 0.999 4	y=861 203x−445 225, 0.999 5	y=731 783x−174 756, 1.000 0	5	10
Methidathion	4~400	y=1 909 205x+1 686 217, 0.999 5	y=1 711 891x−363 747, 0.999 3	y=1 738 752x−1 311 362, 1.000 0	y=15 62 845x−513 930, 0.999 9	2	10
Methoxyfenozide	8~800	y=575 999x+610 703, 0.999 9	y=695 628x−1 990 002, 0.998 9	y=625 945x−263 609, 0.996 1	y=577 595x+888 546, 0.999 5	5	10
Metobromuron	4~400	y=1 897 959x+96 6581, 0.999 9	y=1 650 17 6x+1 006 863, 0.999 1	y=1 626 137x−1 875, 0.998 3	y=1 640 972x+984 163, 0.999 9	2	10
Metolachlor	4~400	y=3 835 477x+2 102 983, 0.999 1	y=3 540 097x+2 222 879, 0.999 3	y=3 650 879x+1 982 448, 0.997 9	y=3 567 901x+1 187 663, 0.999 9	2	10
Metolcarb	4~400	y=1 608 251x+1 014 067, 0.999 9	y=1 338 983x−963 547, 0.999 0	y=1 336 246x−938 278, 0.998 9	y=1 163 117x−1 942 961, 0.999 5	2	10

（续表）

名称	线性范围（µg/kg）	线性方程，R^2 甲醇	红茶	绿茶	乌龙茶	LOD（µg/kg）	LOQ（µg/kg）
Metoxuron	4~400	y=3 182 700x+2 110 986, 0.999 4	y=2 914 257x−876 520, 0.999 3	y=2 786 366x+1 887 627, 0.999 4	y=3 001 984x+2 190 639, 0.999 2	2	10
Monalide	4~400	y=14 193 158x+23 421 048, 0.999 4	y=12 898 841x+23 691 942, 0.998 9	y=13 822 987x+17 527 419, 0.999 7	y=12 359 642x+12 578 560, 0.999 3	0.5	10
Monocrotophos	4~400	y=8 595 133x+5 416 234, 0.999 8	y=4 334 294x−10 797 495, 0.999 1	y=4 192 859x−10 140 097, 0.999 3	y=4 352 430x−7 414 505, 0.999 0	1	10
Monolinuron	4~400	y=2 167 403x−785 299, 0.999 4	y=1 914 276x+975 666, 0.999 1	y=1 979 668x+100 738, 0.996 9	y=1 990 482x+876 503, 0.999 9	2	10
Myclobutanil	4~400	y=6 463 149x+6 528 358, 0.999 6	y=6 256 902x+8 403 911, 0.999 6	y=6 201 055x+6 510 704, 0.999 7	y=6 183 867x+3 696 085, 0.999 8	1	10
Napropamide	8~400	y=571 553x+782 725, 0.999 9	y=612 130x+01 374, 0.999 3	y=635 525x−780 797, 0.999 7	y=5 977 55x−205 801, 0.999 3	5	10
Nitenpyram	4~400	y=7 939 240x+2 611 877, 0.999 9	y=2 939 076x−3 512 351, 0.998 9	y=63 435 798x+1 458 008, 0.999 9	y=5 920 979x−3 127 558, 0.999 4	1	10
Penconazole	4~400	y=9 942 861x+4 612 131, 0.999 9	y=9 590 661x−666 980, 0.999 8	y=9 220 679x+1 542 133, 0.999 9	y=8 933 352x−292 964, 0.999 9	0.5	10
Pendimethalin	4~400	y=23 522 027x+2 180 198, 1.000 0	y=24 308 969x+4 612 131, 0.999 9	y=22 371 645x−23 115 790, 0.999 0	y=19 813 068x+22 890 047, 0.999 2	0.5	10
Pethoxamid	4~400	y=68 203 736x+32 099 201, 0.999 8	y=64 216 811x+47 327 088, 0.999 8	y=68 005 230x+30 843 986, 1.000 0	y=64 823 804x+47 041 448, 0.999 8	0.5	10
Phorate sulfone	4~400	y=6 404 679x+3 795 921, 0.999 9	y=5 845 572x+1 368 807, 0.999 9	y=5 963 260x+3 424 380, 0.999 0	y=4 658 586x+306 303, 0.999 9	1	10

（续表）

名称	线性范围 (μg/kg)	线性方程，R^2				LOD (μg/kg)	LOQ (μg/kg)
		甲醇	红茶	绿茶	乌龙茶		
Phosalone	4~400	y=9 527 120x+11 764 431, 0.999 6	y=9 034 472x+3 639 142, 0.999 9	y=9 173 384x+7 784 822, 0.999 9	y=8 764 643x+3 112 810, 0.999 9	0.5	10
Phosmet	8~400	y=1 413 864x−183 701, 0.999 9	y=1 700 491x−1 503 702, 0.999 6	y=1 234 588x+1 074 803, 0.999 8	y=1 094 779x+1 493 685, 0.999 3	2	10
Phosphamidon	4~400	y=12 974 849x+366 735, 1.000 0	y=12 889 868x+1 812 847, 0.999 1	y=12 457 734x+751 980, 0.999 8	y=11 876 673x+2 034 425, 0.999 2	0.5	10
Phoxim	4~400	y=2 295 837x+9 357 170, 0.999 8	y=22 004 117x+15 261 117, 0.999 9	y=20 778 646x+12 220 487, 0.999 9	y=20 465 845x+20 733 516, 0.999 7	0.5	10
Pirimicarb	4~400	y=18 984 696x+2 777 119, 0.999 0	y=18 826 222x+4 871 822, 0.999 4	y=18 037 902x+8 644 661, 0.999 2	y=16 890 111x+6 884 609, 0.999 0	0.5	10
Pirimiphos-ethyl	4~400	y=34 532 644x+44 810 808, 0.999 6	y=34 238 562x+37 784 176, 0.999 7	y=34 408 883x+41 117 009, 0.999 7	y=32 239 404x+37 085 729, 0.999 7	0.5	10
Pirimiphos-methyl	4~400	y=30 008 942x+5 366 111, 0.999 9	y=30 051 820x+5 317 939, 0.999 8	y=29 426 014x+18 096 888, 0.999 6	y=28 848 940x+5 366 111, 0.999 8	0.5	10
Pretilachlor	4~400	y=3 817 589x+1 980 672, 0.999 4	y=3 463 186x+1 990 761, 0.999 5	y=3 650 065x+1 768 448, 0.999 1	y=3 599 015x−687 910, 0.997 3	2	10
Prochloraz	4~400	y=4 996 715x+2 224 912, 0.999 9	y=4 847 353x−503 615, 1.000 0	y=4 839 862x+860 404, 0.999 4	y=4 856 104x−1 554 647, 1.000 0	1	10
Profenofos	4~400	y=11 389 634x+19 327 563, 0.999 3	y=10 694 360x+1 1478 886, 0.999 7	y=3 241 241x+1 749 288, 1.000 0	y=5 514 984x+2 715 447, 0.999 7	0.5	10
Prometryn	4~400	y=16 598 240x+6 209 748, 0.999 9	y=16 073 040x+4 781 002, 0.999 8	y=16 444 392x+2 989 207, 0.999 3	y=16 199 730x−876 442, 0.999 9	0.5	10

（续表）

名称	线性范围 (μg/kg)	线性方程, R^2				LOD (μg/kg)	LOQ (μg/kg)
		甲醇	红茶	绿茶	乌龙茶		
Propachlor	4~400	$y=5\,168\,611x+1\,544\,854$, 1.000 0	$y=4\,840\,986x-1\,494\,208$, 0.999 8	$y=3\,830\,078x+4\,515\,846$, 0.997 5	$y=4\,135\,305x+3\,103\,598$, 0.997 3	1	10
Propanil	8~400	$y=1\,800\,401x+3\,422\,011$, 0.999 2	$y=1\,749\,948x+538\,379$, 0.999 8	$y=1\,791\,545x+1\,862\,480$, 0.999 9	$y=1\,594\,931x+217\,804$, 0.999 0	2	10
Propargite	4~400	$y=7\,939\,337x+5\,862\,025$, 0.999 6	$y=7\,494\,653x-232\,325$, 1.000 0	$y=7\,618\,927x+1\,044\,050$, 1.000 0	$y=6\,987\,742x+2\,832\,887$, 0.999 5	1	10
Propazine	4~400	$y=18\,785\,964x+4\,981\,005$, 0.999 9	$y=16\,847\,330x+4\,992\,764$, 0.999 9	$y=16\,785\,859x+3\,278\,694$, 0.999 2	$y=16\,609\,832x+3\,775\,491$, 0.999 9	0.5	10
Propoxur	4~400	$y=4\,273\,514x+4\,207\,198$, 0.999 2	$y=4\,001\,663x+2\,726\,729$, 0.999 0	$y=3\,931\,663x+1\,710\,397$, 0.999 2	$y=3\,736\,127x+2\,183\,18$, 0.999 3	1	10
Pyraclostrobine	4~400	$y=25\,887\,613x+32\,521\,738$, 0.998 5	$y=25\,141\,546x+32\,680\,499$, 0.996 0	$y=25\,833\,346x+29\,189\,770$, 0.997 3	$y=24\,610\,416x+34\,407\,434$, 0.996 9	0.5	10
Pyridaben	4~400	$y=9\,508\,212x+4\,578\,316$, 0.999 4	$y=9\,257\,634x-1\,415\,129$, 1.000 0	$y=9\,306\,517x-1\,194\,654$, 1.000 0	$y=8\,186\,184x+1\,572\,714$, 0.999 3	0.5	10
Pyrimethanil	4~400	$y=25\,739\,045x+11\,045\,662$, 0.999 9	$y=23\,968\,051x+7\,778\,263$, 0.999 8	$y=23\,906\,732x+8\,325\,772$, 0.999 6	$y=22\,780\,451x+6\,352\,990$, 0.999 9	0.5	10
Quinalphos	4~400	$y=11\,307\,854x+4\,965\,926$, 0.999 3	$y=10\,837\,849x+7\,777\,786$, 0.999 2	$y=9\,333\,872x+6\,239\,527$, 0.999 9	$y=13\,546\,037x+30\,945\,457$, 0.999 7	0.5	10
Rotenone	4~400	$y=6\,420\,228x+2\,502\,045$, 0.999 9	$y=6\,620\,221x+2\,564\,984$, 0.999 9	$y=4\,626\,399x+3\,452\,992$, 0.999 8	$y=5\,002\,658x+5\,485\,751$, 0.999 6	1	10

（续表）

名称	线性范围 （μg/kg）	甲醇	红茶	线性方程，R^2 绿茶	乌龙茶	LOD （μg/kg）	LOQ （μg/kg）
Secbumeton	4~400	$y=15\ 177\ 383x+2\ 890\ 227$, 0.999 2	$y=14\ 161\ 845x-786\ 387$, 0.999 9	$y=14\ 378\ 762x+1\ 004\ 978$, 0.999 8	$y=13\ 990\ 231x+2\ 985\ 537$, 0.999 8	0.5	10
Simazine	4~400	$y=7\ 495\ 066x+1\ 210\ 546$, 0.999 5	$y=6\ 110\ 264x+299\ 7361$, 0.999 9	$y=5\ 925\ 417x+1\ 003\ 767$, 0.999 8	$y=6\ 092\ 175x+1\ 330\ 068$, 0.999 9	1	10
Simetryn	4~400	$y=13\ 349\ 872x+7\ 773\ 446$, 0.999 9	$y=6\ 155\ 427x-989\ 223$, 0.999 9	$y=6\ 162\ 332x+2\ 765\ 990$, 0.999 3	$y=6\ 000\ 395x+3\ 759\ 004$, 0.999 4	1	10
Spirodiclofen	8~400	$y=3\ 334\ 530x+776\ 088$, 0.999 9	$y=2\ 842\ 268x-66\ 860$, 0.999 6	$y=464\ 096x-1\ 401\ 643$, 0.998 7	$y=1\ 506\ 073x-1\ 250\ 529$, 0.999 7	5	10
Spirotetramat	8~400	$y=4\ 361\ 451x+23\ 540\ 902$, 0.998 8	$y=2\ 828\ 345x+843\ 928$, 0.999 9	$y=3\ 010\ 578x+906\ 725$, 0.996 7	$y=2\ 827\ 127x+887\ 376$, 0.997 3	5	10
Sulfotepp	4~400	$y=35\ 854\ 436x+31\ 933\ 416$, 0.999 8	$y=34\ 202\ 279x+35\ 232\ 972$, 0.999 5	$y=32\ 035\ 393x+35\ 810\ 852$, 0.999 5	$y=30\ 949\ 775x+50\ 388\ 182$, 0.998 3	0.5	10
Sumithrin	4~400	$y=3\ 983\ 990x+872\ 184$, 0.999 9	$y=3\ 562\ 882x-809\ 615$, 0.999 1	$y=3\ 753\ 306x+512\ 917$, 0.998 8	$y=3\ 409\ 475x-496\ 515$, 0.999 2	2	10
Tebufenozide	8~800	$y=600\ 748x+56\ 151$, 1.000 0	$y=528\ 882x-732\ 066$, 0.998 7	$y=532\ 827x-1\ 545\ 372$	$y=484\ 926x-4\ 335$, 0.997 2	5	10
Temephos	4~400	$y=8\ 268\ 582x+3\ 654\ 300$, 0.999 9	$y=8\ 174\ 559x+5\ 694\ 869$, 0.999 5	$y=8\ 385\ 127x+4\ 053\ 919$, 0.999 9	$y=8\ 389\ 416x+3\ 917\ 535$, 0.999 9	0.5	10
Tetrachlorvinphose	4~400	$y=5\ 698\ 914x+6\ 216\ 464$, 0.999 5	$y=5\ 365\ 889x+2\ 443\ 819$, 0.999 9	$y=4\ 992\ 994x+3\ 937\ 852$, 0.999 8	$y=4\ 826\ 818x+3\ 771\ 574$, 0.999 7	1	10

（续表）

名称	线性范围 （μg/kg）	线性方程，R^2 甲醇	红茶	绿茶	乌龙茶	LOD （μg/kg）	LOQ （μg/kg）
Tetramethrin	4~400	$y=4\ 375\ 685x+7\ 191\ 357,$ 0.999 3	$y=4\ 446\ 831x+2\ 627\ 599,$ 0.999 9	$y=4\ 174\ 688x+5\ 653\ 189,$ 0.999 4	$y=4\ 450\ 290x+5\ 020\ 235,$ 0.999 3	1	10
Thiacloprid	4~400	$y=13\ 182\ 640x+6\ 278\ 459,$ 0.999 8	$y=12\ 280\ 419x+3\ 969\ 158,$ 0.998 3	$y=11\ 269\ 720x+36\ 382,$ 0.999 2	$y=10\ 155\ 366x+648\ 425,$ 0.999 3	0.5	10
Thiodicarb	4~400	$y=2\ 908\ 879x+43\ 174,$ 0.999 9	$y=2\ 817\ 054x-123\ 334,$ 0.998 5	$y=2\ 760\ 562x-462\ 126,$ 0.999 1	$y=2\ 705\ 711x-1\ 213\ 659$ 0.999 7	1	10
Thiophanate	4~400	$y=6\ 163\ 883x+10\ 657\ 297,$ 0.996 3	$y=6\ 885\ 439x-1\ 341\ 587,$ 1.000 0	$y=3\ 668\ 091x-4\ 964\ 381,$ 0.998 5	$y=1\ 889\ 475x-2\ 392\ 364,$ 0.999 1	1	10
Thiophanate-methyl	4~400	$y=10956\ 251x+11\ 034\ 574,$ 0.999 9	$y=11\ 264\ 421x-3\ 648\ 311,$ 0.999 5	$y=5\ 753\ 675x-10\ 149\ 794,$ 0.999 3	$y=3\ 685\ 485x-13\ 804\ 251,$ 0.999 7	0.5	10
Triadimefon	4~400	$y=12\ 384\ 932x+9\ 809\ 001,$ 0.999 4	$y=12\ 227\ 227x+16\ 252\ 413,$ 0.999 5	$y=12\ 411\ 897x+10\ 858\ 666,$ 0.999 8	$y=12\ 370\ 639x+10\ 449\ 553,$ 0.999 7	0.5	10
Triazophos	4~400	$y=172\ 461\ 257x+189\ 504\ 419,$ 0.999 8	$y=178\ 332\ 473x+134\ 809\ 798,$ 0.999 9	$y=181\ 867\ 965x+113\ 832\ 651,$ 1.000 0	$y=170\ 567\ 661x+223\ 434\ 474,$ 0.999 4	0.5	10
Trichlorfon	8~400	$y=3\ 962\ 885x+3\ 608\ 709,$ 0.999 1	$y=2\ 333\ 595x-2\ 403\ 380,$ 0.998 5	$y=1\ 892\ 246x-5\ 510\ 390,$ 0.999 3	$y=1\ 920\ 735x-2\ 402\ 487,$ 0.999 2	2	10
Tricyclazole	4~400	$y=26\ 542\ 671x+10\ 986\ 530,$ 1.000 0	$y=24\ 864\ 238x-10\ 203\ 633,$ 0.999 9	$y=219\ 990\ 988x+12\ 945\ 712,$ 0.998 9	$y=20\ 126\ 592x+3\ 800\ 629,$ 0.999 8	0.5	10

二、分散固相萃取—气相色谱—串联质谱法测定茶叶中 70 种农药残留

（一）原理

茶叶粉末样品经水润湿后，乙腈提取，采用分散固相萃取净化，气相色谱串联质谱测定，多反应监测模式，外标法定量。

（二）试剂和材料

1. 试剂

（1）乙腈（CH_3CN）：色谱纯。

（2）甲醇（CH_3OH）：色谱纯。

（3）丙酮（C_3H_6O）：色谱纯。

（4）氯化钠（NaCl）：经 450℃灼烧 4h，置于干燥器内备用。

（5）无水硫酸镁（$MgSO_4$）：经 450℃灼烧 4h，置于干燥器内备用。

2. 标准品

117 种农药标准品采购于 Dr. Ehrenstorfer，Sigma-Aldrich，J&K Chemical 公司，纯度>98%，并储存于−18℃避光保存。

3. 标准溶液配制

标准储备溶液：准确称取适量的固体标准物质，用丙酮将配制成 1 000μg/mL 标准储备液，再根据检测要求用甲醇稀释成相应的标准工作溶液。标准溶液于4℃避光保存。

4. 材料

（1）N-丙基乙二胺（Primary secondary amine，PSA）：PSA 填料或相当，粒度约 40μm。

（2）十八烷基硅烷键合相（C_{18}）：C_{18} 填料或相当，粒度约 50μm。

（3）石墨化碳黑（GCB）：粒度约 50μm。

（三）仪器和设备

（1）气相色谱—质谱联用仪：配有电子轰击离子源（EI 源）。

（2）分析天平：感量 0.01g 和 0.000 1g。

（3）振荡器。

（4）漩涡混合器。

（5）高速均质器。

（6）离心机。

（7）离心管：50mL 和 10mL。

（四）试样制备与保存

取有代表性样品约 500g，用粉碎机粉碎，混匀，装入洁净容器作为试样，密封并标明标记。试样于 0~4℃ 下保存。在制样的操作过程中，应防止样品污染或发生残留物含量的变化。

（五）分析步骤

1. 提取

将茶叶样品磨碎后，称取 4.0g（精确到 0.01g）磨碎的茶叶样品置于 50mL 离心管中加入 5mL 去离子水后涡旋 30s 后，静置 30min；向离心管中加入 20mL 乙腈，在 18 000r/min 条件下均质 2min；向均质好的提取液中加入 1.0g NaCl 和 5.0g 无水 Mg-SO₄，剧烈震荡 1min，然后用冷冻离心机在 10℃ 条件下 10 000r/min 离心 10min；取上层液 10mL，旋转蒸发浓缩近干，再用 2mL 乙腈超声洗涤 1min，待净化。

2. 净化

取 2mL 待净化液转移到装有 200mg PSA、100mg GCB 和 100mg 无水 MgSO₄ 的 10mL 离心管中，剧烈震荡 1min 后，以 4 000r/min 离心 10min，上层液过 0.22μm 有机滤膜，GC-MS/MS 进样分析。

3. 测定

（1）气相色谱参考条件

a）色谱柱：VF-5MS 毛细管柱 30m×0.25mm×0.25μm，或相当者。

b）柱温：初始柱温 80℃，保持 1min，以 15℃/min 速率升温到 180℃，保持 2min；以 5℃/min 速率升温到 280℃，保持 15.33min。

c）进样口温度：250℃。

d）辅助加热器：280℃。

e）离子源温度：230℃。

f）四极杆温度：150℃。

g）载气：氦气纯度≥99.999%，1mL/min。

h）进样量：1μL。

i）进样方式：不分流。

（2）质谱参考条件

a）电离方式：EI。

b）电离能量：70eV。

c）碰撞气：高纯氩气（99.999%）。

d）碰撞气压力：137kPa。

e）70种农药气相色谱—质谱参数见表5-56。

表5-56　70种农药 GC-MS/MS 保留时间、离子对和碰撞能量

序号	农药	保留时间（min）	离子对1（m/z）	碰撞能1（eV）	离子对2（m/z）	碰撞能2（eV）
1	Dichlovos	5.659	109→79	5	185→109	15
2	Ethoprophos	9.587	158→97	20	158→114	11
3	Trifluralin	9.852	264→206	10	306→264	8
4	Sulfotep	10.036	322→266	10	322→202	10
5	Phorate	10.396	260→75	10	260→231	5
6	alpha-HCH	10.618	183→145	15	219→183	10
7	Dimethoate	10.971	125→79	8	125→93	8
8	beta-HCH	11.375	181→145	15	219→181	10
9	Quintozene	11.427	237→119	20	237→143	20
10	Lindane	11.595	181→109	20	183→147	15
11	Terbufos	11.622	231→129	25	231→175	10
12	Propazine	11.664	214→132	10	229→173	5
13	Diazinon	11.787	304→179	15	304→137	35
14	Fonofos	11.788	246→109	20	246→137	10
15	Pyrimethanil	12.286	198→198	5		
16	delta-HCH	12.492	181→145	15	217→145	15
17	Iprobenfos	12.647	204→91	11	204→123	14
18	Phosphamidon	11.874/13.147	264→127	6	264→72	10
19	Chlorpyrifos-methyl	13.411	286→93	15	286→271	15
20	Vinclozolin	13.566	285→212	10	285→198	30
21	Parathion-methyl	13.677	263→109	16	125→79	8
22	S421	14.213	132→97	20	132→60	35
23	Fenitrothin	14.486	277→260	10	277→125	20
24	Malathion	14.753	173→99	17	173→127	8
25	Chlorpyrifos	14.969	314→258	15	314→286	10
26	Fenthion	15.133	278→109	20	278→125	20
27	Parathion	15.255	291→109	10	291→137	10

（续表）

序号	农药	保留时间 （min）	离子对 1 （m/z）	碰撞能 1 （eV）	离子对 2 （m/z）	碰撞能 2 （eV）
28	Tridimefon	15.361	208→181	11	209→111	25
29	Isocarbophos	15.421	289→136	10	230→212	5
30	Dichlorobenzophenone*	15.541	139→111	10	251→139	20
31	Bromophos-methyl	15.723	331→316	18	329→314	18
32	Isofenphos-methyl	16.196	231→121	15	199→121	10
33	Fipronil	16.295	368→213	15	368→255	15
34	Phosfolan	16.650	196→140	10	227→168	5
35	Phenthoate	16.654	274→125	25	274→246	10
36	Quinalphos	16.685	146→118	20	146→91	40
37	Procymidone	16.811	283→96	15	283→145	50
38	Methidathion	17.630	145→85	5		
39	alpha endosulfan	17.687	195→159	15	241→170	25
40	Profenofos	18.359	337→295	5	372→337	5
41	p, p′-DDE	18.498	246→176	30	318→248	20
42	Buprofezin	18.739	175→132	10	190→175	5
43	beta endosulfan	19.791	195→159	10	241→170	25
44	Ethion	19.969	231→129	25	231→175	10
45	p, p′-DDD	20.005	235→165	20	235→200	15
46	o, p′-DDT	20.046	235→165	20	235→200	15
47	Triazophos	20.580	257→162	14	161→134	10
48	Trifloxystrobin	21.052	116→89	15	131→90	15
49	Endosulfan sulfate	21.156	272→237	10	272→235	10
50	p, p-DDT	21.328	235→165	20	235→200	15
51	Iprodione	22.826	314→245	15	314→271	10
52	Phosmet	22.994	160→77	25	160→104	20
53	Bifenthrin	23.057	181→141	20	181→153	20
54	EPN	23.122	185→157	10	157→110	15
55	Bromopropylate	23.123	341→183	30	341→155	50
56	Fenpropathrin	23.436	181→152	25	209→181	10

（续表）

序号	农药	保留时间 （min）	离子对1 （m/z）	碰撞能1 （eV）	离子对2 （m/z）	碰撞能2 （eV）
57	Fenazaquin	23.749	160→145	12	145→117	12
58	Tetradifon	24.288	356→229	10	229→201	15
59	Phosalone	24.631	367→182	10	182→111	15
60	Cyhalothrin	24.665/25.003	181→152	25	181→127	25
61	Permithrin	26.547/26.810	163→127	10	183→152	35
62	Coumaphos	26.767	362→109	20	362→210	16
63	Pyridaben	26.819	147→119	10	147→132	10
64	Cyfluthrin	27.622/27.825/ 27.936/28.039	163→127	5	226→206	8
65	Cypermethrin	28.251/28.463/ 28.565/28.659	163→127	5	181→152	25
66	Flucythrinate	28.559/28.968	199→107	20	199→157	10
67	Fenvalerate	29.964/30.412	167→125	10	125→89	20
68	Fluvalinate	30.613/30.787	250→215	5	250→131	20
69	Difenoconazole	30.984/31.117	323→265	10	325→267	10
70	Deltamethrin	31.218/31.698	253→93	15	253→172	10
IS.	TPP	22.002	326→228	8	26→233	10

（3）定量测定：根据样液中被测物的含量情况，选定响应值相近的标准工作液。标准工作溶液和样液中分析物的响应值均应在仪器的检测线性范围内。对标准工作溶液和样液等体积参差进样测定。在上述色谱条件下农药的参考保留时间参见表5-56。

（4）定性测定：进行样品测定时，如果检出的质量色谱峰保留时间与标准样品一致，并且在扣除背景后的样品谱图中，各定性离子的相对丰度与浓度接近的同样条件下得到的基质标准溶液谱图相比，误差不超过表5-57规定的范围，则可判断样品中存在对应的被测物。

表5-57　定性确证时相对离子丰度的最大允许误差

相对丰度（基峰）	>50%	≤20%至50%	≤10%至20%	≤10%
允许的相对偏差	±20%	±25%	±30%	±50%

4. 空白实验

除不加试样外，均按上述测定步骤进行。

（六）结果计算和表述

用色谱数据处理机或按下列公式计算试样中农药的含量：

$$X = \frac{A \times c \times V}{A_s \times m}$$

式中：

X——试样中农药含量，单位为微克每千克（μg/kg）；

A——样液中农药的峰面积；

c——标准溶液中农药的浓度，单位为纳克每毫升（ng/mL）；

V——样液最终定容体积，单位为毫升（mL）；

A_s——标准溶液中农药的峰面积；

m——最终样液所代表的试样量，单位为克（g）。

注：计算结果须扣除空白值，测定结果用平行测定的算术平均值表示，保留两位有效数字。

（七）线性范围、基质效应、回收率与最低定量限

70 种农药的线性范围、基质效应、回收率与最低定量限见表 5-58。70 种农药 GC-MS/MS 图谱见图 5-24。

表 5-58　70 种农药的线性范围、基质效应、回收率与最低定量限

序号	农药	范围（μg/L）	R^2	基质效应		回收率（%）（RSD,%）（n=6）			最低定量限（μg/kg）
				绿茶	红茶	加标水平（μg/kg）			
						20	100	200	
1	Dichlorvos	10～1 000	0.993	1.3	1.3	92（7）	92.5（5）	93（5）	10
2	Ethoprophos	10～1 000	0.995	1.3	1.3	94（7）	95（5）	94.0（5）	5
3	Trifluralin	10～1 000	0.991	1.2	1.3	92（8）	94（4）	95（4）	5
4	Sulfotep	10～1 000	0.994	1.2	1.1	96（7）	99（4）	99（4）	5
5	Phorate	10～1 000	0.993	1.3	1.4	93（6）	95（4）	95（5）	5
6	alpha-HCH	10～1 000	0.995	1.1	1.1	93（6）	95（4.5）	93（4）	5
7	Dimethoate	10～1 000	0.990	2.4	3.5	85（10）	90（8）	89（7）	10
8	beta-HCH	10～1 000	0.994	1.1	1.1	95（9）	95（4）	94（4）	5
9	Quintozene	10～1 000	0.990	1.2	1.3	71（16）	75（12）	74（11）	10

（续表）

序号	农药	范围 （µg/L）	R^2	基质效应		回收率（%）（RSD,%）（n=6）加标水平（µg/kg）			最低定量限（µg/kg）
				绿茶	红茶	20	100	200	
10	Lindane	10~1 000	0.992	1.1	1.1	91（8）	93（3）	96（3）	5
11	Terbufos	10~1 000	0.996	1.2	1.3	93（5）	90（5）	91（3）	10
12	Propazine	10~1 000	0.996	1.2	1.2	92（9）	92（8）	94（5）	10
13	Diazinon	10~1 000	0.994	1.2	1.3	92（7）	94（4）	93（4）	10
14	Fonofos	10~1 000	0.994	1.2	1.2	92（9）	93（5）	95（4）	10
15	Pyrimethanil	10~1 000	0.996	1.2	1.3	91（8）	95（8）	93（6）	5
16	delta-HCH	10~1 000	0.993	1.1	1.1	95（8）	94（5）	94（4）	10
17	Iprobenfos	10~1 000	0.995	1.5	2.7	95（8）	91（6）	92（5）	10
18	Phosphamidon	10~1 000	0.990	18.4	27.5	75（18）	75（13）	77（13）	25
19	Chlorpyrifos-methyl	10~1 000	0.996	1.3	1.4	103（6）	101（4）	105（5）	5
20	Vinclozolin	10~1 000	0.992	1.3	1.2	89（7）	92（6）	91（4）	10
21	Parathion-methyl	10~1 000	0.993	1.7	2.1	90（5）	95（4）	95（4）	10
22	S421	10~1 000	0.991	1.4	1.6	97（11）	98（5）	96（5）	10
23	Fenitrothin	10~1 000	0.990	1.5	1.8	89（10）	93（8）	94（7）	10
24	Malathion	10~1 000	0.991	1.5	1.8	90（11）	94（9）	95（8）	10
25	Chlorpyrifos	10~1 000	0.990	1.2	1.2	86（14）	91（9）	93（8）	10
26	Fenthion	10~1 000	0.992	1.3	1.5	92（9）	91（6）	93（6）	10
27	Parathion	10~1 000	0.994	1.5	1.7	93（6）	95（3）	97（4）	10
28	Tridimefon	10~1 000	0.991	1.4	1.9	83（10）	86（5）	85（4）	10
29	Isocarbophos	10~1 000	0.990	1.6	2.4	90（16）	90（12）	89（10）	10
30	Dichlorobenzophenone*	10~1 000	0.993	1.3	1.7	85（12）	81（8）	82（6）	10
31	Bromophos-methyl	10~1 000	0.997	1.4	1.6	88（9）	87（5）	88（5）	10
32	Isofenphos-methyl	10~1 000	0.997	1.4	1.5	93（7）	94（4）	95（4）	5
33	Fipronil	10~1 000	0.993	1.5	2.1	90（10）	89（7）	89（6）	10
34	Phosfolane	50~1 000	0.991	25.8	35.7	N.D*	87（10）	89（7）	25
35	Phenthoate	10~1 000	0.998	1.3	1.3	90.3（7.3）	94（4）	94（4）	10
36	Quinalphos	10~1 000	0.997	1.5	1.7	91（8）	94（3）	96（3）	10
37	Procymidone	10~1 000	0.995	1.1	1.1	99（8）	103（4）	97（4）	5
38	Methidation	10~1 000	0.996	2.3	3.6	87（10）	88（7）	89（5）	10
39	alpha endosulfan	10~1 000	0.992	1.3	1.3	N.D	94（9）	95（9）	25
40	Probenfos	25~1 000	0.994	3.2	4.7	88（10）	89（7）	88（5）	10
41	p, p'-DDE	10~1 000	0.990	1.0	1.1	94（14）	95（11）	90（7）	10
42	Buprofezin	10~1 000	0.993	1.6	2.6	82（10）	85（6.0）	85（5）	10

（续表）

序号	农药	范围 (μg/L)	R^2	基质效应		回收率（%）（RSD,%）（n=6）			最低定量限 (μg/kg)
				绿茶	红茶	加标水平（μg/kg）			
						20	100	200	
43	beta endosulfan	10~1 000	0.992	1.5	1.9	N. D	93 (11)	96 (11)	25
44	Ethion	10~1 000	0.997	1.6	1.6	90 (9)	91 (7)	92 (6)	10
45	p，p'-DDD	10~1 000	0.992	1.4	1.3	72 (17)	73 (12)	75 (14)	5
46	o，p'-DDT	10~1 000	0.992	1.1	1.1	73 (17)	75 (11)	76 (13)	5
47	Triazophos	10~1 000	0.994	2.5	3.8	89 (10)	87 (5)	88 (4)	10
48	Trifloxystrobin	10~1 000	0.995	1.6	2.5	95 (7)	94 (5)	95 (4)	5
49	Endosulfan sulfate	10~1 000	0.992	1.3	1.3	N. D	101 (12)	100 (9)	25
50	p，p-DDT	10~1 000	0.991	1.3	1.1	81 (17)	83 (13)	82 (10)	10
51	Iprodione	10~1 000	0.993	1.6	3.0	100 (14)	100 (8)	104 (7)	10
52	Phosmet	10~1 000	0.994	3.0	4.9	90 (10)	92 (7)	91 (6)	10
53	Bifenthrin	10~1 000	0.995	1.5	1.6	84 (12)	85 (6)	86 (6)	10
54	EPN	10~1 000	0.997	1.5	1.5	85 (9)	89 (6)	89 (6)	10
55	Bromopropylate	10~1 000	0.996	1.5	2.1	85 (9)	88 (6)	87 (6)	10
56	Fenpropathrin	10~1 000	0.994	1.4	1.5	82 (12)	84 (6)	85 (6)	10
57	Fenazaquin	10~1 000	0.996	1.7	2.7	95 (6)	96 (5)	95 (4)	10
58	Tetradifon	10~1 000	0.998	1.5	1.9	97 (6)	98 (6)	102 (5)	5
59	Phosalone	10~1 000	0.994	2.1	3.9	88 (12)	90 (9)	92 (7)	10
60	Cyhalotrhin	10~1 000	0.991	1.6	2.5	87 (14)	90 (9)	89 (9)	10
61	Permithrin	10~1 000	0.991	1.8	3.2	81 (16)	93 (9)	92 (7)	10
62	Coumaphos	10~1 000	0.993	3.5	4.3	85 (14)	92 (8)	90 (8)	10
63	Pyridaben	10~1 000	0.993	1.8	1.8	75 (17)	82 (9)	83 (8)	5
64	Cyfluthrin	10~1 000	0.991	1.8	3.2	86 (18)	90 (12)	92 (10)	10
65	Cypermethrin	10~1 000	0.990	1.6	3.3	88 (19)	90 (11)	89 (11)	10
66	Flucythrinate	10~1 000	0.994	1.6	1.5	103 (7)	97 (6)	98 (4)	5
67	Fenvalerate	10~1 000	0.992	1.8	2.6	80 (13)	85 (8)	84 (7)	10
68	Fluvalinate	50~1 000	0.992	3.7	5.3	N. D	93 (11)	94 (9)	25
69	Difenconazole	10~1 000	0.993	8.7	13.7	91 (11)	93 (6)	94 (6)	10
70	Deltamethrin	10~1 000	0.993	1.5	2.6	85 (15)	92 (9)	94 (7)	10

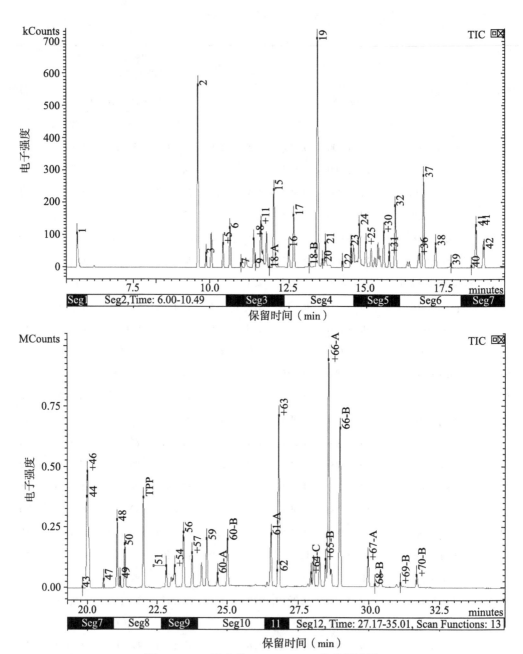

图 5-24　70 种农药 GC-MS/MS 总离子流图

第六章　茶叶中微生物与其他有害物质检测

第一节　茶叶中微生物检测方法

一、茶叶微生物检验霉菌和酵母计数

（一）原理

样品经无菌液稀释、培养后，用肉眼或放大镜观察、计数。

（二）试剂和材料

1. 生理盐水

8.5g 氯化钠加入 1 000mL 蒸馏水中，搅拌至完全溶解，分装后，121℃灭菌 15min，备用。

2. 马铃薯葡萄糖琼脂

将 300g 马铃薯去皮切块，加 1 000mL 蒸馏水，煮沸 10~20min。用纱布过滤，补充蒸馏水至 1 000mL。加入 20.0g 葡萄糖和 20.0g 琼脂，加热溶解，分装后，121℃灭菌 15min，备用。

3. 孟加拉红琼脂

将 5.0g 蛋白胨、10.0g 葡萄糖、1.0g 磷酸二氢钾、0.5g 无水硫酸镁、20.0g 琼脂、0.033g 孟加拉红和 0.1g 氯霉素加入到蒸馏水中，加热溶解，补充蒸馏水至 1 000 mL。分装后，121℃灭菌 15min，避光保存备用。

4. 磷酸盐缓冲液

称取 34.0g 磷酸二氢钾溶于 500mL 蒸馏水中，用大约 175mL 的 1mol/L 氢氧化钠溶液调节 pH 值至（7.2±0.1），用蒸馏水稀释至 1 000mL 备用。将上述溶液移取 1.25mL，用蒸馏水稀释至 1 000mL，分装后，121℃灭菌 15min。

（三）仪器和设备

（1）常规灭菌及培养设备；

（2）培养箱：（28±1）℃；

（3）拍击式均质器或均质袋；

（4）电子天平：感量0.1g；

（5）无菌锥形瓶：容量500mL；

（6）无菌吸管：1mL（具0.01mL刻度）、10mL（具0.1mL刻度）；

（7）无菌试管：18mm×180mm；

（8）涡旋混合器；无菌平皿：直径为90mm；

（9）恒温水浴箱：（28±1）℃；显微镜：10～100倍；

（10）微量移液器及枪头：1.0mL；

（11）折光仪；

（12）赫氏计测玻片，具有标准计测室的特制玻片；

（13）盖玻片；

（14）测微器：具标准刻度的玻片。

（四）测定步骤

1. 霉菌和酵母平板计数法

霉菌和酵母检验程序如图6-1所示。

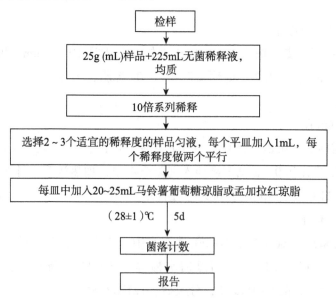

图6-1　霉菌和酵母平板计数法的检测程序

2. 操作步骤

（1）样品的稀释

a）称取 25g 样品，加入 225mL 灭菌稀释液（蒸馏水或生理盐水或磷酸盐缓冲液），充分振摇，或用拍击式均质器拍打 1~2min，制成 1∶10 样品匀液。

b）取 1mL 1∶10 样品匀液注入含有 9mL 无菌稀释液的试管中，另换一支 1mL 无菌吸管反复吹吸，或在旋涡混合器上混匀，此液为 1∶100 的样品匀液。

c）按上面操作，制备 10 倍递增系列稀释样品匀液。每递增稀释一次，换用 1 支 1mL 无菌吸管。

d）根据对样品污染状况的估计，选择 2~3 个适宜稀释度的样品匀液（液体样品可包括原液），在进行 10 倍递增稀释的同时，每个稀释度分别吸取 1mL 样品匀液于 2 个无菌平皿内。同时分别取 1mL 无菌稀释液加入 2 个无菌平皿作空白对照。

e）及时将 20~25mL 冷却至 46℃的马铃薯葡萄糖琼脂或孟加拉红琼脂（可放置于 46℃±1℃恒温水浴箱中保温）倾注平皿，并转动平皿使其混合均匀。置水平台面待培养基完全凝固。

（2）培养：琼脂凝固后，正置平板，置（28±1）℃培养箱中培养，观察并记录培养至第 5 天的结果。

（3）菌落计数：用肉眼观察，必要时可用放大镜或低倍镜，记录稀释倍数和相应的霉菌和酵母菌落数。以菌落形成单位（Colony-forming units，CFU）表示。

选取菌落数在 10~150CFU 的平板，根据菌落形态分别计数霉菌和酵母。霉菌蔓延生长覆盖整个平板的可记录为菌落蔓延。

（五）结果与报告

1. 结果

计算同一稀释度的两个平板菌落数的平均值，再将平均值乘以相应稀释倍数。

若有两个稀释度平板上菌落数均在 10~150CFU 之间，则按照 GB 4789.2—2010 的相应规定进行计算。

若所有平板上菌落数均>150CFU，则对稀释度最高的平板进行计数，其他平板可记录为多不可计，结果按平均菌落数乘以最高稀释倍数计算。

若所有平板上菌落数均<10CFU，则应按稀释度最低的平均菌落数乘以稀释倍数计算。

若所有稀释度（包括液体样品原液）平板均无菌落生长，则以小于 1 乘以最低稀释倍数计算。

若所有稀释度的平板菌落数均不在 10~150CFU 之间，其中一部分小于 10CFU 或大于 150CFU 时，则以最接近 10CFU 或 150CFU 的平均菌落数乘以稀释倍数计算。

2. 报告

菌落数按"四舍五入"原则修约。菌落数在 10 以内时，采用一位有效数字报告；菌落数在 10~100 之间时，采用两位有效数字报告。

菌落数≥100 时，前第 3 位数字采用"四舍五入"原则修约后，取前 2 位数字，后面用 0 代替位数来表示结果；也可用 10 的指数形式来表示，此时也按"四舍五入"原则修约，采用两位有效数字。

若空白对照平板上有菌落出现，则此次检测结果无效。

称重取样以 CFU/g 为单位报告，体积取样以 CFU/mL 为单位报告，报告或分别报告霉菌和/或酵母数。

二、茶叶微生物检验大肠菌群计数

（一）原理

1. MPN 法

MPN 法是统计学和微生物学结合的一种定量检测法。待测样品经系列稀释并培养后，根据其未生长的最低稀释度与生长的最高稀释度，应用统计学概率论推算出待测样品中大肠菌群的最大可能数。

2. 平板计数法

大肠菌群在固体培养基中发酵乳糖产酸，在指示剂的作用下形成可计数的红色或紫色，带有或不带有沉淀环的菌落。

（二）试剂和材料

（1）月桂基硫酸盐胰蛋白胨（Lauryl Sulfate Tryptose，LST）肉汤：将 20.0g 月桂基硫酸盐胰蛋白胨、5.0g 氯化钠、5.0g 乳糖、2.75g 磷酸氢二钾、2.75g 磷酸二氢钾、0.1g 月桂基硫酸钠溶解于 1 000mL 蒸馏水中，调节 pH 值至（6.8±0.2）。分装到有玻璃小倒管的试管中，每管 10mL。121℃ 高压灭菌 15min。

（2）煌绿乳糖胆盐（Briliant Green Lactose Bile，BGLB）肉汤：将 10.0g 蛋白胨、10.0g 乳糖溶于约 500mL 蒸馏水中，加入牛胆粉溶液 200mL（将 20.0g 脱水牛胆粉溶于 200mL 蒸馏水中，调节 pH 值至（7.0~7.5），用蒸馏水稀释到 975mL，调节 pH 值至（7.2±0.1），再加入 0.1% 煌绿水溶液 13.3mL，用蒸馏水补足到 1 000mL，用棉花过滤后，分装到有玻璃小倒管的试管中，每管 10mL。121℃ 高压灭菌 15min。

（3）结晶紫中性红胆盐琼脂（Violet Red Bile Agar，VRBA）：将 7.0g 蛋白胨、

3.0g 酵母膏、10.0g 乳糖、5.0g 氯化钠、1.5g 胆盐、0.03g 中性红、0.002g 结晶紫和 15~18g 琼脂溶解于 1 000mL 蒸馏水中，静置几分钟，充分搅拌，调节 pH 值至7.4±0.1。煮沸 2min，将培养基融化并恒温至 45~50℃ 倾注平板。使用前临时制备，不得超过 3h。

（4）无菌磷酸盐缓冲液：称取 34.0g 的磷酸二氢钾溶于 500mL 蒸馏水中，用大约 175mL 的 1mol/L 氢氧化钠溶液调节 pH 值至（7.2±0.2），用蒸馏水稀释至 1 000mL 后贮存于冰箱。稀释液：取贮存液 1.25mL，用蒸馏水稀释至 1 000mL，分装于适宜容器中，121℃ 高压灭菌 15min。

（5）无菌生理盐水：称取 8.5g 氯化钠溶于 1 000mL 蒸馏水中，121℃ 高压灭菌 15min。

（6）1mol/L NaOH 溶液：称取 40g 氢氧化钠溶于 1 000mL 无菌蒸馏水中。

（7）1mol/L HCl 溶液：移取浓盐酸 90mL，用无菌蒸馏水稀释至 1 000mL。

（三）仪器和设备

（1）常规灭菌及培养设备；
（2）恒温培养箱：（36±1）℃；
（3）冰箱：2~5℃；
（4）恒温水浴箱：（46±1）℃；
（5）天平：感量 0.1g，均质器，振荡器；
（6）无菌吸管：1mL（具 0.01mL 刻度）、10mL（具 0.1mL 刻度）或微量移液器及吸头；
（7）无菌锥形瓶：容量 500mL；
（8）无菌培养皿：直径 90mm；
（9）pH 计或 pH 比色管或精密 pH 试纸；
（10）菌落计数器。

（四）测定步骤

1. 大肠菌群 MPN 计数法
（1）检测程序：大肠菌群检测程序见图 6-2。
（2）操作步骤

a）样品的稀释：称取 25g 样品，放入盛有 225mL 磷酸盐缓冲液或生理盐水的无菌均质杯，8 000~10 000r/min 均质 1~2min，或放入盛有 225mL 磷酸盐缓冲液或生理盐水的无菌均质袋中，用拍击式均质器拍打 1~2min，制成 1：10 的样品匀液。

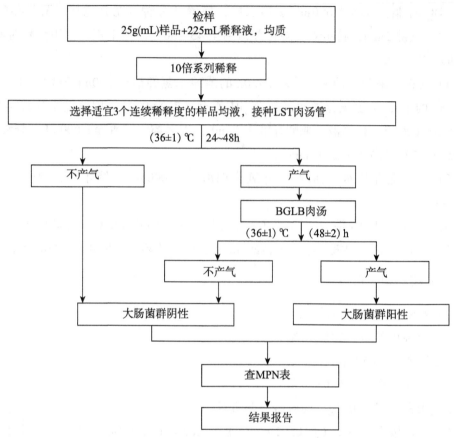

图 6-2　大肠菌群 MPN 计数法检测程序

样品匀液的 pH 值应在 6.5~7.5 之间，必要时分别用 1mol/L NaOH 或 1mol/L HCl 调节。

用 1mL 无菌吸管或微量移液器吸取 1 : 10 样品匀液 1mL，沿管壁缓缓注入 9mL 磷酸盐缓冲液或生理盐水的无菌试管中（注意吸管或吸头尖端不要触及稀释液面），振摇试管或换用 1 支 1mL 无菌吸管反复吹打，使其混合均匀，制成 1 : 100 的样品匀液。

根据对样品污染状况的估计，按上述操作，依次制成 10 倍递增系列稀释样品匀液。每递增稀释 1 次，换用 1 支 1mL 无菌吸管或吸头。从制备样品匀液至样品接种完毕，全过程不得超过 15min。

b）初发酵试验：每个样品，选择 3 个适宜的连续稀释度的样品匀液（液体样品可以选择原液），每个稀释度接种 3 管月桂基硫酸盐胰蛋白胨（LST）肉汤，每管接种 1mL（如接种量超过 1mL，则用双料 LST 肉汤），（36±1）℃培养（24±2）

h，观察倒管内是否有气泡产生，（24±2）h 产气者进行复发酵试验（证实试验），如未产气则继续培养至（48±2）h，产气者进行复发酵试验。未产气者为大肠菌群阴性。

c）复发酵试验（证实试验）：用接种环从产气的 LST 肉汤管中分别取培养物 1 环，移种于煌绿乳糖胆盐肉汤（BGLB）管中，（36±1）℃ 培养（48±2）h，观察产气情况。产气者，计为大肠菌群阳性管。

d）大肠菌群最可能数（MPN）的报告：按确证的大肠菌群 BGLB 阳性管数，检索 MPN 表，报告每 g（mL）样品中大肠菌群 MPN 值。

2. 大肠菌群平板计数法

（1）检测程序：大肠菌群平板计数法检测程序如图 6-3 所示。

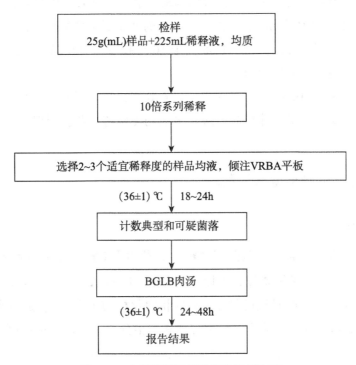

图 6-3 大肠菌群平板计数法检测程序

（2）操作步骤

a）样品的稀释：按 MPN 计数法，操作步骤进行稀释样品。

b）平板计数：选取 2~3 个适宜的连续稀释度，每个稀释度接种 2 个无菌平皿，每皿 1mL。同时取 1mL 生理盐水加入无菌平皿作空白对照。及时将 15~20mL 融化并恒温至 46℃ 的结晶紫中性红胆盐琼脂（VRBA）约倾注于每个平皿中。小心旋转平皿，将培养基与样液充分混匀，待琼脂凝固后，再加 3~4mL VRBA 覆盖平板表层。

翻转平板，置于（36±1）℃培养18~24h。

c）平板菌落数的选择：选取菌落数在15~150CFU之间的平板，分别计数平板上出现的典型和可疑大肠菌群菌落（如菌落直径较典型菌落小）。典型菌落为紫红色，菌落周围有红色的胆盐沉淀环，菌落直径为0.5mm或更大，最低稀释度平板低于15CFU的记录具体菌落数。

d）证实试验：VRBA平板上挑取10个不同类型的典型和可疑菌落，少于10个菌落的挑取全部典型和可疑菌落。分别移种于BGLB肉汤管内，（36±1）℃培养24~48h，观察产气情况。凡BGLB肉汤管产气，即可报告为大肠菌群阳性。

（五）结果与报告

经最后证实为大肠菌群阳性的试管比例乘以平板菌落数，再乘以稀释倍数，即为每克（毫升）样品中大肠菌群数。例：上一步的证实试验样品稀释液1mL，在VRBA平板上有100个典型和可疑菌落，挑取其中10个接种BGLB肉汤管，证实有6个阳性管，则该样品的大肠菌群数为：

$$100×6/10×10^4/ [g （mL）] =6.0×10^5CFU/ [g （mL）] 。$$

若所有稀释度（包括液体样品原液）平板均无菌落生长，则以小于1乘以最低稀释倍数计算。

三、茶叶中黄曲霉毒素的测定

（一）原理

试样中的黄曲霉毒素B_1、黄曲霉毒素B_2、黄曲霉毒素G_1、黄曲霉毒素G_2，用乙腈—水溶液或甲醇—水溶液提取，提取液用含1% Triton X-100（或吐温-20）的磷酸盐缓冲溶液稀释后（必要时经黄曲霉毒素固相净化柱初步净化），通过免疫亲和柱净化和富集，净化液浓缩、定容和过滤后经液相色谱分离，串联质谱检测，同位素内标法定量。

（二）试剂和材料

（1）乙腈（CH_3CN）：色谱纯。

（2）甲醇（CH_3OH）：色谱纯。

（3）乙酸铵（CH_3COONH_4）：色谱纯。

（4）氯化钠（NaCl）。

（5）磷酸氢二钠（Na_2HPO_4）。

（6）磷酸二氢钾（KH_2PO_4）。

（7）氯化钾（KCl）。

（8）盐酸（HCl）。

（9）TritonX-100 [$C_{14}H_{22}O$（C_2H_4O）n]（或吐温-20，$C_{58}H_{114}O_{26}$）。

（10）乙酸铵溶液（5mmol/L）：称取0.39g乙酸铵，用水溶解后稀释至1 000mL，混匀。

（11）乙腈—水溶液（84+16）：取840mL乙腈加入160mL水，混匀。

（12）甲醇—水溶液（70+30）：取700mL甲醇加入300mL水，混匀。

（13）乙腈—水溶液（50+50）：取50mL乙腈加入50mL水，混匀。

（14）乙腈—甲醇溶液（50+50）：取50mL乙腈加入50mL甲醇，混匀。

（15）10%盐酸溶液：取1mL盐酸，用纯水稀释至10mL，混匀。

（16）磷酸盐缓冲溶液（以下简称PBS）：称取8.00g氯化钠、1.20g磷酸氢二钠（或2.92g十二水磷酸氢二钠）、0.20g磷酸二氢钾、0.20g氯化钾，用900mL水溶解，用盐酸调节pH值至（7.4±0.1），加水稀释至1 000mL。

（17）1% Triton X-100（或吐温-20）的PBS：取10mL Triton X-100（或吐温-20），用PBS稀释至1 000mL。

（18）AF标准品：AFTB1标准品（$C_{17}H_{12}O_6$，CAS：1162-65-8）：纯度≥98%，或经国家认证并授予标准物质证书的标准物质。AFTB2标准品（$C_{17}H_{14}O_6$，CAS：7220-81-7）：纯度≥98%，或经国家认证并授予标准物质证书的标准物质。AFTG1标准品（$C_{17}H_{12}O_7$，CAS：1165-39-5）：纯度≥98%，或经国家认证并授予标准物质证书的标准物质。AFTG2标准品（$C_{17}H_{14}O_7$，CAS：7241-98-7）：纯度≥98%，或经国家认证并授予标准物质证书的标准物质。

（19）同位素内标：$^{13}C17$-AFTB1（$C_{17}H_{12}O_6$，CAS：157449-45-0）：纯度≥98%，浓度为0.5μg/mL；$^{13}C17$-AFTB2（$C_{17}H_{14}O_6$，CAS：157470-98-8）：纯度≥98%，浓度为0.5μg/mL；$^{13}C17$-AFTG1（$C_{17}H_{12}O_7$，CAS：157444-07-9）：纯度≥98%，浓度为0.5μg/mL；$^{13}C17$-AFTG2（$C_{17}H_{14}O_7$，CAS：157462-49-7）：纯度≥98%，浓度为0.5μg/mL。

注：标准物质可以使用满足溯源要求的商品化标准溶液。

（20）标准溶液配制

①标准储备溶液（10μg/mL）：分别称取AFTB1、AFTB2、AFTG1和AFTG2 1mg（精确至0.01mg），用乙腈溶解并定容至100mL。此溶液浓度约为10μg/mL。溶液转移至试剂瓶中后，在-20℃下避光保存，备用。

②混合标准工作液（100ng/mL）：准确移取混合标准储备溶液（1.0μg/mL）1.00mL至100mL容量瓶中，乙腈定容。此溶液密封后避光-20℃下保存，3个月

有效。

③混合同位素内标工作液（100ng/mL）：准确移取 0.5μg/mL^{13}C$_{17}$-AFTB1、^{13}C$_{17}$-AFTB2、^{13}C$_{17}$-AFTG1 和 ^{13}C$_{17}$-AFTG2 各 2.00mL，用乙腈定容至 10mL。在 -20℃ 下避光保存，备用。

④标准系列工作溶液：准确移取混合标准工作液（100ng/mL）10μL、50μL、100μL、200μL、500μL、800μL、1 000μL 至 10mL 容量瓶中，加入 200μL100ng/mL 的同位素内标工作液，用初始流动相定容至刻度，配制浓度点为 0.1ng/mL、0.5ng/mL、1.0ng/mL、2.0ng/mL、5.0ng/mL、8.0ng/mL、10.0ng/mL 的系列标准溶液。

（三）仪器和设备

（1）匀浆机。

（2）高速粉碎机。

（3）组织捣碎机。

（4）超声波/涡旋振荡器或摇床。

（5）天平：感量 0.01g 和 0.000 01g。

（6）涡旋混合器。

（7）高速均质器：转速 6 500～24 000r/min。

（8）离心机：转速≥6 000r/min。

（9）玻璃纤维滤纸：快速、高载量、液体中颗粒保留 1.6μm。

（10）固相萃取装置（带真空泵）。

（11）氮吹仪。

（12）液相色谱—串联质谱仪：带电喷雾离子源。

（13）液相色谱柱。

（14）免疫亲和柱：AFTB1 柱容量≥200ng，AFTB1 柱回收率≥80%，AFTG2 的交叉反应率≥80%（验证方法参见附录 B）。

（15）黄曲霉毒素专用型固相萃取净化柱或功能相当的固相萃取柱（以下简称净化柱）：对复杂基质样品测定时使用。

（16）微孔滤头：带 0.22μm 微孔滤膜（所选用滤膜应采用标准溶液检验确认无吸附现象，方可使用）。

（17）筛网：1～2mm 试验筛孔径。

（18）pH 计。

（四）样品制备与保存

茶叶样品经粉碎机粉碎，过 20 目筛，混匀，密封，常温下保存。

（五）测定步骤

1. 样品提取

称取 5g 试样（精确至 0.01g）于 50mL 离心管中，加入 100μL 同位素内标工作液振荡混合后静置 30min。加入 20.0mL 乙腈—水溶液（84+16，v/v）或甲醇—水溶液（70+30，v/v），涡旋混匀，置于超声波/涡旋振荡器或摇床中振荡 20min（或用均质器均质 3min），在 6 000r/min 下离心 10min（或均质后玻璃纤维滤纸过滤），取上清液备用。

2. 净化

（1）免疫亲和柱净化

a）上样液的准备：准确移取 4mL 上清液，加入 46mL 1% Trition X-100（或吐温-20）的 PBS（使用甲醇—水溶液提取时可减半加入），混匀。

b）免疫亲和柱的准备：将低温下保存的免疫亲和柱恢复至室温。

c）试样的净化：待免疫亲和柱内原有液体流尽后，将上述样液移至 50mL 注射器筒中，调节下滴速度，控制样液以 1～3mL/min 的速度稳定下滴。待样液滴完后，往注射器筒内加入 2×10mL 水，以稳定流速淋洗免疫亲和柱。待水滴完后，用真空泵抽干亲和柱。脱离真空系统，在亲和柱下部放置 10mL 刻度试管，取下 50mL 的注射器筒，加入 2×1mL 甲醇洗脱亲和柱，控制 1～3mL/min 的速度下滴，再用真空泵抽干亲和柱，收集全部洗脱液至试管中。在 50℃下用氮气缓缓地将洗脱液吹至近干，加入 1.0mL 初始流动相，涡旋 30s 溶解残留物，0.22μm 滤膜过滤，收集滤液于进样瓶中以备进样。

（2）净化柱净化：移取适量上清液，按净化柱操作说明进行净化，收集全部净化液。

3. 色谱条件

液相色谱参考条件列出如下：

a）流动相：A 相为 5mmol/L 乙酸铵溶液；B 相为乙腈—甲醇溶液（50+50）。

b）梯度洗脱：32% B（0～0.5min），45% B（3～4min），100% B（4.2～4.8min），32% B（5.0～7.0min）。

c）色谱柱：C_{18} 柱（柱长 100mm，柱内径 2.1mm；填料粒径 1.7μm），或相当者。

d）流速：0.3mL/min。

e）柱温：40℃。

f）进样体积：10μL。

4. 质谱参考条件

a) 检测方式：多离子反应监测（MRM）。

b) 离子源控制条件：参见表 6-1。

c) 离子选择参数：参见表 6-2。

表 6-1　离子源控制条件

电离方式	ESI+
毛细管电压（kV）	3.5
锥孔电压（V）	30
射频透射 1 电压（V）	14.9
射频透射 2 电压（V）	15.1
离子源温度（℃）	150
锥孔反吹气流量（L/h）	50
脱溶剂气温度（℃）	500
脱溶剂气流量（L/h）	800
电子倍增电压（V）	650

表 6-2　离子选择参数表

化合物名称	母离子（m/z）	定量离子（m/z）	碰撞能量（eV）	定性离子（m/z）	碰撞能量（eV）	离子化方式
AFT B1	313	285	22	241	38	ESI+
$^{13}C_{17}$-AFT B1	330	255	23	301	35	ESI+
AFT B2	315	287	25	259	28	ESI+
$^{13}C_{17}$-AFT B2	332	303	25	273	28	ESI+
AFT G1	329	243	25	283	25	ESI+
$^{13}C_{17}$-AFT G1	346	257	25	299	25	ESI+
AFT G2	331	245	30	285	27	ESI+
$^{13}C_{17}$-AFT G2	348	259	30	301	27	ESI+

5. 定性测定

试样中目标化合物色谱峰的保留时间与相应标准色谱峰的保留时间相比较，变化范围应在±2.5%之内。每种化合物的质谱定性离子必须出现，至少应包括一个母离子和两个子离子，而且同一检测批次，对同一化合物，样品中目标化合物的两个子离子的相对丰度比与浓度相当的标准溶液相比，其允许偏差不超过表6-3规定的范围。

表6-3　定性时相对离子丰度的最大允许偏差

相对离子丰度（%）	>50	20~50	10~20	≤10
允许相对偏差（%）	±20	±25	±30	±50

6. 标准曲线的制作

在液相色谱串联质谱仪分析条件下，将标准系列溶液由低到高浓度进样检测，以$AFTB_1$、$AFTB_2$、$AFTG_1$和$AFTG_2$色谱峰与各对应内标色谱峰的峰面积比值—浓度作图，得到标准曲线回归方程，其线性相关系数应大于0.99。

7. 试样溶液的测定

取待测溶液进样，内标法计算待测液中目标物质的质量浓度，计算样品中待测物的含量。待测样液中的响应值应在标准曲线线性范围内，超过线性范围则应适当减少取样量重新测定。

8. 空白试验

称取试样，按上述步骤做空白实验。应确认不含有干扰待测组分的物质。

（六）结果表达

试样中AFB_1、AFB_2、AFG_1和AFG_2的残留量按下列公式计算：

$$X = \frac{\rho \times V_1 \times V_3 \times 1\,000}{V_2 \times m \times 1\,000}$$

式中：

X——试样中AFB_1、AFB_2、AFG_1或AFG_2的含量，单位为微克每千克（μg/kg）；

ρ——进样溶液中$AFTB_1$、$AFTB_2$、$AFTG_1$或$AFTG_2$按照内标法在标准曲线中对应的浓度，单位为纳克每毫升（ng/mL）；

V_1——试样提取液体积，单位为毫升（mL）；

V_3——样品经净化洗脱后的最终定容体积，单位为毫升（mL）；

$1\,000$——换算系数；

V_2——用于净化分取得样品体积，单位为毫升（mL）；

m——试样的称样量，单位为克（g）。

计算结果保留三位有效数字。

（七）精密度

在重复性条件下，获得的两次独立测定结果的绝对差值不得超过算术平均值的20%。

（八）其他

当称取样品5g时，AFTB$_1$的检出限为：0.03μg/kg，AFTB$_2$的检出限为0.03μg/kg，AFTG$_1$的检出限为0.03μg/kg，AFTG$_2$的检出限为0.03μg/kg；AFTB$_1$的定量限为0.1μg/kg，AFTB$_2$的定量限0.1μg/kg，AFTG$_1$的定量限为0.1μg/kg，AFTG$_2$的定量限为0.1μg/kg。

第二节　茶叶中磁性金属物的测定

一、原理

样品经粉碎后通过磁性金属测定仪，利用磁场作用将具有磁性的金属物从试样中分离出来，用四氯化碳洗去茶粉，重量法测定。

二、设备和材料

（1）磁性金属物测定仪：磁感应强度应不少于120mT（毫特斯拉）；

（2）天平：感量0.1g，0.0001g；

（3）粉碎机：转速24000r/min；

（4）恒温水浴锅；

（5）恒温干燥箱；

（6）瓷坩埚：50mL；

（7）标准筛：孔径0.45mm。

（8）四氯化碳（分析纯）。

三、测定步骤

称取试样200g（精确至0.1g），目测样品如有可见的金属物应先取出。将样品粉碎，过0.45mm标准筛后，倒入磁性金属物测定仪上部的容器内。打开通磁开关，调节流量控制板旋钮，打开运转开关，使试样在2~3min全部匀速经滴样板流到盛样箱内。试样全部通过淌样板后，将干净的白纸接在测定仪的淌样板下面，关闭通磁开关，用毛刷将吸附在淌样板上的磁性物质刷到白纸上。然后，将白纸上的收集物倒入已恒重的坩埚（精确至0.000 1g），将盛样箱内样品按以上步骤重复2次，各次收集物均倒入坩埚中，用80mL四氯化碳分4~5次漂洗坩锅内的收集物，弃去漂洗液，直至茶粉除净，将坩埚于80℃水浴挥发至干，放入恒温干燥箱（105±2）℃恒重，称量（精确至0.000 1g）。

四、结果计算

样品中磁性金属物含量（X）以质量分数计，数值以%表示，按下列公式计算：

$$X = \frac{m_2 - m_1}{m} \times 100$$

式中：

m——试样总质量，单位为克（g）；

m_1——坩埚质量，单位为克（g）；

m_2——磁性金属物和坩埚质量，单位为克（g）。

重复测定2次，结果取平均值。

计算结果保留两位有效数字。

第三节　茶叶中环境污染物检测方法

一、气相色谱—质谱/质谱法测定茶叶中16种邻苯二甲酸酯残留量

（一）原理

试样中残留的邻苯二甲酸酯（PAEs）乙腈提取，提取液经N-丙基乙二胺（PSA）和石墨化碳黑（GCB）净化，用气相色谱—质谱/质谱仪仪检测和确证，外标法定量。

（二）试剂和材料

除另有规定外，所有试剂均为分析纯，水为符合GB/T 6682—2008中规定的一级水；所有器皿均采用玻璃制品。

1. 试剂

（1）乙腈（CH_3CN）：色谱纯。

（2）甲醇（CH_3OH）：色谱纯。

（3）丙酮（C_3H_6O）：色谱纯。

（4）氯化钠（NaCl）：经450℃灼烧4h，置于干燥器内备用。

（5）无水硫酸镁（MgSO₄）：经450℃灼烧4h，置于干燥器内备用。

2. 标准品

PAEs标准物质：邻苯二甲酸二甲酯（DMP，CAS：131-11-3）、邻苯二甲酸二乙酯（DEP，CAS：84-66-2）、邻苯二甲酸二丙酯（DPrP，CAS：131-16-8）、邻苯二甲酸二异丁酯（DiBP，CAS：84-69-5）、邻苯二甲酸二丁酯（DBP，CAS：84-74-2）、邻苯二甲酸二（2-甲氧基）乙酯（DMEP，CAS：117-82-8）、邻苯二甲酸二（4-甲基2-戊基）酯（BMPP，CAS：146-50-9）、邻苯二甲酸二（2-乙氧基）乙酯（DEEP，CAS：605-54-9）、邻苯二甲酸二戊酯（DPP，CAS：131-18-0）、邻苯二甲酸丁基苄基酯（BBP，CAS：85-68-7）、邻苯二甲酸二（2-丁氧基）乙酯（DBEP，CAS：117-83-9）、邻苯二甲酸二环己酯（DCHP，CAS：84-61-7）、邻苯二甲酸二（2-乙基）己酯（DEHP，CAS：117-81-7）、邻苯二甲酸二苯酯（DPhP，CAS：84-62-8）、邻苯二甲酸二正辛酯（DnOP，CAS：117-84-0）、邻苯二甲酸二壬酯（DNP，CAS：84-76-4）。同位素内标DEHP-D4（纯度均大于98%）。

3. 标准溶液配制

（1）PAEs储备溶液：准确称取适量PAHs的标准品，用丙酮溶解并定容至100mL。

（2）棕色容量瓶中，得浓度为100μg/mL的标准储备溶液，此溶液避光储存。

（3）混合标准工作溶液：根据需要使用前用空白样品基质配制适当混合标准工作溶液。

4. 材料

（1）石墨化碳黑吸附剂（GCB）：120~400μm。

（2）N-丙基乙二胺（PSA）吸附剂：40~60μm。

（三）仪器和设备

（1）气相色谱—质谱联用仪：配有电子轰击离子源（EI源）。

（2）分析天平：感量0.01g和0.000 1g。

（3）振荡器。

（4）漩涡混合器。

（5）高速均质器。

（6）离心机。

（7）玻璃离心管：50mL和10mL。

（四）试样制备与保存

1. 试样制备

取有代表性样品约 500g，用粉碎机粉碎，混匀，装入洁净容器作为试样，密封并标明标记。

2. 试样保存

试样于 0~4℃ 保存。在制样的操作过程中，应防止样品污染或发生残留物含量的变化。

（五）分析步骤

1. 提取

将茶叶样品磨碎后，称取 2.0g（精确到 0.01g）磨碎的茶叶样品置于 40mL 锥形玻璃离心管中，加入 50μL 的 DEHP-D4 同位素标样，并涡旋 30s 使其与样品充分混合；加入 5mL 去离子水后涡旋 30s 后，静置 30min；向离心管中加入 10mL 乙腈，在 18 000r/min 条件下均质 2min；向均质好的提取液中加入 5.0g NaCl 和 5.0g 无水 MgSO_4，剧烈震荡 1min，然后用冷冻离心机在 10℃ 条件下 4 000r/min 离心 10min；待净化。

2. 净化

取 2mL 上清液于装有 200mg PSA、100mg GCB 和 100mg 无水 MgSO_4 的 8mL 玻璃离心管中，剧烈震荡 1min 后，以 4 000r/min 离心 10min；最后用玻璃滴管取上清液置于 2mL 进样瓶中，上 GC-MS/MS 进样分析。

3. 测定

（1）气相色谱参考条件

a）色谱柱：VF-5MS 毛细管柱 30m×0.25mm×0.25μm，或相当者；

b）柱温：初始柱温 80℃，保持 1min，以 15℃/min 速率升温到 180℃，保持 2min，以 5℃/min 速率升温到 280℃，保持 15.33min；

c）进样口温度：250℃；

d）辅助加热器：280℃；

e）离子源温度：230℃；

f）四极杆温度：150℃；

g）载气：氦气纯度≥99.999%，1mL/min；

h）进样量：1μL；

i）进样方式：不分流。

（2）质谱参考条件

a）电离方式：EI；

b）电离能量：70ev；

c）碰撞气：高纯氩气（99.999%）；

d）碰撞气压力：137kPa；

e）其他参考质谱条件见表6-4。

（3）定量测定：根据样液中被测物的含量情况，选定响应值相近的标准工作液。标准工作溶液和样液中分析物的响应值均应在仪器的检测线性范围内。对标准工作溶液和样液等体积参差进样测定。在上述色谱条件下PAEs的参考保留时间参见表6-4。

表6-4 质谱采集参数以及保留时间

邻苯二甲酸酯	保留时间（min）	特征离子对1（m/z）	碰撞能量1（eV）	特征离子对2（m/z）	碰撞能量2（V）
DMP	10.090	194→163*	5	163→77	20
DMP-D₄	10.103	198→167	8	167→81*	20
DEP	12.886	177→149*	7	149→93	13
DEP-D₄	12.897	181→153*	10	153→97	23
DPrP	16.741	149→121*	13	149→93	16
DiBP	18.739	153→125*	15	153→97	23
DiBP-D₄	18.747	149→121*	13	149→93	16
DBP	20.693	149→121*	13	153→97	16
DBP-D₄	20.715	153→125*	15	149→93	16
DMEP	21.498	149→121*	13	149→93	16
BMPP-1	23.035	149→121*	13	149→93	16
BMPP-2	23.123	149→121*	13	149→93	16
DEEP	23.781	149→121*	13	149→93	16
DPP	24.419	149→121*	13	149→93	16
DnPP-D₄	24.429	153→125*	5	153→97	8
DHP-D₄	27.875	153→125*	5	153→97	8
BBP	27.945	149→121*	13	149→93	16
DBEP	30.114	149→121*	13	149→93	16
DCHP	30.836	167→149*	5	149→93	16
DEHP	31.450	167→149*	5	149→93	16

（续表）

邻苯二甲酸酯	保留时间（min）	特征离子对 1（m/z）	碰撞能量 1（eV）	特征离子对 2（m/z）	碰撞能量 2（V）
DEHP-D$_4$	31.455	171→153*	8	153→97	18
DPhP	31.356	225→77*	13	105→77	12
DnOP	35.744	149→121*	13	149→93	16
DNP	42.202	149→121*	13	149→93	16

（4）定性测定：进行样品测定时，如果检出的质量色谱峰保留时间与标准样品一致，并且在扣除背景后的样品谱图中，各定性离子的相对丰度与浓度接近的同样条件下得到的基质标准溶液谱图相比，误差不超过表6-5规定的范围，则可判断样品中存在对应的被测物。

表 6-5 定性确证时相对离子丰度的最大允许误差

相对丰度（基峰）	>50%	≤20%至50%	≤10%至20%	≤10%
允许的相对偏差	±20%	±25%	±30%	±50%

4. 空白实验

除不加试样外，均按上述测定步骤进行。

（六）结果计算和表述

用色谱数据处理机或按下式计算试样中 PAEs 的含量：

$$X = \frac{A \times c \times V}{A_s \times m}$$

式中：

X——试样中 PAHs 含量，单位为微克每千克（μg/kg）；

A——样液中 PAHs 的峰面积；

c——标准溶液中 PAHs 的浓度，单位为纳克每毫升（ng/mL）；

V——样液最终定容体积，单位为毫升（mL）；

A_s——标准溶液中 PAHs 的峰面积；

m——最终样液所代表的试样量，单位为克（g）。

注：计算结果应扣除空白值，测定结果用平行测定的算术平均值表示，保留两位有效数字。

（七）定量限

本方法茶叶中 16 种 PAEs 定量限分别为：DMP 为 2.0μg/kg、DEP 为 3.0μg/kg、

DPrP 为 3.0μg/kg、DiBP 为 2.0μg/kg、DBP 为 3.0μg/kg、DMEP 为 120μg/kg、BMPP 为 17.1μg/kg、DEEP 为 40.5μg/kg、DPP 为 4.6μg/kg、BBP 为 6.6μg/kg、DBEP 为 43.7μg/kg、DCHP 为 8.7μg/kg、DEHP 为 3.0μg/kg、DPhP 为 43.2μg/kg、DNOP 为 38.6μg/kg、DNP 为 38.6μg/kg。

二、气相色谱—质谱/质谱法测定茶叶中 16 种多环芳烃残留量

（一）原理

试样中残留的多环芳烃（PAHs）用乙腈提取，提取液经 N-丙基乙二胺（PSA）、十八烷基硅烷键合相（C$_{18}$）和佛罗里硅土（Florisil）净化，并采用正己烷萃取，用气相色谱—质谱/质谱仪仪检测和确证，外标法定量。

（二）试剂和材料

除另有规定外，所有试剂均为分析纯，水为符合 GB/T 6682—2008 中规定的一级水；所有器皿均采用玻璃制品。

1. 试剂

（1）乙腈（CH$_3$CN）：色谱纯。

（2）甲醇（CH$_3$OH）：色谱纯。

（3）丙酮（C$_3$H$_6$O）：色谱纯。

（4）正己烷（C$_6$H$_{10}$）：色谱纯。

（5）氯化钠（NaCl）。经 450℃灼烧 4h，置于干燥器内备用。

（6）无水硫酸镁（MgSO$_4$）：经 450℃灼烧 4h，置于干燥器内备用。

2. 标准品

PAHs 标准物质：萘（NA，CAS：91-20-3）、苊烯（ACY，CAS：208-96-8）、苊（ACE，CAS：208-96-8）、芴（FLU，CAS：86-73-7）、菲（PHEN，CAS：85-01-8）、蒽（AN，CAS：120-12-7）、荧蒽（FL，CAS：206-44-0）、芘（PY，CAS：129-00-0）、苯并（a）蒽（BaA，CAS：56-55-3）、䓛（Chry，CAS：218-01-9）、苯并（b）荧蒽（BbF，CAS：205-99-2）、苯并（k）荧蒽（BkF，CAS：207-08-9）、苯并（a）芘（BaP，CAS：50-32-8）、苯并（g，h，i）苝（BPe，CAS：191-24-2）、茚并（1，2，3-cd）芘（IcdP，CAS：193-39-5）、二苯并（a，h）蒽（dBAn，CAS：53-70-3）。5 种 PAHs 同位素标准品（NA-D8、ACE-D10、CHRY-D12、BaP-D12、PHEN-D10）。

3. 标准溶液配制

（1）PAHs 储备溶液：准确称取适量 PAHs 的标准品，用丙酮溶解并定容

至 100mL。

（2）棕色容量瓶中，得浓度为 100μg/mL 的标准储备溶液，此溶液避光储存。

（3）混合标准工作溶液：根据需要使用前用空白样品基质配制适当混合标准工作溶液。

4. 材料

（1）N-丙基乙二胺（PSA）：PSA 填料或相当，40~100μm。

（2）十八烷基硅烷键合相（C$_{18}$）：C$_{18}$ 填料或相当，40~100μm。

（3）佛罗里硅土（florisil）：florisil 填料或相当，40~100μm。

（三）仪器和设备

（1）气相色谱—质谱联用仪：配有电子轰击离子源（EI 源）。

（2）分析天平：感量 0.01g 和 0.000 1g。

（3）振荡器。

（4）漩涡混合器。

（5）旋转蒸发仪。

（6）高速均质器。

（7）离心机。

（8）玻璃离心管：50mL 和 10mL。

（9）鸡心瓶。

（四）试样制备与保存

1. 试样制备

取有代表性样品约 500g，用粉碎机粉碎，混匀，装入洁净容器作为试样，密封并标明标记。

2. 试样保存

试样于 0~4℃保存。在制样的操作过程中，应防止样品污染或发生残留物含量的变化。

（五）分析步骤

1. 提取

将茶叶样品磨碎后，称取 4.0g（精确到 0.01g）样品于 50mL 玻璃离心管中，加入 40μL 浓度为 50μg/L 的同位素内标混合溶液，涡旋 1min 后加入 10mL 水，并涡旋 1min，加入 20mL 乙腈，4 000r/min 均质 2min，加入 2.0g MgSO$_4$ 和 4.0g NaCl 后涡旋 2min，4 000r/min 离心 10min，取 10mL 上清液于 50mL 鸡心瓶，旋转蒸发浓缩至约

2mL，待净化。

2. 净化

将提取液全部转移至 10mL 玻璃离心管（内有 500mg PSA，500mg florisil，200mg C$_{18}$，200mg MgSO$_4$），4mL 正己烷加入鸡心瓶，将残渣充分复溶，并全部转移至 10mL 玻璃离心管，涡旋 2min 后 4 000r/min 离心 10min，取 1mL 上清液转移到自动进样瓶。

3. 测定

（1）气相色谱参考条件

a）色谱柱：VF-5MS 毛细管柱 30m×0.25mm×0.25μm，或相当者；

b）柱温：柱温起始温度 50℃，保持 5.0min，以 15℃/min 的速率升至 200℃，保持 2.0min；以 5℃/min 的速率升至 280℃，保持 12min；

c）进样口温度：250℃；

d）辅助加热器：280℃；

e）离子源温度：230℃；

f）四极杆温度：150℃；

g）载气：氦气纯度≥99.999%，1mL/min；

h）进样量：1μL；

i）进样方式：不分流。

（2）质谱参考条件

a）电离方式：EI；

b）电离能量：70eV；

c）碰撞气：高纯氩气（99.999%）；

d）碰撞气压力：137kPa；

e）其他参考质谱条件见表 6-5。

（3）定量测定：根据样液中被测物的含量情况，选定响应值相近的标准工作液。标准工作溶液和样液中分析物的响应值均应在仪器的检测线性范围内。对标准工作溶液和样液等体积参差进样测定。在上述色谱条件下 PAHs 的参考保留时间参见表 6-6。

（4）定性测定：进行样品测定时，如果检出的质量色谱峰保留时间与标准样品一致，并且在扣除背景后的样品谱图中，各定性离子的相对丰度与浓度接近的同样条件下得到的基质标准溶液谱图相比，误差不超过表 6-5 规定的范围，则可判断样品中存在对应的被测物。

4. 空白实验

除不加试样外，均按上述测定步骤进行。

（六）结果计算和表述

用色谱数据处理机或按下式计算试样中 PAHs 的含量：

$$X = \frac{A \times c \times V}{A_s \times m}$$

式中：

X——试样中 PAHs 含量，单位为微克每千克（μg/kg）；

A——样液中 PAHs 的峰面积；

c——标准溶液中 PAHs 的浓度，单位为纳克每毫升（ng/mL）；

V——样液最终定容体积，单位为毫升（mL）；

A_s——标准溶液中 PAHs 的峰面积；

m——最终样液所代表的试样量，单位为克（g）。

注：计算结果应扣除空白值，测定结果用平行测定的算术平均值表示，保留两位有效数字。

（七）定量限

本方法茶叶中 16 种 PAHs 定量限分别为：NA 为 0.4μg/kg、苊烯（ACY）为 0.7μg/kg、苊（ACE）为 0.7μg/kg、芴（FLU）为 0.4μg/kg、菲（PHEN）为 0.4μg/kg、蒽（AN）为 1.3μg/kg、荧蒽（FL）为 0.4μg/kg、芘（PY）为 0.4μg/kg、苯并（a）蒽（BaA）为 0.7μg/kg、䓛（Chry）为 1.7μg/kg、苯并（b）荧蒽（BbF）为 2.3μg/kg、苯并（k）荧蒽（BkF）为 2.3μg/kg、苯并（a）芘（BaP）为 2.3μg/kg、苯并（g，h，i）苝（BPe）为 2.4μg/kg、茚并（1，2，3-cd）芘（IcdP）为 2.6μg/kg、二苯并（a，h）蒽（dBAn）为 2.3μg/kg。

表 6-6 质谱采集参数以及保留时间

多环芳烃	保留时间（min）	离子对 1（m/z）	碰撞电压 1（eV）	离子对 2（m/z）	碰撞电压 2（eV）	离子对 3（m/z）	碰撞电压 3（eV）
Group 1							
NA-D8	10.070	136.0→136.0*	5	136.0→135.0	5		
NA	10.087	128.0→128.0*	5	128.0→127.0	5	128.0→102.0	15
Group 2							
ACY	12.736	152.0→152.0*	5	152.0→150.8	5	152.0→125.9	25
ACE-D10	12.960	164.0→164.0*	5	164.0→161.8	5	164.0→162.9	5

（续表）

多环芳烃	保留时间 （min）	离子对 1 （m/z）	碰撞 电压 1 （eV）	离子对 2 （m/z）	碰撞 电压 2 （eV）	离子对 3 （m/z）	碰撞 电压 3 （eV）
ACE	13.011	154.0→152.9*	5	154.0→154.0	5	154.0→151.8	10
FLU	13.855	166.0→165.0*	5	166.0→166.0	5	166.0→163.8	25
Group 3							
PHEN-D10	15.410	188.0→188.0*	5	188.0→186.8	8		
PHEN	15.447	178.0→178.0*	8	178.0→151.9	15	178.0→176.8	8
AN	15.542	178.0→178.0*	8	178.0→151.9	15	178.0→176.8	8
Group 4							
FL	18.671	202.1→202.1*	10	202.1→201.0	8	202.1→200.1	12
PY	19.412	202.1→202.1*	10	202.1→201.0	8	202.1→200.1	12
BaA	24.263	228.0→228.0*	10	228.0→226.9	25	228.0→226.0	25
CHRY-D12	24.286	240.0→240.0*	10	240.0→238.0	25	240.0→238.9	25
CHRY	24.376	228.0→228.0*	10	228.0→226.9	25	228.0→226.0	25
Group 5							
BbF	28.664	252.1→252.1*	5	252.1→250.9	25	252.1→226.0	15
BkF	28.779	252.1→252.1*	5	252.1→250.9	25	252.1→226.0	15
BaP	29.890	252.1→252.1*	5	252.1→250.9	25	252.1→226.0	15
BaP-D12	30.137	264.1→264.1*	12	264.1→262.9	25		
IcdP	34.001	276.0→276.0*	5	276.0→274.8	12	276.0→273.9	12
dBAn	34.205	278.0→278.0*	5	278.0→276.9	12	278.0→276.0	12
BPe	34.972	276.0→276.0*	5	276.0→274.8	12	276.0→273.9	12

第七章　茶叶质量安全标准

第一节　茶叶国家标准与行业标准目录

我国茶叶标准主要由国家标准、农业行业标准、供销合作行业标准、商业行业标准和各地的地方标准组成。包括茶叶在内的食品基础标准主要有《食品安全国家标准食品中农药最大残留限量》（GB 2763—2016）和《食品安全国家标准食品中污染物限量》（GB 2762—2017）。茶叶主要的产品国家标准和行业标准见表7-1。其中，绿茶有国家标准6项，红茶有国家标准3项和农业行业标准1项，乌龙茶有国家标准7项，黄茶有国家标准1项，白茶有国家标准2项，黑茶及紧压黑茶有国家标准13项，富硒茶有行业标准2项，再加工茶有国家标准4项和农业行业标准1项，花茶有国家标准1项和行业标准2项。此外，还有地理标志产品国家标准18项、产品行业标准14项、茶叶相关的质量认证产品标准2项和富硒茶行业标准2项。

表 7-1　茶叶产品国家标准和行业标准

编号	标准号	标准
1	GB/T 14456.1—2017	绿茶　第1部分：基本要求
2	GB/T 14456.2—2008	绿茶　第2部分：大叶种绿茶
3	GB/T 14456.3—2016	绿茶　第3部分：中小叶种绿茶
4	GB/T 14456.4—2016	绿茶　第4部分：珠茶
5	GB/T 14456.5—2016	绿茶　第5部分：眉茶
6	GB/T 14456.6—2016	绿茶　第6部分：蒸青茶
7	GB/T 13738.1—2017	红茶　第1部分：红碎茶
8	GB/T 13738.2—2017	红茶　第2部分：工夫红茶
9	GB/T 13738.3—2012	红茶　第3部分：小种红茶
10	NY/T 780—2004	红茶

编号	标准号	标准
11	GB/T 30357.1—2013	乌龙茶　第1部分：基本要求
12	GB/T 30357.2—2013	乌龙茶　第2部分：铁观音
13	GB/T 30357.3—2015	乌龙茶　第3部分：黄金桂
14	GB/T 30357.4—2015	乌龙茶　第4部分：水仙
15	GB/T 30357.5—2015	乌龙茶　第5部分：肉桂
16	GB/T 30357.6—2017	乌龙茶　第6部分：单丛
17	GB/T 30357.7—2017	乌龙茶　第7部分：佛手
18	GB/T 21726—2008	黄茶
19	GB/T 22291—2017	白茶
20	GB/T 31751—2015	紧压白茶
21	GB/T 32719.1—2016	黑茶　第1部分：基本要求
22	GB/T 32719.2—2016	黑茶　第2部分：花卷茶
23	GB/T 32719.3—2016	黑茶　第3部分：湘尖茶
24	GB/T 32719.4—2016	黑茶　第4部分：六堡茶
25	GB/T 9833.1—2013	紧压茶　第1部分：花砖茶
26	GB/T 9833.2—2013	紧压茶　第2部分：黑砖茶
27	GB/T 9833.3—2013	紧压茶　第3部分：茯砖茶
28	GB/T 9833.4—2013	紧压茶　第4部分：康砖茶
29	GB/T 9833.5—2013	紧压茶　第5部分：沱茶
30	GB/T 9833.6—2013	紧压茶　第6部分：紧茶
31	GB/T 9833.7—2013	紧压茶　第7部分：金尖茶
32	GB/T 9833.8—2013	紧压茶　第8部分：米砖茶
33	GB/T 9833.9—2013	紧压茶　第9部分：青砖茶
34	GB/T 24614—2009	紧压茶　原料要求
35	GB/T 24690—2009	袋泡茶
36	GB/T 34778—2017	抹茶
37	NY/T 2672—2015	茶粉
38	GB/T 18798.4—2013	固态速溶茶　第4部分：规格
39	GB/T 31740.1—2015	茶制品　第1部分：固态速溶茶
40	GB/T 22292—2017	茉莉花茶

（续表）

编号	标准号	标准
41	NY/T 456—2001	茉莉花茶
42	GH/T 1117—2015	桂花茶
43	GB/T 18650—2008	地理标志产品　龙井茶
44	GB/T 18665—2008	地理标志产品　蒙山茶
45	GB/T 18745—2006	地理标志产品　武夷岩茶
46	GB/T 18957—2008	地理标志产品　洞庭（山）碧螺春茶
47	GB/T 19460—2008	地理标志产品　黄山毛峰茶
48	GB/T 19598—2006	地理标志产品　安溪铁观音
49	GB/T 19691—2008	地理标志产品　狗牯脑茶
50	GB/T 19698—2008	地理标志产品　太平猴魁茶
51	GB/T 20354—2006	地理标志产品　安吉白茶
52	GB/T 20360—2006	地理标志产品　乌牛早茶
53	GB/T 20605—2006	地理标志产品　雨花茶
54	GB/T 21003—2007	地理标志产品　庐山云雾茶
55	GB/T 21824—2008	地理标志产品　永春佛手
56	GB/T 22109—2008	地理标志产品　政和白茶
57	GB/T 22111—2008	地理标志产品　普洱茶
58	GB/T 22737—2008	地理标志产品　信阳毛尖茶
59	GB/T 24710—2009	地理标志产品　坦洋工夫
60	GB/T 26530—2011	地理标志产品　崂山绿茶
61	GH/T 1115—2015	西湖龙井茶
62	GH/T 1116—2015	九曲红梅茶
63	GH/T 1118—2015	金骏眉茶
64	GH/T 1120—2015	雅安藏茶
65	GH/T 1127—2016	径山茶
66	GH/T 1128—2016	天目青顶茶
67	NY/T 482—2002	敬亭绿雪茶
68	NY/T 779—2004	普洱茶
69	NY/T 781—2004	六安瓜片茶
70	NY/T 782—2004	黄山毛峰茶

编号	标准号	标准
71	NY/T 783—2004	洞庭春茶
72	NY/T 784—2004	紫笋茶
73	NY/T 863—2004	碧螺春茶
74	SB/T 10168—93	闽烘青绿茶
75	NY 5196—2002	有机茶
76	NY/T 288—2012	绿色食品茶叶
77	GH/T 1090—2014	富硒茶
78	NY/T 600—2002	富硒茶

第二节　茶叶质量安全限量指标

一、茶叶理化品质指标

绿茶标准中的理化指标主要有水分、总灰分、碎茶、粉末、水浸出物、粗纤维、酸不溶性灰分、水溶性灰分、水溶性灰分碱度、茶多酚、儿茶素和游离氨基酸总量，要求见表7-2。

红茶标准中的理化指标主要有水分、总灰分、碎茶、粉末、水浸出物、粗纤维、酸不溶性灰分、水溶性灰分、水溶性灰分碱度和茶多酚等，要求见表7-3。

乌龙茶标准中的理化指标主要有水分、总灰分、碎茶、粉末和水浸出物等，要求见表7-4。

黄茶标准中的理化指标主要有水分、总灰分、粉末、碎茶、水浸出物、粗纤维、酸不溶性灰分、水溶性灰分和水溶性灰分碱度等，要求见表7-5。

白茶标准中的理化指标主要有水分、总灰分、粉末、碎茶、水浸出物、粗纤维、酸不溶性灰分、水溶性灰分和水溶性灰分碱度等，要求见表7-6。

黑茶标准中的理化指标主要有水分、计重水分、总灰分、碎茶、粉末、茶梗、茶梗中长于30mm的梗含量、非茶类夹杂物、水浸出物、粗纤维和茶多酚等，要求见表7-7。

再加工茶标准中的理化指标主要有水分、总灰分、粒度、水浸出物、茶多酚、儿茶素、茶黄素、咖啡碱和茶氨酸等，要求见表7-8。

花茶标准中的理化指标主要有水分、总灰分、碎茶、粉末、非茶非花类物质、花干（含花量）、水浸出物、粗纤维和茶多酚等，要求见表7-9。

表 7-2 绿茶标准中理化指标要求

标准	产品类别	等级	水分（%）	总灰分（%）	碎茶（%）	粉末（%）	碎茶和粉末（碎末茶）（%）	水浸出物（%）	粗纤维（%）	酸不溶性灰分（%）	水溶性灰分占总灰分（%）	水溶性灰分碱度（以KOH计）（%）	茶多酚（%）	儿茶素（%）	游离氨基酸总量（以氨酸计）（%）
GB/T 14456.1—2017 绿茶 第1部分：基本要求	炒青绿茶	—	≤7.0	≤7.5	—	≤1.0	—	≥34.0	≤16.0*	≤1.0*	≥45.0*	≥1.0; ≤3.0*	≥11.0*	—	≥7.0*
GB/T 14456.1—2017 绿茶 第1部分：基本要求	烘青绿茶	—	≤7.0	≤7.5	—	≤1.0	—	≥34.0	≤16.0*	≤1.0*	≥45.0*	≥1.0; ≤3.0*	≥11.0*	—	≥7.0*
GB/T 14456.1—2017 绿茶 第1部分：基本要求	蒸青绿茶	—	≤7.0	≤7.5	—	≤1.0	—	≥34.0	≤16.0*	≤1.0*	≥45.0*	≥1.0; ≤3.0*	≥11.0*	—	≥7.0*
GB/T 14456.1—2017 绿茶 第1部分：基本要求	晒青绿茶	—	≤9.0	≤7.5	—	≤1.0	—	≥34.0	≤16.0*	≤1.0*	≥45.0*	≥1.0; ≤3.0*	≥11.0*	—	≥7.0*
GB/T 14456.2—2008 绿茶 第2部分：大叶种绿茶	炒青毛茶	—	≤7.0	≤7.5	—	—	≤6.0	≥36*	≤16.0*	≤1.0*	≥45.0*	≥1.0; ≤3.0*	—	—	—
GB/T 14456.2—2008 绿茶 第2部分：大叶种绿茶	烘青毛茶	—	≤7.0	≤7.5	—	—	≤6.0	≥36*	≤16.0*	≤1.0*	≥45.0*	≥1.0; ≤3.0*	—	—	—
GB/T 14456.2—2008 绿茶 第2部分：大叶种绿茶	蒸青毛茶	—	≤7.0	≤7.5	—	—	≤6.0	≥36*	≤16.0*	≤1.0*	≥45.0*	≥1.0; ≤3.0*	—	—	—
GB/T 14456.2—2008 绿茶 第2部分：大叶种绿茶	晒青毛茶	—	≤9.0	≤7.5	—	—	≤6.0	≥36*	≤16.0*	≤1.0*	≥45.0*	≥1.0; ≤3.0*	—	—	—
GB/T 14456.2—2008 绿茶 第2部分：大叶种绿茶	其他成品茶	—	≤7.0	≤7.5	—	≤0.3	—	≥36*	≤16.0*	≤1.0*	≥45.0*	≥1.0; ≤3.0*	—	—	—
GB/T 14456.2—2008 绿茶 第2部分：大叶种绿茶	晒青精制茶	—	≤9.0	≤7.5	—	≤1.0	—	≥36*	≤16.0*	≤1.0*	≥45.0*	≥1.0; ≤3.0*	—	—	—

（续表）

标准	产品类别	等级	水分（%）	总灰分（%）	碎茶（%）	粉末（%）	碎茶和粉末（碎末茶）（%）	水浸出物（%）	粗纤维（%）	酸不溶性灰分（%）	水溶性灰分占总灰分（%）	水溶性灰分碱度（以KOH计）（%）	茶多酚（%）	儿茶素（%）	游离氨基酸总量（以氨谷酸计）（%）
GB/T 14456.3—2016 绿茶 第3部分：中小叶种绿茶	—	特级~二级	—	—	—	—	—	≥36.0	≤16.5*	≤1.0*	≥45*	≥1.0; ≤3.0*	≥13		≥8
GB/T 14456.3—2016 绿茶 第3部分：中小叶种绿茶	—	三级~五级	—	—	—	—	—	≥34.0	≤16.5*	≤1.0*	≥45*	≥1.0; ≤3.0*	≥13		≥8
GB/T 14456.4—2016 绿茶 第4部分：珠茶	珠茶	特级~二级	≤7.0	≤7.5		≤1.0	—	≥35.0	≤15.0*	≤1.0*	≥45*	≥1.0; ≤3.0*	≥14		≥9
GB/T 14456.4—2016 绿茶 第4部分：珠茶	珠茶	三级~四级	≤7.0	≤7.5		≤1.5	—	≥33.0	≤16.5*	≤1.0*	≥45*	≥1.0; ≤3.0*	≥12		≥8
GB/T 14456.5—2016 绿茶 第5部分：眉茶	珍眉	—	≤7.0	≤7.5		≤1.0	—	≥36.0	≤16.5*	≤1.0*	≥45*	≥1.0; ≤3.0*	≥14		≥9
GB/T 14456.5—2016 绿茶 第5部分：眉茶	雨茶	—	≤7.0	≤7.5		≤1.0	—	≥36.0	≤16.5*	≤1.0*	≥45*	≥1.0; ≤3.0*	≥13		≥9
GB/T 14456.5—2016 绿茶 第5部分：眉茶	贡熙	—	≤7.0	≤7.5		≤1.5	—	≥34.0	≤16.5*	≤1.0*	≥45*	≥1.0; ≤3.0*	≥12		≥8
GB/T 14456.5—2016 绿茶 第5部分：眉茶	秀眉	—	≤7.0	≤7.5		≤1.5	—	≥34.0	≤16.5*	≤1.0*	≥45*	≥1.0; ≤3.0*	≥12		≥8
GB/T 14456.6—2016 绿茶 第6部分：蒸青茶	—	特级~二级	≤7.0	≤7.5			3.0	≥36.0	≤16.5*	≤1.0*	≥45*	≥1.0; ≤3.0*	≥14		≥9
GB/T 14456.6—2016 绿茶 第6部分：蒸青茶	—	三级~五级	≤7.0	≤7.5			6.0	≥34.0	≤16.5*	≤1.0*	≥45*	≥1.0; ≤3.0*	≥12		≥8

（续表）

标准	产品类别	等级	水分（%）	总灰分（%）	碎茶（%）	粉末（%）	碎茶和粉末（碎末茶）（%）	水浸出物（%）	粗纤维（%）	酸不溶性灰分（%）	水溶性灰分占总灰分（%）	水溶性灰分碱度（以KOH计）（%）	茶多酚（%）	儿茶素（%）	游离氨基酸总量（以氨含酸计）（%）
GB/T 14456.6—2016 绿茶 第6部分：蒸青茶	—	片茶	≤7.0	≤7.5	—	—	—	≥32.0	≤16.5*	≤1.0*	≥45*	≥1.0；≤3.0*	≥11	—	≥7
GB/T 18650—2008 地理标志产品龙井茶	—	特级~二级	≤6.5	≤6.5	—	—	≤1.0	≥36.0	—	—	—	—	—	—	—
GB/T 18650—2008 地理标志产品龙井茶	—	三级~五级	≤7.0	≤7	—	—	≤1.0	≥36.0	—	—	—	—	—	—	—
GB/T 18665—2008 地理标志产品蒙山茶	蒙顶石花、蒙顶甘露、蒙山毛峰、蒙山春露	—	≤6.5	≤6.5	—	≤0.5	—	—	—	—	—	—	—	—	—
GB/T 18665—2008 地理标志产品蒙山茶	蒙山烘青绿茶、炒青绿茶、蒸青绿茶	特级	≤7.0	≤6.5	—	≤1.0	—	—	—	—	—	—	—	—	—
GB/T 18665—2008 地理标志产品蒙山茶	蒙山烘青绿茶、炒青绿茶、蒸青绿茶	一级~三级	≤7.0	≤6.5	—	≤1.5	—	—	—	—	—	—	—	—	—
GB/T 18665—2008 地理标志产品蒙山茶	蒙山烘青绿茶、炒青绿茶、蒸青绿茶	四级~五级	≤7.0	≤6.5	—	≤1.5	—	—	—	—	—	—	—	—	—

（续表）

标准	产品类别	等级	水分(%)	总灰分(%)	碎茶(%)	粉末(%)	碎茶和粉末(碎末茶)(%)	水浸出物(%)	粗纤维(%)	酸不溶性灰分(%)	水溶性灰分占总灰分(%)	水溶性灰分碱度(以KOH计)(%)	茶多酚(%)	儿茶素(%)	游离氨基酸总量(以氨基酸计)(%)
GB/T 18957—2008 地理标志产品洞庭（山）碧螺春茶	—	—	≤7.5	≤6.5	—	—	—	≥34.0	14.0	—	—	—	—	—	—
GB/T 19460—2008 地理标志产品黄山毛峰茶	—	—	≤6.5	≤6.5	—	≤0.5	—	≥35.0	—	—	—	—	—	—	—
GB/T 19691—2008 地理标志产品狗牯脑茶	—	—	≤6.5	≤6.5	—	≤1.0	—	≥38.0	14.0	1.0	45.0	≥1.0;≤3.0	—	—	—
GB/T 19698—2008 地理标志产品太平猴魁茶	—	—	≤6.5	≤6.5	—	≤0.5	—	≥37	14	—	—	—	—	—	—
GB/T 20354—2006 地理标志产品安吉白茶	—	—	≤6.5	≤6.5	—	—	≤1.2	≥32	10.5	—	—	—	—	—	—
GB/T 20360—2006 地理标志产品乌牛早茶	—	特一、特二	≤7.0	≤6.5	—	—	≤1.0	≥37.0	12.0	—	—	—	≥20.1;≤29.5	—	—
GB/T 20360—2006 地理标志产品乌牛早茶	—	一级、二级	≤7.0	≤6.5	—	—	≤2.0	≥37.0	≤14.0	—	—	—	≥20.1;≤29.5	—	—
GB/T 20605—2006 地理标志产品雨花茶	—	—	≤7.0	≤6.5	—	—	≤6.0	≥35.0	≤14.0	—	—	—	—	—	—
GB/T 21003—2007 地理标志产品庐山云雾茶	—	—	≤7.0	≤6.5	—	—	≤5.0	—	—	—	—	—	—	—	—

（续表）

标准	产品类别	等级	水分（%）	总灰分（%）	碎茶（%）	粉末（%）	碎茶和粉末（碎末茶）（%）	水浸出物（%）	粗纤维（%）	酸不溶性灰分（%）	水溶性灰分占总灰分（%）	水溶性灰分碱度（以KOH计）（%）	茶多酚（%）	儿茶素（%）	游离氨基酸总量（以氨酸计）（%）
GB/T 22737—2008 地理标志产品信阳毛尖茶	—	珍品、特级、一级、二级	≤6.5	≤6.5	—	≤2.0	—	≥36.0	≤12.0	—	—	—	—	—	—
GB/T 22737—2008 地理标志产品信阳毛尖茶	—	三级、四级春茶	≤6.5	≤6.5	—	≤2.0	—	≥34.0	≤14.0	—	—	—	—	—	—
GB/T 26530—2011 地理标志产品崂山绿茶	—	特级、一级	≤7.0	≤7.0	—	—	≤5.0	≥37.0	≤16.0	—	—	—	—	—	—
GB/T 26530—2011 地理标志产品崂山绿茶	—	其他	≤7.0	≤7.0	—	—	≤5.0	≥37.0	≤16.0	—	—	—	—	—	—
GH/T 1115—2015 西湖龙井茶	—	—	≤6.5	≤6.5	—	≤1.0	—	≥36.0	—	—	—	—	—	—	—
GH/T 1127—2016 径山茶	—	—	≤6.5	≤6.5	—	—	—	≥35.0	—	—	—	—	—	—	—
GH/T 1128—2016 天目青顶茶	—	—	≤6.5	≤6.5	—	—	—	≥36.0	—	—	—	—	—	—	—
SB/T 10168—93 闽烘青绿茶	—	—	≤7.0	≤6.5	≤4.0	—	—	≥36.0	≤15.0	—	—	—	—	—	—
NY/T 482—2002 敬亭绿雪茶	—	特级	≤7.0	≤6.5	—	—	≤1.5	≥36.0	≤14.0	—	—	—	—	—	—

（续表）

标准	产品类别	等级	水分（%）	总灰分（%）	碎茶（%）	粉末（%）	碎茶和粉末（碎末茶）（%）	水浸出物（%）	粗纤维（%）	酸不溶性灰分（%）	水溶性灰分占总灰分（%）	水溶性灰分碱度（以KOH计）（%）	茶多酚（%）	儿茶素（%）	游离氨基酸总量（以氨酸计）（%）
NY/T 482—2002 敬亭绿雪茶	—	一级	≤7.0	≤6.5	—	—	≤3.0	≥36.0	≤14.0	—	—	—	—	—	—
NY/T 482—2002 敬亭绿雪茶	—	二级、三级	≤7.0	≤6.5	—	—	≤4.0	≥36.0	≤16.0	—	—	—	—	—	—
NY/T 781—2004 六安瓜片茶	—	—	≤6.0	≤6.5	—	≤1.0	—	≥36	≤14	—	—	—	—	—	—
NY/T 782—2004 黄山毛峰茶	—	—	≤6.5	≤6.5	—	≤0.5	—	≥37	≤14	—	—	—	—	—	—
NY/T 783—2004 洞庭春茶	—	洞庭春芽	≤6.5	≤6.0	—	—	—	≥34.0	≤13.0	—	—	—	≥23.0	—	—
NY/T 783—2004 洞庭春茶	—	洞庭春毫	≤6.5	≤6.5	—	—	—	≥34.0	≤13.0	—	—	—	≥23.0	—	—
NY/T 783—2004 洞庭春茶	—	洞庭春萃	≤6.5	≤6.5	—	—	—	≥34.0	≤13.0	—	—	—	≥23.0	—	—
NY/T 784—2004 紫笋茶	—	—	≤6.5	≤6.5	—	—	≤2.0	≥36.0	≤14.0	—	—	—	—	—	—
NY/T 863—2004 碧螺春茶	—	—	≤7.5	≤7.0	—	—	≤3.0	≥35.0	≤12.0	—	—	—	—	—	—

注：* 参考指标

表 7-3 红茶标准中理化指标要求

标准	产品类别	等级	水分 (%)	总灰分 (%)	碎茶 (%)	粉末 (%)	水浸出物 (%)	粗纤维 (%)	酸不溶性灰分 (%)	水溶性灰分占总灰分 (%)	水溶性灰分碱度 (以 KOH 计) (%)	茶多酚 (%)
GB/T 13738.1—2017 红茶 第 1 部分：红碎茶	大叶种红碎茶	—	≤7.0	≥4.0; ≤8.0	—	≤2.0	≥34	≤16.5*	≤1.0*	≥45*	≥1.0; ≤3.0*	≥9.0*
GB/T 13738.1—2017 红茶 第 1 部分：红碎茶	中小叶种红碎茶	—	≤7.0	≥4.0; ≤8.0	—	≤2.0	≥32	≤16.5*	≤1.0*	≥45*	≥1.0; ≤3.0*	≥9.0*
GB/T 13738.2—2017 红茶 第 2 部分：工夫红茶	大叶种工夫红茶	特级~一级	≤7.0	≤6.5	—	≤1.0	≥36	≤16.5*	≤1.0*	≥45*	≥1.0; ≤3.0*	≥9.0*
GB/T 13738.2—2017 红茶 第 2 部分：工夫红茶	大叶种工夫红茶	二级~三级	≤7.0	≤6.5	—	≤1.2	≥34	≤16.5*	≤1.0*	≥45*	≥1.0; ≤3.0*	≥9.0*
GB/T 13738.2—2017 红茶 第 2 部分：工夫红茶	大叶种工夫红茶	四级~六级	≤7.0	≤6.5	—	≤1.5	≥32	≤16.5*	≤1.0*	≥45*	≥1.0; ≤3.0*	≥9.0*
GB/T 13738.2—2017 红茶 第 2 部分：工夫红茶	中小叶种工夫红茶	特级~一级	≤7.0	≤6.5	—	≤1.0	≥32	≤16.5*	≤1.0*	≥45*	≥1.0; ≤3.0*	≥7.0*
GB/T 13738.2—2017 红茶 第 2 部分：工夫红茶	中小叶种工夫红茶	二级~三级	≤7.0	≤6.5	—	≤1.2	≥30	≤16.5*	≤1.0*	≥45*	≥1.0; ≤3.0*	≥7.0*
GB/T 13738.2—2017 红茶 第 2 部分：工夫红茶	中小叶种工夫红茶	四级~六级	≤7.0	≤6.5	—	≤1.5	≥28	≤16.5*	≤1.0*	≥45*	≥1.0; ≤3.0*	≥7.0*
GB/T 13738.3—2012 红茶 第 3 部分：小种红茶	正山小种	特级~一级	≤7.0	≤7.0	—	≤1.0	≥34	—	—	—	—	—

（续表）

标准	产品类别	等级	水分（%）	总灰分（%）	碎茶（%）	粉末（%）	水浸出物（%）	粗纤维（%）	酸不溶性灰分（%）	水溶性灰分占总灰分（%）	水溶性灰分碱度（以KOH计）（%）	茶多酚（%）
GB/T 13738.3—2012 红茶 第3部分：小种红茶	正山小种	二级~四级	≤7.0	≤7.0	—	≤1.2	≥32	—	—	—	—	—
GB/T 13738.3—2012 红茶 第3部分：小种红茶	烟小种	特级~一级	≤7.0	≤7.0	—	≤1.0	≥32	—	—	—	—	—
GB/T 13738.3—2012 红茶 第3部分：小种红茶	烟小种	二级~四级	≤7.0	≤7.0	—	≤1.2	≥30	—	—	—	—	—
NY/T 780—2004 红茶	—	—	≤6.5	≤6.5	—	≤3.0	≥32.0	—	—	—	—	—
GB/T 24710—2009 地理标志产品坦洋工夫	—	特级	≤7.0	≤6.5	≤3.0	≤0.5	≥32	—	—	—	—	—
GB/T 24710—2009 地理标志产品坦洋工夫	—	一级、二级	≤7.0	≤6.5	≤3.0	≤1.0	≥32	—	—	—	—	—
GB/T 24710—2009 地理标志产品坦洋工夫	—	三级	≤7.0	≤6.5	≤5.0	≤1.5	≥30	—	—	—	—	—
GH/T 1116—2015 九曲红梅茶	—	—	≤7.0	≤6.5	—	≤1.0	≥34.0	—	—	—	—	—
GH/T 1118—2015 金骏眉茶	—	—	≤7.0	≤6.5	—	≤1.0	≥36.0	—	—	—	—	—

注：*参考指标

表 7-4 乌龙茶标准中理化指标要求

标准	产品类别	等级	水分（%）	总灰分（%）	碎茶（%）	粉末（%）	水浸出物（%）
GB/T 30357.1—2013 乌龙茶 第1部分：基本要求	—	—	≤7.0	≤6.5	≤16	≤1.3	≥32
GB/T 30357.2—2013 乌龙茶 第2部分：铁观音	—	—	≤7.0	≤6.5	≤16	≤1.3	≥32
GB/T 30357.3—2015 乌龙茶 第3部分：黄金桂	—	—	≤7.5	≤6.5	≤16	≤1.3	≥32
GB/T 30357.4—2015 乌龙茶 第4部分：水仙	条形水仙	—	≤7.0	≤6.5	≤16	≤1.3	≥32
GB/T 30357.4—2015 乌龙茶 第4部分：水仙	紧压水仙	—	≤7.0	≤6.5	—	—	≥32
GB/T 30357.5—2015 乌龙茶 第5部分：肉桂	—	—	≤7.0	≤6.5	≤16	≤1.3	≥32
GB/T 30357.6—2017 乌龙茶 第6部分：单丛	—	—	≤7.0	≤6.5	≤16	≤1.3	≥32
GB/T 30357.7—2017 乌龙茶 第7部分：佛手	—	—	≤7.0	≤6.5	≤16	≤1.3	≥32
GB/T 18745—2006 地理标志产品 武夷岩茶	—	—	≤6.5	≤6.5	≤15.0	≤1.3	—
GB/T 19598—2006 地理标志产品 安溪铁观音	—	—	≤7.5	≤6.5	≤16	≤1.3	—
GB/T 21824—2008 地理标志产品 永春佛手	成品茶	—	≤7.0	≤6.5	—	≤1.3	—
GB/T 21824—2008 地理标志产品 永春佛手	精制成品茶	—	≤7.0	≤6.5	≤12.0	≥1.3	—

表 7-5 黄茶标准中理化指标要求

标准	产品类别	等级	水分 (%)	总灰分 (%)	粉末 (%)	碎茶和粉末（碎末茶）(%)	水浸出物 (%)	粗纤维 (%)	酸不溶性灰分 (%)	水溶性灰分，占总灰分 (%)	水溶性灰分碱度（以KOH计）(%)
GB/T 21726—2008 黄茶	芽型	—	≤7.0	≤7.0	—	≤2	≥32*	≤16.5*	≤1.0*	≥45*	≥1.0；≤3.0*
GB/T 21726—2008 黄茶	芽叶型	—	≤7.0	≤7.0	—	≤3	≥32*	≤16.5*	≤1.0*	≥45*	≥1.0；≤3.0*
GB/T 21726—2008 黄茶	大叶型	—	≤7.0	≤7.0	—	≤6	≥32*	≤16.5*	≤1.0*	≥45*	≥1.0；≤3.0*
GB/T 18665—2008 地理标志产品 蒙山茶	蒙顶黄芽	—	≤6.5	≤6.5	≤0.5	—	—	—	—	—	—

注：* 参考指标

表 7-6 白茶标准中理化指标要求

标准	产品类别	等级	水分 (%)	总灰分 (%)	碎茶 (%)	粉末 (%)	茶梗 (%)	水浸出物 (%)
GB/T 22291—2017 白茶	白毫银针	—	≤8.5	≤6.5	—	—	—	≥30
GB/T 22291—2017 白茶	白牡丹、贡眉、寿眉	—	≤8.5	≤6.5	—	≤1	—	≥30
GB/T 31751—2015 紧压白茶	紧压白毫银针	—	≤8.5	≤6.5	—	—	不得检出	≥36
GB/T 31751—2015 紧压白茶	紧压白牡丹	—	≤8.5	≤6.5	—	—	不得检出	≥34
GB/T 31751—2015 紧压白茶	紧压贡眉	—	≤8.5	≤6.5	—	—	≤2.0	≥34
GB/T 31751—2015 紧压白茶	紧压寿眉	—	≤8.5	≤7.0	—	—	≤4.0	≥32
GB/T 22109—2008 地理标志产品 政和白茶	—	—	≤7.0	≤7.0	≤10.0	≤1.5	—	≥32.0

表 7-7 黑茶标准中理化指标要求

标准	产品类别	等级	水分(%)	计重水分(%)	总灰分(%)	碎茶(%)	粉末(%)	茶梗(%)	茶梗中长于30mm的梗含量(%)	非茶类夹杂物(%)	水浸出物(%)	粗纤维(%)	茶多酚(%)
GB/T 32719.1—2016 黑茶 第1部分：基本要求	散茶	—	≤12.0	—	≤8.0	—	≤1.5	根据各产品实际制定	—	—	≥24.0	—	—
GB/T 32719.1—2016 黑茶 第1部分：基本要求	紧压茶	—	≤15.0	12.0	≤8.5	—	—	根据各产品实际制定	—	—	≥22.0	—	—
GB/T 32719.2—2016 黑茶 第2部分：花卷茶	—	—	≤15.0	12.0	≤8.0	—	—	≤5.0	≤0.5	—	≥24.0	—	—
GB/T 32719.3—2016 黑茶 第3部分：湘尖茶	—	天尖	≤14.0	12.0	≤7.5	—	—	≤5.0	≤0.1	—	≥26.0	—	—
GB/T 32719.3—2016 黑茶 第3部分：湘尖茶	—	贡尖	≤14.0	12.0	≤7.5	—	—	≤6.0	≤0.5	—	≥24.0	—	—
GB/T 32719.3—2016 黑茶 第3部分：湘尖茶	—	生尖	≤14.0	12.0	≤8.0	—	—	≤10.0	≤1.0	—	≥22.0	—	—
GB/T 32719.4—2016 黑茶 第4部分：六堡茶	散茶	特级~一级	≤12.0	—	≤8.0	—	≤0.8	≤3.0	—	—	≥30.0	—	—
GB/T 32719.4—2016 黑茶 第4部分：六堡茶	散茶	二级~三级	≤12.0	—	≤8.0	—	≤0.8	≤6.5	—	—	≥28.0	—	—

(续表)

标准	产品类别	等级	水分(%)	计重水分(%)	总灰分(%)	碎茶(%)	粉末(%)	茶梗(%)	茶梗中长于30mm的梗含量(%)	非茶类夹杂物(%)	水浸出物(%)	粗纤维(%)	茶多酚(%)
GB/T 32719.4—2016 黑茶 第4部分:六堡茶	散茶	四级~六级	≤12.0	—	≤8.0	—	≤0.8	≤10.0	—	—	≥26.0	—	—
GB/T 32719.4—2016 黑茶 第4部分:六堡茶	紧压茶	特级~一级	≤14.0	12.0	≤8.5	—	—	≤3.0	—	—	≥30.0	—	—
GB/T 32719.4—2016 黑茶 第4部分:六堡茶	紧压茶	二级~三级	≤14.0	12.0	≤8.5	—	—	≤6.5	—	—	≥28.0	—	—
GB/T 32719.4—2016 黑茶 第4部分:六堡茶	紧压茶	四级~六级	≤14.0	12.0	≤8.5	—	—	≤10.0	—	—	≥26.0	—	—
GB/T 9833.1—2013 紧压茶 第1部分:花砖茶	—	—	≤14.0	12.0	≤8.0	—	—	≤15.0	≤1.0	≤0.2	≥22.0	—	—
GB/T 9833.2—2013 紧压茶 第2部分:黑砖茶	—	—	≤14.0	12.0	≤8.5	—	—	≤18.0	≤1.0	≤0.2	≥21.0	—	—
GB/T 9833.3—2013 紧压茶 第3部分:茯砖茶	—	—	≤14.0	12.0	≤9.0	—	—	≤20.0	≤1.0	≤0.2	≥20.0	—	—
GB/T 9833.4—2013 紧压茶 第4部分:康砖茶	—	特制康砖	≤16.0	14.0	≤7.5	—	—	≤7.0	≤1.0	≤0.2	≥28.0	—	—
GB/T 9833.4—2013 紧压茶 第4部分:康砖茶	—	普通康砖	≤16.0	14.0	≤7.5	—	—	≤8.0	≤1.0	≤0.2	≥26.0	—	—

（续表）

标准	产品类别	等级	水分（%）	计重水分（%）	总灰分（%）	碎茶（%）	粉末（%）	茶梗（%）	茶梗中长于30mm的梗含量（%）	非茶类夹杂物（%）	水浸出物（%）	粗纤维（%）	茶多酚（%）
GB/T 9833.5—2013 紧压茶 第5部分：沱茶	—	—	≤9.0	—	≤7.0	—	—	≤3.0	—	≤0.2	≥36.0	—	—
GB/T 9833.6—2013 紧压茶 第6部分：紧茶	—	—	≤13.0	10.0	≤7.5	—	—	≤8.0	≤1.0	≤0.2	≥36.0	—	—
GB/T 9833.7—2013 紧压茶 第7部分：金尖茶	—	特制金尖	≤16.0	14.0	≤8.0	—	—	≤10.0	≤1.0	≤0.2	≥25.0	—	—
GB/T 9833.7—2013 紧压茶 第7部分：金尖茶	—	普通金尖	≤16.0	14.0	≤8.5	—	—	≤15.0	≤1.0	≤0.2	≥18.0	—	—
GB/T 9833.8—2013 紧压茶 第8部分：米砖茶	—	特技米砖茶	≤9.5	9.5	≤7.5	—	—	—	—	≤0.2	≥30.0	—	—
GB/T 9833.8—2013 紧压茶 第8部分：米砖茶	—	普通米砖茶	≤9.5	9.5	≤8.0	—	—	—	—	≤0.2	≥28.0	—	—
GB/T 9833.9—2013 紧压茶 第9部分：青砖茶	—	—	≤12.0	12.0	≤8.5	—	—	≤20.0	≤1.0	≤0.2	≥21.0	—	—
GB/T 24614—2009 紧压茶 原料要求	老青茶（面茶）	一级~二级	≤12.0	—	≤7.0	—	—	≤3.0	—	≤0.01	—	—	—
GB/T 24614—2009 紧压茶 原料要求	老青茶（面茶）	三级~四级	≤14.0	—	≤7.5	—	—	≤7.0	—	≤0.06	—	—	—

（续表）

标准	产品类别	等级	水分（%）	计重水分（%）	总灰分（%）	碎茶（%）	粉末（%）	茶梗（%）	茶梗中长于30mm的梗含量（%）	非茶类夹杂物（%）	水浸出物（%）	粗纤维（%）	茶多酚（%）
GB/T 24614—2009 紧压茶 原料要求	老青茶（面茶）	五级~六级	≤15.0	—	≤8.0	—	—	≤10.0	—	≤0.15	—	—	—
GB/T 24614—2009 紧压茶 原料要求	老青茶（里茶）	一级	≤14.0	—	≤8.0	—	—	≤15.0	—	≤0.2	—	—	—
GB/T 24614—2009 紧压茶 原料要求	老青茶（里茶）	二级	≤18.0	—	≤8.0	—	—	≤18.0	—	≤0.4	—	—	—
GB/T 24614—2009 紧压茶 原料要求	老青茶（里茶）	三级	≤22.0	—	≤8.0	—	—	≤22.0	—	≤0.6	—	—	—
GB/T 24614—2009 紧压茶 原料要求	黑毛茶	特级	≤10.0	—	≤7.5	—	—	≤3.0	—	≤0.1	—	—	—
GB/T 24614—2009 紧压茶 原料要求	黑毛茶	一级~二级	≤12.0	—	≤8.0	—	—	≤10.0	—	≤0.4	—	—	—
GB/T 24614—2009 紧压茶 原料要求	黑毛茶	三级~四级	≤12.0	—	≤8.0	—	—	≤18.0	—	≤0.6	—	—	—
GB/T 24614—2009 紧压茶 原料要求	四川边茶（条茶）	一级~二级	≤14.0	—	≤8.0	—	—	≤5.0	—	≤0.5	—	—	—
GB/T 24614—2009 紧压茶 原料要求	四川边茶（做庄茶）	一级	≤14.0	—	≤8.0	—	—	≤4.0	—	≤0.4	—	—	—

（续表）

标准	产品类别	等级	水分（%）	计重水分（%）	总灰分（%）	碎茶（%）	粉末（%）	茶梗（%）	茶梗中长于30mm的梗含量（%）	非茶类夹杂物（%）	水浸出物（%）	粗纤维（%）	茶多酚（%）
GB/T 24614—2009 紧压茶原料要求	四川边茶（做庄茶）	二级	≤14.0	—	≤8.0	—	—	≤8.0	—	≤0.6	—	—	—
GB/T 24614—2009 紧压茶原料要求	四川边茶（做庄茶）	三级	≤15.0	—	≤8.0	—	—	≤13.0	—	≤0.8	—	—	—
GB/T 24614—2009 紧压茶原料要求	四川边茶（做庄茶）	四级	≤16.0	—	≤8.0	—	—	≤15.0	—	≤1.0	—	—	—
GB/T 24614—2009 紧压茶原料要求	四川边茶（毛庄茶）	一级~三级	16.0	—	≤8.0	—	—	≤16.0	—	≤1.0	—	—	—
GB/T 24614—2009 紧压茶原料要求	云南晒青茶	一级~二级	≤9.0	—	≤7.5	—	—	≤2.0	—	≤0.03	—	—	—
GB/T 24614—2009 紧压茶原料要求	云南晒青茶	三级~四级	≤11.0	—	≤7.5	—	—	≤4.0	—	≤0.1	—	—	—
GB/T 24614—2009 紧压茶原料要求	云南晒青茶	五级及以下	≤13.0	—	≤7.5	—	—	≤8.0	—	≤0.5	—	—	—
GB/T 22111—2008 地理标志产品 普洱茶	晒青茶	—	≤10.0	—	≤7.5	—	≤0.8	—	—	—	≤35.0	—	28.0
GB/T 22111—2008 地理标志产品 普洱茶	普洱茶（生茶）	—	≤13.0	10.0	≤7.5	—	—	—	—	—	≥35.0	—	28.0

（续表）

标准	产品类别	等级	水分（%）	计重水分（%）	总灰分（%）	碎茶（%）	粉末（%）	茶梗（%）	茶梗中长于30mm的梗含量（%）	非茶类夹杂物（%）	水浸出物（%）	粗纤维（%）	茶多酚（%）
GB/T 22111—2008 地理标志产品 普洱茶	普洱茶（熟茶）散茶	—	≤12.0	10.0	≤8.0	—	≤0.8	—	—	—	≥28.0	14.0	15.0
GB/T 22111—2008 地理标志产品 普洱茶	普洱茶（熟茶）紧压茶	—	≤12.5	10.0	≤8.5	—	—	—	—	—	≥28.0	15.0	15.0
GH/T 1120—2015 雅安藏茶	—	特级	≤13.0	12.0	≤7.0	—	—	≤3.0	—	—	≥32.0	—	—
GH/T 1120—2015 雅安藏茶	—	一级	≤13.0	12.0	≤7.5	—	—	≤5.0	—	—	≥30.0	—	—
GH/T 1120—2015 雅安藏茶	—	二级	≤13.0	12.0	≤7.5	—	—	≤7.0	—	—	≥28.0	—	—
NY/T 779—2004 普洱茶	普洱散茶	金芽~三级	≤10.0	—	≤6.0	≤5.0	≤0.5	—	—	—	≥35.0	≤14	10.0
NY/T 779—2004 普洱茶	普洱散茶	四级、五级	≤10.0	—	≤6.0	≤5.0	≤0.5	—	—	—	≥32.0	≤14	10.0
NY/T 779—2004 普洱茶	普洱压制茶	—	≤9.0	—	≤6.5	≤2.0	—	—	—	—	≥34.0	≤16.0	9.0
NY/T 779—2004 普洱茶	普洱袋泡茶	—	≤8.5	—	≤6.0	—	—	—	—	—	≥34.0	≤14.0	10.0

表7-8 再加工茶标准中理化指标要求

标准	产品类别	等级	水分(%)	总灰分(%)	粒度(D60)(μm)	粒度(D90)(μm)	水浸出物(%)	茶多酚(%)	儿茶素(%)	茶黄素(%)	咖啡碱(%)	茶氨酸(%)
GB/T 24690—2009 袋泡茶	绿茶袋泡茶	—	≤7.5	≤7.5	—	—	≥34.0	—	—	—	—	—
GB/T 24690—2009 袋泡茶	红茶袋泡茶	—	≤7.5	≤7.5	—	—	≥32.0	—	—	—	—	—
GB/T 24690—2009 袋泡茶	乌龙茶袋泡茶	—	≤7.5	≤7.5	—	—	≥30.0	—	—	—	—	—
GB/T 24690—2009 袋泡茶	黄茶袋泡茶	—	≤7.5	≤7.5	—	—	≥30.0	—	—	—	—	—
GB/T 24690—2009 袋泡茶	白茶袋泡茶	—	≤7.5	≤7.5	—	—	≥30.0	—	—	—	—	—
GB/T 24690—2009 袋泡茶	黑茶袋泡茶	—	≤10.0	≤8.5	—	—	≥28.0	—	—	—	—	—
GB/T 24690—2009 袋泡茶	花茶袋泡茶	—	≤9.0	≤7.5	—	—	≥30.0	—	—	—	—	—
GB/T 34778—2017 抹茶	—	一级	≤6.0	≤8.0	≤18	—	—	—	—	—	—	≥1.0
GB/T 34778—2017 抹茶	—	二级	≤6.0	≤8.0	≤18	—	—	—	—	—	—	≥0.5
NY/T 2672—2015 茶粉	绿茶粉	—	≤6.0	≤7.0	—	≤75	—	≥10.0	—	—	—	—
NY/T 2672—2015 茶粉	乌龙茶粉	—	≤6.0	≤7.0	—	≤75	—	≥10.0	—	—	—	—
NY/T 2672—2015 茶粉	黄茶粉	—	≤6.0	≤7.0	—	≤75	—	≥10.0	—	—	—	—
NY/T 2672—2015 茶粉	白茶粉	—	≤6.0	≤7.0	—	≤75	—	≥10.0	—	—	—	—
NY/T 2672—2015 茶粉	红茶粉	—	≤6.0	≤7.0	—	≤75	—	—	—	—	—	—
NY/T 2672—2015 茶粉	黑茶粉	—	≤7.5	≤7.0	—	≤75	—	—	—	—	—	—
GB/T 18798.4—2013 固态速溶茶 第4部分:规格	绿茶速溶茶	—	≤6.0	≤20.0	—	—	—	≥20.0	—	—	—	—

（续表）

标准	产品类别	等级	水分 (%)	总灰分 (%)	粒度 (D60) (μm)	粒度 (D90) (μm)	水浸出物 (%)	茶多酚 (%)	儿茶素 (%)	茶黄素 (%)	咖啡碱 (%)	茶氨酸 (%)
GB/T 18798.4—2013 固态速溶茶 第4部分：规格	红茶速溶茶	—	≤6.0	≤20.0	—	—	—	≥10.0	—	—	—	—
GB/T 18798.4—2013 固态速溶茶 第4部分：规格	乌龙茶速溶茶	—	≤6.0	≤20.0	—	—	—	≥15.0	—	—	—	—
GB/T 18798.4—2013 固态速溶茶 第4部分：规格	黑茶速溶茶	—	≤6.0	≤20.0	—	—	—	≥10.0	—	—	—	—
GB/T 18798.4—2013 固态速溶茶 第4部分：规格	黄茶速溶茶	—	≤6.0	≤20.0	—	—	—	≥10.0	—	—	—	—
GB/T 18798.4—2013 固态速溶茶 第4部分：规格	白茶速溶茶	—	≤6.0	≤20.0	—	—	—	≥15.0	—	—	—	—
GB/T 18798.4—2013 固态速溶茶 第4部分：规格	其他速溶茶	—	≤6.0	≤20.0	—	—	—	≥10.0	—	—	—	—
GB/T 31740.1—2015 茶制品 第1部分：固态速溶茶	热溶型固态速溶绿茶	—	≤6.0	≤15	—	—	—	≥20	≥10	—	≤15	—
GB/T 31740.1—2015 茶制品 第1部分：固态速溶茶	冷溶型固态速溶绿茶	—	≤6.0	≤20	—	—	—	—	—	—	≤15	—
GB/T 31740.1—2015 茶制品 第1部分：固态速溶茶	热溶型固态速溶红茶	—	≤6.0	≤20	—	—	—	≥15	—	≥0.3	≤15	—
GB/T 31740.1—2015 茶制品 第1部分：固态速溶茶	冷溶型固态速溶红茶	—	≤6.0	≤35	—	—	—	—	—	—	≤15	—

表 7-9 花茶标准中理化指标要求

标准	产品类别	等级	水分（%）	总灰分（%）	碎茶（%）	粉末（%）	非茶非花类物质（%）	花干（含花量）（%）	水浸出物（%）	粗纤维（%）	茶多酚（%）
GB/T 22292—2017 茉莉花茶	—	特种、特级、一级、二级	≤8.5	≤6.5	—	≤1.0	—	≤1.0	≥34	—	—
GB/T 22292—2017 茉莉花茶	—	三级、四级、五级	≤8.5	≤6.5	—	≤1.2	—	≤1.5	≥32	—	—
GB/T 22292—2017 茉莉花茶	—	碎茶	≤8.5	≤7.0	—	≤3.0	—	≤1.5	≥32	—	—
GB/T 22292—2017 茉莉花茶	—	片茶	≤8.5	≤7.0	—	≤7.0	—	≤1.5	≥32	—	—
NY/T 456—2001 茉莉花茶	—	特种	≤8.0	≤6.5	≤5.0	≤0.5	≤0.1	≤1.0	≥36.0	≤16.0	≥19
NY/T 456—2001 茉莉花茶	—	特级～三级	≤8.5	≤6.5	≤7.0	≤1.0	≤0.1	≤1.5	≥36.0	≤16.0	≥19
NY/T 456—2001 茉莉花茶	—	四级～六级	≤8.5	≤6.5	≤7.0	≤1.0	≤0.1	≤2	≥36.0	≤16.0	≥19
NY/T 456—2001 茉莉花茶	—	碎茶	≤8.5	≤6.5	—	≤3.0	≤0.2	≤2.5	≥34.0	—	≥15
NY/T 456—2001 茉莉花茶	—	片茶	≤8.5	≤6.5	—	≤7.0	≤0.2	≤2.5	≥34.0	—	≥15
GH/T 1117—2015 桂花茶	—	—	≤8.0	≤6.5	—	≤1.0	—	≤1.0	≥32.0	—	—
GB/T 18665—2008 地理标志产品 蒙山茶	蒙山茉莉花茶	特种	≤8.0	≤6.5	—	≤0.8	—	≤0.5	—	—	—
GB/T 18665—2008 地理标志产品 蒙山茶	蒙山茉莉花茶	特级	≤8.5	≤6.5	—	≤1.2	—	≤1.0	—	—	—
GB/T 18665—2008 地理标志产品 蒙山茶	蒙山茉莉花茶	一级～三级	≤8.5	≤6.5	—	≤1.5	—	≤1.2	—	—	—
GB/T 18665—2008 地理标志产品 蒙山茶	蒙山茉莉花茶	三级～五级	≤8.5	≤6.5	—	≤1.5	—	≤1.5	—	—	—

591

二、茶叶农药残留限量指标

我国茶叶中农药最大残留限量标准收录于国家标准《食品安全国家标准食品中农药最大残留限量》（GB 2763—2016）中。目前，茶叶上共制定农残限量48项，详见表7-10。

表 7-10　GB 2763—2016 农药残留限量值

农药名称	残留定义	最大残留限量（mg/kg）
苯醚甲环唑	苯醚甲环唑	10
吡虫啉	吡虫啉	0.5
吡蚜酮	吡蚜酮	2
草铵膦	草铵膦	0.5
草甘膦	草甘膦	1
虫螨腈	虫螨腈	20
除虫脲	除虫脲	20
哒螨灵	哒螨灵	5
敌百虫	敌百虫	2
丁醚脲	丁醚脲	5
啶虫脒	啶虫脒	10
多菌灵	多菌灵	5
氟氯氰菊酯和高效氟氯氰菊酯	氟氯氰菊酯（异构体之和）	1
氟氰戊菊酯	氟氰戊菊酯	20
甲胺磷	甲胺磷	0.05
甲拌磷	甲拌磷及其氧类似物（亚砜、砜）之和，以甲拌磷表示	0.01
甲基对硫磷	甲基对硫磷	0.02
甲基硫环磷	甲基硫环磷	0.03
甲氰菊酯	甲氰菊酯	5
克百威	克百威及3-羟基克百威之和，以克百威表示	0.05
喹螨醚	喹螨醚	15
联苯菊酯	联苯菊酯（异构体之和）	5
硫丹	α-硫丹和β-硫丹及硫丹硫酸酯之和	1
硫环磷	硫环磷	0.03
氯氟氰菊酯和高效氯氟氰菊酯	氯氟氰菊酯（异构体之和）	15
氯菊酯	氯菊酯（异构体之和）	20

（续表）

农药名称	残留定义	最大残留限量（mg/kg）
氯氰菊酯和高效氯氰菊酯	氯氰菊酯（异构体之和）	20
氯噻啉	氯噻啉	3
氯唑磷	氯唑磷	0.01
灭多威	灭多威	0.2
灭线磷	灭线磷	0.05
内吸磷	内吸磷	0.05
氰戊菊酯和S-氰戊菊酯	氰戊菊酯（异构体之和）	0.1
噻虫嗪	噻虫嗪	10
噻螨酮	噻螨酮	15
噻嗪酮	噻嗪酮	10
三氯杀螨醇	三氯杀螨醇（o, p′-异构体和p, p′-异构体之和）	0.2
杀螟丹	杀螟丹	20
杀螟硫磷	杀螟硫磷	0.5
水胺硫磷	水胺硫磷	0.05
特丁硫磷	特丁硫磷及其氧类似物（亚砜、砜）之和，以特丁硫磷表示	0.01
辛硫磷	辛硫磷	0.2
溴氰菊酯	溴氰菊酯（异构体之和）	10
氧乐果	氧乐果	0.05
乙酰甲胺磷	乙酰甲胺磷	0.1
茚虫威	茚虫威	5
滴滴涕	p, p′-滴滴涕、o, p′-滴滴涕、p, p′-滴滴伊和p, p′-滴滴滴之和	0.2
六六六	α-六六六、β-六六六、γ-六六六和δ-六六六之和	0.2

三、茶叶无机成分限量指标

我国茶叶中无机污染物的限量标准收录于国家标准《食品安全国家标准食品中污染物限量》（GB 2762—2017）中。目前，茶叶中铅的限量为 5.0mg/kg。在这一版中，茶叶中稀土的限量已被删除。农业行业标准《茶叶中铬、镉、汞、砷及氟化物限量》（NY 659—2003）中规定了茶叶中铬、镉、汞和砷的限量，分别为 5.0mg/kg、1.0mg/kg、0.3mg/kg 和 2.0mg/kg。

此外，国家标准《砖茶含氟量》（GB 19965—2005）中规定了砖茶（紧压茶、边销茶）中氟的限量，为 300mg/kg。农业行业标准《茶叶中铬、镉、汞、砷及氟化物限量》（NY 659—2003）中规定了茶叶中氟化物的限量，为 200mg/kg。

对于富硒茶，供销合作行业标准《富硒茶》（GH/T 1090—2014）中要求富硒茶中硒含量在 0.2~4.0mg/kg，农业行业标准《富硒茶》（NY/T 600—2002）中要求富硒茶中硒含量在 0.25~4.00mg/kg。

四、茶叶微生物限量指标

国家标准《食品安全国家标准　食品中致病菌限量》（GB 29921—2013）中未规定茶叶中致病菌的限量。在产品标准中，仅《地理标志产品　普洱茶》（GB/T 22111—2008）中规定晒清茶和普洱茶中致病菌（沙门氏菌、志贺氏菌、金黄色葡萄球菌及溶血性链球菌）不得检出。

部分产品标准中还规定了茶叶中非致病菌的限量。国家标准《地理标志产品　武夷岩茶》（GB/T 18745—2006）、《地理标志产品安吉白茶》（GB/T 20354—2006）、《地理标志产品　乌牛早茶》（GB/T 20360—2006）和《地理标志产品　普洱茶》（GB/T 22111—2008）中分别规定相应茶叶产品中大肠菌群不超过 300 个/100g。农业行业标准《茉莉花茶》（NY/T 456—2001）中茉莉花茶中大肠菌群不超过 500 个/100g。国家标准《紧压茶第 3 部分：茯砖茶》（GB/T 9833.3—2013）中规定茯砖茶中冠突散囊菌不超过 $20×10^4$ CFU/g。

第三节　茶叶质量标准国内外比较

一、茶叶理化品质指标

国际上，茶叶理化品质标准主要由国际标准化组织（ISO）制定，ISO 下设茶叶分技术委员会（ISO/TC34/SC8）负责茶叶相关标准的制定。ISO 现已制定茶叶相关产品标准 6 项，分别为《Black tea—Definition and basic requirements》（ISO 3720：2011）、《Black tea—Vocabulary》（ISO 6078：1982）、《Tea—Classification of grades by particle size analysis》（ISO 11286：2004）、《Green tea—Definition and basic requirements》（ISO 11287：2011）、《White tea—Definition》（ISO/TR 12591：2013）

和《Instant tea in solid form—Specification》（ISO 6079：1990）。

二、茶叶农药残留限量指标

国际食品法典委员会（CAC）制定了茶叶中农药残留最大残留限量标准22项，详见表7-11。

表7-11 国际食品法典委员会（CAC）制定的茶叶中22项农药残留限量值

产品	农药	残留定义	限量（mg/kg）
绿茶、红茶（含红茶、发酵茶或干茶）	联苯菊酯	联苯菊酯异构体之和	30
绿茶	噻嗪酮		30
绿茶、红茶（含红茶、发酵茶或干茶）	毒死蜱		2
绿茶、红茶（含红茶、发酵茶或干茶）	噻虫胺		0.7
绿茶、红茶（含红茶、发酵茶或干茶）	氯氰菊酯（含顺式氯氰菊酯和 zeta-氯氰菊酯）	氯氰菊酯异构体之和	15
绿茶、红茶（含红茶、发酵茶或干茶）	溴氰菊酯	溴氰菊酯、α-R-溴氰菊酯和反式溴氰菊酯之和	5
绿茶、红茶（含红茶、发酵茶或干茶）	三氯杀螨醇	o，p′-三氯杀螨醇和 p，p′-三氯杀螨醇之和	40
绿茶、红茶（含红茶、发酵茶或干茶）	硫丹	α-硫丹、β-硫丹和硫丹硫酸酯之和，以硫丹计	10
绿茶、红茶（含红茶、发酵茶或干茶）	乙螨唑		15
绿茶、红茶（含红茶、发酵茶或干茶）	甲氰菊酯		3
绿茶、红茶（含红茶、发酵茶或干茶）	氟苯虫酰胺		50
绿茶、红茶（含红茶、发酵茶或干茶）	氟虫脲		20
绿茶、红茶（含红茶、发酵茶或干茶）	噻螨酮		15
绿茶、红茶（含红茶、发酵茶或干茶）	吡虫啉	吡虫啉和其含有6-氯吡啶基团的代谢物之和，以吡虫啉计	50

（续表）

产品	农药	残留定义	限量（mg/kg）
绿茶、红茶（含红茶、发酵茶或干茶）	茚虫威	茚虫威和其 R 型对映异构体之和	5
绿茶、红茶（含红茶、发酵茶或干茶）	杀扑磷		0.5
绿茶、红茶（含红茶、发酵茶或干茶）	百草枯	百草枯阳离子	0.2
绿茶、红茶（含红茶、发酵茶或干茶）	氯菊酯	氯菊酯异构体之和	20
茶叶（茶叶和代用茶）	丙溴磷		0.5
绿茶、红茶（含红茶、发酵茶或干茶）	炔螨特		5
绿茶、红茶（含红茶、发酵茶或干茶）	噻虫嗪		20
绿茶	唑虫酰胺		30

　　欧盟制定的茶叶中农药最大残留限量收录于《关于植物类食品和动物性食品和饲料中的农药的最大残留限量和修改 91/414/EEC 理事会指令的 396/2005 号欧盟条例》，由欧洲食品安全局（EFSA）负责制定。条例中制定茶叶中农残限量 478 项，详见表 7-12。但欧盟采取一律标准制度，对未制定限量且未豁免制定限量的农药活性物质/产品组合采用 0.01mg/kg 的默认限量。

表 7-12　欧盟规定茶叶中 478 种农药残留限量值

化合物	残留定义	最大残留限量（mg/kg）	备注
乙滴涕		0.1	检测限
二溴乙烷		0.02	检测限
二氯乙烷		0.02	检测限
1，3-二氯丙烯		0.05	检测限
1-甲基环丙烯		0.05	检测限
1-萘乙酰胺和萘乙酸	1-萘乙酰胺、萘乙酸及其盐之和，以萘乙酸计	0.1	检测限

（续表）

化合物	残留定义	最大残留限量（mg/kg）	备注
2，4，5-涕	2，4，5-涕、其盐和其酯之和，以2，4，5-涕计	0.05	检测限
2，4-滴丁酸	2，4-滴丁酸、其盐、其酯和其共轭物之和，以2，4-滴丁酸计	0.05	检测限
2，4-滴	2，4-滴、其盐、其酯和其共轭物之和，以2，4-滴计	0.1	检测限
2-氨基-4-甲氧基-6-（三氟甲基）-1，3，5-三嗪（AMTT）		0.01	检测限
2-萘氧乙酸		0.05	检测限
邻苯基苯酚		0.1	检测限
3-癸烯-2-酮		0.1	检测限
8-羟基喹啉	8-羟基喹啉及其盐之和，以8-羟基喹啉计	0.01	检测限
阿维菌素	阿维菌素 B_{1a}、阿维菌素 B_{1b} 和 delta-8，9-阿维菌素 B_{1a} 之和，以阿维菌素 B_{1a} 计	0.05	检测限
乙酰甲胺磷		0.05	检测限
灭螨醌		0.02	检测限
啶虫脒		0.05	检测限
乙草胺		0.05	检测限
活化酯	活化酯及其酸（自由的或共轭的）之和，以活化酯计	0.05	检测限
苯草醚		0.05	检测限
氟丙菊酯		0.05	检测限
甲草胺		0.05	检测限
涕灭威	涕灭威、涕灭威亚砜和涕灭威砜之和，以涕灭威计	0.05	检测限
艾氏剂和狄氏剂	艾氏剂和狄氏剂之和，以狄氏剂计	0.02	检测限
唑嘧菌胺		0.01	检测限
酰嘧磺隆		0.05	检测限
氯氨吡啶酸		0.02	检测限

（续表）

化合物	残留定义	最大残留限量（mg/kg）	备注
吲唑磺菌胺		0.01	检测限
双甲脒	双甲脒和含 2，4-二甲基苯胺基团的代谢物，以双甲脒计	0.1	检测限
杀草强		0.05	检测限
敌菌灵		0.05	检测限
蒽醌		0.02	检测限
杀螨特		0.1	检测限
磺草灵		0.1	检测限
莠去津		0.1	检测限
印楝素		0.01	检测限
四唑嘧磺隆		0.05	检测限
益棉磷		0.05	检测限
保棉磷		0.1	检测限
三唑锡和三环锡	三唑锡和三环锡之和，以三环锡计	0.05	检测限
嘧菌酯		0.05	检测限
燕麦灵		0.05	检测限
氟丁酰草胺		0.05	检测限
苯霜灵	苯霜灵异构体之和	0.1	检测限
乙丁氟灵		0.1	检测限
灭草松	灭草松、其盐、6-羟基灭草松（自由的和共轭的）和 8-羟基灭草松（自由的和共轭的）之和，以灭草松计	0.1	检测限
苯噻菌胺	苯噻菌胺异丙酯（KIF-230 R-L）、其对映异构体（KIF-230 S-D）及其非对映异构体（KIF-230 S-L、KIF-230 R-D）之和，以苯噻菌胺异丙酯计	0.05	检测限
苯扎氯铵	C_8、C_{10}、C_{12}、C_{14}、C_{16} 和 C_{18} 的氯化烷基苯二甲铵混合物	0.1	
苯并烯氟菌唑		0.05	检测限
联苯肼酯	联苯肼酯和联苯肼酯-二氮烯之和，以联苯肼酯计	0.1	检测限

（续表）

化合物	残留定义	最大残留限量（mg/kg）	备注
甲羧除草醚		0.05	检测限
联苯菊酯	联苯菊酯异构体之和	30	
联苯		0.05	检测限
联苯三唑醇	联苯三唑醇异构体之和	0.05	检测限
联苯吡菌胺		0.01	检测限
骨油		0.01	检测限
啶酰菌胺		0.01	检测限
溴离子		70	
乙基溴硫磷		0.05	检测限
溴螨酯		0.05	检测限
溴苯腈	溴苯腈及其盐，以溴苯腈计	0.05	检测限
糠菌唑	糠菌唑非对映异构体之和	0.05	检测限
乙嘧酚磺酸酯		0.05	检测限
噻嗪酮		0.05	检测限
仲丁灵		0.05	检测限
丁草敌		0.05	检测限
硫线磷		0.01	检测限
毒杀芬		0.05	检测限
敌菌丹		0.1	检测限
克菌丹	克菌丹和四氢化邻苯二甲酰亚胺之和，以克菌丹计	0.1	检测限
甲萘威		0.05	检测限
多菌灵和苯菌灵	苯菌灵和多菌灵之和，以多菌灵计	0.1	检测限
双酰草胺	双酰草胺及其S异构体	0.05	检测限
克百威	克百威（包括一切由丁硫克百威、丙硫克百威和呋线威生成的克百威）和3-羟基克百威之和，以克百威计	0.05	检测限
一氧化碳		0.01	检测限
萎锈灵		0.05	检测限
唑草酮	以唑草酸测定，以唑草酮计	0.02	检测限

（续表）

化合物	残留定义	最大残留限量（mg/kg）	备注
杀螟丹		0.1	检测限
氯虫苯甲酰胺		0.02	检测限
杀螨醚		0.1	检测限
氯炔灵		0.05	检测限
氯丹	顺式氯丹和反式氯丹之和	0.02	检测限
开蓬		0.02	
虫螨腈		50	
杀螨酯		0.1	检测限
毒虫畏		0.05	检测限
氯草敏	氯草敏和脱苯基氯草敏之和，以氯草敏计	0.1	检测限
矮壮素	矮壮素和其盐之和，以氯化矮壮素计	0.05	检测限
乙酯杀螨醇		0.1	检测限
氯化苦		0.025	检测限
百菌清		0.05	检测限
绿麦隆		0.05	检测限
枯草隆		0.05	检测限
氯苯胺灵		0.05	检测限
毒死蜱		0.1	检测限
甲基毒死蜱		0.1	检测限
氯磺隆		0.05	检测限
氯酞酸甲酯		0.05	检测限
氯硫酰草胺		0.05	检测限
乙菌利		0.05	检测限
环虫酰肼		0.02	检测限
吲哚酮草酯	吲哚酮草酯及其 E 异构体之和	0.1	检测限
烯草酮	烯禾啶、烯草酮及其降解产物之和，以烯禾啶计	0.1	
炔草酸	炔草酸、其 S 异构体及其盐，以炔草酸计	0.1	检测限
四螨嗪		0.05	检测限

（续表）

化合物	残留定义	最大残留限量（mg/kg）	备注
异噁草酮		0.05	检测限
二氯吡啶酸		0.5	
噻虫胺		0.7	
铜化合物（铜）		40	
单氰胺	单氰胺及其盐，以单氰胺计	0.01	检测限
溴氰虫酰胺		0.05	检测限
氰霜唑		0.05	检测限
环丙酰胺酸		0.1	检测限
噻草酮	噻草酮及其降解或反应产物3-（3-硫化环戊基）戊二酸砜（BH 517-TGSO$_2$）、3-羟基-3-（3-硫化环戊基）戊二酸砜（BH 517-5-OH-TGSO$_2$）和对应的甲酯之和，以噻草酮计	0.05	检测限
环氟菌胺	环氟菌胺（Z异构体）和其E异构体之和	0.05	检测限
氟氯氰菊酯	氟氯氰菊酯异构体之和	0.1	检测限
氰氟草酯		0.1	检测限
霜脲氰		0.1	检测限
氯氰菊酯	氯氰菊酯异构体之和	0.5	
环丙唑醇		0.05	检测限
嘧菌环胺		0.1	检测限
灭蝇胺		0.1	检测限
茅草枯		0.1	
丁酰肼	丁酰肼和1,1-二甲基肼之和，以丁酰肼计	0.1	检测限
棉隆	测定棉隆和威百亩（安百亩、甲百亩）生成的异硫氰酸甲酯	0.02	检测限
滴滴涕	p,p′-滴滴涕、o,p′-滴滴涕、p,p′-滴滴伊和p,p′-滴滴滴之和，以滴滴涕计	0.2	检测限
溴氰菊酯	顺式溴氰菊酯	5	
甜菜安		0.05	检测限
燕麦敌	燕麦敌异构体之和	0.05	检测限

（续表）

化合物	残留定义	最大残留限量（mg/kg）	备注
二嗪磷		0.05	检测限
麦草畏		0.05	检测限
敌草腈		0.05	检测限
2，4-滴丙酸	2，4-滴丙酸（含精2，4-滴丙酸）、其盐、其酯及共轭物之和，以2，4-滴丙酸计	0.1	检测限
敌敌畏		0.02	检测限
禾草灵	禾草灵和禾草灵酸之和，以禾草灵计	0.05	检测限
氯硝胺		0.05	检测限
三氯杀螨醇	p，p'-三氯杀螨醇和o，p'-三氯杀螨醇之和	20	
氯化双癸基二甲基铵	C_8、C_{10}、C_{12}的四烷基铵盐混合物	0.1	
乙霉威		0.05	检测限
苯醚甲环唑		0.05	检测限
除虫脲		0.1	
吡氟酰草胺		0.05	检测限
二氟乙酸		0.1	检测限
二甲草胺		0.02	检测限
二甲吩草胺	二甲吩草胺异构体之和（含精二甲吩草胺）	0.05	检测限
噻节因		0.1	检测限
乐果	乐果和氧乐果之和，以乐果计	0.05	检测限
烯酰吗啉	烯酰吗啉异构体之和	0.05	检测限
醚菌胺		0.05	检测限
烯唑醇	烯唑醇异构体之和	0.05	检测限
敌螨普	敌螨普异构体及相似的酚类物质，以敌螨普计	0.1	检测限
地乐酚	地乐酚、其盐、地乐酯和乐杀螨之和，以地乐酚计	0.1	检测限
特乐酚	特乐酚、其盐和其酯之和，以特乐酚计	0.05	检测限
敌噁磷	敌噁磷异构体之和	0.05	检测限
二苯胺		0.05	检测限

（续表）

化合物	残留定义	最大残留限量（mg/kg）	备注
敌草快		0.05	检测限
乙拌磷	乙拌磷、乙拌磷亚砜和乙拌磷砜之和，以乙拌磷计	0.05	检测限
二氰蒽醌		0.01	检测限
二硫代氨基甲酸盐类	包括代森锰、代森锰锌、代森联、丙森锌、福美双和福美锌，以二硫化碳计	0.1	检测限
敌草隆		0.05	检测限
4，6-二硝基邻甲酚		0.05	检测限
十二环吗啉		0.01	检测限
多果定		0.05	检测限
甲氨基阿维菌素苯甲酸盐 B_{1a}	以甲氨基阿维菌素计	0.02	检测限
硫丹	α-硫丹、β-硫丹和硫丹硫酸酯之和，以硫丹计	30	
异狄氏剂		0.01	检测限
氟环唑		0.05	检测限
茵草敌		0.05	检测限
乙丁烯氟灵		0.01	检测限
胺苯磺隆		0.02	检测限
乙烯利		0.1	检测限
乙硫磷		3	
乙嘧酚		0.05	检测限
乙氧呋草黄	乙氧呋草黄、2-酮-乙氧呋草黄、开环-2-酮-乙氧呋草黄及其共轭物之和，以乙氧呋草黄计	0.1	检测限
灭线磷		0.02	检测限
乙氧喹啉		0.1	检测限
乙氧磺隆		0.05	检测限
环氧乙烷	环氧乙烷和 2-氯乙醇之和，以环氧乙烷计	0.1	检测限
醚菊酯		0.01	检测限
乙螨唑		15	

（续表）

化合物	残留定义	最大残留限量（mg/kg）	备注
土菌灵		0.05	检测限
噁唑菌酮		0.05	检测限
咪唑菌酮		0.05	检测限
苯线磷	苯线磷、苯线磷亚砜和苯线磷砜之和，以苯线磷计	0.05	检测限
氯苯嘧啶醇		0.05	检测限
喹螨醚		10	
腈苯唑		0.05	检测限
苯丁锡		0.1	检测限
皮蝇磷	皮蝇磷和氧皮蝇磷之和，以皮蝇磷计	0.1	检测限
环酰菌胺		0.05	检测限
杀螟硫磷		0.05	检测限
精噁唑禾草灵		0.1	
苯氧威		0.05	检测限
甲氰菊酯		2	
苯锈啶	苯锈啶和其盐之和，以苯锈啶计	0.05	检测限
丁苯吗啉	丁苯吗啉异构体之和	0.05	检测限
胺苯吡菌酮		0.01	检测限
唑螨酯		0.05	检测限
倍硫磷	倍硫磷、其氧代类似物、倍硫磷亚砜和倍硫磷砜之和，以倍硫磷计	0.05	检测限
三苯锡	三苯锡及其盐，以三苯锡阳离子计	0.1	检测限
氰戊菊酯	RR、SS、RS 和 SR 异构体的氰戊菊酯，包括顺式氰戊菊酯	0.1	检测限
氟虫腈	氟虫腈和氟虫腈砜之和，以氟虫腈计	0.005	检测限
啶嘧磺隆		0.05	检测限
氟啶虫酰胺	氟啶虫酰胺、4-三氟甲基烟酸（TFNA）和 N-（4-三氟甲基烟酰）甘氨酸之和，以氟啶虫酰胺计	0.1	检测限
双氟磺草胺		0.05	检测限
精吡氟禾草灵	所有吡氟禾草灵酸、其酯和其共轭物的异构体之和，以吡氟禾草灵酸计	0.05	检测限
氟啶胺		0.1	检测限

（续表）

化合物	残留定义	最大残留 限量（mg/kg）	备注
氟苯虫酰胺		0.02	检测限
氟环脲		0.05	检测限
氟氰戊菊酯	氟氰戊菊酯异构体之和	0.05	检测限
咯菌腈		0.05	检测限
氟噻草胺	所有包含 N-氟苯基-N-异丙基基团的化合物，以氟噻草胺计	0.05	检测限
氟虫脲		15	
氟螨嗪		0.1	检测限
氟节胺		0.05	检测限
丙炔氟草胺		0.1	检测限
氟草隆		0.02	检测限
氟吡菌胺		0.02	检测限
氟吡菌酰胺		0.05	检测限
氟离子		350	
乙羧氟草醚酸		0.02	检测限
氟嘧菌酯	氟嘧菌酯及其 Z 异构体之和	0.05	检测限
氟吡呋喃酮		0.05	检测限
氟啶嘧磺隆		0.1	检测限
氟喹唑		0.05	检测限
氟咯草酮		0.1	检测限
氯氟吡氧乙酸	氯氟吡氧乙酸、其盐、其酯和其共轭物之和，以氯氟吡氧乙酸计	0.05	检测限
抑霉醇		0.05	检测限
呋草酮		0.05	检测限
氟硅唑		0.05	检测限
氟酰胺		0.05	检测限
粉唑醇		0.05	检测限
氟唑菌酰胺		0.01	检测限
灭菌丹	灭菌丹和邻苯二甲酰亚胺之和，以灭菌丹计	0.1	检测限

化合物	残留定义	最大残留 限量（mg/kg）	备注
氟磺胺草醚		0.05	检测限
甲酰氨基嘧磺隆		0.05	检测限
氯吡脲		0.05	检测限
伐虫脒	伐虫脒和其盐，以伐虫脒盐酸盐计	0.05	检测限
安硫磷		0.05	检测限
三乙膦酸铝	三乙膦酸、亚磷酸及其盐之和，以三乙膦酸计	5	检测限
噻唑磷		0.05	检测限
麦穗宁		0.05	检测限
糠醛		1	
草铵膦	草铵膦酸、其盐、3-（甲基磷酸亚基）丙酸（MPP）和 N-乙酰基-草胺磷酸（NAG）之和，以草铵膦酸计	0.1	检测限
草甘膦		2	
双胍盐	双胍乙酸盐成分之和	0.05	检测限
氟氯吡啶酯	氟氯吡啶酯和氟氯吡啶酸之和，以氟氯吡啶酯计	0.1	检测限
氯吡嘧磺隆		0.02	检测限
氟吡禾灵	氟吡禾灵、其酯、其盐和共轭物的 R 型和 S 型异构体之和，以氟吡禾灵计	0.05	检测限
七氯	七氯和环氧七氯之和，以七氯计	0.02	检测限
六氯苯		0.02	检测限
α-六六六		0.01	检测限
β-六六六		0.01	检测限
六六六	六六六异构体之和，除 γ-六六六	0.02	检测限
己唑醇		0.05	检测限
噻螨酮		4	
噁霉灵		0.05	检测限
抑霉唑		0.1	检测限
甲氧咪草烟	甲氧咪草烟和其盐，以甲氧咪草烟计	0.1	检测限

（续表）

化合物	残留定义	最大残留限量（mg/kg）	备注
甲咪唑烟酸		0.01	检测限
咪唑喹啉酸		0.05	检测限
唑吡嘧磺隆		0.05	检测限
吡虫啉		0.05	检测限
吲哚乙酸		0.1	检测限
吲哚丁酸		0.1	检测限
茚虫威	茚虫威和其 R 对映异构体之和	5	
甲基碘磺隆	甲基碘磺隆和其盐之和，以甲基碘磺隆计	0.05	检测限
碘苯腈	碘苯腈、其盐和其酯之和，以碘苯腈计	0.05	检测限
种菌唑		0.02	检测限
异菌脲		0.05	检测限
缬霉威		0.05	检测限
异丙噻菌胺		0.05	检测限
稻瘟灵		0.01	检测限
异丙隆		0.05	检测限
吡唑萘菌胺		0.01	检测限
异噁酰草胺		0.02	检测限
异噁唑草酮	异噁唑草酮和其二酮腈代谢产物，以异噁唑草酮计	0.1	检测限
醚菌酯		0.05	检测限
乳氟禾草灵		0.05	检测限
高效氯氟氰菊酯		1	
环草啶		0.1	检测限
林丹	即 γ-六六六	0.01	检测限
利谷隆		0.1	检测限
虱螨脲		0.02	检测限
马拉硫磷	马拉硫磷和马拉氧磷之和，以马拉硫磷计	0.5	
抑芽丹		0.5	检测限
Mandestrobin		0.05	检测限
双炔酰菌胺		0.02	检测限

（续表）

化合物	残留定义	最大残留限量（mg/kg）	备注
2甲4氯和2甲4氯丁酸	2甲4氯、2甲4氯丁酸，包括它们的盐、酯、共轭物，以2甲4氯计	0.1	检测限
灭蚜磷		0.05	检测限
2甲4氯丙酸	精2甲4氯丙酸和2甲4氯丙酸之和，以2甲4氯丙酸计	0.1	检测限
嘧菌胺		0.05	检测限
甲哌鎓	甲哌鎓和其盐，以氯化甲哌鎓计	0.1	检测限
灭锈胺		0.05	检测限
硝苯菌酯	丁烯酸-2,4-二硝基-6-（2-辛基）苯酯（2,4-DNOPC）和2,4-二硝基-6-（2-辛基）苯酚（2,4-DNOP）之和	0.1	检测限
汞类化合物	汞类化合物之和，以汞计	0.02	检测限
甲基二磺隆		0.05	检测限
硝磺草酮		0.05	检测限
氰氟虫腙	E型和Z型氰氟虫腙之和	0.1	检测限
甲霜灵和精甲霜灵	甲霜灵异构体之和（含精甲霜灵）	0.05	检测限
四聚乙醛		0.1	检测限
苯嗪草酮		0.1	检测限
吡唑草胺	代谢物N-（2,6-二甲基苯基）-N-（吡唑-1-基甲基）-草酰胺（479M04）、N-（2,6-二甲基苯基）-N-（吡唑-1-基甲基）-氨基羰基甲磺酸（479M08）、3-［N-（2,6-二甲基苯基）-N-（吡唑-1-基甲基）-氨基羰基甲基亚磺酰基］-2-羟基丙酸（479M16）之和，以吡唑草胺计	0.1	检测限
叶菌唑	叶菌唑异构体之和	0.1	检测限
甲基苯噻隆		0.05	检测限
虫螨畏		0.05	检测限
甲胺磷		0.05	检测限
杀扑磷		0.1	检测限
甲硫威	甲硫威、甲硫威亚砜和甲硫威砜之和，以甲硫威计	0.1	检测限
灭多威		0.05	检测限
烯虫酯		0.1	检测限

（续表）

化合物	残留定义	最大残留限量（mg/kg）	备注
甲氧滴滴涕		0.1	检测限
甲氧虫酰肼		0.05	检测限
异丙甲草胺和精异丙甲草胺	异丙甲草胺异构体之和（含精异丙甲草胺）	0.05	检测限
磺草唑胺		0.05	检测限
苯菌酮		0.05	检测限
嗪草酮		0.1	检测限
甲磺隆		0.05	检测限
速灭磷	E 型和 Z 型速灭磷之和	0.02	检测限
弥拜菌素	米尔倍霉素 A_4 和米尔倍霉素 A_3 之和，以弥拜菌素计	0.1	检测限
禾草敌		0.05	检测限
久效磷		0.05	检测限
绿谷隆		0.05	检测限
灭草隆		0.05	检测限
腈菌唑		0.05	
敌草胺		0.05	检测限
烟嘧磺隆		0.05	检测限
烟碱		0.6	
除草醚		0.02	检测限
氟酰脲		0.01	检测限
氧乐果		0.05	检测限
嘧苯胺磺隆		0.01	检测限
氨磺乐灵		0.05	检测限
丙炔噁草酮		0.05	检测限
噁草酮		0.05	检测限
噁霜灵		0.02	检测限
杀线威		0.05	检测限
环氧嘧磺隆		0.05	检测限
氟噻唑吡乙酮		0.05	检测限

（续表）

化合物	残留定义	最大残留限量（mg/kg）	备注
氧化萎锈灵		0.05	检测限
亚砜磷	亚砜磷和砜吸磷之和，以亚砜磷计	0.05	检测限
乙氧氟草醚		0.05	检测限
多效唑		0.02	检测限
石蜡油		0.01	检测限
百草枯		0.05	检测限
对硫磷		0.1	检测限
甲基对硫磷	甲基对硫磷和甲基对氧磷之和，以甲基对硫磷计	0.05	检测限
戊菌唑		0.1	
戊菌隆		0.05	检测限
二甲戊灵		0.05	检测限
五氟磺草胺		0.02	检测限
吡噻菌胺		0.02	检测限
氯菊酯	氯菊酯异构体之和	0.1	检测限
烯草胺		0.05	检测限
矿物油		0.01	检测限
甜菜宁		0.05	检测限
苯醚菊酯	苯醚菊酯异构体之和	0.05	检测限
甲拌磷	甲拌磷、其氧化类似物、其砜类物质，以甲拌磷计	0.05	检测限
伏杀硫磷		0.05	检测限
亚胺硫磷	亚胺硫磷和氧亚胺硫磷之和，以亚胺硫磷计	0.1	检测限
磷胺		0.02	检测限
磷化氢和磷化物	磷化氢和磷化氢生成物（磷化物）之和，测定且以磷化氢计	0.02	
辛硫磷		0.1	
氨氯吡啶酸		0.01	检测限
氟吡酰草胺		0.05	检测限
啶氧菌酯		0.05	检测限
唑啉草酯		0.05	检测限
抗蚜威		0.05	检测限

（续表）

化合物	残留定义	最大残留限量（mg/kg）	备注
甲基嘧啶磷		0.05	检测限
咪鲜胺	咪鲜胺和其包含2，4，6-三氯苯酚基团的代谢物之和，以咪鲜胺计	0.1	检测限
腐霉利		0.05	检测限
丙溴磷		0.05	检测限
环苯草酮		0.1	检测限
调环酸	调环酸和其盐，以调环酸钙计	0.05	检测限
毒草胺	毒草胺的N-苯基草氨酸衍生物，以毒草胺计	0.1	检测限
霜霉威	霜霉威和其盐，以霜霉威计	0.05	检测限
敌稗		0.05	检测限
噁草酸		0.05	检测限
炔螨特		0.05	检测限
苯胺灵		0.05	检测限
丙环唑	丙环唑异构体之和	0.05	检测限
丙森锌	以丙烯二胺计	0.1	
异丙草胺		0.05	检测限
残杀威		0.1	检测限
丙苯磺隆酸	丙苯磺隆酸、其盐和2-羟基丙苯磺隆酸，以丙苯磺隆酸计	0.1	检测限
炔苯酰草胺		0.05	检测限
丙氧碘喹啉		0.05	检测限
苄草丹		0.05	检测限
氟磺隆		0.05	检测限
丙硫菌唑	脱硫丙硫菌唑的异构体之和	0.05	检测限
吡蚜酮		0.1	检测限
吡唑醚菌酯		0.1	检测限
吡草醚	吡草醚和吡草醚酸之和，以吡草醚计	0.1	检测限
磺酰草吡唑		0.02	检测限
吡菌磷		0.05	检测限

（续表）

化合物	残留定义	最大残留限量（mg/kg）	备注
除虫菊素		0.5	
哒螨灵		0.05	检测限
三氟甲吡醚		0.02	检测限
哒草特	哒草特、其水解产物 6-氯-4-羟基-3-苯基哒嗪（CL 9673）和 CL 9673 的可水解共轭物之和，以哒草特计	0.05	检测限
嘧霉胺		0.05	检测限
吡丙醚		15	
啶磺草胺		0.02	检测限
喹硫磷		0.05	检测限
二氯喹啉酸		0.05	检测限
氯甲喹啉酸		0.1	检测限
灭藻醌		0.05	检测限
喹氧灵		0.05	检测限
五氯硝基苯	五氯硝基苯和五氯苯胺之和，以五氯硝基苯计	0.1	检测限
喹禾灵	包括精喹禾灵	0.05	检测限
苄呋菊酯	苄呋菊酯异构体之和	0.05	检测限
砜嘧磺隆		0.05	检测限
鱼藤酮		0.02	检测限
苯嘧磺草胺	苯嘧磺草胺、N′-［2-氯-5-（2，6-二氧-4-（三氟甲基）-3，6-二氢-1（2H）-嘧啶基）-4-氟苯甲酰］-N-异丙基磺酰胺（M800H11）和 N-［4-氯-2-氟-5-（｛［（异丙胺）磺酰基］氨基｝羰基）苯基］脲（M800H35）之和，以苯嘧磺草胺计	0.03	检测限
硅噻菌胺		0.05	检测限
西玛津		0.05	检测限
5-硝基邻甲氧基苯酚钠、邻硝基苯酚钠和对硝基苯酚钠	5-硝基邻甲氧基苯酚钠、邻硝基苯酚钠和对硝基苯酚钠之和，以 5-硝基邻甲氧基苯酚钠	0.15	检测限
乙基多杀菌素		0.1	检测限
多杀霉素	多杀霉素 A 和多杀霉素 D 之和	0.1	检测限

（续表）

化合物	残留定义	最大残留限量（mg/kg）	备注
螺螨酯		0.05	检测限
螺甲螨酯		50	
螺虫乙酯	螺虫乙酯及其代谢物烯醇化螺虫乙酯，酮基化羟基化螺虫乙酯，单羟基化螺虫乙酯和烯醇化葡萄糖苷化螺虫乙酯之和，以螺虫乙酯计	0.1	检测限
螺环菌胺	螺环菌胺异构体之和	0.05	检测限
磺草酮		0.1	检测限
磺酰磺隆		0.05	检测限
氟啶虫胺腈	氟啶虫胺腈异构体之和	0.05	检测限
硫酰氟		0.02	检测限
氟胺氰菊酯		0.01	检测限
戊唑醇		0.05	检测限
虫酰肼		0.1	
吡螨胺		0.05	检测限
四氯硝基苯		0.05	检测限
氟苯脲		0.05	检测限
七氟菊酯		0.05	
环磺酮		0.05	检测限
特普		0.02	检测限
吡喃草酮	吡喃草酮和其可水解得 3-（四氢吡喃-4-基）-戊二酸基团或 3-羟基-（四氢吡喃-4-基）-戊二酸基团的代谢产物之和，以吡喃草酮计	0.1	检测限
特丁硫磷		0.01	检测限
特丁津		0.05	检测限
四氟醚唑		0.02	检测限
三氯杀螨砜		0.05	检测限
噻菌灵		0.05	检测限
噻虫啉		10	
噻虫嗪		20	

（续表）

化合物	残留定义	最大残留限量（mg/kg）	备注
噻吩磺隆		0.05	检测限
禾草丹	4-氯苄基甲基砜	0.05	检测限
硫双威		0.05	检测限
甲基硫菌灵		0.1	检测限
福美双	以福美双计	0.2	检测限
甲基立枯磷		0.05	检测限
甲苯氟磺胺	甲苯氟磺胺和 N，N-二甲基-N′-甲苯磺酰二胺之和，以甲苯氟磺胺计	0.1	检测限
苯唑草酮		0.02	检测限
三甲苯草酮	三甲苯草酮异构体之和	0.05	检测限
三唑酮		0.05	检测限
三唑醇	三唑醇异构体之和	0.05	检测限
野麦畏		0.1	检测限
醚苯磺隆		0.1	检测限
三唑磷		0.02	检测限
苯磺隆		0.05	检测限
敌百虫		0.05	检测限
三氯吡氧乙酸		0.1	检测限
三环唑		0.05	检测限
十三吗啉		0.05	检测限
肟菌酯		0.05	检测限
氟菌唑	氟菌唑和其代谢产物 N-（4-氯-2-三氟甲基苯基）-n-丙氧基乙脒（FM-6-1），以氟菌唑计	0.1	检测限
杀铃脲		0.05	检测限
氟乐灵		0.05	检测限
氟胺磺隆酸	6-（2，2，2-三氟乙氧基）-1，3，5-三嗪-2，4-二胺	0.05	检测限
嗪氨灵		0.05	检测限
三甲基锍阳离子（使用草甘膦产生的）		0.05	检测限

（续表）

化合物	残留定义	最大残留限量（mg/kg）	备注
抗倒酸	抗倒酸及其盐，以抗倒酸计	0.05	检测限
灭菌唑		0.02	检测限
三氟甲磺隆		0.05	检测限
霜霉灭		0.02	检测限
乙烯菌核利		0.05	检测限
杀鼠灵		0.01	检测限
福美锌		0.2	检测限
苯酰菌胺		0.05	检测限

　　日本制定的茶叶中农药最大残留限量收录于《食品中农用化学品残留的肯定列表制度》，由日本厚生劳动省（MHLW）负责制定。日本共制定茶叶中农残限量227项，详见表7-13。与欧盟相同，日本也采取一律标准制度（肯定列表制度），对未制定限量且未豁免制定限量的农药活性物质/产品组合采用0.01mg/kg的默认限量。

表7-13　日本肯定列表规定茶叶中227项农药残留限量值

化合物	残留定义	最大残留限量（mg/kg）	备注
茅草枯	茅草枯和茅草枯钠盐	0.05	
对氯苯氧乙酸		0.02	
阿维菌素	阿维菌素 B_{1a}、阿维菌素 B_{1b}、8，9-Z-阿维菌素 B_{1a} 和 8，9-Z-阿维菌素 B_{1b} 之和	1	
乙酰甲胺磷		10	
灭螨醌	灭螨醌和羟基灭螨醌（3-十二烷基-2-羟基-1，4-萘醌），以灭螨醌计	40	
啶虫脒		30	
氟丙菊酯		10	
棉铃威		5	
艾氏剂和狄氏剂	艾氏剂和狄氏剂之和	不得检出	
莠去津		0.1	
嘧菌酯		10	

（续表）

化合物	残留定义	最大残留限量（mg/kg）	备注
苯霜灵		0.1	
丙硫克百威	丙硫克百威、克百威和3-羟基克百威之和，以丙硫克百威计。若丙硫克百威检出，则使用丙硫克百威的限量，不使用克百威的限量	0.1	
地散磷		0.03	
灭草松	灭草松和灭草松钠	0.02	
六六六	α-六六六、β-六六六、γ-六六六和δ-六六六之和。若仅检出γ-六六六，则使用林丹的限量。若检出α-六六六、β-六六六和δ-六六六中一个或多个，则使用六六六的限量	0.2	仅限未发酵茶
联苯肼酯	联苯肼酯和（4-甲氧基联苯-3-基）二氮烯基甲酸异丙酯之和，以联苯肼酯计	2	
联苯菊酯		30	
双丙氨膦酸		0.004	
生物苄呋菊酯		0.1	
联苯三唑醇		0.1	
啶酰菌胺		60	
溴鼠灵		0.001	
溴离子		50	
溴螨酯		0.1	
噻嗪酮		30	
甲萘威		1	
多菌灵、硫菌灵、甲基硫菌灵和苯菌灵	多菌灵、硫菌灵、甲基硫菌灵和苯菌灵之和，以多菌灵计	10	
克百威	克百威和3-羟基克百威之和，以克百威计。若丁硫克百威、呋线威或丙硫克百威与其代谢物3-羟基克百威同时检出，则使用检出的母体化合物限量	0.2	
丁硫克百威	丁硫克百威、克百威和3-羟基克百威之和，以丁硫克百威计。若丁硫克百威检出，则使用丁硫克百威的限量，不使用克百威的限量	0.1	
唑草酯		0.1	

（续表）

化合物	残留定义	最大残留限量（mg/kg）	备注
杀螟丹、杀虫环和杀虫磺	杀螟丹、杀虫环、杀虫磺之和，以杀螟丹计	30	
氯虫苯甲酰胺		50	
氯丹	顺式氯丹和反式氯丹之和	0.02	
虫螨腈		40	
氟啶脲		10	
矮壮素		0.1	
百菌清		10	
毒死蜱		10	
甲基毒死蜱		0.1	
环虫酰肼		20	
炔草酯		0.02	
四螨嗪		20	
异噁草酮		0.02	
噻虫胺	包括使用噻虫胺和使用母体化合物噻虫嗪共同导致的噻虫胺残留	50	
壬菌铜		0.04	
溴氰虫酰胺		30	
环溴虫酰胺		40	
噻草酮		0.05	
腈吡螨酯		60	
丁氟螨酯		15	
氟氯氰菊酯	氟氯氰菊酯异构体之和	20	
氯氟氰菊酯	高效氯氟氰菊酯	15	
氯氰菊酯	氯氰菊酯异构体之和，包括 zeta-氯氰菊酯	20	
胺磺铜		0.5	
二氯异丙醚		0.2	
滴滴涕	p′，p′-滴滴滴、p′，p′-滴滴伊、p′，p′-滴滴涕和 o′，p′-滴滴涕之和	0.2	
溴氰菊酯和四溴菊酯	溴氰菊酯和四溴菊酯之和	10	

（续表）

化合物	残留定义	最大残留限量（mg/kg）	备注
砜吸磷		0.05	
丁醚脲	丁醚脲、丁醚脲脲和丁醚脲甲脒之和，以丁醚脲计	20	
二嗪磷		0.1	
苯氟磺胺		5	
2，4-滴丙酸		0.1	
敌敌畏和二溴磷	敌敌畏和二溴磷之和，以敌敌畏计	0.1	
哒菌酮		0.02	
三氯杀螨醇		3	
乙霉威		5	
苯醚甲环唑		15	
野燕枯	野燕枯和野燕枯硫酸甲酯之和，以野燕枯计	0.05	
除虫脲		20	
氟吡草腙		0.05	
噻节因		0.04	
乐果		1	
呋虫胺		25	
二苯胺		0.05	
敌草快		0.3	
乙拌磷	乙拌磷和乙拌磷砜之和，以乙拌磷计	0.05	
二硫代氨基甲酸盐类	代森锌、福美锌、福美双、福美镍、福美铁、丙森锌、代森福美锌、代森锰锌、代森锰和代森联之和，以二硫化碳计	5	
敌草隆		1	
甲氨基阿维菌素苯甲酸盐	甲氨基阿维菌素苯甲酸盐 B_{1a} 和 B_{1b}、甲氨基阿维菌素 B_{1a} 和 B_{1b}、氨基甲氨基阿维菌素 B_{1a} 和 B_{1b}、甲酰胺基甲氨基阿维菌素 B_{1a} 和 B_{1b}、N-甲基甲酰胺基甲氨基阿维菌素 B_{1a} 和 B_{1b} 和 8，9-Z-甲氨基阿维菌素 B_{1a} 之和，以甲氨基阿维菌素苯甲酸盐计	0.5	
硫丹	α-硫丹和β-硫丹之和	30	
异狄氏剂		不得检出	
乙烯利		0.1	
乙硫磷		0.3	
乙虫腈		10	

（续表）

化合物	残留定义	最大残留限量 （mg/kg）	备注
二溴乙烷		0.1	
二氯乙烷		0.02	
醚菊酯		10	
乙螨唑		15	
苯线磷		0.05	
氯苯嘧啶醇		0.05	
唑螨醚		10	
腈苯唑		10	
苯丁锡		1	
杀螟硫磷		0.2	
苯氧威		0.05	
甲氰菊酯		25	
丁苯吗啉		0.1	
唑螨酯	E-唑螨酯	40	
三苯锡	包括三苯基氢氧化锡、三苯基乙酸锡和三苯基氯化锡，以三苯锡计	0.02	
氰戊菊酯	氰戊菊酯异构体之和，包括S-氰戊菊酯	1	
氟虫腈		0.002	
啶嘧磺隆		0.02	
氟啶虫酰胺	氟啶虫酰胺、N-（4-三氟甲基烟酰）甘氨酸和4-三氟甲基烟酸之和，以氟啶虫酰胺计	40	
氟啶胺		5	
氟苯虫酰胺		50	
氟氰戊菊酯	氟氰戊菊酯异构体之和	20	
氟虫脲		15	
氟草隆		0.02	
氟氯菌核利		35	
氯氟吡氧乙酸		0.1	
氟胺氰菊酯	氟胺氰菊酯异构体之和	10	

（续表）

化合物	残留定义	最大残留限量 （mg/kg）	备注
乙膦酸	乙膦酸和亚磷酸之和，以乙膦酸计。亚磷酸也用于肥料，因此超标时应调查来源于农药还是肥料	0.5	
呋线威	呋线威、克百威和3-羟基克百威之和，以呋线威计。若呋线威检出，则使用呋线威的限量，不使用克百威的限量	0.1	
草铵膦酸	草铵膦酸和3-甲基磷酸亚基丙酸之和，以草铵膦计	0.3	
草甘膦		1	
七氯	包括七氯和环氧七氯	0.02	
六氯苯		0.02	
噻螨酮		15	
氰化氢		1	
磷化氢	磷化氢、磷化铝、磷化镁和磷化锌之和，以磷化氢计	0.01	
噁霉灵		0.02	
抑霉唑		0.1	
咪唑喹啉酸		0.05	
咪唑乙烟酸铵盐		0.05	
亚胺唑	亚胺唑、其代谢产物2，4-二氯-2-（1H-1，2，4-三唑-1-偶酰）乙酰苯胺（S3）、2，4-二氯苯胺（S10）及S10的葡萄糖醛酸共轭物，以亚胺唑计	15	
吡虫啉		10	
双胍辛胺	包括双胍辛胺、双胍辛胺三乙酸盐和双胍三辛烷基苯磺酸	1	
异菌脲	异菌脲和N-（3，5-二氯苯基）-3-异丙基-2，4-二氧代咪唑啉-1-羰基酰胺之和	20	
噁唑磷		0.5	
春雷霉素		0.2	
醚菌酯		15	
雷皮菌素	雷皮菌素 A_3 和雷皮菌素 A_4 之和	0.3	

（续表）

化合物	残留定义	最大残留限量（mg/kg）	备注
林丹	即 γ-六六六	0.05	
利谷隆		0.02	
虱螨脲		10	
抑芽丹	抑芽丹分析方法中规定的分析方法 1 测定抑芽丹、抑芽丹糖苷和肼之和，分析方法 2 测定抑芽丹和抑芽丹糖苷之和	0.2	
Mandestrobin	R 型和 S 型 Mandestrobin 之和	40	
甲胺磷	包括乙酰甲胺磷生成的甲胺磷	5	
杀扑磷		1	
甲氧滴滴涕		0.1	
甲氧虫酰肼		20	
嗪草酮	嗪草酮、脱氨基嗪草酮、二酮嗪草酮和脱氨基二酮嗪草酮之和，以嗪草酮计	0.1	
弥拜菌素	米尔倍霉素 A₃ 和米尔倍霉素 A₄ 之和，以弥拜菌素计	1	
久效磷		0.1	
腈菌唑		20	
烯啶虫胺	烯啶虫胺、2-［N-（6-氯-3-吡啶甲基）-N-乙基］氨基-2-甲基亚胺乙酸（CPMA）和 N-（6-氯-3-吡啶甲基）-N-乙基-N′-甲基甲脒（CPMF）	10	
氧乐果		1	
亚砜磷		0.05	
百草枯		0.3	
对硫磷		0.3	
甲基对硫磷		0.2	
戊菌唑		0.1	
氯菊酯	氯菊酯异构体之和	20	
苯醚菊酯	苯醚菊酯异构体之和	0.02	
稻丰散		0.02	
甲拌磷		0.1	
伏杀硫磷		15	

（续表）

化合物	残留定义	最大残留限量 （mg/kg）	备注
亚胺硫磷		0.5	
磷胺		0.1	
辛硫磷		0.1	
鼠完		0.001	
甲基嘧啶磷		10	
烯丙苯噻唑		0.03	
咪鲜胺	咪鲜胺、N-甲酰基-N-1-丙基-N-［2-（2，4，6-三氯苯氧基）乙基］脲、N-丙基-N-［2-（2，4，6-三氯苯氧基）乙基］脲和2，4，6-三氯苯酚之和，以咪鲜胺计	0.1	
腐霉利		0.1	
丙溴磷		0.2	
炔螨特		5	
丙环唑		0.1	
残杀威		0.1	
丙硫磷		5	
吡唑酰苯胺	吡唑酰苯胺和其代谢物3′-异丁基-1，3，5-三甲基-4′-［2，2，2-三氟-1-甲氧基-1-（三氟甲基）乙基］吡唑-4-羰基苯胺之和，以吡唑酰苯胺计	50	
吡唑硫磷		5	
吡唑醚菌酯		5	
吡草醚		0.05	
吡唑特		0.02	
除虫菊素	除虫菊素Ⅰ和除虫菊素Ⅱ之和	3	
吡菌苯威	吡菌苯威和甲基-｛2-氯-5-［（Z）-1-（6-甲基-2-吡啶甲氧亚胺基）乙基］苯甲基｝氨基甲酸酯之和，以吡菌苯威计	40	
哒螨灵		10	
Pyrifluquinazon	Pyrifluquinazon和代谢产物1，2，3，4-四氢-3-［（3-吡啶甲基）氨基］-6-［1，2，2，2-四氟-1-（三氟甲基）乙基］喹啉唑-2-酮（B）之和，以Pyrifluquinazon计	20	
嘧螨醚		5	

（续表）

化合物	残留定义	最大残留限量（mg/kg）	备注
吡丙醚		15	
喹硫磷		0.1	
五氯硝基苯		0.05	
苄呋菊酯	苄呋菊酯异构体之和	0.2	
2-氨基丁烷		0.1	
氟硅菊酯		80	
硅氟唑		10	
乙基多杀菌素		40	
多杀霉素		2	
螺螨酯		20	
螺甲螨酯	螺甲螨酯和代谢产物4-羟基-3-均三甲苯基-1-氧杂螺 [4.4] 壬-3-烯-2-酮 (M1) 之和，以螺甲螨酯计	30	
甲磺草胺		0.05	
戊唑醇		50	
虫酰肼		25	
吡螨胺		2	
Tebufloquin	Tebufloquin 和其代谢产物 6-叔丁基-8-氟-2, 3-d 二甲基-4 (1H) -喹啉酮 (M1) 之和，以 Tebufloquin 计	15	
丁噻隆		0.02	
四氯硝基苯		0.1	
氟苯脲		20	
七氟菊酯		0.2	
特丁硫磷		0.005	
四氟醚唑		20	
三氯杀螨砜		1	
噻菌灵		0.1	
噻虫啉		30	
噻虫嗪		20	
硫双威和灭多威	硫双威和灭多威之和，以灭多威计，灭多威包括灭多威肟	20	

（续表）

化合物	残留定义	最大残留限量 （mg/kg）	备注
唑虫酰胺		20	
三唑酮		1	
三唑醇	三唑醇为三唑酮的代谢产物，包括使用母体化合物三唑酮和使用三唑醇共同导致的三唑醇残留	20	
敌百虫		0.5	
三氯吡氧乙酸		0.03	
三环唑		0.02	
十三吗啉		20	
肟菌酯		5	
氟菌唑	氟菌唑和（E）-4-氯-α，α，α-三氟-N-（1-氨基-2-丙氧亚乙基）-o-甲苯胺（FM-6-1）之和	15	
杀铃脲		0.02	
氟乐灵		0.05	
嗪氨灵		0.1	
杀鼠灵		0.001	
2，4，5-涕		不得检出	
敌菌丹		不得检出	
氯霉素		不得检出	
蝇毒磷		不得检出	
丁酰肼		不得检出	
苯胺灵		不得检出	

美国制定的茶叶中农药最大残留限量收录于联邦法规第40篇《环境保护》的第180部分《食品中农药残留的限量和豁免》，由美国环保署（USEPA）负责制定。美国共制定茶叶中30项农药的限量32项，其中茶叶27项、茶鲜叶2项、速溶茶1项和未制定限量的所有食品2项，详见表7-14。对于未制定限量的农药，美国规定不得检出，在实际执行中一般采用0.05mg/kg的限量标准，但根据实际情况，如检测方

法检出限和环境残留等，也有所不同。

表 7-14 美国制定茶叶中农药残留及其限量值

产品	化合物	残留定义	限量（mg/kg）
茶鲜叶	灭螨醌	灭螨醌和 2-十二烷基-3-羟基-1，4-萘醌之和，以灭螨醌计	40
干茶叶	啶虫脒		50
干茶叶	嘧菌酯	嘧菌酯和其 Z 型异构体之和	20
干茶叶	联苯菊酯		30
茶叶	噻嗪酮		20
干茶叶	唑草酮	唑草酮和唑草酮氯丙酸之和，以唑草酮计	0.1
干茶叶	氯虫苯甲酰胺		50
干茶叶	虫螨腈		70
干茶叶	噻虫胺		70
茶叶	溴氰虫酰胺		30
干茶叶	环溴虫酰胺		50
干茶叶	三氯杀螨醇	p，p-三氯杀螨醇和 o，p-三氯杀螨醇之和	50
茶鲜叶	三氯杀螨醇	p，p-三氯杀螨醇和 o，p-三氯杀螨醇之和	30
干茶叶	呋虫胺	呋虫胺、1-甲基-3-（四氢-3-呋喃甲基）胍（DN）和 1-甲基-3-（四氢-3-呋喃甲基）脲（UF）之和，以呋虫胺计	50
干茶叶	乙虫腈		30
除已制定限量外的所有食品	醚菊酯		5
干茶叶	乙螨唑		15
干茶叶	喹螨醚		9
干茶叶	甲氰菊酯		2
干茶叶	唑螨酯	唑螨酯和其 Z 型异构体之和，以唑螨酯计	20

（续表）

产品	化合物	残留定义	限量（mg/kg）
茶叶	氟啶虫酰胺	氟啶虫酰胺、4-三氟甲基烟酸（TFNA）、4-三氟甲基烟酰胺（TFNA-AM）和N-（4-三氟甲基烟酰）甘氨酸（TFNG）之和，以氟啶虫酰胺计	40
干茶叶	氟啶胺		6
茶叶	氟苯虫酰胺		50
干茶叶	草甘膦		1
速溶茶	草甘膦		7
除已制定更高限量外的所有食品	高效氯氟氰菊酯和精高效氯氟氰菊酯		0.01
干茶叶	炔螨特		10
茶叶	丙环唑		4
茶叶	吡丙醚		15
干茶叶	螺甲螨酯	螺甲螨酯和4-羟基-3-（2，4，6-三甲苯基）-1-氧杂螺［4.4］壬-3-烯-2-酮之和，以螺甲螨酯计	40
干茶叶	噻虫嗪	噻虫嗪和N-［（2-氯-噻唑-5-基）甲基］-N'-甲基-N''-硝基-胍（CGA-322704）之和，以噻虫嗪计	20
茶叶	唑虫酰胺		30

三、茶叶无机成分限量指标

食品法典和美国均未制定茶叶中无机成分的限量。欧盟和日本也未在食品中污染物限量的法规中制定茶叶中无机成分的限量，但均有部分无机成分被视作农药残留列入农残限量的情况。欧盟制定了茶叶溴离子的限量 70mg/kg、一氧化碳的限量 0.01mg/kg、铜的限量 40mg/kg、氟离子的限量 350mg/kg、汞的限量 0.02mg/kg 和磷化物（磷化氢）的限量 0.02mg/kg。日本制定了溴离子的限量 50mg/kg、氰化氢的限量 1mg/kg 和磷化氢的限量 0.01mg/kg。

参考文献

国家标准化管理委员会，国家质量监督检验检疫总局.2008.溶茶　第1部分　取样：GB/T 18798.1—2008［S］.北京：商务印书馆.

国家标准化管理委员会，国家质量监督检验检疫总局.2009.茶叶中农药多残留测定　气相色谱/质谱法：GB/T 23376—2009［S］.北京：中国标准出版社.

国家标准化管理委员会，国家质量监督检验检疫总局.2014.茶　取样：GB/T 8302—2013［S］.北京：中国质检出版社.

国家食品药品监督管理总局，国家卫生和计划生育委员会.2016.食品安全国家标准　食品中黄曲霉毒素B族和G族的测定：GB 5009.22—2016［S］.北京：中国标准出版社.

国家食品药品监督管理总局，国家卫生和计划生育委员会.2017.食品安全国家标准　食品中硒的测定：GB 5009.93—2017［S］.北京：中国标准出版社.

国家卫生和计划生育委员会.2014.食品安全国家标准　食品中镉的测定：GB 5009.15—2014［S］.北京：中国标准出版社.

国家卫生和计划生育委员会.2014.食品安全国家标准　食品中铬的测定：GB 5009.123—2014［S］.北京：中国标准出版社.

国家卫生和计划生育委员会.2014.食品安全国家标准　食品中总汞及有机汞的测定：GB 5009.17—2014［S］.北京：中国标准出版社.

国家卫生和计划生育委员会.2014.食品安全国家标准　食品中总砷及无机砷的测定：GB 5009.11—2014［S］.北京：中国标准出版社.

国家卫生和计划生育委员会.2016.食品安全国家标准　食品微生物学检验　霉菌和酵母计数：GB 4789.15—2016［S］.北京：中国标准出版社.

国家卫生和计划生育委员会.2016.食品安全国家标准　食品中有机锡的测定：GB 5009.215—2016［S］.北京：中国标准出版社.

国家卫生和计划生育委员会，国家食品药品监督管理总局.2016.食品安全国家标准　食品中多元素的测定：GB 5009.268—2016［S］.北京：中国标准出版社.

国家卫生和计划生育委员会，国家食品药品监督管理总局.2016.食品安全国家标准　食品中钙的测定：GB 5009.92—2016［S］.北京：中国标准出版社.

国家卫生和计划生育委员会，国家食品药品监督管理总局.2016.食品安全国家标准　食品中铁的测定：GB 5009.90—2016 [S]. 北京：中国标准出版社.

国家卫生和计划生育委员会，国家食品药品监督管理总局.2017. 食品安全国家标准　食品中钾、钠的测定：GB 5009.91—2017 [S]. 北京：中国标准出版社.

国家卫生和计划生育委员会，国家食品药品监督管理总局.2017. 食品安全国家标准　食品中铝的测定：GB 5009.182—2017 [S]. 北京：中国标准出版社.

国家卫生和计划生育委员会，国家食品药品监督管理总局.2017. 食品安全国家标准　食品中镁的测定：GB 5009.241—2017 [S]. 北京：中国标准出版社.

国家卫生和计划生育委员会，国家食品药品监督管理总局.2017. 食品安全国家标准　食品中锰的测定：GB 5009.242—2017 [S]. 北京：中国标准出版社.

国家卫生和计划生育委员会，国家食品药品监督管理总局.2017. 食品安全国家标准　食品中铅的测定：GB 5009.12—2017 [S]. 北京：中国标准出版社.

国家卫生和计划生育委员会，国家食品药品监督管理总局.2017. 食品安全国家标准　食品中铜的测定：GB 5009.13—2017 [S]. 北京：中国标准出版社.

国家卫生和计划生育委员会，国家食品药品监督管理总局.2017. 食品安全国家标准　食品中锌的测定：GB 5009.14—2017 [S]. 北京：中国标准出版社.

国家卫生和计划生育委员会，中华人民共和国农业部，国家食品药品监督管理总局.2016. 食品安全国家标准　茶叶中 448 种农药及相关化学品残留量的测定　液相色谱—质谱法：GB 23200.13—2016 [S]. 北京：中国标准出版社.

国家卫生和计划生育委员会，中华人民共和国农业部，国家食品药品监督管理总局.2016. 食品安全国家标准　茶叶中 9 种有机杂环类农药残留量的检测方法：GB 23200.26—2016 [S]. 北京：中国标准出版社.

国家卫生和计划生育委员会，中华人民共和国农业部，国家食品药品监督管理总局.2016. 食品安全国家标准　除草剂残留量检测方法　第 3 部分：液相色谱—质谱/质谱法测定　食品中环己酮类除草剂残留量：GB 23200.3—2016 [S]. 北京：中国标准出版社.

国家卫生和计划生育委员会，中华人民共和国农业部，国家食品药品监督管理总局.2016. 食品安全国家标准　食品中阿维菌素残留量的测定　液相色谱—质谱/质谱法：GB 23200.20—2016 [S]. 北京：中国标准出版社.

国家卫生和计划生育委员会，中华人民共和国农业部，国家食品药品监督管理总局.2016. 食品安全国家标准　食品中苯醚甲环唑残留量的测定　气相色谱—质谱法：GB 23200.49-2016 [S]. 北京：中国标准出版社.

国家卫生和计划生育委员会，中华人民共和国农业部，国家食品药品监督管理总局.2016. 食品安全国家标准　食品中苯酰胺类农药残留量的测定　气相色谱—质谱法：GB 23200.72—2016 [S]. 北京：中国标准出版社.

国家卫生和计划生育委员会，中华人民共和国农业部，国家食品药品监督管理总局.2016. 食品安全国家标准　食品中吡丙醚残留量的测定　液相色谱—质谱/质谱法：GB 23200.64—2016 [S]. 北京：中国标准出版社.

国家卫生和计划生育委员会，中华人民共和国农业部，国家食品药品监督管理总局.2016.食品安全国家标准　食品中吡螨胺残留量　的测定　气相色谱—质谱法：GB 23200.66—2016［S］.北京：中国标准出版社.

国家卫生和计划生育委员会，中华人民共和国农业部，国家食品药品监督管理总局.2016.食品安全国家标准　食品中苄螨醚残留量的检测方法：GB 23200.77—2016［S］.北京：中国标准出版社.

国家卫生和计划生育委员会，中华人民共和国农业部，国家食品药品监督管理总局.2016.食品安全国家标准　食品中除虫脲残留量的测定　液相色谱—质谱法：GB 23200.45—2016［S］.北京：中国标准出版社.

国家卫生和计划生育委员会，中华人民共和国农业部，国家食品药品监督管理总局.2016.食品安全国家标准　食品中地乐酚残留量的测定　液相色谱—质谱/质谱法：GB 23200.23—2016［S］.北京：中国标准出版社.

国家卫生和计划生育委员会，中华人民共和国农业部，国家食品药品监督管理总局.2016.食品安全国家标准　食品中丁酰肼残留量的测定　气相色谱—质谱法：GB 23200.32—2016［S］.北京：中国标准出版社.

国家卫生和计划生育委员会，中华人民共和国农业部，国家食品药品监督管理总局.2016.食品安全国家标准　食品中啶酰菌胺残留量的测定　相色谱—质谱法：GB 23200.68—2016［S］.北京：中国标准出版社.

国家卫生和计划生育委员会，中华人民共和国农业部，国家食品药品监督管理总局.2016.食品安全国家标准　食品中二缩甲酰亚胺类农药残留量的测定　气相色谱—质谱法：GB 23200.71—2016［S］.北京：中国标准出版社.

国家卫生和计划生育委员会，中华人民共和国农业部，国家食品药品监督管理总局.2016.食品安全国家标准　食品中二硝基苯胺类农药残留量的测定　液相色谱—质谱/质谱法：GB 23200.69—2016［S］.北京：中国标准出版社.

国家卫生和计划生育委员会，中华人民共和国农业部，国家食品药品监督管理总局.2016.食品安全国家标准　食品中氟苯虫酰胺残留量的测定　液相色谱—质谱/质谱法：GB 23200.76—2016［S］.北京：中国标准出版社.

国家卫生和计划生育委员会，中华人民共和国农业部，国家食品药品监督管理总局.2016.食品安全国家标准　食品中氟啶虫酰胺残留量的检测方法：GB 23200.75—2016［S］.北京：中国标准出版社.

国家卫生和计划生育委员会，中华人民共和国农业部，国家食品药品监督管理总局.2016.食品安全国家标准　食品中氟硅唑残留量的测定　气相色谱—质谱法：GB 23200.53—2016［S］.北京：中国标准出版社.

国家卫生和计划生育委员会，中华人民共和国农业部，国家食品药品监督管理总局.2016.食品安全国家标准　食品中氟烯草酸残留量的测定　气相色谱—质谱法：GB 23200.62—2016［S］.北京：中国标准出版社.

国家卫生和计划生育委员会，中华人民共和国农业部，国家食品药品监督管理总局 . 2016. 食品安全国家标准　食品中井冈霉素残留量的测定　液相色谱—质谱/质谱法：GB 23200.74—2016 [S]. 北京：中国标准出版社 .

国家卫生和计划生育委员会，中华人民共和国农业部，国家食品药品监督管理总局 . 2016. 食品安全国家标准　食品中氯酯磺草胺残留量的测定　液相色谱—质谱/质谱法：GB 23200.58—2016 [S]. 北京：中国标准出版社 .

国家卫生和计划生育委员会，中华人民共和国农业部，国家食品药品监督管理总局 . 2016. 食品安全国家标准　食品中嘧菌环胺残留量的测定　气相色谱—质谱法：GB 23200.52—2016 [S]. 北京：中国标准出版社 .

国家卫生和计划生育委员会，中华人民共和国农业部，国家食品药品监督管理总局 . 2016. 食品安全国家标准　食品中嘧霉胺、嘧菌胺、腈菌唑、嘧菌酯残留量的测定　气相色谱—质谱法：GB 23200.46—2016 [S]. 北京：中国标准出版社 .

国家卫生和计划生育委员会，中华人民共和国农业部，国家食品药品监督管理总局 . 2016. 食品安全国家标准　食品中炔苯酰草胺残留量的测定　气相色谱—质谱法：GB 23200.67—2016 [S]. 北京：中国标准出版社 .

国家卫生和计划生育委员会，中华人民共和国农业部，国家食品药品监督管理总局 . 2016. 食品安全国家标准　食品中炔草酯残留量的检测方法：GB 23200.60—2016 [S]. 北京：中国标准出版社 .

国家卫生和计划生育委员会，中华人民共和国农业部，国家食品药品监督管理总局 . 2016. 食品安全国家标准　食品中噻虫嗪及其代谢物噻虫胺残留量的测定　液相色谱—质谱/质谱法：GB 23200.39—2016 [S]. 北京：中国标准出版社 .

国家卫生和计划生育委员会，中华人民共和国农业部，国家食品药品监督管理总局 . 2016. 食品安全国家标准　食品中四氟醚唑残留量　的检测方法：GB 23200.65—2016 [S]. 北京：中国标准出版社 .

国家卫生和计划生育委员会，中华人民共和国农业部，国家食品药品监督管理总局 . 2016. 食品安全国家标准　食品中异稻瘟净残留量的检测方法：GB 23200.83—2016 [S]. 北京：中国标准出版社 .

国家卫生和计划生育委员会，中华人民共和国农业部，国家食品药品监督管理总局 . 2016. 食品安全国家标准　食品中鱼藤酮和印楝素残留量的测定　液相色谱—质谱/质谱法：GB 23200.73—2016 [S]. 北京：中国标准出版社 .

国家质量监督检验检疫总局 . 2008. 茶叶中 519 种农药及相关化学品残留量的测定　气相色谱—质谱法：GB/T 23204—2008 [S]. 北京：中国标准出版社 .

国家质量监督检验检疫总局 . 2012. 茶叶标准样品制备技术条件：GB/T 18795—2012 [S]. 北京：商务印书馆 .

国家质量监督检验检疫总局，国家标准化管理委员会 . 2013. 茶　粉末和碎茶含量测定：GB/T 8311—2013 [S]. 北京：中国质检出版社 .

国家质量监督检验检疫总局, 国家标准化管理委员会 . 2013. 茶 水浸出物测定: GB/T 8305—2013 [S]. 北京: 中国质检出版社 .

国家质量监督检验检疫总局, 国家标准化管理委员会 . 2013. 茶叶贮存: GB/T 30375—2013 [S]. 北京: 中国质检出版社 .

国家质量监督检验检疫总局, 国家标准化管理委员会 . 2013. 茶 游离氨基酸总量的测定: GB/T 8314—2013 [S]. 北京: 中国质检出版社 .

国家质量监督检验检疫总局, 国家标准化管理委员会 . 2014. 茶 磨碎试样的制备及其干物质含量测定: GB/T 8303—2013 [S]. 北京: 中国质检出版社 .

李丹, 葛良全, 王广西, 等 . 2015. 射线荧光光谱法测定花草茶中 22 种元素 [J]. 光谱学与光谱分析, 35 (7): 2 043-2 048.

秦旭磊, 李野, 宋忠华, 等 . 2015. 于 EDXRF 技术茶叶中金属元素检测方法研究 [J]. 光谱学与光谱分析, 35 (4): 1 068-1 071.

商业部茶叶畜产局 . 1989. 茶叶品质理化分析 [M]. 上海: 上海科学技术出版社 .

章剑扬, 王国庆, 马桂岑, 等 . 2017. 子色谱—电感耦合等离子体质谱联用测定茶叶中 4 种砷形态 [J]. 中国食品学报, 17 (7): 255-262.

中华人民共和国农业部 . 2010. 茶叶中磁性金属物的测定: NY/T 1960—2010 [S]. 北京: 中国农业出版社 .

中华人民共和国卫生部 . 2003. 食品中氟的测定: GB/T 5009. 18—2003 [S]. 北京: 中国质检出版社 .

中华人民共和国卫生部 . 2012. 食品安全国家标准 植物性食品中稀土元素的测定: GB 5009. 94—2012 [S]. 北京: 中国标准出版社 .

Chen H, Gao G, Chai Y, et al. 2017. Multiresidue Method for the Rapid Determination of Pesticide Residues in Tea Using Ultra Performance Liquid Chromatography Orbitrap High Resolution Mass Spectrometry and In-Syringe Dispersive Solid Phase Extraction [J]. ACS Omega, 2 (9): 5 917-5 927.

Chen H, Gao G, Liu P, et al. 2016. Determination of 16 polycyclic aromatic hydrocarbons in tea by simultaneous dispersive solid-phase extraction and liquid-liquid extraction coupled with gas chromatography-tandem mass spectrometry [J]. Food Analytical Methods, 9 (8): 2 374-2 384.

Chen H, Yin P, Wang Q, et al. 2014. A Modified QuEChERS Sample Preparation Method for the Analysis of 70 Pesticide Residues in Tea Using Gas Chromatography-Tandem Mass Spectrometry [J]. Food Analytical Methods, 7 (8): 1 577-1 587.

Yin P, Liu X, Chen H, et al. 2014. Determination of 16 phthalate esters in tea samples using a modified QuEChERS sample preparation method combined with GC-MS/MS [J]. Food Additives & Contaminants: Part A, 31 (8): 1 406-1 413.